国家科学技术学术著作出版基金资助出版

纳米成像导论

牛憨笨　陈丹妮　著

科学出版社

北京

内 容 简 介

本书内容由八章组成。第 1 章为概论。第 2 章论述了纳米成像基础，重点阐述纳米成像中的一些基本概念，讨论了纳米成像的共同物理基础、基本原理以及实现纳米成像需要解决的基本问题等。第 3～8 章分别论述了三维结构、形貌、荧光、非标记光学、动态和光学功能等纳米成像的原理、方法、系统和性能等。在三维结构纳米成像中，重点介绍了电子显微镜和 X 射线显微镜，对三维结构纳米成像进行了较为系统的分析。在形貌纳米成像方面，论及扫描隧道显微镜、原子力显微镜、近场光学显微镜和扫描电子显微镜等。在荧光纳米成像中，重点讨论了突破衍射极限的方法和手段、实现特异性标记的材料和方法。在非标记光学纳米成像一章重点讨论了突破衍射极限和提高灵敏度的方法与手段，以及表面增强拉曼散射和相干反斯托克斯拉曼散射的有关问题。在动态纳米成像方面，重点论述了同时实现时间和空间分辨的方法与手段。在光学功能纳米成像一章，重点论述了在纳米分辨下功能信息获取的特点、方法和手段。

本书可供从事纳米科技和生命科学研究的科技工作者(尤其是从事纳米成像研究的科技工作者)、相关专业的研究生，以及制造与使用纳米成像仪器的人参考。

图书在版编目（CIP）数据

纳米成像导论/牛憨笨，陈丹妮著. —北京：科学出版社，2021.1

ISBN 978-7-03-067844-7

Ⅰ. ①纳… Ⅱ. ①牛…②陈… Ⅲ. ①纳米技术-应用-成像系统-研究 Ⅳ. ①TN941.1

中国版本图书馆 CIP 数据核字（2020）第 268399 号

责任编辑：刘凤娟 孔晓慧 / 责任校对：杨聪敏

责任印制：吴兆东 / 封面设计：无极书装

科学出版社 出版

北京东黄城根北街 16 号

邮政编码：100717

http://www.sciencep.com

北京虎彩文化传播有限公司 印刷

科学出版社发行 各地新华书店经销

*

2021 年 1 月第 一 版 开本：720×1000 1/16

2021 年 1 月第一次印刷 印张：29 1/4 插页：6

字数：570 000

定价：239.00 元

（如有印装质量问题，我社负责调换）

序

1979 年，美国 IBM 公司发明了扫描隧道电子显微镜，不仅可用其以原子级的分辨能力观察物体，还可用其探针搬运原子，以实现原子的位置组装。当年它给出“IBM”三字的原子堆积震惊了世界，被视为纳米元年，即纳米技术纪元的开始。

自那时开始，纳米科学与技术的发展日新月异，其中的一个重要分支是纳米制造、操纵和表征。在纳米表征方面，纳米分辨成像一直是研究的热点方向之一，它在材料科学、生命科学等领域发挥着越来越重要的作用。

牛憨笨院士于 1999 年调入深圳大学后，除继续研究变像管超快诊断技术外，还开展生物医学成像新理论和新方法的研究。 在光学功能成像系统、X 射线相衬成像理论与实验、新型高帧频超衍射分辨宽场荧光显微成像技术、荧光和相干反斯托克斯拉曼散射(coherent anti-Stokes Raman scattering, CARS)纳米分辨功能和动态成像的新理论和新方法等方面的研究获得了重大突破。这些成果为他撰写《纳米成像导论》专著奠定了基础。

鉴于纳米分辨成像的高难度和应用要求的不同，人们尝试了不同的技术途径。从技术层面上讲，纳米成像技术包括光学显微镜、电子显微镜、X 射线显微镜技术等；从应用层面上讲，它涵盖三维结构纳米成像、形貌纳米成像等，所涉及的内容非常庞杂。正是因为这个原因，几乎没有专门针对纳米成像的著作问世。

牛憨笨院士在《纳米成像导论》一书中，全面系统论述了三维结构、形貌、荧光、非标记光学、动态和光学功能等各种纳米成像的原理、方法、系统和性能等。对成像手段所需达到的要求进行了详细解读，对标记和非标记两种光学成像手段分别做了综合介绍。其知识结构体系具备科学性、先进性和系统性。除了光学成像方法，书中还介绍了包括发射型计算机断层扫描成像（ECT）、核磁共振计算机断层扫描成像（MRCT）、X 射线计算机断层扫描成像（XCT）在内的纳米分辨非光学成像手段的发展现状。

牛憨笨院士是我的一位亲密的学术同行和好友，无论在学术上或是在思想上我们俩经常交流，相互支持，引为知己。当 1999 年他率领团队加盟深圳大学时，受到深大师生们热烈的夹道欢迎，因为这是深圳经济特区引进的第一位中国工程院院士，人们对他和他的团队抱有很高的期望。当消息传来时，我为他既高兴，又担忧。高兴的是他到深圳将大展宏图，再创辉煌；担忧的是他肩负的任务太重，身体能否支撑得住。我劝他悠着点，慢慢来，不着急。他告诉我，从到达深圳的那一天起，各方的压力推着他前行。他像是骑在一匹高速奔跑的马上，再也停不下来了。他一贯全身心投入科研，以实验室为家，只争朝夕，顽强拼搏，也不愿缓慢前行。在深圳大学短短十余年期间，他组建了深圳大学光电子学研究所和光电工程学院，建立了光电子材料与器件、信息光学、微纳光电子学研究的实验平台，创建了光电子器件与系统教育部和广东省两个重点实验室，以及国家“863-804”光电诊断技术重点实验室。除继续领导变像管超快诊断技术研究外，还带领一批弟子开拓了生物医学成像理论和技术的新领域等。他为我国光电子成像和超快诊断以及生物医学成像等领域所做的贡献功不可没。可惜的是，他因超负荷工作过度劳累，积劳成疾，不到 77 岁就不幸逝世，过早地离开了我们。他的逝世是我国工程科学界的一个重大损失。

这里，我衷心感谢深圳大学光电子学研究所的同事们特别是陈丹妮等同志为整理牛憨笨院士的遗作付出的辛勤劳动。我还要特别感谢深圳大学光电工程学院满杰书记等领导，没有他们的大力支持、亲力亲为，该书的整理出版是不可能的。借此机会，我对牛憨笨院士的夫人阎晓梅女士表示钦佩和赞叹，是她一直陪伴着病痛缠身的牛憨笨院士，特别是最后的岁月，他俩抱着希望挣扎着，多么艰难和揪心，她以爱的力量支撑着牛憨笨院士，使他能给后人留下自己的大作。

这些天来，我一直在阅读牛憨笨院士《纳米成像导论》的大作，读着他的遗稿，脑海中浮现他的形象，想着他 2013 年初得知自己活在这个世上的时间可能不长了，他还想为后人留下自己多年研究的科学心得和体会。在医院重症监护病房两个月期间，他还用手机检索资料，让学生帮助查找，在脑海中默默打稿。出院后他不顾自己身体极需保养的情况，迫不及待地动手写书，历时半年才将书稿基本完成。他真是一位“春蚕到死丝方尽，蜡炬成灰泪始干”为科学事业献身的人，想着他为祖国的科学事业如此奋不顾身，我不禁热泪盈眶。

读完这本书，我不由感慨，这真是一本纳米成像领域亟需的及时之作，而且称得上是一部具有相当宽度和深度的精品之作。书中相当一部分是牛憨笨院士及其团队研究生物医学成像技术的结晶。我深信，该书的出版将对从事纳米科技尤其是纳米成像研究的科技工作者、相关专业的研究生，以及制造与使用纳米成像仪器的人们有所裨益和借鉴。

是为序。

北京理工大学教授、中国工程院院士、
俄罗斯联邦工程科学院外籍院士
周立伟

2019 年 8 月

目　　录

第1章 概　论

1.1 背景简介

通常所说的纳米(10^{-9}m)范围定义为0.1～100nm。这里所说的“纳米成像”，指的是空间分辨率在纳米范围的显微成像，其空间分辨率，指的是成像原理和方法所决定的成像系统可测得的极限分辨本领，即成像系统点扩展函数(PSF)的半高全宽值。

纳米成像技术之所以重要，是因为它与当前以及未来纳米科技的发展密切相关。早在1959年费曼在加州理工学院出席美国物理学会年会时，就作出著名的演讲“在底部还有很大空间”，提出一些纳米技术的概念。他以“由下而上的方法”(bottom up)出发，提出从单个分子甚至原子开始进行组装，以达到设计要求。他说道：“至少依我看来，物理学的规律不排除一个原子一个原子地制造物品的可能性。”并预言：“我们对细微尺寸的物体加以控制的话，将极大地扩充我们获得物性的范围。”20年之后，IBM公司发明了扫描隧道显微镜，不仅可用其以原子级的分辨能力观察物体，还可用其探针搬运原子，以实现原子的位置组装。因此，这被视为纳米元年。当前纳米科技正在日新月异地发展，包括纳米材料、纳米器件及其物性的研究，以及纳米生物学和纳米制造技术的研究等。上述纳米科技的研究和发展离不开与其相适应的检测方法和手段，尤其是纳米成像的检测方法和手段；同时，这些社会需求又反过来促进着“纳米成像”本身理论和技术的不断日新月异和更新换代。从技术层面上讲，纳米成像技术包括光学显微镜、电子显微镜、X射线显微镜技术等；从应用层面上讲，它涵盖三维结构纳米结构成像、形貌纳米成像、荧光纳米成像、拉曼纳米成像，以及动态和功能纳米成像等。

1.2 光学显微纳米成像技术及其局限性

光学显微镜是人们最熟知的一种物质显微结构成像仪器，它是人们认识微观世界的最重要的方法和手段。欧洲文艺复兴后，科技之所以获得巨大的发展，是因为人们认识到人类要深刻认识世界必须借助于工具。在此之前，人们只是利用工具来改造世界，不懂得借助工具去认识世界。1625年，伽利略首次利用光学望远镜发现木星周围的行星，开创了天文学；之后，胡克利用光学显微镜首次发现了细胞，开创了细胞生物学。在 19 世纪之前，光学显微镜的最佳空间分辨率已达 200nm，实际上已达光学显微镜的理论极限值。但是，直到 19 世纪初期人们并没有认识到这一点，还认为只要不断地改进光学显微镜的设计，借助它能观察无限小的物体。1834 年，天文学家艾里发现，不论离我们多远的星体，我们利用望远镜看到的总是一个有限大小的斑点，而不是离得越远，斑点越小直至一个无限小的点。1873 年，阿贝给出了衍射极限的公式，认识到光学显微镜的空间分辨本领不可能达到无限小，而最终要受到衍射极限的限制，即受波长和显微镜数值孔径(numerical aperture，NA)的限制。这是因为，一个消除了一切像差的光学系统(包括显微镜)，其最小可分辨的分辨率 N_d(lp/mm)为

$$N_{\mathrm{d}} = \frac{1}{(f / D) \cdot \lambda} \tag{1.1}$$

式中，f 和 D 分别为物镜的焦距(mm)和口径(mm)；λ 为检测波长(nm)。可见，对于 f/D 为 2∶1 的显微物镜及 λ 为 500nm(可见光)的照明光，该显微镜的衍射极限分辨率为 1000lp/mm，或最小可分辨单元为 50nm，离前面“纳米成像”的最短尺寸范围的下限 0.1nm 还有很大的差距。有鉴于此，到 1886 年，阿贝所在的蔡司公司已将波像差之外的其他像差全部消除掉了，人们为了提高空间分辨率，只能缩短波长和加大光学系统的数值孔径；但提高数值孔径是十分有限的，所以人们不得不把注意力集中到缩短波长上。

1.3　电子显微纳米成像技术及其局限性

1923 年，法国年轻的物理学家德布罗意，在其获诺贝尔奖的博士论文中，受量子理论的启发，提出物质波的概念，认为与其他微观粒子(分子、原子、中子、质子……)一样，高速运动的电子也具有波粒二象性，波长随电子动量的增加可达亚纳米或更短，其波长叫德布罗意波长 λ，且可用下式表示：

$$\lambda = \frac{1.225}{\sqrt{U}} (\mathrm{nm}) \tag{1.2}$$

式中，U 为电子在真空中的加速电压(V)。表 1-1 给出了不同能量 E 的电子波长 λ。

表 1-1　不同能量的电子波长

E/eV	10	100	1000	10000
λ/nm	0.39	0.12	0.039	0.012

由式(1.1)可见，这种电子波长的缩短，就为提高电子显微镜的分辨率提供了巨大的发展空间。1931 年，在德布罗意物质波理论的指导下，Knoll 和 Ruska 通过电子源和磁透镜的精心设计，研制出国际上首台电子显微镜，到 1933 年，他们的电子显微镜的放大倍率已达 8000～12000，分辨率首次超过最好的光学显微镜。5 年之后，Ruska 将电子显微镜的空间分辨率提高到 7nm，从而在人类历史上首次实现了纳米成像，并将其用于研究生物学问题。1938 年，首次研制出扫描电子显微镜(scanning electron microscope, SEM)，1965 年，英国剑桥大学开始研制扫描透射电子显微镜。随着加速电压的提高和磁透镜像差性能的改进，透射电子显微镜(transmission electron microscopy, TEM)的分辨率也由数纳米精确到亚埃(0.01nm)量级。尤其是进入 20 世纪 80 年代以来，随着样品玻璃化冷冻技术、亚微米切片技术和样品高精度旋转台技术的发展以及层析算法的改进，电子显微镜 CT(层析)技术获得了飞速发展，目前获得的最佳空间分辨率已达 4～6nm，是目前生命科学研究领域里获得三维纳米分辨结构图像的最重要手段。

但是，电子显微镜需要在真空环境下工作，而且还要受到电子在物质中散射特性的限制，样品厚度极其有限，一般只有数百纳米，无法直接获得完整细胞的三维纳米分辨图像。

1.4　X 射线显微纳米成像技术及其局限性

1895 年伦琴发现 X 射线，不久 X 射线就被应用于透视成像。X 射线不仅对物质具有良好的穿透特性，而且由于其波长一般处于 0.01～10nm 的范围，原理上，实现纳米成像是可行的。但是，任何物质对 X 射线的折射率都接近且小于 1，利用类似于可见光的透镜效应来实现对 X 射线的聚焦和放大是十分困难的。人们最早是利用晶体对 X 射线的衍射效应实现对具有晶体结构的目标的纳米成像，一个典型的代表是于 1953 年，人们利用这种方法发现了 DNA 的双螺旋结构，从而不仅使分子生物学这门生命科学中最重要的学科诞生，还使人们认识到生命的本质仍是一种物理化学过程，别无他样。但是，自然界还包括许多非晶体物质，我们有无可能利用 X 射线成像获得它们的纳米结构呢？答案是肯定的。一种是利用菲涅耳衍射透镜实现对 X 射线的成像和放大，另一种仍采用上述的晶体衍射成像方法，并结合非晶的特点，利用了过采样技术。但上述两种方法均要求 X 射线源具有良好的相干性和高的辐射通量，X 射线激光在走向应用之前，只有在同步辐射源上才能得以实现。因此，尽管早在 1961 年就提出了 X 射线波带片的设计方案和在 1982 年就提出了过采样方法，但一直到 1976 年和 1999 年，才分别在同步辐射源上首次获得非晶体物质的 X 射线显微图像，而利用这两种方法获得完整的酵母细胞的三维纳米分辨图像则分别是在2004年和2005年，分辨率均为50nm。与电子显微镜相比，尽管目前空间分辨率还低约一个数量级，但它们可直接获得完整细胞的三维纳米分辨结构图像。目前存在的主要问题，一是空间分辨率还显不足，二是难以获得比酵母细胞更大的细胞的三维纳米分辨结构图像。对于波带片显微成像而言，采用的是水窗软X射线吸收成像原理，焦深太小，无法实现对大细胞的三维纳米分辨成像，尽管人们提出用相衬(相位衬度)成像的方法来解决此问题，但至今未见有好的结果报道。对衍射显微成像而言，由于探测器面积有限，可以接收的衍射图像的大小受到限制，目前也没有获得大细胞的三维纳米分辨结构图像。尽管也提出相应的对策，但要实现仍有大量的工作要做。由上面的介绍我们可以看出，在三维纳米分辨结构成像方面，虽经过近一个世纪的努力取得了很大进展，但至今我们还无法获得像完整大细胞这样样品的三维纳米分辨结构图像。

1.5 三维纳米成像在其他三类成像模式中的应用

人们利用各种显微镜不仅希望获得如上所述的样品三维纳米分辨“**结构图像**”，还希望获得其纳米分辨的表面“**形貌图像**”，并随着研究的深入，还希望进一步获得样品的三维纳米分辨的“**动态图像**”，以及三维纳米分辨的“**功能图像**”，以下对它们在这些应用领域里的技术研发动态，分别予以说明。

1. 纳米分辨表面形貌成像

所谓“纳米分辨表面形貌成像”，是一种特殊的三维纳米分辨结构成像，这种成像方法所获得的图像不涉及样品内部的纳米结构，只凸现其表面形貌的纳米结构特征。显然，这种成像方法首先要满足纳米分辨的要求，其次图像信息载体所携带的信息，一定要在纳米的尺度上反映信息载体和样品表面相互作用所产生的效应。首先发展起来的纳米分辨表面形貌成像方法就是前面提到的扫描电子显微镜，其信号载体是纳米尺度的聚焦电子束，它与样品表面相互作用后所产生的效应之一，就是样品表面的二次电子(SE)发射，通过在样品表面逐点扫描电子束并记录电子束焦点所在的空间位置及该位置在电子束作用下所产生的表面二次电子发射电流，则可构成样品纳米分辨表面形貌图像。这种方法的缺点是电子束中电子之间存在相互排斥作用，从而使扫描电子显微镜的分辨率不可能太高，即使采用冷阴极场发射体，空间分辨率也只有1nm左右。为了获得更高分辨率的表面形貌图像，20世纪80年代，Binning等先后发明了扫描隧道显微镜和原子力显微镜(AFM)，使系统的横向空间分辨率达到0.21nm，而纵向空间分辨率达到亚埃(0.01nm)水平，前者只能用于导电表面，后者则可用于任何物质的表面。上述两种表面形貌成像方法，是分别通过扫描探针与样品表面之间相互作用所产生的隧道电流和原子力而得以实现的，其分辨本领的理论分析比较困难。

人们一直希望能突破光学衍射极限,利用光学方法获得纳米的空间分辨本领，这方面的研究首先在表面形貌成像领域展开。早在 1928 年，Synge 就提出一种可以获得样品表面形貌的超衍射极限空间分辨率的方法。其想法很简单，首先实现一种光源，其尺寸远小于波长，并将此光源靠近样品，这样就可以利用此光源照亮样品表面的一个亚波长斑点。通过光源沿表面扫描并记录透射光或散射光，即可获得样品表面的亚波长分辨图像。最早在可见光范围内实现近场显微的是 Pohl 和 Lewis，他们分别于 1984 年和 1987 年完成。可见光范围内实现近场显微主要的难点是如何产生这样的光源并具有足够高的光强，以及如何使纳米光源接近样品表面。关于光源部分，有两种基本方案：一是利用表面镀有金属的光锥，锥顶的直径约 20nm，输入的激光束在光锥顶形成隐失波去照明样品，用普通的显微镜头在远场收集隐失波在样品表面产生的散射光；另一种办法是利用普通的光源照亮样品，用靠近样品表面的光锥去收集样品表面产生的隐失波。目前，这种方法可获得的空间分辨率为 20nm 左右。近年来还在利用超透镜获得宽场的超衍射极限分辨的表面形貌图像，但有关研究的进展还是极其初步的。光学表面纳米成像的进展，不仅表现在近场表面形貌的成像方面，还表现在 20 世纪末到 21 世纪初先后发展了红外近场纳米成像、尖端增强拉曼散射(tip enhanced Raman scattering，TERS)纳米成像和尖端增强相干反斯托克斯拉曼散射(tip enhanced coherent anti-Stokes Raman scattering，TE-CARS)纳米成像等。不过后面提到的几种表面纳米成像方法获得的不是样品表面的形貌图像,而是表面分子的分布图像，但所给出的表面分子的空间定位精度在纳米分辨水平。

关于远场的光学纳米成像，人们首先从荧光标记成像入手，早在 1994 年，Hell 打破光学设计的定向思维模式，首次提出利用物理光学手段，采用受激辐射耗尽(stimulated emission depletion，STED)的方法改造光学系统的点扩展函数，达到纳米分辨的目的。接着，2006 年，多种基于单分子定位的方法——光激活定位显微(photo-activated localization microscopy, PALM)、随机光学重建显微(stochastic optical reconstruction microscopy, STORM)等被提出。此外，还有结构光照明显微(structured illumination microscopy, SIM)等成像方法。这些方法的提出解决了荧光宽场三维纳米成像问题，获得了许多荧光标记的亚细胞结构三维纳米分辨图像和半导体自体荧光三维纳米分辨图像等。在发展光学非标记分子识别三维纳米成像方面，包括红外方法和相干反斯托克斯拉曼散射 (coherent anti-Stokes Raman scattering，CARS)方法，已取得了重要的研究进展。不过直到目前，这些技术还不够成熟，仍在大力发展之中。

2. 动态纳米成像

所谓“动态纳米成像”，是指物质分子或其纳米结构在运动的过程中所获得的系列纳米图像,并以纳米的空间分辨记录样品分子或纳米结构随时间的变化过程。这种纳米成像方法与上述其他成像方法的主要不同之处在于引进了时间变量，从而或者能够反映分子或物质纳米结构随时间在空间位置上所发生的变化过程，或者能够反映分子之间或分子与物质纳米结构之间的相互作用过程。运动是物质的基本属性，纳米分辨动态成像反映的正是物质介观和微观的运动过程，是自然界普遍存在的现象。但是，这种成像方法的实现与上述其他方法相比要困难得多，这是因为利用所发展的成像方法，不仅要获得纳米的空间分辨率，还要根据物质动态过程的快慢获得足够高的时间分辨率。事实上，对于运动目标，其空间分辨率是在高的时间分辨率的前提下实现的，否则表现出的空间分辨能力将由于目标的运动而降低。另外，在纳米分辨的前提下，还要实现时间分辨，在如此小的时空范围内要获得满足信噪比要求的信号，则要求所采用的探测器要具有足够高的探测灵敏度。随着基础研究的深入，几乎各个研究领域都需要这种成像技术，尤其是生命科学研究要求更为迫切。由于光学成像方法具有响应时间短、非侵入和多参量等突出的优点，又可以使样品处于自然状态，它是诞生最早、发展最快和应用最广的纳米分辨动态成像方法。其中最先发展起来的是荧光共振能量转移(fluorescence resonance energy transfer，FRET)方法，其工作原理早在 1946 年就由 Förster 提出来了。FRET 方法是借用分子之间偶极子与偶极子相互作用的特性来实现纳米分辨的。在采用这种方法时，首先将细胞内两种可能发生反应的分子，分别用不同的荧光分子(供体分子与受体分子)进行标记，发生反应时，它们之间的距离在 1～10nm，此时若通过光激发供体荧光分子，就会发生荧光共振能量转移过程，使供体分子发出荧光能量转移给受体分子，使受体分子受激发而产生波长更长的受体分子荧光。这既是一种动态成像，也是一种功能成像。另一种纳米分辨动态成像方法是单分子追踪，它在动力蛋白、酶、RNA 聚合酶和细胞信号蛋白等生物分子动态性质研究中具有重要的应用价值。第一个单分子追踪实验是于 1995 年在全内反射后向显微镜上完成的，重点要解决的问题是如何从强的背景中记录标记在单分子上的荧光分子所发出的荧光，并能记录被标记分子所走过的轨迹。利用全内反射产生的隐失波去激发荧光，使背景光大大减弱，从而凸现了荧光信号，使单分子动态过程得以记录。现在已发展了多种成像方法来研究分子的运动过程，尤其是我们最近发展的动态纳米成像方法，即基于变形光栅与双螺旋 PSF 的显微成像(distorted-grating and double-helix PSF combination microscopy，DDCM)，可以在全细胞范围内记录多分子的运动轨迹。此外，纳米分辨动态成像还用于研究亚细胞结构运动和变化的动态过程，包括脂筏、囊泡、脂滴、线粒体、核内体、溶酶体等的运动和变化。所采用的成像方法包括近年来发展的 STED、PALM、STORM 以及 SIM 等纳米分辨方法，它们被应用于动态成像还是近几年的事。STED 采用点扫描方法，在小画幅工作状态下可获得视频的图像获取速率。PALM 和 STORM 采用宽场成像模式，为获得高的分子定位精度，需获取多幅源图像才能组成一幅某一瞬间的图像，图像获取速率目前仅为 1 幅/s 左右。结构光照明模式可获得较高的图像获取速率，但空间分辨率受到限制。上述方法目前只能获得二维纳米分辨动态图像，三维纳米分辨动态成像还有待进一步研究。因此，目前还没有一种较为理想的纳米分辨动态成像方法，有关研究正在进行之中。当然，人们也在企图利用电子显微镜获得纳米分辨动态图像，其中包括利用玻璃态快速冷冻特性获取活细胞内的动态信息，以及利用超短光脉冲产生的快速光电效应获取分子结构动力学的有关动态信息等。

3. 功能纳米成像

所谓“功能纳米成像”，是指图像信息载体所携带的信息是样品的某种功能信息，而不是前面所说的样品结构信息。这种图像信息可以是某种分子在空间上的分布信息，也可以是荧光强度、荧光寿命、pH、氧代谢和糖代谢等信息。当然，各种功能信息也会随时间而发生改变，这就需要获得动态功能纳米分辨图像。功能成像最早是在宏观领域发展起来的，空间分辨率在 mm 甚至 cm 量级，诸如脑功能成像、氧代谢和糖代谢功能成像等。发展这些成像方法的目的，一方面是更深刻地认识人类自身，例如人是如何学习、思维和产生意识的；另一方面是实现疾病的早期诊断，希望在器质性病变发生之前，通过了解新陈代谢的改变预示未来可能产生的疾病及应采取的预防措施。在其他自然科学的研究中，功能成像的例证更多，例如温度场分布、辐射的空间分布等。功能纳米成像则是在分子水平上研究细胞内和细胞间所发生的功能变化的一种重要的成像方法和手段，可以用来研究亚细胞结构的功能及变异、细胞之间的能量和信息交换功能及变异、药物分子与细胞内分子相互作用及效应等。功能纳米成像还在材料、化学、物理等基础研究领域具有重要的应用价值。功能纳米成像早有尝试，前面提到的 FRET 显微成像实际上也是一种功能成像方法，它给出细胞内两种被标记的分子是否会发生生化反应的功能信息。近年来，人们为获得活细胞内的有关功能信息，除了发展磁共振成像外，还在大力发展各种光谱功能成像的方法和手段。

本书由八章组成。第 1 章为概论。第 2 章论述了纳米成像基础，重点阐述纳米成像中的一些基本概念，包括点扩展函数及其傅里叶变换、极限分辨率、图像对比度、噪声和探测灵敏度等。尽管这些概念在其他成像领域也有应用，但在纳米成像领域有其特殊的含义。该章还讨论了纳米成像的共同物理基础、基本原理以及实现纳米成像需要解决的基本问题等。第 3～8 章分别论述了结构、形貌、荧光、非标记、动态和光学功能等纳米成像的原理、方法、系统和性能等。在结构纳米成像中，重点介绍了电子显微镜和 X 射线显微镜，对三维结构纳米成像进行了较为系统的分析。在电子显微镜方面重点介绍了透射式全场和扫描显微镜，尤其涉及分辨率的提高和三维成像的相关问题。在 X 射线显微镜方面，重点涉及水窗吸收成像、光子能量达 keV 的 X 射线相衬成像和非晶样品 X 射线衍射成像。在形貌纳米成像方面，论及扫描隧道显微镜、原子力显微镜、近场光学显微镜和扫描电子显微镜等。每种显微镜将主要涉及其要点和特色，并对它们的应用特点进行了比较。在荧光纳米成像中，重点讨论了突破衍射极限的方法和手段，实现特异性标记的材料和方法，尤其对改造点扩展函数的 STED 方法和单分子定位的方法进行了详尽的讨论和分析。在非标记纳米成像一章重点讨论了突破衍射极限和提高灵敏度的方法与手段，以及表面增强拉曼散射(surface enhanced Raman scattering, SERS)和 CARS 的有关问题，尤其要结合我们的工作对获取超宽带 CARS 的有关问题进行深入的讨论。在动态纳米成像方面，重点论述了同时实现时间和空间分辨的方法与手段，尤其对我们正在发展的全细胞内多分子运动轨迹记录和分析的方法与手段进行概述，对亚细胞结构的运动及与分子相互作用的动态过程进行成像的有关问题展开讨论，并对分子结构动力学的有关成像问题进行分析。在光学功能纳米成像一章，重点论述了在纳米分辨下功能信息获取的特点、方法和手段，除了进一步论及纳米荧光和磁共振功能成像外，重点介绍基于非线性光学的功能纳米成像和分子质谱功能成像，尤其是 CARS 功能纳米成像的意义及应用。过去，我们曾从事过动态电子显微镜的研究，近年来一直在从事荧光、CARS、超振荡和 X 射线的纳米成像，本书中相当一部分内容是我们自己研究工作的总结。最后是结语。书末附录列举了“纳米成像”相关专有名词中英文对照。

本书作者牛憨笨撰写了第 1～6 章及第 8 章，陈丹妮撰写了第 7 章和结语部分，修订了原稿 2.2.2 节中的内容。

我们希望本书的出版对从事纳米科技和生命科学研究的科技工作者，尤其是纳米成像研究的科技工作者、相关专业的研究生，以及制造与使用纳米成像仪器的人们都会有所帮助和借鉴。

第 2 章　纳米成像基础

2.1　引　　言

初看起来，纳米成像与已有的成像相比，只是空间分辨率的高低不同，并没有本质的区别。实际情况并非如此。第一，过去的许多成像方法原理上就达不到纳米分辨，例如，可见光或更长波长的光受衍射极限的限制，在远场的情况下无论如何改进成像系统的设计，空间分辨率也不可能达到纳米量级。这就需要另辟他径，寻求新的成像原理和方法。第二，我们之所以能获得样品的各种不同的图像信息，是由于图像信息载体与样品相互作用使信息载体发生了变化。在纳米分辨的情况下，图像信息载体与样品的相互作用和在宏观情况下可能有着本质的区别，从而使信息载体所携带的样品图像信息也会不同。这就需要研究在纳米分辨的条件下图像信息载体与样品作用的特殊性，从而正确理解所携带的图像信息的物理含义。第三，随着空间分辨率提高到纳米量级，图像信息载体与样品的作用区域减小,有时在样品的纳米区域内可能只有几个甚至一个我们所感兴趣的分子，即实现单分子的探测。在这种情况下，为了记录所感兴趣的图像信息，一方面要深入研究高灵敏度的纳米分辨成像方法，另一方面还要研究高灵敏度的探测器。第四，在纳米分辨的前提下，要获得短曝光时间的动态图像，不仅要设法提高纳米成像方法的图像信息获取速率，还需要解决获取纳米动态图像探测器的响应时间问题。第五，纳米分辨下的功能图像与低分辨下的功能图像可能具有完全不同的含义，主要给出分子水平的变化和功能，因此这时的功能成像方法完全不同于过去的正电子发射型计算机断层成像(positron emission tomography, PET)、磁共振成像(magnetic resonance imaging，MRI)等方法。

为正确解决上述问题实现纳米成像,本章将从纳米成像的一些基本概念入手，阐明纳米成像的基本原理和实现纳米成像需要解决的一些基本问题。

2.2　纳米成像中的基本概念

为了叙述方便和便于理解，这里先阐明纳米成像中的几个基本概念，包括点扩展函数及其傅里叶变换、极限分辨率、图像对比度、噪声和探测灵敏度。

2.2.1 点扩展函数及其傅里叶变换

点扩展函数是描述成像系统空间分辨本领的基本术语之一。点扩展函数扩展范围越小，成像系统的空间分辨率就越高。正像此名称所包含的意义，点扩展函数描述成像系统对点源的扩展性质。如果我们有一个点源，此点源的信息载体可以是声波、太赫兹波、光波、X 射线、荷电粒子、非荷电粒子甚至局域力等，经过成像系统，此点源的图像就变成一个有限大小的斑点。这种在空间上的扩展效应是由成像系统具有的空间滤波作用直接导致的。在空间上的一个点源可用δ函数表示，其空间频率的频谱k_x、k_y为无限宽。一旦由物方发出，可能就有信息丢失，再传到像方，高频分量可能被进一步滤除。首先，包括太赫兹波、光波和 X 射线等电磁波通过物体时，整个$(k_x^2+k_y^2)>k^2$带宽的隐失波丢失了。另外，由于物质对电磁波衍射特性的存在，不是所有其余的电磁波均可被收集，受成像系统孔径角的限制，有的电磁波被排除在外，从而进一步使带宽减小。利用收集到的缩小的空间频谱就不能重建出原来的点源，所得到的图像就变成了一个有限大小的斑点。在纳米成像中，由于采用的成像原理不同，所得到的点扩展函数的形式可能有所不同，但不同纳米成像系统的成像性质均可用点扩展函数描述，而其成像质量的改善本质上都是通过对点扩展函数的改进得到的。因此，点扩展函数是描述、比较和评价各种成像系统成像质量的一个基本概念和出发点，纳米成像也不例外。但纳米成像系统的点扩展函数求解则不同于通常的成像系统，这是因为在纳米尺度下，信息载体与样品物质的相互作用规律有其特殊性。这一点后面还将作详细讨论。

点扩展函数之所以重要，是因为它有两个重要的基本功能：一是具有对成像系统图像质量的评价功能；二是具有将物函数和图像函数相联系的功能。

通常，我们用点扩展函数的半高全宽来描述成像系统的极限分辨率。但单用极限分辨率的概念来评价成像系统的成像质量不够全面，而通过直接比较点扩展函数来评价成像系统又不够直观。一个较好的评价方案是对点扩展函数进行傅里叶变换，这即成像系统的频域传递函数，它包括幅度调制传递函数和相位传递函数。用频域传递函数评价成像系统的成像质量则更为直观和全面。不过，点扩展函数和频域传递函数之间的关系对于相干光和非相干光会有所不同。这一点后面还会作专门论述。

如果一个成像系统的点扩展函数不随空间位置的变化而变化，我们说此成像系统具有空间不变性。对于空间不变性成像系统而言，点扩展函数的另一个重要功能是将物函数和图像函数联系起来，只要已知点扩展函数和图像函数或物函数，就可方便地求出物函数或图像函数。不过，随着图像信息载体相干性的不同，上述关系也会有所变化，关于这一点，后面我们还会做进一步介绍。

2.2.2 极限分辨率

所谓纳米成像系统的极限分辨率即其最小可分辨的空间尺度。如上所述，如果我们已经求得纳米成像系统的点扩展函数，则其极限分辨率等于其点扩展函数的半高全宽。但一般来说，纳米成像系统的点扩展函数很难求得解析表达式，其点扩展函数通常只能数值求解。当然，在计算机高度发展的今天，点扩展函数的数值求解并非难事，但要从数值求解的结果中寻求改善点扩展函数的规律，从而获得优化的极限分辨率则是十分困难的。如果我们能获得一成像系统的极限分辨率表达式，则可寻求到优化点扩展函数的基本途径。

由量子力学可知，凡具有波粒二象性的粒子或波，它们的空间位置不确定性和动量不确定性满足海森伯测不准原理。若纳米成像系统采用具有波粒二象性的粒子或波作为信息载体，并能由测不准原理导出纳米成像系统的极限分辨率表达式，则这一关系式对所有采用具有波粒二象性的粒子或波作为信息载体的纳米成像系统都是适用的。若用 Δr 和 Δp 分别表示具有波粒二象性的粒子或波的位置不确定性和动量不确定性，由测不准原理可得[1]

$$\Delta r \Delta p > h \tag{2.1}$$

由动量 p 和波矢 k 的关系可知 $p=hk/(2\pi)$，并可得 $\Delta p=h\Delta k/(2\pi)$，所以

$$\Delta r \Delta k > 2\pi \tag{2.2}$$

而 $k=2\pi n/\lambda$ 和 $\Delta k=2k$，所以

$$\Delta r > 0.5\lambda / n \tag{2.3}$$

对于没有透镜的成像系统，其极限空间分辨率可由式(2.3)确定；对于有透镜的成像系统而言，波矢的最大变化范围是由成像系统的数值孔径决定的，其大小表示接收不同方向波矢的能力。而数值孔径决定的最大波矢变化范围一般小于上面的关系式所确定的大小，也即最小斑点较式(2.3)确定的还要大。数值孔径 $\mathrm{NA}=n\sin\theta$，θ 表示成像系统所确定的最大孔径角的半角，$\sin\theta$ 小于或等于 1；n 表示成像系统和样品之间空间的折射率。因此空间可分辨的最小斑点大小为

$$\Delta r > 0.5\lambda / \mathrm{NA} \tag{2.4}$$

对光波而言，式(2.4)即为衍射极限所确定的阿贝关系式。但式(2.4)是由测不准原理导出的，既适合于光波，也适合于太赫兹波、X 射线和物质波。其本质反映了物质对高空间频率波的散射作用。随波的性质不同，这种散射作用可来源于物质的各种亚结构、分子、原子核和电子，需对具体问题做具体分析。另外，从上面的推导过程可知，即使一个成像系统不包含成像透镜，只要图像信息载体是利用电磁波或物质波，例如各种没有透镜的衍射显微镜也存在极限分辨率的问题，其大小由测不准原理(2.3)给出。其本质即上面所说的待测样品对波的

各种散射作用。

上面公式的导出是建立在测不准原理的基础之上，但对于有透镜的系统，其中引入一个很重要的概念，波矢的最大变化范围是由成像系统的数值孔径决定的，这即通常所说的衍射限制。从本质上讲，衍射是物质中存在的场对入射波线性作用的集总描述。这种作用的结果，使部分入射波传播方向发生了改变。物质中所包含的结构越细，这种结构也越多，与入射波作用的概率越高，统计来说，改变入射波的传播方向的范围越大，只有更大的数值孔径才有可能收集到这些信息；相反，若物质包含的结构越粗糙，这种结构的数目也越少，与入射波作用的概率也越低，统计来说，改变入射波传播方向的范围也越小，用较小的数值孔径即可收集这些信息。可见，衍射的本质是物质对波的一种散射作用，是物质粒子性的一种基本属性。衍射极限是测不准原理在成像领域的存在形式。不论何种显微镜，衍射极限都是存在的，只是衍射极限所限制的极限分辨率不同而已。我们对各种物质波和电磁波的衍射受限所确定的空间分辨率应有估计，这对于研究、设计或应用纳米成像是非常重要的。

上面给出由测不准原理确定的成像系统的极限分辨率。但我们知道，为了实现远场成像，载波从物方有一传输过程。此传输过程是否存在极限空间分辨率？也就是说，当空间分辨率高于某一值时，此载波是否就不能传输了？若存在此极限，它与上述的测不准原理得到的结果是什么关系？下面我们就来回答这个问题。

在衍射存在的情况下，即使不用透镜成像，其传输波包含的最高空间频率由衍射确定，可由上面的式(2.3)确定。若能形成无衍射光束，是否可传输无限高空间频率的波呢？答案是否定的。

设有一各向同性空间，在 $z=$ 常数的平面上，设载波场 $\boldsymbol{E}$ 的空间谱为 $\hat{\boldsymbol{E}}$，根据线性关系则有[2]

$$\hat{\boldsymbol{E}}(k_x,k_y;z)=\hat{H}(k_x,k_y;z)\hat{\boldsymbol{E}}(k_x,k_y;0) \tag{2.5}$$

其中，$\hat{H}$ 称为互易空间传播因子，并有

$$\hat{H}(k_x,k_y;z)=\mathrm{e}^{\pm \mathrm{i}k_z z} \tag{2.6}$$

也称其为自由空间的载波传递函数。我们知道，纵向波数是横向波数的函数，即 $k_z=(k^2-(k_x{}^2+k_y{}^2))^{1/2}$，其中 $k=nk_0=2\pi n/\lambda$。式(2.6)的正负号表示波既可正向也可反向传播。$\hat{\boldsymbol{E}}(k_x,k_y;0)$ 是输入，$\hat{\boldsymbol{E}}(k_x,k_y;z)$ 是输出的传输波，$\hat{H}$ 是响应函数或传递函数。这里要说明的是，k_x、k_y 和 k_z 分别表示 x、y 和 z 方向的波矢的模，我们又可说它们分别代表三个方向可以传输的空间频率，但三者的平方和应遵循

如下关系：$k_x^2+k_y^2+k_z^2=k^2$。在式(2.5)中，若$(k_x^2+k_y^2)<k^2$，$\hat{H}$为振荡函数，是可以传输的波。对于$(k_x^2+k_y^2)>k^2$，则是指数衰减函数，这即不可传输的隐失波。因此，若离开物体波传输距离较远，隐失波贡献为 0，可以传输的空间频率$k_{\|}<2\pi n/\lambda$,其中$k_{\|}^2=k_x^2+k_y^2$,位于垂直于z轴的平面内。这里的n表示折射率。也即传输波携带的最高分辨元Δr_0应满足如下关系：

$$\Delta r_0>\lambda/(2n) \tag{2.7}$$

2.2.3　图像对比度

上述的点扩展函数及相应的传递函数可以用来评价成像系统空间分辨率的优劣，但图像质量的好坏不仅与分辨元的大小有关，还与各分辨元所携带的信息的丰富程度有关。以黑白图像为例，各分辨元之间的信息差异是使用不同灰度表示的，灰度层次越丰富，图像给出的信息量越大，图像质量越高。为了定量描述图像的这种属性，我们引入图像对比度的概念。这里应强调指出的是，上述的点扩展函数及其傅里叶变换，描述的是成像系统本身的属性，其好坏只与成像系统本身的性质有关。但上述的图像对比度描述的是由物函数经成像系统滤波所获得的图像函数的特性。图像函数所包含的信息量大小，不仅与成像系统有关，还与成像系统所选用的物函数的性质有关。同一拍摄目标，我们既可获得其彩色图像，也可获得其黑白图像，显然与选取的物函数密切相关。以黑白图像为例，一幅图像包含许多像元，每个像元具有一定的灰度值$g(x,y)$，其中一些像元灰度值最小，它们不携带图像信息，只是本底，记为g_0。我们定义每个像元处的图像对比度$c(x,y)$为

$$c(x,y)=(g(x,y)-g_0)/g_0 \tag{2.8}$$

一般来说，$c(x,y)$变化范围越大，则图像所包含的信息越丰富。对于数字图像而言，根据所选用的二进制位数不同，可对$c(x,y)$进行归一化处理。针对不同性质的纳米分辨图像，各像元的图像对比度$c(x,y)$表示不同的物理含义。因此，我们在选择成像方法时，一方面要看所选取的方法是否可提供高的空间分辨率，另一方面还要合理选用物函数，从而可在相同的成像系统下获得更佳的图像函数。

可以形成图像对比度的物理参数随图像信息载体与样品作用后产物的不同而不同，对于电子显微镜而言，信息载体电子束与样品作用后，其图像对比度可分别由样品对入射电子的弹性和非弹性散射系数、二次电子发射系数及俄歇电子特性等形成；对于 X 射线显微镜而言，信息载体 X 射线与样品作用后，其图像对比度可分别由样品对 X 射线的吸收系数、相位因子和散射系数等形成；对于光学显微镜而言，信息载体光波与样品作用后，其图像对比度则可分别由样品对光波产

生的各种荧光特性、样品对光波产生的各种散射特性和非线性效应以及样品对光波中的隐失波的散射特性等形成，不过其图像对比度仍由所选用的特定波长在不同部位的光强高低形成，而选定的波长各有其特殊意义。当然，还有一些纳米成像方法如扫描隧道显微镜和原子力显微镜等所获得的纳米分辨图像只是给出样品的表面形貌，其图像对比度是以离开某一参考面的距离大小而形成的。

为了获得高质量的纳米分辨图像，空间分辨率和图像对比度这两个参数必须同时考虑，一般来说，设计原则是：通过合理选取样品的物理参量，若在邻域内的不同像元间存在可区分的图像对比度，则应尽可能地提高空间分辨率。换句话说，即使选取物函数的最优参量，若像元小到邻域内的像元图像对比度无明显差别，再进一步提高空间分辨率就无意义了。不同的纳米成像，可能其图像包含的物理意义完全不同，但它们均可用具有不同图像对比度的空间分辨元来表示。因此，如何用图像对比度合理地表示图像的物理内涵是图像信息获取者要研究的重要课题之一。

在现有的纳米成像中，形成图像对比度的机制可分为两大类：结构图像对比度机制和功能图像对比度机制。功能图像对比度因实现的功能不同，形成的机制也不同，这一点我们将在后面的功能纳米成像中作专门的论述。在结构图像对比度机制中，尽管图像信息载体可能不同，但形成图像对比度的机制可以是一样的。为叙述方便，这里统一作介绍，以后只涉及其应用。各种三维结构纳米成像方法差异很大，但都利用的是透射强度、散射强度和相位等图像对比度机制。所谓透射机制是指利用图像信息载体强度透过待测样品的特性形成图像对比度。透过强度之所以发生改变，最直接的原因是待测样品对图像信息载体的吸收特性不同，例如，X 射线或其他辐射与样品相互作用产生光电吸收效应，从而使输入辐射强度受到光电吸收效应的调制而形成图像对比度。也有其他效应使图像信息载体强度通过样品时发生改变，例如，电子束透过样品时，电子束与样品中的原子核相互作用发生弹性散射使入射电子偏离了原来的运动方向，只要设法将偏离原来运动方向的电子滤除，则可得到原子核在物质中分布的透射电子束强度对比度图像。在这种图像对比度机制下，所获得的图像都是由图像信息载体强度受到样品的调制而形成的。所谓散射机制是指待测样品对图像信息载体所表现出的散射特性形成的图像对比机制。在这种机制下，所记录的不是直接透过的图像信息载体本身，而是图像信息载体中被待测样品所散射的部分。利用此图像对比度机制的成像方法通常称为暗场成像。实现这种图像对比度机制的核心是如何将透过样品的图像信息载体滤除。因为通常情况下透过样品的图像信息载体强度较散射信号强得多。目前针对不同的应用已发展了不同的暗场成像方法，有的用硬件实现，有的通过软件处理实现。所谓相位对比度机制是指利用图像信息载体透过待测样品时其相位改变特性形成的图像对比度。但这种图像对比度机制与前面的两种机制不同。

前面两种都是强度信号，可被探测器直接记录，而这种图像对比度机制所形成的相位分布、相位一阶或二阶导数分布无法用探测器直接记录。另外，为了获得图像信息载体与样品相互作用后的相位信息，要求图像信息载体本身要具有良好的时间和空间相干性。因此，实现这种图像对比度机制就必须满足如下两个基本要求：一是图像信息载体要具有相干性，二是要设法将相位或相位一阶或二阶导数转变为强度信息。关于前者，主要要解决各种源的相干性问题，根据不同的需求产生相干激光束、相干射线束和相干电子束；关于后者，主要要解决成像方法问题，目前已发展了多种将相位或其一阶或二阶导数转换为强度信息的成像方法。由于种种原因利用透射机制不能获得高对比度图像的情况下，利用这种成像机制有可能获得高质量的图像。当然，我们还可以利用全息方法同时获得样品透射强度和相位的纳米分辨全息显微图像。

2.2.4　噪声

噪声是影响纳米分辨图像质量的主要因素之一，在严重的情况下，噪声可淹没图像信息，使我们得不到所感兴趣的纳米分辨图像信息。下面主要介绍噪声的来源及噪声的表示方法。

噪声主要来源于各种量子过程。第一类噪声是信号感应噪声，也即信号本身存在涨落，这种涨落就是噪声。只要存在量子信号，就存在量子信号感应噪声，这种噪声一般可以用泊松分布的标准差表示，即若量子信号用 N 表示，则其信号感应噪声可表示为 $N^{1/2}$。不论图像信息载体是电子、X 射线光子还是可见光光子，其噪声均可用泊松分布的标准差表示。另一类噪声来源于图像信息载体转换过程，例如，将电子或 X 射线转换为可见光的过程，或者将可见光转换为电子或电子空穴对的过程，都会产生噪声。如果转换系数大于 1，例如，利用转换屏将高能电子或硬 X 射线光子转换为可见光光子，它们的转换系数均大于 1，有的甚至大于 1000，在这种情况下，转换系数也是一随机变量，其数学期望是一个大于 1 的数，但转换系数本身存在统计涨落现象，这种过程产生的噪声仍可用泊松分布的方差表示，即若转换系数为 T，则其噪声可表示为 $T^{1/2}$。但利用电荷耦合器件(charge coupled device, CCD)或互补金属氧化物半导体(complementary metal oxide semiconductor, CMOS)或其他光电转换器件将可见光转换为电子信号时，其转换系数均小于 1，设其数学期望值为 η，实际上每一次的光电转换系数不是 1 就是 0，在这种情况下，其噪声可表示为 $\eta^{1/2}(1-\eta)^{1/2}$。第三类噪声来源于成像系统中的各种信号放大器，设其信号增益为 g，其噪声可用泊松分布的标准差表示，也可用超泊松分布的方差表示，视具体情况而定。最后一类噪声来源于成像系统使用的离散化器件，随器件特点的不同可能会产生不同原因引起的噪声，例如，CCD、电子倍增 CCD(electron multiplying CCD, EMCCD)、CMOS、科学 CMOS(scientific CMOS, sCMOS)或增强 CCD(intensified CCD, ICCD)等不同的探测器。除了上面提到的各种噪声外，还会存在其他噪声，如热噪声、背景噪声、结构噪声等。由于噪声对纳米分辨图像的质量影响很大，关于噪声的具体处理方法，后面我们还会作专门的论述。

2.3　样品中的纳米结构与图像信息载体之间的相互作用

我们要实现纳米成像，就要研究样品中的纳米结构与图像信息载体之间的相互作用。一般实现纳米成像的信息载体包括电子、X 射线光子和可见光光子。因此，我们就有必要研究样品中纳米结构与电子、X 射线光子和可见光光子的相互作用。这种研究之所以有必要，是因为它们之间相互作用所产生的效应或者形成了图像对比度，或者会造成背景影响成像质量，在某些情况下还会使空间分辨率降低。

电子与样品中的纳米结构相互作用会产生电子弹性散射、非弹性散射，还会产生二次电子、俄歇电子和 X 射线特征谱等。为了利用电子与样品中的原子核发生的弹性散射形成纳米分辨图像对比度，第一要设法滤除发生过散射的电子，第二要使电子从统计来说在样品中只发生一次弹性散射。这样我们利用散射的电子实现纳米成像则可获得原子核在样品中分布状态的图像。因此，这里电子的散射特性就变得特别重要。样品太薄，得不到散射结果，所得图像没有对比度，也谈不上纳米分辨了。样品太厚，电子就会出现多次散射，尽管可能会产生对比度，但其物理意义难以得到解释。我们还可以利用电子与样品中的原子相互作用产生的二次电子、俄歇电子和 X 射线特征谱构成新的图像对比度，获得不同的电子显微图像。例如，表面电子扫描显微镜用二次电子作信息载体，而扫描透射电子显微镜则可利用上述各种信息形成图像对比度。电子在高压加速下形成的是物质波，波长很短，衍射极限所确定的空间分辨率远超过纳米分辨的要求。因此，在利用加速电子作为图像信息载体时，我们只需考虑两个基本问题：一是设计好的电磁透镜使其分辨率达到纳米级，二是合理选择加速电子与样品内原子相互作用产生的效应形成高的图像对比度。

X 射线对样品具有比加速电子更强的穿透能力，虽然其波长一般来说长于物质波，但对纳米分辨而言，其分辨率主要受技术条件的限制。因此，X 射线显微镜与电子显微镜一样只需考虑两个基本问题：一是成像方法；二是 X 射线与样品纳米结构的相互作用机制，利用所产生的效应形成高的图像对比度。由于 X 射线的穿透能力强，在纳米成像的情况下，后一个问题更突出。X 射线与样品纳米结构相互作用主要包括如下效应：光电吸收效应、X 射线的散射效应和 X 射线的折射效应。在一般的宏观成像条件下，由于分辨率低，在分辨元体积范围内，样品对 X 射线的光电吸收可形成高的图像对比度，因此不论目前的 X 射线透视成像还是电子计算机断层扫描(computed tomography, CT)成像均采用光电吸收效应形成高的吸收图像对比度。但对于纳米成像而言，要利用光电吸收效应在纳米体积分辨元内形成高的图像对比度就不那么容易，尤其对生物医学应用而言更是如此，只有利用小于 1keV 的水窗 X 射线光子通过光电吸收效应获得图像对比度较好的纳米分辨图像。样品纳米结构对 X 射线产生的折射效应将使通过样品的 X 射线相位发生改变，并且一般轻元素物质对 X 射线的折射因子是吸收因子的 1000 倍以上，在纳米分辨下有可能产生更好的相位对比度。但获得相位信息要求 X 射线要具有好的相干性，尤其要具有好的空间相干性。因此，人们基于较好的 X 射线相干源开展了相位衬度纳米成像。X 射线的散射一般是弹性散射，而康普顿散射只有在 X 射线光子能量在 MeV 量级的情况下才明显地表现出来。我们利用 X 射线的弹性散射可获得样品的暗场图像。因此，当我们要实现 X 射线纳米成像时，首先要关注 X 射线与样品纳米结构相互作用所产生的效应，分析在纳米分辨下有无可能利用相关效应获得所需要的图像对比度。否则，即使发展了很好的 X 射线成像元件和系统，所获得的纳米分辨图像也不理想，甚至是无意义的。

要利用紫外到红外的光子作为图像信息载体实现纳米分辨更是十分艰难的，首先遇到的问题是突破衍射极限的问题。但是，我们要提出一个观点，就是深刻理解上述光子和样品纳米结构相互作用产生的效应更为重要。这是因为，不仅这些效应要产生纳米分辨下足够的图像对比度，分析这些相互作用及产生的效应也有利于我们寻找突破衍射极限的途径和方法。从光学设计方面考虑，突破衍射极限达到纳米分辨是不可能的。只有通过分析光与物质的相互作用产生的效应，从物理上寻求突破衍射极限达到纳米分辨的途径和方法。光与物质相互作用的第一个效应就是在物质表面附近形成隐失波，它以负指数的形式在表面附近衰减，而样品表面附近纳米分辨的图像信息全在隐失波中，但它不具有传播的性质，我们只有就地探测或设法将其变成传输波在远场探测。光在物质中的传输，可能携带的物质高频空间信息的空间频率正如上面式(2.7)所示将小于 $2n/\lambda$。另一条实现光波纳米分辨的途径是将传输波转变为与物质分子相联系的发射光波。因为这些发射光波来源于物质中的分子，利用这种局域化特性和光谱特性，我们就有可能获得样品的光波纳米分辨图像。至于光与物质分子相互作用产生的效应，包括光吸收、光散射等效应。光吸收包括产生荧光的光电吸收和产生分子振动的红外吸收。荧光效应就是样品中的分子吸收传输光波中的光子产生荧光光子，从而一方面将传输光变成了发射光，另一方面使发射光的光谱与传输光的光谱不同，从而可设法以纳米的分辨本领定位此发射光来自何处，又可以通过光谱分辨将发射光与传输光分离开来。此发射光即荧光的一个突出优点是发射它的分子对传输光具有大的吸收截面，为10^{-18}～$10^{-13}cm^2$/分子，从而提供了高的灵敏度，为实现纳米分辨下的高图像对比度创造了条件。可见分子的荧光发射特性为实现纳米成像奠定了物理基础。为了改善分子的荧光发射特性，可以不利用样品本身的荧光发射特性而在样品中引入外源性荧光标记分子，我们要研究样品中哪部分的纳米结构和特性，就将荧光分子标记在哪里，从而为获得高质量的荧光纳米分辨图像创造了条件。这对生命科学研究尤其具有重要意义。同样，利用分子对红外线的吸收产生分子振动效应也可以获得纳米分辨图像，不过由于红外线波长更长，分子振动寿命更短，实现纳米分辨更为困难。光散射包括瑞利散射和拉曼散射。物质对光的散射界面很小，一般在10^{-32}～$10^{-28}cm^2$/分子，而非弹性散射即拉曼散射只占散射的10^{-8}～10^{-6}，绝大部分是弹性散射，即瑞利散射。但后来人们发现了两种非弹性散射是很强的，即表面增强拉曼散射和相干反斯托克斯拉曼散射，它们的强度是自发拉曼散射强度的 10^6 倍以上，从而为实现纳米分辨奠定了物理基础。这里所说的纳米分辨物理基础不仅在于提高了拉曼信号的灵敏度，还在于这些效应为实现纳米分辨提供了物理机制。一方面，这些散射效应提供了样品分子的指纹谱，可以用来识别不同种类的分子。另一方面，只要不同种类的分子在空间的分布在纳米尺度上是不均匀的，就为纳米成像提供了图像对比机制。将同种分子在空间上的分布以纳米分辨提取出来形成一幅图像，这即所谓的分子图谱。这里应特别指出的是，不论物质的光吸收还是光散射，当要在纳米尺度上研究光与物质的相互作用时，光的描述就不能再使用标量场，而必须使用基于麦克斯韦方程的矢量场。例如，设表面有 2nm 的凸起，其宽度为 6nm，这是典型的纳米尺度。图 2-1 给出此凸起分别为玻璃纳米粒子和金属银纳米粒子的实验结果。若是宏观的凸起，其金属凸起的反射是很高的，这里则正好相反。还可以举出许多其他纳米结构的例子，其对光波的响应与宏观结构是完全不同的。我们知道，对于宏观尺度而言，可认为物质是均匀的，这时光波与其相互作用的结果可用基尔霍夫标量场描述。对于纳米成像而言，我们研究的均是光波与样品纳米结构的相互作用，不论是基于荧光的成像、基于拉曼散射光的成像，还是其他光学超分辨成像，均应建立在矢量场理论，甚至基于分子场与光量子场相互作用的量子电动力学理论的基础上进行分析，否则所得结果就会有误。关于基于麦克斯韦方程的矢量场的处理可参考有关专著和论文[2-8]。至今在光学纳米成像领域，矢量场理论分析的文章尚不多，有待今后的深入研究和发展。

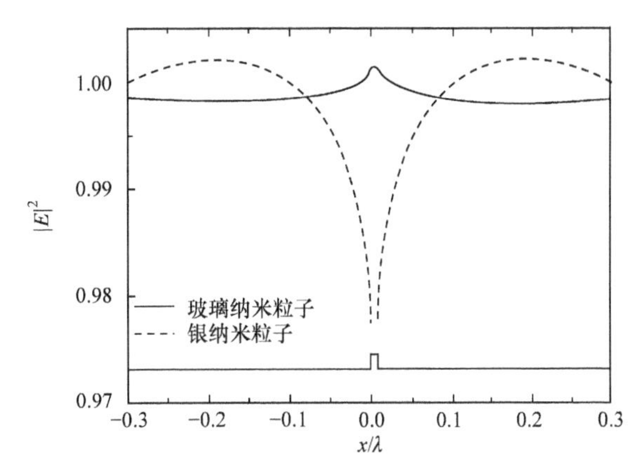

图 2-1　玻璃纳米粒子和银纳米粒子对光波的散射曲线

2.4　纳米成像原理

纳米成像有近场和远场之分，近场纳米成像只能获得样品表面形貌图像[9,10]，而远场纳米成像则可用于各种样品三维图像[11]。近场纳米成像多数无须使用成像器件，重点要解决微位移三维空间高精度定位问题与图像信号收集和探测问题，只有在图像信号载体使用光波和宽场成像时才需使用超透镜成像器件。远场纳米成像分为非透镜和透镜成像两种。非透镜成像如电子和 X 射线显微镜中的相干衍射成像，透镜成像则包括利用电磁透镜的电子束成像、利用波带片衍射透镜的 X 射线束成像和利用折射透镜的光束成像。一般来说，远场纳米成像均可实现宽场和三维成像，通过特殊设计也可实现扫描表面形貌成像和扫描三维成像，并可实现一些特种功能。可见，远场成像具有更强大的功能。

纳米成像有两种工作模式，即点扫描工作模式和宽场工作模式。

对于点扫描工作模式，为了实现纳米分辨，最少要满足如下三个条件：第一，在物面上，扫描斑点大小要达到所要求的纳米分辨率；第二，所用的扫描装置要具有亚纳米三维定位精度，而每次扫描的位移量要达到所要求的纳米分辨率；第三，在物面上，扫描斑点所产生的探测信号能被已有的探测器所记录，并具有一定的线性动态范围。显然，上述的第一点涉及纳米成像原理问题，是我们这里要重点讨论的。上述的第二和第三点属技术问题，为了实现纳米成像，也是必须要解决的问题。历史上有些纳米成像原理早已提出，但由于所涉及的某些技术问题当时无法解决，也只能束之高阁。有关技术问题我们将在后面相应的章节中予以讨论。

对于宽场工作模式，为了实现纳米成像，也需要满足三个条件：第一，在物面的宽场范围内能处处同时实现纳米分辨；第二，纳米成像系统能够提供足够大的放大倍率，使现有的像素尺寸为微米量级的面阵探测器可以记录所要求的纳米分辨图像；第三，上述的面阵探测器能记录物面上产生的探测信号，并具有足够大的线性动态范围，能反映宽场范围内所有的信号大小应有的比率关系。上述的第一和第二点涉及纳米成像原理问题，本章将会重点讨论，第三点留在稍后讨论。

2.4.1 点扫描模式下的纳米成像原理

在这种模式下要实现纳米分辨，所采用的基本原理是使被探测的图像信号在纳米的空间范围内产生，并使所产生的信号可被逐点扫描探测。目前，有两种实现的方式。一种方式是成像系统直接在纳米的空间范围内产生可被探测的图像信号，例如扫描隧道显微镜、原子力显微镜和近场光学显微镜，尽管它们的图像信息载体各不相同，分别是隧道电流、范德瓦耳斯力和隐失波，但这些成像系统的纳米分辨图像信号都是在纳米空间范围内直接产生和直接被探测器接收，不存在任何因传输使空间分辨率降低的问题，只要能精确实现三维空间的纳米微位移，通过扫描即可实现纳米成像。这种方式的好处是系统简单、空间分辨率高，但受其原理的限制，只能用于样品表面形貌纳米成像。另一种方式是通过改善点扩展函数形成纳米束斑，通过扫描获得样品的纳米分辨图像。这种方式要解决的核心科学问题是如何通过改善点扩展函数获得纳米束斑。目前有两条途径实现纳米束斑。一条途径是利用短波长的物质波或辐射波，通过透镜聚焦实现纳米焦斑，例如，现有的扫描电子显微镜是通过磁透镜的精心设计将高速运动的电子束聚焦实现纳米束斑，扫描式 X 射线显微镜则是利用波带片衍射透镜将 X 射线聚焦为纳米束斑。另一条途径是通过改造点扩展函数实现纳米束斑。光波较上述的电子束或 X 射线束具有许多突出的优点，但其波长长，受衍射极限的限制，利用通常的光学透镜无法获得纳米束斑。针对这种情况，早在 1952 年 Francia 就提出改造点扩展函数的概念[12]，但在实验上并未取得实质性进展，直到 1994 年 Hell 针对荧光显微成像提出了受激辐射耗尽的方法[13]才使点扩展函数改造的途径逐步见效，目前已使空间分辨率优于 20nm。点扩展函数改造的技术途径之所以能取得实质性进展，是由于在点扩展函数的周边引入了与中心处完全不同的物理机制，从而才有可能将点扩展函数中心与周边的信号完全分离，使空间分辨率突破衍射极限达到纳米量级。上述的改善点扩展函数的纳米成像方式不仅可获得样品表面形貌的纳米分辨图像，还可获得样品的三维纳米分辨图像，成像功能更为强大，应用范围更广。当然，与第一种方式相比较，成像系统将会变得更加复杂。

2.4.2 宽场模式下的纳米成像原理

所谓宽场模式，是指同时获取全视场图像信息的工作模式。在这种工作模式下可利用已有的面阵探测器记录样品的整幅纳米分辨图像。为此，要求所采用的成像方法，第一要提供纳米的空间分辨本领，第二要提供足够大的放大倍率。成像系统要能直接提供纳米的空间分辨本领，由测不准原理导出的衍射极限公式可知，所用的图像信息载体波长必须在纳米甚至亚纳米尺度，显然只有高速运动的电子等物质波或 X 射线等短波辐射才能满足此条件。当然，单靠波长短并不能实现纳米分辨，还必须或者精心设计物质波或短波辐射的衍射成像系统记录衍射图案，发展和应用新的算法，并通过傅里叶变换进行图像复原，获得样品的实空间纳米分辨图像[14,15]；或者通过精心设计聚焦物质波或短波辐射的聚焦系统，如电子显微镜中用的电磁透镜和 X 射线显微镜中用的波带片衍射透镜，提高这些透镜的精密性，从而扩大其数值孔径、减小其像差和改善极限分辨本领，使系统点扩展函数满足纳米成像的要求[16,17]。为了将上述的纳米分辨宽场图像记录下来，还需通过参数的合理设计使系统的放大倍率足够大，从而利用微米尺度像素的面阵探测器记录纳米分辨图像。

上面的短波长宽场纳米成像不受衍射极限的限制，可以较为方便地实现纳米成像。但是，由于电子须在真空中运行，X 射线具有辐射损伤，在许多场合难以应用。光波有其突出的优点，如非浸入性、多参量性和环境友好性等，尤其对生命科学研究，可使样品处于其自然状态实现近似无扰动成像。但是与上述的物质波或短波辐射相比较，光波波长要大三个数量级以上，受衍射极限的限制，无法直接获得纳米分辨图像，尤其在宽场模式下实现纳米成像难度更大。前面在点扫描工作模式下，我们利用点扩展函数改造的方法实现了纳米成像，这里要在宽场工作模式下实现纳米成像，仍需从点扩展函数入手，改善空间分辨率。目前，还没有一种可以普遍应用的光波远场纳米成像方法，已有的单分子定位方法只适用于外源性荧光标记的样品成像。这种标记在样品特定分子上的荧光团大小应不超过数纳米，并应具有随机开关特性。利用这种随机开关效应可以实现对荧光团的密集标记下的稀疏激发，稀疏的程度可以使样品内每个衍射受限的体分辨元内在每次曝光时间范围内最多只有一个荧光团发光。在这种情况下，每次曝光所获得的源图像空间分辨率仍受衍射限制，但每个彼此分离的光斑各自分别从一个荧光团发出，这样我们就可以利用质心定位的方法确定每个荧光团在样品中的三维空间位置，位置精度主要取决于探测器收集到的每个荧光团发出的光子数以及该探测器像元的大小。显然，只要每次曝光所记录的每个荧光团所发出的光子数足够多，达到荧光团在空间位置的纳米定位精度是没有问题的。例如，对每个荧光团若能记录 10000 个光子，考虑到随机涨落效应，定位精度较衍射极限就可提高 100 倍，达纳米量级。通过多次分时曝光，我们即可确定样品内每一荧光团所在的空间位置。再通过图像重构，即可获得所有荧光团空间分布的纳米分辨图像，也即被荧光团标记的分子空间分布的纳米分辨图像。依据这一原理已发展了多种荧光纳米成像方法[18,19]，并用于获取细胞内的各种功能和动态纳米分辨图像。

上面我们曾讲到，截至目前，对光波的宽场纳米成像的方法只能利用某些特殊的发光特性，通过重构点扩展函数实现纳米分辨。有没有一种普适的光波纳米成像方法呢？人们目前正在研究一种所谓的超振荡成像方法，希望通过此途径实现光波的纳米分辨。一般而言，我们所获得的光波成像系统的空间频率不可能超过其点扩展函数傅里叶变换的频谱范围。但并非在任何情况下都如此，在数学上可以找到一些特例，它们包含更高频率的分量，尽管其所携带的能量是很低的。我们之所以有可能获得超衍射极限的振荡，在物理上可用单色波的多重结构性干涉解释。人们正在实验上构建合理的衍射光栅，利用它通过平面单色波的多重干涉，在远场实现宽场纳米分辨。如果能通过超振荡实现纳米分辨，它将不再依赖样品的某些特殊的发光或散射特性获得超分辨，而变成一种利用传输的普适的光波纳米成像方法[20]。

2.4.3 图像信息载体的相干性及其对图像构成的影响

通常，纳米成像的图像信息载体，如辐射波或物质波，既具有粒子性，又具有波动性。上面已从测不准原理导出了极限分辨率的表达式，它由衍射极限决定，由信息载体的波长和成像系统的数值孔径决定。图像信息的传输特性不仅与信息载体的波长有关，还与信息载体的相干性有关。这里重点讨论一下纳米分辨图像构成与信息载体相干性的关系。

关于信息载体相干性，已有很多论文和著作讨论过，这里也略作表述[21]。图像信息载体的相干性表示图像信息载体作为波或电磁场的一种稳态干涉性质。波场相干的程度γ可以用它们重叠时导致的干涉图案的可视度(visibility) $V=\gamma$ 表示。通过波场幅度相加得到整个场分布，如果它们是相干的$(\gamma=1)$，将会产生干涉图案；如果它们根本不相干$(\gamma=0)$，则它们的干涉是混沌的，而图案的可视度不见了。因为不相干场之间不存在干涉现象，它们的强度则具有叠加性。

波场的相干通常用时间相干和空间相干来描述，它们可分别用时间相干长度和空间相干长度来表示，大于此值将不再具有相干性。时间相干是指在时间上分离的波场点之间或通过传播一段距离的相干性。时间相干程度可利用迈克耳孙干涉仪得到的可视度表示，它取决于辐射源的带宽$\Delta\lambda$。干涉消失的纵向间隔可由相干长度给出：

$$\ell_L=\frac{\lambda^2}{\Delta\lambda} \tag{2.9}$$

这即时间相干长度。时间相干长度越大，则相干性越好。空间相干性是指相隔一段横向距离的波场点之间的相干性。相干程度取决于在杨氏双缝实验中得到的可视度。由扩展的非相干源发射的波场在传播之后随着距离的增加变得越来越相干，例如，从一颗星星发出的光，尽管源是非相干的，但由于离我们很远，则表现出很好的相干性。按照 Cittert-Zernike 理论，由非相干源发出的光在远场相干的程度可由源的强度分布的傅里叶变换给出。在直径为 D 的圆形光源情况下，在距离 L 处对应于 $\gamma=0$ 时的横向间隔可表示为

$$\ell_T=\frac{1.22\lambda L}{D} \tag{2.10}$$

这即空间相干长度。空间相干长度越大，则相干性越好。不论是时间相干性还是空间相干性，都与其中心波长 λ 有关，这正说明相干性由信息载体的波动性决定。

在显微镜中，相干程度取决于其成像器件的设计并将影响图像构成方式。它关系到成像性质，例如分辨率、焦深和对比度。一般的透射显微镜工作在相干或非相干照明状态，薄物体的图像形成过程可用傅里叶光学方法进行描述。

在完全非相干的情况下，例如荧光样品成像，根本不存在干涉现象。因此，在强度上，图像的构成是线性的，图像强度 I 是点扩展函数(PSF)强度和物体强度 $O(x,y)$ 的卷积，即

$$I(M_x,M_y)=\left|\mathrm{PSF}(x,y)\right|^2\otimes O(x,y) \tag{2.11}$$

其中，M 表示图像的几何放大倍率，而点扩展函数由孔径函数 $A(\nu_x,\nu_y)$ 的傅里叶变换给出：

$$\mathrm{PSF}(x,y)=\mathcal{F}\left(A(\nu_x,\nu_y)\right)\equiv\int_{-\infty}^{\infty}\int_{-\infty}^{\infty}A(\nu_x,\nu_y)\mathrm{e}^{-\mathrm{i}2\pi(\nu_x x+\nu_y y)}\mathrm{d}\nu_x\mathrm{d}\nu_y \tag{2.12}$$

式中，ν_x 和 ν_y 分别相应于 x 和 y 的空间频率，对于衍射限制系统，其孔径函数由下式给出：

$$A(\nu_x,\nu_y)=\begin{cases}0, & |\nu|>\mathrm{NA}_0/\lambda\\ 1, & |\nu|\leqslant\mathrm{NA}_0/\lambda\end{cases} \tag{2.13}$$

其中，NA_0 是成像系统的数值孔径。点扩展函数的强度是艾里斑图案，也即圆形孔径的夫琅禾费衍射图案，r 表示中心圆斑的半径，称作瑞利分辨率：

$$r=\frac{0.61\lambda}{\mathrm{NA}_0} \tag{2.14}$$

在完全相干的情况下，样品被一平面单色波照明，成像系统的复振幅是线性的，图像强度的构成可由下式给出：

$$I(M_x,M_y)=\left|\mathrm{PSF}(x,y)\otimes O(x,y)\right|^2 \tag{2.15}$$

注意，这里在相干成像的情况下，$O(x,y)$ 是物体的复透过率函数，而不是物体的强度。

对该图像的一个直观的理解可认为它是物体在频域的光学传递函数(OTF)的低通滤波：

$$I(M_x,M_y)=\left|\mathcal{F}^{-1}\mathrm{OTF}(\nu_x,\nu_y)\cdot\hat{O}(\nu_x,\nu_y)\right|^2 \tag{2.16}$$

这里，$\hat{O}(\nu_x,\nu_y)$ 是物体透过率函数的傅里叶变换，在非相干情况下，光学传递函数由下式给出：

$$\mathrm{OTF}(\nu_x,\nu_y)=\mathcal{F}\left(\left|\mathrm{PSF}(x,y)\right|^2\right)=A(\nu_x,\nu_y)\otimes A(\nu_x,\nu_y) \tag{2.17}$$

它是一个随频率不断减小的函数，并在截止频率 $\nu_\mathrm{c}=2\mathrm{NA}/\lambda$ 处为零，这就意味着对比度相应地在下降。调制传递函数是光学传递函数的模，常用它来描述非相干系统的性能。

在相干情况下，光学传递函数由下式给出：

$$\mathrm{OTF}(\nu_x,\nu_y)=\mathcal{F}\left(\mathrm{PSF}(x,y)\right)=A(\nu_x,\nu_y) \tag{2.18}$$

这就意味着只要空间频率 $\nu=\mathrm{NA}_0/\lambda$ 就没有对比度损失而被传递；当频率 $\nu>\mathrm{NA}_0/\lambda$ 时，图像信号就不能传递了。因此，非相干成像系统具有更高的空间分辨率，但以牺牲对比度为代价，而相干系统具有更高的对比度，但牺牲了更高的空间分辨率。

多数显微镜既非完全相干，也非完全不相干，而是部分相干的。部分相干成像理论是由 Hopkins 早在 20 世纪 50 年代提出来的。如果照明的横向相干长度与物镜分辨率 r 相比是足够大的，部分相干将要影响图像的构成，它们之间的比值 $m=r/\ell_T$ 可以被用来定量描述相干效应的影响。对于数值孔径为 NA_c 的非相干照明聚光镜，上述比值由下式给出：

$$m=\frac{r}{\ell_T}=\frac{\mathrm{NA}_c}{\mathrm{NA}_0} \tag{2.19}$$

相干的情况对应于 $m=0$，完全非相干的情况对应于 $m=\infty$。对于不同 m，其调制传递特性如图 2-2 所示。

部分相干图像可认为是这样形成的，即对于每一点源它是相干的，而对于不同的点源它们相互之间又是非相干的，这样的部分相干图像则是不同相干图像的积，可表示为

$$I(M_x,M_y)=\sum\left|\mathcal{F}^{-1}\left(A(\nu_x,\nu_y)\cdot\mathcal{F}\left(O(x,y)\cdot\exp(\mathrm{i}\varphi_n)\right)\right)\right|^2 \tag{2.20}$$

这里，φ_n 相应于由聚光镜上点 n 入射到物体上的平面波的相位。通过适当设置孔径函数和照明条件，许多成像技术都可以用它来研究，例如暗场和相衬显微镜。

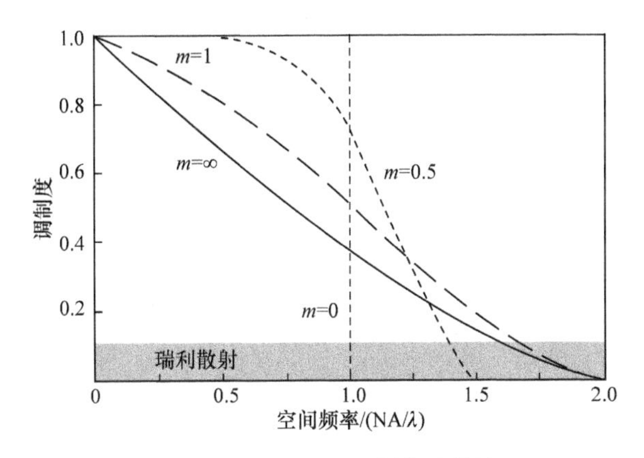

图 2-2　不同 m 的调制传递特性

孔径函数还可包含像差或散焦效应。应注意的是，上述方程只适用于薄物体，该物体可用一复透过率函数来描述。有限差分的数值方法可以用于厚样品，这样就可以处理样品中的多次散射效应。利用与波长有关的孔径函数 $A_\lambda(\nu_x,\nu_y)$ 和光谱加权积分还可以将色差包括进去。概括起来，图像可由下式给出：

$$I(M_x,M_y)=\sum_{\lambda}\sum_{n}S(\lambda)\cdot\left|\mathcal{F}^{-1}\left(A_\lambda(\nu_x,\nu_y)\cdot\mathcal{F}\left(E_n(x,y)\right)\right)\right|^2 \tag{2.21}$$

这里，$S(\lambda)$ 是光谱强度权值；$E_n(x,y)$ 是由聚光镜上点 n 发出通过样品的平面波传播的结果。该方法对评价部分相干对比度、分辨率和焦深的影响是非常有意义的。

这里还应指出，不论任何信息载体，只要上述各参量是考虑了具体情况给出的，上面给出的各表达式是普适的。

2.4.4　探测量子效率

纳米成像过程就是量子信息的获取、处理和显示过程，并随着分辨率的提高，单位像素内的量子涨落更为明显，为获得纳米分辨的图像信息，单位像素内的量子涨落一定不能淹没量子信息，否则我们就无法获得目标的纳米分辨图像。能够描述这种特性的参数就是这里要讲的探测量子效率(detector quantum efficiency，DQE)。

早在 1948 年，Rose 及其同时代人就注意到图像的质量最终是由形成图像的量子的统计特性决定的。他详细地研究了图像量子的定量关系。按照 Rose 理论，假设单位面积上的背景平均量子数为 $\overline{q}_{\mathrm{b}}$，目标给出的单位面积上的平均量子数为 $\overline{q}_0$，形成的对比度为 $C=(\overline{q}_{\mathrm{b}}-\overline{q}_0)/\overline{q}_{\mathrm{b}}$，Rose 定义信号是由目标的存在导致图像量子数的增量，即 $A(\overline{q}_{\mathrm{b}}-\overline{q}_0)$，他定义噪声是同面积均匀背景量子数的标准偏移量，若背景量子服从泊松分布，则噪声可表示为 $\sigma_{\mathrm{b}}=\sqrt{A\overline{q}_{\mathrm{b}}}$，这样 Rose 所定义的

信噪比(SNR)可表示为

$$\mathrm{SNR}_{\mathrm{Rose}}=\frac{A\left(\overline{q}_{\mathrm{b}}-\overline{q}_{0}\right)}{\sqrt{A\overline{q}_{\mathrm{b}}}}=C\sqrt{A\overline{q}_{\mathrm{b}}} \tag{2.22}$$

Rose 所进行的实验表明，为了可靠地探测目标，上述的信噪比近似为 5 或更大。显然，Rose 理论有其严重的局限性。首先，按照 Rose 式(2.22)的定义，其噪声只是对于统计不相关的图像量子适用；另外，基于测量图像数据来估计噪声的方法可能导致较大的误差。为解决有关问题，特别是统计不相关问题，人们在 Rose 的理论基础上，引入了探测量子效率的概念[22-24]，从而可以处理成像过程中复杂的量子过程。探测量子效率的定义是

$$\mathrm{DQE}=\mathrm{SNR}_{\mathrm{out}}^{2}/\mathrm{SNR}_{\mathrm{in}}^{2} \tag{2.23}$$

即探测量子效率等于成像系统输出信噪比的平方与输入信噪比的平方的比。

基于这一概念，对一个复杂成像系统的分析，我们可以将其在物理上分成若干级联级，然后逐级求解它们的信号和噪声，最后求得整个成像系统的探测量子效率。例如，对图 2-3 所示的 X 射线纳米分辨显微成像系统，最后 X 射线转换为可见光并被光学系统耦合到 CCD 上的量子过程可分为四个过程：对 X 射线光子的吸收；X 射线光子转换为荧光光子；利用光学透镜将转换屏上的可见光图像成像到 CCD 接收器上；最后由 CCD 接收器将光子一个像素一个像素地转换为电子空穴对，并一个像素一个像素地将正负电荷分离，通过电荷耦合转移形成数字信号。

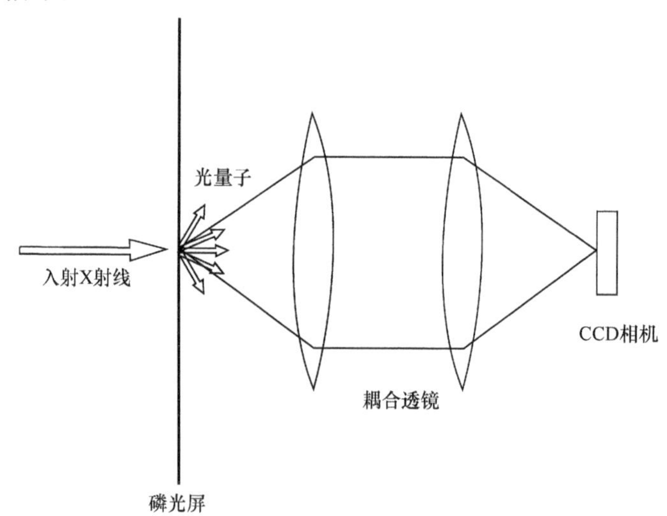

图 2-3　X 射线纳米成像中光子转换为 CCD 电子信号的过程

系统包括转换屏、磷光屏、耦合透镜和 CCD 相机，耦合透镜的放大倍率足以使转换屏分辨本领为 CCD 像素大小可分辨

若不包括光子到电子空穴对的转换，可分成三个量子过程，即 X 射线光子吸收、X 射线光子到可见光光子的转换，以及光学系统到 CCD 的耦合，表 2-1 给出每一过程的增益或耦合系数以及每一级级联后的量子计数。设第一级输入一个 X 射线光子，转换屏对 X 射线的吸收系数为 0.5，因此经第一级后的量子计数为 0.5。第二级反映的是 X 射线光子转换为可见光光子的过程，转换系数为 100，第二级最后的量子计数为 50。第三级反映的是光学系统对可见光的耦合系数，对四面八方产生的荧光而言，一个好的光学系统的耦合系数正如表中给出的，也就是 0.02，因此，最后第三级的量子计数为 $50 \times 0.02 = 1$。经过上述的三级系统，输入一个 X 射线的光子，输出到 CCD 上只有一个可见光的光子。

表 2-1　不同级的量子过程

量子过程 i	增益/效率 g_i	超泊松方差 ε_{g_i}	量子计数 P_i
1	0.5	−0.5	0.5
2	100	0	50
3	0.02	−0.02	1

将上述各级的量子过程用一个量子计数图来表示，如图 2-4 所示。

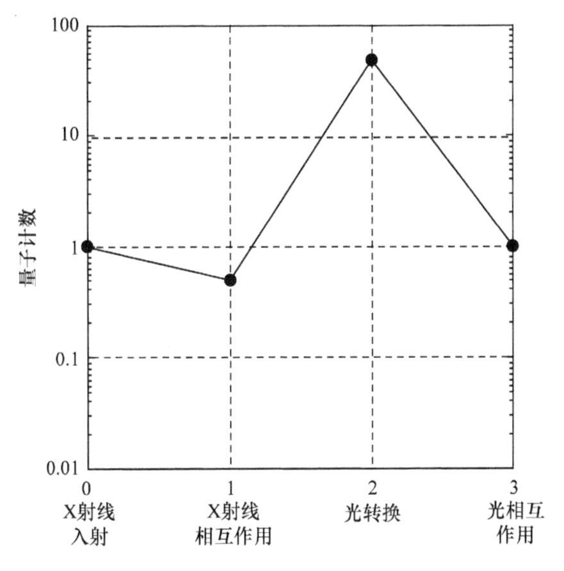

图 2-4　量子过程的量子计数图

上述的量子计数图方法的优点之一就是每一数值都具有直接的物理意义，一个系统设计者可利用它选择特定的因子，如光子增益、光学数值孔径，来获得最优化系统性能。利用这种方法，最容易找到系统中存在的量子效率或耦合系数最低的“量子坑”，它使信噪比严重变低。通过这种设计过程，就可以尽量避免“量子坑”的出现。通过级联可以把整个系统的探测量子效率求出来，两级之间的关系如下式所示：

$$N_i = \overline{g_i}\,\overline{N}_{i-1},\quad \sigma_{N_i}^2 = \overline{g_i}^2 \sigma_{N_{i-1}}^2 + \sigma_{g_i}^2 \overline{N}_{i-1} \tag{2.24}$$

其中，$\sigma_{N_{i-1}}^2$ 和 $\sigma_{g_i}^2$ 分别是 N_{i-1} 和 g_i 的方差。如果增益是确定的，则 $\sigma_{g_i}^2 = 0$；如果 g_i 呈泊松分布，则 $\sigma_{g_i}^2 = \overline{g_i}$。另外，上式中的增益也可能表示相互作用的概率或者耦合系数，这时则为二进制选择过程，可能的值则不是 1 就是 0。在这种情况下，$\sigma_{g_i}^2 = \overline{g_i}\left(1-\overline{g_i}\right)$。如果上述 N_i 不服从泊松分布，可引入一超泊松项 ε_{N_i}，它等于超过 $\overline{N}_i$ 分布的相应的方差量：

$$\varepsilon_{N_i} = \frac{\sigma_{N_i}^2}{\overline{N}_i} - 1 \tag{2.25}$$

在 ε_{N_i} 和 $\sigma_{g_i}^2$ 之间也存在同样的关系。从而，可得到第 i 级和第 $i-1$ 级之间的超方差表达式为

$$\varepsilon_{N_i} = \frac{\overline{g_i}^2 \sigma_{N_{i-1}}^2 + \sigma_{g_i}^2 \overline{N}_{i-1}}{\overline{N}_i} - 1 = \overline{g_i}\left(1+\varepsilon_{N_{i-1}}\right) + \varepsilon_{g_i} \tag{2.26}$$

下面三种特殊情况有助于我们对超方差的理解。第一种情况是 N_i 服从泊松分布，这时 $\sigma_{N_i}^2 = \overline{N}_i \left(\sigma_{g_i}^2 = \overline{g_i}\right)$，并有 $\varepsilon_{N_i} = 0 (\varepsilon_{g_i} = 0)$；第二种情况是 g_i 是确定的，不存在统计方差，这时 $\sigma_{g_i}^2 = 0$ 和 $\varepsilon_{g_i} = -1$；第三种情况是 g_i 表示二进制选择，$\sigma_{g_i}^2 = \overline{g_i}\left(1-\overline{g_i}\right)$ 和 $\varepsilon_{g_i} = -\overline{g_i}$。

第 i 级的 DQE 可定义为

$$\mathrm{DQE}_i = \frac{\mathrm{SNR}_i^2}{\mathrm{SNR}_{i-1}^2} = \frac{\overline{N}_i^2 / \sigma_{N_i}^2}{\overline{N}_{i-1}^2 / \sigma_{N_{i-1}}^2} \tag{2.27}$$

在只有增益和超泊松噪声存在的情况下，有

$$\begin{aligned} \mathrm{DQE}_i &= \frac{\overline{N}_i (1+\varepsilon_{N_{i-1}})}{\overline{N}_{i-1}(1+\varepsilon_{N_i})} \\ &= \frac{\overline{g_i}\,\overline{N}_{i-1}(1+\varepsilon_{N_{i-1}})}{\overline{N}_{i-1}\left[1+\overline{g_i}(1+\varepsilon_{N_{i-1}})+\varepsilon_{g_i}\right]} \\ &= \frac{1+\varepsilon_{N_{i-1}}}{1+\varepsilon_{N_{i-1}}+(1+\varepsilon_{g_i})/\overline{g_i}} \end{aligned} \tag{2.28}$$

这一结果表明，一般来说，每一级的 DQE 取决于来自前一级的超泊松量子分布。在所有的过程均为泊松分布的情况下，DQE 只能用系统参数表示出来，由此可知，将系统的 DQE 表示为独立项的乘积一般来说是不适宜的。作为上面的一个特殊情况，当 g_i 表示二进制探测或耦合效率时，$\varepsilon_{g_i}=-\overline{g_i}$，$\mathrm{DQE}_i=\overline{g_i}$。若增益是一确定的值，$\varepsilon_{g_i}=-1$，不论输入是什么分布，$\mathrm{DQE}_i$ 将为 1。

下面讨论多级零频 DQE 问题。若每一级都服从泊松分布，这种情况是经常发生的，在这种情况下，M 级系统的 DQE 可作如下表示：

$$\mathrm{DQE}_{1,M}=1\Bigg/\left[1+\sum_{i=1}^{M}\left(\frac{1+\varepsilon_{g_i}}{P_i}\right)\right] \tag{2.29}$$

其中，$P_i=\prod_{j=1}^{i}\overline{g_j}$。$P_i$ 等于所有各级包括第 i 级平均增益的乘积，该乘积就是我们通常所说的第 i 级零频量子计数，利用图形来显示 P_i 的值就是我们上面给出的量子计数图(图 2-4)。式(2.29)给出了 P_i 和 DQE 的关系，表明只有和式远大于 1，即

$$P_i \gg 1+\varepsilon_{g_i},\quad i=1,2,\cdots,M \tag{2.30}$$

系统的 DQE 才接近 1。若式(2.30)在任何一级都不成立，系统的 DQE 将会变低。具有最少量子数的级被称作“量子坑”。这种级常常具有最低的 DQE_i 值。量子坑将导致系统的 DQE 下降。

但是上述的量子计数图方法存在局限性，即在通常的量子计数图方法中都假设所有二级量子和初始相互作用的量子在图像中具有相同的位置，这就是说这种方法不包含散射或扩散所导致的有限空间分布问题，如图 2-5 所示的荧光引起的光扩散问题。为了在理论上很好地解决上述问题，我们将空域问题变换为频域问题，将卷积问题变成乘积问题，使多级级联的空域复杂问题变得简单易行。

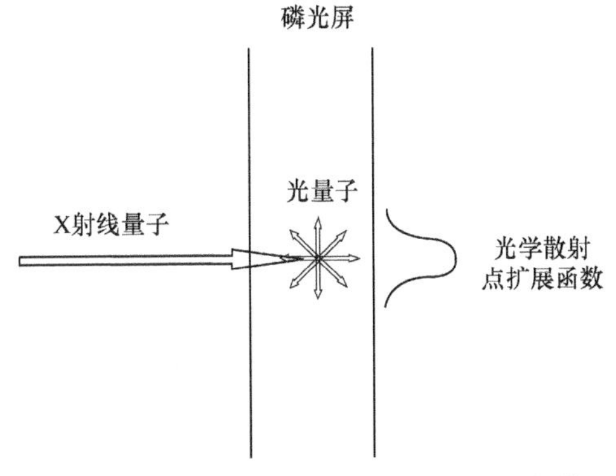

图 2-5　X 射线通过磷光屏转换为可见光的光扩散示意图

我们也可以说上面的量子计数图 2-4 是零频量子计数图。下面将要给出多级

级联与空间频率有关的探测量子效率。这一结果包含了散射二次量子过程和超泊松过程对噪声功率谱(noise power spectrum, NPS)的影响。此外，还引入了与空间频率有关的量子计数图模型来描述成像系统中量子流量传播过程。后面将会看到量子计数图模型与空间频率相关的探测量子效率之间存在一直接的关系，并且成像系统的探测量子效率在各级噪声特性已知的情况下可由量子计数图确定。

为此，我们引入噪声功率谱的概念，它表示稳态遍历性随机过程 $d(x,y)$ 在均匀图像中产生的噪声的傅里叶变换。若噪声功率谱用 $\mathrm{NPS}_d(u,v)$ 表示，则有

$$\mathrm{NPS}_d(u,v)=\lim_{X,Y\to\infty}E\left\{\frac{1}{2X}\frac{1}{2Y}\left|\int_{-X}^{X}\int_{-Y}^{Y}\Delta d(x,y)\mathrm{e}^{-\mathrm{i}2\pi(ux+vy)}\mathrm{d}x\mathrm{d}y\right|^2\right\} \tag{2.31}$$

其中，E 表示期望操作；$\Delta d(x,y)$ 表示自协方差，$\Delta d(x,y)=d(x,y)-E$；u 和 v 分别表示 x 和 y 方向的速度。我们引入噪声等效量子数(noise equivalent quanta,NEQ)的概念，对于一线性系统，噪声等效量子数的傅里叶变换可表示为

$$\begin{aligned}\mathrm{NEQ}(\overline{q},u)&=\frac{\overline{q}^2\overline{G}^2\mathrm{MTF}^2(u)}{\mathrm{NPS}_d(u)}\\&=\frac{\overline{d}^2\mathrm{MTF}^2(u)}{\mathrm{NPS}_d(u)}\end{aligned} \tag{2.32}$$

其中，$\overline{q}$ 表示单位面积上输入的平均量子数目；$\overline{G}$ 表示平均输出 $\overline{d}$ 与 $\overline{q}$ 之间的比例因子；$\mathrm{NPS}_d(u)$ 表示输出噪声功率谱。NEQ 的单位与 $\overline{q}$ 相同。因为 $\overline{d}$、$\mathrm{MTF}(u)$ 和 $\mathrm{NPS}_d(u)$ 均可测量，$\mathrm{NPS}_d(u)$ 就可以方便地确定。噪声等效量子数之所以有吸引力是因为用它来评价图像质量用的是绝对量，即等效泊松分布输入量子数，它可以直接测量。一幅图像若其噪声等效量子数越大，则相应于更低的图像噪声。基于傅里叶分析，我们还可以给出其他量，如信噪比、探测量子效率等。在特定的曝光量下，基于傅里叶变换的信噪比可由下式给出：

$$\mathrm{SNR}^2(\overline{q},u)=\frac{\overline{d}^2\mathrm{MTF}^2(u)}{\mathrm{NPS}_d(u)}=\mathrm{NEQ}(\overline{q},u) \tag{2.33}$$

由式(2.33)可知，与 Rose 的信噪比关系式 $\mathrm{SNR}=N^{1/2}$ 相比，这里的信噪比等于泊松分布噪声等效量子数的平方根，即 $\mathrm{SNR}(\overline{q},u)=\sqrt{\mathrm{NEQ}(\overline{q},u)}$。根据探测量子效率(DQE)的定义，我们可以对其作如下表示：

$$\mathrm{DQE}(u)=\frac{\mathrm{NEQ}(u)}{\overline{q}}=\frac{\overline{q}\overline{G}^2\mathrm{MTF}^2(u)}{\mathrm{NPS}_d(u)}=\frac{\overline{d}^2\mathrm{MTF}^2(u)}{\overline{q}\mathrm{NPS}_d(u)} \tag{2.34}$$

从上面的关系式我们可以看出 DQE 与 NEQ 关系非常密切，但二者表达的意义不

同，NEQ 是描写图像质量的一个量度，一般来说它取决于 $\overline{q}$；而 DQE 描写的是一个特定成像系统有效使用所有输入量子的能力。一个理想的成像系统的 DQE 等于 1，但没有哪个系统的 DQE 可以大于 1。

下面将利用傅里叶变换讨论级联系统的有关参量，并用 $S_i(\omega)$ 表示 $\mathrm{NPS}_d(u,v)$。首先对级联系统中的两个特殊系统进行讨论，在此基础上则可构成我们所需要的任意系统。

第一种系统只考虑增益，输出信号和噪声功率谱可分别作如下表示：

$$\overline{\Phi_i} = \overline{g_i}\,\overline{\Phi_{i-1}}, \quad S_i(\omega) = \overline{g_i}^2 S_{i-1}(\omega) + \sigma_{g_i}^2 \overline{\Phi_{i-1}} \tag{2.35}$$

其中，$\overline{\Phi_{i-1}}$ 表示输入第 i 级上的平均量子数；g_i 表示第 i 级产生的增益。噪声功率谱包括两项，一项是增益引起的，另一项是增益的随机变化引起的。这里若 g_i 表示耦合系数或量子效率，有两种极端情况会发生：一种情况是它近似等于 1，则 $\overline{g_i} \approx 1$，$S_i(\omega) \approx S_{i-1}(\omega)$，这就意味着输入输出信号和噪声是相似的；还有一种情况是量子效率远小于 1，这时 $\overline{g_i} \ll 1$，$S_i(\omega) \approx \overline{g_i}\,\overline{\Phi_{i-1}} = \overline{\Phi_i}$，意味着噪声功率谱输出是几乎不依赖空间频率的泊松分布，它将不再管输入是否为泊松分布或者输入噪声功率谱是什么形状。一个泊松分布量子流量的噪声功率谱对所有频率都是均匀的，其方差等于 $\overline{\Phi_i}$，因此一般来说超泊松方差与空间频率的函数关系可表示为

$$\varepsilon_{\Phi_i}(\omega) = \frac{S_i(\omega)}{\overline{\Phi_i}} - 1 = \overline{g_i}[1 + \varepsilon_{\Phi_{i-1}}(\omega)] + \varepsilon_{g_i} \tag{2.36}$$

第二种特殊情况是只考虑级之间存在空间统计散射的情况。在这种情况下，有

$$\begin{aligned} \overline{\Phi_i} &= \overline{\Phi_{i-1}} \\ S_i(\omega) &= \left[S_{i-1}(\omega) - \overline{\Phi_{i-1}}\right]\left|T_i(\omega)\right|^2 + \overline{\Phi_{i-1}} \\ &= \left|T_i(\omega)\right|^2 S_{i-1}(\omega) + \left[1 - \left|T_i(\omega)\right|^2\right]\overline{\Phi_{i-1}} \end{aligned} \tag{2.37}$$

这里利用 MTF 将第 i 级的输出平均信号和噪声功率谱与输入的平均信号和噪声功率谱联系起来了。从式(2.37)可以看出，若 $T_i(\omega)$对于感兴趣的频率都近似等于 1，那么这样一个窄的点扩展函数对传播的噪声功率谱的影响是很小的；反过来，宽的 MTF 将使噪声功率谱在频域变得更均匀并接近泊松分布的量子流量。超泊松噪声功率谱则可由下式给出：

$$\varepsilon_{\Phi_i}(\omega) = \frac{S_i(\omega)}{\overline{\Phi_i}} - 1 = \varepsilon_{\Phi_{i-1}}(\omega)\left|T_i(\omega)\right|^2 \tag{2.38}$$

在上面讨论频域噪声功率谱的基础上，我们再来讨论频域 DQE 的表示方法。当相邻两级之间只存在增益的情况下，频域 DQE 可作如下表示：

$$\mathrm{DQE}_i(\omega)=\frac{\mathrm{SNR}_i^{\ 2}(\omega)}{\mathrm{SNR}_{i-1}^{\ 2}(\omega)}=\frac{\overline{\Phi}_i^{\ 2}/S_i(\omega)}{\overline{\Phi}_{i-1}^{\ 2}/S_{i-1}(\omega)} \tag{2.39}$$

将式(2.39)与前面讨论过的超泊松方差结合起来，可得到超泊松情况下的频域 DQE 如下：

$$\mathrm{DQE}_i(\omega)=\frac{1+\varepsilon_{\Phi_{i-1}}(\omega)}{1+\varepsilon_{\Phi_{i-1}}(\omega)+\left(1+\varepsilon_{g_i}\right)/\overline{g}_i} \tag{2.40}$$

频域DQE 在只存在统计散射下的形式为

$$\mathrm{DQE}_i(\omega)=\frac{\mathrm{SNR}_i^{\ 2}(\omega)}{\mathrm{SNR}_{i-1}^{\ 2}(\omega)}=\frac{\overline{\Phi}_i^{\ 2}\left|T_i(\omega)\right|^2/S_i(\omega)}{\overline{\Phi}_{i-1}^{\ 2}/S_{i-1}(\omega)} \tag{2.41}$$

在超泊松情况下，有

$$\mathrm{DQE}_i(\omega)=\frac{1+\varepsilon_{\Phi_{i-1}}(\omega)}{1+\varepsilon_{\Phi_{i-1}}(\omega)+\left(1-\left|T_i(\omega)\right|^2\right)/\left|T_i(\omega)\right|^2} \tag{2.42}$$

下面讨论只有增益或只有统计散射情况下的频域 DQE 表达式,实际上这是适用于上面两种情况中的任何一种情况的更普遍适用的表达式，这里的相邻级或者只有增益，或者只有统计扩散，而不能兼而有之。这时频域 DQE 可表示为

$$\mathrm{DQE}_i(\omega)=\frac{1+\varepsilon_{\Phi_{i-1}}}{1+\varepsilon_{\Phi_{i-1}}+\left[1+\varepsilon_{g_i}\left|T_i(\omega)\right|^2\right]/\left[\overline{g_i}\left|T_i(\omega)\right|^2\right]} \tag{2.43}$$

若相邻级之间只有增益，则上式中的 $T_i(\omega)=1$；如果相邻级之间只存在统计扩散过程，则 $\overline{g_i}=1$ 和 $\varepsilon_{g_i}=-1$。

最后讨论级联系统的频域 DQE 表示方法：对于泊松分布输入的 M 级级联系统，其频域 DQE 可表示为

$$\mathrm{DQE}_{1,M}(\omega)=1\Bigg/\left[1+\sum_{i=1}^{M}\left(\frac{1+\varepsilon_{g_i}\left|T_i(\omega)\right|^2}{P_i(\omega)}\right)\right] \tag{2.44}$$

其中，$P_i(\omega)=\prod_{j=1}^{i}\overline{g_j}\left|T_j(\omega)\right|^2$，$\varepsilon_{g_i}=\sigma_{g_i}^2/\overline{g}-1$。由此可知系统的频域 DQE 可以完全由每一级的平均增益 $\overline{g_i}$、超泊松方差 ε_{g_i} 以及调制传递函数 $\left|T_i(\omega)\right|$ 来描述。可用下面的表达式更直观地描述频域 DQE：

$$\mathrm{DQE}(u)=\frac{1}{1+\dfrac{1+\varepsilon_{g_1}\mathrm{MTF}_1^2(u)}{\overline{g}_1\mathrm{MTF}_1^2(u)}+\cdots+\dfrac{1+\varepsilon_{g_N}\mathrm{MTF}_N^2(u)}{\overline{g}_1\ldots\overline{g}_N\mathrm{MTF}_1^2(u)\cdots\mathrm{MTF}_N^2(u)}} \tag{2.45}$$

这里的 ε_{g_j} 表示第 j 级增益超泊松方差，可表示为

$$\varepsilon_{g_j}=\frac{\sigma_{g_j}^2}{\overline{g_j}}-1 \tag{2.46}$$

泊松增益相应的方差 $\sigma_{g_j}^2=\overline{g_j}$，这时超方差 $\varepsilon_{g_j}=0$。若增益是确定的，相应的 $\sigma_{g_j}^2=0$，而超方差 $\varepsilon_{g_j}=-1$。每一级或者代表增益，或者代表散射过程，而不能二者皆存在。对于增益级，其 $\mathrm{MTF}=1$。对于散射级，$\overline{g_j}=1$ 和 $\varepsilon_{g_j}=-1$。实际上，通常超方差项都很小，常常忽略不计，这样式(2.45)就简化为

$$\mathrm{DQE}(u)\approx\frac{1}{1+\dfrac{1}{\overline{g_1}\mathrm{MTF}_1^2(u)}+\cdots+\dfrac{1}{\overline{g_1}\cdots\overline{g_N}\mathrm{MTF}_1^2(u)\cdots\mathrm{MTF}_N^2(u)}} \tag{2.47}$$

随着空间频率的提高，由于 MTF 变坏，$\mathrm{DQE}(u)$ 会严重下降。如果不考虑统计散射即 MTF 的影响，所确定的 DQE 与实际情况会很不相符。一般来说，若不考虑统计散射的影响，最低的量子数有 10 就足够了，但是若要考虑 MTF 的影响，量子数需成 10 倍地增加。

由上面的讨论我们就可方便地求出与空间频率有关的量子计数图，这里我们用 $P_i(\omega)$ 表示，它等于每一级平均增益和 MTF 平方的乘积，直到第 i 级并包括第 i 级，即

$$P_i(\omega)=\prod_{j=1}^{i}\overline{g_j}\left|T_j(\omega)\right|^2 \tag{2.48}$$

特别要注意的是频率相关的量子计数图与每级的 MTF 的平方成正比，而 MTF 在高频时远小于 1，更容易出现“量子坑”的情况，在设计整个纳米分辨成像系统时要特别注意避免这种情况的发生。

2.5 实现纳米成像需要解决的基本问题

一般来说，实现纳米成像首先要根据成像目标特点确定所用的图像信息载体以及对其的特定要求，再确定所采用的成像方式和成像系统，最后确定图像记录系统和图像处理方法及相关软件。下面分别作介绍。

2.5.1 图像信息载体及特定要求

图像信息载体是携带样品图像信息的载体。应针对成像要求的不同，选用不同的图像信息载体。目前，最常用的图像信息载体包括光束、电子束和 X 射线束，

我们这里称其为三束。光束主要通过不同种类的激光器产生，电子束主要通过不同的电子枪产生[25,26]，而 X 射线束则主要通过同步辐射源和 X 射线激光器产生[27,28]。当然，产生上述三束还有其他方法，这里就不一一列举了。

要利用光束、电子束和 X 射线束携带样品的纳米分辨图像信息，它们应满足一定的基本性能要求，否则就不可能成功地实现纳米成像。第一，它们的波长应考虑衍射限制的因素，这一点对电子束和 X 射线束在一般情况下是不存在问题的，但对光束就不同了。对光束而言，要实现纳米成像就必须突破衍射极限。为此，就必须采取其他措施，利用隐失波或超振荡或非线性效应实现点扩展函数的改造。这一点我们前面已提到过。第二，尽可能改善三束的相干性，这不仅为各种衍射纳米显微成像所必需，而且为衍射成像透镜和电磁透镜消除色差所必需。正因为如此，人们不仅在同步辐射源中引入了高质量的滤波器，还正在克服各种困难发展 X 射线激光器和电子初能量弥散小的场发射电子枪。第三，三束均要具有足够的输出功率。随着空间分辨率的提高，单个体像素在一定的曝光时间内所能接收的三束能量就变少，而三束与样品内物质相互作用的散射截面或吸收截面又很小，为使不同体像素具有足够的抗噪声能力并能产生可识别的对比度差异，就要求三束各自要具有足够高的输出功率。第四，我们还应记住图像信息载体有可能对样品造成扰动甚至损伤，尤其在纳米分辨条件下，由于需要较高的输入功率，这种扰动甚至损伤就表现得更为严重。因此，在可以获得高质量纳米分辨图像的前提下，要尽可能减小三束输入样品的功率。事实上，在追求尽可能高的空间分辨率的情况下，常会遇到样品损伤受限的问题。这就对成像方式和成像系统提出了新的要求，即如何将通过样品的三束功率尽可能高地传递给后续的图像记录系统。

2.5.2 主要纳米成像方式及相关成像系统

关于纳米成像方式，前面在介绍成像原理时已作过介绍，包括点扫描式和宽场模式两类。第一类又分为样品台扫描和束斑扫描两种，前一种只能用于表面形貌纳米成像，后一种既可用于某些表面形貌纳米成像，又可用于三维纳米成像，扫描速度更快，还具有许多特殊功能。因此，在可能的情况下，尽量采用束斑扫描方式。样品台扫描对任何扫描成像均可应用，不过除非在研究阶段或束斑扫描方式无法使用时才采用这种扫描方式。非扫描全场纳米成像方法中，除近年来新发展的超透镜纳米成像只能用于表面形貌成像外，其他的成像方法包括无透镜的相干衍射显微成像和有透镜的显微成像均可实现三维纳米成像，当然也可利用已获得的三维纳米图像得到样品表面形貌的纳米分辨图像。

在成像系统的设计中，首先要保证其性能指标的实现，包括空间分辨率、图像对比度、灰度动态范围、探测灵敏度和信噪比等。在设计中还要考虑实现的可行性与成本等。例如，相干衍射显微成像可以获得优良的特性，无需透镜，系统颇为简单，但它对源的相干性提出了非常苛刻的要求。在不具备相干光源的条件下，要实现相干衍射显微成像是不现实的。又如，电子显微镜的设计目前已不是特别困难的问题，但要实现所要求的像差的改善，不仅与设计有关，还与所用的电子枪、高压电源的稳定度及磁聚焦透镜的加工精度等密切相关，这些都是在设计中应考虑的问题。还有，为实现纳米成像还应注意样品的损伤问题。正如前面讲到的，三束图像信息载体一方面通过与样品的相互作用要携带出样品的纳米分辨图像信息，另一方面对样品又会造成一定的扰动甚至损伤，这是我们不希望出现的现象。因此，在成像系统的设计中，要特别注意从样品中输出的三束功率的充分利用问题。例如，目前制作的 X 射线波带片衍射透镜多半采用吸收型，对样品出射的 X 射线利用率通常不到 10%。如果能将 X 射线波带片由吸收型改为相位型，X 射线的利用率则会提高一倍以上。显然，这对样品损伤的降低是非常有利的，尤其在空间分辨率进一步提高后，这一点更为重要。

2.5.3　图像采集系统

纳米成像已发展几十年,其图像采集系统也随着技术的进步在不断改进之中。但不论如何发展，图像采集系统的基本功能不变，即给出感兴趣物体的人眼可视的纳米分辨图像。最早的电子显微镜纳米分辨图像或者用胶卷记录，或者直接在转换屏上用肉眼观察，或者用真空摄像和真空显像系统间接观察。显然这些图像采集系统使用是非常不便的。随着技术的进步，现在出现了固体摄像器件、模数转换器件、图像储存器件、用于图像处理的台式计算机和平板图像显示器件等，从而形成了通用的数字图像处理、存储和显示系统。只要设法实现对纳米分辨图像的探测，再利用通用的图像处理、存储和显示系统，我们就可以实现对任何纳米分辨图像的采集。

在纳米成像中，图像信息载体有许多特点：首先一个特点是图像信息载体的多样性，包括电子、二次电子、隧穿电子、硬 X 射线、软 X 射线和各种光子等；随之而来的另一个特点是常需要实现对图像信息载体的转换，把非光子的信息载体转换为光子信息载体，这样我们就可以利用技术成熟的光子图像探测器实现图像的探测；最后一个特点是图像信号弱，一般情况下都有必要对图像信号进行增强。这里重点讨论纳米分辨图像的探测，至于图像信息的处理、存储和显示都是较为成熟的技术，已有很多介绍，这里不复赘述。关于一些较为重要的图像处理方法，后面章节还会论及。下面重点讨论一下纳米成像中图像信息的转换、放大和常用的光子图像探测器。

正如上述，实现纳米成像的图像信息载体包括电子、二次电子、隧穿电子、硬 X 射线、软 X 射线、紫外线、红外线和可见光等，为了最后获得能被人眼接收的可见光图像，我们首先有必要将人眼看不见的各种电子图像、X 射线图像以及紫外、红外图像转换为可见光图像。目前使用最普遍的方法是采用转换屏，它由各种不同的发光材料构成，当电子束、X 射线束或非可见的紫外甚至红外光束照射到转换屏上时，就会将电子能量、X 射线光子能量或其他波段的光子能量转换为可见光的光子能量，并且输出的光强与输入的电流密度、X 射线强度和其他非可见光功率密度成正比。转换屏制作在一定的衬底材料上，发光材料在衬底上通过不同的工艺形成一均匀的薄层，其厚度与电子束、X 射线束和非可见光束在其中的吸收系数有关，应尽量将这些射线束的能量转换为可见光的能量，同时还要考虑转换屏厚度对其空间分辨率的影响，转换屏太厚就会使入射束和产生的可见光束产生不同程度的散射现象，从而使分辨率下降，但也不能太薄，否则对入射的射线束吸收小，转换效率就会下降。因此，转换屏的厚度要在转换效率和分辨率之间作一折中选择。对电子束而言，转换屏的厚度一般不超过 10μm；对于 X 射线而言，视 X 射线光子能量的不同，转换屏的厚度在 10μm 到数百微米不等；而对于非可见光束而言，由于转换屏材料对紫外线的吸收系数较大，厚度也不能太大。关于转换屏的材料，视射线束的不同也会不同。对电子束而言，一般采用Ⅱ-Ⅵ族材料，如 ZnS(Ag)等；对于 X 射线而言，一般用 Gd_2O_2S(Tb)、YAG(Ce)、LuAG(Ce)、CsI(Na)、CsI(Tl)或 NaI(Tl)等[29]；对于红外线，或者直接使用红外探测器，或者使用上转换材料转换屏；而对于紫外线，一般用有机材料或纳米量子点材料等。关于转换屏还应提及的一点是，为了消除电子的积聚，对于用于电子束的转换屏，还应当在转换材料薄层上制作一层金属薄膜，如铝膜，形成电子束的通路，将电子导走，其厚度一般在 50～100nm。铝膜太厚，则消耗更多的电子能量，这是我们不希望的；铝膜太薄，则金属膜不连续，影响导电性能，这也是我们不希望的。50～100nm 厚的铝膜具有连续的膜结构，损耗的电子能量约在 2keV，是可以接受的。为了提高转换屏的空间分辨率，同时兼顾转换效率和分辨率的性能，除了考虑其厚度外，还在转换屏的结构上采取许多措施，例如晶柱状转换屏和结构转换屏等，尤其在 X 射线成像中用得更多。

人眼的空间分辨率通常只有 0.1mm 左右，为了直接观察纳米分辨图像，常要把图像放大上万倍，这就使得图像亮度要减低 8 个量级以上。为了使输出图像具有足够的亮度，当然可以按比例提高输入信号的强度，但常受到技术条件的限制，有时甚至是原理上的限制，只能在获得纳米分辨图像的过程中设法增强输出图像的亮度。原来常用的图像增强方法是将各种射线束通过光电转换变成光电子束，再通过加速电子束和电光转换将电能转换为光能，最后获得图像信号的转换和增强。在这种途径中还有一种图像增强的方法，这就是在光电转换的基础上引入一电子倍增器微通道板，使光电子束获得上千倍到上百万倍的增益，再通过电光转换获得可见光图像。这种器件即为像增强器，它的优点是可以实现不同辐射到可见光的转换，并同时获得上万倍到上百万倍的图像增强[30]。它与各种固体摄像器件耦合起来，就构成了可探测单量子的图像探测器，这就是我们常说的 ICCD 或 ICMOS 器件。这里的“I”即指像增强器，CCD 和 CMOS 即分别是常用的电荷耦合固体摄像器件和补偿金属氧化物半导体固体摄像器件。但上述的像增强器有其固有的缺点：一是量子效率低，通常只有 10%～30%，即使采用第三代像增强器，量子效率较通常的 CCD 和 sCMOS 也要低得多；二是噪声大，尤其是使用微通道板电子倍增器的像增强器更是如此；三是制作难度大，成本高。为解决上述问题，近年来人们发展了 EMCCD 和 sCMOS[31,32]，前者即所谓的电子倍增 CCD，后者则是所谓的科学 CMOS。根据目前的实验结果，它们均可探测单量子。EMCCD 与普通的 CCD 的差别就在于在转移寄存器之后引入了电子放大寄存器。电子放大寄存器与转移寄存器的区别不在于结构，而在于其上所加的电压，其电压可高达 3～35V，在此产生的高电场强度就会使得电子产生碰撞电离，出现电子倍增现象，尽管一级的电子倍增系数只有 1.01～1.015，但经过几百级倍增之后，总电子倍增系数则可高达数千。CCD 在制冷之后噪声主要来自电压信号的放大，在采用电子倍增器之后，噪声并不会有明显增加。sCMOS 与普通 CMOS 的主要区别有两点。一是引入了 CCD 的离子注入工艺，形成了所谓的 pinned 光二极管结构，感光深度大幅度增加，提高了量子效率，扩大了光谱响应范围；这里将 CCD 工艺和 CMOS 工艺结合起来，改善了其短波和长波的量子效率，由原来的 30%分别提高到 90%(背照光)和 60%(前照光)。二是引入了微透镜阵列。尽管 sCMOS 采用了 0.18μm 的集成电路(integrated circuit, IC)工艺，但主动器件在每一像素的引入，使填充因子低于 CCD 器件，从而影响输入光的采集效率。为进一步解决此问题，在 sCMOS 的光输入端引入了微透镜阵列，从而改善了输入光的采集效率。为了改善信号放大特性，sCMOS 不是每一个像素均有一个放大器，而是每一列有一个放大器。由于采取了以上改善措施，目前 sCMOS 的像素数达 2560×2160，量子效率高达 60%或 90%(前照或背照)，在每秒 30 幅的情况下读出噪声电子少于 2 个和在每秒 100 幅的情况下噪声电子少于 3 个，在每秒 30 幅的情况下动态范围高达 1∶16000(14bit)，像素尺寸为 $6.5\mu m\times6.5\mu m$。目前的生物学实验表明，利用 sCMOS 可记录单量子事件，实现单分子的探测。有了 EMCCD 和 sCMOS，在纳米成像中，我们只要将合适的转换屏与 EMCCD 或 sCMOS 结合起来，就可以记录任何纳米分辨图像。为了充分利用转换屏所发出的光，需要设法改善转换屏与 EMCCD 或 sCMOS 之间的光耦合效率。为此，通常不用透镜耦合，而采用光纤面板或光锥耦合，前者的耦合效率只有 2%左右，而后者耦合效率要高得多：若采用光纤面板，耦合效率高达 60%以上；若采用光锥，则与光锥的放大倍率的平方成反比，若放大倍率为 2，耦合效率可达 25%，也比透镜耦合高一个量级以上[33,34]。

事实上，在实现具体的纳米成像探测时，要根据具体情况采用不同的探测方法。例如，一般的纳米分辨全场荧光成像只需采用 EMCCD 或 sCMOS 探测器即可；而对于扫描式光学显微镜(如受激辐射耗尽荧光显微镜)或扫描式电子显微镜的探测，因为是单点扫描工作模式，只需采用光电倍增管(PMT)或雪崩二极管探测即可；对扫描电子显微镜而言，由于输入的探测信号是二次电子，有必要先对二次电子加速，并通过转换屏将加速的二次电子转换为可见光，再用光电倍增管接收[35]。至于一般的透射电子显微镜和 X 射线显微镜，它们均需二维的全场探测器，使用光纤面板或光锥耦合的转换屏和 EMCCD 或 sCMOS 探测器是合理的选择。当然，电子束和 X 射线束的转换屏也会有所不同，这一点前面已经讲过。

2.5.4 图像处理方法

关于图像处理方法，涉及面很宽。这里重点介绍两点：一是三维图像重建算法，即所谓的计算层析算法；二是压缩感知算法，也称为压缩传感算法。前者是我们获得任何一种三维纳米分辨图像所必须使用的算法，后者是我们减小三束功率从而降低对样品扰动和损伤的根本出路之一。

1. *计算层析算法*

计算层析[21,36-40]是一种已有的三维成像技术。它基于 Radon 发现的原理，即一个物体的层析图可由它的投影重建。X 射线束等可以穿透物体，利用这一原理可以构成物体的投影，这种投影可以用于许多层析 X 射线成像方法。在过去的一些年里，许多重建算法已经发展起来，其中有两种主要途径，即背投影算法和代数重建算法。若干软件包与图像处理、准直、层析重建和可视化工具等一起构成了有力的手段，许多程序可免费使用，例如 TomoJ、Bsoft 和 IMOD。这里给出 CT 理论和方法的概述。为简化起见，所有的推导都是二维的，但对三维是等价的。

后面将会用到傅里叶切片理论(即中心切片定理)，这里稍作介绍。CT 理论与傅里叶切片理论密切相关。该理论认为，物体一维投影的傅里叶变换与物体二维傅里叶变换在垂直于投影路径直线上的值是一样的。其原理如图 2-6 所示。数学上可作如下表示：

$$P(\nu,\theta)=F(\nu\cos\theta,\nu\sin\theta) \tag{2.49}$$

这里，θ 是投影角；$F(\nu_x,\nu_y)$ 是物体 $f(x,y)$ 的傅里叶变换；$P(\nu,\theta)$ 是投影 $p(x',\theta)$ 在旋转坐标系中的傅里叶变换，定义为

$$\begin{aligned} x' &= x\cos\theta + y\sin\theta \\ y' &= y\cos\theta - x\sin\theta \end{aligned} \tag{2.50}$$

投影 $p(x',\theta)$ 定义为沿 y' 方向的积分：

$$p(x',\theta)=\int_{-\infty}^{\infty}f(x,y)\mathrm{d}y'=\int_{-\infty}^{\infty}f'(x',y')\mathrm{d}y' \tag{2.51}$$

其中，$f'(x',y')=f(x\cos\theta-y\sin\theta,y\cos\theta+x\sin\theta)$，式(2.51)通常被称为 Radon 变换，而 $p(x',\theta)$ 被称为物体的正弦图。通过将 Radon 变换插入 $p(x',\theta)$ 极坐标傅里叶变换中就可导出傅里叶切片理论。最后作为 Cartesian 傅里叶变换的积分结果表示如下：

$$\begin{aligned}P(\nu,\theta)&=\int_{-\infty}^{\infty}p(x',\theta)\mathrm{e}^{-\mathrm{i}2\pi\nu x'}\mathrm{d}x'\\&=\int_{-\infty}^{\infty}\int_{-\infty}^{\infty}f'(x',y')\mathrm{e}^{-\mathrm{i}2\pi\nu x'}\mathrm{d}y'\mathrm{d}x'\\&=\int_{-\infty}^{\infty}\int_{-\infty}^{\infty}f'(x',y')\mathrm{e}^{-\mathrm{i}2\pi\nu(x\cos\theta+y\sin\theta)}\mathrm{d}y\mathrm{d}x\\&=F(\nu\cos\theta,\nu\sin\theta)\end{aligned} \tag{2.52}$$

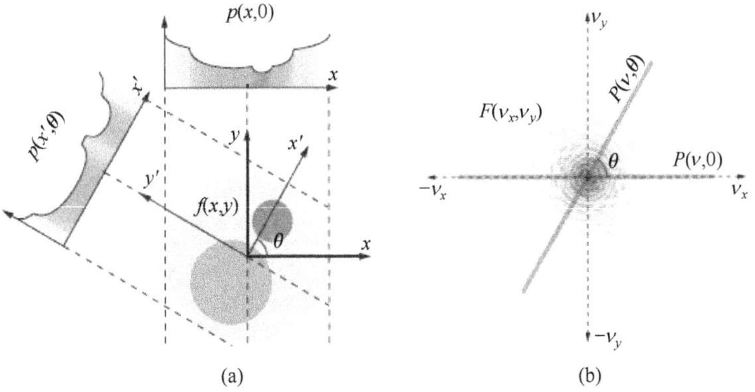

(a)　(b)

图 2-6　傅里叶切片理论原理图解

由傅里叶切片理论得出的一个重要结论是：如果投影已知，那么物体的傅里叶表示也已知，从而物体本身也就知道了。实际上，投影的数目是有限的，因此傅里叶表示只是部分已知。由一组投影重建物体的一种方法就是在傅里叶空间插值得到丢失的信息。这就是倒空间算法途径。

背投影算法：最普通的重建算法就是滤波背投影 CT 算法，又被称为加权背投影。如果能给出足够的投影数目，就会产生精确的结果，尤其重要的是这种算法很快，可并行计算。背投影的理论公式可由物体 $f(x,y)$ 与它的傅里叶变换之间的关系导出：

$$f(x,y)=\int_{-\infty}^{\infty}\int_{-\infty}^{\infty}F(\nu_x,\nu_y)\mathrm{e}^{\mathrm{i}2\pi(\nu_x x+\nu_y y)}\mathrm{d}\nu_x\mathrm{d}\nu_y \tag{2.53}$$

其中涉及极坐标变换$(\nu_x=\nu\cos\theta,\nu_y=\nu\sin\theta)$，由傅里叶切片理论的应用以及使用

对称性 $P(\nu,\theta)=P(-\nu,\theta+\pi)$ 以减小积分限大小，得到

$$\begin{aligned}f(x,y)&=\int_0^{2\pi}\int_0^{\infty}F(\nu\cos\theta,\nu\sin\theta)\mathrm{e}^{\mathrm{i}2\pi\nu(x\cos\theta+y\sin\theta)}\nu\mathrm{d}\nu\mathrm{d}\theta\\&=\int_0^{\pi}\int_{-\infty}^{\infty}P(\nu,\theta)|\nu|\mathrm{e}^{\mathrm{i}2\pi\nu x'}\mathrm{d}\nu\mathrm{d}\theta\end{aligned}\tag{2.54}$$

其中的内积分可理解为 $P(\nu,\theta)$ 与斜率滤波器 $H(\nu)=|\nu|$ 乘积的一维傅里叶逆变换。利用傅里叶空间的乘积相应于实空间的卷积，从而给出

$$f(x,y)=\int_0^{\pi}\int_{-\infty}^{\infty}P(\nu,\theta)\cdot H(\nu)\mathrm{e}^{\mathrm{i}2\pi\nu x'}\mathrm{d}\nu\mathrm{d}\theta=\int_0^{\pi}p(x',\theta)\otimes h(x')\mathrm{d}\theta \tag{2.55}$$

也就是说，物函数 $f(x,y)$ 可由滤波投影的和算出，其中每一个滤波投影或者沿投影方向 y' 的背投影是模糊不清的。滤波背投影的原理如图 2-7 所示。

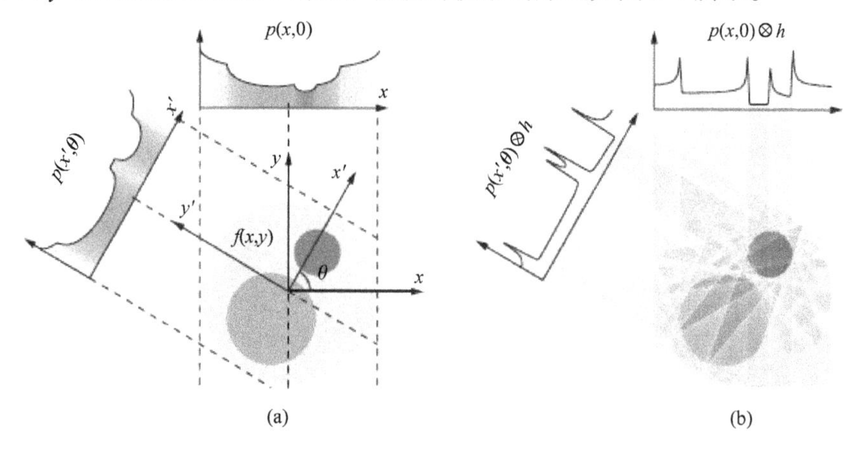

图 2-7　滤波背投影的原理图解

斜率滤波器 $H(\nu)=|\nu|$ 放大了更高的频率，它使得滤波背投影对噪声更敏感。如果投影太少，重建也会遭遇人为的条纹缺陷；如果使用滤波器来抑制高频，噪声和人为缺陷可减小，这是以牺牲空间分辨率为代价的。

代数重建算法：代数重建算法是建立在完全不同途径的层析成像。这里的物函数 $f(x,y)$ 被假设是由 M 个未知矩阵 f_m 组成，对于所有未知量，N 个投影线 p_n 中的每一个组成如下方程：$p_n=\sum w_{n,m}f_m$，这里 $w_{n,m}$ 表示第 m 像素和第 n 投影线相交处的局域面积，如图 2-8 所示。这一结果在线性方程组中由下式给出：

$$\boldsymbol{p}=\boldsymbol{W}\boldsymbol{f} \tag{2.56}$$

其中，$\boldsymbol{W}$ 是权矩阵，其矩阵元素是 $w_{n,m}$。如果方程组是非确定性的($N<M$)，这即投影少的情况，其唯一性解是不存在的。对于由实验得到的投影导出方程组的情况，由于存在噪声和准直误差等问题，即使投影足够多，方程组也可能无解。这时就变成一个优化问题，其目标就是找到最佳的可能解。已存在许多迭代的算

法，每一种都有一个稍有不同的最佳解定义。一般而言，与滤波背投影算法相比较，代数重建算法在有限投影数据或缺少边缘数据的情况下，应尽可能设法减少因数据导致的缺陷。

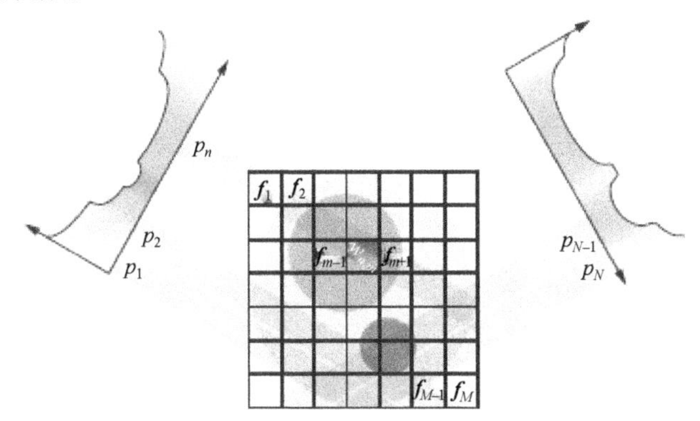

图 2-8　同时迭代重建算法图解

许多代数重建算法的基本途径是用迭代方法求解方程组，每一次迭代 i 通过当前重建的 $\boldsymbol{f}_i$ 沿投影垂线 n 计算投影 $\boldsymbol{w}_n\boldsymbol{f}_i$，并与前面测量的投影 p_n 进行比较和基于其误差校正重建投影垂线：

$$\boldsymbol{f}_{i+1} = \boldsymbol{f}_i + \gamma \cdot \left[\frac{p_n - \boldsymbol{w}_n \boldsymbol{f}_i}{\boldsymbol{w}_n \boldsymbol{w}_n^{\mathrm{T}}} \right] \cdot \boldsymbol{w}_n \tag{2.57}$$

这里，$\boldsymbol{w}_n$ 是 $\boldsymbol{W}$ 的第 n 列矢量；γ 是迭代因子。这种方法至今还是一行一行地重建，从而若 γ 太大将导致缺陷。若采用较小的 γ 值会在一定程度上减小这种缺陷，其代价是收敛速度变慢。同是迭代重建算法，途径则有所不同。这里介绍的算法通过当前重建的 $\boldsymbol{f}_i$ 与测量 $\boldsymbol{p}$ 进行比较，实现每一次迭代计算投影 $\boldsymbol{W}\boldsymbol{f}_i$，并计算每一积分线的误差和基于背投影误差校正当前的重建。同时迭代重建算法的每一步迭代由下式给出：

$$\boldsymbol{f}_{i+1} = \boldsymbol{f}_i + \gamma \cdot \frac{\boldsymbol{W}^{\mathrm{T}}}{\sum_m \boldsymbol{w}_{n,m}} \cdot \left[\frac{\boldsymbol{p} - \boldsymbol{W}\boldsymbol{f}_i}{\sum_n \boldsymbol{w}_{n,m}} \right] \tag{2.58}$$

其中矢量的归一化是一个元素一个元素进行的。因此，所有行积分的误差在重建前已作了考虑，从而导致较小的人工缺陷。

由于所用的冷冻样品台本身的倾斜范围有限，细胞的层析成像时导致边缘丢失，对于这一问题的解决，可以利用同时迭代重建算法，所得结果见有关论文。

重建中的分辨率：很明显，分辨率或层析精度受到每一投影分辨率和投影准直精度的限制。然而，角度抽样可产生缺陷，这是因为物体的傅里叶表示只是部分已知。丢失的信息量随空间分辨率降低而增加。因此，这将限制层析图中的更高频率的精度。最高可分辨而不混淆的频率$\nu_{\max}$可由 Nyquist 取样准则给出，即$\nu_{\max}=\nu_s/2$，其中ν_s表示取样频率。取样点之间的径向距离D的大小决定了傅里叶空间$d\nu$值，即$d\nu=1/D$。若要实现无人为缺陷的重建，角度取样至少要与上面一样，这将导致 Crowther 准则：

$$r_c=\frac{1}{\nu_c}\leqslant\frac{\pi D}{N} \tag{2.59}$$

这里给出最高的空间频率ν_c或最小的周期r_c，利用N个投影可以可靠地重建出来，N个投影在 0°～180°是等间隔分布的。在重建层析图中的分辨率估算要求复杂的分析方法，这是因为由简单的线外形轮廓得到的结果可能存在高的伪分辨，因此是不可靠的。微分相位残差和傅里叶环互相关是两种标准的层析图分辨率分析方法。两种方法均是基于两个独立但又归一化的重建量I_1和I_2的傅里叶变换环的比较，它们分别由一组偶数和奇数数据得到。傅里叶环互相关需计算环之间的相关性，而微分相位残差要计算平均相位差：

$$\Delta\varphi(\nu,\Delta\nu)=\sqrt{\frac{\sum_{\nu,\Delta\nu}\Delta\varphi^2\cdot(|\mathcal{F}(I_1)|+|\mathcal{F}(I_2)|)}{\sum_{\nu,\Delta\nu}(|\mathcal{F}(I_1)|+|\mathcal{F}(I_2)|)}} \tag{2.60}$$

其中，$\Delta\varphi$表示局域相位差，求和是在环上完成，环的半径为ν，宽度为$\Delta\nu$。对于$\Delta\varphi(\nu_c,\Delta\nu)=45°$的空间频率$\nu_c$构成了分辨率的判别式。这一相位差对应于 1/4 周期的位置差。该方法用来决定分辨率，另一种方法是不计入其中一个投影，利用其余的投影来重建丢失的那个投影，然后比较重建得到的投影和测量得到的投影。

软 X 射线层析中的图像组成：软 X 射线层析术是将软 X 射线显微镜的高分辨率和计算机层析方法结合起来，它通过 Beer Lambert 定律定量确定局域吸收系数。该方法通过 Radon 变换将投影密度$p(x',\theta)$和局域吸收系数$f(x,y)$联系起来：

$$p(x',\theta)=-\ln\left(\frac{I(x',\theta)}{I_0}\right)=\int_{-\infty}^{\infty}\frac{4\pi\beta'(x',y')}{\lambda}dy'=\int_{-\infty}^{\infty}f'(x',y')dy' \tag{2.61}$$

这里，I_0和$I(x',\theta)$分别为入射和投影强度；$\beta(x,y)$是局域复折射率的虚部。因此，局域吸收系数可由一组计算投影密度重建出来。然而，软 X 射线依赖于显微镜图像而不是几何投影。因此，焦深、部分相干和杂散光等对图像的影响将会对定量精度和层析图分辨率产生影响。将厚样品部分相干图像构成的数值模型与层析重建算法结合起来，并利用轨迹追迹模型对杂散光进行模拟，就可以定量分析这些效应。这些模型对于理解层析成像精度和选择光学设计改进显微镜性能都是非常有用的。后面结合相关章节将会讨论非投影成像和杂散光对层析精度的影响。

2. 压缩感知算法[41-50]

压缩感知(compressed sensing，CS)是斯坦福大学的 D. L. Donoho 和加利福尼亚大学的 E. Candes 等于 2004 年首先提出来的。他们的基本想法是目前所获得的图像、声音、信号等信息很多是多余的，即使没有这些信息我们仍可获得相同的效果。目前的方法是将有用和无用的信息一起获取，然后将无用信息扔掉。他们希望能找到一种方法只获取有用信息，不获取无用信息。

出于此想法，他们提出一种压缩感知算法。这种算法的核心思想主要包括两点。第一点是信号的稀疏结构。传统的 Shannon 信号表示方法只开发利用了最少的被采样信号的先验信息，即信号的带宽。但是，现实生活中很多广受关注的信号或图像本身具有一些结构特点。相对于带宽信息的自由度，这些结构特点由信号或图像的更小的一部分自由度所决定。换句话说，在很少的信息损失情况下，这种信号或图像可以用很少的数字编码表示。所以，在这种意义上，这种信号是稀疏信号，或者是近似稀疏而可压缩信号。另外一点是不相关特性。稀疏信号的有用信息的获取可以通过一个非自适应的采样方法将信号或图像压缩成较小的样本数据来完成。理论证明压缩感知的采样方法只是一个简单地将信号或图像与一组确定的波形进行相关的操作。对这些波形的要求是与信号或图像所在的稀疏空间不相关。因此，压缩感知理论利用信号的稀疏性，以远低于 Nyquist 频率的频率对信号进行非自适应的测量，测量值并非信号本身，而是从高维到低维的投影值。从数学上讲，可以说各个测量值是传统理论下的每个样本信号的组合函数，即一个测量值包含了所有样本信号的少量信息。为由测量值求解信号本身，一般通过优化求逆的方法来实现信号或图像的精确重构或者近似重构。这里的关键问题是如何实现信号的稀疏表示以及如何实现原信号的重构。下面分别作一介绍。

压缩感知理论的前提是所涉及的信号具有稀疏性或可压缩性。为使模型简单而又不失普遍性，我们假设所感兴趣的目标是一个矢量 $\boldsymbol{X}\in\boldsymbol{R}^m$，它既可是一个信号，也可以是一幅图像，$m$ 表示样本数或像素数。由信号理论可知，$\boldsymbol{X}$ 能够用一组正交基 $(\psi_i, i=1,2,\cdots,m)$ 表示：

$$\boldsymbol{X}=\sum\psi_i\theta_i=\boldsymbol{\psi\theta} \tag{2.62}$$

这一正交基可以是小波基、傅里叶基或局域傅里叶基等，这与应用有关。式中，系数 $\theta_i=\langle x,\psi_i\rangle$，$\boldsymbol{\theta}$ 与 $\boldsymbol{X}$ 是 $N\times1$ 矩阵，$\boldsymbol{\psi}$ 为 $N\times N$ 矩阵。当 $\boldsymbol{X}$ 在某个基上仅有 $K\ll N$ 个非零系数，或非零系数个数远大于零系数个数时，称 $\boldsymbol{\psi}$ 为 $\boldsymbol{X}$ 的稀疏基。目标 $\boldsymbol{X}$ 在稀疏基上只有少数的非零系数属于严格的稀疏情况，多数情况下目标无法严格满足上述要求，但仍具有压缩性，即目标 $\boldsymbol{X}$ 的变换系数经排序后可以指数形式衰减至近似为零，这时目标 $\boldsymbol{X}$ 也是可以近似稀疏表示的。因此，合理地选择稀疏基$\boldsymbol{\psi}$使得$\boldsymbol{X}$的系数个数尽可能少，不仅有利于提高信号采集速率，而且有利于减少存储以及传输信号所占用的资源。除上面提到的稀疏基之外，还包括正弦余弦基、子啁啾基和子曲线基等。

正如上述，我们并不是直接测量稀疏目标$\boldsymbol{X}$本身，而是将目标$\boldsymbol{X}$投影到一组测量向量$\boldsymbol{\phi}=(\varphi_1,\varphi_2,\cdots,\varphi_m,\cdots,\varphi_M)$上，得到的测量值为$y_m=\langle \boldsymbol{X},\varphi_m\rangle$，即

$$y=\boldsymbol{\phi X} \tag{2.63}$$

式中，$\boldsymbol{X}$是$N\times 1$矩阵；$\boldsymbol{y}$是$M\times 1$矩阵；$\boldsymbol{\phi}$为$M\times N$矩阵的测量矩阵。将式(2.62)的$\boldsymbol{X}$代入式(2.63)则有

$$y=\boldsymbol{\phi X}=\boldsymbol{\phi\psi\theta}=\boldsymbol{\Theta}\theta \tag{2.64}$$

其中，$\boldsymbol{\Theta}=\boldsymbol{\phi\psi}$是$M\times N$矩阵。

由于测量值维数M远小于目标$\boldsymbol{X}$的维数N，求解式(2.64)的逆问题是一个病态问题，无法直接从$\boldsymbol{y}$的M个测量值中解出目标值$\boldsymbol{X}$。但由于式中$\boldsymbol{\theta}$是K稀疏的，即仅有K个非零系数，而且$K<M\ll N$，则利用稀疏分解理论中已有的稀疏分解算法，通过求解逆问题得到稀疏系数$\boldsymbol{\theta}$，再代入目标$\boldsymbol{X}$的表达式，进一步求解目标$\boldsymbol{X}$。

为了保证算法的收敛性，使得K个系数能够由M个测量值准确地恢复出来，根据 E. Candes 的研究结果，矩阵$\boldsymbol{\Theta}$必须满足受限等距(RIP)特性准则，即对于任意具有严格K稀疏的矢量$\boldsymbol{X}$，矩阵$\boldsymbol{\Theta}$都能保证如下不等式成立：

$$1-\varepsilon\leqslant\|\boldsymbol{\Theta X}\|_2/\|\boldsymbol{X}\|_2\leqslant 1+\varepsilon \tag{2.65}$$

其中，$\varepsilon>0$。RIP 准则的一种等价的情况是测量矩阵$\boldsymbol{\phi}$与稀疏矩阵$\boldsymbol{\psi}$满足不相关性的要求。实际测量中稀疏基$\boldsymbol{\psi}$可能因目标不同而改变，因此希望能找到对任意的稀疏基$\boldsymbol{\psi}$均能满足与测量基$\boldsymbol{\phi}$不相关。对于一维的情况，测量矩阵$\boldsymbol{\phi}$选取服从高斯分布的基矢量能保证和任意稀疏基$\boldsymbol{\psi}$不相关的概率很高。对于二维图像，有关文献提出了能快速计算随机扰动的部分傅里叶变换矩阵、随机扰动的 Hadamard 矩阵等。关于上面的方程组求解问题，若矩阵$\boldsymbol{\Theta}$满足 RIP 准则，可通过对上面方程组的逆问题先求解稀疏系数$\boldsymbol{\theta}$，然后将稀疏度为K的目标$\boldsymbol{X}$从M维的测量投影值$\boldsymbol{y}$中正确地恢复出来。求解的最直接方法是通过l_0范数下求解式(2.64)的最优化问题：

$$\min\|\boldsymbol{\theta}\|l_0 \quad \text{s.t.}\ \ y=\boldsymbol{\phi\psi\theta} \tag{2.66}$$

由此可得稀疏系数的最优估计值。式(2.66)求解是一个 NP(non-deterministic polynomial)问题，D. L. Donoho 从信号稀疏分解的相关理论的基础上提出更有效的求解途径。他的论证表明，l_1最小范数下在一定条件下与上述l_0最小范数下具有等价性，可得到相同的解。l_1最小范数下最优化求解算法包括内点法和梯度投

影法。前者速度慢，但所得结果准确；后者速度快，但结果准确性稍差。为提高算法速度，还发展了匹配追踪法、正交匹配追踪法和迭代阈值法等各种改进算法。

参考文献

[1] Heisenberg W K. über den anschaulichen inhalt der quantentheoretischen kinematik und mechanik. Zeitschrift füe Physik, 1927,43(3-4):172-198.

[2] Novotny L. Hecht B. Principles of Nano-Optics. Cambridge: Cambridge University Press, 2006.

[3] Boyd R W. Nonlinear Optics.Salt Lake City: Academic Press, 2003.

[4] Richards B, Wolf E. Electromagnetic diffraction in optical systems. Ⅱ. Structure of the image field in an aplanatic system. Proc. R. Soc. LondonSer. A, 1959, 253: 358-379.

[5] Raghunathan V, Potma E O. Multiplicative and subtractive focal volume engineering in coherent Raman microscopy. J. Opt. Soc. Am. A, 2010, 27(11): 2365-2374.

[6] Wolf E. Electromagnetic diffraction in optical systems. Ⅰ. An integral representation of the image field. Proc. R. Soc. LondonSer. A, 1959, 253(1274): 349-357.

[7] Pendry J B, Schurig D, Smith D R. Controlling electromagnetic fields. Science, 2006, 312: 1780-1782.

[8] Youngworth K S, Brown T G. Focusing of high numerical aperture cylindrical-vector beams. Optics Express, 2000, 7(2): 77-87.

[9] Poggi M A, Gadsby E D, Bottomley L A. Scanning probe microscopy. Anal. Chem., 2004, 76: 3429-3444.

[10] Kawata S, Inouye Y, Verma P. Plasmonics for near-field nano-imaging and superlensing. Nature Photonics, 2009, 3: 388-394.

[11] Billinge S J L, Levin I. The problem with determining atomic structure at the nanoscale. Science, 2007, 316: 561-565.

[12] Di Francia G T. Super-gain antennas and optical resolving power. Il Nuovo Cimento, 1952, 9(3): 426-438.

[13] Hell W, Wichmann J. Breaking the diffraction resolution limit by stimulated emission: Stimulated-emission-depletion fluorescence microscopy. Optics Letters, 1994, 19(11): 780-782.

[14] Dierolf M, Menzel A, Thibault P, et al. Ptychographic X-ray computed tomography at the nanoscale. Nature, 2010, 467: 436-439.

[15] Hue F, Rodenburg J M, Maiden A M, et al. Extended ptychography in the transmission electron microscope: Possibilities and limitations. Ultramicroscopy, 2011, 111: 1117-1123.

[16] Hajdu J, Maia F R N C. X-ray optics: Clarity through a keyhole. Nature Physics, 2008, 4: 351-353.

[17] Roingeard P. Viral detection by electron microscopy: Past, present and future. Biol. Cell, 2008, 100(8): 491-501.

[18] Weissart K, Dertinger T, Kalkbrenner T, et al. Super-resolution microscopy heads towards 3D dynamics. Adv. Opt. Techn., 2013, 2(3): 211-231.

[19] Cox S, Rosten E, Monypenny J, et al. Bayesian localization microscopy reveals nanoscale podosomedynamics. Nature Methods, 2012, 9(2): 195-200.
[20] Rogers E T F, Zheludev N I. Optical super-oscillations: sub-wavelength light focusing and super-resolution imaging. J. Opt., 2013, 15: 094008.
[21] Bertilson M. Laboratory soft X-ray microscopy and tomography. Stockholm: Department of Applied Physics, Royal Institute of Technology, 2011.
[22] Barlow H B. A method of determining the overall quantum efficiency of visual discriminations. J. Physiol., 1962, 160: 155-168.
[23] Cunningham I A, Westmore M S, Fenster A. A spatial-frequency dependent quantum accounting diagram and detective quantum efficiency model of signal and noise propagation in cascaded imaging systems. Med. Phys., 1994, 21(3): 417-427.
[24] Ranger N T, Samei E, Dobbins J T,et al. Assessment of detective quantum efficiency: Intercomparison of a recently introduced international standard with prior methods. Radiology, 2007, 243(3): 785-795.
[25] Grivet P. The triode electron gun//Electron Optics 2nd ed.Oxford: Pergamon Press, 1972: 194-212.
[26] Kudoh M, Kondoh Y. Field emission electron gun. US Patent Appl.,2006, 11:589367.
[27] Bilderback D H, Elleaume P, Weckert E. Review of third and next generation synchrotron light sources. J. Phys. B: Atomic, Molecular and Optical Physics, 2005, 38: S773-S797.
[28] McNeil B. First light from hard X-ray laser. Nature Photonics, 2009, 3: 375-377.
[29] Takahashi T, Abe K, Endo M, el al. Hard X-reay detector on board Suzaku. Publications of the Astronomical Society of Japan, 2007, 59(1): S35-S51.
[30] Jagutzki O, Cerezo A, Czasch A, et al. Multiple hit readout of a microchannel plate detector with a three-layer delay-line anode. IEEE Transaction on Nuclear Science,2002, 49(5): 2477-2483.
[31] Westra A H, Heemskerk J W T, Korevaar M A N, et al. On-chip pixel binning in photon-counting EMCCD-based gamma camera: A powerful tool for noise reduction. IEEE Transaction on Nuclear Science,2009, 56(5): 2559-2565.
[32] Huang F, Hartwich T M P, Rivera-Molina F E, et al. Video-rate nanoscopy using sCMOS camera-specific single-molecule localization algorithms. Nature Methods, 2013, 10: 653-658.
[33] Nayfeh A H, Chimenti D E. Propagation of guided wave in fluid-coupled plates of fiber-reinforced composite. J. Acoust. Soc. Am.,1988, 83: 1736-1739.
[34] Schühle U. Intensified solid state sensor cameras: ICCD and IAPS//Observing Photons in Space:A Guide to Experimental Space Astronomy.New York: Springer Press, 2013.
[35] Reed S J B. Electron Microprobe Analysis and Scanning Electron Microscopy in Geology. Cambridge: Cambridge University Press, 2005.
[36] Hounsfield G N. Computerized transverse axial scanning(tomography): Part Ⅰ. Description of system. British J. Radiology, 1973, 46: 1016-1022.
[37] Hounsfield G N. Picture quality of computed tomography. Am. J. Roentgenology,1976, 127: 3-9.
[38] Hounsfield G N. Potential uses of more accurate CT absorption values by filtering. Am. J. Roentgenology, 1978, 131: 103-106.

[39] Shepp L A, Kruskal J B. Computerized tomography: The new medical X-ray technology. The American Mathematical Monthly,1978, 85(6): 420-439.

[40] Buzug T M. Computed tomography. Medical Imaging: Part C, 2012: 311-342.

[41] Donoho D L. Compressed sensing. IEEE Transaction on Information Theory, 2006, 52(4): 1289-1306.

[42] Candes E J. Compressive sampling. Proceedings of International Congress of Mathematicians, 2006: 1433-1452.

[43] Schafer D, Borgert J, Rasche V, et al. Motion-compensated and gated cone beam filtered back - projection for 3-D rotational X-ray angiography. IEEE Transaction on Medical Imaging, 2006, 25(7): 898-906.

[44] Figueiredo M A T, Nowak R D, Wright S J. Gradient projection for sparse reconstruction: Application to compressed sensing and other inverse problems. IEEE J. Selected Topics in Signal Processing, 2007: 586-597.

[45] Donoho D L, Maleki A, Montanari A. Message-passing algorithms for compressed sensing. PNAS, 2009, 106(45): 18914-18919.

[46] Choi J, Kim M W, Seong W, et al. Compressed sensing metal artifact removal in dental CT. IEEE ISBI, 2009: 334-337.

[47] Giacobello D, Christensen M G, Murthi M N, et al. Retrieving sparse patterns using a compressed sensing framework: Application to speech coding based on sparse linera prediction. IEEE Signal Processing Letters, 2010, 17(1): 103-106.

[48] Yu H, Wang G. Compressed sensing based interior tomography. Physics in Medicine and Biology, 2009, 54: 2791-2805.

[49] Tang J, Nett B E, Chen G H. Performance comparison between total variation(TV) -based compressed sensing and statistical iterative reconstruction algorithms. Physics in Medicine and Biology, 2009, 54: 5781-5804.

[50] Nett B E, Broauweller R, Kalender W, et al. Perfusion measurements by micro-CT using prior image constrained compressed sensing(PICCS): Initial phantom results. Physics in Medicine and Biology, 2010, 55: 2333-2350.

第3章 三维结构纳米成像

为叙述方便，我们先介绍三维结构纳米成像，其中主要包括基于电子束的三维结构纳米成像和基于X射线束的三维结构纳米成像，它们的图像信息载体分别为电子束和X射线束，波长均在纳米或亚纳米量级甚至更短，可以达到的纳米空间分辨率满足测不准原理导出的衍射极限公式。除了上述三维结构纳米成像，本章还会简要介绍磁共振三维纳米成像研究进展情况。

3.1 基于电子束的三维结构纳米成像

3.1.1 电子显微镜基础——物质波和电子透镜

早在1923年，法国科学家德布罗意基于量子理论提出物质波的概念[1]，认为高速运动粒子与波相联系，并认为与运动粒子关联的波的波长取决于该运动粒子所具有的能量，波与粒子的关系可用波长和粒子的动量表示：

$$\lambda = h/p \tag{3.1}$$

其中，

$$p = mv\Big/\left[1-\left(v/c\right)^2\right]^{1/2} \tag{3.2}$$

如果电子速度较低，则不必考虑相对论修正，这时，

$$\lambda = h/(mv) \tag{3.3}$$

若λ的单位用nm，电子束的加速电压的单位用V，则有

$$\lambda = 1.225/V^{1/2} \tag{3.4}$$

如果电子的加速电压达60kV，波长将为0.005nm。物质波的概念很快被实验所证明，这是Davission和Thomson于1927年分别完成的[2,3]。不久，Knoll和Ruska就基于此原理建立起国际上第一台电子显微镜[4]。但是，在后来的电子显微镜发展过程中，情况并不像人们想象的那么容易，所获得的空间分辨率离通常想象的衍射极限差得很远。事实上，直到目前，尽管一般的透射电子显微镜都工作在100kV以上，最高可达1MV，但是，对于200kV而言，即使采用场发射阴极，其最高空间分辨率只有0.24nm，即使采用六电极透镜对球差校正之后，所获得的

最佳空间分辨率也只有 0.12nm[5]。

出现上述问题的原因何在？正像光束需通过光学系统对其聚焦一样，电子束也需要利用电子透镜对其聚焦。事实上，电子透镜的发展比电子显微镜更早，那时主要将其用于阴极射线管和高速示波器[6-9]。但是，由于此时对电子束质量要求不高，主要用静电透镜，磁透镜用得较少。在光学显微镜中，光学透镜可以在大数值孔径下将衍射像差之外的其他像差全部消除，最后的空间分辨率只由衍射极限确定；而在电子显微镜中，电子透镜对高速运动的电子却做不到这一点。所谓电子透镜实际上是一种具有特殊分布形态的轴对称电磁场，在它的作用下，离轴较远的电子束受到更大的轴向作用力，从而使高速运动的电子束获得聚焦。与光学透镜一样，在傍轴近似下，电子束可以实现理想聚焦。电子透镜包括磁透镜和静电透镜，前者笨重，但可获得更好的图像质量；后者轻巧，但成像质量不如磁透镜。这里要特别强调的是，无论轴对称磁透镜还是轴对称静电透镜，它们的像差，尤其是球差是不可能完全消除的[8]。通常球差系数 C_s 可表示为

$$C_s = K_s f \tag{3.5}$$

其中，f 表示电子透镜的焦距；K_s 为一常数，对于设计得很好的磁透镜而言，K_s～1，对于静电透镜而言，K_s～50。为使球差系数尽可能地小，就要减小焦距 f。如果忽略其他像差，球差 Δr_s 可表示为

$$\Delta r_s = C_s \theta^3 \tag{3.6}$$

其中，θ 表示孔径角。为减小球差，应尽可能减小 θ。再考虑到衍射像差，由于球差要求 θ 很小，$\sin\theta \sim \theta$，衍射公式可写作 $\Delta r_d = 0.5\lambda/\theta$。总的像差也即弥散斑 Δr 为

$$\Delta r = \left(\left(0.5\lambda/\theta\right)^2 + \left(C_s \theta^3\right)^2 \right)^{1/2} \tag{3.7}$$

Scherzer 为了使空间分辨率范围最大化，曾找到了最佳离焦条件[8]。这实际上对应于我们下面将要介绍的透射电子显微镜相衬成像。当空间分辨率高于此值时，相衬传递函数将要改变符号，所得图像难以进行直观解释。但离焦量 $\Delta r = -\left(3C_s\lambda/2\right)$ 时，显微镜的 Scherzer 分辨率为

$$\Delta r_{\min} = 0.64 C_s^{1/4} \lambda^{3/4} \tag{3.8}$$

该空间频率对应于相衬传递函数变好的位置，空间频率再高，所得图像信息无法直观解释。由此可见，要使电子显微镜的 Scherzer 空间分辨率提高，就需要减小球差系数和电子波长。从中我们可以看出，只要加速电压和 C_s 确定了，就可以估算出电子显微镜的 Scherzer 空间分辨率。在电子显微镜中，早期 θ 取值很小，只有 10^{-4}rad，目前一般为 10^{-3}rad。由于 θ 很小，球差系数一般在 1mm 左右，由式(3.8)

可知，即使电子显微镜的电压高达 1MV，理论空间分辨率仍大于 0.1nm。由于存在系统的不同轴问题和色差问题，实际的空间分辨率还要更差。由于各种材料相邻原子间的距离一般都小于 0.1nm，因此，如何利用电子显微镜获得小于 0.1nm 的空间分辨率是应用者十分关心的问题。为此，Scherzer 还提出利用非圆对称透镜消除球差和色差的途径，Rose 等为此做了大量的研究工作[5,10,11]，先后发展了 4 电极、8 电极及 16 电极静电的和磁的非圆对称透镜。

3.1.2 透射电子显微镜

透射电子显微镜(TEM)是最早发展起来的电子显微镜，它使高速运动的电子束穿过样品从而携带样品的图像信息，再经电子透镜聚焦获得样品的图像信息。它的基本构成包括高压电子枪、样品台、物镜、投影镜和图像记录系统，如图 3-1 所示[12]。高压电子枪用于产生高速运动的电子束，要求电子束在样品上具有均匀的分布，并具有尽可能小的速度弥散。它由电子发射体和加速聚焦系统组成。为使电子束具有最小的速度弥散，目前用场发射阴极取代原来的热发射阴极，从而可使电子束的能量弥散从原来的 0.8eV 减小到 0.2～0.4eV，这有利于后面电子透镜色差的减小，有利于空间分辨率的提高；同时采用场发射还有利于发射电流密度的提高，从而在高分辨下可改善图像的信噪比。但场发射阴极的引入，必须使电子显微镜系统的真空度较热阴极提高 2 个数量级，达到超高真空的水平，从而对系统的真空获得提出了更高的要求。不过目前这已不是技术难题。现在在高端电子显微镜中均采用了场发射阴极，包括钨尖、碳纳米管等场发射体。在高压电子枪中常引入磁透镜构成的聚光镜，用来同时调节落到样品上电子束的孔径角和电流密度的大小。物镜可以是磁透镜，也可以是静电透镜。由于在物镜中电子束的孔径角较大，其像差尤其是球差的消除是头等重要的。不论磁透镜还是静电透镜，只要是圆对称结构，其球差只能是正值而不会是负值，是无法消除的。采用非圆对称的多极磁或静电聚焦透镜可以消除球差，但该透镜的实现难度大，调节十分困难。不过该问题目前也得到了较好的解决，至今获得 100pm 左右分辨率的 TEM 均采用 16 电极、8 电极或 4 电极非圆对称的球差修正系统，该结构可产生负值球差，可抵消圆对称透镜的正值球差。投影镜一般采用磁透镜，其功能主要是提供高的放大倍率。由于电子束在投影镜中张开的孔径角很小，可以不考虑其像差校正问题。关于图像记录系统，过去采用胶卷直接将电子束携带的图像信息记录下来，目前先将电子束携带的图像信息通过荧光屏转换为可见光图像信息，再利用制冷 CCD 记录下来。同时还在发展电子束轰击的 CCD 图像记录方式，它无须将电子束携带的图像信息转换成其他形式，由电子束轰击 CCD 产生电子空穴对，直接将图像信息记录下来，从而改善图像质量。事实上，TEM 为改善图像质量还采取了许多其他措施。例如，为使色差减小，不仅采用场发射阴极减小发射电子初能量的弥散，还采用高压稳定电源，使加速后的电子具有尽可能相同的速度。此外，还采用了像散校正透镜等。

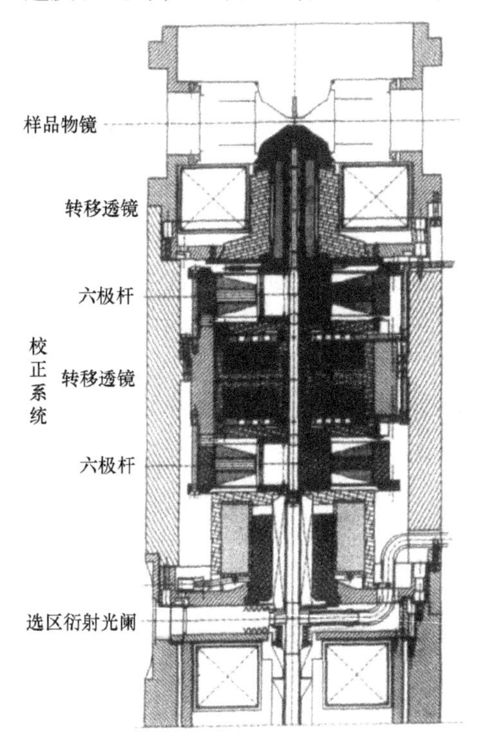

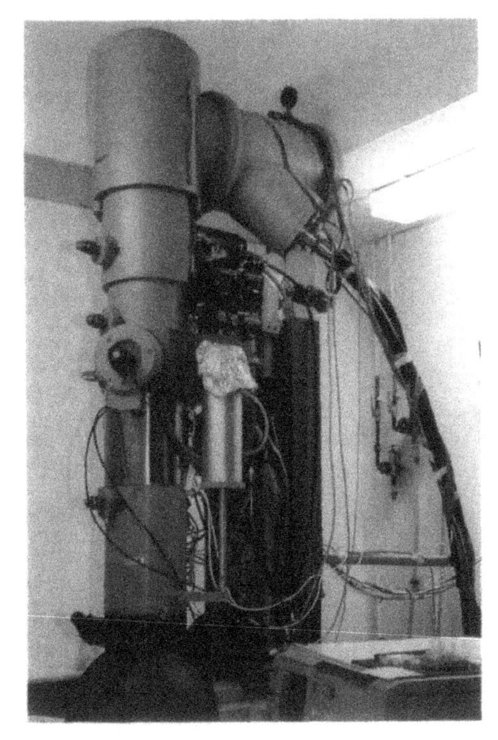

图 3-1　TEM 结构(包括球差校正非圆对称透镜)

TEM 的另一个重要议题是如何形成高的图像对比度，从而反映物体内部的微观结构。当电子束穿过样品时，电子将会与样品中的原子核及其周围的电子发生相互作用。宏观上看，固体样品是非常致密的，但微观上看，固体内部是非常空旷的，原子核之间的距离在埃量级，而原子核的尺寸却在飞米量级。电子束作用于样品时，将以一定的概率分别与原子核及其周围的电子发生相互作用，与原子核作用的结果将产生弹性散射，而与周围电子作用的结果将产生非弹性散射。由于原子核在空间的位置是相对固定的，弹性散射带有固体的结构信息，而外层电子与电子束相互作用产生的非弹性散射则难以反映样品的结构信息。通常非弹性散射电子数是弹性散射的 3 倍，使部分电子能量沉积于样品中，从而由于热效应而限制了注入样品束流的大小。不论发生哪种散射都将改变散射电子的运动方向。如果我们设法将发生过碰撞的电子从原来的电子束中分离出去，只让图像记录系统记录直接通过样品的电子束，得到的图像将反映样品中原子核在空间的分布状态，获得有意义的样品结构图像信息。当然，我们这里要考虑样品的厚度，在这样的厚度下，从统计来说，电子束中的每个电子最多只与样品发生一次弹性碰撞。我们把电子束中的电子与原子核相邻两次碰撞之间的距离称为电子自由程，显然，电子自由程的大小与电子显微镜的加速电压及所测试的样品密度等有关。以常用的细胞样品为例，其中70%以上成分是水。为对细胞进行显微测试，我们会将其中的水分冷冻为非晶的玻璃体。电子在其中的自由程与加速电压有关，当加速电压分别为120kV、200kV和300kV时，电子自由程分别为200nm、270nm和350nm。在选择样品的厚度时，一般应小于2个电子自由程，从而从统计意义上保证每个电子与原子核不会有两次以上的碰撞概率。为了拦截电子束中发生过碰撞的电子，我们可以在电子束行进途中合适的轴向位置设置适当孔径尺寸的光阑。从这里我们可以看出，对TEM而言，其样品厚度是十分受限的，并随加速电压的不同而不同。若样品太厚，得到的图像就很难解释了。TEM还有其他图像对比度形成机制，例如相位衬度。

事实上，电子显微镜之所以能诞生，正如我们前面介绍的是基于物质波的理论，也就是说，电子波函数不仅具有幅度，还具有相位。单记录其幅度的改变量是不够的，还需要记录其相位的改变量。为真实记录样品的结构，必须同时记录电子波函数的幅度和相位，对于高分辨图像来说尤其是这样。事实上，电子显微镜在像面上的波函数$\phi(\boldsymbol{r})$可作如下表示：

$$\phi(\boldsymbol{r})=\int A(\boldsymbol{g})D(\boldsymbol{g})\exp\left[-\mathrm{i}\chi(\boldsymbol{g})\right]\times\exp(2\pi\mathrm{i}\boldsymbol{g}\cdot\boldsymbol{r})\mathrm{d}g \tag{3.9}$$

其中，$A(\boldsymbol{g})$表示衍射束的幅度，$\boldsymbol{g}$表示衍射矢量；$D(\boldsymbol{g})$表示孔径函数，其含义除了物理上的孔径，还包含衰减轮廓函数，后者反映了色差和束的会聚效应；$\chi(\boldsymbol{g})$表示相对于中心束的衍射束相移，可由下式给出：

$$\chi(\boldsymbol{g})=\frac{1}{2}\pi\left(g^4+2\varepsilon g^2\right) \tag{3.10}$$

式中，g可用Gl^{-1}表示，$1\mathrm{Gl}=C_s^{1/4}\lambda^{3/4}$,表示1个Glaser；离焦量用Scherzer单位表示，$1\mathrm{Sch}=(C_s\lambda)^{1/2}$。$C_s$表示球差系数，$\lambda$表示电子波长。若工作电压为200kV，对应的电子波长为2.5pm，在此电压下，一个设计得好的TEM的球差系数C_s=1.2mm。此时1Gl=0.37nm, 1Sch=54.7nm,所对应的对比传递函数在离焦−70nm时如图3-2所示[13]，图3-2(a)对应于$\cos\chi$，图3-2(b)对应于$\sin\chi(\boldsymbol{g})$，它们分别对应于幅度和相衬传递函数。若对应于调制度为零的第一个频率为截止频率，显然相衬图像分辨率要高得多。为了使TEM的空间分辨率小于0.1nm，必须发展TEM的相衬成像。

为使相衬图像分辨率小于0.1nm，人们做了许多不懈的努力[12-18]。不仅要设计具有场发射的电子枪，从而减小电子初能量弥散、减小色差和提高图像对比度；还要设计高质量的物镜和投影镜，尤其要在其中引入非圆对称的经典或磁透镜以减小球差，从而提高成像系统的空间分辨率。更重要的是如何获得相位对比度，

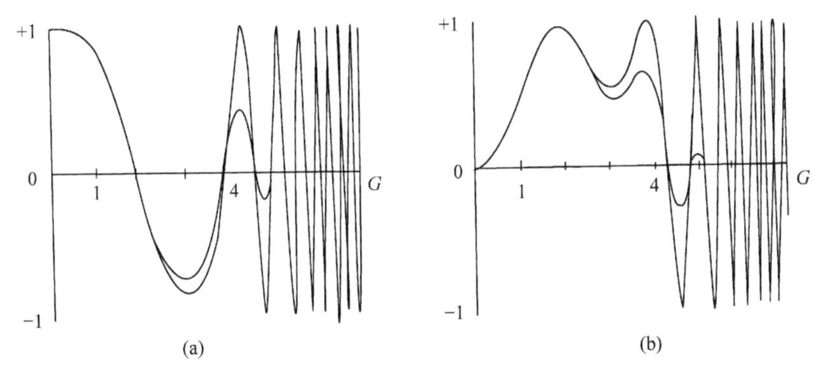

图 3-2　在 Scherzer 离焦−70nm 时的对比传递函数

从而获得相衬图像。我们知道探测器只能记录强度信息，要获得相衬图像，就必须将相位信息转变为强度信息。为此，早在 20 世纪 50～70 年代，像泽尼克(Zernike)在光学显微镜中引入相位环获得相衬图像一样，人们也在 TEM 中物镜的后焦面上引入相位环[19-21]，曾获得相衬图像。但由于存在一些实际问题，如带电、污染、定位和制作困难等，后来就不再使用。到 21 世纪，日本和德国学者又分别重新研究了 TEM 相位环及其应用问题[22,33]，尤其对相位环改变π /2 所用材料厚度及透过率等进行了大量的研究，分别利用碳和硅通过人工蒸镀方法获得高质量的相位环，并获得了相衬图像，如图 3-3 所示[24]。

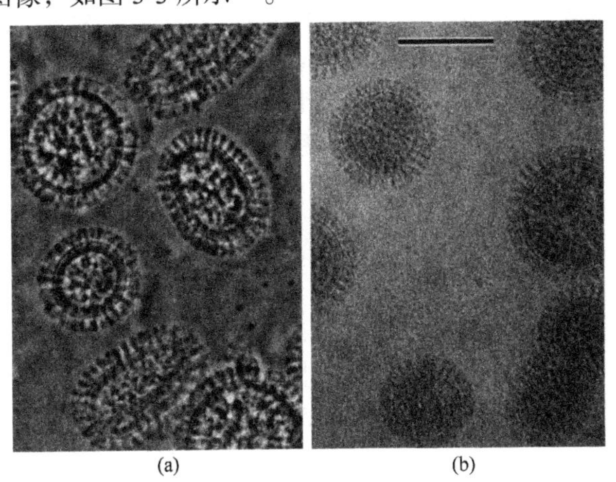

(a)　(b)

图 3-3　一种病毒图像

(a) 为病毒相衬图像，(b) 为病毒通常电子显微图像，图中标尺为 100nm

德国学者认为他们研制的相位环可长久使用，但存在的问题仍如前述，尤其是要获得一薄而均匀的相位环是非常困难的，而这种不均匀性将会产生新的相位噪声。为解决此问题，日本学者还曾设计过静电相位板[25]，即建立合理的静电场分布使电子波通过它时相位发生π /2 的变化。显然，这种静电场的建立是十分困难的，需要特殊制作电极结构。后来德国学者在前人理论研究的基础上利用电子束和离子束技术制作了能形成微静电透镜的结构[26]，可产生π /2 的相位差，但未见相关 TEM 成像的报道。

实现相衬成像的另一条途径是，获得多幅不同的聚焦图像，利用数值计算的方法求出相衬图像[18]。在样品的出射面处，电子波函数是幅度和相位的函数，该波函数表征了关于样品的真实信息。在由样品到像面传播的过程中，传递函数将幅度和相位混在一起，其作用犹如复空间频率滤波器。还有，这种高分辨 TEM 成像是非线性过程，但在像面上只有强度信息被记录下来了，而相位信息却被丢失了。在频率空间，样品到像面的相干性由下式给出：

$$\begin{aligned} I(\boldsymbol{G}) = {} & \phi(0)\phi^*(-\boldsymbol{G})T(0,-\boldsymbol{G}) + \phi^*(0)\phi(\boldsymbol{G})T(\boldsymbol{G},0) \\ & + \int_{\boldsymbol{G}'\neq 0;\boldsymbol{G}'\neq -\boldsymbol{G}} \phi(\boldsymbol{G}+\boldsymbol{G}')\phi^*(\boldsymbol{G}')T(\boldsymbol{G}+\boldsymbol{G}',\boldsymbol{G}')\mathrm{d}\boldsymbol{G}' \end{aligned} \tag{3.11}$$

其中，$\boldsymbol{G}$ 表示二维频率矢量；T 表示透射互联系数，与透镜像差和相干效应有关。式(3.11)的第一和第二项表示透射电子束$\phi(\boldsymbol{G}=0)$与衍射电子束$\phi(\boldsymbol{G}\neq 0)$之间的线性干涉，式中的第三项给出两衍射束之间的非线性干涉。为恢复相位信息和补偿 TEM 的传输，需要用全息方法。轴外电子全息对于相位恢复是一种可能的途径。我们利用一系列高分辨 TEM 的聚焦图像通过共线全息直接重建ϕ的相位和幅度。将若干幅聚焦图像结合起来增加信息量的想法并不新鲜，不论线性成像还是非线性成像机制的图像重建，过去都有人做过。尤其是非线性图像重建，通过最小二乘法使强度与电子波函数实现匹配，不过这是以大量的计算为代价的[27]。第一种方法是将非线性的贡献循环地滤除，这样就可以对 N 个序列聚焦图像实现高速线性重建，所用表达式如下：

$$\phi^{j+1}(\boldsymbol{G}) = \sum_{n=1}^{N} F_n(\boldsymbol{G})\left[I_{n,\exp}(\boldsymbol{G}) - I_{n,j}^{\mathrm{NL}}(\boldsymbol{G})\right] \tag{3.12}$$

其中，$I_{n,\exp}$ 表示第 n 个实验图像；$I_{n,j}^{\mathrm{NL}}$ 表示第 n 个图像的非线性贡献，这可由ϕ^j估算出来；F_n 表示线性重建的第 n 个滤波函数[28]。该方案对于成像条件接近线性的薄样品是适用的。人们基于最大似然框架还发展了 Kirland 重建方案的一个变种，利用这种方案，计算效率提高了 3～4 个量级，具体与图像的大小有关。非线性最大似然重建 512×512 像素的图像需要 20 幅序列聚焦图像。其中改进的要点是要有一个适应场发射枪相干性的合适计算模型。场发射的高亮度意味着具有非常好的空间相干性。目前，色差和电压电流的不稳定性使得时间相干性仍是一个限制因素，从而引起高分辨图像记录过程中的聚焦平均效应。在最大似然算法中，所用的第 n 幅图像的强度分布是在实空间(R)的聚焦平均值：

$$I_n(\boldsymbol{R}) = \int f_\Delta(\varepsilon)\mathrm{d}\varepsilon \left| \mathcal{F}^{-1}_{\boldsymbol{G}\to\boldsymbol{R}}\left[\phi(\boldsymbol{G})t_{n,\varepsilon}(\boldsymbol{G})\right]\right|^2 \tag{3.13}$$

其中，$\mathcal{F}^{-1}$ 表示傅里叶逆变换；$f_\Delta(\varepsilon)$ 表示色焦散函数；$t_{n,\varepsilon}(\boldsymbol{G})$ 表示有效传递函数：

$$t_{n,\varepsilon}(\boldsymbol{G}) = \exp\left\{-2\pi\mathrm{i}\chi_{n,\varepsilon}(\boldsymbol{G})\right\}\exp\left\{-\left(\frac{\pi\alpha}{\lambda}\right)^2\left[\nabla\chi_{n,\varepsilon}(\boldsymbol{G})\right]^2\right\} \tag{3.14}$$

式中，α 表示束收敛半角；$\chi_{n,\varepsilon}(\boldsymbol{G})$ 和 $\nabla\chi_{n,\varepsilon}(\boldsymbol{G})$ 分别表示波像差函数和它的空间梯度，前者由下式给出：

$$\chi_{n,\varepsilon}(\boldsymbol{G}) = \frac{1}{2}\left(\Delta f_n + \varepsilon\right)\lambda G^2 + \frac{1}{4}C_\mathrm{s}\lambda^3 G^4 \tag{3.15}$$

其中，Δf_n 表示第 n 幅高分辨图像聚焦清晰度。利用 $t_{n,\varepsilon}(\boldsymbol{G})$ 就意味着对空间相干轮廓因子采用分解因子的办法解决，只有在低值的 α，如对场发射枪小于 5×10^{-5}rad 才可以这样处理。对于 j 到 j+1 的迭代，若用最大似然方法确定样品波函数 ϕ，利用 N 幅传函为 $t_{n,\varepsilon}(\boldsymbol{G})$ 的序列聚焦图像，其中 n=1,2,⋯,N，我们则可以得到

$$\begin{aligned}\phi^{j+1}(\boldsymbol{G}) &= \phi^j(\boldsymbol{G}) \\ &+ \frac{\gamma}{N}\sum_{n=1}^{N}\int f_\Delta(\varepsilon)\mathrm{d}\varepsilon t^*_{n,\varepsilon}(\boldsymbol{G})\mathcal{F}_{\boldsymbol{R}\to\boldsymbol{G}}\left\{\left[I_{n,\exp}(\boldsymbol{R}) - I_{n,j}(\boldsymbol{R})\right]\mathcal{F}^{-1}_{\boldsymbol{G}\to\boldsymbol{R}}\left[\phi^j(\boldsymbol{G})t_{n,\varepsilon}(\boldsymbol{G})\right]\right\}\end{aligned} \tag{3.16}$$

其中，$I_{n,j}$ 是确定 ϕ^j 的预估强度；γ 表示收敛参数。关系式(3.13)～式(3.16)可以使我们通过快速傅里叶变换受益，并对样品到像面的传播可避免权重相关。

人们利用上述方法已进行了大量的实验研究和计算机模拟计算研究，获得了较为理想的结果。表 3-1 给出在相应的加速电压下空间分辨率达到 0.1nm 时各参数应达到的值。其中 A_1 和 A_2 为像散值，Δ为焦散，最后一项为允许的样品最大厚度。可见要达到小于 0.1nm 的空间分辨率是可行的。不过样品厚度不能太大，即使加速电压达到 2MV，允许的样品厚度也只有约 40nm[12-18]。

表 3-1　在相应的加速电压下空间分辨率达到 0.1nm 时各参数应达到的值

加速电压/kV	波长 λ/Å	最大值				
		C_s/mm	$\lvert A_1\rvert$/Å	$\lvert A_2\rvert$/μm	Δ/Å	厚度/Å
100	0.03701	0.012	6.8	0.027	17.2	54
200	0.02508	0.038	10.0	0.060	25.4	80
300	0.01969	0.079	12.7	0.097	32.3	102
400	0.01644	0.135	15.2	0.139	38.7	122
500	0.01421	0.209	17.6	0.186	44.8	141

续表

加速电压/kV	波长 λ/Å	最大值				
		C_s/mm	$\|A_1\|$/Å	$\|A_2\|$/μm	Δ/Å	厚度/Å
600	0.01257	0.302	19.9	0.237	50.7	159
700	0.01129	0.417	22.1	0.294	56.4	177
800	0.01027	0.554	24.3	0.356	62.0	195
900	0.00943	0.716	26.5	0.422	67.5	212
1000	0.00872	0.905	28.7	0.493	73.0	229
1250	0.00736	1.506	34.0	0.693	86.5	272
1500	0.00637	2.317	39.2	0.923	99.9	314
2000	0.00504	4.678	49.6	1.474	126.2	397

至今，TEM 的发展已有 80 多年的历史。新发展的 TEM 可以原子级的分辨率研究凝聚态物理和材料科学等，还可满足纳米科学和技术不断发展的需求。将电子能量滤波器和电子能量损耗谱仪引入 TEM，不仅可使空间分辨率提高到数皮米，还可使能量分辨率达到约 100meV[16]的水平。但是，利用上述的二维显微成像方法，我们只能得到样品的微结构透视图像。显然，对许多应用而言，这种成像是不能满足要求的。下面我们将介绍目前更受用户欢迎的三维电子显微成像技术。

3.1.3 三维电子显微成像技术

三维电子显微成像之所以受到人们的高度重视，一方面它可以用来获得原子组成的生物大分子的三维结构图像，另一方面可以利用这种方法获得细胞的纳米结构图像，甚至可设法获得细胞内三维纳米结构的动态图像，从而可以使我们同时从分子水平和系统生物学角度更深刻地认识生命现象。早在 1968 年，Klug 基于 X 射线 CT 原理[29]就发展了三维电子显微成像技术[30]，并获得了一种细菌的尾螺旋三维分子结构图像，标志着利用电子而不是利用 X 射线来确定生物大分子三维结构的开始。之后人们还研究了各种亚细胞及相关组合结构，如中心体、着丝粒、染色质等。但为获得三维电子显微图像，需要经历从样品倾斜、位移、聚焦到图像拍摄等多个烦琐的人工调节步骤，工作量很大，效果不好。不仅如此，更严重的问题是在人工调节下，在图像获取的过程中样品所接收的剂量超过了破坏阈值，受此限制我们几乎无法获得样品的三维电子显微图像，尤其对冰冻的含水样品、晶体和大分子三维电子显微成像更是如此[31]。为解决上述问题，人们需要发展自动调焦、自动数据获取和自动数据处理的相关技术和软件[31-35]，从而不仅使样品遭受的剂量下降 2 个数量级，使获得三维显微图像成为可能，还使图像质量获得大幅提高。

三维电子显微成像是在前面介绍的二维电子显微成像的基础上发展起来的。

其显微成像原理和基本成像装置并无两样，主要进展是如何在已有基础上实现三维显微成像。下面分四个方面介绍三维电子显微成像的进展。

首先是样品制备技术。在二维电子显微成像中，为获得透射式显微图像，需要制作薄样品。这里需要制作三维结构保持原样的薄样品，难度更大。尤其是含水生物样品制作难度更大。现以细胞样品为例进行说明。细胞含有高水分，约占 80%，处于自然状态的细胞无法在电子显微镜下观察。我们需要对其进行或者去水处理或者冷冻处理。现有的研究表明，冷冻比去水更易保持细胞的自然结构状态，目前的实验基本上都采用冷冻样品。冷冻有两种方式，一种是形成冰的晶体化冷冻，一种是形成玻璃体的非晶化冷冻[36,37]。前一种会形成纳米级冰针，使细胞内的微结构遭受破坏；后一种则可完备地保持细胞内的原有微结构。后一种方法还可以在毫秒的时间间隔内使细胞保持那个时刻的状态而被冻结，从而有可能通过细胞内动态过程的分时冻结获得其动态图像。但玻璃化的非晶冷冻技术实现困难，需要在 2000bar($1bar = 10^5Pa$)的高气压下实现快速冷冻，冷冻速度需达 10^5℃/s，冷却的温度接近氮液化温度，即 78K。目前这样冷冻的样品厚度最大可达 200μm。为了获得电子显微镜可以实现三维成像的薄样品，还需在冷冻的条件下，对样品进行无损切割[38]。

其次是计算机精密控制的样品台及实现电子束位移的偏转系统，可以在计算机控制下使样品实现精密位移和精密倾斜。为获得样品的三维层析显微图像，与通常的 X 射线 CT 一样，需要获得样品不同方位角方向的投影图像。这里相当于 X 射线锥束 CT，电子束照亮样品全视场。为获得不同方位角下的透射图像，不仅要使样品实现精密倾斜，同时要使样品实现精密位移，从而保证电子束轴向和改变方位角后的样品轴向相一致。为保证倾斜后获得清晰的透射图像，还需进行调焦。这些调节量都要求具有高的调节精度。通常情况下，样品的轴和 TEM 的轴是不重合的，当样品改变倾斜角后，样品不仅会产生倾斜，还会发生位移。因此，在获得不同倾斜角系列投影图像之前，我们需要对 TEM 系统和样品进行校准，校准的参数包括样品倾斜角、离焦、像散、样品 X-Y 位置及样品高度 Z，以及照明条件(包括斑点大小、强度、束的位置及倾角等)。为此，Koster 等已导出在强度衬度和相位衬度等不同条件下各参数与位移量的关系式[31]，并利用不同图像之间的互相关函数的一些特征值判断自动调节程度的好坏。现在已有一套完整的软件用于控制样品和 TEM 系统自动调节的好坏，并具有极高的调节效率，一般只需获得不同状态下的 12 幅图像，即可将系统状态调整完毕。值得注意的是，在系列投影图像获取的过程中，由于种种原因，样品仍可能存在极微小的位移，为了获得高分辨三维电子显微图像，我们仍需利用前后图像的互相关函数判断位移的修整。可见，图像之间的互相关函数对于获得高分辨三维电子显微图像来说是多么重要！

另一个重要问题是图像记录系统，没有大面积、高分辨、线性、低噪声、数字化 CCD 图像记录系统的诞生，要实现三维电子显微成像也是不可能的。其中最重要的进展是制冷 CCD 和高速模数转换器的问世。制冷 CCD 使每个像素的噪声电子大幅度降低，从而不仅使信噪比获得改善，还使探测器的动态范围得以扩展。高速模数转换器使 CCD 的模拟信号快速转换为数字信号，为图像信号的计算机处理奠定了基础。我们很难想象仍用胶卷如何实现三维电子显微成像。胶卷的非线性特性和后处理特性会给三维电子显微成像带来不可想象的困难。

最后，为获得样品的三维显微图像，还需发展新的计算算法，利用获得的多幅样品透射图像重构出其三维纳米分辨图像，如 X 射线计算机断层扫描成像(XCT)。之所以如此，是因为高速运动的电子在样品中的行为有如 X 射线在样品中的直线投影行为。关于 CT 算法[29,39,40]，我们在第 2 章中已作过初步介绍。这里不复赘述。

在三维电子显微成像中，为获得样品的真实三维纳米分辨结构图像，还需注意如下几个问题。一是电子束和样品之间发生的非弹性散射问题，由于样品倾斜后电子束需穿透更大深度，若倾斜角为θ，样品厚度增加的倍数为 $1/\cos\theta$,当θ为 70°时，厚度增加 2.92 倍，从而产生非弹性散射的概率增大，而非弹性散射会使电子能量沉积于样品内，导致样品更易破坏，还使透射图像质量下降。为解决此问题，一方面要注意注入样品的电子密度不能太大，为获得分子的结构图像，电子密度小于 10^3nm^{-2}；要获得细胞内的结构图像，电子密度小于 10^4nm^{-2}，要获得细胞膜的结构图像，电子密度则可高达 10^5nm^{-2}。另一方面可采用电子能量分析装置将非弹性散射电子滤除，它既可放置在电子透镜中，也可置于探测器之前[41-44]。二是样品倾斜时样品架的影响问题。为支撑薄样品，样品架由金属网和其支架组成。受支架的限制，倾斜角不能超过±60°，否则将影响三维图像信息的获取。为此，引入双轴倾斜方法，两轴之间的夹角为 90°，从而倾斜角加大，较好地解决了上述问题[45]。与倾斜角有关的另一个问题是倾斜角的标定问题，由于细胞一般由轻元素组成，倾斜角加大后尽管厚度加大，但图像对比度没有明显的变化，难以区分倾角的变化。为此，样品用金粉染色，在不同的倾斜角下，金粉的厚度不同，形成的衬度不同，可清晰地分辨倾斜角[46]。三是对比传递特性的改善问题。对于细胞微结构而言，它们基本上是由轻元素组成的，这些原子核对入射电子束的弹性散射效应与重元素相比是很弱的,由此产生的幅度对比传递特性是很差的。为了改善这种特性，常采用电子波的相位对比传递特性来获得高分辨特性，即我们在介绍 TEM 时谈到的相衬成像[47,48]。通常有两种方案，一种方案是在离焦的状态下获得相位对比传递特性，另一种方案则是在聚焦的状态下利用波带片获得其相位对比传递特性。这些方法我们在上面也已介绍过。当使用相位环时，图像可在聚焦的状态下记录，由于物镜散焦导致的相位变化不再存在，在整个分辨率范围内相位对比传递特性都比较均匀。

3.1.4　扫描透射电子显微镜

早在透射电子显微镜发明之初，Ardenne 于 1938 年就指出利用电磁透镜或静电透镜还可以实现扫描透射电子显微镜[49]。我们后面还会介绍在 20 世纪 50 年代为获得物体形貌或样品表面图像，发明了利用二次电子发射特性或背向弹性散射电子特性的扫描电子显微镜。扫描透射电子显微镜是利用电子对样品的穿透特性，通过扫描获得样品的透射图像。这种技术要求电子枪具有更高的阴极发射亮度，Crewe 首先意识到利用金属尖形成高电场实现冷场发射，并形成 0.4nm 的聚焦斑点[50,51]，但直到 20 世纪 70 年代其空间分辨率仍没有达到当时透射电子显微镜的水平。这种显微镜有其明显的特色。首先，它可以测试较通常的透射电子显微镜更厚的样品，这是因为这种工作模式允许聚焦电子束在与样品作用之后穿过更厚的深度而不会降低成像质量。另外，在这种工作模式下，还可以利用环形探测器方便地探测通过样品的散射电子，从而获得样品的暗场图像。尤其是利用荧光屏和 CCD 探测器还可以获得样品的衍射图像。同时，在探测空间的中心部位我们可引入电子能谱分析仪，从而可分析具有任何能量的电子束，获得样品弹性和非弹性散射图像，通过利用样品后偏转线圈将衍射电子束的任何一部分引入电子能谱仪对其进行分析。最后，利用扫描透射电子显微镜还可以探测样品前后表面的二次电子发射和俄歇电子发射，以及在电子束轰击下产生的 X 射线特征谱。这里应特别强调的是，所有上述的各种图像信息是可以同时获得的。通常的透射电子显微镜可以并行获得样品不同位置的强度或相位衬度图像，但不具有同时获得不同对比度的图像信息的能力。这些优越性均可在图 3-4 中充分地体现出来[52]。

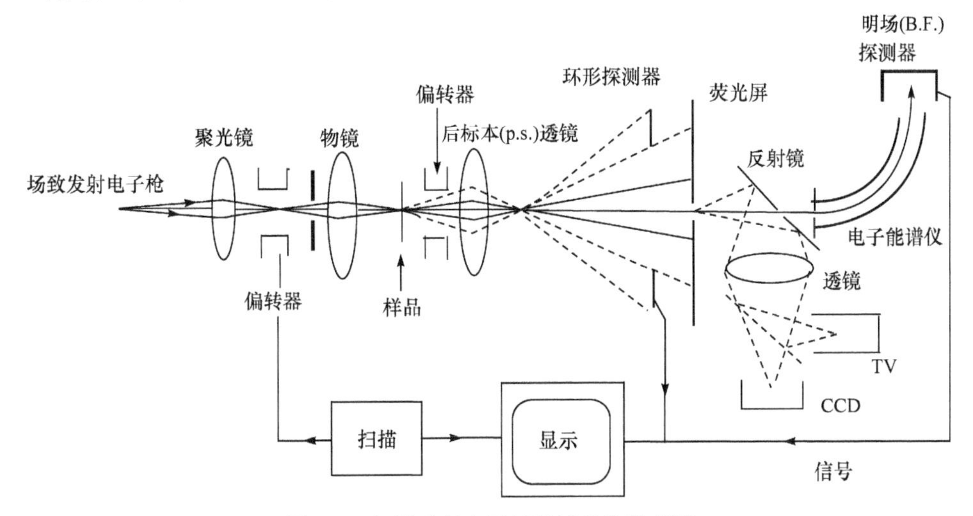

图 3-4　扫描透射电子显微镜系统组成图

该系统工作于不同的模式，同时获取不同图像对比度的信息，这里包括由散射探测获得的暗场图像、衍射图像、厚样品透射图像、能谱分析信息，以及表面二次电子、俄歇电子图像和表面 X 射线能谱分析信息。

扫描透射电子显微镜的结构也可由图 3-4 看出，它由具有场发射阴极的电子枪、聚光镜、偏转系统、物镜、样品台和后聚焦透镜等构成。从电子枪发出的电子束经聚光镜和物镜将电子束斑缩小并聚焦于样品上的某一点，获得该点的透射像、暗场像和衍射像，并由不同的探测器接收，同时获得这些信息，再利用偏转系统通过对电子束的扫描获得样品不同位置的各种图像信息。其中，利用环形电极可直接接收非弹性散射电子，从而获得暗场像；利用荧光屏加速二次电子并将其转换为荧光，再通过两反射镜接收荧光信号转换为光电信号获得样品表面形貌图像；还可以利用荧光屏将样品的电子衍射图像转换为荧光图像，再利用 CCD 面阵光电探测器记录下样品的电子衍射图像，这里由于后聚焦透镜的作用，所接收的是会聚衍射图像；最后一方面利用物镜之后引入的偏转系统和后聚焦透镜以及荧光屏上的中心光阑可获得样品的透射电子图像，另一方面利用后面的电子能谱仪还可对透射电子进行能谱分析。可见，扫描透射电子显微镜具有强大的图像信息获取能力和电子能谱分析能力。

这种显微镜的空间分辨率原理上与前面讲的透射电子显微镜一样，最后由衍射和球差两种像差共同决定。为减小衍射像差，就要扩大孔径角θ，与此同时，球差则会增大。在使像差最小化的条件下，可得[53]

$$\theta=\left(4\lambda/C_{\mathrm{s}}\right)^{1/4} \tag{3.17}$$

利用上面获得的结果，可得到第一零点的弥散斑Δr为

$$\Delta r=0.43C_{\mathrm{s}}{}^{1/4}\lambda^{3/4} \tag{3.18}$$

正如上述，在扫描工作模式下，应利用场发射提高阴极发射亮度，从而可用高电子密度的束斑扫描样品。尽管这种阴极有利于色差和球差的减小，但受圆对称透镜球差为正的限制，最高空间分辨率只能达到 0.5nm 左右。为了进一步提高扫描透射电子显微镜的空间分辨率，使其在理论上小于 1Å，如在透射电子显微镜的设计中一样，Krivanek 等引入了非圆对称透镜，如 4 电极或 8 电极透镜，从而可达到正负球差相消改善空间分辨率的效果。通过优化设计，尽管色差系数稍有增加，但在 100kV 下理论分辨率可小于 1Å，实测暗场空间分辨率可达 1.23Å，实测束斑大小不超过 1.3Å[54,55]。图 3-5(a)为具有场发射电子枪和球差校正系统的扫描透射电子显微镜静电极结构示意图；(b)为基于上述设计的扫描透射电子显微镜外形图。这里，在聚光镜和物镜之间引入了像散校正系统，在物镜之后引入了 4 电极或 8 电极球差校正系统。

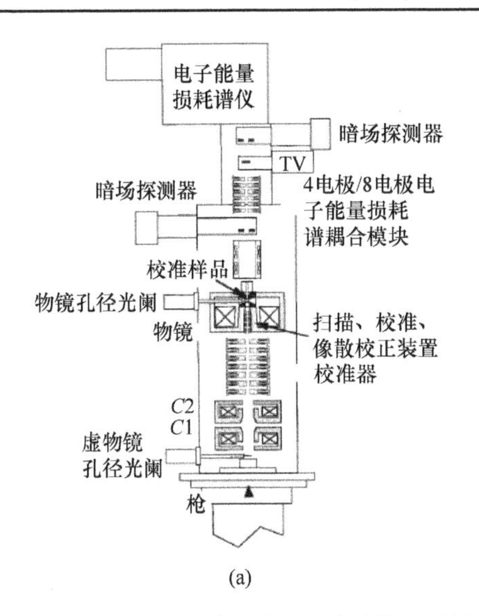

(a)

(b)

图 3-5　(a)具有场发射电子枪和球差校正系统的扫描透射电子显微镜静电极结构示意图；(b)基于上述设计的扫描透射电子显微镜外形图

3.2　基于 X 射线束的三维结构纳米成像

X 射线的波长较可见光短三个数量级或更多，按照衍射极限理论，其空间分辨率较可见光可提高三个数量级以上，达到亚纳米甚至更高的空间分辨率。同时，X 射线对物质具有很好的穿透特性，因此 X 射线显微镜可直接获得完整厚样品的三维纳米分辨图像，而不需要像电子显微镜那样对厚样品进行切割，给样品制作减少很多麻烦。还有，在很多情况下，X 射线显微镜不需要像电子显微镜要求的真空环境，在自然环境下即可获得显微图像。最后，利用 X 射线可以获得亮场、暗场、相位、荧光等不同对比机制的图像，从而可方便地从不同侧面反映物质的特性。正因为如此，实现 X 射线显微成像是人们早就追求的目标。但遗憾的是，任何物质的复折射率的实部接近而小于 1，我们无法利用物质对 X 射线的折射特性设计和制造出像聚焦可见光那样的透镜。目前可通过三条不同的途径实现 X 射线三维纳米成像，即基于波带片的 X 射线三维纳米成像、基于纳米束斑或光栅的 X 射线三维纳米分辨相衬成像和 X 射线相干衍射显微成像，同时还在发展其他的三维纳米成像方法。下面分别对它们进行介绍。

3.2.1　基于波带片的 X 射线三维纳米成像

早在 1951 年，Myers 就提出利用泽尼克相位波带片可以实现对 X 射线的显微成像[56,57]。但受到当时加工水平的限制，他设计出的波带片衍射透镜无法实现，直到 25 年之后，德国科学家 Schmahl 等才研制出基于波带片的 X 射线显微镜，使空间分辨率提高到 0.5μm[58]。他们利用一个聚光波带片聚集 X 射线，利用另一个波带片使通过样品的 X 射线获得聚焦并使图像放大。

1. X 射线波带片

X 射线波带片是一种衍射光学元件，其结构是由一系列的同心环带组成[59,60]，如图 3-6 所示。

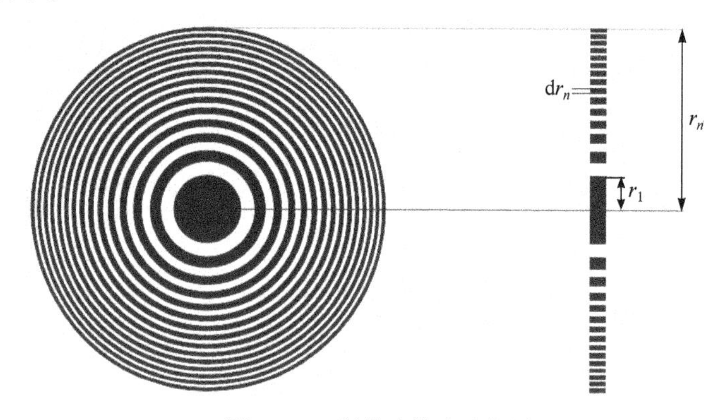

图 3-6　X 射线波带片示意图

环带半径可表示为

$$r_n^2 = n\lambda f + \frac{n^2\lambda^2}{4} \tag{3.19}$$

其中，n 表示环带从中心向外的编号，为正整数，最中心 n=1，依次向外逐渐增大；λ 表示射线波长；f 表示波带片的焦距，对于一级衍射而言，其焦距可表示为

$$f = \frac{4N(\Delta r)^2}{\lambda} \tag{3.20}$$

这里，N 表示波带片包含的环带数；Δr 表示波带片最外环的宽度，目前其大小受工艺条件的限制[61,62]，最好可达 10nm[62-64]。通常，环带对 X 射线不透明，相邻两环带之间的区域对 X 射线是透明的。波带片的 X 射线透过率对应用而言是一个值得重视的问题。若如上述的不透明环带组成，其透过率与衍射级数有关，若 m 表示衍射级数，则衍射效率 η 可表示为

$$\eta = \frac{1}{(\pi m)^2} \tag{3.21}$$

其中，m 为奇数。若 m=0，η=0.25；若 m 为其他偶数，η=0。但即使衍射级数为 1，衍射效率也只有 10%左右。为了提高衍射效率，人们提出相位波带片的概念。这样，X 射线通过波带片的环带时，不是其透过率为零，而是相位发生改变，相位改变量 $\Delta\phi$ 为

$$\Delta\phi = 2\pi\delta t/\lambda \tag{3.22}$$

其中，δ表示波带片材料的相位因子；t表示材料厚度。通过进一步推导，我们可求出通过波带片的 X 射线强度：

$$I_m = \frac{I_0}{m^2\pi^2}\left(1 + \mathrm{e}^{-4\pi\beta t/\lambda} - 2\mathrm{e}^{-2\pi\beta t/\lambda}\cos\left(2\pi\delta t/\lambda\right)\right) \tag{3.23}$$

其中，β为材料对 X 射线的吸收因子；m 仍为奇数。为了长期使用波带片而其性能不发生改变，要求所用材料在空气中特别稳定，经实验，这些材料包括金、镍和锗等，它们的衍射效率如图 3-7 所示。

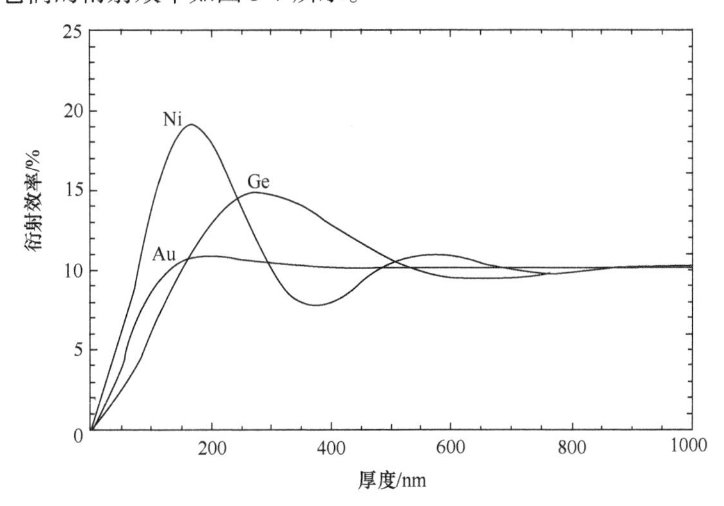

图 3-7　不同材料在不同厚度下的衍射效率(工作波长 3.37nm)

这里所用的波长λ=3.37nm，是碳的 K 边带吸收峰波长。由于金的吸收系数很大，其衍射效率与纯吸收型波带片接近；镍在厚度为 175nm 时，衍射效率最高，达 19%。由波带片组成的 X 射线显微镜的空间分辨率主要受衍射极限的限制，尤其是其数值孔径的限制，它由最大衍射角确定，其大小可表示为

$$\mathrm{NA} = m\lambda/(2\Delta r) \tag{3.24}$$

当 m=1 时，极限分辨率可作如下表示：

$$\Delta r_{\lim} = 0.5\lambda/\mathrm{NA} = \Delta r \tag{3.25}$$

显然，此时系统的极限分辨率与波长无关，由最外环的宽度决定，也即由已有的加工能力确定。这里要说明一点，所用衍射极限按分辨率由测不准原理确定，系数取 0.5，而不是通常的 0.61，有 1.22 倍的差别。系统的焦深也如通常的光学透镜表达式一样，可表示为

$$\Delta z = \pm\frac{1}{2}\frac{\lambda}{(\mathrm{NA})^2} = \pm\frac{2(\Delta r)^2}{\lambda} \tag{3.26}$$

焦深由最外环宽度和 X 射线波长确定，波长越长，焦深越小。另外，理论上讲，

波带片只能应用于单波长 X 射线，但实际使用的 X 射线总有一定的带宽，它需满足如下要求：

$$\frac{\Delta\lambda}{\lambda} \leqslant \frac{1}{N} \tag{3.27}$$

其中，N 表示波带片所包含的环数。式(3.27)表明波带片的带宽应小于等于波长的 $1/N$。

上面我们重点介绍了衍射级数 $m = 1$ 的波带片的有关性能。随着衍射级数的提高，基于波带片的 X 射线显微镜的空间分辨率会提高，但焦深减小，对 X 射线源的强度和时间相干性要求更高。因此，除某些特殊的应用外，一般基于波带片的 X 射线显微镜均工作在衍射级数为 1 的状态。

2. 基于波带片的 X 射线纳米成像原理

获得样品的 X 射线显微图像主要包括两个物理过程，一个过程是 X 射线与样品的相互作用，通过此过程使 X 射线载波携带样品的图像信息。X 射线和样品的作用实际上是 X 射线与电子的相互作用，作用的结果将产生三种效应。一种效应是通过样品对 X 射线的光电吸收，将 X 射线光子能量完全传递给内层电子，从而使 X 射线的强度在空间分布上受到调制，这是形成吸收对比度机制的原因之所在。另一种效应是样品使通过它的 X 射线相位发生改变，若能设法将被调制的相位在空间上的分布记录下来，则可获得相位对比度图像。事实上，上述两种效应分别从一个侧面反映了物质对 X 射线复折射率在空间上的分布特性。设复折射率为 $n(\lambda)$，则

$$n(\lambda) = 1 - \delta(\lambda) - \mathrm{j}\beta(\lambda) \tag{3.28}$$

上述的吸收图像反映 $\beta(\lambda)$ 在空间上的分布，相衬图像则反映 $\delta(\lambda)$ 在空间上的分布。顺便说一下，我们可以很方便地获得物质的吸收图像，这是因为探测器对强度敏感。但现有的探测器对相位不敏感，只有将相位信息转换为强度信息，我们才能将其记录下来，然后再通过数学处理的方法将所记录的强度信息转换为我们所要求的相位信息，从而获得样品 δ 在空间上的分布信息。最后一种效应是样品中的电子对入射 X 射线的散射效应，这即 X 射线在物质内部发生的弹性和非弹性散射效应，弹性散射是指 X 射线光子与电子相互作用的结果产生同能量的光子，但方向发生改变，这即瑞利散射。非弹性散射是指 X 射线光子与电子作用使光子失去部分能量，这即康普顿散射，能量损失 ΔE 可表示为

$$\Delta E = (1 - \cos\theta)\, E^2 \big/ (m_{\mathrm{e}} c^2) \tag{3.29}$$

其中，θ 表示 X 射线光子发生非弹性散射后的角度。X 射线光子传输方向发生了改变，必将导致光子和电子之间的能量交换，从而保持动量和能量守恒。发生非弹性散射概率要大，由式(3.29)可知要求 X 射线光子的能量 E 要足够大，如图 3-8 所示。发生非弹性散射后的效应或者激发原子或者使其电离，但对软 X 射线而

言，此能量ΔE小于 1eV，难以实现上述效应，因此这种非弹性散射效应可忽略不计。X 射线在与内层电子作用的同时，还与原子核相互作用产生弹性散射的 X 射线光子，这时 X 射线的光子能量不变，但方向会发生改变。因此，当在不同方向上探测康普顿光子时，也能探测到发生了弹性散射的光子。由弹性散射效应所得到的图像对比度即通常所说的暗场对比度。

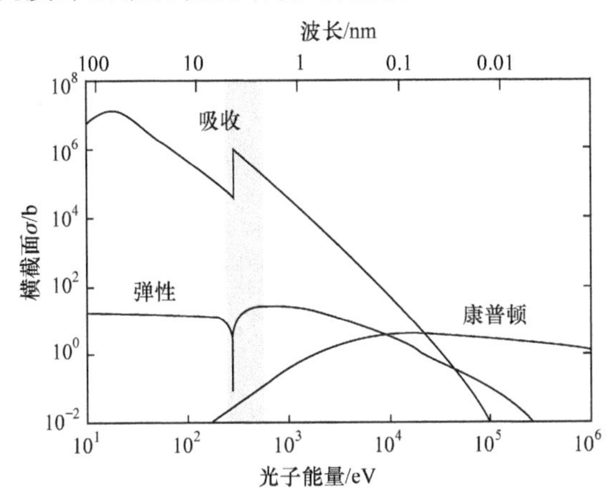

图 3-8　X 射线与碳发生不同相互作用的散射截面

$1b=10^{-28}m^2$

利用上述 X 射线与物质相互作用的性质不同的显微成像方法，我们可以获得不同对比度的纳米成像。这里先介绍基于波带片的 X 射线纳米成像原理[65]。如上所述，X 射线与原子的相互作用主要表现为弹性散射和光电吸收效应。从宏观上看，作用效应如式(3.28)所示。进一步可作如下表示：

$$\delta(\lambda)=\frac{r_0\lambda^2}{2\pi}Nf_1(\lambda),\qquad \beta(\lambda)=\frac{r_0\lambda^2}{2\pi}Nf_2(\lambda) \tag{3.30}$$

其中，$r_0=2.818\times10^{-15}\text{m}$，表示经典原子的半径；$N$表示单位体积内的原子数；$f_1(\lambda)$和 $f_2(\lambda)$是 X 射线波长的函数，对于不同的原子和不同的波长具有不同的值，可由列表给出[66]。当 X 射线穿过厚度为 d、折射率为$\tilde{n}$的均匀介质时，波矢为$k=2\pi/\lambda$的入射单色平面波 $\exp(-\text{j}kz)$将变为

$$A(d)/A_0=\exp(-\text{j}k\tilde{n}d)=\exp(-\text{j}kd)\exp(\text{j}k\delta d)\exp(-k\beta d) \tag{3.31}$$

依照惠更斯-菲涅耳原理，在平面(x_1,y_1)处场幅度为 $U_1(x_1,y_1)$的波传播到距离为 z_{12}的(x_2,y_2)平面时，其幅度可表示为

$$U_2(x_2,y_2)=\frac{\exp(\text{j}kz_{12})}{\text{j}\lambda z_{12}}\iint_{-\infty}^{\infty}U_1(x_1,y_1)\times\exp\left\{\text{j}k\left[\frac{(x_2-x_1)^2+(y_2-y_1)^2}{2z_{12}}\right]\right\}\text{d}x_1\text{d}y_1 \tag{3.32}$$

我们知道波带片所有的子区域都具有相等面积，因此波带片的透过率函数呈周期性，并可展开为余弦函数：

$$Z\left(x_2, y_2, f/m\right)=\frac{1}{2}+\frac{2}{\pi} \sum_{m=1,3,\cdots}^{\infty} \frac{1}{m} \sin \left[m \pi\left(x_2^2+y_2^2\right) /(\lambda f)\right] \tag{3.33}$$

其中，f/m 表示第 m 阶衍射焦距。由于波带片具有有限的直径，其透过率函数可表示为

$$Z\left(x_2, y_2, f/m\right)=\begin{cases}Z\left(x_2, y_2, f/m\right), & x_2^2+y_2^2 \leqslant r_N^2 \\ 0, & \text{其他}\end{cases} \tag{3.34}$$

其中，r_N 表示波带片的最外环半径。在波带片之后，强度 $U_2'(x_2, y_2)$ 可表示为

$$U_2'\left(x_2, y_2, f/m\right)=U_2\left(x_2, y_2\right) \cdot Z\left(x_2, y_2, f/m\right) \tag{3.35}$$

经过传播距离 z_{23} 之后，在观察平面上的幅度 $U_3(x_3,y_3)$ 可表示为

$$\begin{aligned} U_3\left(x_3, y_3\right)= & \frac{\exp \left(\mathrm{j} k z_{23}\right)}{\mathrm{j} \lambda z_{23}} \iint_{x_2^2+y_2^2 \leqslant r_N^2} U_2\left(x_2, y_2\right) Z\left(x_2, y_2, f/m\right) \\ & \times \exp \left\{\mathrm{j} k\left[\frac{\left(x_3-x_2\right)^2+\left(y_3-y_2\right)^2}{2 z_{23}}\right]\right\} \mathrm{d} x_2 \mathrm{d} y_2 \end{aligned} \tag{3.36}$$

这里的积分限由波带片的有限直径确定。将上面的式(3.32)和式(3.33)代入式(3.36)，我们则可得到包含多个相位因子的积分和式。因为相位因子不影响积分变量，可以从积分中提出，并将在观察平面上的强度写作 $I_3\left(x_3, y_3\right)=U_3\left(x_3, y_3\right) U_3^*\left(x_3, y_3\right)$。一个相位因子可表示为 $\exp\left(\mathrm{j}k\left(x_1^2+y_1^2\right)/\left(2z_{12}\right)\right)$,如果物空间很小的一个区域对$(x_3,\ y_3)$的幅度结果有贡献，其变量变化范围绝不会大于几分之一弧度。这样我们就可以使用如下近似：$\exp\left(\mathrm{j}k\left(x_1^2+y_1^2\right)/\left(2z_{12}\right)\right) \sim \exp\left(\mathrm{j}k\left(x_3^2+y_3^2\right)/\left(2z_{12}M^2\right)\right)$，其中 $M=z_{23}/z_{12}$，即为放大倍率。这一项同样也可以提出来，因为它不影响强度 $I_3(x_3, y_3)$。尽管如此，由 $U_3\left(x_3, y_3, f/m\right)$ 表明的积分变换包含相位因子坐标(x_2, y_2)的平方关系如下：

$$\begin{aligned} U_3\left(x_3, y_3, f/m\right)= & \frac{1}{\mathrm{j} m \pi \lambda^2 z_{12} z_{23}} \iint_{x_2^2+y_2^2 \leqslant r_N^2} \iint_{-\infty}^{\infty} U_1\left(x_1, y_1\right) \\ & \times \exp \left\{\frac{\mathrm{j} k}{2}\left(x_2^2+y_2^2\right)\left[\frac{1}{z_{12}}+\frac{1}{z_{23}}-\frac{m}{f}\right]\right\} \\ & \times \exp \left\{-\mathrm{j} k\left[\frac{x_2 x_1+y_2 y_1}{z_{12}}+\frac{x_3 x_2+y_3 y_2}{z_{23}}\right]\right\} \mathrm{d} x_1 \mathrm{d} y_1 \mathrm{d} x_2 \mathrm{d} y_2 \end{aligned} \tag{3.37}$$

我们知道波带片所有的子区域都具有相等面积，因此波带片的透过率函数呈周期性，并可展开为余弦函数：

$$Z\left(x_2,y_2,f/m\right)=\frac{1}{2}+\frac{2}{\pi}\sum_{m=1,3,\cdots}^{\infty}\frac{1}{m}\sin\left[m\pi\left(x_2^2+y_2^2\right)/\left(\lambda f\right)\right] \tag{3.33}$$

其中，f/m 表示第 m 阶衍射焦距。由于波带片具有有限的直径，其透过率函数可表示为

$$Z\left(x_2,y_2,f/m\right)=\begin{cases}Z\left(x_2,y_2,f/m\right), & x_2^2+y_2^2\leqslant r_N^2\\ 0, & \text{其他}\end{cases} \tag{3.34}$$

其中，r_N 表示波带片的最外环半径。在波带片之后，强度 $U_2'(x_2,y_2)$ 可表示为

$$U_2'\left(x_2,y_2,f/m\right)=U_2\left(x_2,y_2\right)\cdot Z\left(x_2,y_2,f/m\right) \tag{3.35}$$

经过传播距离 z_{23} 之后，在观察平面上的幅度 $U_3(x_3,y_3)$ 可表示为

$$\begin{aligned}U_3\left(x_3,y_3\right)=&\frac{\exp\left(\mathrm{j}kz_{23}\right)}{\mathrm{j}\lambda z_{23}}\iint_{x_2^2+y_2^2\leqslant r_N^2}U_2\left(x_2,y_2\right)Z\left(x_2,y_2,f/m\right)\\&\times\exp\left\{\mathrm{j}k\left[\frac{\left(x_3-x_2\right)^2+\left(y_3-y_2\right)^2}{2z_{23}}\right]\right\}\mathrm{d}x_2\mathrm{d}y_2\end{aligned} \tag{3.36}$$

这里的积分限由波带片的有限直径确定。将上面的式(3.32)和式(3.33)代入式(3.36)，我们则可得到包含多个相位因子的积分和式。因为相位因子不影响积分变量，可以从积分中提出，并将在观察平面上的强度写作 $I_3\left(x_3,y_3\right)=U_3\left(x_3,y_3\right)U_3^*\left(x_3,y_3\right)$。一个相位因子可表示为 $\exp\left(\mathrm{j}k\left(x_1^2+y_1^2\right)/\left(2z_{12}\right)\right)$，如果物空间很小的一个区域对 (x_3, y_3) 的幅度结果有贡献，其变量变化范围绝不会大于几分之一弧度。这样我们就可以使用如下近似：$\exp\left(\mathrm{j}k\left(x_1^2+y_1^2\right)/\left(2z_{12}\right)\right)\sim\exp\left(\mathrm{j}k\left(x_3^2+y_3^2\right)/\left(2z_{12}M^2\right)\right)$，其中 $M=z_{23}/z_{12}$，即为放大倍率。这一项同样也可以提出来，因为它不影响强度 $I_3(x_3,y_3)$。尽管如此，由 $U_3\left(x_3,y_3,f/m\right)$ 表明的积分变换包含相位因子坐标 (x_2,y_2) 的平方关系如下：

$$\begin{aligned}U_3\left(x_3,y_3,f/m\right)=&\frac{1}{\mathrm{j}m\pi\lambda^2z_{12}z_{23}}\iint_{x_2^2+y_2^2\leqslant r_N^2}\iint_{-\infty}^{\infty}U_1\left(x_1,y_1\right)\\&\times\exp\left\{\frac{\mathrm{j}k}{2}\left(x_2^2+y_2^2\right)\left[\frac{1}{z_{12}}+\frac{1}{z_{23}}-\frac{m}{f}\right]\right\}\\&\times\exp\left\{-\mathrm{j}k\left[\frac{x_2x_1+y_2y_1}{z_{12}}+\frac{x_3x_2+y_3y_2}{z_{23}}\right]\right\}\mathrm{d}x_1\mathrm{d}y_1\mathrm{d}x_2\mathrm{d}y_2\end{aligned} \tag{3.37}$$

最佳条件下的相位波带片的相移。假设成像过程中所用的样品为如图 3-9 所示的光栅。该光栅的图像的对比度是在平面波照射下通过计算得到的。设样品(p)为蛋白质组成的光栅，周期为 $a=2t$，t 为厚度。此光栅置于水(w)中，其厚度为 d，光栅置于 $d/2$ 处。样品有如周期放置的蛋白质纤维，依照式(3.31)，此光栅的幅度透过函数可写作

$$
\begin{aligned}
A_{\mathrm{Obj}}(x_1,y_1)/A_0 = {} & A_{\mathrm{p}}\left\{1/2+Q_{\mathrm{Obj}}(x_1,y_1)\right\} \\
& +A_{\mathrm{w}}\left\{1/2-Q_{\mathrm{Obj}}(x_1,y_1)\right\}\left(A_{\mathrm{p}}+A_{\mathrm{w}}\right)/2 \\
& +\left(A_{\mathrm{p}}-A_{\mathrm{w}}\right)\times Q_{\mathrm{Obj}}(x_1,y_1)
\end{aligned} \tag{3.40}
$$

其中，

$$
A_{\mathrm{p}}=\exp\left(-k\beta_{\mathrm{p}}t\right)\exp\left(\mathrm{j}k\delta_{\mathrm{p}}t\right),\quad A_{\mathrm{w}}=\exp\left(-k\beta_{\mathrm{w}}t\right)\exp\left(\mathrm{j}k\delta_{\mathrm{w}}t\right) \tag{3.41}
$$

$$
Q_{\mathrm{Obj}}(x_1,y_1)=\frac{2}{\pi}\sum_{l=1,3,\cdots}^{\infty}\frac{1}{l}\sin\left(2\pi l x_1/a\right) \tag{3.42}
$$

式(3.42)是光栅样品的傅里叶展开。光栅样品将入射平面波 $U_0(x_1, y_1, z=0)$衍射为若干级，导致平面波在不同的方向传播，如图 3-9 所示。这些平面波在后焦面的不同焦点位置聚焦，后焦面也即所谓的傅里叶平面。在数学上我们将得到一δ函数的和式如下：

$$
\begin{aligned}
& \mathcal{F}\left\{\frac{U_0(x,y)A_{\mathrm{Obj}}(x_1,y_1)}{A_0}\right\} \\
& =\tilde{A}(u,v) \\
& =\delta\left(v+\frac{\sin\theta\sin\vartheta}{\lambda}\right)\left[\frac{A_{\mathrm{p}}+A_{\mathrm{w}}}{2}\delta\left(u+\frac{\sin\theta\cos\vartheta}{\lambda}\right)+\cdots\right. \\
& \quad \left.+\frac{A_{\mathrm{p}}-A_{\mathrm{w}}}{\mathrm{j}\pi}\sum_{l=1,3,\cdots}^{\infty}\frac{1}{l}\left\{\delta\left(u-\frac{1}{a}+\frac{\sin\theta\cos\vartheta}{\lambda}\right)-\delta\left(u+\frac{1}{a}+\frac{\sin\theta\cos\vartheta}{\lambda}\right)\right\}\right]
\end{aligned} \tag{3.43}
$$

其中，$\mathcal{F}$ 表示傅里叶操作。δ 函数只有在自变量为零时才对傅里叶谱有贡献。因此，只有空间频率 $(u,v)=(1/a-\sin\theta\cos\vartheta/\lambda,\sin\theta\sin\vartheta/\lambda)$ 才对傅里叶谱有不为零的贡献，其中 $l=0,\pm1,\pm3,\cdots$。这些频率在频域是一个圆，每一圆的半径由 $\sin\theta/\lambda$ 决定，即由照明角度和波长决定。不同圆的位移量由周期 a 和物的不同衍射级给出，这一点从图 3-9 中可知。如果是一个理想的波带片，并且其数值孔径为无限大，由式(3.43)可知，与物的不同衍射级相应的复振幅可由下式给出：

$$
\frac{A_{\mathrm{p}}-A_{\mathrm{w}}}{\mathrm{j}\pi l},\quad l=\pm1,\pm3,\cdots \tag{3.44}
$$

和

$$\frac{A_{\mathrm{p}}+A_{\mathrm{w}}}{2}, \quad l=0 \tag{3.45}$$

若波带片的数值孔径具有有限值，空间频率谱则变为

$$\tilde{A}(u,v) \to \tilde{Z}(u,v)\tilde{A}(u,v) \tag{3.46}$$

其中，

$$\tilde{Z}(u,v)=\begin{cases}\eta_{\mathrm{ZP}}, & u^2+v^2 \leqslant \omega^2 \\ 0, & u^2+v^2 > \omega^2\end{cases} \tag{3.47}$$

这里，由波带片透射的频域圆半径 $\omega = r_N/(\lambda f) = 1/(2\Delta r)$。由波带片衍射而参与成像的那部分入射波由衍射效率 η_{ZP} 表示。因此，只有空间频率 $u^2+v^2 \leqslant \omega^2$ 时才能为波带片所传输，而物的空间频率高于此值将会被阻挡。因此，波带片有限的光瞳的作用就像一个低通滤波器。若下列条件满足，物谱的一阶衍射可以通过波带片的光阑：

$$\left(\frac{\sin\vartheta}{2\mathrm{d}r_{n,\mathrm{cond}}}\right)^2+\left(\frac{l}{a}-\frac{\cos\vartheta}{2\mathrm{d}r_{n,\mathrm{cond}}}\right)^2 \leqslant \left(\frac{1}{2\mathrm{d}r_N}\right)^2 \tag{3.48}$$

这里的 $\sin\theta$ 用 $\lambda/(2\mathrm{d}r_{n,\mathrm{cond}})$ 表示，其中 $\mathrm{d}r_{n,\mathrm{cond}}$ 是聚光镜局部波带片周期。不同的衍射级所给出的圆相对于波带片透射频域存在相对位移。上述方程选择的那些圆都位于波带片所给出的频域圆内，如果使零级衍射透过相位板而出现在傅里叶平面上，则可获得泽尼克相位对比度，见图 3-9。这就意味着空间频率谱必须乘以相位板透过率 $\tilde{P}(u,v)$：

$$\tilde{A}(u,v) \to \tilde{P}(u,v)\tilde{Z}(u,v)\tilde{A}(u,v) \tag{3.49}$$

其中，

$$\tilde{P}(u,v)=\begin{cases}A_{\mathrm{Ph}}, & (u,v)=\left(\dfrac{\sin\theta\cos\vartheta}{\lambda},\dfrac{\sin\theta\sin\vartheta}{\lambda}\right) \\ 1, & \text{其他}\end{cases} \tag{3.50}$$

而其中的 $A_{\mathrm{Ph}} = \exp(-k\beta_{\mathrm{Ph}}t_{\mathrm{Ph}})\exp(\mathrm{j}k\delta_{\mathrm{Ph}}t_{\mathrm{Ph}})$，表示厚度为 t_{ph} 的相位板的幅度透过率。在相位板之后，零级衍射的幅度则为

$$\frac{A_{\mathrm{p}}+A_{\mathrm{w}}}{2}A_{\mathrm{Ph}}, \quad l=0 \tag{3.51}$$

在像面上的幅度调制度可由在傅里叶平面上的幅度分布的傅里叶变换得到。当照明角度 θ=0°时，试简化之，可得解析解为

$$A_{\mathrm{Image}}(x_3,y_3)=\frac{A_{\mathrm{p}}+A_{\mathrm{w}}}{2}A_{\mathrm{Ph}}+\left(A_{\mathrm{p}}-A_{\mathrm{w}}\right)Q_{\mathrm{Image}}(x_3,y_3) \tag{3.52}$$

其中，

$$Q_{\text{Image}}(x_3,y_3)=\frac{2}{\pi}\sum_{l=1,3,\cdots}^{l=\text{cutoff}}\frac{1}{l}\sin\left(2\pi l x_3/(Ma)\right) \tag{3.53}$$

这里，M 表示图像的放大倍率，我们可得像面上的强度如下式所示：

$$\begin{aligned}I_{\text{Image}}(x_3,y_3)&=A_{\text{Image}}(x_3,y_3)A^{*}_{\text{Image}}(x_3,y_3)\\&=S_1+S_2Q^2_{\text{Image}}(x_3,y_3)\\&\quad+S_3Q_{\text{Image}}(x_3,y_3)+S_4Q_{\text{Image}}(x_3,y_3)\end{aligned} \tag{3.54}$$

其中有四个不同的项调制图像的强度，它们分别表示如下：

$$S_1=\frac{1}{4}\left[\mathrm{e}^{-2k\beta_{\mathrm{p}}t}+\mathrm{e}^{-2k\beta_{\mathrm{w}}t}+2\cos\left[k\left(\delta_{\mathrm{p}}-\delta_{\mathrm{w}}\right)t\right]\times\mathrm{e}^{-k\left(\beta_{\mathrm{p}}+\beta_{\mathrm{w}}\right)t}\right]\mathrm{e}^{-2k\beta_{\mathrm{Ph}}t_{\mathrm{Ph}}}$$

$$S_2=\mathrm{e}^{-2k\beta_{\mathrm{p}}t}+\mathrm{e}^{-2k\beta_{\mathrm{w}}t}-2\cos\left[k\left(\delta_{\mathrm{p}}-\delta_{\mathrm{w}}\right)t\right]\mathrm{e}^{-k\left(\beta_{\mathrm{p}}+\beta_{\mathrm{w}}\right)t}$$

$$S_3=\cos\left(k\delta_{\mathrm{Ph}}t_{\mathrm{Ph}}\right)\mathrm{e}^{-k\beta_{\mathrm{Ph}}t_{\mathrm{Ph}}}\left(\mathrm{e}^{-2k\beta_{\mathrm{p}}t}-\mathrm{e}^{-2k\beta_{\mathrm{w}}t}\right)$$

$$S_4=2\sin\left[k\left(\delta_{\mathrm{p}}-\delta_{\mathrm{w}}\right)t\right]\sin\left(k\delta_{\mathrm{Ph}}t_{\mathrm{Ph}}\right)\times\mathrm{e}^{-k\left(\beta_{\mathrm{p}}+\beta_{\mathrm{w}}\right)t}\mathrm{e}^{-k\beta_{\mathrm{Ph}}t_{\mathrm{Ph}}}$$

其中，S_1,S_3 和 S_4 为相位板厚度 t_{ph} 的函数。如表 3-2 所示，我们可以得到四个不同的对比模式。其中 S_1 只是代表零级衍射，暗场项 S_2 比 S_3 和 S_4 小得多。对于 $t_{\mathrm{ph}}=0$，我们得到幅度对比图像；该对比度只是由物的吸收决定，这时其相移性质可认为是忽略不计的。这时图像对比度 C 可用下式表示：

$$\begin{aligned}C&=\left(I_{\max}-I_{\min}\right)/\left(I_{\max}+I_{\min}\right)\\&=\left|\mathrm{e}^{-2k\beta_{\mathrm{p}}t}-\mathrm{e}^{-2k\beta_{\mathrm{w}}t}\right|/\left(\mathrm{e}^{-2k\beta_{\mathrm{p}}t}+\mathrm{e}^{-2k\beta_{\mathrm{w}}t}\right)\end{aligned} \tag{3.55}$$

对于 $k\delta_{\mathrm{Ph}}t_{\mathrm{Ph}}=\pm\pi/2$，我们可得到纯相位对比图像，这时 $S_3=0$，图像调制度主要由 S_4 引起。相位板的厚度可以最佳化，从而对于给定的目标可以最小的剂量获得图像。这种成像模式称作最佳化相衬。在最佳化相衬模式下，传递至像面上的零级衍射可被相位板大幅衰减，从而明显增加图像对比度。如果相位板完全吸收零级衍射，我们将以对比度 $C=1$ 得到暗场图像。式(3.52)和式(3.53)给出轴上平面波照明的特殊情况。通过比较，实际上用聚光镜波带片照明物体中心部位是被挡上的，使辐射通过一空心锥照明物体。在使用波带片作为成像光学元件的 X 射线显微镜中都采用这种照明方式，因为这样就可以阻挡成像中心区被照明。数学上讲，这一中空锥照明可以用多个从聚光镜到物以不同倾斜角传播的平面波来描述。每一平面波如式(3.39)所示将产生一非对称频率传递图像。一直到式(3.51)都被用来计算不同角度 θ 和 ϑ 照明下物的像。通过在不同倾斜角下平面波照明物体所得图像强度的叠加则可模拟非相干成像。

表 3-2　不同的成像模式和相应的相位板厚度，其中包括直至 4 项 S_i 对图像对比度的贡献

成像模式	相位板厚度	$\sin(k\delta_{ph}t_{ph})$	$\cos(k\delta_{ph}t_{ph})$	贡献项
振幅衬度	$t_{ph}=0$	0	1	S_1, S_2, S_3
相位衬度	$t_{ph}>0$	1	0	S_1, S_2, S_4
光学相位衬度	$t_{ph}>0$	$0<\sin(\ )<1$	$0<\cos(\ )<1$	S_1, S_2, S_3, S_4
暗场	$t_{ph}\to\infty$	$\exp(-k\delta_{ph}t_{ph})\to 0$	$\exp(-k\delta_{ph}t_{ph})\to 0$	S_2

下面我们就来计算蛋白质和冰建立的光栅模型图像对比度。图 3-10 为组分 $C_{94}H_{139}N_{24}O_{31}S$、密度 1.35g/cm^3 和玻璃态冰构成样品的幅度对比度、和 t=30nm 时的最佳相位对比度。从图中可以看出，在水窗波段可获得高的幅度对比度，这是由于在这一波段碳和氮相对于水具有较高的吸收。为了在含水细胞中获得高分辨和高对比度图像，利用不同细胞结构对水的相移可以获得高对比度相衬图像。计算中最外环宽度为 30nm，聚光镜最外环宽度为 54nm，最内环宽度为 120nm。

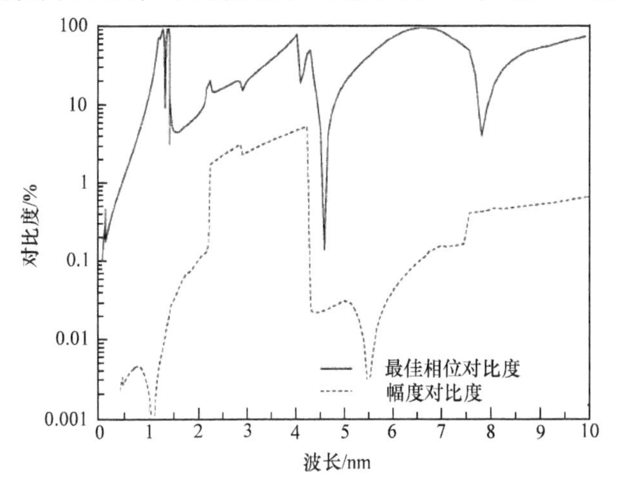

图 3-10　组分为 $C_{94}H_{139}N_{24}O_{31}S$、密度为 1.35g/cm^3，和玻璃态冰构成样品的幅度对比度、和 t=30nm 时的最佳相位对比度

计算时波带片孔径为无限大，衍射效率为 1。采用 Ni 相位板，置于波带片的后焦面上。图 3-11 为蛋白质光栅在冰中的幅度对比度和最佳相位对比度与空间频率的关系，图中给出实际聚光镜和波带片的图像对比度，尤其考虑了其结构的影响。例如，对于在冰中的 30nm 蛋白质的图像对比度，与图 3-11 相比较，其幅度对比度将减小为原来的 38%～43%，最佳相位对比度将减小为原来的 29%～38%。当然，对于所有空间频率，相位对比度将都优于幅度对比度。

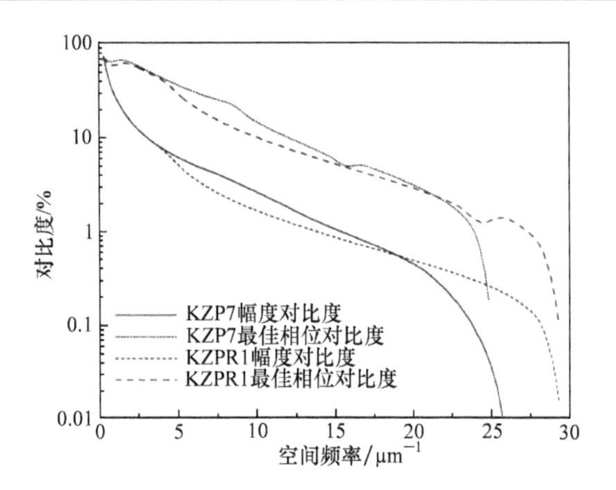

图 3-11　蛋白质光栅在冰中的幅度对比度和最佳相位对比度与空间频率的关系

图中给出两种不同的聚光镜下的结果；衍射效率为 1，波带片最外环宽度为 30nm，波长为 2.4nm，Ni 相位板厚度为 460nm

上面提到的水窗软 X 射线是指 X 射线波长处于 2.3～4.4nm 的波段。组成细胞的最主要成分水分子和生物大分子尤其是各类蛋白质，对此波段 X 射线的吸收所形成的对比度优于 10%，能形成高对比的吸收图像，图 3-12 给出水和蛋白质对水窗软 X 射线的吸收系数，二者相差近似一个量级。因此，水窗软 X 射线对于获取完整细胞三维纳米结构信息具有重要意义。这种方法与前面介绍的电子显微镜相比,尽管空间分辨率要低近一个数量级，但可获得完整细胞的纳米结构图像而无须切片，样品制作要容易得多，获得细胞图像信息的工作量可大幅降低。同时，由于使用的是软 X 射线，所用的聚光和成像波带片制作较为容易，成本低，易于推广应用。

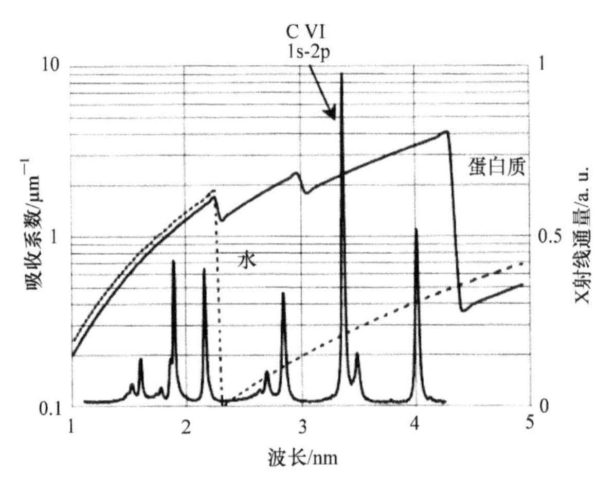

图 3-12　水和蛋白质对水窗软 X 射线的吸收系数

3. 基于波带片的 X 射线显微镜

基于波带片的 X 射线显微镜由 X 射线源、X 射线聚光镜、样品台、X 射线显微波带片和 X 射线探测器等几部分组成，如图 3-13 所示[67,68]。用于 X 射线显微镜的 X 射线源包括同步辐射源、激光产生的等离子体 X 射线源、逆康普顿散射 X 射线源及微束斑X射线源等，但目前应用最为广泛的还是同步辐射源，其亮度高，通过分光后单色性可以满足 X 射线显微镜的要求。为了进一步提高分光后光源的强度，通常采用聚光波带片或锥形毛细管使 X 射线会聚于样品上。在使用显微波带片对样品进行显微成像时，需用聚光波带片将其零阶光滤除，并用光阑滤除其高阶光，只留一阶光聚焦后用来透视样品。X 射线穿过样品后携带了其结构图像信息，通过物镜-显微波带片聚焦在像面上获得样品的放大像，并利用对 X 射线敏感的 CCD 将图像记录下来。

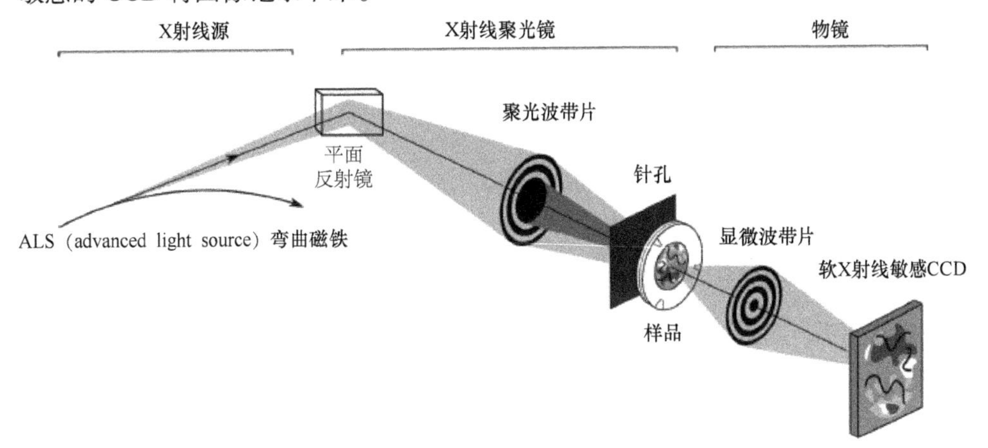

图 3-13　基于同步辐射源的波带片 X 射线显微镜工作原理示意图

在图 3-13 所示的成像系统中，最庞大的设备是产生 X 射线的同步辐射源，它将加速到相对论修正的高速电子引入储存环中，在磁场的作用下，在与电子运动方向垂直的方向上产生辐射，视电子速度、磁场大小和磁场分布形式而不同，产生的辐射波长范围、强度等也不同。目前已发展的同步辐射源的磁场形式包括弯曲磁铁、摇摆器和波纹器三种，它们改变电子轨迹和产生的辐射如图 3-14 所示[69]。对于弯曲磁铁的情况，所产生的辐射覆盖红外到软 X 射线波段，带宽由测不准原理 $\Delta E\Delta\tau > \hbar/2$ 限制，其中$\Delta\tau \sim 10^{-19}$s，临界光子能量 E_c 为

$$E_c[\text{eV}] = 665 \cdot E_e^2[\text{GeV}] \cdot B[\text{T}] \tag{3.56}$$

其中，E_e 表示电子能量，单位为 GeV；B 表示磁感应强度，单位为 T(特斯拉)。这里所说的临界光子能量是指处于其两边带宽内的光功率相等。摇摆器和波纹器的磁场力使得电子做滑雪样的运动，电子路径形状取决于磁偏转参量 K 的大小：

$$K = \frac{eB\lambda_u}{2\pi m_e c} = 93.4 \cdot B[\mathrm{T}] \cdot \lambda_u[\mathrm{m}] \tag{3.57}$$

其中，e 表示电子电荷；λ_u 表示磁场结构周期，单位为 m。摇摆器采用强磁场，$K \gg 1$，强迫电子做非正弦轨迹运动，从某种意义上讲，摇摆器由周期性弯曲磁铁构成，所产生的高次谐波使短波长的光较弯曲磁铁更强，从而增强了短波长光波的功率；波纹器产生的磁场要弱一些，$K<1$，使电子轨迹更接近于正弦曲线，所产生的辐射在空间上更集中，带宽更窄。若磁场变化的周期数为 N，则 $\Delta\lambda/\lambda \propto 1/N$。波纹器产生的辐射谱亮度较摇摆器要高得多，但光子通量和辐射能量较摇摆器要低得多。从软 X 射线显微成像应用的角度看，波纹器所产生的辐射要优越得多。

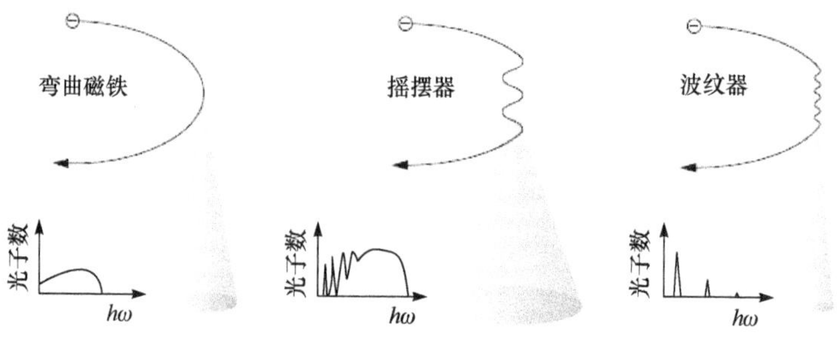

图 3-14 基于弯曲磁铁、摇摆器和波纹器的同步辐射源工作原理及产生的辐射的示意图

目前，基于波带片的 X 射线显微成像系统不仅可利用同步辐射源，还可利用小型 X 射线源获得样品的纳米分辨图像。现在已投入使用的小型 X 射线源包括激光产生的等离子体软 X 射线源[70,71]和基于 X 射线管的微束斑 X 射线源[72,73]。激光产生的等离子体软 X 射线源是利用超短强激光脉冲打靶产生软 X 射线。其工作机制仍可用黑体辐射进行解释，所产生的辐射峰值波长与温度的关系可表示为

$$\lambda_{\mathrm{peak}}[\mathrm{nm}] = \frac{2.898 \times 10^6}{T[\mathrm{K}]} \tag{3.58}$$

为获得软 X 射线，温度 T 应达 10^6K。激光与物质相互作用产生等离子体，靠逆韧致吸收，等离子体被加热，电子能量达到 100eV 左右。这时由电子密度所确定的等离子体振荡频率 ω_p 为

$$\omega_p[\mathrm{Hz}] = 56.41 \cdot \sqrt{n_e[\mathrm{m}^{-3}]} \tag{3.59}$$

该振荡场是由频率为 ω 的脉冲激光场驱动的。当 $\omega > \omega_p$ 时,激光可在等离子体中传输,若 $\omega = \omega_p$ 则达到一种临界状态,这时的电子密度 n_c 称作临界电子密度，约 $10^{26}\mathrm{m}^{-3}$，密度接近固体的电子密度，激光则被反射。在高密度高温状态下则产生软 X 射线。目前在实验室用的有固体靶、液体靶和气体靶等不同形式。固体靶与

激光作用充分，产生软 X 射线的效率高，但由于激光瞬态能量高，容易使固态靶表面损伤，表面飞溅物又容易沾污光学元件，使系统性能降低。气体靶与激光束作用不充分，软 X 射线产生效率极低。比较好的一种方案是液体靶，它既与激光作用比较充分,转换效率较高，又不会像固体靶那样产生飞溅物而损伤光学元件。液体材料的选择与要产生的 X 射线波长有关，若要产生水窗软 X 射线，一个较好的选择是利用液态氮作为靶材料，这时产生的 X 射线由氮的特征谱决定，强特征谱的波长为 2.88nm(430eV)，弱特征谱的波长为 2.48nm(500eV)。由低 Z 原子产生的特征谱带宽很窄，在采用适当的滤光片滤除激光和散射激光之后，这种源所输出的软 X 射线带宽比为 $\lambda/\Delta\lambda=1000$,其亮度也可高达 10^8 光子/(脉冲 · Sr · μm^2)，完全可满足纳米成像对 X 射线源的要求。图 3-15 是利用此 X 射线源和成像波带片所建立的显微成像系统，空间分辨率优于 50nm。这里还要特别提出的是，由于这种靶产生的软 X 射线发散角为 4π 立体角，为充分利用所产生的软 X 射线，需要采取特殊的会聚透镜，使尽可能多的软 X 射线照射到待测样品上。目前采用的主要方法包括串联式掠射椭球会聚镜和多层膜会聚镜，如图 3-16 所示。

另外，在普通实验室还可利用微束斑 X 射线管作为软 X 射线源。这时，仍采用聚焦的电子束轰击阳极产生 X 射线，只是选用的阳极靶材要使产生的 X 射线在所要求的波段范围内，X 射线输出窗的材料应对上述波段的 X 射线具有尽可能高的透过率。若要做成气密性的 X 射线管，一般采用铍箔作为输出窗材料，这时 X 射线一般为几 keV。若要产生水窗范围的 X 射线，则需采用开放式 X 射线管，它

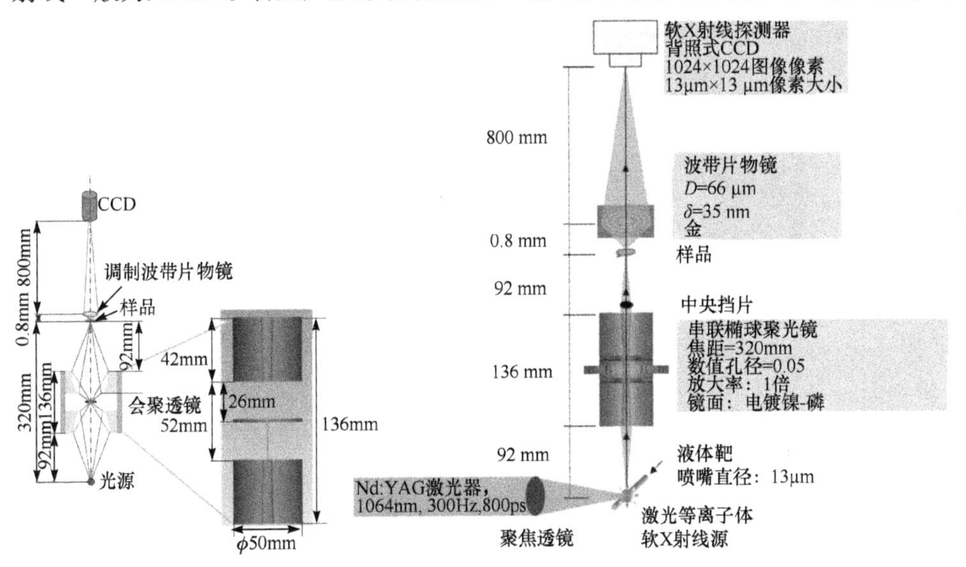

图 3-15　基于 Nd：YAG 激光器轰击液氮靶的水窗 X 射线源及成像示意图

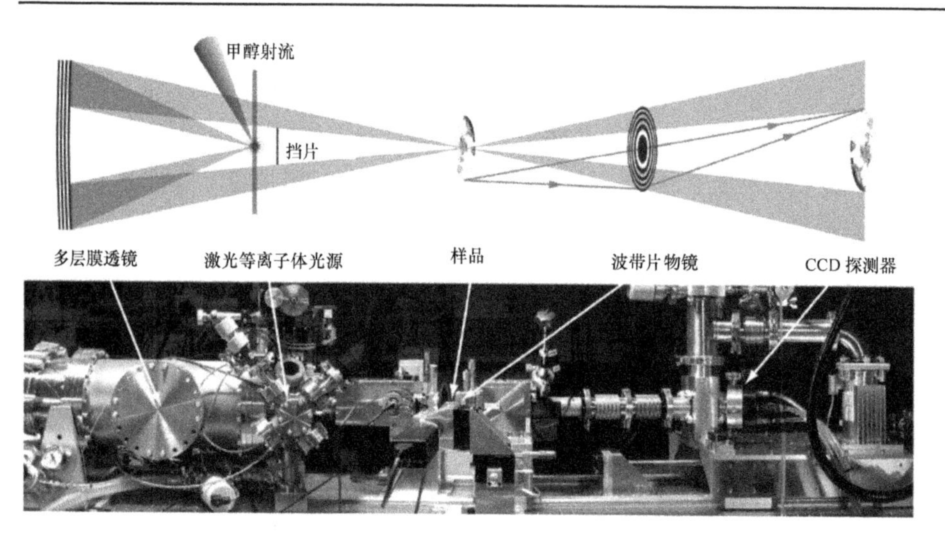

图 3-16 基于 Nd：YAG 激光器轰击液氮靶的水窗 X 射线源及成像系统装置图

没有气密性输出窗，电子束轰击阳极所产生的 X 射线直接通过滤光片和会聚镜照射在样品上。这种 X 射线管则需与真空机组连接使其在真空环境下工作。由于使用了会聚镜，系统对 X 射线的束斑大小要求并不严格，这对提高 X 射线强度是有利的。一般利用 X 射线管产生的 X 射线初始束斑约为 200μm。但由于成像系统仍采用波带片作为成像器件，对 X 射线源的时间相干性要求是很高的。为此，除了阳极材料的选取外，还要特殊设计 X 射线滤光片，使 X 射线的带宽满足要求。图 3-17 给出利用这种 X 射线源所搭建的 X 射线显微镜示意图，所获得的图像分辨率可达 50nm，主要取决于所采用的波带片的质量。

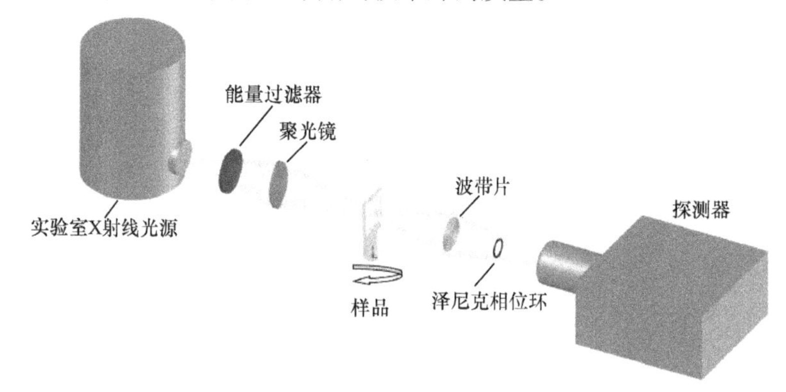

图 3-17 基于开放式 X 射线管产生的水窗 X 射线的波带片 X 射线显微镜示意图

在这里还要介绍一下利用聚光波带片所获得的X射线显微图像的对比度机制。上面所讲的基于各种X射线源和波带片的X射线显微镜获得的图像均是吸收图像对比机制。还可以对此系统稍加修改来获得样品的X射线显微相衬图像。事实上，当X射线通过样品时也像泽尼克所描述的可见光一样，一部分X射线可直接通过，另一部分 X 射线则会发生衍射，若合理设计入射的 X 射线，则可利用衍射光和直通光的干涉效应获得相衬图像，并通过相衬图像获得样品的折射率在空间的分布特性。这里和可见光一样，所用的照明光源即 X 射线源应是环形光。为达此目的，从同步辐射源或上述的其他 X 射线源发出的 X 射线，分光后利用聚光波带片将 X 射线聚焦在样品上，这里零级 X 射线被遮挡，只有一级衍射环形 X 射线聚焦后照射到样品上，从而不仅大大提高了 X 射线的亮度，还使透过样品的直穿 X 射线在物镜的后焦面上也呈环形结构，这样我们就可以在此位置设置一环形相位片，用来改变直穿光的相位。我们已知通过生物样品的衍射和直穿 X 射线的相位差平均约为π /2，为使它们相干后获得反映相位变化的高对比强度图像，我们可选择环形相位片的材料和厚度，使得到的图像质量效果最佳。图 3-18 给出 4keV X 射线相衬显微镜的示意图，它可以用来检查集成电路的连线质量等。还发展了其他波段的基于波带片的 X 射线相衬显微镜，并获得了重要应用。

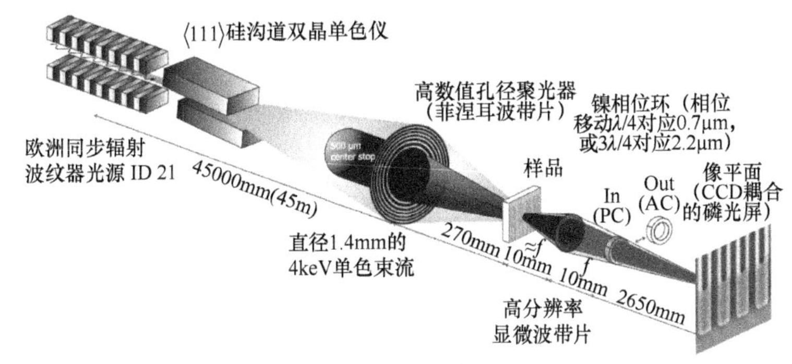

图 3-18　基于波带片的 X 射线相衬显微成像系统工作原理示意图

我们利用水窗 X 射线可同时获得细胞等生物样品的吸收像和相衬像，由于水窗波长长，焦深短，难以获得大细胞的三维纳米分辨图像。本来可以利用更短波长的 X 射线和相应的波带片获得厚样品的三维纳米分辨相衬图像，但这种利用波带片和相位片相结合的方法获得的相衬图像结构特别复杂，甚至很难解释，人们还在探讨其他纳米分辨相衬成像方法。早在 1998 年，德国学者 Schneider 就利用上述方法获得了眼虫薄片的吸收和相衬图像[65]，见图 3-19，但后者给出特别复杂的结构，难以得到明晰的解释。

上面主要介绍了基于波带片的 X 射线吸收和相衬显微成像的有关问题，但是其中存在一个难题，就是完整细胞的三维纳米成像问题还没有得到彻底的解决。当工作于水窗软 X 射线波段时，我们可获得良好图像对比度的细胞吸收图像。但由于水窗软 X 射线波长长，景深不够大，只能用其获得直径小于 5μm 的酵母等细胞的三维纳米分辨图像。但平均来说，细胞直径一般都在 10μm 以上。缩短波

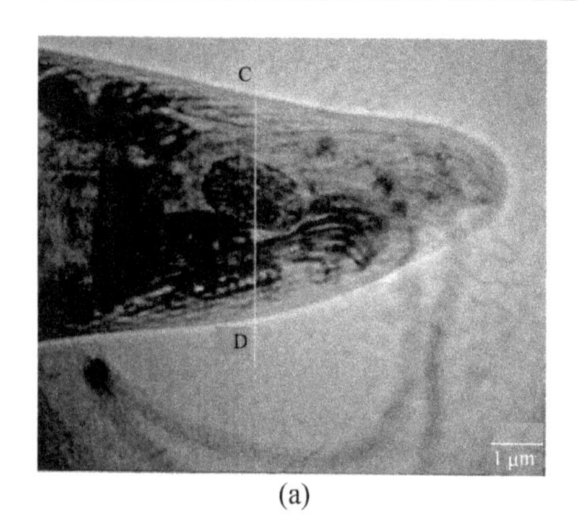

(a)

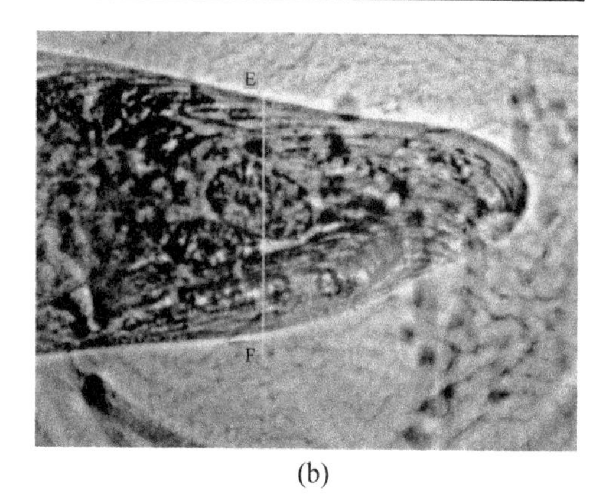

(b)

图 3-19 眼虫薄片的吸收(a)和相衬(b)图像

长，可以获得大的景深，但吸收对比度下降。据报道，可能有三条途径解决此问题：一条途径是分步获取不同深度的三维纳米分辨吸收图像信息，再利用图像处理的办法获得完整细胞的图像信息，但后续图像处理的工作量会大幅增加；另一条途径是采用 2keV 左右的中能 X 射线，利用波带片和相位环获得完整细胞的纳米分辨三维相衬图像，但可能会遇到我们上面提到的问题；还有一条途径是我们下面将要介绍的基于相位片和透明光栅的差分相位显微成像方法。因为前两条途径与前面介绍的方法无重大差别，读者可参阅有关文献。最后一条途径所涉及的成像方法与前面介绍的有较大差异，特另作介绍，并利用此机会对相衬显微成像作一较全面的介绍。

3.2.2 基于纳米束斑或光栅的 X 射线三维纳米分辨相衬成像

相衬图像最大的优点是可给出低原子序数组成物质的高对比度图像。但这种方法有两大特点：一是要求源具有良好的相干性；二是要设法将相位信息转变为强度信息，使探测器能记录相位信息。因此，相衬成像方法主要要解决两个问题：一是要发展 X 射线相干源，同时要发展新的相衬成像新方法，设法尽量降低对源相干性的要求；二是设法将相位信息转变为可以为探测器探测的强度信息。上面我们已经谈到利用 X 射线波带片在其后焦面上引入相位环之后，可以获得 X 射线的相衬图像。利用这种方法可以直接得到样品的相位信息。遗憾的是，在纳米分辨的前提下，利用这种方法所获得的生物样品相衬图像的复杂程度使我们难以对其进行定量分析[74]。除了基于波带片和相位环的相衬显微成像，还有多种其他技术，要么需要复杂的光学设计，要么对光源的相干性要求很高，难以为大家所接受。另有两种相衬显微成像方法相对讨论得较多，一种是利用相位一阶导数，另一种是利用相位二阶导数获得相衬显微图像，它们共同的特点是对源的时间相干性要求不高，成像系统相对来说较为简单，或者无需成像器件，或者成像器件较易实现，所得的相衬图像都具有边缘增强效应，物理意义十分清晰。

早在 1948 年，D. Gabor 就提出共轴全息成像的原理[75]。之后，该原理不仅用于电子全息成像，还用于 X 射线全息成像。1990 年，美国以 C. Jacobsen 为首的联合研究小组基于同步辐射源进行了 X 射线全息显微成像的实验研究，并获得 56nm 的空间分辨率[76]。此时，图像所包含的除了吸收信息，还有相位二阶偏导数的信息。1998 年，D. Paganin 等在理论上证明利用部分相干光和基于传播的方法可以获得相位二阶偏导数的图像信息[77]。之后，人们努力在普通实验室实现这种成像，并使其空间分辨率提高到 50nm。为此，人们利用扫描电子显微镜的电子枪产生纳米束斑轰击阳极靶产生纳米焦斑的 X 射线。值得注意的是，即使此时时间相干性很差，只要 X 射线束斑小，具有足够好的空间相干性，就可获得良好的二阶偏导数相衬图像。图 3-20 给出了这种 X 射线显微镜的示意图，它就是利用扫描电子显微镜的电子束斑产生纳米束斑的 X 射线的[78-81]。为了获得高质量的三维图像，要解决的主要问题是发展相应的软件和提高系统的稳定性。由于纳米束斑产生的 X 射线很弱，要获得三维图像就要耗费很长的时间，若系统不稳定，所获得的 CT 图像的空间分辨率就会严重降低。目前尽管透视图像空间分辨率已达 50nm，但 CT 图像的分辨率只能达到亚微米量级，如 560nm 左右。

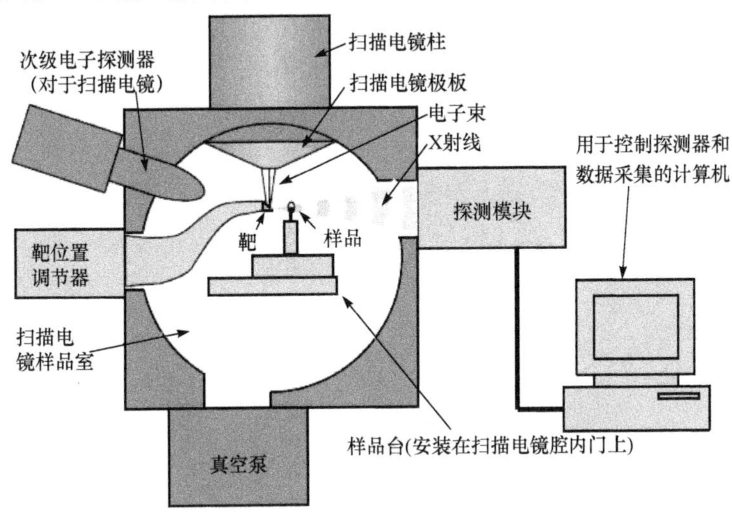

图 3-20　基于扫描电子显微镜电子束斑 X 射线源的相衬成像系统示意图

上述 X 射线相衬成像方法的优点是只需纳米束斑的 X 射线源，无需成像器件，即可获得纳米分辨相衬图像。但这种方法也存在严重的缺点，如吸收像和相衬像难以精确分离，相位信息和样品的相位因子分布信息难以精确恢复出来。为进一步解决此问题，近年来人们正在发展基于相位片和透明光栅的差分相位显微成像技术。

利用两透过式相位光栅基于塔尔博特(Talbot)相干术可以获得相衬成像和相衬 CT[74]。通过塔尔博特相干术，对于弱吸收物体可以获得其定量的微分相衬图像，进而还可获得该物体的三维相位形貌图像。尽管它可由简单的光学成像器件组成，并对光源的相干性要求不高，但是基于塔尔博特干涉术的微分相衬成像难以获得上千倍的灵敏度。此外，放大的图像将降低微分相衬成像的灵敏度，这是因为其波前变得缓和多了。最后，这种方法的空间分辨率还受到光栅周期的影响。鉴于上述情况，我们下面介绍一种基于相位片和透明光栅的差分相位显微成像技术，这是日本学者 A. Momose 等于 2009 年提出来的。这种相衬成像方法无须使用高空间相干光源；即使对很强的相位物体，也能定量分析，这一点远优于泽尼克相衬成像方法。它像 X 射线塔尔博特干涉仪一样也要用到自成像原理，但是这里的自成像通过在后焦面附近引入相位光栅，可以提供很大的放大倍率。应注意，这里不是微分相衬成像，而是差分相衬成像，用的是一对相衬图像，它们之间有一特定的距离。因此，该方法是一固有的相衬成像显微镜，但是其灵敏度有如塔尔博特干涉仪，而空间分辨率原理上来说几乎与吸收对比图像一样。

该方法工作原理如图 3-21 所示。其物镜由泽尼克波带片构成，利用准单色准平面光源照明。样品和探测器分别置于物平面和像平面上。图像的放大倍率 M 由图示的 b/a 给出，a 和 b 分别表示泽尼克波带片到物面和像面的距离。假设透射式光栅 G_1 的周期为 d_1，置于到后焦面距离为 R_1 处。我们设想焦点为球面波的波源，由其产生的光栅的 p 阶自成像到焦点的距离 R_2 为

$$R_2 = \frac{{R_1}^2}{R_1 - p{d_1}^2/\lambda} \tag{3.60}$$

其中，λ 为 X 射线的波长。对于给定的 R_2，将存在两个 R_1 的值：

$$R_1 = \frac{R_2}{2}\left(1 \pm \sqrt{1 - 4p{d_1}^2/(\lambda R_2)}\right) \tag{3.61}$$

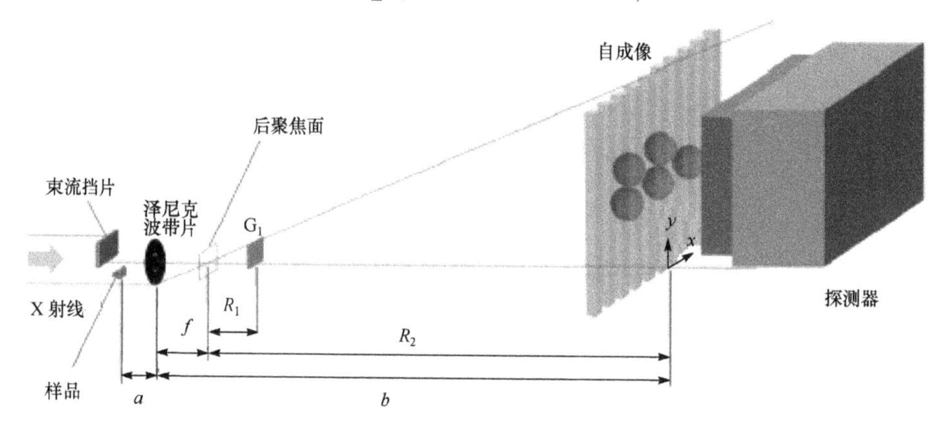

图 3-21　基于波带片和光栅的差分相衬显微成像原理示意图

自成像光栅的周期 d_2 可表示为 $d_2 = d_1 R_2 / R_1$。式(3.61)中的正号结果给出的 d_2 太小，难以直接分辨。目前的方法相应于负号的结果，这时 d_2 就足够大了。这样不仅使我们不必再用吸收光栅，还可以避免 G_1 的衍射使空间分辨率降低。在傍轴近似下，像面上的波场 $E(x,y)$ 可写作

$$E(x,y) \approx -\frac{1}{M}\exp\left[-\frac{2\pi\mathrm{i}}{\lambda}r\right]\sum_n a'_n \exp\left[\frac{2\pi\mathrm{i}nx}{d_2}\right] \times E_0\left(-\frac{1}{M}(x+npd_2), -\frac{1}{M}y\right) \tag{3.62}$$

其中，r 表示从焦点算起的距离；E_0 表示样品上的电场强度；因子 a'_n 表示自成像幅度的 n 阶傅里叶系数，$a'_n = a_n \exp\left(\pi\mathrm{i}pn^2\right)$，$a_n$ 表示光栅透过幅度函数的傅里叶系数。如果源是空间上非相干的，物平面离开源足够远，像平面上的强度则可表示为

$$I(x,y) \propto \sum_{n,m} \mu_m a'_n a'^*_{n+m} \exp\left[\frac{-2\pi\mathrm{i}mx}{d_2}\right] E_{0,n} E^*_{0,n+m} \tag{3.63}$$

其中，$E_{0,n} = E_0\left(-\frac{1}{M}(x+npd_2), -\frac{1}{M}y\right)$；$\mu_m$ 表示在物平面上两个相距 mpd_2/M 点处的 X 射线复相干因子，它可由泽尼克理论导出。值得注意的是，在物平面上 x 方向的空间相干长度可与 pd_2/M 的大小相比拟，这对于塔尔博特效应而言足够了。这时的泽尼克相位片成像所决定的分辨率与 d_2/M 相比足够高了。下面，在 x 方向通过以步长 kd_1/N 位移光栅测量 $I_k(x,y)$ $(k = 0,1,\cdots,N-1(N>3))$。用条纹扫描的方法，可得 $I(x, y)$的第一阶傅里叶项如下：

$$\sum_{k=0}^{N-1} I_k \exp\left(\frac{2\pi\mathrm{i}k}{N}\right) \approx N\mu_1 \exp\left[\frac{-2\pi\mathrm{i}x}{d_2}\right] \times \sum_n a'_n a'^*_{n+1} E_{0,n} E^*_{0,n+1} \tag{3.64}$$

这就是说，相邻阶之间的互相干可以提取出来。实践上使用光栅的 Ronchi 规则是方便的。幅度透过函数的偶阶傅里叶系数除了零阶均可消掉，结果只有式(3.64)中的项 $a'_{-1}a'^*_0$ 和 $a'_0 a'^*_1$ 保留，图像 $P(x,y)$可由下式得到：

$$P(x,y) = a'_{-1}a'^*_0 E_{0,-1}E^*_{0,0} + a'_0 a'^*_1 E_{0,0}E^*_{0,1} \tag{3.65}$$

注意其中 $\left(a'_{-1}a'^*_0\right)^* = a'_0 a'^*_1$。为简化起见，假设样品由弱吸收材料组成，最后我们取 $P(x,y)$的复角，就可得到相位差分图像：

$$\arg\left[P(x,y)\right] = \frac{\Phi\left(x_s + pd_2/M, y_s\right) - \Phi\left(x_s - pd_2/M, y_s\right)}{2} \tag{3.66}$$

其中，$\Phi(x_s,y_s)$ 表示样品的相移；(x_s,y_s) 表示物平面上的坐标，可表示为 $(-x/M,-y/M)$。一对特征的剪切距离由像面上的 pd_2 表示。如果在图像中包含了差分相位图像，利用下面的公式可计算出相位图像的 $\Phi(x_s,y_s)$：

$$\Phi(x_s,y_s)=2\frac{-J_1\sum_{j=-J_2}^{-1}\varphi_j+J_2\sum_{j=0}^{J_1-1}\varphi_j}{J_1+J_2} \tag{3.67}$$

其中，

$$J_1,J_2\geqslant 1,\quad \varphi_j\equiv\arg\left[P\left(x-(2j+1)pd_2,y\right)\right]$$
$$\Phi\left(x_s-2J_1pd_2/M\right)=\Phi\left(x_s+2J_2pd_2/M\right)=0$$

假设在图像的边缘附近没有样品。这些结果已在实验中获得证明。实验在日本的同步辐射源 Sring-8 上完成。实验台离源 245m，在图 3-21 的 x 方向宽度为 0.4mm。束流挡片、样品、物镜（泽尼克波带片）、相位光栅（G_1）和探测器的放置均如图 3-21 所示。所用的泽尼克相位片是现成的，用钽制成，0.7μm 厚，最外环宽度 86.6nm，直径 416μm，在 2μm 厚的 SiC 上制成。X 射线光子能量为 9keV，相位片的焦距为 261nm。为使放大倍率最大，将探测器放在实验允许的最远位置，到相位片的距离为 6461mm。样品放在物面上，向上离开相位片 272mm，从而使放大倍率达到 23.7。相机的荧光屏用 Gd_2O_2S：Tb 制成，还包括中继透镜和制冷 CCD。CCD 的像素大小为 4.34μm，相当于物平面上 183nm。所用的 Ronchi 光栅周期为 4.3μm，厚度为 0.92μm，在 9keV 下相当于工作在π/2 的相位光栅，为使有效光子数在 p=1/2,3/2…实现剪切距离最大化，获得相位差分图像，塔尔博特阶固定在 1/2(R_1=67.8mm)。利用钽制作的西门子星形图案进行了实验研究，所得结果如图 3-22(a)所示，由此估计的水平空间分辨率为 450nm，与吸收图像分辨率几乎无差别。此时，只要将光栅从光路中移走，即可获得吸收图像。由于光栅的引入，在有泽尼克相位片的 X 射线塔尔博特干涉仪的情况下，空间分辨率的降低是不可避免的。对于聚苯乙烯样品而言，由于不存在其吸收图像，这种方法的灵敏度与吸收对比度方法的灵敏度的比值无法直接计算出来。但可在理论上讨论这种方法的灵敏度。假设样品的相移非常小，我们可以比较相位差分图像($\Delta(\phi/2)$)与通过移走光栅的吸收对比图像($\Delta(\mu t)$)的相移探测极限。如果这些极限只是由光子统计决定的，它们可由如下式子相互联系起来：

$$\Delta(\Phi/2)\approx\frac{\sqrt{b_0}}{\mu_1 b_1}\Delta(\mu t) \tag{3.68}$$

其中，b_0 和 $\mu_1 b_1$ 分别为由光栅移走后的强度进行归一化的自成像强度零阶和 1 阶傅里叶系数。在样品吸收系数为零的情况下，b_0 和 $\mu_1 b_1$ 通过实验进行估值，分别为 0.49 和 0.27。无吸收情况下和移走光栅吸收图像的噪声标准偏差分别为 0.019 和 0.0075，这与式(3.68)是相一致的。一旦式(3.68)确认是正确的，我们就可得到折射率的实部$(1-\delta)$和虚部(β)探测极限之间的关系如下：

$$\Delta\delta \approx \frac{2\sqrt{2b_0}}{\mu_1 b_1}\Delta\beta \tag{3.69}$$

利用信噪比，则可得

$$\frac{\delta}{\Delta\delta}:\frac{\beta}{\Delta\beta} \approx 1:\frac{2\sqrt{2b_0}}{\mu_1 b_1}\frac{\beta}{\delta} \tag{3.70}$$

因为对轻元素而言，δ的值比β的值要大 3 个数量级，我们可得如下结论：现在的方法的灵敏度较吸收对比图像的灵敏度要高约 2 个数量级。

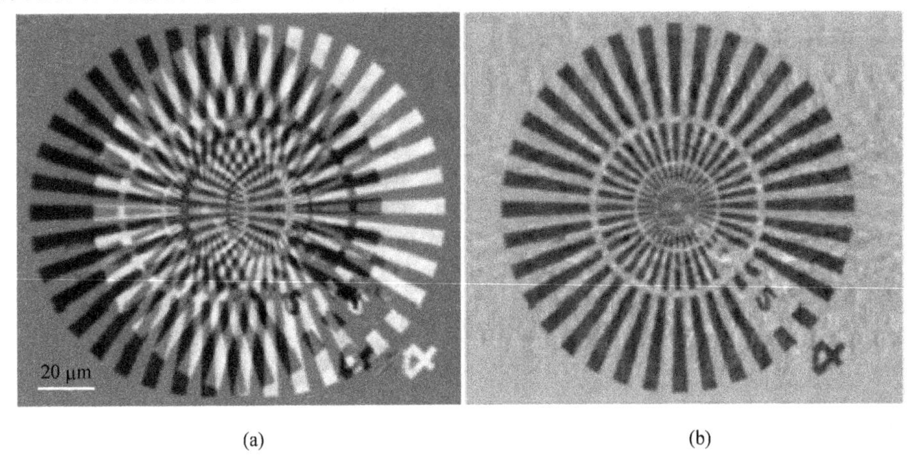

(a)　　(b)

图 3-22　1μm 厚钽制作的西门子星形图案的相位图像

(a) 具有相反对比度叠加在一起的相位差分图像；(b) 由(a) 重建的相位图像

3.2.3　X 射线相干衍射显微成像

早在近 100 多年前 Von Laue 就提出了 X 射线衍射的概念[82]。基于此，人们后来发展了 X 射线晶体结晶学技术来获得晶体的结构，其中具有划时代意义的成果是 Watson 和 Crick 利用此技术发现了 DNA 的双螺旋结构[83]。但这种成像技术无法应用于非晶目标。Sayre 于 1980 年首次提出用于非晶目标成像的 X 射线衍射显微镜概念[84]，但直到 1999 年 Miao 等才首次实现了 X 射线衍射显微镜[85]。之后全球有 20 多个小组在从事这方面的研究，并获得了纳米粒子、纳米晶体、生物组织和细胞等的各种三维纳米分辨图像。现在可以说这种方法不仅可获得晶体的三维纳米分辨图像，还可获得非晶材料和生物体各种组织直至细胞的三维纳米分辨图像，解决了其他方法所遇到的随着空间分辨率的提高图像对比度严重下降的问题。X 射线相干衍射显微镜的结构十分简单，它无须使用任何 X 射线透镜即可获得纳米分辨图像。除了单色 X 射线源，它只需使用一针孔来限制 X 射线束斑大小使其与样品大小相匹配。在样品和针孔之间引入一光阑，用于遮挡针孔产生的散射 X 射线。探测器离开样品要有足够的距离，从而使探测器前使用的遮挡直穿 X 射线的挡板面积与衍射图案相比较足够小，而不会严重遮挡有用信息。另外，为了利用像素尺寸较大的探测器记录衍射图案，并确保其任何细节部分不被丢失，只有增长传输距离，使衍射图案变得更大。这里还要顺便提一句，事实上，在 X 射线直穿的位置也存在衍射图案，但衍射信息较直穿光要弱得多，将其记录下来在计算时带来的误差更大，因此设置了遮挡直穿光的挡板。但在计算处理时，该部位并不能置零处理，一般将过去已有结果代入，再作进一步迭代处理。由上所述，看起来相干衍射显微镜实现起来较为容易，无须使用加工十分困难的 X 射线聚焦透镜。事实上，该方案实现起来也非易事。首先，该方法对 X 射线源的相干性具有非常高的要求，通常时间相干性在 10μm 以上，而空间相干性要在几十甚至上百微米，从而确保在整个样品范围内样品任何部位产生的散射 X 射线在远场均可实现干涉。其次，对于非晶体样品，其 X 射线的衍射图案不像晶体那样具有锐利的布拉格衍射峰，而变得连续和微弱。这就必须使用所谓的过采样方法利用连续衍射图案求解相位问题。按照 Shannon 采样理论，当一个函数具有带宽(0, a)时，其傅里叶变换必须在 Nyquist 间隔(1/a)上抽样，只有这样才能完全精确地确定函数本身。当我们将晶体的 X 射线衍射与 Shannon 抽样理论比较时，就会发现抽样频率正好等于 Nyquist 频率。但对非晶样品而言，就需要过采样。后面我们通过进一步分析可知，对衍射图案过采样频率越高，则对入射 X 射线的相干性要求越高，从而实现的难度加大。不仅如此，过采样还对探测器有效工作面积和像素数提出了更高的要求。最后，要从过采样获得的数据将样品图像恢复出来，由于数据量剧增，采用简单的算法难以将图像恢复出来，必须发展从实空间到频域空间往返迭代的优化新算法，包括误差减小法、输入输出混合法、差分法、收缩包裹法和哈密尔顿法等。其中一种称作导向性混合输入输出的算法对于相位的恢复具有很好的收敛性和可靠性。下面将重点介绍一下过采样方法以及为获得分子结构和细胞三维图像所要解决的主要问题。

1. 过采样方法

在 X 射线结晶学、X 射线衍射、电子衍射、中子衍射、天文和遥感等领域，只有傅里叶变换的幅度可以被记录下来，而其相位信息被丢失了，从而提出了所谓相位问题。对于晶体样品，相位问题已获得很好的解决。但对非晶样品，相位问题的解决就要复杂得多。1971 年，Gerchberg 和 Saxton 首先提出非周期物体的相位算法[86]。他们的基本思想是，如果物体密度及其傅里叶变换的幅度部分信息已知，例如，有些像素内没有电子，即电子密度为零，只要这样的像素数足够多，相位信息则有可能会被恢复。1978 年，Feinup 在 Gerchberg-Saxton 算法的基础上发展了两种相位算法[87]。代替物体密度，他在实空间用有限的正约束来恢复实和正物体的相位。在以后的年代里，在一些领域使用了他提出的方法由傅里叶变换幅度来确定实和正物体的相位函数。后来还证明该方法对多维实和正物体的相位恢复也是有效的。1982 年，Bates 根据 Boyes-Watson 及 Sayre 的某些想法发展了过采样方法，由傅里叶变换幅度来恢复相位，并发现原来 Fienup 算法只是该方法的一个实例[88]。他根据任何图像的自相关函数在每一维上都是图像本身的两倍的事实，认为要将相位信息恢复出来，就要求傅里叶变换幅度过采样达到布拉格密度的两倍，也即每一维都要实现两倍的过采样，二维空间将为原来的 4 倍，三维空间将为原来的 8 倍。1997 年，Millane 和 Stroud 指出，对于多维空间有 4 倍的过采样就足够了[89]。而 Miao 认为可以进一步减小过采样倍数[90]。这里关于布拉格密度要做一点解释，通常认为布拉格密度即布拉格峰值的密度，对于非晶样品而言，将其设想为重复结构，彼此衔接而不重叠。下面介绍一下过采样方法的要点。

当 X 射线相干束照射到电子密度为$\rho(x,y,z)$的样品上时，以布拉格峰值频率抽样的衍射图案(即实测傅里叶变换幅度值)可表示为[91]

$$\left|F\left(k_x,k_y,k_z\right)\right|=\left|\sum_{x=0}^{l-1}\sum_{y=0}^{m-1}\sum_{z=0}^{n-1}\rho(x,y,z)\mathrm{e}^{2\pi\mathrm{i}\left(k_x x/l+k_y y/m+k_z z/n\right)}\right| \tag{3.71}$$

$$k_x=0,1,\cdots,l-1;k_y=0,1,\cdots,m-1;k_z=0,1,\cdots,n-1$$

其中，$\left|F\left(k_x,k_y,k_z\right)\right|$表示样品傅里叶变换的幅度；$l,m,n$ 分别表示样品在 x,y,z 方向的大小。按照上述公式，相位问题就变成了如何由一系列的非线性方程求解电子密度 $\rho(x, y, z)$的问题。当 $\rho(x, y, z)$为实数时，未知变量数目，也就是三维阵列样品的体像素数目为 $l\times m\times n$。由于衍射图案的中心对称性，未知变量的数目就变为 $l\times m\times n/2$。当 $\rho(x,y,z)$是复数时，未知变量的数目就变成 $2\times l\times m\times n$，独立方程的数目则为 $l\times m\times n$。这时，未知量数目是方程数的两倍。如果没有其他信息，相位信息就不能由衍射图案唯一地重构出来。当衍射图案以布拉格峰值频率的 $\sqrt[3]{2}$ 倍取样时，傅里叶变换的幅度就变为

$$\left|F\left(k_x,k_y,k_z\right)\right|=\left|\sum_{x=0}^{l-1}\sum_{y=0}^{m-1}\sum_{z=0}^{n-1}\rho(x,y,z)\times\mathrm{e}^{2\pi\mathrm{i}\left[k_x x/\left(\sqrt[3]{2}l\right)+k_y y/\left(\sqrt[3]{2}m\right)+k_z z/\left(\sqrt[3]{2}n\right)\right]}\right| \tag{3.72}$$

$$k_x=0,1,\cdots,\sqrt[3]{2}l-1;k_y=0,1,\cdots,\sqrt[3]{2}m-1;k_z=0,1,\cdots,\sqrt[3]{2}n-1$$

对于 $\rho(x, y, z)$为实数的情况，独立方程数就变为 $l\times m\times n$，而未知数仍保持为 $l\times m\times n$。对于 $\rho(x, y, z)$为复数的情况，独立方程和未知变量数目都是 $2\times l\times m\times n$。不论哪一种情况，独立方程数目与未知变量数目都是一样的。当取样频率高于上述频率时，

独立方程的数目将多于未知变量的数目，原理上 $\rho(x, y, z)$可直接由方程组中求解出来。

对衍射图案进行过采样就意味着用比布拉格峰值频率更高的频率进行采样，这样高的采样频率将导致样品中的一些体积元内不存在电子密度。为表征过采样的程度，我们定义一个过采样率的概念σ，它表示过采样到何种程度：

σ=(电子密度区域体积+没有电子密度区域体积)/电子密度区域体积

当$\sigma>2$时，相当于采样频率的$\sqrt[3]{2}$倍，无密度区域将大于电子密度区域，原理上可以通过迭代算法直接将相位信息重构出来。应注意上面的讨论只是处理夫琅禾费近似，即远场衍射。在菲涅耳近似中，也即近场衍射，相位问题本质上是完全不同的，一个有发展潜力的途径是利用强度传输方法。

这里要特别强调的是，过采样方法与入射到样品上的 X 射线相干性的关系。由于过采样衍射图案意味着有无密度区围绕样品结构，入射 X 射线的相干长度要大于样品和无密度区的整个尺度。过采样程度越高，相应的所要记录的衍射图案精细程度越高，因此对入射 X 射线束的相干长度也要求越大。对入射 X 射线束所要求的时间和空间相干性与过采样程度有如下关系式：

$$\frac{\lambda}{\Delta\lambda}\geqslant\frac{Oa}{d},\quad \Delta\theta\leqslant\frac{\lambda}{2Oa} \tag{3.73}$$

其中，d表示所要求的分辨率；$\Delta\theta$表示入射 X 射线束的发散或会聚角；O表示一个方向的过采样率(σ表示总的过采样率)；a表示样品到探测器的距离；λ为入射 X 射线的波长。利用上面的关系式，对于具体的系统则可确定其参数。对于同步辐射源，若采用 Si(111)晶分光，时间相干性$\lambda/\Delta\lambda$一般在 5000 或更高，可满足上述要求。关于空间相干性，针对具体系统再采取一些特殊措施后，一般也可满足要求。

最后，我们还要简单地介绍一下如何利用迭代算法由过采样获得的数据求解出我们需要的样品在实空间的图像，即电子密度的空间分布图。现分步叙述如下。

(1) 利用下面的方程分步求解这时的傅里叶变换：

$$F_j'\left(k_x,k_y,k_z\right)=\left|F_{\exp t}\left(k_x,k_y,k_z\right)\right|\mathrm{e}^{\varphi_{j-1}\left(k_x,k_y,k_z\right)} \tag{3.74}$$

其中，$\varphi_{j-1}\left(k_x,k_y,k_z\right)$表示在迭代的第 j-1 步傅里叶变换的相位；$\left|F_{\exp t}\left(k_x,k_y,k_z\right)\right|$则表示所测出的傅里叶变换幅度。

(2) 由于衍射图案的中心对称性，$F_j'(0,0,0)$的相位$\varphi_j'(0,0,0)$置为零。

(3) 利用快速傅里叶逆变换，由$F_j'\left(k_x,k_y,k_z\right)$计算出这时的电子密度$\rho_j'(x,y,z)$。

(4) 每一次迭代都要利用归一化的误差函数γ监视过程的收敛情况:

$$\gamma = \frac{\sum_{x,y,z \notin S} \left| \rho'_j(x,y,z) \right|}{(\sigma - 1) \sum_{x,y,z \in S} \left| \rho'_j(x,y,z) \right|}$$

这里，S 表示有限域范围；γ表示每个像素的平均误差，它与过抽样率无关。

(5) 利用下面的公式可得新的低能电子密度：

$$\rho_j(x,y,z) = \begin{cases} \rho'_j(x,y,z), & (x,y,z) \in S \text{且} \rho'_j(x,y,z) \geqslant 0 \\ \rho_{j-1}(x,y,z) - \beta \rho'_j(x,y,z), & (x,y,z) \notin S \text{或} \rho'_j(x,y,z) < 0 \end{cases}$$

其中，β表示可以调整收敛过程的一个常数，在所有的重建中均取为 0.9。

(6) 利用求出的新的电子密度 $\rho_j(x,y,z)$ 求解新的傅里叶变换 $F_j\left(k_x,k_y,k_z\right)$。

(7) 利用相位组 $\varphi_j\left(k_x,k_y,k_z\right)$ 进行下一轮迭代。

在上述求解的过程中，初始相位是随机设置的，最后收敛到接近真值。这里还要说明一点的是关于σ的取值。理论上讲，只要 $\sigma > 2$ 就可以将相位精确恢复出来。但实际应用中存在两个问题：一是衍射图案噪声问题，通常是不可避免的，这就等价于增加了未知数，致使σ会更大；二是迭代优化问题，当σ较小时，常常会陷入局域优化而不能达到全局优化，最后导致所得图像不理想。考虑到这些因素，为了获得高质量的相位和电子密度图像，常常设置σ=5 或更大。当然，这样会对入射 X 射线的相干性和探测器性能提出更高的要求。

2. 相干衍射显微成像中样品辐射破坏决定的空间分辨率[92]

相干衍射显微镜的极限空间分辨率理论上讲仍由衍射极限限制，或者说由测不准原理限制。但是，随着空间分辨率的提高，为获得足够高的图像对比度，要求减小后的体像素内要具有足够多的 X 射线光子数，从而在体像素内能产生足够多的衍射光子被探测器记录。这就有可能在达到衍射极限之前，受辐射破坏的影响，空间分辨率就已经受到限制了。为了确定是否存在剂量受限的空间分辨率，我们需要先解决两个问题，一个是成像所要求的剂量问题，另一个是最大所容忍的剂量问题。关于前一个问题，即在给定的显微镜和空间分辨率下求解所要求的剂量，这种计算本质上是一种统计计算。这样的计算对于一般的 X 射线显微镜和 X 射线衍射显微镜过去都有人处理过。关于后一个问题，即在成像不能接受的损伤之前样品所容忍的剂量的计算则不是统计学的问题，而是辐射化学和辐射生物学的问题，原则上也可通过理论计算进行估计，但通常需要通过实验确定。当然，前一个问题也需要通过实验进行检验。下面将分别对它们做出分析。

关于成像所要求的剂量问题，我们将基于所谓的微剂量周期辐照理论的评估方法进行处理。为了将此理论用于三维衍射成像，我们需要知道一个体像素的散射强度。一般来说这是很难做到的事情，这里将介绍一种可以做到这一点的简单方法。同时，还要将所得到的结果与通常的剂量分辨率比率定律得到的结果进行比较，证明方法的可行性。首先介绍一下微剂量周期辐射理论，它是由 Hegerl 和 Hoppe 首先证明的[93]。按照这些作者的说法，在空间分辨率等同的情况下，三维重建所需积分剂量与通常的二维图像所需剂量是一样的。事实上，这一点是很好理解的，可认为一个体像素内的总剂量是各方向叠加的结果。这一理论适合于强吸收、信号感应噪声、不同对比度和某些角范围丢失等各种情况。我们考虑每边长为 d 的体像素，它在全三维重建中可得到。为了利用上述理论预测成像所要求的剂量，我们需要知道上述体像素所需的剂量。单体像素的实验很难做，但理论处理是比较容易的。若相位数据匹配得很好，相应的剂量值将会给出实空间体像素中重建出样品密度的 X 射线计数。设样品的复折射率 $\tilde{n}=1-\delta-\mathrm{i}\beta$，吸收系数为 μ，其复电子密度可写为 $2\pi r_{\mathrm{e}}\tilde{\rho}=(2\pi/\lambda)^2(\delta+\mathrm{i}\beta)$，而相对于背景的相对电子密度可写为 $2\pi r_{\mathrm{e}}\tilde{\rho}_r=(2\pi/\lambda)^2\{(\delta-\delta_0)+\mathrm{i}(\beta-\beta_0)\}$，其中 δ_0 和 β_0 表示背景材料的相移因子和吸收因子。设一体像素独立存在，周围都是空的，其幅度透过率为 T。若反过来周边是不透明的，而体像素所在位置幅度透过率为 $1-T$。对于上述两种情况，在体像素之外的衍射光二者是等价的。也就是说，我们可以利用后一种情况等价地研究前一种情况，所得结论适用于第一种情况。而对于第二种情况，在距离 z 处产生的衍射强度可方便地表示为

$$I(x,y)=\frac{I_{\mathrm{in}}\left|1-T\right|^2d^4}{\lambda^2z^2}\mathrm{sinc}^2\left(\frac{xd}{\lambda z}\right)\mathrm{sinc}^2\left(\frac{yd}{\lambda z}\right) \tag{3.75}$$

分辨率空间周期为 $2d$ 的数值孔径为 $\lambda/(2d)$，所以探测器在 x 和 y 方向的全宽度应为 $w=\lambda z/d$，因此，

$$\sigma_{\mathrm{s}}/d^2=\text{散射能量}/\text{入射能量}=I(0,0)w^2/(I_{\mathrm{in}}d^2)=\left|1-T\right|^2 \tag{3.76}$$

这表明散射截面 $\sigma_{\mathrm{s}}=\left|1-T\right|^2d^2$，这一结果与其他人导出的结果是一样的，同时从直观上也是很好理解的。我们可设法由波的幅度表达式求出复数吸收率。波幅度 ψ 为

$$\psi=\psi_0\mathrm{e}^{-2\pi\mathrm{i}\tilde{n}d/\lambda}=\psi_0\mathrm{e}^{-2\pi\mathrm{i}(1-\beta-\mathrm{i}\delta)d/\lambda}=\psi_0\mathrm{e}^{-2\pi\mathrm{i}d/\lambda}\mathrm{e}^{-2\pi\beta d/\lambda}\mathrm{e}^{2\pi\mathrm{i}\delta d/\lambda} \tag{3.77}$$

这里我们引进弱相位和弱吸收近似，可得

$$T=\mathrm{e}^{-2\pi\beta d/\lambda}\mathrm{e}^{-2\pi\mathrm{i}\delta d/\lambda}\cong1-2\pi d(\beta+\mathrm{i}\delta)/\lambda \tag{3.78}$$

由前面的密度函数可得

$$\left|1-T\right|^2=(2\pi d)^2\left|\beta+\mathrm{i}\delta\right|^2/\lambda^2=d^2r_{\mathrm{e}}{}^2\lambda^2\left|\tilde{\rho}_r\right|^2 \tag{3.79}$$

最后可得散射截面表达式：

$$\sigma_{\mathrm{s}}=\left|1-T\right|^2d^2=r_{\mathrm{e}}{}^2\lambda^2\left|\tilde{\rho}_r\right|^2d^4 \tag{3.80}$$

从而可知散射截面正比于体积元尺寸的四次方，后面将会看到这导致剂量反比于体积元尺寸的四次方。同时，散射截面为波长所主宰，与其平方成正比，这对于波长小于 2nm 的情况更是如此。这时原子散射因子接近于一个常数。

基于上述理论，下面我们来讨论辐射光子流密度与剂量的关系。对于光子能量为 $h\nu$ 的 X 射线而言，如果物体的密度为 ε，在深度 t 穿过单位面积的 X 射线光子数为 N，在入射面上单位面积上的光子数为 N_0，则有 $N = N_0 \exp(-\mu t)$，在表面上单位体积入射的 X 射线光子能量为 $\mu N_0 h\nu$，因此，表面的剂量 D(单位质量内沉积的光子能量)为

$$D = \frac{\mu N_0 h\nu}{\varepsilon} \tag{3.81}$$

如果其他量均用 MKS 单位制表示，则 D 的单位为 Gy(J/kg，1rad=10^{-2}Gy)。上面关系式将辐射光子流密度与给定参数的材料中的剂量联系起来了。这里假设 100%能量都给了剂量，即没有光电子逸出。图 3-23 给出蛋白质的一些数值结果。

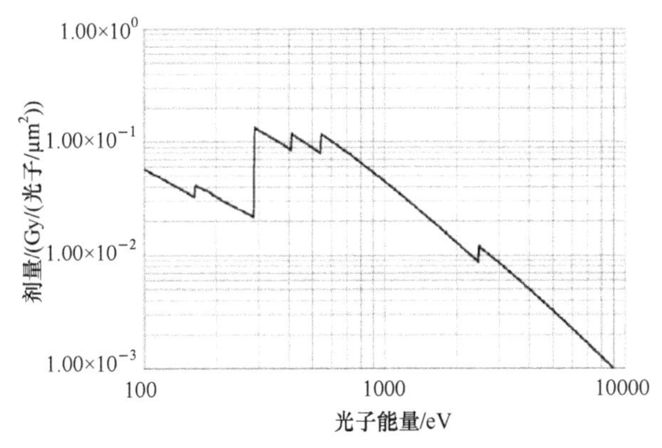

图 3-23　入射 X 射线为 1 光子/μm² 下的表面剂量

所用材料为蛋白质 $H_{50}C_{30}N_9O_{10}S_1$,密度为 1.35g/cm³

下面我们再来讨论一下成像所要求的剂量。首先需要求出由给定的体像素在入射到单位面积上的光子数 N_0 条件下散射到探测器的光子数 P，而 P 值的选取将由测量所要求的统计精度确定。入射到体像素中的光子数为 $N_0 d^2$，散射到探测器上的光子数所占的比例为 σ_s / d^2。因此，所要求的 N_0 大小可表示为 $N_0 = P/\sigma_s$，从而求出剂量 D 如下：

$$D = \frac{\mu P h\nu}{\varepsilon \sigma_s} = \frac{\mu P h\nu}{\varepsilon} \frac{1}{r_e^{\,2} \lambda^2 \left|\tilde{\rho}_r\right|^2 d^4} \tag{3.82}$$

和

$$N_0 = \frac{P}{r_e^{\,2} \lambda^2 \left|\tilde{\rho}_r\right|^2 d^4} \tag{3.83}$$

作为一个例子，图 3-24 给出蛋白质在不同光子能量下所需的光子通量和剂量，根据经验，蛋白质可表示为$H_{50}C_{30}N_9O_{10}S_1$，其密度为 1.35g/cm^3。体像素大小为10nm。通常要求信号高出噪声 5 倍，这样才能得到较好的图像结果。对于散弹噪声而言，通常将光子计数设置为 25。对于所要求通量的曲线，它与λ^{-2}成比例，这时则要求波长要尽可能地长。

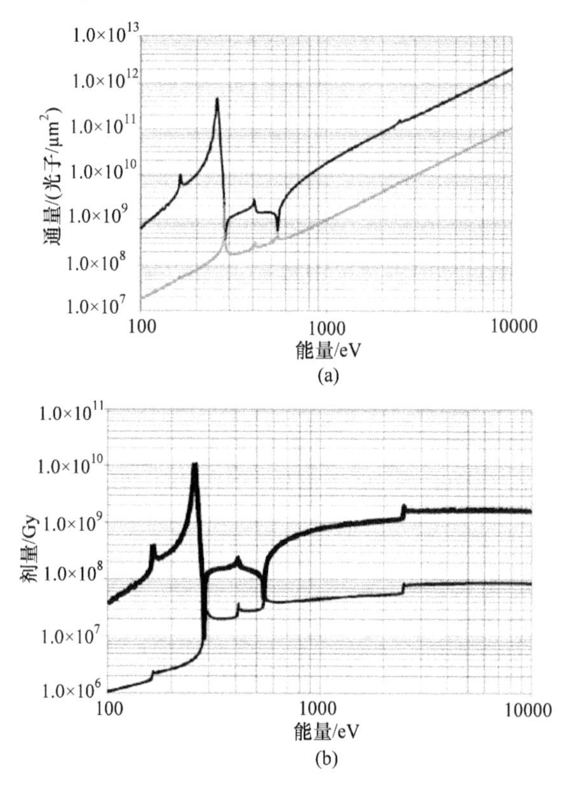

图 3-24 (a) 能看到 10nm 体像素的上述蛋白质在背景为水(黑线)及真空(灰线)下所需的 X 射线光子通量，统计精度由 Rose 判据确定；(b) 能看到 10nm 体像素的上述蛋白质在背景为水(粗线)及真空(细线)下所需的剂量，统计精度由 Rose 判据确定

另一方面，又希望波长要短于分辨率的 1/4～1/2，这样衍射角才不至于太大，并且波长越短，样品才是一个弱吸收体(例如，小于 20%)，这样数据的分析才符合弱吸收的条件。不同于通量的要求，所要求的剂量在光子能量高于 1keV 时并没有呈现出对光子能量强烈的依赖关系。这是因为吸收系数约正比于$\lambda^{5/2}$的关系抵消了波长与$h\gamma/\sigma_s$的依赖关系。上面的剂量表达式还给出了获得图像所需剂量与d的函数关系[94]。在 1keV 和 10keV 下，蛋白质在水的背景下的计算结果如图 3-25 所示。在样品中 X 射线被散射的角度θ可近似表示为$\theta\sim\lambda/d$。当特征尺寸大

于 10nm 时，散射角很小，属于相干范畴；当特征尺寸小于 1nm 时，散射角将较大，属于非相干范畴；当介于二者之间时，属于过渡范畴。上面的讨论是基于相干衍射导出的，其分辨率处于大于 10nm 的范围，这尤其适合生命科学的应用。表 3-3 给出估计最大允许剂量的数据类型和来源。

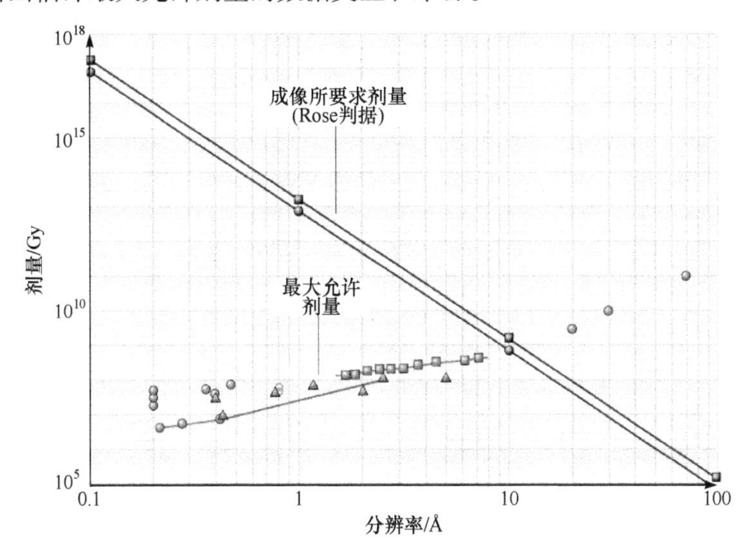

图 3-25　不同分辨率体像素下成像所要求和最大允许的剂量

成像所要求的剂量是以蛋白质为目标、水为背景计算出来的，光子能量分别为 1keV 和 10keV。这些线的延长虚线表示从相干(d^{-4})到非相干(d^{-3})的转变，计算直到 1nm 体分辨元。最大允许剂量由不同的实验者得到，其中实心圆来自 X 射线晶体学，实心三角来自电子晶体学，空心圆表示单粒子电子晶体显微镜，方形表示核糖体实验

表 3-3　用于最大允许的剂量估计的数据类型和来源[92]

分辨率/nm	剂量/Gy	实验	粒子能量/keV	样品(除特别说明外，均为晶体)
电子				
0.43	1.06×10^7	Spot-fading(散斑退化)	100	Catalase(过氧化氢酶)
2.5	1.25×10^8	Spot-fading	100	Catalase
5.0	1.20×10^8	Tomography(计算机断层摄影术)	300	Cell in amorphous ice (无定形冰中的细胞)
0.77	4.67×10^7	Spot-fading	100	Purple membrane(紫膜)
1.17	7.35×10^7	Spot-fading	100	Purple membrane
0.4	3.12×10^7	Spot-fading	100	Purple membrane
0.8	4.80×10^7	Single-particle reconstruction(单粒子重建)	100	Protein single molecules
0.8	6.20×10^7	Single-particle reconstruction	100	Protein single molecules

续表

分辨率/nm	剂量/Gy	实验	粒子能量/keV	样品(除特别说明外，均为晶体)
X 射线				
30	1.00×10^{10}	Microscopy.Berlin(显微术，柏林)	0.52	Cell in amorphous ice
60	5.00×10^{11}	Microscopy.Brookhaven(显微术，布鲁克海文(美国国家实验室))	0.52	Cell in amorphous ice
0.2	2.00×10^{7}	Generic limit(约束)	8～12	Organic material(有机材料)
0.2	3.10×10^{7}	Spot-fading	13.1	Myrosinase(芥子酶)
0.36	5.40×10^{7}	Spot-fading	12.4	Various
0.47	7.80×10^{7}	Spot-fading	12.4	Various
0.39	4.20×10^{7}	Spot-fading	12.4	Various(多样品)
25.0	3.00×10^{9}	XDM(X 射线衍射显微术)，伯克利	0.52	Yeast cell freeze dried(冷冻干燥酵母细胞)
0.42	8.00×10^{6}	Spot-fading	11	Bacteriorhodopsin(细胞视紫红质)
0.28	5.95×10^{6}	Spot-fading	11	Bacteriorhodopsin
0.21	4.55×10^{6}	Spot-fading	11	Bacteriorhodopsin
7.1	4.44×10^{8}	Spot-fading	10	Ribosome
6.0	3.64×10^{8}	Spot-fading	10	Ribosome
4.5	3.49×10^{8}	Spot-fading	10	Ribosome
3.7	2.85×10^{8}	Spot-fading	10	Ribosome
3.1	2.22×10^{8}	Spot-fading	10	Ribosome
2.7	2.14×10^{8}	Spot-fading	10	Ribosome
2.4	2.06×10^{8}	Spot-fading	10	Ribosome(核糖体)
2.1	1.90×10^{8}	Spot-fading	10	Ribosome
1.8	1.43×10^{8}	Spot-fading	10	Ribosome
1.7	1.43×10^{8}	Spot-fading	10	Ribosome

X 射线在物体中的衍射取决于元素在物体中的分布，这样的一个分布在曝光时间范围内不应当发生改变，只有这样，所得图像的结构才不会发生变化。通常剂量分析模型是描述样品吸收 X 射线导致其中的分子分布的改变情况，其中包括 X 射线导致的动力学过程和物质输运过程。样品中的浓度分布$[M_i]$随空间 $\boldsymbol{r}$ 和时间τ的变化可由下面的偏微分方程描述：

$$\frac{\partial[M_i](\boldsymbol{r},\tau)}{\partial\tau}=D_i\nabla^2[M_i](\boldsymbol{r},\tau)+\frac{\mathrm{d}[M_i](\boldsymbol{r},\tau)}{\mathrm{d}\tau} \tag{3.84}$$

其中，第一项描述由扩散引起的物质输运；第二项是关于动力学过程的描述，给出分子分解的情况。基于此偏微分方程，我们可以分析湿的生物样品元素分布发生明显改变与光子密度及剂量之间的关系。利用这一模型所得到的数值模拟表明，在室温下没有固定的含水生物样品在约 10^4Gy 和时间间隔 1～10ms 的情况下就会严重受损。这些数据与实验结果符合得很好。上面的计量分析模型还可用于冷冻生物样品。生物样品中 80%是水分，水比有机化合物在辐照下更稳定。因此，我们可以假设埋在冰中的有机物质都是很稳定的，这是因为所有可能的样品 M_i 的扩散系数都近似等于零。在成像中可以接受的剂量上限由受辐照的冰被明显地分解为氢和氧的气体所需的剂量确定。为确定此剂量，我们就必须详细考虑冰的剂量分析。辐照的最初阶段是光电吸收，它将导致由冰中产生的自由电子的非弹性散射之后的电离和激发过程。这些过程构成活泼粒子，如 H_2O^+, OH^-和 H：

$$\begin{aligned} &H_2O_{(s)} + h\nu \xrightarrow{I} H_2O^+ + e^- \\ &H_2O_{(s)} + e^- \xrightarrow{k_1} H_2O^+ + 2e^- \\ &H_2O_{(s)} + e^- \xrightarrow{k_2} OH^- + H \end{aligned} \tag{3.85}$$

若吸收 100eV 的能量可使 G_{-M}个分子分解，该值可用来定量表征动力学过程，并可由辐射化学研究得知。例如，在液态氮温度下，$G_{-H_2O}=0.5$，即吸收 100eV 光子能量可使液氮温度下的冰平均 0.5 个分子分解。吸收一个 $h\nu$ 光子能量的量子产额γ则为

$$\gamma = G_{-H_2O} h\nu / 100\text{eV} \tag{3.86}$$

在液态氮温度下，冰的动力学过程可用下面的方程描述：

$$\frac{d[H_2O]}{d\tau} = -\gamma\sigma\Phi[H_2O] \tag{3.87}$$

其中，γ表示速率常数；σ表示水的光电子吸收截面；Φ表示光子密度。通过对式(3.87)积分可得未损伤水分子所占的比例：

$$[H_2O]/[H_2O]_0 = \exp(-\gamma\sigma\Phi\tau) \tag{3.88}$$

模拟所得结果如图 3-26 所示。这里计算了波长为 0.3nm, 0.5nm, 2.4nm 和 3.1nm 输入不同光子密度情况下未损伤水分子所占的比例。由图 3-26 可见，当光子密度高于 $10^{10}\mu m^{-2}$ 时，未损伤水分子所占比例开始急剧下降。由图 3-26 还可知，辐射对玻璃态冰损伤有明显变化的光子密度是 10^9～$10^{10}\mu m^{-2}$，在波长为 2.4nm 时，蛋白质对应的剂量为 10^8～10^9Gy。计算机结果表明，对冷冻生物样品可获得高的空间分辨率。

事实上，通常是通过测量来确定最佳空间分辨率的。在图 3-25 中，已给出不同人的实验结果。对于冷冻的生物样品和基于波带片透镜的透射式 X 射线显微镜，在其极限分辨率和 10^{10}Gy 剂量下，输出图像还是很稳定的，没有发现结构上的变

化。该值是辐射剂量学计算值的 10 倍以上。有关的辐射剂量实验证明，冷冻样品允许的剂量是分辨率为 30～40nm 所要求剂量的 10^3～10^4 倍，因此，完全有可能获得优于 10nm 的空间分辨率。另外，实验还证明，在超短 X 射线脉冲(例如飞秒 X 射线脉冲)作用下，通过单次曝光可在样品破坏前在更高的剂量下获得样品的图像。理论估算表明，在飞秒 X 射线脉冲作用下，对生物样品有可能获得优于 5nm 的空间分辨率。

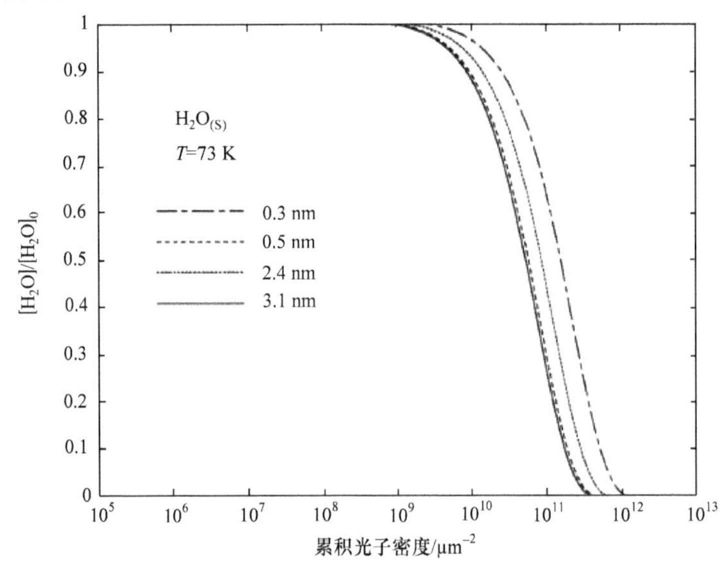

图 3-26　不同 X 射线波长下未损伤水分子比例与累积光子密度之间的关系

3. 折叠相干衍射显微成像

上面谈到的相干衍射显微成像与这里将要介绍的折叠相干衍射显微成像，其原理适用于任何一种辐射，包括可见光束、X 射线束和电子束。相干衍射显微成像无需透镜，尽管其极限分辨率仍受衍射极限的限制，但不受透镜像差和数值孔径的影响，其极限分辨率较有透镜时更高。我们前面讲过，不论是有透镜的电子显微镜，还是 X 射线显微镜，如图 3-27(a)所示，它们的数值孔径一般只能达到 10^{-3} 左右，其最优分辨率也比无透镜系统的衍射极限低约三个数量级。为了达到三维原子级分辨率，只能采用这种无透镜的相干衍射显微成像技术。另外，不论是电子显微镜，还是 X 射线显微镜，其透镜的设计、制作和安装调试都是十分困难的。当然，相干衍射显微成像也存在其本身的难点，尤其是高相干源的研制和相位恢复算法的实现。上面介绍的相干衍射显微成像的缺点是样品不能太大，也即视场有限，如图 3-27(b)所示，难以获得一般细胞大小的三维纳米分辨图像，其应用受到极大的限制。为解决此问题，早在 1982 年，W. Hoppe 就提出折叠相干衍射显微层析的构思[95]，即通过位移针孔获得样品的一组相干衍射图像，如图

3-27(c)所示，再通过一定的算法，则可获得更大物体的二维或三维的纳米或更高分辨率图像。2004 年，Faulkner 和 Rodenberg 提出一种相位恢复算法[96]，从而可由实验获得的一系列相干衍射图像获得样品的完整纳米或更高分辨率图像。在这种新的相位恢复算法中，能保留已有迭代算法中有用的特点，如收敛性、噪声允忍性以及稳定性；还能避免目前已有迭代技术导致的实验上的困难。新发展的算法只使用衍射平面上的测量信息，而不需要聚焦图像或者一已知的固定支持函数，可以考察样品任何感兴趣部分和恢复大面积样品相位。我们假设在一个或多个已知孔径位置的衍射图案强度是可以测量的，孔径的形状也是已知的，则可能将更大物体的相位恢复出来。

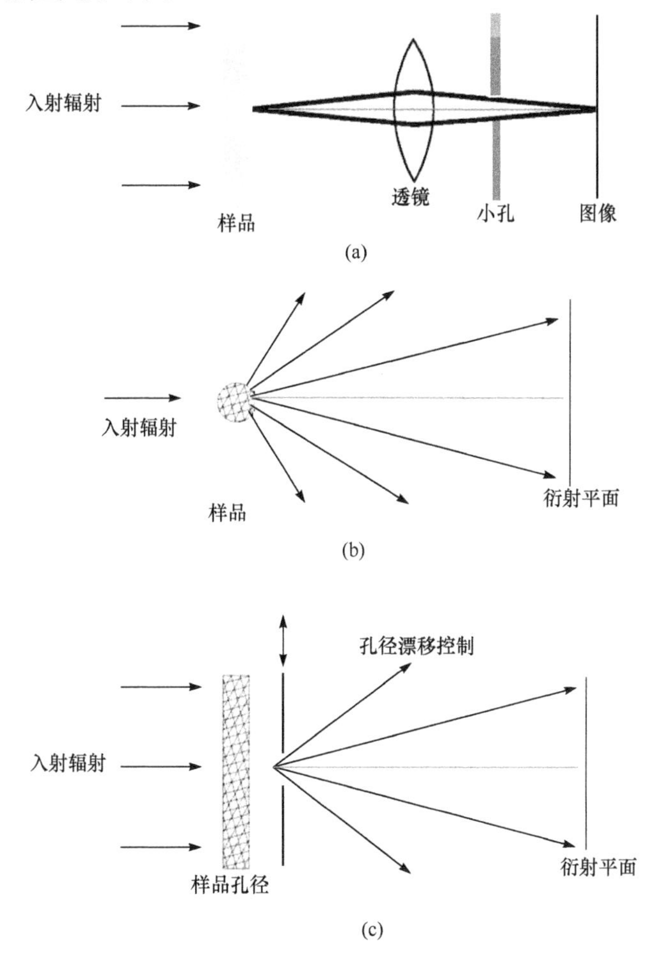

图 3-27　不同实验装置的比较

(a) 如在电子显微镜或 X 射线显微镜中使用的透镜，都存在孔径角限制的问题；(b) 衍射角不受限制，而散射波的相位丢失了，但只要物体足够小，相位是可以恢复的；(c) 孔径是可以上下左右移动的，物体可以更大，并具有波长大小的空间分辨率

我们介绍的算法如图 3-28 所示。这里只给出两个孔径位置，对于更多孔径位置的情况也一样处理。工作步骤如下：①猜想一个物函数；②将猜想的物函数与当前的孔径函数相乘，得到在此孔径位置处的出射波函数；③进行傅里叶变换得到该孔径位置的猜想衍射图案；④纠正猜想衍射图案的强度为已知测量值；⑤进行傅里叶逆变换到实空间得到出射波函数的新的改进的猜想；⑥在孔径覆盖的区域内使猜想的波函数都进行更新；⑦运动孔径到新的位置，会与前面的孔径位置部分重叠；⑧重复步骤②～⑦，直到在衍射平面上的误差平方和足够小，这意味着在不同孔径处覆盖区域的目标函数已经被正确地找到。每一孔径与一个或更多其他孔径的部分重叠对算法的成功与否至关重要。使用多个彼此重叠的孔径允许我们考察大视场样品。但这种方法要求所使用的算法能够找到与物函数所有部分相吻合的解，而此物函数将允许通过一个或多个孔径。对于不同测量之间一致性的要求就使我们研究的问题不再可能只存在单值解。这与 Fienup 算法通过使用非对称方法克服单值解问题相类似。如果只使用一个位置的孔径，就变成了 Fienup 算法。如果使用更多的孔径位置，而它们彼此并不互相重叠，其结果等于同时使用多个 Fienup 算法。在上面两种情况下很难给出重叠情况下得到的信息。设想这种算法用于电子衍射，设电子波长为 0.037Å(100keV)，所用 CCD 像素数为 2000×2000，像素尺寸为 20μm，孔径尺寸为 100nm，所要求的相机距离为 0.54m，所得分辨率为 0.5Å。若要进一步提高空间分辨率，则有必要使用像素更多的探测

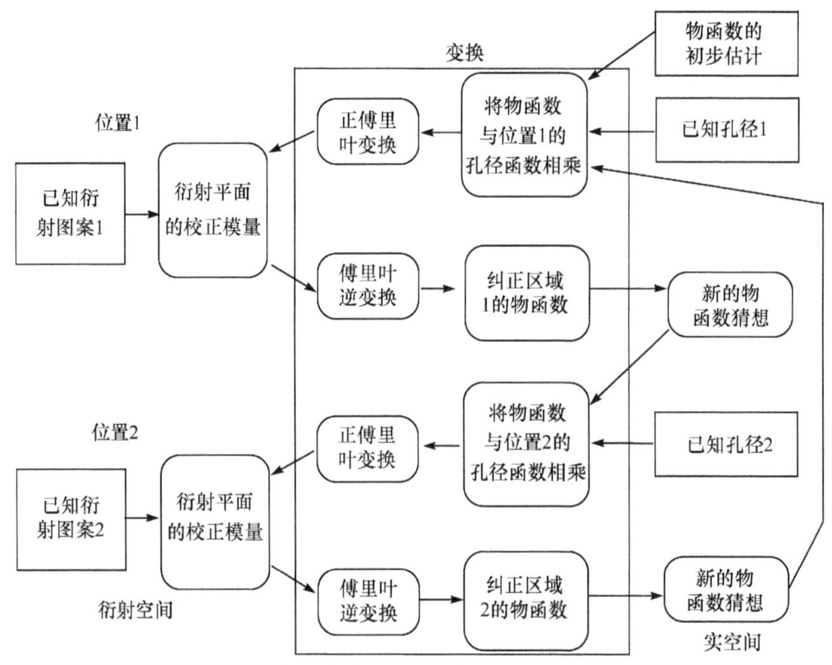

图 3-28　新的相位恢复算法，其中给出两个孔径的位置

器。上面这种算法不要求任何聚焦照明，只要求源具有高的相干性，还需要孔径板，并要求孔径板能实现微位移。

近年来，关于折叠相干衍射显微成像的有关原理和算法还在进行深入的研究[97-99]。这种方法存在的主要问题是需对样品实现多次曝光，尤其对获得三维图像而言，是否会因对样品造成损伤使空间分辨率降低，是今后尚待研究的课题。

4. 用于细胞成像的 X 射线相干衍射显微成像

为了全面而深入地了解生物学过程，我们需要了解细胞的组成(如生物分子及它们组成的亚细胞结构)、在细胞中的位置以及这些位置的变化情况，同时还需要知道它们在细胞中是如何相互作用和改变它们的位置的。研究表明，在细胞中的蛋白质和蛋白质相互作用网络是以多蛋白复合物而存在和发挥作用的，这些复合物有些是稳定的，但多数是瞬间和弱关联在一起。

适应上述应用的纳米成像途径有多种，包括前面已介绍过的电子显微镜和基于波带片的 X 射线显微镜以及本书后面要介绍的特殊光学成像方法。但只有 X 射线相干衍射显微镜既可提供纳米的空间分辨率，又允许样品具有细胞级厚度，并随着 X 射线激光器的发展，可提供原子级分辨率和动态图像，还不至于使生物样品遭受破坏。这里尤其值得一提的是，对于基于波带片的 X 射线显微镜，若 X 射线光子能量高于水窗软 X 射线，其吸收像的图像对比度极低，难以获得应用。对于 X 射线相干衍射显微镜而言，所记录的衍射图案是不同散射波的强度叠加，图像恢复后得到的是细胞内电子密度的空间分布图，对比度很好。

X 射线相干衍射显微镜在应用于细胞成像时，不仅要解决与过采样有关的问题和视场问题，还要解决源的高相干和大面积高分辨探测器等问题。正因为如此，直到 2003 年，Miao 等才第一次获得细菌的三维图像[100]。这里介绍两种成像系统。一种是 Miao 等发展的相干衍射显微成像系统，其孔径光阑是固定不动的，如图 3-29 所示。它包括高相干源、光阑、狭缝和面阵探测器[101-103]。目前高相干源是基于第三代同步辐射源建立起来的，正在发展的是 X 射线自由电子激光器(XFEL)。目前的同步辐射源产生的 X 射线具有一定的带宽，需要使用光栅分光，并利用狭缝取出我们需要的高相干 X 射线，从而保证光束的时间相干性。还需要使用一对光阑以保证光束的空间相干性。一般时间相干性要求带宽与中心波长的比值小于 10^{-4}，空间相干性要达到 5×10^{-6}rad。成像所用的孔径一般为 10～20μm，用于选择所要求的空间相干束；之后是狭缝，用于遮挡光阑以及上游其他元件产生的散射 X 射线。在实现三维层析成像时，样品应能绕轴精密旋转。所用的探测器是对 X 射线敏感的制冷高分辨 CCD 相机。为防止直穿 X 射线对记录信号的影响，在探测器之前应放置 X 射线挡板，其直径大小与直穿 X 射线束斑在探测器处的大小有关。目前获得的细胞图像的分辨率在二维情况下为 11～25nm，在三维情况下为 50～60nm。显然，光阑大小限制了样品的大小，一般应小于 20μm。所得结果如图 3-30 所示。

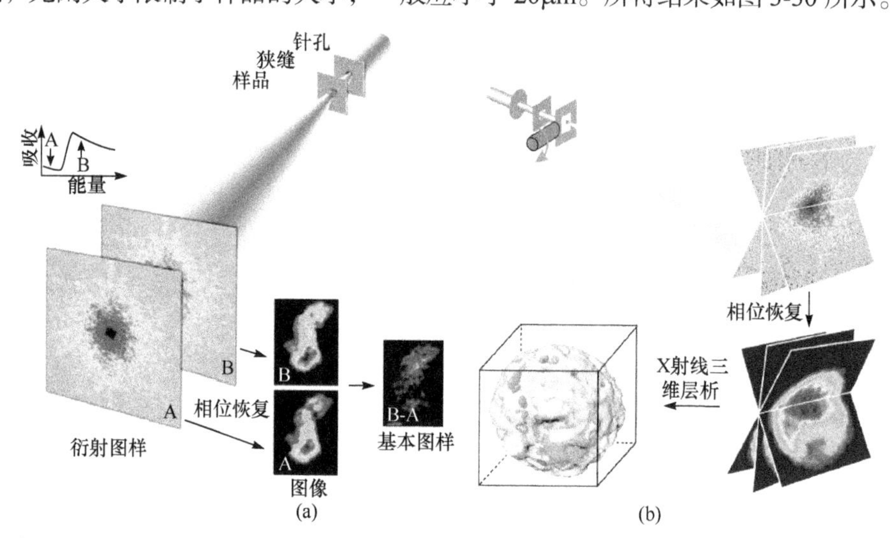

图 3-29　(a) X 射线相干衍射显微示意图；(b) X 射线相干衍射三维层析示意图(后附彩图)

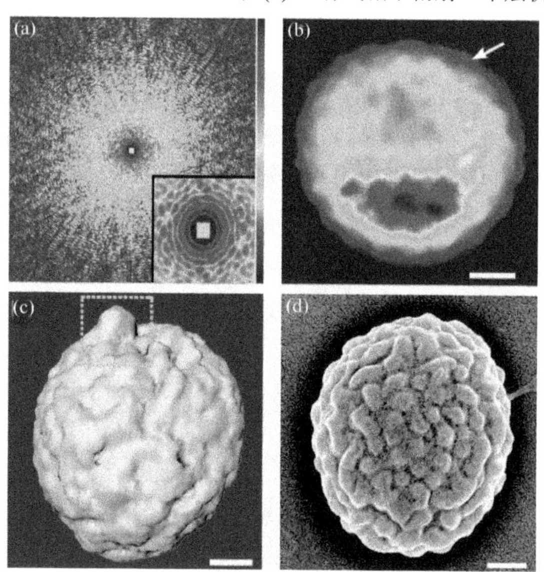

图 3-30　利用相干衍射显微镜获得的酵母细胞图像(后附彩图)

(a) 完整酵母细胞的二维衍射图像；(b) 相应的重建投影图像；(c) 三维重建图像；(d) SEM 所获得的图像。图中标尺为 500nm

为保证空间相干性，上述方法在同步辐射源上所用样品尺寸一般不能超过 20μm。若使用 X 射线激光就不存在上述限制了。为了在同步辐射源上进一步扩大视场，就必须使用上述的折叠相干衍射显微镜。该系统与上述系统的主要不同点是样品不是固定的，而可以在垂直于光轴的 x 和 y 方向上实现微位移，这一点目前使用压电陶瓷很易实现。样品可以移动，孔径可做得更小，从而容易满足空间相干性条件。利用此方法可以扩大视场，这就对探测器提出了更高的要求，像素大小不变，就要求具有更多的像素。目前商品 CCD 已可提供 4000×4000 的像素数，为发展该技术创造了良好的条件。该系统如图 3-31 所示。被准直和单色化的同步辐射 X 射线通过孔径 P 进一步改善了其空间相干性，由此出射的 X 射线照亮部分样品 S,其衍射图像被探测器 D 所接收,并将模拟信号转换为数字信号，送入计算机存储和处理。通过样品在 x 和 y 方向多次微位移，我们就可以得到样品不同部位的衍射图像。只要每次位移距离不大于孔径的半径，我们就可得到目标的彼此重叠而又无遗漏的样品不同部位的衍射图像，只要在 x 和 y 方向移动足够距离就可覆盖全样品。最后通过图像重建，就可获得样品的全貌图像。目前利用此技术已获得视场达几十微米、分辨率小于 100nm 的三维骨组织图像和细胞图像[104,105]，如图 3-32 所示。

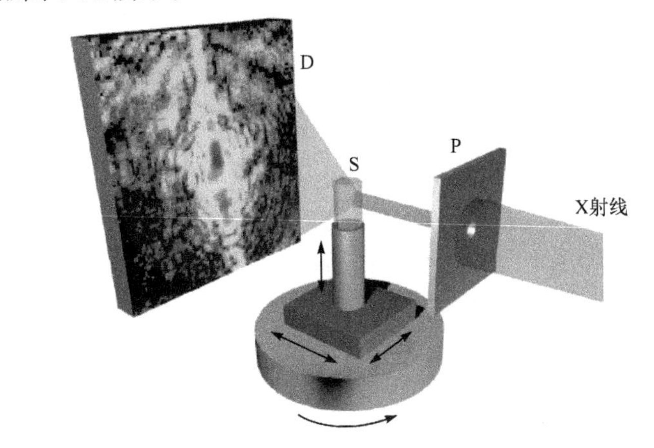

图 3-31　折叠相干衍射显微系统示意图

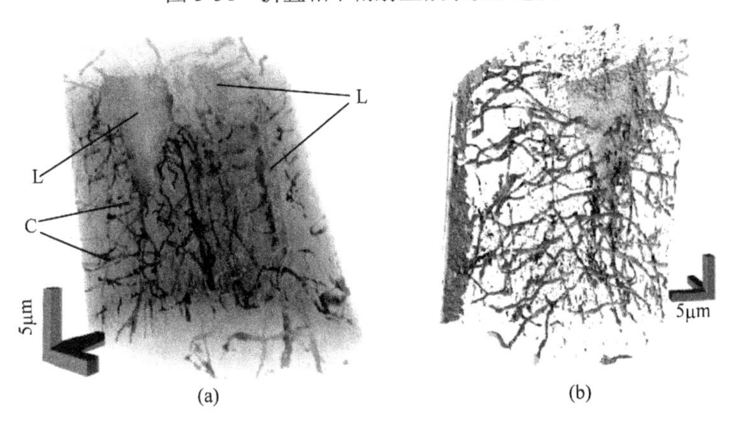

图 3-32　利用折叠相干衍射显微镜获得的三维层析重建图像

(a) 用半透明色体渲染骨基质以显示骨陷窝(L)和连接的骨小管(C)；(b) 等值面渲染的骨陷窝-骨小管

3.3　核磁共振三维纳米成像

早在1987年,人们就提出磁共振力显微镜(magnetic resonance force microscopy，MRFM)的概念[106]，到20世纪90年代，IBM公司为实现细胞在体研究分子结构，开始实验研究MRFM，其灵敏度较通常的线圈场探测要高10^8倍，从而导致单一自旋电子的探测和核自旋探测的根本性进展。在此基础上,直至2007年，斯坦福大学利用MRFM首次获得90nm的空间分辨率二维图像[107]。2008年，他们利用MRFM所进行的实验已获得4nm的三维空间分辨率。所进行的实验还表明，利用该方法有可能获得小于1nm的三维空间分辨率。核磁共振原理是大家早已熟知的。设外加磁场为B_0，核自旋频率为ω，根据Larmor关系式可得

$$\omega = -\gamma B_0 \tag{3.89}$$

其中，γ称为磁旋比，其值对电子而言为$1.76\times10^{11}\text{S}^{-1}\cdot\text{T}^{-1}$。磁尖和自旋电子或自旋核之间的相互作用力是所要探测的对象。即使磁场梯度达G/nm量级，单电子自旋和磁尖之间的作用力也只有阿牛量级，较原子力显微镜探测的力要小6个量级。病毒中95%是蛋白质,从而可知^{1}H的密度为4×10^{28}自旋/m^3,即40自旋/nm^3。一般的核磁共振显微镜由于探测灵敏度的限制，只能探测10^{12}个核自旋和10^7个电子自旋，因此分辨率一般在微米量级，直到2002年，这种技术的空间分辨元仍大于40μm^3[108,109]。为提高探测灵敏度，发展了磁共振力显微镜。之所以可能探测单自旋，是因为在力的测量方面使用了悬臂梁结构，使得空间分辨率可以达到4nm[110]。若将上述的电子显微镜中的冻结技术用于此显微技术，将有可能以纳米的空间分辨率获得细胞的三维图像，并可能实现分子水平成像。最近还发展了一种光探测磁共振(optically detected magnetic resonance，ODMR)成像技术，它使用了氮缺位(NV)的金刚石纳米颗粒，在40nm范围内可有一个氮缺位[111]。这种荧光材料很稳定，没有毒性，既不漂白，也不闪烁。其荧光强度会受到自旋受激的调制，当该纳米颗粒受到微波照射实现自旋激发时，将影响光波的激发，从而使荧光转换效率降低。该技术已用于细胞中，测出荧光强度受微波自旋激发的影响，并测量了其在细胞中的自由进动时间以及纳米粒子自旋方向改变的响应时间。这些参数有可能反映周围环境变化对自旋方向的影响。下面我们就这些方法的工作原理和目前发展水平分别作一介绍。

3.3.1　核磁共振力三维纳米成像

核磁共振力探测的基本原理[112-115]如图3-33所示。具有自旋的样品置于微机

械杠杆的端面上，并靠近被磁化的铁磁粒子。在样品上，由铁磁粒子发出的磁场在向上的 z 方向。该磁场使样品中的自旋部分极化，由此产生了一个很小的磁矩 M_z。由于磁场在空间上是非均匀的，样品遭受的力在磁场梯度方向。对于图 3-33 的情况而言，力在 y 方向，力的大小为

$$F_y = VM_z\left(\partial B_z/\partial y\right) \tag{3.90}$$

其中，B_z 表示在样品中的场；V 表示样品的体积。该力通过装有样品的杠杆弹簧转变为机械偏转。为了获得最大的力学响应，该力应在杠杆的机械谐振频率 ω_c 下振动。一旦此种情况发生，杠杆就会以振幅

$$A = F_y Q/k \tag{3.91}$$

振动，其中，k 为杠杆弹簧劲度系数，Q 为机械谐振的品质因数。

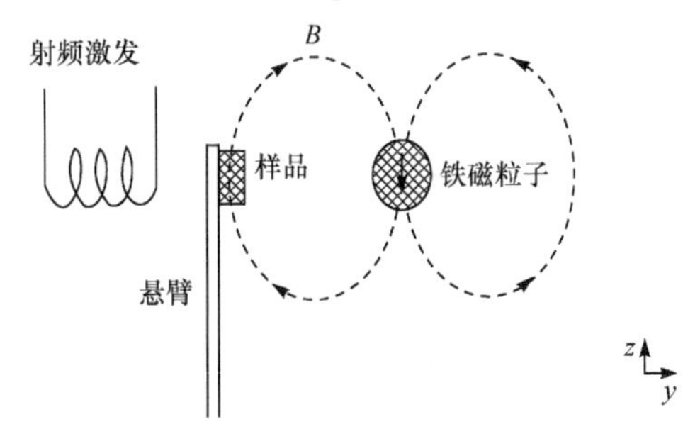

图 3-33　通过磁力的相互作用探测核磁共振的基本原理图

为了将磁力探测原理应用于磁共振传感，首先要提供一种机制，利用磁共振效应产生所需要的振动力。一种可能的途径是在式(3.89)所示的 Larmor 频率处利用无线频率磁场振荡在样品中激励自旋。遗憾的是，ω_c 典型值都在兆赫兹范围，对于激励机械杠杆振动是不适合的，一般的机械谐振频率都在千赫兹范围。

为了克服机械和磁振动频率的不匹配性，IBM 公司发展了磁共振调制技术，这种技术激励了纵向磁化分量振荡。为此，他们首先考虑了在样品遭受线性极化的射频(RF)场 B_1 作用下的纵向磁化行为，其方向相对 B_z 为 90°。稳态的纵向磁化由下式给出：

$$M_z = \left(\chi_0/\mu_0\right)\left[B_z\right] - \frac{\gamma^2\omega^2 B_1{}^2 B_z \tau^4}{\left[1+\left(\gamma B_z-\omega\right)^2\tau^2\right]\left[1+\left(\gamma B_z+\omega\right)^2\tau^2\right]+\dfrac{1}{2}\gamma^2 B_1{}^2\tau^2\left(1+\omega^2\tau^2+\gamma^2 B_z{}^2\tau^2\right)} \tag{3.92}$$

其中，χ_0 表示磁极化系数；B_1 表示 RF 场强；B_z 表示极化磁场强度；ω 表示 B_1

的圆频率；τ表示弛豫时间；μ_0 表示真空磁极化系数。我们可以看出，除了在谐振附近，M_z是B_z的线性函数。由式(3.92)可知，最少有三种途径可以实现M_z的振荡：调制B_1的幅度，调制B_1的频率，或者调制B_z。实验表明最成功的途径还是调制B_z。实际上，我们可以利用如下的调制模式：

$$B_z(t) = B_0 + B_{\mathrm{m}} \sin\left(\omega_{\mathrm{m}} t\right) \tag{3.93}$$

其中，B_{m}是调制幅度；ω_{m}是调制频率。这种调制产生随时间变化的$M_z(t)$，由式(3.93)可知它为非线性函数，我们可用谐波展开：

$$M_z(t) = M_0 + M_1 \sin\left(\omega_{\mathrm{m}} t\right) + M_2 \sin\left(2\omega_{\mathrm{m}} t\right) + \text{高次谐波} \tag{3.94}$$

在杠杆 1/2 谐振频率下，即$\omega_{\mathrm{m}} = \omega_{\mathrm{e}}/2$，对于$B_z$的调制，$M_2$项对杠杆进行谐振激发。这一倍频技术对于减小杠杆的寄生激励是非常有效的。对于小的B_{m}值，M_2正比于$\partial^2 M_z / \partial B_z^2$。因此，当$M_z(B_z)$是一个线性函数并在$M_z(B_z)$曲线区域不为零时，$M_2$为零。这就是说，除非在接近谐振的位置，否则$M_2$近似为零。

IBM公司最初设计的实验装置的框图如图3-34所示。杠杆用SiN薄膜制成，样品的颗粒直径约为10μm，利用环氧树脂粘在杠杆的一端，杠杆长200μm，正如在原子力显微镜中所用的一样。其劲度系数为k=0.1N/m。在加样品后杠杆的谐振频率由20kHz减小到8kHz，这表明粘上去的质量约为3×10^{-8}g。在真空状态下，加载后杠杆的品质因子Q为2000。杠杆振动的感知靠光纤光学干涉仪，其灵敏度优于10^{-3}Å/Hz$^{1/2}$。初始的实验在室温下完成。产生非均匀场的铁磁粒子由NdFeB永久磁铁构成。由永久磁铁产生的非均匀磁场用电磁铁产生的均匀场予以补充，由

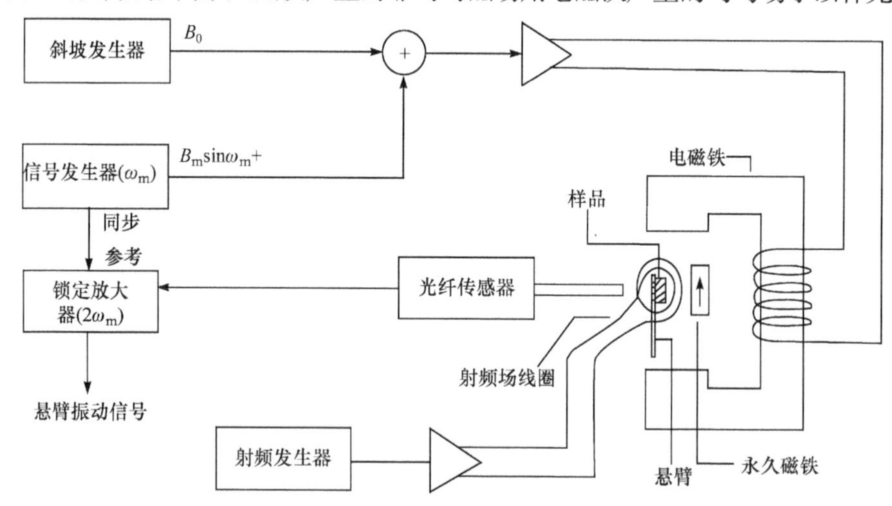

图 3-34　整个 MRFM 系统实验装置的框图

杠杆的振动频率等于调制频率的二次谐波，并利用光纤光干涉仪和锁定放大器探测

此产生所要求的调制场，并提供一种扫描整个场强的方法。样品中电子自旋由线性极化 RF 磁场所激发，其频率为 220～800MHz，它由毫米尺度的线圈产生。线圈与信号源之间使用 50Ω阻抗的匹配连接，信号源使用一般的谐振电路技术构成，所产生的 RF 功率为 0.1～0.5W。电子自旋谐振的探测满足如下实验条件：在 y 方向的磁场梯度为 10T/m，$\omega=2\pi\times220\text{MHz}$ 和 $B_\text{m}=1\text{mT}$。最大的振动幅度约为 2.8Å，相应的峰值力为 1.4×10^{-14}N。

在上述原理的基础上，近年来取得的进展主要表现在如下两个方面：一是利用 MRFM 以高的空间分辨率对样品进行成像，尤其是对生物样品进行成像；二是为进一步提高空间分辨率，改进对磁力的探测灵敏度。

在 MRFM 成像方面，具有代表性的成果是 IBM 公司和斯坦福大学共同发展的磁共振力显微成像技术[110,116,117]。我们已知 MRFM 是基于样品中核自旋和附近的磁尖端之间的极微小力的测量，MRFM 的基本组成器件如图 3-35(a)所示。样品是一种细菌，置于超高灵敏的硅杠杆端面上，并使其靠近直径为 200nm 的磁尖端，该尖端将产生强而不均匀的磁场。磁尖端位于用于产生 RF 磁场并激励核磁共振的铜微线上。RF 场的频率调制引起样品中氢自旋周期性反转，从而导致周期性的力，此力将驱动杠杆的机械谐振。监测杠杆的振荡幅度，并在三维空间相对于样品扫描磁尖端，从而获得样品的三维空间数据；最后利用这些数据重建出细菌的氢核密度三维图像。上述实验是在真空状态下完成的，样品温度为 300mK。所用样品如图 3-35(b)所示，包括完整细菌及其碎片，细菌的粒子具有棒状结构，直径约为 18nm，长度直至 300nm。这是用扫描电镜获得的杠杆端面的照片。图 3-35(c)给出磁尖端的照片。接近 95%的细菌材料为蛋白质，导致氢核密度达 4×10^{28} 自旋数/m^3。将来可使用电子显微镜中所讲的非晶冻结技术获得完整含水生物样品的图像。

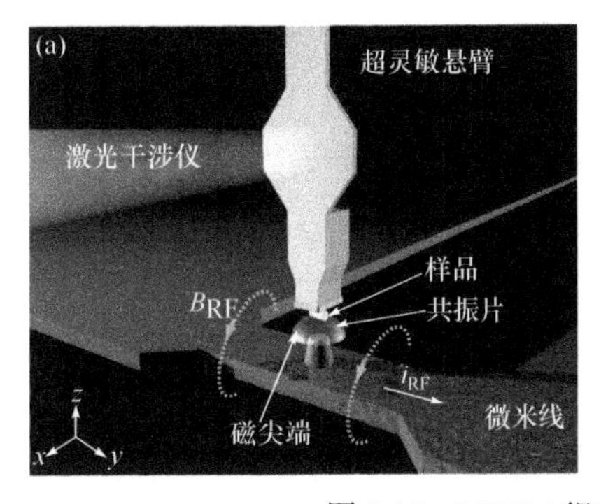

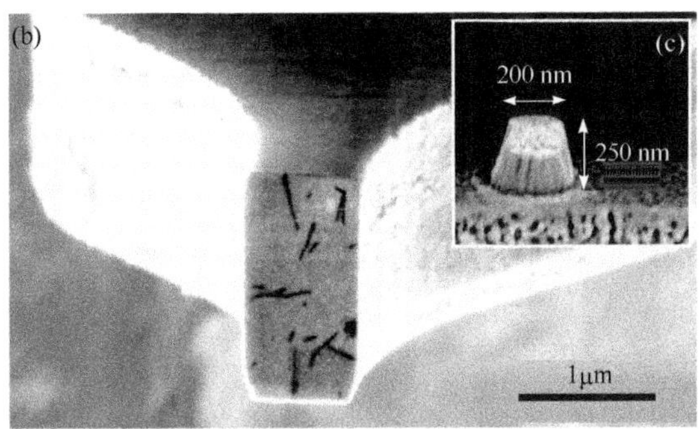

图 3-35　MRFM 组成(a)及所获得的三维图像(b)和(c)

图 3-36 给出利用上面介绍的 MRFM 获得的原始图像和三维氢核密度重建图像。图 3-36(b)清楚地表明利用该方法所获得的空间分辨率为 4nm。但是这种方法需要在极低的温度下工作，至少无法用于活体研究。

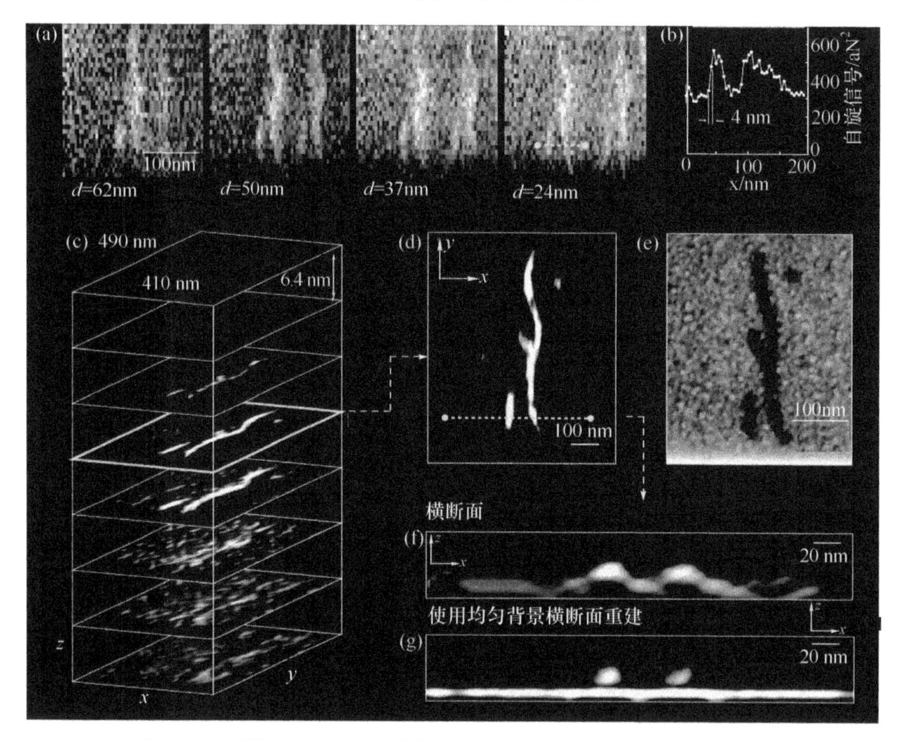

图 3-36　利用 MRFM 获得的原始图像和三维氢核密度重建图像

(a) x-y 平面内自旋信号扫描原始图像，并给出 4 种尖端到样品不同距离的图像像素间隔为 8.3nm×16.6nm；(b) 更细的样品线宽，给出横向分辨率为 4nm；(c) 重建的三维氢核密度图像，黑颜色表示零氢核密度或者非常低的氢核密度，白色表示高密度氢核，其中使用了 5nm 的平滑滤波器；(d) 表示(c)的垂直切片，给出几种细菌碎片的情况；(e) 同一区域电镜扫描结果；(f)两个细菌碎片的横断面，具有丰富的氢核，被吸附在金的表面上；(g) 假设一薄而均匀的氢核密度作为重建的起点，并将该背景层作为先验信息包括在内，重建结果得以改善

为了测量极微弱的力，主要在于改进所用的传感器[118-120]，所设计的振荡器具有低的硬度、高的谐振频率和尽可能小的衰减。这些要求的含义就是具有小的质量，这就意味着要发展纳米尺度的机械器件。因此，所用的振荡器用纳米管、纳米线和石墨烯层等制成。具有代表性的结构是 15μm 长、尖端直径为 50nm 的硅纳米线，如图 3-37 所示，这里的杠杆用硅纳米线制成，在垂直于其长度的方向上振动。振动本身反映了作用在氢原子核自旋的磁力。由于作用力很小，纳米线的振动幅度在埃量级。要探测这种运动是一个很大的挑战，这是因为纳米线太细小了。为此，Nichol 等研制成功一种特殊的光学干涉仪，其光的偏振方向沿着纳米线的轴向，并具有增强的反射率。这样就可获得所需要的探测灵敏度，并使纳

米线具有最小的热效应。为了产生磁力，需要尽量使具有样品一端的纳米线靠近磁场梯度源，而该源由微制造技术做成的通有电流的金属线微小电磁铁构成。此外，为产生可控场梯度，上述金属线还用来产生 RF 磁场激励氢核磁共振。为了获得阿牛顿(aN)的力灵敏度，要求硅杠杆具有高的机械质量因子 Q。对于力的探测和严重的阻抗问题，挑战之一就是当尖端越靠近表面的时候，杠杆的 Q 因子就不可避免地下降。这种效应常常被称作非接触摩擦，尽管大小有所不同，但这是近表面力测量中普遍存在的问题。针对这一问题，一个重要的进展就是使用硅纳米线较通常用的硅杠杆具有低得多的非接触摩擦。部分原因来自集合效应，纳米线尖端处小的直径表现出非常小的截面，使相互作用减小。另外，纳米线工作在 780kHz，其频率较刻蚀技术制造的硅杠杆要高很多，这就有效地减小了与表面的耦合。不论是上面提到的什么原因，纳米线的损耗较过去的硅杠杆要小 250 倍，从而使力的灵敏度大大提高。为了使用该高频振荡器探测磁共振，就必须发展适应它的新的自旋探测方案。新发展的方案可以探测 2.4aN 的力，并具有优越的信噪比。这种方案较通常的原子力显微镜方案要高 100 万倍。利用这种方案就可能实现分子水平的力探测磁共振成像。

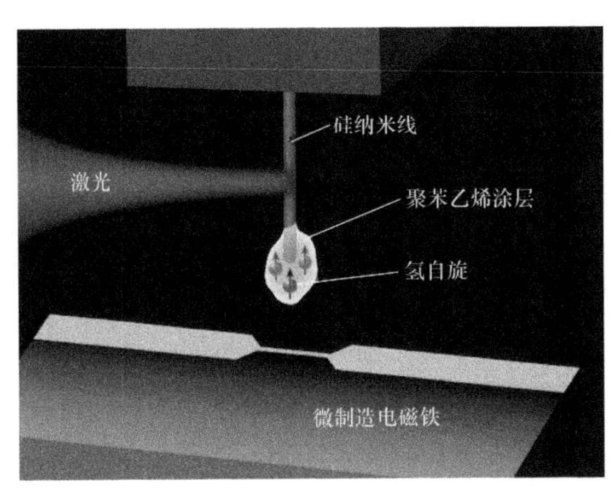

图 3-37　硅纳米线作为超灵敏的杠杆通过磁共振探测核自旋实验方案示意图

3.3.2　光探测磁共振成像

光探测磁共振成像(optically detected magnetic resonance imaging，ODMRI)方法的核心问题是氮缺位金刚石纳米粒子的制作、特性分析和成像应用。金刚石纳米粒子通过电子束辐射，就会产生氮缺位。若控制得好，平均每一个纳米粒子具有一个氮缺位。这种氮缺位纳米粒子的晶体结构和能级结构分别如图 3-38(a)和(b)

所示[121,122]。中心的 6 个电子中的两个是不成对的，构成了电子基态和第一激发态中的电子自旋三线态。通过光泵浦到 $m_s=0$ 的自旋亚能级，中心的宽带光激发使其极化。单个氮缺位中心的自旋态激光辅助探测使用了自旋亚能级吸收和发射性质的差别。特别是具有磁量子数 $m_s=0$ 的自旋亚能级比 $m_s=\pm1$ 的亚能级所散射的光子数要高 30%。因此，当谐振微波场引起磁偶极子在电子自旋亚能级之间跃迁时，这就破坏了光学泵浦自旋极化，从而导致氮缺位中心荧光的明显降低。这种纳米粒子的共聚焦图像与原子力显微图像分别如图 3-38(c)、(d)所示。这种单一氮缺位电子自旋光探测电子自旋谐振谱如图 3-38(e)所示。氮缺位缺陷的自旋哈密尔顿量可被写作零场和塞曼(Zeeman)项之和：

$$H=\mu_{\mathrm{B}}g\boldsymbol{B}\cdot\boldsymbol{S}+D\left(S_z^2-S\left(S+1\right)/3\right)+E\left(S_x^2-S_y^2\right) \tag{3.95}$$

其中，D 和 E 表示零场分裂参数；$S=1$；μ_{B} 表示玻尔磁子；g 表示电子 g 因子，$g=2.0\boldsymbol{B}$。甚至在无外磁场的情况下，由于两个不配对电子之间的磁偶极子相互作用，亚能级 $m_s=0$ 和 $m_s=\pm1$ 是彼此分离的，$D=2870\mathrm{MHz}$。由于对称性，在磁场为零的情况下，$m_s=\pm1$ 两个亚能级简并，从而导致电子自旋谱出现单谐振线，见图 3-38(e)。外磁场使 $m_s=\pm1$ 简并性消失，并导致两线的出现。通过测量电子自旋谐振的谐振频率ω_1 和ω_2，按照

$$(g\mu B)^2=\frac{1}{3}\left(\omega_1^2+\omega_2^2-\omega_1\omega_2-D^2\right)-E^2 \tag{3.96}$$

就可能计算出外场 B。由上面的关系，我们就可以看出，当与纳米定位仪器结合起来时，与单自旋相关的氮缺位缺陷可以被用来作为原子大小的扫描探针矢量磁子仪。同样，当以已知的场梯度放置一非均匀磁场时，缺陷可以被用来作为磁光自旋标记实现亚波长标记成像。

二维自旋成像实验装置[121,123]如图 3-39 所示，该装置将商用的原子力显微镜与商用的共焦显微镜结合起来。磁探针与磁力显微镜中所用的一样，由锐的硅尖上镀以 30nm 的磁性材料而构成。杠杆的磁场分布事先是未知的，应予以确定。为此，使用了单自旋氮缺位磁强计。磁杠杆首先放置在离金刚石晶体已知的距离上。利用单一氮缺位中心通过获得如图 3-38(e)所示的电子自旋谱，分步记录磁场的大小。参考杠杆形成场的理论模拟，利用洛伦兹(Lorentzian)函数拟合实验所得的数据点，结果如图 3-39(b)所示。同样，沿垂直轴的轮廓也记录下来。这样就可以获得二维轮廓以及氮缺位中心的精确位置。为了能看到这一梯度成像技术的分辨能力，磁杠杆在单一氮缺位缺陷纳米晶体邻近进行扫描，当然这时微波场的频率要固定。当需要共焦扫描图像时，光学像的每一个点相应于一确定的磁场值。

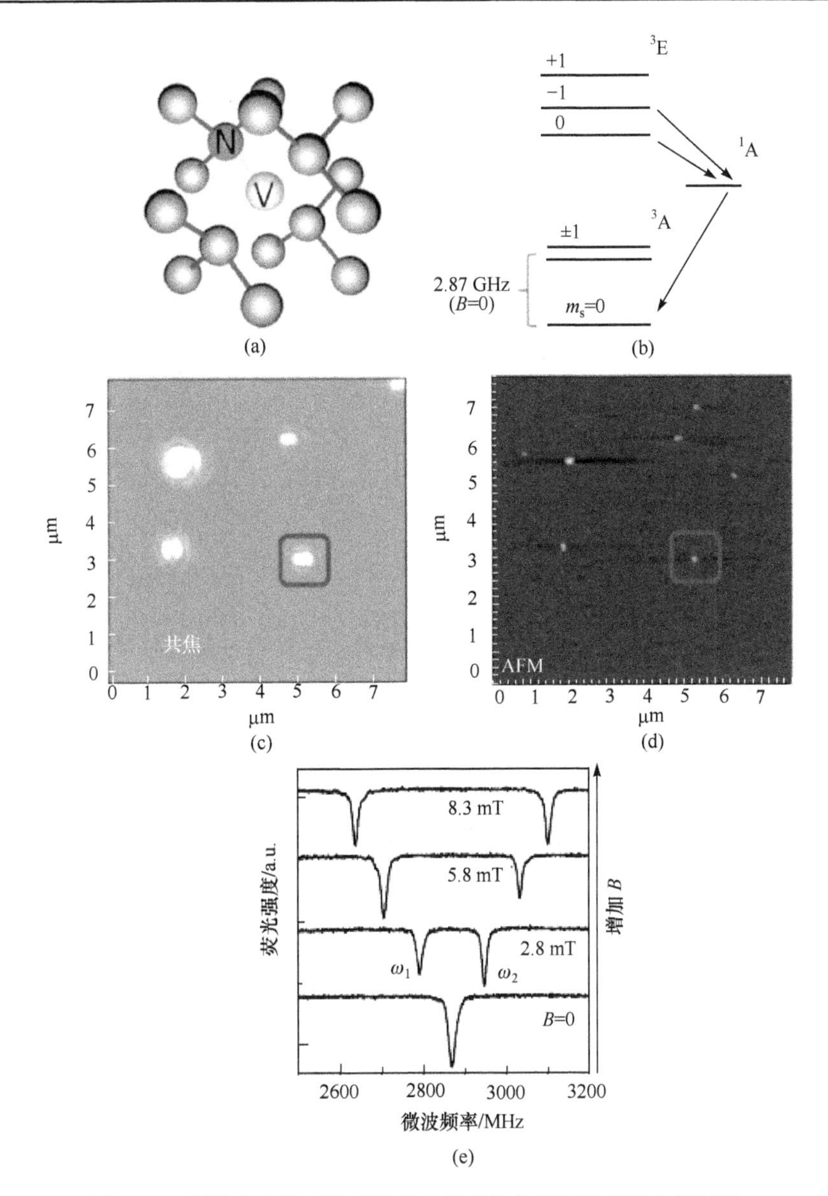

图 3-38　氮缺位金刚石能级结构及外磁场作用下的磁光自旋特性

在特定的位置，当微波频率与自旋亚能级分裂发生谐振时，荧光强度就会减弱。这就导致一暗环，如图 3-40 所示。环的宽度等于磁共振线宽除以场的梯度，此梯度为 80μT/nm。环宽还确定了自旋成像技术的极限分辨率，这里为 5nm。这一宽度小于磁尖大小和金刚石纳米晶体的大小。这只有在氮缺位金刚石晶体粒子上有一个氮缺位的情况下才是可能的。氮缺位中心只是位于几分之一纳米范围内。图 3-40 中的暗环只有在氮缺位轴的方向是垂直于微波极化方向，同时磁场是径向

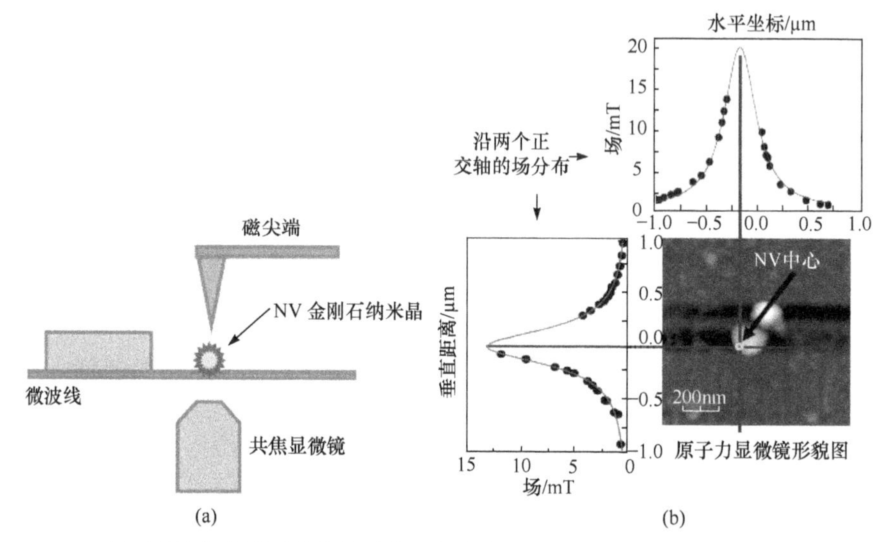

图 3-39　(a) 基于氮缺位金刚石纳米粒子的两维自旋纳米成像装置示意图；(b) 利用原子力显微镜获得的氮缺位金刚石纳米粒子表面形貌图

对称的才有可能形成。选择这一特殊的情况使我们更能理解这种技术的原理。有趣的是，当杠杆非常接近于自旋时，振动的杠杆将会引起线的加宽。作为一种原子尺寸大小的非扰动磁场传感器，单一氮缺位中心不是在磁膜上，而是直接做到杠杆上，就可以被用来作为扫描磁强计获得亚波长成像分辨率。

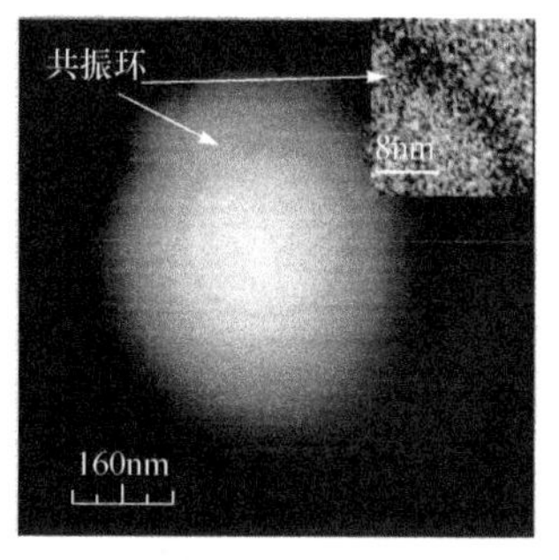

图 3-40　单一氮缺位中心二维磁共振成像

其中共振环对应的磁场为 3mT，谐振频率 2780MHz，其中的插图放大环的宽度近似为 5nm

上面介绍的这种氮缺位纳米金刚石粒子具有非常独特的光探测磁共振特性，如果要使其获得应用，需要寻求这些特性在物质中的类似表现，或者当将这些粒子植入生命体或其他研究对象时，如果这些特性会随微环境的变化而变化，就可以对微环境的变化给出定性或定量的测量结果。为此，人们研究了氮缺位金刚石纳米粒子的性质在细胞微环境下的变化情况，并寻求其在细胞生物学研究中应用的可能性。由于它像其他荧光探针一样具有特有的荧光特性，我们就可以将其应用于细胞成像中[124-126]。所采用的成像方案与上面介绍的无本质的差别，都是将共焦显微镜与微波控制结合起来。所研究的第一个问题是氮缺位纳米金刚石粒子在细胞环形下的发光特性。图 3-41 给出共焦显微成像所得到的 Hela 细胞的图像，在同一焦平面上有两个单一氮缺位中心。所测量的光探测磁共振谱如图 3-41(a)和(b)所示，从图中可以看出在这些条件下两个中心所具有的独特的张力特性。可以获得的氮缺位中心定位精度为 20nm。更为重要的是，在细胞寿命允许的时间里，所得到的光探测磁共振谱是不变的，并且不受纳米粒子在细胞内运动的影响。实验观察还表明，所用的纳米金刚石的碳浓度直至 1×10^4 个中心，其荧光特性还可以被唯一地确定。而光探测共振谱随时间变化的特性在应用中是特别重要的。

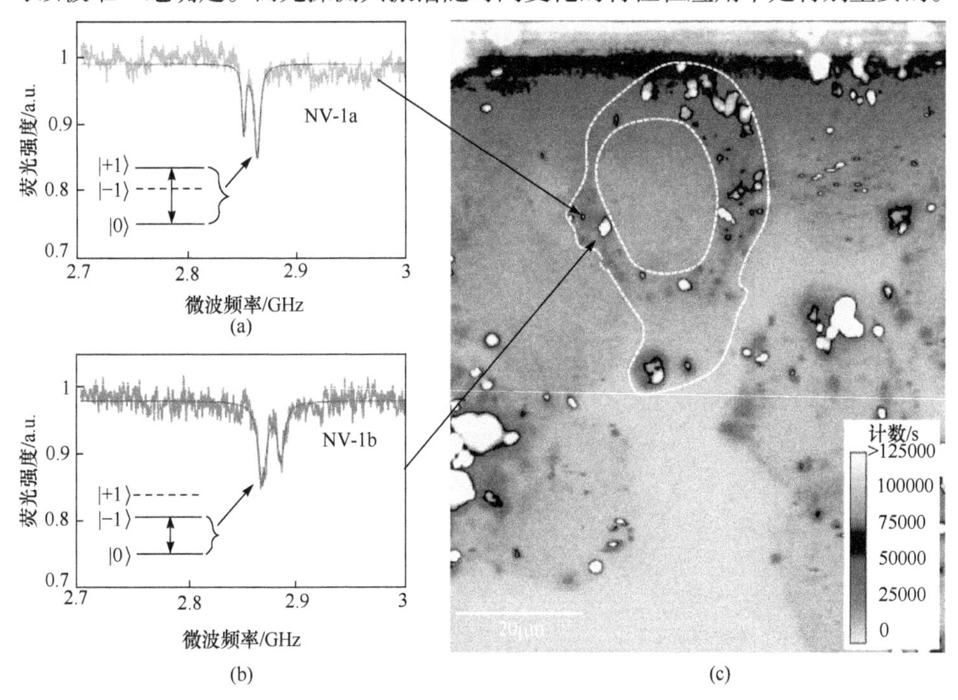

图 3-41　包含两个孤立的具有单一氮缺位纳米金刚石粒子的 Hela 细胞的共焦显微图像及其光探测磁共振谱特性

图(c)中虚线表示细胞膜和细胞核的位置；(a)和(b)分别给出两个中心 NV-1a 和 NV-1b 在不同张力分裂状态下得到的光探测磁共振谱结果

研究的第二个问题是在细胞内的环境下氮缺位探针自旋态的相干量子控制和测量问题。纳米级磁强度的重要问题对是氮缺位探针相干时间的测量和监视，其本身在局域环境下对磁涨落是非常敏感的。通过调节微波频率使 NV-1a 和 NV-1b 在态|0⟩、态|+1⟩和态|0⟩、态|−1⟩间发生谐振，从而感应和探测每一氮缺位系统量子态之间的相干 Rabi 跃迁。其结果可参见图 3-42(a)和(b)。NV-1a 和 NV-1b 的相干时间利用自旋回波测量。在活细胞内的这种演示代表了一套完整的细胞内纳

米级磁强度所要求的量子控制和测量所要求的技术。图 3-42(c)给出初始自旋回波形状，图中表明 NV-1a 较 NV-1b 经历了更快的去相干过程。相干时间 T_2 是由晶体内自旋、在纳米金刚石表面非配对自旋与细胞内局域环境下磁涨落之间的相互作用主导的。在 13h 的时间点上可观察到 NV-1b 去相干速率在下降(图 3-42(d))，这就表明其纳米级环境发生了改变。这一变化正好与细胞核退化和自体荧光的增强相关联，这只能归因于纳米金刚石表面或周围介质自旋动力学变化，也许与细胞凋亡过程中所发生的超氧化还原过程中非成对电子的产生有关。通过使用更小的纳米金刚石、多氮缺位集合探针和多脉冲量子控制技术都可以改善对环境的灵敏度。图 3-43(a)和(b)所示的两个探针相应的 Rabi 频率变化之所以如此不同，是由极化微波场和氮缺位偶极子之间的夹角不同导致的，Rabi 频率随角度的变化有如下关系：

$$\Omega(\phi) = \Omega_0 \sin\phi \tag{3.97}$$

这里，ϕ 为微波极化和氮缺位轴之间的夹角；Ω_0 为直角情况下的 Rabi 频率。NV-1b 之所以具有更高的 Rabi 频率，是因为其轴准直得更好。由此可知在实验过程中 NV-1a 和 NV-1b 旋转角范围分别为 20°和 10°。

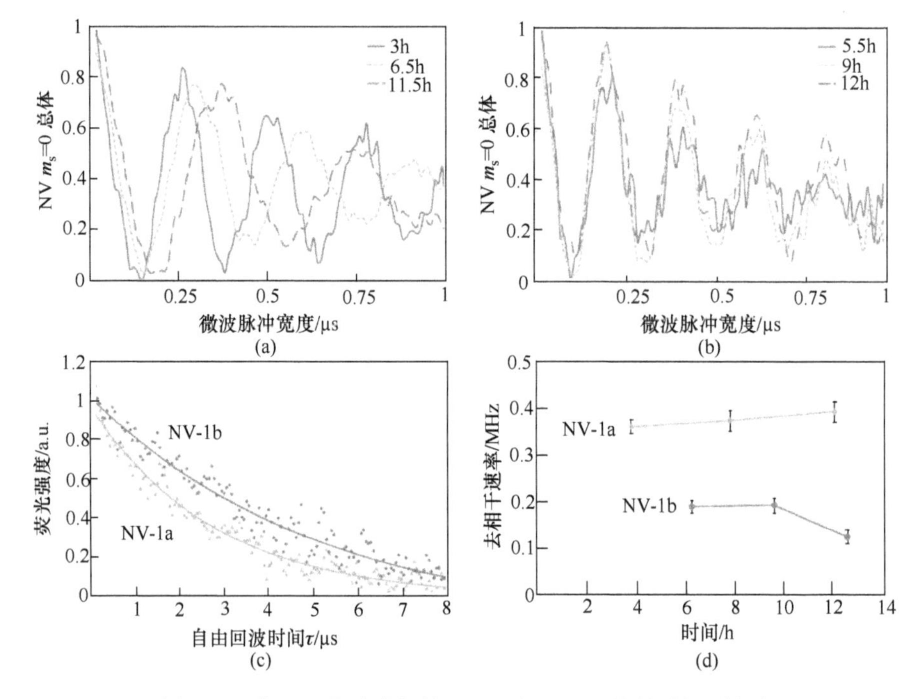

图 3-42　在 Hela 细胞中探针 NV-1a 和 NV-1b 的量子相干性质

(a)和(b) 分别表示在细胞寿命范围内不同时间范围内所测量的 NV-1a 和 NV-1b 的 Rabi 振荡；(c) 表示两个 NV 中心初始自旋回波的测量结果；(d) 表示由两个 NV 中心自旋回波波形所提取出的去相干速率随时间的演化过程

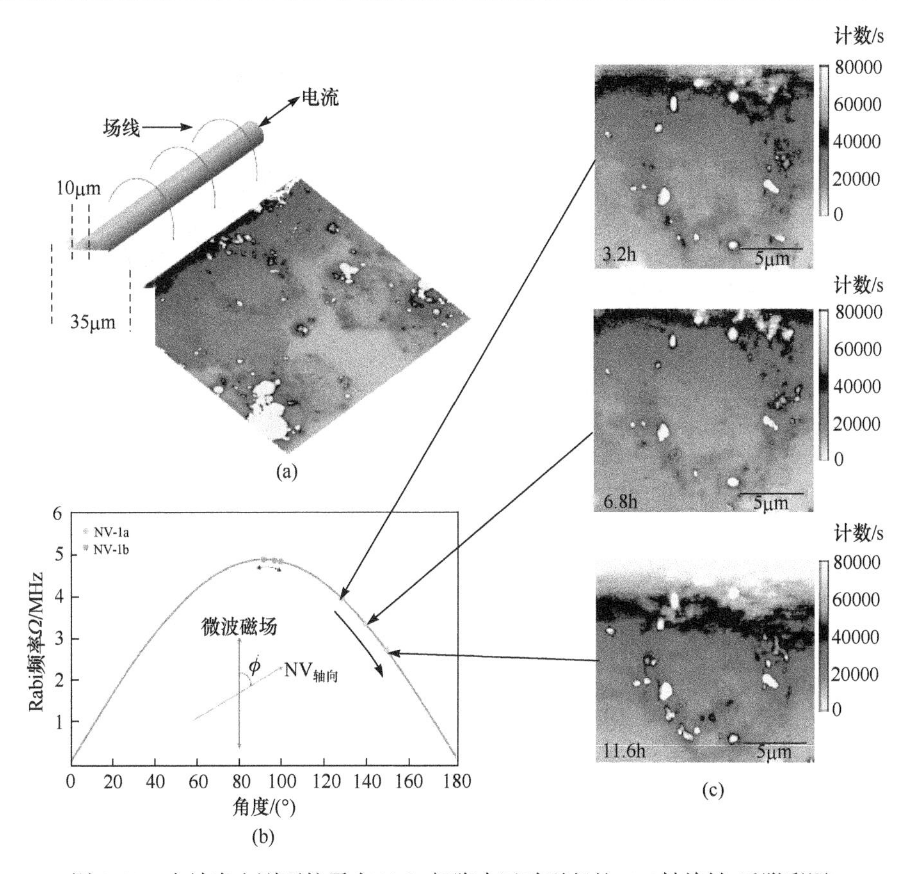

图 3-43　由纳米金刚石粒子在 Hela 细胞中运动引起的 NV 轴旋转(后附彩图)

(a) 微波功率保持不变，由于 NV 轴相对于微波驱动场方位角ϕ控制 Rabi 频率；(b) NV-1b 具有更高的 Rabi 频率，这是由于其轴与微波场夹角更接近于直角；(c) 在同样的成幅时间下共焦扫描次序显示出在细胞中相应形貌的变化

关于氮缺位金刚石纳米粒子的应用研究还是极其初步的，进一步的探索仍在进行中。

参 考 文 献

[1] Broglie L D. Waves and quanta. Nature, 1923, 112(2815): 540.
[2] Davission C J, Germer L H. Reflection and refraction by a crystal of Nickel. Nature, 1927, 119: 558.
[3] Thomson G P, Reid A. Diffraction of cathode rays by a thin film. Nature, 1927, 119(3007): 890.
[4] Knoll M, Ruska E. Das elektronenmikroskop. Zeitschrift für Physik, 1932, 78(5-6): 318.
[5] Schwan E, Rose H, Kablus B, et al. Electron microscopy image enhanced. Nature, 1998, 392: 768-769.
[6] Busch H. Berechnung der Bahn von Kathodenstrahlen im axialsymmetrischen elecktromagnetischen felde. Ann. der Physik, 1926, 386(25): 974-993.
[7] Rogowski W. Neue vorschlage zur verbesserung des kathodenstrahl oszillographen. Archiv fur

Elektrotechnik, 1920, 9(2-3):115-120.
[8] Scherzer O. The theoretical resolution limit of the electron microscope. J. Appl. Phys., 1949, 20: 20-29.
[9] Grivet P. Electron Optics. Oxford: Pergamon Press, 1972: 48-163, 313-359.
[10] Rose H. Outline of a spherical corrected semiaplanatic medium-voltage transmission electron microscope. Optik, 1990, 85:19-24.
[11] Lentzen M, Jahnen B, Jia C L, et al. High-resolution imaging with an aberration-corrected transmission electron microscope. Ultramicroscopy, 2002, 92: 233-242.
[12] Haider M, Rose H, Uhlemann S, et al. Towards 0.1nm resolution with the first spherically corrected transmission electron microscope. J. Electron Microscopy, 1998, 47(5):395-405.
[13] Tendeloo G V, Dyck D V, Amelinckx S. The selective HREM imaging of sub-lattices of atoms in complicated structures. Ultramicroscopy, 1986, 19:235-252.
[14] Batson P E, Dellby N, Krivanek O L, et al. Sub-Angstrom resolution using aberration corrected electron optics. Nature, 2002, 418:617-620.
[15] Nellist P D, Chisholm M F, Dellby N, et al. Direct sub-angstrom imaging of a crystal lattice. Science, 2004, 305:1741.
[16] Urban K W. Studying atomic structures by aberration-corrected transmission electron microscopy. Science, 2008, 321:506-510.
[17] Okeefe M A, Hetherington C J D, Wang Y C, et al. Sub-angstrom high-resolution transmission electron microscopy at 300keV. Ultramicroscopy, 2001, 89:215-241.
[18] Coene W, Janssen G, Beeck M O D, et al. Phase retrieval through focus variation for ultra-resol ution in field-emission transmission electron microscopy. Phys. Rev. Lett., 1992, 69(26): 7343-7346.
[19] Badde H G, Reimer L. Der einfluss einer streuenden phasenplatte auf das electronenmikropische bild. Zeitschrift fur Naturforschung a, 1970, 25(5): 760-765.
[20] Parsons D F, Johnson H M. Possibility of a phase contrast electron microscope. Appl. Opt., 1972, 11(12):2840-2843.
[21] Willasch D. High-resolution electron-microscopy with profiled phase plate. Optik, 1975, 44:17.
[22] Danev R, Nagayama K. Transmission electron microscopy with Zernike phase plate. Ultramicr oscopy, 2001, 88:243-252.
[23] Kurth P, Pattai S, Rudolph D, et al. Silicon-based thin film phase plates for 300kV: First installation in an FEI Titan Krios. Electron Microscope Conference,2012.
[24] Yamaguchi M, Danev R, Nishiyama K, et al. Zernike phase contrast electron microscopy of ice-embedded influenza A virus. J. Structure Biology, 2008, 162:271-276.
[25] Matsumoto T, Tonomura A. The phase constancy of electron waves traveling through Boersch's electrostatic phase plate. Ultramicroscopy, 1996, 63(1):5-10.
[26] Schultheib K, Perez-Willard F, Barton B, et al. Fabrication of a Boersch phase plate for phase contrast imaging in a transmission electron microscope. Rev. Sci. Instrum., 2006, 77:033701.
[27] Kirkland E J. Improved high resolution image processing of bright field electron micrographs: Ⅰ. Theory. Ultramicroscopy, 1984,15(3):151-172.
[28] Saxton W O. Computer Techniques for Image Processing in Electron Microscopy. New York: Academic, 1978.

[29] Cormack A M. Representation of a function by its line integrals with some radiological applications. J. Appl. Phys., 1963, 34:2722-2727.
[30] Rosier D J D, Klug A. Reconstruction of three dimensional structures from electron micrographs. Nature, 1968, 217(5124):130-134.
[31] Koster A J, Chen H, Sedat J W, et al. Automated microscopy for electron tomography. Ultramicroscopy, 1992, 46:207-227.
[32] Braunfeld M B, Koster A J, Sedat J W, et al. Cryo automated electron tomography-towards high resolution reconstructions of plastic embedded structures. J. Microsc., 1994, 174(2):75-84.
[33] Fung J C, Liu W, Ruijter W J D, et al. Toward fully automated high-resolution electron tomography. J. Structural Biology, 1996, 116:181-189.
[34] Glaesek R M. Review: Electron crystallography: Present excitement, a nod to the past, anticipating the future. J. Structural Biology, 1999, 128:3-14.
[35] Jinschek J R , Batenburg K J, Calderon H A, et al. 3-D reconstruction of the atomic positions in a simulated gold nanocrystal based on discrete tomography: prospects of atomic resolution electron tomography. Ultramicroscopy, 2008, 108:589-604.
[36] Bruggeller P, Mayer E. Complete vitrification in pure liquid water and dilute aqueous solutions. Nature, 1980, 288:569-571.
[37] Mayer E, Hallbrucker A. Cubic ice from liquid water. Nature, 1987, 325: 601-602.
[38] Studer D, Gnaegi H. Minimal compression of ultrathin sections with use of an oscillating diamond knife. J. Microsc., 2000, 197:94-100.
[39] Cormack A M. Reconstruction of densities from their projections with application in radiological physics. Phys. Med. Biol., 1973, 18(2):195-207.
[40] Cormack A M. The Radon transform on a family of curves in the plane. Proceedings of the American Mathematical Society, 1981, 83(2):325-330.
[41] Grimm R, Typke D, Baumeister W. Improving image quality by zero-loss energy filtering: Quantitative assessment by means of image cross-correlation. J. Microscopy, 1997, 190(3):339-349.
[42] Midgley P A, Weyland M. 3D electron microscopy in the physical science: the development of *Z*-contrast and EFTEM tomography. Ultramicroscopy, 2003, 96:413-431.
[43] Verbeeck J, Dyck D V, Tendeloo G V. Energy-filtered transmission electron microscopy: An overview. Spectrochimica Acta Part B, 2004, 59:1529-1534.
[44] Jin-Phillipp N Y, Koch C T, Aken P A V. Toward quantitative core-loss EFTEM tomography. Ultramicroscopy, 2011, 111:1255-1261.
[45] Mastronarde D N. Dual axis tomography: an approach with alignment methods that preserve resolution. J. Structural Biology, 1997, 120:343-352.
[46] Watson M L. Staining of tissue sections for electron microscopy with heavy metals. J. Biophys. and Biochem. Cytol., 1958, 4(4):475-478.
[47] Hoffmann C, Leis A, Niederwels M, et al. Disclosure of the mycobacterial outer membrane: Cryo-electron tomography and vitreous sections reveal the lipid bilayer structure. PNAS, 2007, 105(10):3963-3967.

[48] Dostin R, Kanamaru S, Marko M, et al. Zernike phase contrast cryo-electron tomography. J. Structural Biology, 2010, 171:174-181.
[49] Ardenne M V. Das elektron-rastermikroskop. Z. Phys., 1938, 109:553-572.
[50] Crewe A V, Wall J. A scanning microscope with 5Å resolution. J. Mol. Biol., 1970, 48:375-393.
[51] Crewe A V, Wall J, Langmore J. Visibility of single atoms. Science, 1970, 168(3937):1338-1340.
[52] Cowley J M. Scanning transmission electron microscopy Ⅱ. Electron Microscopy, 2003: 455-491.
[53] Crewe A V. Scanning transmission electron microscopy. J. Microscopy, 1973, 100(3):247-259.
[54] Krlvanek O L, Cellby N, Lupini A R. Towards sub-Å electron beams. Ultramicroscopy, 1999, 78:1-11.
[55] Dellby N, Krivanek O L, Nellist P D, et al. Progress in aberration-corrected scanning transmission electron microscopy. J. Electron Microscopy, 2001, 50(3):177-185.
[56] Myers O E. Studies of transmission zone plates. Am. J. Phys., 1951, 19:359.
[57] Baez A V. A study in diffraction microscopy with special reference to X-rays. J. Opt. Soc. Am., 1952, 42:756-762.
[58] Niemann B, Rudolph D, Schmahl G. X-ray microscopy with synchrotron radiation. Appl. Opt., 1976, 15(8):1883-1884.
[59] Kirz J. Phase zone plate for X rays and extreme UV. J. Opt. Soc. Am., 1974, 64(3):301-309.
[60] Hofsten O V. Phase-contrast and high resolution optics for X-ray microscopy. Stockholm: Department of Applied Physics, Royal Institute of Technology, 2010.
[61] Tennant D, Spector S, Stein A, et al. Electron beam lithography of Fresnel zone plates using a rectilinear machine and trilayer resists. Proceeding of the 6th International Conference, Melville, 2000.
[62] Wu S R, Hwu Y, Margaritondo G. Hard-X-ray zone plates: Recent progress. Material, 2012, 5:1752-1773.
[63] Reigspach J, Uhlen F, Hertz H M, et al. Twelve nanometer half-pitch W-Cr-HSQ trilayer progress for soft X-ray tungsten zone plates. J. Vac. Sci. Technol. B, 2011, 29(6):06FG02.
[64] Relgspach J, Lindblom M, Bertilson M, et al. 13nm high-efficiency nickel-germanium soft X-ray zone plates. J. Vac. Sci. Technol. B, 2011, 29(1):011012.
[65] Schneider G. Cryo X-ray microscopy with high spatial resolution in amplitude and phase contrast. Ultramicroscopy, 1998, 75:85-104.
[66] Henke B L, Gullikson E M, Davis J C. X-ray interactions: Photoabsorption, scattering, transmission, and reflection at E = 50-30,000 eV, Z = 1-92. Atomic Data and Nuclear Data Tables, 1993, 54: 181-342.
[67] Chao W, Anderson E H, Harteneck B D, et al. Soft X-ray zone plate microscopy to 10nm resolution with XM-1 at the ALS. Synchrotron Radiation Instrumentation: Ninth International Conference,2007: 1269-1273.
[68] Chao W, Kim J, Rekawa S, et al. Demenstration of 12nm resolution Fresnel zone plate lens based soft X-ray microscopy. Opt. Express, 2009, 17(20):17669-17677.
[69] Bertilson M. Laboratory soft X-ray microscopy and tomography. Stockholm: Department of

Applied Physics, Royal Institute of Technology, 2011.
[70] Kim K W, Kwon Y, Nam K Y, et al. Compact soft X-ray transmission microscopy with sub-50nm spatial resolution. Phys. Med. Biol., 2006, 51:N99-N107.
[71] Hertz H M, Bertilson M, Hofsten O V, et al. Laboratory X-ray microscopy for high-resolution imaging of environmental colloid structure. Chemical Geology, 2012, 329:26-31.
[72] Tkachuk A, Cui H, Chang H, et al. Multi-length scale X-ray tomography using laboratory and synchrotron sources. Microsc. Microanal., 2007, 13(Suppl2):1570-1571.
[73] Lau S H, Chiu W K S, Garzon F, et al. Non invasive, multiscale 3D X-ray characterization of porous functional composites and membranes, with resolution from mm to sub 50nm//Symposia D, E and F from MRS International Material Research Conference. J. Phys.: Conference Series, 2009,152: 1-9.
[74] Yashiro W, Takeda Y, Takeuchi A, et al. Hard-X-ray phase-difference microscopy using a Fresnel zone plate and a transmission grating . Phys. Rev. Letters, 2009, 103:180801.
[75] Gabor D. A new microscopic principle . Nature, 1948, 161:777-778.
[76] Jacobsen C, Howells M, Kirz J, et al. X-ray holographic microscopy using photoresists. J. Opt. Soc. Am. A, 1990, 7(10):1847-1861.
[77] Paganin D, Nugent K A. Noninterferometric phase imaging with partially coherent light. Phys. Rev. Letters, 1998, 80(12):2586-2589.
[78] Paganin D, Mayo S C, Gureyev T E, et al. Simultaneous phase and amplitude extraction from a single defocused image of a homogeneous object. J. Microscopy, 2002, 206(1):33-40.
[79] Mayo S C, Miller P R, Wilkins S W, et al. Quantitative X-ray projection microscopy: Phase-contrast and multi-spectral imaging. J. Microscopy, 2002, 207(2):79-96.
[80] Mayo S, Miller P, Gao D, et al. Software image alignment for X-ray microtopography with submicrometer resolution using a SEM-based X-ray microscope. J. Microscopy, 2007, 228(3):257-263.
[81] Wu D, GAO D, Mayo S C, et al. X-ray ultramicroscopy: A new method for observation and measurement of filler dispersion in thermoplastic composites. Composites Sci. and Technol., 2008, 68:178-185.
[82] Laue V M. Fine quantitative prufung der theorie fur die interferenzerscheinungen bei Rontgenstrahlen. Annalen der Physik, 1913, 346(10): 989-1002.
[83] Watson J D, Crick F H C. The structure of DNA. Cold Spring Harb Symposia On Quanttitative Biology, 1953, 18: 123-131.
[84] Sayre D. Prospects for long-wavelength X-ray microscopy and diffraction. Imaging Processes and Coherence in Physics: Lecture Notes in Physics, 1980, 112: 229-236.
[85] Miao J, Charalambous P, Kirz J, et al. Extending the methodology of X-ray crystallography to allow imaging of micrometer-sized non-crystalline specimens. Nature, 1999, 400:342-344.
[86] Gerchberg R W, Saxton W O. Phase determination from image and diffraction plane pictures in the electron microscope. Optik, 1971, 34:275-284.
[87] Feinup J R. Reconstruction of an object from the modulus of its Fourier transform. Opt. Letters, 1978, 3:27-29.

[88] Bates R H T. Fourier phase problems are uniquely solvable in more than one dimension: Ⅰ. Underlying theory. Optik, 1982, 61:247-262.

[89] Millane R P, Stroud W J. Reconstructing symmetric images from their undersampled Fourier intensities. J. Opt. Soc. Am. A, 1997, 14(3):568-579.

[90] Miao J, Sayre D. On possible extensions of X-ray crystallography through diffraction-pattern oversampling. Acta Crystallographica Section A, 2000, 56:596-605.

[91] Miao J, Ishikawa T, Anderson E H, et al. Phase retrieval of diffraction patterns from noncry stalline samples using the oversampling method. Phys. Rev. B, 2003, 67:174104.

[92] Howells M R, Beetz T, Chapman H N, et al. An assessment of the resolution limitation due to radiation-damage in X-ray diffraction microscopy. J. Electron Spectroscopy and Related Phenomena, 2009, 170:4-12.

[93] Hegerl R, Hoppe W. Influence of electron noise on three-dimensional image reconstruction. Zeitschrift fur Naturforschung, 1976, 31a:1717-1721.

[94] Spence J C H. Diffractive Imaging of Single Particles//Hawkes P W, Spence J C H. Springer Handbook of Microscopy. https://doi.org/10.1007/978-3-030-00069-1_20. 2019.

[95] Hoppe W. Trace structure analysis, ptychography, phase tomography. Ultramicroscopy, 1982, 10:187-198.

[96] Faulkner H M L, Rodenburg J M. Movable aperture lensless transmission microscopy: A novel phase retrieval algorithm. Phys. Rev. Letters, 2004, 93(2):023903.

[97] Rodenburg J M, Hurst A C, Cullis A G, et al. Hard-X-ray lensless imaging of extended objects. Phys. Rev. Letters, 2007, 98:034801.

[98] Thibault P, Dierolf M, Menzel A, et al. High-resolution scanning X-ray diffraction microscopy. Science, 2008, 321:379-382.

[99] Maiden A M, Humphry M J, Zhang F, et al. Superresolution imaging via ptychography. J. Opt. Soc. Am. A, 2011, 28(4):604-612.

[100] Miao J, Hodgson K O, Ishikawa T, et al. Imaging whole escherichia coli bacteria by using single-particle X-ray diffraction. PNAS, 2003, 100(1):110-112.

[101] Huang X, Nelson J, Kirz J, et al. Soft X-ray diffraction microscopy of a frozen hydrated yeast cell. Phys. Rev. Letters, 2009, 103:198101.

[102] Nelson J, Huang X, Steinbrener J, et al. High-resolution X-ray diffraction microscopy of specifically labeled yeast cells. PNAS, 2010, 107(16):7235-7239.

[103] Jiang H, Song C, Chen C C, et al. Quantitative 3D imaging of whole, unstained cells by using X-ray diffraction microscopy . PNAS, 2010, 107(25):11234-11239.

[104] Dierolf M, Menzel A, Thibault P, et al. Ptychographic X-ray computed tomography at the nanoscale. Nature, 2010, 467:436-439.

[105] Giewekemeyer K, Thibault P, Kalbfleisch S, et al. Quantitative biological imaging by ptychographic X-ray diffraction microscopy. PNAS, 2010, 107(2):529-534.

[106] Martin Y, Wicknamasinghe H K. Magnetic imaging by force microscopy with 1000Å resolution. Appl. Phys. Letters, 1987, 50:1455-1457.

[107] Mamin H J, Poggio M, Degen C L, et al. Nuclear magnetic resonance imaging with 90-nm

resolution. Nature Nanotechnology, 2007, 2:301-306.

[108] Ciobanu L, Seeber D A, Pennington C H. 3D MR microscopy with resolution 3.7 μm by 3.3μm by 3.3μm. J. Magn. Res., 2002, 158:178-182.

[109] Tyszka J M, Fraser S E, Jacobs R E. Magnetic resonance microscopy: Recent advances and applications. Curr. Opin. Bioltechnol., 2005, 16:93-99.

[110] Degen C L, Poggio M, Mamin H J, et al. Nanoscal magnetic resonance imaging. PNAS, 2009,106(5):1313-1317.

[111] Balasubramanian G, Chan I Y, Kolesov R, et al. Nanoscale imaging magnetometry with diamond spins under ambient conditions. Nature, 2008, 455:648-651.

[112] Rugar D, Yannoni C S, Sidles J A. Mechanical detection of magnetic resonance. Nature, 1992, 360:563-566.

[113] Sidles J A, Garbini J L, Bruland K J. Magnetic resonance force microscopy. Review of Modern Physics, 1995, 67(1):249-265.

[114] Zhang Z, Hammel P C, Wigen P E. Observation of ferromagnetic resonance in a microscopic sample using magnetic resonance force microscopy. Appl. Phys. Letters, 1996, 68(14): 2005-2007.

[115] Bruland K J, Dougherty W M, Garbini J L. Force-detected magnetic resonance in a field gradient of 250000Tesla per meter. Appl. Phys. Letters, 1998, 73(21):3159-3161.

[116] Poggio M, Degen C L, Mamin H J, et al. Feedback cooling of a cantilever's fundamental mode below 5mK. Phys. Rev. Letters, 2007, 99:017201.

[117] Poggio M, Jura M P, Degen C L, et al. An off-board quantum point contact as a sensitive detector of cantilever motion. Nature Physics, 2008, 4:635-638.

[118] Mamin J, Rugar D. Silicon nanowires feel the force of magnetic resonance. Physics, 2012, 5:20.

[119] Piramanayagam S N, Ranjbar M, Tan E L, et al. Enhanced resolution in magnetic force microscopy using tips with perpendicular magnetic anisotropy. J. Appl. Phys., 2011, 109:07E326.

[120] Nichol J M, Hemesath E R, Lauhon L J, et al. Nanomechanical detection of nuclear magnetic resonance using a silicon nanowire oscillator. Phys. Rev. B, 2012, 85:054414.

[121] Fu C C, Lee H Y, Chen K, et al. Characterization and application of single fluorescent nanodiamonds as cellular biomarkers. PNAS, 2007, 104(3):727-732.

[122] Maze J R, Stanwix P L, Hodges J S, et al. Nanoscale magnetic sensing with an individual electronic spin in diamond. Nature, 2008, 455:644-647.

[123] Balasubramanian G, Chan I Y, Kolesov R, et al. Nanoscale imaging magnetometry with diamond spin under ambient conditions. Nature, 2008, 455:648-651.

[124] Taylor J M, Cappellaro P, Childress L, et al. High-sensitivity diamond magnetometer with nanoscale resolution. Nature Physics, 2008, 4:810-816.

[125] Maurer P C, Maze J R, Stanwix P L, et al. Far-field optical imaging and manipulation of individual spins with nanoscale resolution. Nature Physics, 2010, 6: 912-918.

[126] Mcguinness L P, Yan Y, Stacey A, et al. Quantum measurement and orientation tracking of fluorescent nanodiamonds inside living cells. Nature Nanotechnology, 2011, 6: 358-363.

第 4 章　形貌纳米成像

形貌纳米成像也是结构纳米成像，合并为三维纳米结构成像，但与第 3 章介绍的三维结构纳米成像不同，它只能获得物体表面微观结构纳米分辨图像。由于这类纳米成像只获得表面形貌图像，就可以利用物体表面具有的一些特殊效应获得其表面形貌纳米分辨图像。当然，物体表面会产生很多不同种类的效应，为了达到形貌纳米成像的目标，就要求所采用的表面效应：第一，在纳米尺度范围内，这种效应具有明显的变化，相关参数随表面位置的变化具有纳米分辨特性；第二，反映这种表面效应的相关参数是可以精确测量的；第三，所测量的随表面位置变化的参量具有测量稳定性和重复性。当然，形貌纳米成像正像第 3 章所介绍的三维结构纳米成像一样，我们在认识这些成像方法时，首先，要明确其图像信息载体是什么，不明确这一点，就很难掌握实现纳米成像的要点。其次，不论采用何种图像信息载体，要实现纳米分辨，均要明确这种成像方法的点扩展函数是如何形成的，只有明确这一点，我们才能懂得如何去改善空间分辨率。最后，不论所提出的成像方法有多么优越，这种成像方法总要受测不准原理的制约。

截至目前，形貌纳米成像主要包括扫描隧道显微镜、原子力显微镜、近场光学显微镜和扫描电子显微镜等几种。根据它们的特点，下面分两类介绍。第一类包括前三种，它们均是在扫描隧道显微镜的基础上发展起来的。有时，这类显微镜被称作 SXM，其中 S 表示扫描的意思，这类显微镜都是通过对样品表面形貌的扫描来获得样品表面形貌的；X 表示某种工作原理，例如隧道效应、表面力、光子隧道效应、与磁化尖端的磁相互作用等；M 表示显微镜。这类显微镜的基本结构是尖端及铁电陶瓷构成的反馈电路。它们尽管在原理上差异很大，但在结构上具有突出的雷同性。第二类是在电子显微镜的基础上发展起来的。扫描电子显微镜目前应用范围最广，利用电子束扫描物体表面获得纳米分辨图像。下面分别对它们作一介绍。

4.1　扫描隧道显微镜和原子力显微镜

扫描隧道显微镜是基于 Josephson 于 1962 年提出的隧道效应[1]发展起来的。不过通常说的隧道效应，是指介质介于两金属之间所产生的效应，这里是指真空隔离的两金属间产生的效应。1980 年，IBM 公司的 Rohrer 和 Binnig 基于隧道效应理论申请了扫描隧道显微镜的专利[2]，并于 1982 年首次发表了他们的研究结果[3]。但是，这种显微镜只能用于获得金属表面的纳米分辨图像，而不能用于非导电表面。为解决此问题，一方面可以在样品表面镀一层厚度均匀的金膜，再实现表面形貌测量；另一方面 Binnig 和 Gerber 等在扫描隧道显微镜的基础上于 1986 年又发明了原子力显微镜[4]，它可对任何物质的表面形貌以纳米的空间分辨率进行测量。

4.1.1　扫描隧道显微镜

如上所述，扫描隧道显微镜是基于隧道效应发展起来的。其构成很简单，在待测表面附近放置一金属针尖，其到待测表面的距离恒定，从而保证在表面状态一样的情况下得到相同的隧穿电流。设法使针尖在样品表面以高于纳米的精度位移，只要所测隧穿电流保持不变，则可测出样品的表面形貌，有关结构如图 4-1 所示。这里的关键问题是隧穿电流大小一定要对针尖到样品表面的距离非常敏感，否则所得到的表面形貌即使位移精度很高，形貌高度的分辨率也不会好。这一点我们可通过隧道电流的分析找到答案。设样品表面的隧道平均势垒高度为ψ，针尖到表面的距离为 d，隧穿电流可作如下表示[3]：

$$J_{\mathrm{T}} \propto \exp\left(-A\psi^{1/2}d\right) \tag{4.1}$$

其中，$A=((4\pi/h)2m)^{1/2}=1.025\text{Å}^{-1}\cdot\text{eV}^{-1/2}$，$m$ 是电子质量；一般样品表面平均势垒高度为数电子伏。由式(4.1)可知，若 d 变化为单原子直径(2～5Å)，则隧道电流变化直至 3 个数量级。可见，隧道电流随 d 的变化是非常剧烈的，只要位移精度足够高，形貌高度测量精度原理上可达皮米量级，分辨率可达埃甚至更高。同时，由上面的关系式我们还可以估计一下扫描隧道显微镜在横向的空间分辨率。若针尖为一球形，设其半径为 R，横向弥散用δ表示，则有

$$\delta \sim 3\left(2R/(A\psi^{1/2})\right)^{1/2} \tag{4.2}$$

若ψ=4eV，由于 A 近似为 1，$\delta\sim3(R(\text{Å}))^{1/2}$。可见，只要针尖半径足够小，例如只有一个原子，横向分辨率也可小于 10Å，即 1nm。关键问题是针尖和微位移系统的制作精度能达到什么水平[5,6]。

扫描隧道显微镜的空间分辨率可用点扩展函数描述，其傅里叶变换可用高斯函数近似：

$$H(f)=\exp\left(-f^2/f_0^2\right) \tag{4.3}$$

其中，f 为空间频率，理论上 f_0 可以计算出来，但它取决于实验参数，如针尖到样品的距离 d、针尖的形状以及样品表面平均势垒高度，而这些参数均是未知的。为求得点扩展函数，通常假设扫描隧道显微镜的结构如图 4-2 所示。早期的实验

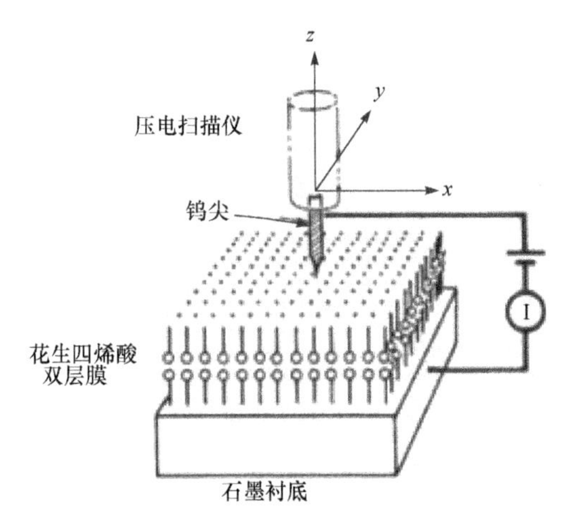

图 4-1　扫描隧道显微镜工作原理示意图

中，一般取 d=0.6nm, R=0.9nm。这样所得分辨率结果与当时的实验符合得很好。f_0 可表示为

$$1/f_0 = \left[2k^{-1}(R+d)\right]^{1/2} \tag{4.4}$$

其中，$k=\hbar(2m\psi)^{1/2}$ 表示真空中波函数衰减长度的倒数；ψ 表示样品表面平均势垒高度，即表面功函数；m 表示电子质量。当 $2k^{-1}$=0.17nm 时，可求出 $1/f_0$=0.5nm。

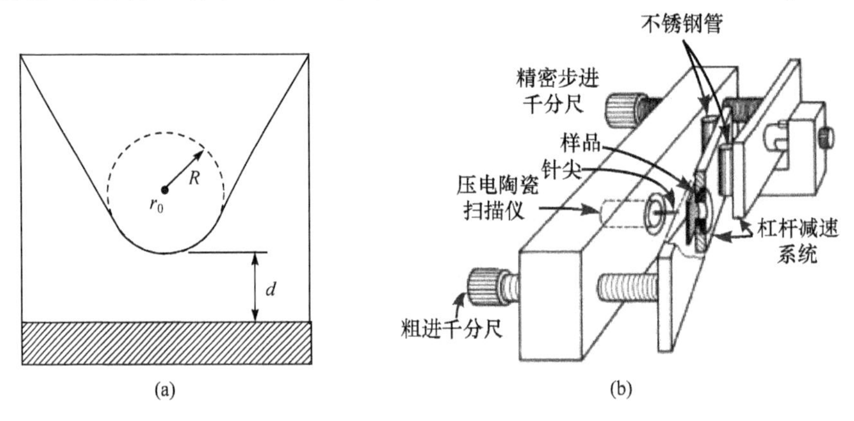

图 4-2　扫描隧道显微镜针尖结构金斯表示(a)和主体杠杆结构示意图(b)

扫描隧道显微镜主要包括三大部分[6-9]，即扫描隧道显微镜主体部分、电控部分和隔振部分。主体部分包括针尖、样品台以及针尖定位粗细精调节机构。其中针尖一般采用钨材料，头部做得最好的只有一个原子。样品台和针尖之间的距离粗细调节结构基于杠杆原理，样品到针尖的距离最大可达数毫米，便于样品的安装，通过杠杆原理调节精度可达亚纳米。针尖位置的精调和三维微位移靠压电陶

瓷。以图 4-2(b)为例，其粗细调节部分都是通过杠杆结构使样品台的移动量小于调节机构的移动量，调节更为方便；而精调采用压电陶瓷实现。某些陶瓷材料在机械应力作用下，引起内部正负电荷中心相对位移而发生极化，导致陶瓷材料两端表面出现符号相反的束缚电荷的现象，称为压电效应。反之，施加激励电场，介质将产生机械变形，称为逆压电效应。为了实现 x、y 和 z 向的微小位移，我们正是利用了陶瓷的这种逆压电效应。在扫描隧道显微镜中，常常采用三爪状或管状压电陶瓷，实现三维空间位置精确调节。其中管状结构最为简单紧凑，4 个均布电极置于外壁，一个电极置于内壁，通过施加适当的电压，实现针尖位置的精确调节。在使用这种管状压电陶瓷时，将针尖置于管状压电陶瓷顶端的一个电极上，管外壁上两个正交的电极实现 x 和 y 方向的运动，直流电极实现位置的偏置，内电极引起压电陶瓷管的轴向变形，实现轴向的精确移动。上述的两种结构如图 4-3 所示。

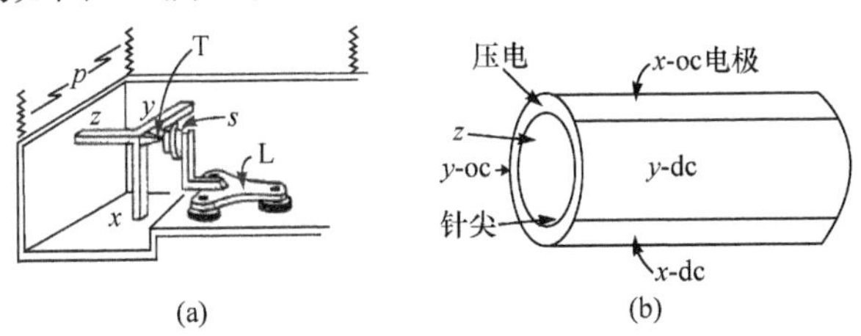

图 4-3　三爪压电陶瓷(a)管状压电陶瓷(b)结构示意图

电控部分与其发明时相比越来越复杂，现在已实现全自动控制。其中最主要的部分还是隧道电流的精确测量以及精确控制针尖在三维空间的位置，使隧道电流在整个测试过程中保持不变。隔振部分就是要在外界环境处于振动的状态下能始终保持针尖与样品表面的间距不受其影响。隔振有三种不同的类型：第一种是利用超导实现磁悬浮隔振，它因为需制冷会带来一定的副作用，用得不多；第二种是利用两级线圈式弹簧隔振；第三种是使用橡皮作间隔块将多块金属板堆积起来隔振。后两种隔振方法用得较多。外界环境如大楼的振动状态可用其振动频率和振幅描述，振幅的测量通常用加速度幅度表示，若环境的加速度幅度为 M，振动频率为 f，则环境振动幅度 A 可表示为

$$A = M / (2\pi f)^2 \tag{4.5}$$

我们可以根据环境的情况设计所采用的隔振措施。图 4-4(a)和(b)分别给出两级线圈式弹簧隔振装置和具有橡皮间隔块的多金属板隔振装置原理图，图 4-5 给出目前使用的隔振平台实物外形照片及其隔振性能曲线。

扫描隧道显微镜的最大优点是空间分辨率高，利用它可获得原子分辨图像。图 4-6 给出利用扫描隧道显微镜获得的两幅最具代表性的双螺旋 DNA 和石墨

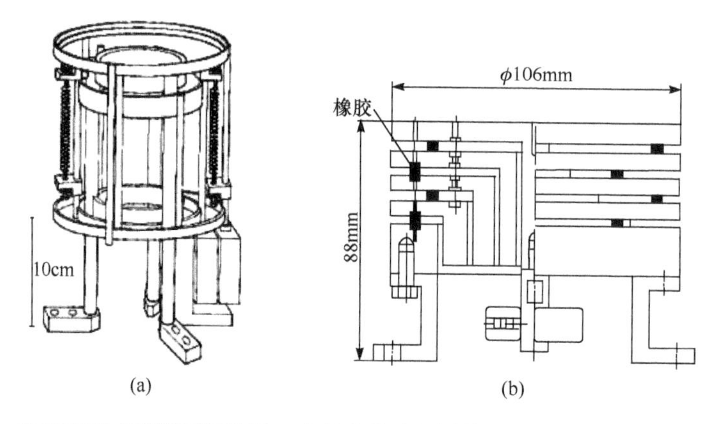

图 4-4　两级线圈式弹簧隔振装置(a)和具有橡皮间隔块的多金属板隔振装置(b)原理图

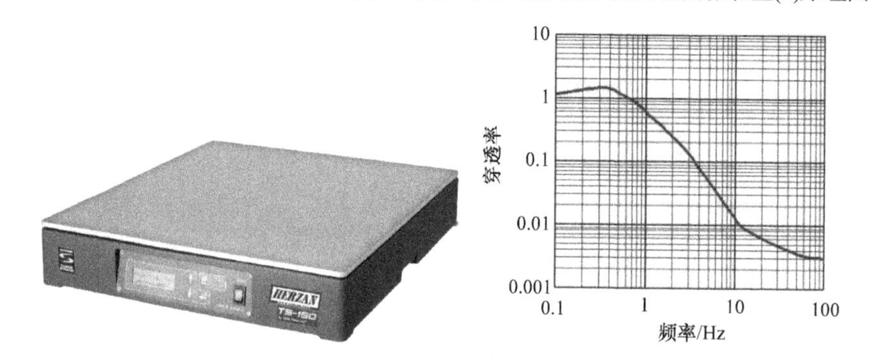

图 4-5　隔振平台实物外形照片及其隔振性能曲线[10]

烯照片[11,12]。但正如我们上面提到的，扫描隧道显微镜工作原理是基于金属表面的逸出功给出样品的形貌纳米分辨图像。也就是说，样品表面的逸出功必须恒定，不受表面沾污的影响。这就给样品表面的处理带来难题。另外，遇到表面逸出功不恒定的情况，若处理不当，就会导致表面形貌测量的错误。这些都是在使用扫描隧道显微镜时要特别注意的事项。利用扫描隧道显微镜可以测量各种金属、导电材料构成的样品表面形貌，有时也可将不导电的表面通过处理使其具有导电性，再利用扫描隧道显微镜获得其表面形貌图像，图 4-6 的双螺旋 DNA 图像就是这样获得的。但是，还有许多样品是由非导电材料构成的，也不能通过处理使其表面导电，这时就需要使用我们下面将要介绍的原子力显微镜来获得其表面形貌。

在介绍其他形貌纳米成像之前，我们有必要再提一下上面提到的实现扫描隧道显微镜所涉及的几项技术，这些技术都是后面其他形貌纳米成像要用到的。其中包括针尖到样品台之间距离粗细精调节、针尖的精确定位以及测量主体与周边环境的隔振措施等。上面我们针对扫描隧道显微镜对相关技术作了介绍。这些技

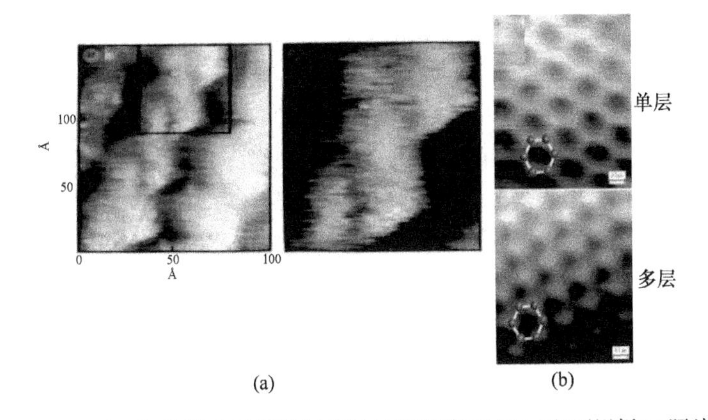

图 4-6　利用扫描隧道显微镜所获得的双螺旋 DNA(a)和石墨烯(b)照片

术在其他形貌纳米成像中可能会稍有差异，但实现的基本原理、控制方法和技术都是一样的。下面就不专门介绍了。

4.1.2　原子力显微镜

Binnig 于 1986 年将扫描隧道显微镜和探针形貌仪结合起来，发明了可以测量表面为任意材料形貌的原子力显微镜[4,13,14]，初始测试就给出横向分辨率为 3nm、纵向分辨率为 0.1nm 的好结果。

原子力显微镜之所以能诞生，是因为 Binnig 等发现，扫描隧道显微镜不仅可用来测量导电体原子级的表面形貌，还可以用来测量单一原子间的微小的力，可测量的力的大小能达 10^{-18}N。他们把这种表面力视为不同种类弹簧的弹性变形，然后用扫描隧道显微镜监视这种弹性变形。常识告诉我们，通过测量位移，可以测量弹簧的弹力。对于具有相同弹性系数的表面而言，只要保持弹力不变，就可测出被测表面的形貌，这就是原子力显微镜的基本工作原理。它不像扫描隧道显微镜那样只能测量金属表面的形貌，而可测量任意材料表面的形貌。如图 4-7 所示，原子力显微镜主要由三个基本部分组成，即通过铁电陶瓷可实现三维微位移的样品载物台，一端连有原子力显微镜尖端、另一端连有使尖端共振的铁电陶瓷的杠杆，以及带有铁电陶瓷控制位置的扫描隧道显微镜尖端。利用一种高稳定性的塑料 viton 构成弱弹性元件，将原子力载物台和扫描隧道显微镜之间的所有部件固定在一起，并消除高频机械振动和使杠杆、扫描隧道显微镜的尖端以及原子显微镜的样品之间实现解耦。还利用多层 viton 块组成隔振器消除环境大于 100Hz 的振动对原子力显微镜的影响。由于扫描隧道显微镜和原子力显微镜尖端相关的反馈电路不同，原子力显微镜可以有四种工作模式。在每一种工作模式下，都要保证金刚石探针与样品之间距离保持不变，同时也使探针与样品表面原子之间的弹性振动频率 f_0 保持不变：

$$f_0 = \frac{1}{2\pi}(k / m_0)^{1/2} \tag{4.6}$$

其中，k 表示原子之间的弹性系数；m_0 表示在弹簧上的有效质量。在第一种工作模式下，我们在 z 方向调制样品的谐振频率(5.8kHz)。这时我们要测量的样品与金刚石尖端之间的微小的力使持着金刚石尖端的杠杆受到偏转。返回来，它又调制了隧道电流，而隧道电流又来控制原子力显微镜的反馈电路，并保持 f_0 不变。在第二和第三种工作模式下，驱动载有金刚石尖端的杠杆使其在 z 向随谐振频率振动，振幅在 0.1～10Å。在样品和金刚石尖端之间的力、f_0 将改变杠杆的谐振频率，而这又在改变隧道电流交流调制的幅度与相位。不论上述的哪一个量都可以作为信号来驱动反馈电路。在第四种工作模式下，可以只使用一种反馈电路，它与原子力显微镜相连，并受到扫描隧道显微镜隧道电流的控制。该系统通过改变作用在金刚石尖端上的力在杠杆不变的情况下保持隧道间隙。通过进一步改进驱动电路的连接，使第四种工作模式下原子力显微镜样品与扫描隧道显微镜的尖端在相反的方向上驱动，而扫描隧道显微镜尖端的运动幅度是原子力显微镜的样品的 $1/\alpha$，α 值在 10～1000。这里要特别说明的一点是，尽管开始时总要对仪器进行校准，但随着实验的进行，该系统的每一个组件会因热漂移而变得状态不可知。此外，原子力显微镜样品的三维运动必然产生一 Δz 的变化来补偿尖端随表面形貌运动的变化。因此，即使在没有热漂移的情况下，弹性力也会在一定范围内发生变化，变化大小与表面粗糙度以及 α 的值有关。已经证明，第四种工作模式是最易重复的，得到的结果最可靠，而利用其他模式所得结果要差。实验证明，当力小于某一值时，表面的微细形貌就无法测得。金刚石尖端和杠杆的加工质量与目前发展的微细加工手段密切相关，糟糕的情况下将会使这些器件的质量下降几个数量级。另外，当将仪器置于真空环境下，由于表面清洁度获得改善，系统稳定性起码可改善两个数量级。在上述优化条件下，在室温下杠杆的热感应振动限制力的灵敏度达 10^{-15}N。如果将系统冷却至 300mK，可测的力的下限将达到 10^{-18}N。将可测值与原子之间的力作一比较，将会使我们对此仪器的能力有更清楚的认识。原子之间束缚得最紧的材料当属离子键材料，键能约为 10eV，对于这些材料，把它们束缚在一起的范德瓦耳斯力所对应的能量为 10meV。我们简单地将能量等于力乘以距离的关系代入，若距离为 0.16Å，束缚能为 1eV，等效的力则为 10^{-8}N，考虑到从离子键原子之间的作用力为 10^{-7}N，到范德瓦耳斯力弱的原子之间的作用力 10^{-11}N，再到某些表面重建的弱力约 10^{-12}N，这些力的范围，我们就可以发现上述的原子力显微镜所能测量的力的范围已足够小了，完全可以测量样品与尖端处原子之间的弹性力。

由于原子力显微镜具有广阔的应用范围，近年来仍在对其改进，以适应不同的应用[15-18]。

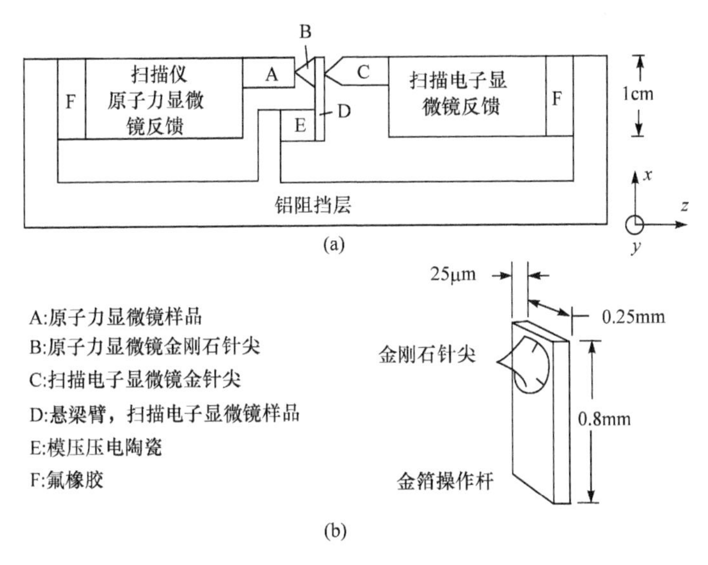

图 4-7　原子力显微镜工作原理示意图

4.2　近场光学显微镜

电磁场的角谱表示法使其分解成均匀平面波和非均匀隐失波。所谓近场区一般是指在此区域内隐失波是不能忽略的。最基本的近场就是在此区域内只有隐失波存在。我们可以通过在介质的表面形成全内反射实现这种只有隐失波存在的近场。数学上讲，隐失波是亥姆霍兹方程在自由空间的一个解。但是由于其随距离指数衰减的特性，当隐失波离开其源足够远时，其能量将变成无穷小。因此，在物理上讲，隐失波在自由空间是不存在的，并且只限制在材料的边界处使得隐失波与源解耦是不可能的。因此，在空间隐失波不可能离开其他波而独立存在。这一性质使得我们在光学近场下理解光与物质之间的相互作用就比较困难。例如，隐失波是不能量子化的，这是因为它们不能构成一组正交的解。只有当隐失波用其他解给补上，才能完成量子化。不像自由传播辐射，隐失波不是纯的横向波，因此在近场纵向波将参与光与物质的相互作用。由于隐失波与其源是耦合的，光与物质在近场的相互作用将影响源的性质。当两个原子 A 和 B 在短距离上相互作用时，它们的物理性质将彼此耦合起来，要说清在相互作用中哪个是源则是不可能的。

近场光学是处理亚波长尺度内的光相互作用[19-21]。从这个意义上讲，非辐射相互作用是主要感兴趣的部分。然而，非辐射相互作用在许多不同的研究领域都存在，像后面还要介绍的 FRET 现象、金属表面引导的电磁波等均属近场光学范畴。近场光学研究还包括更为广阔的领域，如纳米光学、单分子谱学和纳米等离子激元等。

这里所说的近场光学显微镜是指利用隐失波进行成像的显微镜，其空间分辨率将不受衍射极限的限制。原理上讲，其空间分辨率可无限提高。为了理解近场光学显微镜，首先要理解隐失波。这里给出一种隐失波产生的最直观的方法，其中只有隐失波存在，这就是利用全内反射实现隐失波的方法。图 4-8 给出可能产生隐失波的示意图。

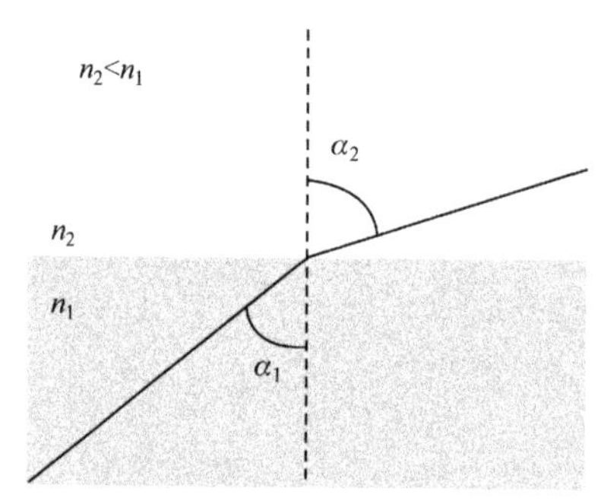

图 4-8　隐失波产生示意图

介质 1 为光密介质，介质 2 为光疏介质，介质 1 的介电常数和磁导率分别为 ε_1 和 μ_1，介质 2 的介电常数和磁导率分别为 ε_2 和 μ_2。令介质 1 和介质 2 中的入射平面波和透射平面波的波矢分别为 $\boldsymbol{k}_1$ 和 $\boldsymbol{k}_2$，则有

$$\boldsymbol{k}_1=\left(k_x,k_y,k_{z1}\right),\qquad \left|\boldsymbol{k}_1\right|=k_1=w\left(\varepsilon_1\mu_1\right)^{1/2}/c \tag{4.7}$$

$$\boldsymbol{k}_2=\left(k_x,k_y,k_{z2}\right),\qquad \left|\boldsymbol{k}_2\right|=k_2=w\left(\varepsilon_2\mu_2\right)^{1/2}/c \tag{4.8}$$

在平面波经过交界面传输的过程中，横向波矢 $k_{//}=(k_x^2+k_y^2)^{1/2}=k_1\sin\theta_1$ 保持不变，而纵向波矢的值却发生了改变，在介质 1 中，

$$k_{z1}=\left(k_1^2-k_1^2\sin\theta_1^2\right)^{1/2} \tag{4.9}$$

在介质 2 中，

$$k_{z2}=\left(k_2^2-k_1^2\sin\theta_1^2\right)^{1/2} \tag{4.10}$$

根据边界条件，平面波透射和反射波幅度可作如下表示：

$$E_2{}^{(\mathrm{s})}=E_1^{(\mathrm{s})}t^{\mathrm{s}}\left(k_x,k_y\right),\qquad E_2{}^{(\mathrm{p})}=E_1^{(\mathrm{p})}t^{\mathrm{p}}\left(k_x,k_y\right) \tag{4.11}$$

$$E_{1r}{}^{(\mathrm{s})}=E_1^{(\mathrm{s})}r^{\mathrm{s}}\left(k_x,k_y\right),\qquad E_{1r}{}^{(\mathrm{p})}=E_1^{(\mathrm{p})}r^{\mathrm{p}}\left(k_x,k_y\right) \tag{4.12}$$

其中，透过和反射系数分别作如下表示：

$$\begin{aligned}t^{\mathrm{s}}(k_x,k_y)&=2\mu_2k_{z1}/(\mu_2k_{z1}+\mu_1k_{z2})\\ t^{\mathrm{p}}(k_x,k_y)&=2\varepsilon_2k_{z1}(\mu_2\varepsilon_1/\mu_1\varepsilon_2)^{1/2}/(\varepsilon_2k_{z1}+\varepsilon_1k_{z2})\end{aligned} \tag{4.13}$$

$$\begin{aligned}r^{\mathrm{s}}(k_x,k_y)&=(\mu_2k_{z1}-\mu_1k_{z2})/(\mu_2k_{z1}+\mu_1k_{z2})\\ r^{\mathrm{p}}(k_x,k_y)&=(\varepsilon_2k_{z1}-\varepsilon_1k_{z2})/(\varepsilon_2k_{z1}+\varepsilon_1k_{z2})\end{aligned} \tag{4.14}$$

在上述条件下，透过场矢量可表示为

$$\boldsymbol{E}_2 = \left[-E_1^{(\mathrm{p})} t^{\mathrm{p}}(k_x) k_{z2} / k_2, E_1^{(\mathrm{s})} t^{\mathrm{s}}(k_x), E_1^{(\mathrm{p})} t^{\mathrm{p}}(k_x) k_x / k_2\right]^{-1} \exp\left(\mathrm{i} k_x x + \mathrm{i} k_{z2} z\right) \tag{4.15}$$

只要入射角θ_1已知，并用$k_x=k_1\sin\theta_1$，透过场就可以完全确定下来。我们可对纵向波矢幅度作进一步表示：

$$k_{z1} = k_1(1-\sin^2\theta_1)^{1/2}, \quad k_{z2} = k_2(1-n^2\sin^2\theta_1)^{1/2} \tag{4.16}$$

其中，我们引入一相对折射率 $\check{n}=(\varepsilon_1\mu_1)^{1/2}/(\varepsilon_2\mu_2)^{1/2}$。由于介质 1 是光密介质，$\check{n}$ 一定大于 1。对于k_{z2}，一定存在一临界入射角θ_c，使k_{z2}为零，这时将出现全反射，透射波为 0，此临界角θ_c可作如下表示：

$$\theta_{\mathrm{c}} = \arcsin(1/n) \tag{4.17}$$

当$\theta_1>\theta_c$时，k_{z2}则变为虚数，此时在光疏介质一边将出现隐失波，其场强矢量可作如下表示：

$$\boldsymbol{E}_2 = \left[-E_1^{(\mathrm{p})} t^{\mathrm{p}}(\theta_1)(n^2\sin^2\theta_1-1)^{1/2}, E_1^{(\mathrm{s})} t^{\mathrm{s}}(\theta_1), E_1^{(\mathrm{p})} t^{\mathrm{p}}(\theta_1) n\sin\theta_1\right] \exp(\mathrm{i} k_1 x \sin\theta_1 \pm \gamma z) \tag{4.18}$$

其中，$\gamma=k_2(\check{n}^2\sin^2\theta_1-1)^{1/2}$。上面的方程描述了平面波在交界面处的传输过程。如果介质 1 为玻璃，介质 2 为空气，即$\varepsilon_2=1$，$\varepsilon_1=2.25$，$\mu_1=\mu_2=1$，可求出临界角$\theta_c=41.8°$。当入射角为 45°时，$\gamma=2.22/\lambda$。当$z=\lambda/2$时，光强就衰减为原来的 1/e；当$z=2\lambda$时，光强则几乎衰减为零。

从上面的分析我们可以看出隐失波具有如下特性：

(1) 隐失波可提供超衍射极限的空间分辨率，为获得纳米分辨，就应设法利用隐失波成像；

(2) 隐失波只出现在交界面附近$\lambda/2$深度范围内，远离交界面则不存在，如何利用隐失波在远场成像是近场成像要解决的重大技术难题；

(3) 隐失波可在交界面上传播，这一性质在某些应用中是很有意义的；

(4) 隐失波具有独特的偏振特性，特别是 p 偏振，当选取合适的入射角时，p 偏振强度可获得数倍的增强。

基于上面近场光的讨论，下面我们再来进一步讨论近场成像的问题。

医生用的听诊器就是近场原理。听诊器听取的频率在 30～100Hz，其波长约为 100m，在离开心脏约 10cm 处可以清楚地听到心脏的跳动，其分辨率为波长的 1/1000！

1928 年，Synge 提出一种方法可以获得超衍射极限的空间分辨率[22]。其想法是很简单的，就是要实现一种光源，其尺寸远小于波长，并将此光源靠近样品，这样就可照亮样品表面的一个亚波长点。通过光源沿表面扫描并记录透过或散射光产生一亚波长空间分辨的图像。最早实现 Synge 想法的是 Ash 和 Nicholls，他们于 1972 年在微波范围实现了这一想法[23]。最早在可见光范围内实现近场显微的是 Pohl 和 Lewis，他们于 1984 年各自独立完成[24,25]。主要的难点是如何产生这样的光源并具有足够的强度以及如何使纳米光源接近样品表面。关于近场光学显微镜，有四种基本方案，第一种是近场照明远场探测，第二种是远场照明近场探测，第三种是近场照明近场探测，第四种是远场照明超透镜全场探测。现在分别对它们作一介绍。

(1) 近场照明远场探测[26-28]：最早发展的近场光学显微镜就采用这种工作模式[24,25]。在这种情况下，采用带有隐失波场分量的近场光照明，近场光与样品相互作用的结果由现有远场探测器记录。这里的近场光源意味着金属尖或金属孔所产生的光源。这里的光源多半是用镀有金属的光纤尖产生的，将其尽量贴近样品表面，如图 4-9 所示，由样品产生的散射光则由远场探测器收集，包括收集物镜及之后的光学系统和 PMT 探测器。在这一系统中，近场照明系统和探测系统要具有同一光轴，这需要发展一种调节机构，以保证同轴的实现。这一点之所以重要，是因为它可保证整个图像具有相同的收集效率。但上述的镀金属光纤尖孔径的有效直径不可能小于光波趋肤深度的两倍，而对于好的金属，对光波的趋肤深度为 6～10nm。事实上，为保持好的信噪比，孔径的有效直径大到 50～100nm，这将导致空间分辨率的下降。为解决此问题，人们利用金属颗粒或锐的金属尖端。在光波的作用下，这种金属结构将产生表面等离子激元谐振，并使金属结构附近的场增强。这种途径的缺陷是在近场光增强的同时，远场光也会增强，这样就产生很强的背景光。为减小这种背景光，有人在这种结构上生长尖端，将光波通过孔径角送入，而不是远场激发，从而使上述的背景获得改善。该方案要解决的另一个问题是如何使光锥接近样品的表面。离得太远不能充分利用隐失波，离得太近有可能碰到样品。要使光锥和样品表面的距离始终保持在 10nm 左右，就需要利用光锥和样品之间表现出的一些性质，对它们之间的距离进行有效的控制，可以利用隧穿电流或它们之间的原子力进行控制。前者只能应用于金属表面，后者则可应用于任何场合。这时，则可将光锥作为杠杆，通过外加的压电陶瓷颤动器或双压电晶片控制这种原子力，使光锥和样品表面的距离保持恒定。光锥这种弹簧的劲度系数 k 可小于 0.1N/m，也可大于 100N/m，振荡器谐振频率 f_0 可小于 5kHz 和大于 1MHz，当 f_0 为 500kHz 时，Q 值可大于 100，而劲度系数可低至 1N/m。

(2) 远场照明近场探测[29,30]：在这种情况下，对样品进行宽场照明，利用近场扫描实现对样品的超分辨探测。其中一种是扫描隧道光学显微镜或者称为光子扫描隧道显微镜。为照亮样品，利用一棱镜或半球镜使激光束经全内反射后用产生的隐失波去照明样品。这时，隐失波在样品内的衰减深度约为 100nm，用裸露的锥形玻璃纤维侵入隐失波场中耦合部分近场光到探测回路中，在这里将隐失波转换为传输波模式再导入探测器中。裸型锥光纤若用来接收隐失波则有利有弊。有利的一面是不像镀有金属的光锥一样对场有扰动作用，不利的一面是接收面的空间限制受到影响。但对弱散射样品而言，光子隧道显微镜空间分辨率仍优于

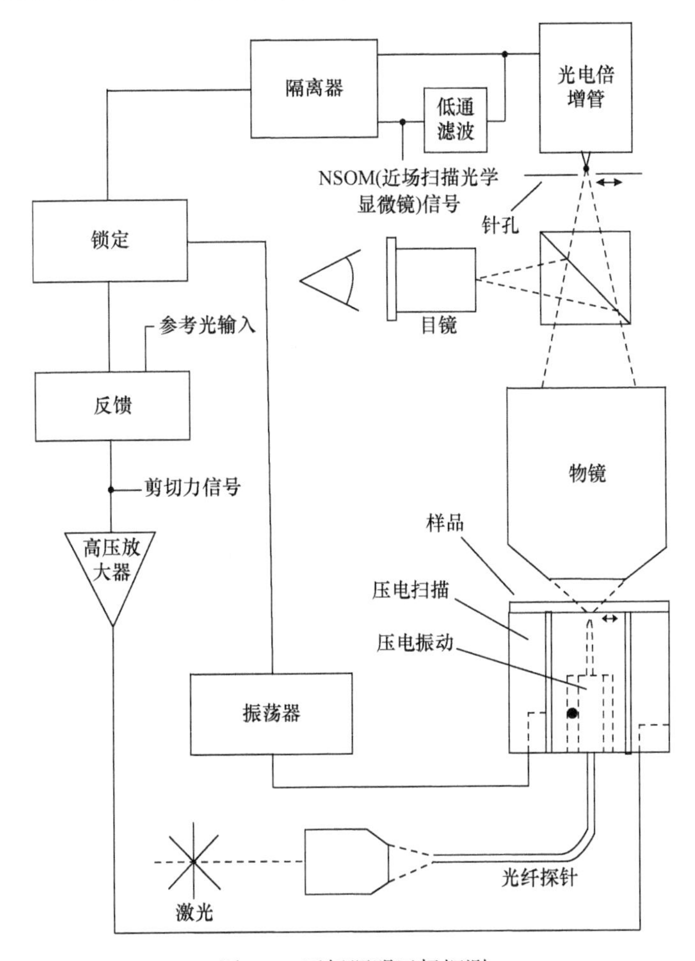

图 4-9　近场照明远场探测

100nm。另一种远场照明近场探测的方法不是使用裸光锥，而是使用孔径探针。虽然这时的探测效率变低了，但有助于散射场的屏蔽。事实上，一旦使用孔径探针，隐失波照明不再是一个强制性条件了，任何场照明，如图 4-10 的激光场照明都可以获得超分辨图像。另外，对探测部分也有裸光锥和孔径探针之分。为获得高的分辨率和探测效率，这种成像方案仍需要精确调整探针到样品的距离。工作原理类似于第一种方案，这里就不详细介绍了。

(3) 近场照明近场探测[31,32]：如图 4-11 所示，这种方案通过裸光锥或孔径探针来照亮样品和收集样品的光学响应特性，它特别适合于非透明样品和获取样品表面不同对比度图像。同一探针有着双重功能，既通过它输入照明光，还利用它导出样品表面光学信息。对于裸光锥而言，由于光需要通过裸光锥两次，与只用裸光锥照明相比，分辨率有所提高。但过去由于裸光锥本身制作工艺问题，分辨

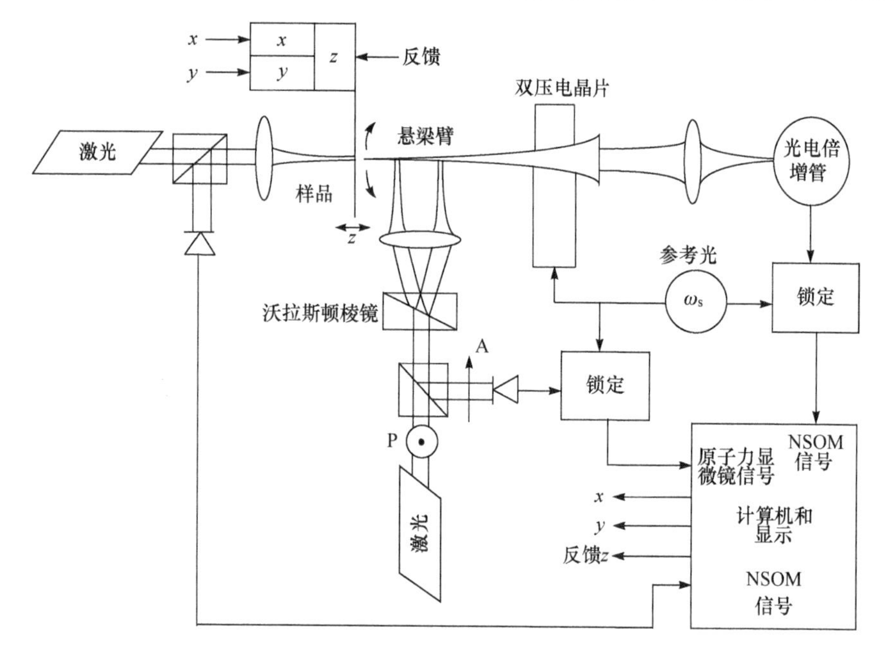

图 4-10　远场照明近场探测方案示意图

率不是太高，例如，用 633nm 的光照明，可以获得 150nm 的空间分辨率。但后来有很大改进，所制作的光锥锥尖更细，使其到样品表面的距离可小于 10nm，从而使空间分辨率高达 18nm。对于孔径探针而言，其应用因信噪比差而受到限制。但是这种孔径探针也有自己的优点，可以获得更高的空间分辨率，目前有 20nm 分辨率的报道，可以对单分子实现成像。孔径探针之所以信噪比差，是因为当光通过其两次时，由于孔径很小，光的透过率很低。为了改善这种特性，可以制作更大锥角的孔径探针，与此同时，空间分辨率会有所降低。

(4) 远场照明超透镜全场探测：前三种方法获得隐失波近场超衍射图像都是通过扫描的方式，这里我们介绍一种不用扫描获得隐失波近场图像的方法，即远场照明超透镜全场探测方式。

为了理解这种成像方式，首先要搞清楚什么是超透镜。所谓超透镜是用负折射率材料构成的透镜，可以实现对隐失波的超衍射极限成像。下面主要针对两个方面的问题展开讨论，一是负折射率材料问题，二是超透镜的发展情况。

关于负折射率材料，早在 1968 年苏联学者 Veselago 就预言了这种材料[33,34]。他从麦克斯韦方程出发，导出了一种所谓的左手材料，也就是其介电系数ε和磁导率μ均小于零的材料，与通常的ε和μ均大于零的材料相比，在这种材料中的电场强度 $\boldsymbol{E}$、磁场强度 $\boldsymbol{H}$ 和波矢 $\boldsymbol{k}$ 满足左手定则，不像ε和μ均大于零的情况，它们遵守右手定则。值得注意的是，在这种情况下，Veselago 发现电磁波的相速度和群

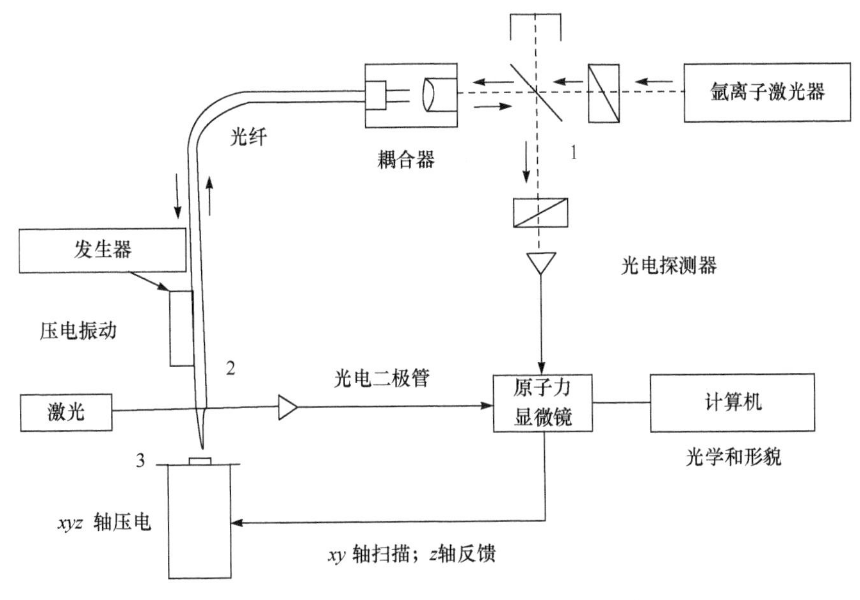

图 4-11　近场照明近场探测光学显微镜示意图

速度不再同向，从而导致左手材料许多特异的性能，包括特异多普勒效应和特异切连柯夫辐射等。他尤其预言了这种$\varepsilon < 0$ 和$\mu < 0$ 的材料具有负折射率的特性，并设想了由这种材料构成透镜后的成像特点。这种介电常数和磁导率均为负值的负折射率材料，尤其是$\mu < 0$ 的材料在自然界是不存在的，只能由人工构成。这种材料也称为超材料。由于其制作工艺难度大，直到 21 世纪初人们才逐渐构成了微波[35-37]、太赫兹波[38,39]和光波[40,41]的负折射率材料。为了实现折射率材料，最早提出的方案是采用分裂环谐振器[42]，从而实现负的磁导率和折射率。但这种方法不是用分裂环谐振器合成材料参数，从而大幅增大了工作带宽。特别是这种方法构成的单元若用分立元件支撑，并通过传输线连接起来，体积就会大。使用印刷元件可以使平面超材料的工作频率从 MHz 提高到 GHz。使用变容二极管而不是电容器，有效材料的性质就可以进行动态调整。通过使用纳米蒸镀技术和离子束刻蚀技术就可以制作出光学超材料。这种方法的本质是让电感具有电容的作用，电容具有电感的作用。在正常情况下，正如我们所熟识的

$$\mathrm{j}\omega\mu_s = Z \Rightarrow \mu_s = \frac{Z}{\mathrm{j}\omega} \tag{4.19}$$

$$\mathrm{j}\omega\varepsilon_s = Y \Rightarrow \varepsilon_s = \frac{Y}{\mathrm{j}\omega} \tag{4.20}$$

这里，Z 和 Y 分别表示感抗和容抗。若设法使电感具有电容的作用，而电容具有电感的作用，则有如下的关系式：

$$j\omega\mu_s = Z = \frac{1}{j\omega C'} \Rightarrow \mu_s = -\frac{1}{\omega^2 C'} \tag{4.21}$$

$$j\omega\mu_s = Y = \frac{1}{j\omega L'} \Rightarrow \varepsilon_s = -\frac{1}{\omega^2 L'} \tag{4.22}$$

这时，介电常数和磁导率均为负值。

负折射率材料的重要用途之一就是构成超透镜，用于引出隐失波，实现宽场超分辨成像[42-44]。早在 2000 年 Pendry 就论证了相关宽场超分辨成像的方案[42]。

利用超透镜实现隐失波的宽场超分辨成像有两种方式，一种是在近场记录[43,45-47]，另一种是在远场记录[48-50]。前一种如图 4-12 所示，用银作为超材料，其厚度约为 35nm[43]。这里，样品制作在石英玻璃上，通过镀铬和离子刻蚀在石英表面形成待测样品。在银膜和样品之间引入一 PMMA(聚甲基丙烯酸甲酯)材料的间隔层，厚度约为 40nm。在超材料银膜上附有光敏材料，用来记录样品图像。样品图像的读出用原子力显微镜。这里要说明的一点是，在近场条件下，材料的电和磁的响应是解耦的，因此，对于 TM 波，只有介电常数ε是需要考虑的，银膜在 365nm 的紫外线照射下，其ε值约为−2.7，完全满足要求。当然，银膜的厚度是非常重要的参数，已有的实验证明银膜厚度一定要小于 50nm，否则耦合到银膜上的隐失波将呈指数衰减。初步的实验证明，当条带宽度为 60nm 和空间周期为 120nm 时，通过超透镜宽场成像可获得较好的调制度。近场记录的缺点是还需要利用原子力等纳米分辨扫描显微镜对获得的宽场结果进行读出，并没有赢得宽场高时间分辨的优越性。为此，近年来还在发展一种远场记录的方式。

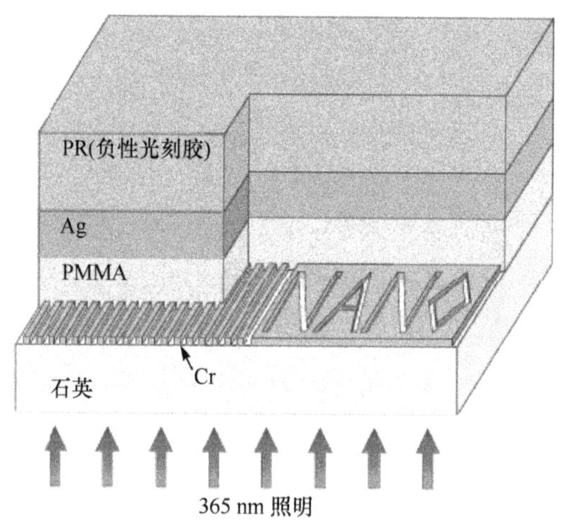

图 4-12　利用超材料在近场实现宽场成像并用光敏材料进行高分辨图像记录

要实现隐失波的远场记录，就要实现隐失波到传输波的转变。为此，必须将近场的超分辨图像放大到衍射受限的分辨率，从而就可进一步利用现有显微镜将图像放大，使其达到普通 EMCCD 等探测器可以记录的地步。人们正在通过不同的途径进行实验。其中一条途径如图 4-13 所示[51]，样品仍用铬膜制成。能形成放大图像的超透镜由银和氧化铝形成的圆柱形多层膜构成，这些膜层沉积在事先加工好的石英衬底上。这些各向异性的超材料的径向和切向的介电常数的符号是不一样的。波长为 365nm 的光一旦照射样品后，散射的隐失波进入各向异性介质并沿径向传播。由于角动量守恒，当波向外传播时，切向波矢逐渐受到压缩，从而导致在超透镜外边界一个放大的像。一旦放大到超过衍射极限的程度，就可以用普通的光学显微镜成像。在这一实验中，铬膜厚度为 35nm，相邻线条的间距为 150nm。当放大的图像达到 350nm 时，就可以用普通显微镜成像了。显然，这种方法在原理上进行实验是可以的，但实际应用尚有困难。

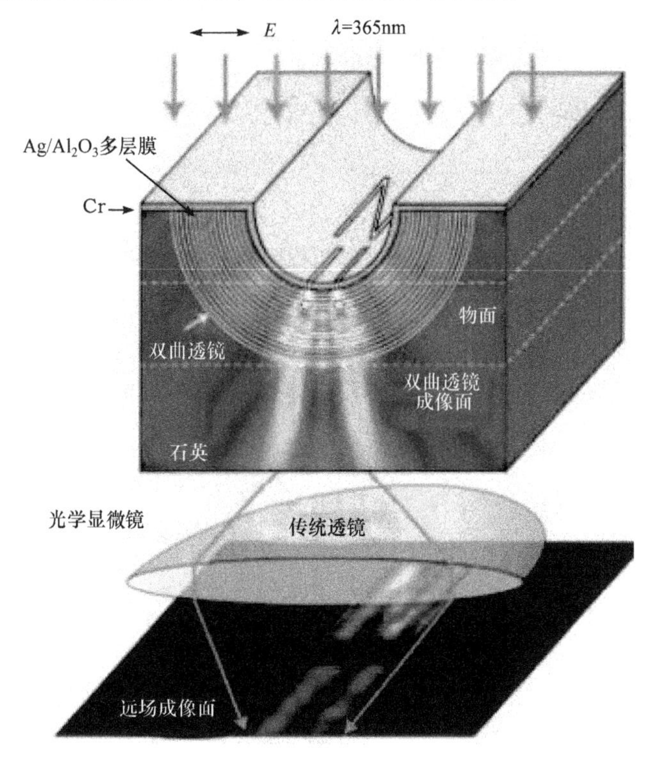

图 4-13　远场照明超透镜远场探测的超分辨全场光学显微镜工作原理示意图

实现隐失波远场记录的另一种方案如图 4-14 所示[52]，它是将利用银制成的亚波长光栅直接置于超透镜之上而构成的。经样品散射的隐失波首先由超透镜增强，再通过亚波长银光栅转换为传输波，利用这样的系统在远场可获得超衍射极限的高空间分辨率。上述的两种超透镜尽管结构有所不同，但它们都是由银和介质多层膜构成的，理论分析表明，为通过等离子体波获得隐失波的增强效应，要求金属银和所用介质的介电常数的绝对值应近似相等。为了利用亚波长银光栅获得二维图像，则需要旋转远场超透镜的走向，例如，每旋转 30°获取一幅图像，利用已获得的源图像经过数据处理则可获得二维超分辨图像。这种方案目前还是一种设想，还未获得相应的实验结果。

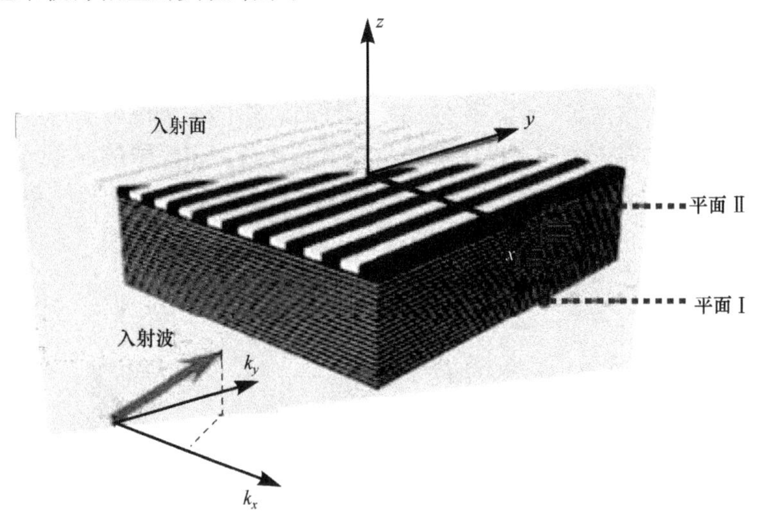

图 4-14　远场照明亚波长光栅和超透镜构成的远场探测超分辨全场光学显微镜原理示意图

最后要提起注意的是，上述的远场照明超透镜全场探测的方法不像前三种方法那么成熟，已获得实际的应用，这种方法直到目前还在发展之中，还未投入应用，今后还有很大的发展空间。

4.3　扫描电子显微镜

在三维纳米成像中，我们已介绍了透射电子显微镜，由于在样品中信息载体电子存在严重的散射效应，它只能用来对薄样品进行三维 CT 成像或二维透射成像。这里我们介绍的扫描电子显微镜只是用来对厚样品表面形貌成像。最早研究扫描电子显微镜的是与 Ruska 一起研究透射显微镜的 M. Knoll，早在 1935 年他就建立了国际上第一台扫描电子显微镜[53]，提出用待测样品表面发射的二次电子(SE)作为记录信号。由于他的系统没有使用缩小倍率的磁透镜，扫描电子显微镜的焦斑大小直接取决于阴极发出的电子束在交叉点处电子束斑的大小，约 100μm。对扫描电子显微镜进行了早期系统研究的科学家是德国的 M. von Ardenne。为了获得纳米尺度的电子束斑，他首次引入了缩小磁透镜[54,55]，将电子枪的交叉点经磁透镜后缩小为原来的几十分之一。他还仔细研究了电子束与厚样品表面相互作用的过程，电子能量过高将会在样品中具有更大的穿透深度，并在行进的过程中不断产生二次电子和背向弹性散射电子，这些二次电子或背向弹性散射电子所形成的焦斑将远超过原来电子束斑的大小，影响空间分辨率，并提出了低压(1kV)扫描电子显微镜的方案。他还在实验室建立了扫描电子显微镜装置，测得的空间分辨率为 50～100nm。他被称为“扫描电子显微镜之父”。遗憾的是他所建立起来的系统在 1944 年的空袭中被完全摧毁了。之后扫描电子显微镜又在美国和英国剑桥大学发展起来，其代表人物包括 V. K. Zworykin 和 C. W. Oatley。V. K. Zworykin 的主要贡献是将场发射引入扫描电子显微镜[56]，C. W. Oatley 的主要贡献是使扫描电子显微镜的性能和控制更接近于应用，并使其实现商品化[57-59]。因此，有人称 C. W. Oatley 是“商品化扫描电子显微镜之父”。下面主要讨论一下与扫描电子显微镜有关的特有问题。

4.3.1 扫描电子显微镜中电子与样品的相互作用

在第 3 章讨论透射电子显微镜时已谈到电子与样品的相互作用，在那里只涉及薄样品，所记录的电子信息只涉及弹性散射，情况相对比较简单。一般来说，扫描电子显微镜要记录厚样品表面形貌信息，所涉及的电子与样品的相互作用问题要复杂得多。这种相互作用不仅决定了所获得的信息的物理含义，还与系统的空间分辨率、图像质量密切相关。为了讨论方便，我们有必要首先搞清楚扫描电子显微镜工作状态下电子与样品相互作用的有关问题。扫描电子显微镜与透射电子显微镜工作模式的不同之处是透射电子显微镜是直接获得样品的宽场透射图像，扫描电子显微镜则是将电子束聚焦为尽可能小的束斑，通过将其在样品表面逐点扫描获得样品表面的形貌图像。聚焦电子束与样品表面的相互作用实际上是聚焦电子束与样品表面的电子和原子核的相互作用。与样品中电子作用的结果将产生二次电子，与样品中原子核作用的结果将产生弹性散射电子。扫描电子显微镜所记录的信息就是二次电子或/和弹性散射电子[60,61]。

扫描电子显微镜聚焦电子束与样品是如何相互作用的呢？难道只与样品表面相互作用吗？下面我们就来讨论这些问题。为了获得足够小的电子束聚焦束斑以获得足够高的样品表面形貌空间分辨率，根据德布罗意物质波理论，电子束中的电子应具有足够高的能量，一般在 1～30keV，有的甚至达到透射电子显微镜的电子能量，如 100keV。实验表明，当高能电子与样品作用时，高能电子将视其能量大小和样品密度的不同穿过一定的深度，并由于二次电子和弹性散射电子方向的不确定性，它们还将向周边运动。实验和理论分析表明[62-65]，每一种样品对入射的高能电子视其能量的不同具有确定的制动能量，用 dE/ds 表示，单位为 eV/Å, 表示电子在样品中不论在什么方向，每通过 1Å 的距离能量的损失。该值大小与电子本身所具有的能量大小和样品所包含的元素及密度有关。图 4-15 给出碳的制动能量的实例，不同能量的电子将具有不同的制动能量。值得注意的是，这里所说的电子能量是指其在遭制动时的能量。为了确定具有不同能量的电子束在样品中的散射范围，利用实验获得的图 4-15 所示的制动能量和下述积分方程，则可求出电子在样品中的运动范围：

$$R_B = \int_{E_{\min}}^{E_0} \left[\frac{1}{-\frac{\mathrm{d}E}{\mathrm{d}s}} \right] \mathrm{d}E \tag{4.23}$$

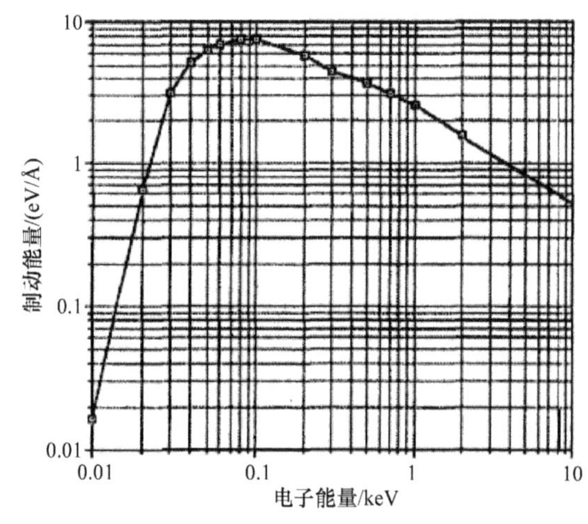

图 4-15　不同能量的电子束在碳中的制动能量

如果已知不同材料在不同电子能量下的制动能量曲线，如图 4-15 所示，则可求出不同入射电子能量下的电子运动范围。由 Al、Cu、Ag、Au 的电子制动曲线则可求出它们各自在不同入射能量下的运动范围。图 4-16 给出了相应的计算结果。从中可以看出电子在样品中的运动范围大小，对同种材料而言，与 $E^{5/3}$ 成正比。

为了求出电子在样品中的运动范围，我们可以对其行为进行蒙特卡罗模拟，得到电子在样品中的运动轨迹和运动范围，如图 4-17 所示。从图 4-16 和图 4-17 可知，只有入射电子能量在 1keV 左右时，分辨率可达数纳米，约与入射电子束斑大小相当。当入射电子能量高达 10keV 以上时，对厚样品而言，电子在样品中的运动范围远超过电子束斑点大小。

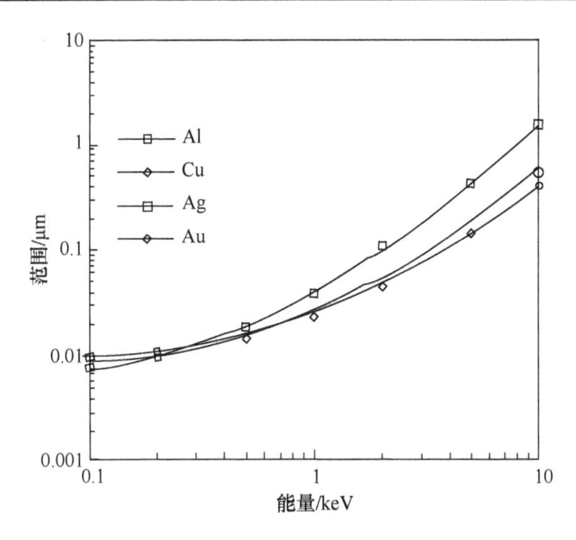

图 4-16　由不同材料的制动能量曲线通过积分得到的不同入射电子能量下的电子运动范围

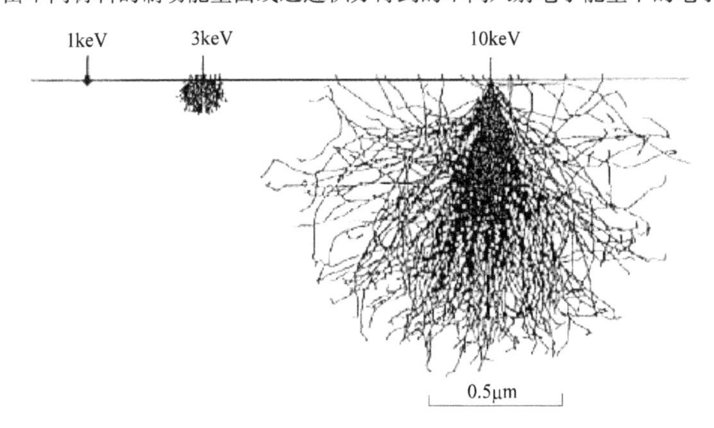

图 4-17　不同入射电子能量下电子在样品中的运动范围蒙特卡罗模拟

人们还对产生二次电子和弹性散射电子运动范围进行了模拟，其结果如图 4-18 所示。从中可以看出，由于二次电子能量低，只有样品表面或表面附近产生的二次电子才会被探测器收集到，在样品较深处产生的二次电子会有一部分在样品中消失。但背向弹性散射电子的情况则不同，由于其能量较大，即使在样品一定深度处产生的背向弹性散射电子也会被探测器接收。可见，对厚样品而言，背向弹性散射电子所确定的空间分辨率会远低于入射点束斑所确定的空间分辨率。二次电子所确定的空间分辨率会好一些，但如果没有采取必要的措施，空间分辨率也会大大低于入射电子束斑所确定的空间分辨率，图 4-19 给出入射电子能量分别为 1keV 和 20keV 下所得到的点扩展函数示意图。在入射电子能量为 1keV 时，电子束斑直径只有数纳米，而当入射电子能量高达 20keV 时，空间分辨率降低到亚微米量级。

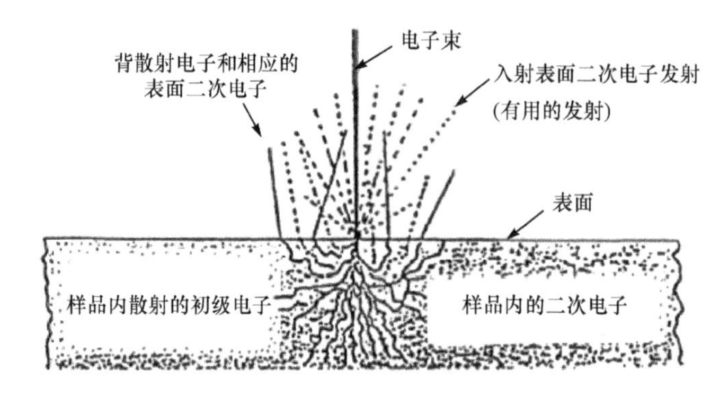

图 4-18　电子束与样品相互作用及相互作用产生的二次电子和弹性散射电子模拟

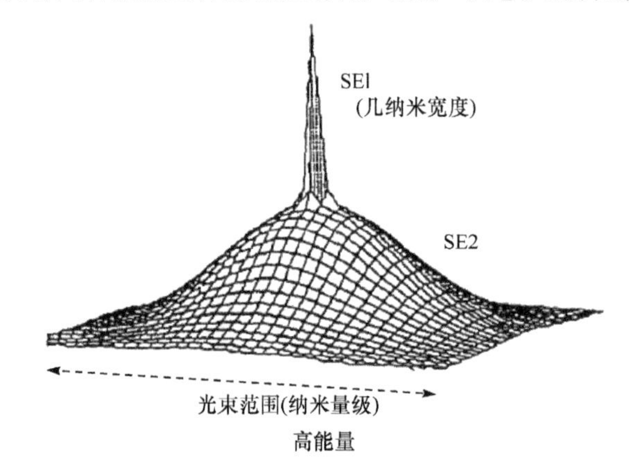

图 4-19　入射电子能量分别为 1keV 和 20keV 下所得到的点扩展函数示意图

由上所述可知，利用聚焦电子束扫描样品表面所获得的表面形貌空间分辨率，只有在电子能量在 1keV 左右时才由电子束斑大小确定；随着入射电子能量的提高，尽管入射电子斑仍保持不变或更小，但由于电子束与样品相互作用的结果，空间分辨率会明显降低。不论利用二次电子还是利用背向弹性散射电子作为信息载体，空间分辨率均会明显降低，尽管利用二次电子的情况会好一些。

4.3.2　扫描电子显微镜的构成特点

扫描电子显微镜与透射电子显微镜一样，也由电子枪、聚焦系统、样品台、探测系统和真空系统等几部分组成。但是由于扫描工作模式带来的特点，扫描电子显微镜上述的各部分又与透射电子显微镜有所不同。下面我们就来讨论它的构成特点。

1. 电子枪

对于薄样品而言，扫描电子显微镜的工作电压可高至像透射电子显微镜一样[65,66]，这时的空间分辨率只与电子显微镜的各种像差有关，如下式所示：

$$\delta = 0.78C_s^{1/4}\lambda^{3/4} \tag{4.24}$$

所用的电子枪与透射电子显微镜一样，只是聚焦系统采用 1/100～1/50 的缩小倍率，使入射到样品上的电子束斑尽可能小，例如，小于 10nm，甚至小于 1nm。当然，也可特殊设计电子枪[67]，通过采用场发射电子枪，提高阴极发射亮度，缩短成幅时间和改善空间分辨率。利用这种改进的系统，空间分辨率早在 1970 年就达到 0.5nm，至今仍是扫描电子显微镜获得的最好结果。

但是，本章介绍的扫描电子显微镜主要是要获得厚样品表面形貌的纳米分辨图像。由 4.3.1 节的讨论可知，对扫描电子显微镜而言，若样品较厚，只要入射电子束能量超过 1～1.5keV，入射到样品中的电子运动范围就会大于入射束斑的大小，空间分辨率就会降低。这就是说，我们应当发展低压扫描电子显微镜，即发展低压电子枪。但是，随着电压的降低，式(4.24)将不再适用，束斑大小受球差和衍射像差的影响，更为突出的是色差的影响。另外，随着电压的降低，由阴极发出的电流将受到空间电荷饱和效应的限制，并由于空间电荷效应，电子束在空间上将会被展宽，不仅不利于空间分辨率的改善，还使电子收集效率大大下降，其值不到高压时的 1%，显然这是无法接受的。正如我们已知，若透射电子显微镜阴极发射亮度为 $10\text{A}/(\text{cm}^2 \cdot \text{sr})$，对于扫描电子显微镜而言，由于宽场成像变为点扫描成像，阴极发射亮度应提高 10^6 量级，也即其亮度应达到 $10^7\text{A}/(\text{cm}^2 \cdot \text{sr})$，这不是通常用的热发射阴极所能达到的。因此，对低压扫描电子显微镜而言，我们必须发展新的阴极和设计新的电子枪结构[68,69]，使阴极亮度获得大幅提高，并使电子枪聚焦系统的色差和球差减小，满足应用对扫描电子显微镜分辨率、对比度和信噪比的要求。

关于低压扫描电子显微镜的阴极首先想到的就是场发射阴极，它不仅可提供高的亮度，还具有小的电子初能量，这对减小电子枪的色差是有利的；尤其重要的是，它要求在发射尖端处具有足够高的场强，这使低压电子枪的球差较使用热阴极时大幅度降低，并可减小空间电荷效应的影响。为此，人们发展了热场发射阴极、肖特基(Schottky)场发射阴极和冷场发射阴极[70-72]。发展最成功的热场发射阴极是 ZrO/W 阴极，即将〈100〉W 加工成 W 尖，并在其上生成一层 ZrO，使 W 表面的逸出功由 5.8eV 减小到 2.5eV，加温到 1800K，形成很好的热场发射阴极，发射电流可达 30nA，并具有很好的稳定性，工作寿命可大于 5000h。热场阴极的另一个优点是对真空度要求较低，比通常的 LaB_6 热阴极所要求的真空度还低一个数量级，利用涡轮分子泵即可满足要求。近年来，随着纳米技术的进步，已发展了多种冷场发射阴极，如碳纳米管和金刚石膜等场发射阴极，但真正可用于扫描电子显微镜的冷场发射阴极还只有发射较为稳定的〈310〉W 尖阴极。不过这种冷场发射阴极要求具有超高真空环境，通常需要采用多级离子泵才能满足要求。还有一种场发射阴极，称作肖特基场发射阴极，是在两薄膜电极之间加入一介质或半导体薄膜而形成的，它利用了肖特基效应。这种场发射阴极在低压扫描电子显微镜中的应用包括 Zr/O/W 阴极等。它与热场或冷场发射阴极的不同之处是，在阴极体的前端制作一直径约 1μm 的小平面，在其上构成肖特基结，其等效的虚源直径为 20nm 左右，产生的亮度可达 1.6×10^8A/sr。

低压电子枪要解决的另一个问题是设计低压电子光学系统。由于采用了场发射阴极，阴极附近的场强很高，从而减小了阴极附近的空间电荷效应，还使球差明显减小。电子初能量是热发射的 1/2 或更低，这有利于色差的改善。尽管如此，还是要注意精心设计电子枪电子光学系统。通常采用三电极静电聚焦系统，即阴极、第一和第二阳极。第一阳极用于调节阴极附近的场强，第二阳极用来加速电子束。电子光学系统的设计目标主要是减小色差和衍射像差，可用下式进行评价：

$$r(C_c) = \sqrt{1.2\lambda\frac{\Delta E}{E}C_c} \tag{4.25}$$

其中，r 表示束斑大小，在加速电压确定之后，主要由色差系数 C_c 决定。当然，在设计时，还要兼顾球差。式中 ΔE 表示阴极电子初能量弥散；E 表示加速电子能量，取决于第二阳极的电压值。由式(4.25)可知，设计的目的就是减小色差系数 C_c，其量纲是长度单位，设计得好，其值可小于 0.5mm，一般在 2.5mm 左右。

2. 低压扫描电子显微镜的其他构成特点

低压扫描电子显微镜除了具有场发射阴极和低压电子枪外，其聚焦系统主要用来进一步减小入射到样品表面的束斑大小，通常可小于数纳米，与加速电压高低密切相关。若利用非轴对称校正电极，设计最好的可达 1nm 左右。聚焦系统都采用磁聚焦透镜，包括聚光镜、中间透镜和物镜。聚光镜用来聚焦来自电子枪的电子束，获得缩小的电子束斑，并使束流处于合理的状态。束流可在较大的范围内调节。由于第一和第二阳极的电压视应用可以调节，从而使虚阴极的位置发生改变，通过调节聚光镜的磁场高低适应这种变化。物镜对图像分辨率影响最大。为了使像差减小，就要合理选择物镜的焦距，一般只有几毫米。为适应短焦距的要求，其中一种设计是将样品置于物镜之内。聚焦系统中还包括偏转系统，以实现对电子束斑在样品上的扫描。偏转系统有的采用磁偏转，其分辨率更好；有的采用静电偏转，可提供更高的扫描速度。

为了获得样品表面的形貌信息，收集的信号电子可为二次电子或背向弹性散射电子。对于低压扫描电子显微镜，例如，工作电压在 1～1.5kV，收集的信号既可是二次电子，也可是背向弹性散射电子，后者还可给出重元素在表面的分布情况，所得分辨率由入射束斑大小确定。对于工作电压在 5kV 以上的情况，由于入射电子在样品中有较大的穿透深度，背向弹性散射电子弥散斑远大于入射束斑的大小，难以提供高分辨率图像。而二次电子除了在样品表面发射的，其余的由于初能量较小和发射角度较大，可设法去除，获得高分辨率的图像。当然，即使是二次电子图像，空间分辨率也会因入射电子与样品的相互作用而有所降低。

背向弹性散射电子的探测较为方便，由于电子能量较高和信号较强，可直接通过放大器接收。而二次电子初能量较小，产额又较低，需要采取特殊的措施探测。目前广为使用的方法是先将二次电子加速，由于对低压扫描电子显微镜而言，入射到样品表面上的探测电子速度较低，为加速二次电子所加的电场会影响入射电子束的聚焦效果，因此，加速二次电子的电压不能太高，所在位置应尽量远离成像系统的轴。被加速后的二次电子轰击有机转换屏，将二次电子信号转换为荧光光子，再利用光电倍增管对荧光信号进行探测。这种探测技术目前已发展得较为成熟。

由于低压扫描电子显微镜采用热场发射或冷场发射阴极，系统对真空度要求较高，尤其是冷场发射阴极对真空度要求更高。从目前真空获得和测量技术的发展现状看，这已不构成技术难题，只是一个成本问题。

低压电子显微镜发展中的一个重要问题是如何在低压下提高系统的空间分辨率。除了上面介绍的电子枪和聚焦系统的设计外，还可以利用四电极透镜等方法来消除像差。早在 1936 年德国科学家 O. Scherzer 就论证了轴对称电磁透镜的球差和色差是不能根本消除的[73]。对于低压扫描电子显微镜而言，若工作电压为 0.5～1.5kV，通过采用场发射阴极和改善色差及球差，使空间分辨率达到 2nm 左右是可以实现的，但是要进一步提高分辨率就必须采用非轴对称的电磁透镜对球差和色差进行校正。J. Zach 等在这方面做了很大的努力，使空间分辨率由 2nm 提高到 1nm[74]。

具有代表性的低压扫描电子显微镜的整体结构如图 4-20 和图 4-21 所示。一种是日本的 T. Nagatani 等在 20 世纪 80 年代发展的基于冷场发射阴极的低压扫描电子显微镜[71]，另一种是德国的 S. Beck 等在 20 世纪 90 年代发展的基于肖特基热场发射阴极的低压扫描电子显微镜[69]。T. Nagatani 发展的低压扫描电子显微镜的样品置于物镜之中，采用 W 冷发射阴极三电极电子枪，加速电压可在 1～30kV 进行调节。聚焦系统采用三个磁透镜，即聚光镜、中间镜和物镜。系统在 30kV 工作电压下束斑直径可达 0.5nm。随着电压的降低，束斑直径将明显增大。当电压为 5kV 和 1kV 时，束斑直径分别约为 1nm 和 3nm 以上。基于该设计已发展了商用低压扫描电子显微镜，实验结果表明，当电压为 30kV 和 1kV 时，空间分辨率分别达到 1nm 和 4nm，比理论结果稍有降低。该系统的缺点是要求提供超高真空环境，要使用多级离子泵。S. Beck 发展的低压扫描电子显微镜是主要针对芯片检测而设计的，工作电压 0.3～2kV，空间分辨率可高达 2nm。在 1kV 电压下，工作电流可高达 20～100nA，尽管此时空间分辨率为 50nm，但特别适合于芯片的快速检测，很受欢迎。这种低压电子显微镜的另一个突出的优点是可对绝缘材料、半导体和生物样品自然表面进行成像，无需金属膜，不会使样品带电，并由于具有高的二次电子发射系数和高的信噪比，成像时具有可忽略的辐射破坏。所用电子枪采用肖特基热场发射阴极和三电极结构，阴极接–1kV 电压，样品接地，阳极、管 1、管 2 和管 3 以及锥 4 接 9kV，样品置于零电势。由此可知，电子束以 1keV 的能量作用于样品，但电子束从阴极发出之后，到阳极处就加速到 10keV，以如此高的能量穿过可聚焦区，只是在样品之前才减速下来。该系统用单一极靴聚光镜和单一极靴物镜实现对电子束的聚焦。由于电子束在电子柱的整个区间在 10keV 的能量下高速运动，从而很好地减小了色差、球差和衍射像差，使聚焦系统的空间分辨率获得改善。但在样品之前设置了一很短距离的减速场，很快使电子能量减小到 1keV，使入射到样品上的电子束不会与样品内的电子和原子核发生相互作用，从而保证了样品表面形貌检测的空间分辨率。该系统设计的巧妙之处还在于样品之前的管 3 和锥 4 实现了对样品表面发出的二次电子的加速，使其能量达到 9keV，实现了对二次电子的高效探测。该设计还增大了单一极靴物镜的焦距，达到 15mm，为样品的安装提供了便利。

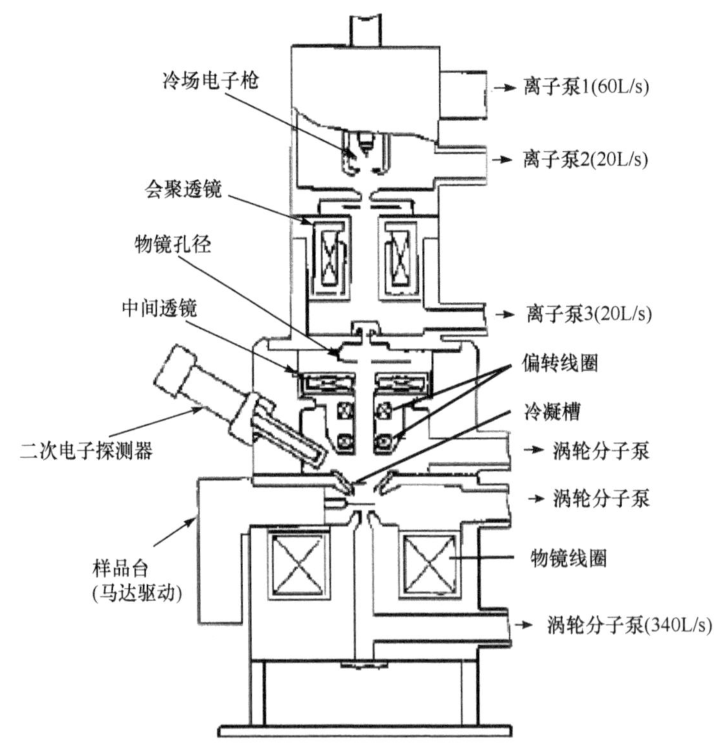

图 4-20　基于冷场发射阴极的低压扫描电子显微镜结构功能示意图

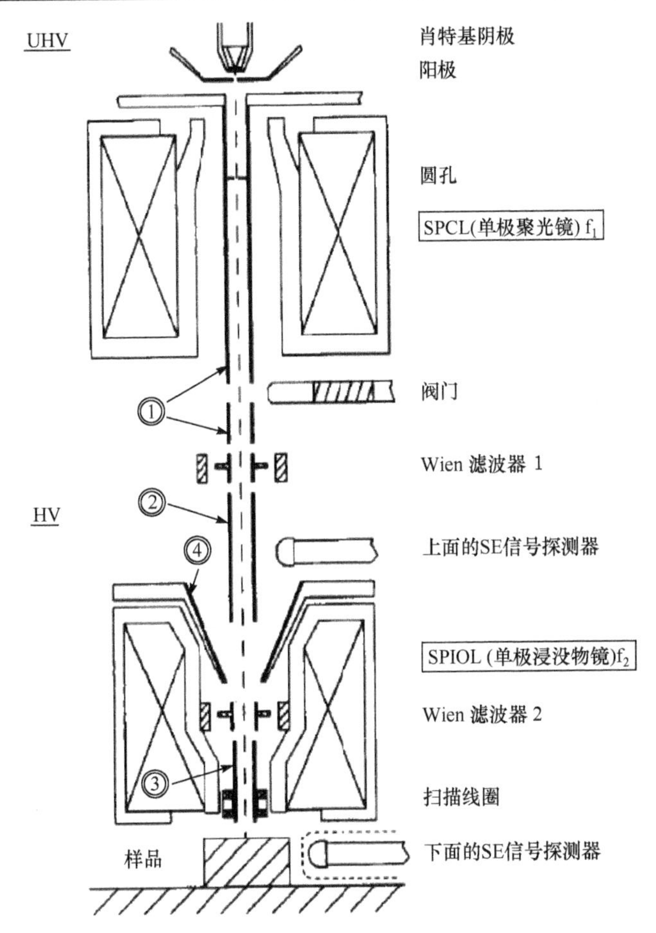

图 4-21　基于肖特基热场发射阴极的低压扫描电子显微镜结构功能示意图

参 考 文 献

[1] Josephson B D. Possible new effects in superconductive tunneling. Phys. Lett., 1962, 1(7): 251-253.

[2] Binnig G, Rohrer H. Scanning tunneling microscope:US patent 186923. 1980-09-12.

[3] Binnig G , Rohrer H, Gerber C, et al. Surface studies by scanning tunneling microscopy. Phys. Rev. Lett., 1982, 49(1): 57-61.

[4] Binnig G, Quate C F. Atomic force microscope. Phys. Rev. Lett., 1986, 56(9): 930-933.

[5] Smith D P E, Bryant A, Quate C F, et al. Images of a lipid bilayer at molecular resolution by scanning tunneling microscopy. PNAS, 1987, 84: 969-972.

[6] Stoll E, Marti O. Restoration of scanning-tunneling-microscope data blurred by limited resolution, and hampered by 1/*f*-like noise. Appeared in Surface Science, 1987, 181: 222-229.

[7] Binnig G, Smith D P E. Single-tube three-dimensional scanner for scanning tunneling microscopy. Rev. Sci. Instrum., 1986, 57(8): 1688-1689.

[8] Okano M, Kajimura K, Wakiyama S, et al. Vibration isolation for scanning tunneling microscopy. J. Vac. Sci. Technol. A, 1987, 5(6): 3313-3320.

[9] van der Voort K G, Zasadzinski R K, Galicia G G, et al. Full temperature calibration from 4 to 300K of the voltage response of piezoelectric tube scanner PZT-5A for use in scanning tunneling microscopes. Rev. Sci. Instrum., 1993, 64(4): 896-899.

[10] https: //www.herzan. com.

[11] Arscott P G, Lee G, Bloomfield V A, et al. Scanning tunnelling microscopy of Z-DNA. Nature, 1989, 339(8): 484-486.

[12] Stolyarova E, Rim K T, Ryu S, et al. High-resolution scanning tunneling microscopy imaging of mesoscopic graphene sheets on an insulating surface. PNAS, 2007, 104(22): 9209-9212.

[13] Martin Y, Williams C C, Wickramasinghe H K. Atomic force microscope-force mapping and profiling on a sub 100-Å scale. J. Appl. Phys., 1987, 61(10):4723-4729.

[14] Shao Z, Mou J, Czajkowsky D M, et al. Biological atomic force microscopy: What is achieved and what is needed. Advances in Physics, 1996,45(1):1-86.

[15] Harley J A, Kenny T W. High-sensitivity piezoresistive cantilevers under 1000Å thick. Appl. Phys. Lett., 1999,75(2): 289-291.

[16] Park K, Lee J, Zhang Z M, et al. Nanotopography imaging using a heated microcantilever in tapping mode. IEEE the 14th International Conference on Solid-state Sensors, Actuators and Microsystems, 2007:1541-1544.

[17] Kim K J, Park K, Lee J, et al. Nanotopography imaging using a heated atomic force microscope cantilever probe. Sensors and Actuators A, 136, 2007:95-103.

[18] Somnath S, Corbin E A, King W P. Improved nanotopography sensing via temperature control of a heated atomic force microscope cantilever. IEEE Sensors J. , 2011,11(11): 2664-2669.

[19] Girard C, Dereux A. Near-field optics theories. Rep. Prog. Phys., 1996,59:657-699.

[20] Novotny L. The History of Near-Field Optics// Woft E. Progress in Optics 50. Chapter 5. Amsterdam: Elsevier, 2007: 137-184.

[21] Dereux A, Girard C, Weeber J C. Theoretical principles of near-field optical microscopies and spectroscopies. J. Chem. Phys., 2000,112(18): 7775-7789.

[22] Synge E H. A suggested model for extending microscopic resolution into the ultra-microscopic region. Phil. Mag., 1928, 6:356-362.

[23] Ash E A, Nicholls G. Super-resolution aperture scanning microscope. Nature, 1972, 237:510-513.

[24] Pohl D W, Denk W, Lanz M. Optical stethoscopy: Image recording with resolution lambda/20. Appl. Phys. Lett., 1984, 44:651-653.

[25] Lewis A, Isaacson M, Harootunian A, et al. Development of a 500 Å spatial resolution light microscope:1.Light is efficiently transmitted through $\lambda/16$ diameter aperture. Ultramicroscopy, 1984,13:227-231.

[26] Betzig E, Finn P L, Weiner J S. Combined shear force and near-field scanning optical microscopy. Appl. Phys. Lett. , 1992,60(20): 2484-2486.

[27] Diirig U, Pohl D W, Rohner F. Near-field optical scanning microscpy. J. Appl. Phys., 1986,

59:3318-3321.

[28] Harootunian A, Betzig E, Isaacson M, et al. Super-resolution fluorescence near-field scanning optical microscopy. Appl. Phys. Lett., 1986, 49:674-676.

[29] Betzig E, Isaacson M, Lewis A. Collection mode near-field scanning optical microscopy. Appl. Phys. Lett., 1987,51(25):2088-2090.

[30] Toledo R, Yang P C, Chen Y, et al. Near-field differential scanning optical microscope with atomic force regulation. Appl. Phys. Lett. , 1992 ,60(24):2957-2959.

[31] Kaupp G, Herrmann A. Chemical contrast in scanning near-field optical microscopy. J. Phys. Organic Chem., 1997 , 10:675-679.

[32] Zenhausern F, O′Boyle M P, Wickramasinghe H K. Apertureless near-field optical microscope. Appl. Phys. Lett., 1994,65(13):1623-1625.

[33] Veselago V G. Properties of materials having simultaneously negative values of the dielectric(ε) and the magnetic(μ) susceptibilities. Sov. Phys. Solid State, 1967,8(12):2854-2856.

[34] Veselago V G. The electrodynamics of substances with simultaneously negtive values of ε and μ. Soviet Phys., 1968, 10(4): 509-514.

[35] Shelby R A, Smith D R, Schultz S. Experimental verification of a negtive index of refraction. Science, 2001, 292:77-79.

[36] Shelby R A, Smith D R, Nemat-Nasser S C, et al. Microwave transmission through a two-dimensional, isotropic, left-handed metamaterial. Appl. Phys. Lett., 2001,78(4):489-491.

[37] Schurig D, Mock J J, Justice B J, et al. Metamaterial electromagnetic cloak at microwave frequencies. Science, 2006, 314: 977-980.

[38] Tao H, Landy N I, Bingham C M, et al. A metamaterial absorber for the terahertz regime: Design, fabrication and characterization. Optics Express, 2008,16(10):7181-7188.

[39] Han N R, Chen Z C, Lim C S, et al. Broadband multi-layer terahertz metamaterials fabrication and characterization on flexible substrates. Optics Express, 2011,19(8):6990-6998.

[40] Valentine J, Zhang S, Zentgraf T, et al. Three-dimensional optical metamaterial with a negtive refractive index. Nature, 2008, 455:376-380.

[41] Hao J, Wang J, Liu X, et al. High performance optical absorber based on a plasmonic metamaterial. Appl. Phys. Lett., 2010,96: 251104.

[42] Pendry J B. Negtive refraction makes a perfect lens. Phys. Rev. Lett. , 2000, 85(18): 3966-3969.

[43] Fang N, Lee H, Sun C, et al. Imaging with a silver superlens. Science, 2005, 308:534-537.

[44] Zhang X, Liu Z. Superlrnses to overcome the diffraction limit. Nature Material, 2008,7:435-441.

[45] Cubukcu E, Aydin K, Ozbay E. Subwavelength resolution in a two-dimensional photonic-crystal- based superlens. Phys. Rev. Lett., 2003,91(20): 207401.

[46] Taubner T, Korobkin D, Urzhumov Y, et al. Near-field microscopy through a SiC superlens. Science, 2006,313:1595.

[47] Lee H, Liu Z, Xiong Y, et al. Design, fabrication and characterization of a far-field superlens. Solid State Communications, 2008,146: 202-207.

[48] Durant S, Liu Z, Steele J M, et al. Theory of the transmission properties of an optical far-field superlens for imaging beyond the diffraction limit. J. Opt. Soc. Am. B, 2006,23(11): 2383-2392.

[49] Liu Z, Durant S, Lee H, et al. Far-field optical superlens. Nano Letters, 2007, 7(2): 403-408.
[50] Rho J, Ye Z, Xiong Y, et al. Spherical hyperlens for two-dimensional sub-diffractional imaging at visible frequencies. Nature Communication, 2010, 1-5:1148.
[51] Liu Z, Lee H, Xiong Y, et al. Far-field optical hyperlens magnifying sub-diffraction-limited objects. Science, 2007,315: 1686.
[52] Xiong Y, Liu Z, Sun C, et al. Two-dimensional imaging by far-field superlens at visible wavelengths. Nano Letters, 2007,7(11):3360-3365.
[53] Knoll M. Static potential and secondary emission of bodies under electron irradiation(in German). Z. Tech. Phys. ,1935,11:467-475.
[54] von Ardenne M. The scanning electron microscope: theoretical fundamentals(in German). Z. Phys., 1938,109: 553-572.
[55] von Ardenne M. The scanning electron microscope: Practical construction (in German). Z. Tech. Phys., 1938, 19: 407-416.
[56] Zworykin V K, Hillier J, Snyder R L. A scanning electron microscope. ASTM Bull., 1942, 117: 15-23.
[57] Oatley C W. Isolation of potential contrast in the scanning electron microscope. J. Phys. E: J. Sci. Instrum. , 1969, 2: 742-744.
[58] Oatley C W. The Scanning Electron Microscope. Part Ⅰ. Cambridge: The Instrument Cambridge University Press, 1972.
[59] Oatley C W. Detectors for scanning electron microscope. J. Phys. E: Sci. Instrum. , 1981, 14: 971-976.
[60] Mcmullan D. Scanning electron microscopy 1928-1965. Scanning, 1995,17: 175-185.
[61] Pawley J. The development of field-emission scanning electron microscopy for imaging biological surfaces. Scanning, 1997,19:324-336.
[62] Bethe H A. On the theory of secondary emission. Phys. Rev. ,1941,59: 940.
[63] Luo S, Zhang X, Joy D C. Experimental determinations of electron stopping power at low energies. Rad. Effects and Defects in solids, 1991, 117(1-3): 235-242.
[64] Joy D C. Monte Carlo Modeling for Electron Microscopy and Microanalysis. Oxford: Oxford University Press, 1995.
[65] Koike H, Ueno K, Suzuki M. Scanning device combined with conventional electron microscope. Proc. EMSA ,1971,29:28-29.
[66] Wells O C, Broers A N, Bremer C G. Method for examining solid specimens with improved resolution in the SEM. Appl. Phys. Lett. , 1973,23(6): 353-355.
[67] Crewe A V. The current state of high resolution scanning electron microscopy. Quarterly Rev. Biophys., 1970,3(1):137-175.
[68] Joy D C, Joy C S. Low voltage scanning electron microscopy. Micron, 1996,27(3-4): 247-263.
[69] Beck S, Plies E, Schiebel B. Low-voltage probe forming columns for electrons. Nucl. Instrum. Meth. Phys. Res. A, 1995,363:31-42.
[70] Swanson L W, Tuggle D W. Recent progress in thermal field electron source performance. Appl. of Surf. Sci., 1981,8(1-2): 185-196.

[71] Kim H S, Yu M L, Thomson M G R, et al. Energy distribution of Zr/O/W Schottky electron emission. J. Appl. Phys., 1997,81: 461.
[72] Nagatani T, Saito S. Development of an ultra high resolution scanning electron microscope by means of a field emission source and in-lens system. Scanning Microscopy, 1987, 1(3): 901-909.
[73] Scherzer O. Uber einige fehler von elektronenlinsen. Z. Phys. ,1936 ,101(9-10): 593-603.
[74] Zach J, Haider M. Aberration correction in a low voltage SEM by a multipole corrector. Nucl. Instrum. Meth. Phys. Res. A, 1995, 363: 316-325.

第 5 章　荧光纳米成像

5.1　引　　言

前面我们曾介绍了一些三维纳米成像方法，包括各种电子显微镜和各种 X 射线显微镜。不论电子显微镜涉及的物质波还是 X 射线显微镜涉及的 X 射线电磁波，其波长都小于纳米，实现纳米成像不存在突破衍射极限的问题，只要能取得相应的技术突破，就可以获得纳米分辨图像。但电子显微镜受电子在物质中的散射作用，样品厚度受到极大的限制，一般不超过数百纳米；另外，样品必须置于真空之中，为获得生物样品的三维纳米分辨图像，必须对样品进行特殊处理。X 射线对样品具有大的穿透能力，但为获得三维纳米分辨图像，对于透镜成像方案，除了工艺难度，还存在景深浅和衬度低的问题；对于无透镜的衍射方案，还存在视场等问题；至今未能获得像普通细胞这样大样品的三维纳米分辨图像。当然，X 射线显微镜还存在对生物样品损伤的问题。更重要的是，利用上述方法无法直接获得活样品的三维纳米分辨图像，更无法直接获取活样品的动态纳米分辨图像。

与上述显微镜相比，光学显微镜最突出的优点是特别适合于对生物样品的检测，可以在自然环境下实时观察生物样品，不会对生物样品造成损伤，甚至不会干扰其中发生的生物学过程，还可为研究生物样品提供多种参量的图像信息。遗憾的是光学显微镜无法提供纳米的空间分辨率。今天，为了在自然状态下研究细胞内的亚细胞结构和细胞内发生的各种分子生物学过程，实现纳米分辨是必要的。早在 1873 年 Abbe 就研究了光学显微镜衍射受限的问题[1]，即使设计最好的光学系统，衍射像差也是无法消除的。正如前面我们利用测不准原理所导出的，光学显微镜衍射受限的横向分辨率可用下式表示：

$$d_{xy} = 0.5\lambda_0 / \text{NA} \tag{5.1}$$

其中，λ_0 表示工作波长；NA 表示光学系统的数值孔径，$\text{NA} = n\sin\alpha$，n 表示物镜浸没介质的折射率，α 表示物镜孔径半角。令波长为 500nm，$\text{NA} = 1.4$，我们可求出衍射受限的横向分辨率为 179nm。光学系统的轴向分辨率会更差，可用下式表示：

$$d_z = n\lambda_0 / \text{NA}^2 \tag{5.2}$$

若 n=1.5，利用上述参数可求出轴向分辨率为 383nm。可见，即使设计得最优的光学显微镜，其空间分辨率也无法达到纳米量级。显然，这样的空间分辨率无法提供研究细胞内亚细胞结构和分子间相互作用的有关信息。

为了提高光学显微镜的空间分辨率，人们曾做了不懈的努力。首先想到的是特异性荧光标记方法，尽管它不能提供更高的空间分辨率，但它可以其特异的光谱特性提供我们感兴趣的亚细胞结构和生物大分子在细胞内所在的位置[2]，甚至可告诉我们感兴趣的生物大分子之间是否发生了化学反应[3]。早在 1957 年 Minsky 就提出共焦显微镜的基本构思[4]，全场荧光显微镜诞生得更早。为了提高荧光显微镜的空间分辨率，在 20 世纪 80 年代 Agard 和 Pawley 又分别提出了解卷积算法和使得共焦显微镜变为现实[5-7]，从而大幅改善了荧光背景，使图像质量获得显著的提高。人们曾对共焦显微镜寄予厚望，因为利用尽可能小的针孔可使空间分辨率的提高不受衍射极限的限制。遗憾的是针孔太小使十分珍贵的荧光强度信息大幅度减小，受荧光材料漂白等的限制，利用针孔提高空间分辨率在实践上是不可行的。为了提高光学系统的空间分辨率，直到 20 世纪 90 年代 Gustafsson 等在光学系统的物理设计方面下了很大的功夫[8]。尽管显微物镜的数值孔径已接近极限值,但在样品的另一方所发出的荧光却没有被利用,为此他们发展了 4Pi 显微镜，也即使用两个完全相同的物镜，置于样品的两边，从而使光学系统的数值孔径扩大了一倍。同时，利用 4Pi 显微镜还可使同一荧光分子所发出的光实现干涉，从而可进一步提高空间分辨率。另外，我们还可以将激发光分成两束，分别从两个物镜送进样品，若它们光程相同，激发光通过干涉也可提高空间分辨率。这种显微镜就是所谓的非相干干涉照明图像干涉显微镜(incoherent interference illumination image interference microscopy, I^5M)。利用上述显微镜，轴向空间分辨率可优于 100nm，但横向空间分辨率并没有获得改善。另外，这种显微镜结构过于复杂，调整十分困难，难以推广应用。还有，尽管空间分辨率可达 100nm，但对于尺寸在数纳米到数十纳米的细胞内亚细胞结构和生物大分子相互作用研究而言，空间分辨率仍显不足。当然，这种显微镜由于使用了两个物镜，致使样品厚度不能大于 10μm，从而也限制了其应用范围。

利用结构光照明和事后数据处理技术，结构光照明显微镜的横向空间分辨率可达到 I^5M 轴向空间分辨率水平，但实现起来更为容易，再与荧光饱和吸收效应结合起来则可获得纳米的空间分辨率[9]。关于这方面的进展后面我们还会作专门论述。

荧光显微镜在空间分辨率方面取得突破性进展是在 21 世纪初实现的。人们经过长期的思考，突破了单从改进光学系统入手提高空间分辨率的定向思维，转向利用荧光材料的物理特性改造点扩展函数的思路。改善点扩展函数是改善空间分辨率的基础，但点扩展函数的改善不仅可从光学系统的设计和物理光学入手，还可从传输光转向发光的荧光材料物理特性入手，这是改善空间分辨率的另一条思路。首先认识到这一点的是德国科学家 Hell，早在 1994 年他就分析了荧光发射过程和受激辐射过程的特点，提出了利用受激辐射耗尽的方法改进点扩展函数从而提高空间分辨率的途径[10]。后来的实践证明此技术途径是可行的。但这种方法与共焦显微镜类似，也是利用点扫描的方法获得整幅图像，从原理上讲，其图像获取速率不如宽场荧光显微镜；另外，为了提高空间分辨率，这种方法将原来点扩展函数外围很大区域内的荧光变成了受激辐射，一方面需要很强的受激辐射光，另一方面可以收集的荧光变弱，为获得足够多的信号荧光光子，需要更长的时间，因此更容易使荧光标记物漂白。为了实现全场荧光纳米成像，人们曾企图利用荧光的光谱特性、闪烁特性和漂白特性[11-13]，通过单分子定位的方法实现全场纳米成像。2006 年美国的三个研究小组几乎同时报道了他们获得纳米成像的结果，这就是哈佛大学的 Zhuang 研究组、医学研究所的 Betzig 研究组以及缅因州大学的 Hess 研究组[14-16]，与前面的方法相比较，他们都用了单分子定位的方法，他们的共同特点是实现了荧光分子的可控发光特性，即分别利用了荧光材料的可控光开关特性和可控光激活特性，通过分时曝光、稀疏激发、单分子定位和图像重组获得了纳米分辨图像，这就是所谓的随机光学重建显微(stochastic optical reconstruction microscopy, STORM)、光激活定位显微(photoactivation localization microscopy, PALM)以及荧光光激活定位显微(fluorescence photoactivation localization microscopy，FPALM)方法。这三种方法本质上是一样的，都采用了荧光分子可控发光特性和单分子定位的方法，从而使空间分辨率获得确定性提高。单分子定位方法早在 1988 年就被美国华盛顿大学的 Gelles 研究组用来精确确定肌动蛋白驱动的分子运动轨迹[17]。这里的一个重要进展是分子的稀疏激发可以得到人为的控制，尽管被激发的荧光分子是随机的，但稀疏的程度可受到光强的控制，从而可以在每次曝光时衍射极限允许的范围内最多只有一个荧光分子被激发、成像及定位，这样经过多次全场激发累加起来在衍射极限允许的点扩展函数范围内可以有 10^5 以上个荧光分子被分辨出来，甚至可实现 1nm 左右的空间分辨率。显然，这种方法是很有发展潜力的。但是，上述方法也有其不足之处。为了获得一幅纳米分辨图像，需要获得成千上万幅不同时刻的源图像。这就很难获得视频的纳米分辨动态图像。为此，T. Dertinger 等于 2009 年提出了超分辨光学涨落成像方法[18]，它无须对荧光分子进行稀疏激发，利用荧光闪烁的涨落性质获得源图像，通过图像处理软件实现纳米分辨。经过近几年的不断改进，已使动态纳米分辨图像获取速率提高到 10 幅/s 以上。

在荧光纳米成像方法中还包括全内反射荧光显微(total internal reflection fluorescence microscopy, TIRFM)纳米成像方法[19]。当激发光由光密介质进入光疏介质时，若入射角大于临界角，进入光疏介质的激发光深度将小于 1/2 波长，这即所谓的隐失波。在此范围内若存在荧光物质，激发光将使其产生荧光。利用这种荧光成像将会具有很好的层析能力，与其他纳米成像方法结合起来则可获得样品表面附近高质量的纳米分辨荧光图像。虽然它利用有限范围内的隐失波作为激发光，但所产生的荧光轴向范围有限。正因为如此，对研究细胞膜附近的各种生物学问题意义重大。我们也将对此方法作进一步的专门介绍。

目前，光学三维纳米成像发展的较为成熟的方法是荧光三维纳米成像，包括结构光照明和饱和吸收相结合的方法、受激辐射耗尽和基态耗尽方法、基于可控光开关和光激活的单分子定位方法以及全内反射方法。这里不仅涉及成像原理、方法和装置，还涉及荧光材料和特异性标记问题。为了叙述方便，我们在介绍上述各种荧光纳米成像时，先不涉及荧光材料和特异性标记方法，在介绍完各种方法后再单独介绍这部分内容。

5.2　结构光照明纳米成像

结构光照明最早是用来改善宽场荧光显微镜的背景和其层析能力的[20]。宽场荧光显微镜背景不好和层析能力差是由零频光造成的，它不随离焦量的变化而改变。显而易见，结构光照明使零频光不复存在，从而改善了宽场荧光显微镜的背景和层析能力。但是，我们这里引入结构光照明是为了提高空间分辨率。下面先从简单的情况入手，看如何在二维的情况下通过结构光照明和饱和吸收来提高空间分辨率，然后再来处理结构光照明下的三维纳米成像问题，其中不仅存在三维空间分辨率如何提高的问题，还存在如何解决三维成像中的锥丢失的问题[21-23]。下面就来详细讨论这些问题。

5.2.1　二维纳米成像

1. 成像原理

这里介绍结构光照明下的二维纳米成像问题，只是为了在理论上更好理解后面将要介绍的三维纳米成像，只涉及有关理论和方案，不涉及装置问题。如果一横向调制加到照明光中，可测量的空间频率将获得扩展[24,25]。下面我们就来论证这一命题。在最简单的情况下，横向调制激发光强度可用正弦结构调制来表示，若其调制度为 m，则有

$$\begin{aligned}I_{\text{ex}}(x,y)&=I_0(1+m\cos(\Delta k_x x+\Delta k_y y+\varphi_0))\\&=I_0\left(1+m\frac{\mathrm{e}^{\mathrm{i}(\Delta k_x x+\Delta k_y y+\varphi_0)}+\mathrm{e}^{-\mathrm{i}(\Delta k_x x+\Delta k_y y+\varphi_0)}}{2}\right)\\&=I_0\cdot\mathcal{F}\left(\delta(\boldsymbol{k})+\frac{m}{2}\mathrm{e}^{\mathrm{i}\varphi_0}\cdot\delta(\boldsymbol{k}-\Delta\boldsymbol{k})+\frac{m}{2}\mathrm{e}^{-\mathrm{i}\varphi_0}\cdot\delta(\boldsymbol{k}+\Delta\boldsymbol{k})\right)\end{aligned}\tag{5.3}$$

其中，I_0 表示物平面内的平均光强；Δk_x 和 Δk_y 分别表示 $\boldsymbol{k}$ 矢量的调制分量。在

实空间的函数取决于笛卡儿坐标 $\boldsymbol{r}$ 或者其坐标分量 x, y 和 z，其中 x, y 表示横坐标，z 表示轴向坐标。我们假设荧光发射强度 $I_{\text{em}}(\boldsymbol{r})$ 与激发光强度 $I_{\text{ex}}(\boldsymbol{r})$ 成正比，荧光物质的浓度用 $D(\boldsymbol{r})$ 表示，这时上述三个量之间的关系可表示为

$$I_{\text{em}}(\boldsymbol{r}) = D(\boldsymbol{r}) I_{\text{ex}}(\boldsymbol{r}) \tag{5.4}$$

这时它们的傅里叶变换则可表示为

$$\mathcal{F}(I_{\text{em}}(\boldsymbol{r})) = \mathcal{F}(D(\boldsymbol{r})) \otimes \mathcal{F}(I_{\text{ex}}(\boldsymbol{r})) \tag{5.5}$$

因为在傅里叶空间 $\mathcal{F}(I_{\text{ex}}(\boldsymbol{r}))$ 有三个分离的峰值，在傅里叶空间的发射强度结构将是物的傅里叶变换与上述三个 δ 函数的卷积，即

$$\mathcal{F}(I_{\text{em}}(\boldsymbol{r})) = \mathcal{F}(D(\boldsymbol{r})) \otimes \left(\delta(\boldsymbol{k}) + \frac{m}{2} \mathrm{e}^{\mathrm{i}\varphi_0} \cdot \delta(\boldsymbol{k} - \Delta\boldsymbol{k}) + \frac{m}{2} \mathrm{e}^{-\mathrm{i}\varphi_0} \cdot \delta(\boldsymbol{k} + \Delta\boldsymbol{k}) \right) \tag{5.6}$$

它们的相位取决于激发光的相位 φ_0。荧光显微镜的非相干成像过程导致成像结果为系统点扩展函数 $\mathrm{PSF}(\boldsymbol{r})$ 与荧光发射强度分布函数 $I_{\text{em}}(\boldsymbol{r})$ 的卷积。这时所探测到的荧光强度 $I_{\text{det}}(\boldsymbol{r})$ 在傅里叶空间可写作荧光发射强度的傅里叶变换与光学传递函数的乘积，即

$$\begin{aligned}
\mathcal{F}(I_{\text{det}}(\boldsymbol{r})) &= \mathcal{F}(I_{\text{em}}(\mathbf{r}))\mathrm{OTF}(\boldsymbol{k}) \\
&= (\mathcal{F}(D(\boldsymbol{r})) \otimes \mathcal{F}(I_{\text{ex}}(\boldsymbol{r})))\mathrm{OTF}(\boldsymbol{k}) \\
&= (\mathrm{OTF}(\boldsymbol{k}) \otimes \mathcal{F}(I_{\text{ex}}(\boldsymbol{r})))\mathcal{F}(D(\boldsymbol{r})) \\
&= \left(\mathrm{OTF}(\boldsymbol{k}) \otimes \left(\delta(\boldsymbol{k}) + \frac{m}{2} \mathrm{e}^{\mathrm{i}\varphi_0} \cdot \delta(\boldsymbol{k} - \Delta\boldsymbol{k}) + \frac{m}{2} \mathrm{e}^{-\mathrm{i}\varphi_0} \cdot \delta(\boldsymbol{k} + \Delta\boldsymbol{k}) \right) \right) \mathcal{F}(D(\boldsymbol{r}))
\end{aligned} \tag{5.7}$$

这里的 $\mathrm{OTF}(\boldsymbol{k})$ 在傅里叶空间占据一不为零的有限区间，我们称其为光学传递函数的支持区间。支持区间大小确定了系统的分辨率。如式(5.7)所示，$\mathrm{OTF}(\boldsymbol{k})$ 与三个 δ 函数的卷积使得可探测的空间频率得以扩展。为了进一步将问题说清楚，我们用图 5-1 予以说明。其中，(a)表示一般荧光显微镜在傅里叶空间的支持区间，这一区间相对光轴(即关于 k_z)是旋转对称的。(b)表示光栅投影到物上的入射光的 OTF 结构，在傅里叶空间是三个彼此分离的空间频率。(c)表示在结构光照明下整个系统的 OTF 支持区间，它是上述(a)和(b)的卷积。图 5-1(c)的范围取决于照明图案所包含的空间频率。图 5-1(c)利用 $\Delta k_{\max}$ 给出了可探测的横向最高空间频率。利用透过物镜的空间调制光图案可以扩大 OTF 的横向支持区间，如果空间调制照明图案的最高空间频率等于物镜允许的最高空间频率，这时频率的扩展因子为 2。事实上，由于激发光波长短于荧光波长，频率扩展因子可略大于 2。

这里要说明一点的是，对于荧光目标而言，光学显微镜可以探测到的最高空间频率仍受衍射极限的限制，如何能探测到 2 倍于衍射极限的横向空间频率呢?

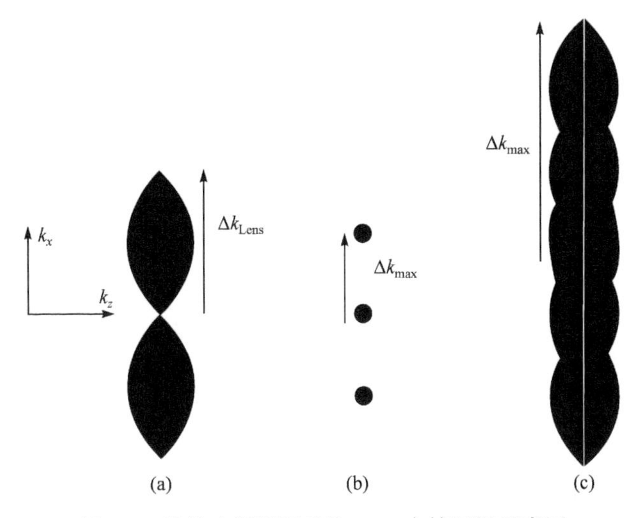

图 5-1　结构光照明下系统 OTF 支持区间示意图

这里利用了莫尔条纹效应。下面还会就此作进一步分析。

为了实现结构光照明，最简单的方法就是使用相位光栅，只使照明光的零级和正负一级通过它。当其通过物镜照射到样品上时，就形成了正弦调制照明光源，其调制度取决于光栅质量和物镜的光学传递函数。光栅周期的极限取决于物镜的最高横向空间分辨率。物镜的数值孔径一定要确保光栅的正负一级衍射光通过。系统的其他部分与宽场荧光显微镜相同。

结构光照明荧光显微镜并不能直接获得目标的图像，在工作原理理解的基础上如何获得超衍射极限分辨的荧光图像将是我们下面要重点讨论的问题。其基本思路是由获得的源图像求得真实图像傅里叶空间的有关信息，再进行傅里叶逆变换后得到目标的真实图像。其中的主要难点是为了实现图像重建如何由测量所得数据分离出不同的照明频率分量，并使它们以正确的相位位移到傅里叶空间的中心位置。原理上讲，由三幅线性独立的源图像通过求解相关的方程组就可将数据重建出来。然而，我们并不知道源图像的初始相位，因此利用具有确定相位差的四幅源图像进行数据重建，更为妥当。其他三幅源图像与第一幅源图像的相位关系可适当选取，这里相对第一幅源图像相位每改变π/2 取一幅图像。这样选取的结果是我们无须求解方程组就可由源图像通过一定的程序求得目标的真实图像。

下面介绍的方法包括数据准备和重建两个大的步骤。在数据准备阶段，首先将获取的第一幅源图像作为目标的参考图像。所有其他三幅图像都要进行位移，从而使它们的目标位置与参考图像的目标位置相一致。这是基于傅里叶空间的算法进行的。每一幅源图像与参考图像的互相关的最大质心位置产生一位移矢量 $\boldsymbol{x}$，它具有亚像素的精度。这种方法之所以非常精确，是因为图像主要由光栅的零阶衍射确定。图像的位移是通过图像的傅里叶变换与 $\exp(\mathrm{i}\boldsymbol{kx})$ 相乘后再变换到实空间而得以实现的。另外，对于由漂白造成的不同比率和不同的偏离也可进行自动校正。获得每幅源图像时光漂白的情况是不一样的。为了对此校正，可将参考图像和将要校正的图像在傅里叶空间对空间频率大于最大频率10%的那些频率的能量的平方求和，通过求解这些能量比的平方根就可确定它们的漂白比值。通过调节零频的值校正图像的偏离从而与参考图像零频的值相匹配。还要注意的是正弦照明光将导致在傅里叶空间的三个分离的频率点。这些点在傅里叶空间与目标的傅里叶变换是卷积的关系。在傅里叶空间，荧光发射结构需与探测系统的OTF相乘，该OTF在傅里叶空间中心区有最大值，然后衰减直到截止频率。在重建的过程中，目标结构在傅里叶空间的每个组成部分都要以正确的相位位移到均匀照明所确定的位置。

在数据重建阶段，按照上面的考虑选取四幅源图像，相邻两幅的相位差为π/2。第一步，首先将180°处的图像减去0°的图像。这样做的结果，在傅里叶空间零阶衍射就给消除了，这时我们就可看到两边的峰值。通过在傅里叶空间去除高频分量还可以去除CCD的一些缺陷和高频噪声。第二步，从90°的图像中减去270°的图像，这样就产生了90°的相移结果。第三步，将第二步得到的结果乘以复常数i，再将所得结果从第一步所得结果中减去。这样做的结果将使傅里叶空间只有一个峰值以及物结构与显微镜OTF的乘积。第四步，将实空间的图像乘以$\exp(\mathrm{i}\boldsymbol{kx}+\phi_0)$以实现傅里叶空间图像的位移，其中$\boldsymbol{k}$与光栅常数及其方向有关。相位$\phi_0$值的确定要使位移图像的零频峰值为正的实数，它取决于参考图像(0°图像)照明光的初始相位。第五步，在实空间将上述图像的复共轭图像与其本身相加，这样得到的图像就是在横向一个方向上空间分辨率获得改善的实值图像。但是由于低频抑制的结果，图像中可能会出现负值以及过估计的类边缘结构。

在结构光照明下如何由实验获得的源图像求得目标的真实图像还有其他方法，如直接求解方程组的方法，但原理上不会有大的差别。这里要特别强调的是，在图像重建之前必须要完成必要的数据准备工作，否则所得到的重建图像会有较大的失真，甚至达不到有效提高空间分辨率的目标。

2. 利用饱和吸收效应突破衍射极限

由上面的分析可知，结构光照明对于分辨率的提高，关键在于激发光的结构光照明图案中所含有的最大空间频率。由于激发光图案中的空间频率同样受到衍射极限的限制，所以这种方法使得横向空间分辨率提高为约2倍的衍射极限。为了进一步提高横向空间分辨率，就需要引入非线性效应。除了激发光源的功率不同，线性结构光照明和非线性结构光照明方法所采用的实验装置是一样的。所谓线性结构光照明显微，指的是荧光强度与激发光强度是一个正比的关系。在这个条件下，它能获得约2倍于衍射极限的横向空间分辨率。受这个方法的启发，如果可以间接提高结构光的空间频率，就可以获得更高的分辨率。虽然结构光图案本身的空间频率受限于系统的OTF，但是利用荧光强度和激发光强度的非线性关系，例如荧光分子在高强度激发光的作用下产生的激发态饱和吸收这种非线性效应，就可以使得结构光照明下的实际荧光图像的边缘变得更陡峭，也即所发射的荧光包含激发光图案频率的更高阶谐波，利用这一特性就可以获得理论上几乎无限的横向空间分辨率[26,27]。

在不考虑三线态的情况下，第一激发态发射的荧光为

$$I_{\text{em}} = D\frac{k_f\psi_{\text{ex}}}{\dfrac{1}{\sigma\tau}\psi_{\text{ex}}} \tag{5.8}$$

其中，D 为荧光分子浓度；k_f 为辐射速率常数；σ 为吸收截面；τ 为荧光寿命；ψ_{ex} 为激发光的光子流密度，正比于激发光强度 I_{ex}。

如图 5-2 所示，当激发光强度较低时，荧光辐射与激发光强度呈线性关系。在激发光作用下，每个荧光分子在荧光寿命时间范围内平均来说只产生一个荧光光子。随着激发光强度的提高，荧光强度不再与激发光强度呈线性关系，最后当激发光强度增大到一定程度时，荧光分子达到饱和吸收的程度。此时，荧光强度只与荧光分子本身性质有关，而与激发光强度无关。这就是所谓的非线性激发。因此，此时的结构光照明被称为饱和图案激发显微(saturated pattern excitation microscopy, SPEM)或饱和结构光照明显微(saturated structured illumination microscopy, SSIM)。此时，将式(5.8)进行幂级数展开

$$I_{\text{em}} = Dk_f\sum_{i=0}^{\infty}-(-\sigma\tau)^i\psi_{\text{ex}}^i = D\sum_{i=0}^{\infty}c_iI_{\text{ex}}^i \tag{5.9}$$

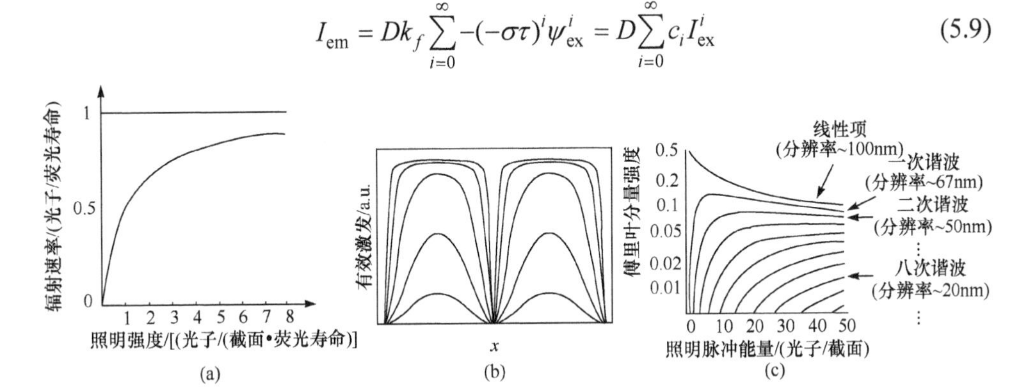

图 5-2　非线性现象图解[27]

(a)高激发光强度照明下的饱和效应及所产生的荧光高次谐波分量；(b)从下至上表示激发光强度为 0.25，1，4，16，64 倍饱和吸收阈值条件下有效的激发图案分布；(c)不同谐波的强度随着激发光脉冲能量的变化情况

由式(5.9)可以看出，I_{em} 与 I_{ex} 不再是一个简单的正比关系，在频域空间则可以表示为

$$
\begin{aligned}
I_{\mathrm{em}}(k) &= D(k) \otimes \mathcal{F}\left(\sum_{i=0}^{\infty} c_i I_{\mathrm{ex}}^i\right) \\
&= D(k) \otimes Em(k) \\
&= c_0 D(k) + c_1 \exp(\pm \mathrm{i}\varphi) D(k \pm k_0) + c_2 \exp(\pm \mathrm{i}2\varphi) D(k \pm 2k_0) + \cdots
\end{aligned}
\tag{5.10}
$$

在同样正弦图案结构光照明的情况下，$I_{\mathrm{ex}}(x) = I_0[1+\cos(k_0+\phi)]$，由于上述的非线性存在，荧光发射能力分布图案中不仅含有激发光图案频率k_0，而且含有一些高阶的谐波成分$2k_0, 3k_0, \cdots$，且随着激发光强度的增加，可探测的谐波成分相应增加。传统显微镜可探测的频域空间用图 5-3 中的实心圆表示。在强激发光照明下，由于这些高阶的谐波成分的产生，在传统显微镜中超过 OTF 可探测频率的那些样品信息如图 5-3 所示，位于可探测的频域空间两侧的圆形区域内的信息可以进入 OTF 可探测范围。

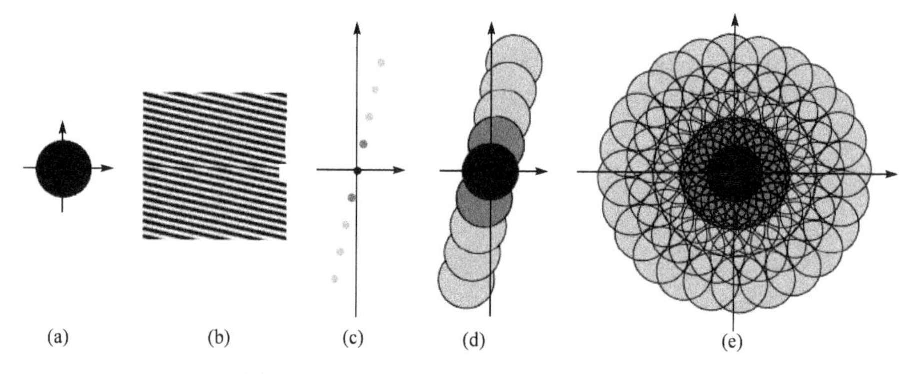

图 5-3　SPEM 提高分辨率的原理示意图[26]

(a) 系统 OTF 决定的可分辨范围；(b) 产生非线性效应的正弦图案结构光照明；(c) 频域空间的荧光发射能力分布；(d) 在该方向上对 OTF 可分辨范围的扩展；(e) 多个方向结合获得扩展了的系统可分辨频域范围

同样，与线性结构光照明中类似，需要采用移相法来分离出多个频域分量：$D(k), D(k+k_0), D(k-k_0), D(k+2k_0), D(k-2k_0), \cdots$。这些频域分量分离出来后，从中重构出超分辨图像还需要进行频移和傅里叶逆变换。而且为了获得最佳的重构效果，需要求出与结构光图案相关的几个参数，即精确的波矢 $\boldsymbol{k}_0$、调制度及精确的相位ϕ。分析分离出的这些频域分量，可以看到，$D(k), D(k\pm k_0), D(k\pm 2k_0), \cdots$相互之间包含相同的频域成分。以$D(k)$、$D(k\pm k_0)$为例，这些频域分量的重合区域包含相同的样品信息，根据式(5.10)，我们知道后者相对于前者来说发生了频移($\pm k_0, \pm 2k_0, \cdots$)和相移(乘以$\exp(\mathrm{i}\phi)$)，而且探测光路的作用不同(乘以 OTF)。这些结构光图案参数可以通过频域分量的重合部分进行比较得到。获得这些参数后，将所有频域分量移至正确的位置，得到扩展了的频域数据，即分辨率获得了提高。通过旋转光栅，可以获得更多方向的高频信息，如图 5-3(e)所示。由于理论上可以产生无限高阶的谐波，因此理论上这种方法可以获得几乎无限的横向空间分辨率。然而从图 5-2 非线性图解(c)中可以看到，非线性效应带来的谐波分量强度与激发光脉冲强度有关，而且谐波分量对应的频率越高，强度越低，如果这些谐波分量和样品作用后产生的信息的信号强度低于探测器的噪声电平，就不能被探测，因此也就无法获得由这些谐波分量所携带的样品高频信息。

但是需要指出的是，采用 SPEM 的成像方法虽然可以显著地提高系统的空间分辨率，但是必须建立在更多幅源图像采集的基础上。例如，要利用三次谐波分量，必须进行 2×3+1=7 幅图像来获得一个频域方向上的样品信息。若采用一维光栅，要获得整个二维频域空间的样品信息，则还需进行光栅的多次旋转，因此会在一定程度上影响成像速度。

3. 莫尔条纹在纳米成像中的应用

设有两个光栅，一个光栅的周期为 a，另一个光栅的周期为 b，将两个光栅以角度 θ 叠加起来，如图 5-4 所示。这时我们将会发现在虚线所示的方向也出现许多平行线，并且随着 θ 的减小，这些平行线中的线条在加宽，这就是我们说的莫尔条纹[28,29]，它是由条纹几何叠加而产生的。我们可以根据它们的几何关系，直接求出虚线所示的条纹宽度 d 和图示的 φ：

$$\begin{aligned} d &= ab/(a^2+b^2-2ab\cos\theta)^{\frac{1}{2}} \\ \sin\varphi &= b\sin\theta/(a^2+b^2-2ab\cos\theta)^{\frac{1}{2}} \end{aligned} \tag{5.11}$$

由式(5.11)可知，θ 越小，d 越大，当 θ 为零时，也即 a 和 b 平行时，d 取得最大值，这时 φ 也为零。我们最感兴趣的是 $a=b$ 的情况，这时，

$$d = a/(2\sin(\theta/2)) \tag{5.12}$$

当 θ 趋近于零时，d 则趋近于无穷大。利用这种方法我们就可以方便地测量出光栅的周期 a。

在结构光照明超分辨成像中，照明光栅周期与产生的荧光周期是一样的，不论产生的荧光是线性激发还是饱和激发，不论产生的荧光是否具有高阶谐波，只要其周期等于照明光源周期，由于它们同向，上式 θ 将等于零，d/a 将等于无穷大，这时原理上讲，高分辨的荧光图像就可以降低为低分辨图像，利用现有的光学显微镜和图像记录系统则可探测和记录超分辨图像。为了建立一感性认识，图 5-5 给出利用莫尔条纹将高分辨图像变为低分辨图像的实例。这种低分辨图像将容易探测和记录，最后利用上述莫尔条纹有关公式则可恢复出高分辨图像。

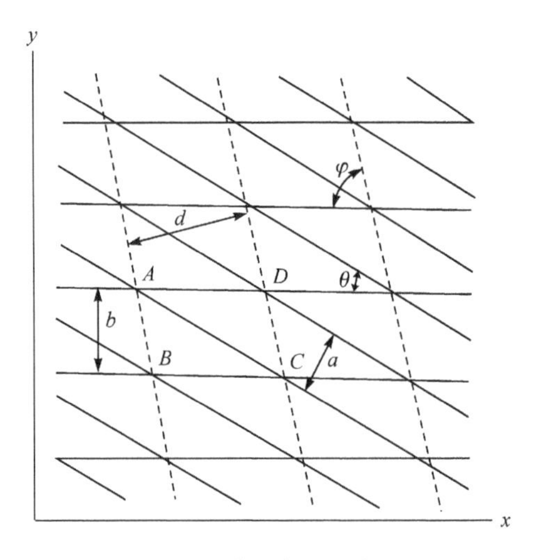

图 5-4　莫尔条纹示意图

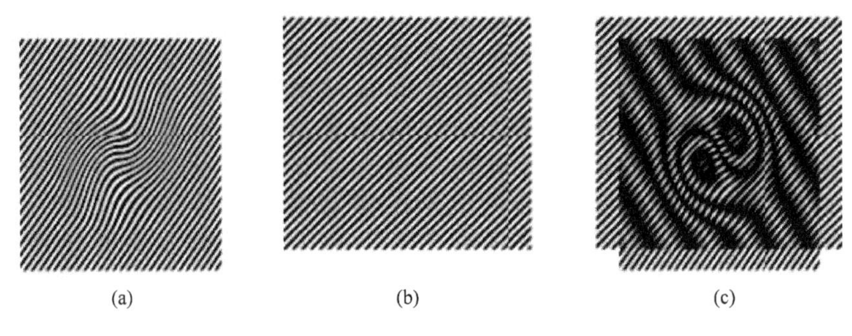

图 5-5　产生莫尔条纹的实例

图 5-5(a)表示一未知的样品结构，(b)表示一已知的照明图案，(c)表示未知样品通过已知的照明图案所获得的莫尔图案。图(c)将很容易被探测和记录，根据已知的照明图案(b)，我们就可以利用记录的图像(c)，将未知图像(a)恢复出来。

5.2.2　三维纳米成像

这里主要介绍基于结构光照明的三维纳米成像原理和成像系统。

1. 成像原理

5.2.1 节我们介绍了利用结构光照明获得二维纳米分辨图像的原理和方法，包括结构光照明的理论分析、饱和吸收效应对分辨率的影响以及莫尔条纹在纳米成像中的应用等。本小节将在 5.2.1 节的基础上讨论基于结构光照明的三维纳米成像问题[30,31]。这里主要解决两个问题：一是如何利用结构光照明获得三维纳米分辨图像，二是如何解决三维成像中常遇到的所谓的锥丢失问题。

我们已知一个线性空间不变光学系统的空间分辨率特性可用它的点扩展函数 $H(\boldsymbol{r})$ 来描述,利用光学系统所观察到的数据 $D(\boldsymbol{r})$ 是荧光发射分布函数 $E(\boldsymbol{r})$ 与点扩展函数的卷积:

$$D(\boldsymbol{r}) = (E \otimes H)(\boldsymbol{r}) \tag{5.13}$$

由卷积理论可得

$$\mathcal{F}(D(\boldsymbol{r})) = \mathcal{F}((E(\boldsymbol{r})O(\boldsymbol{r})) \tag{5.14}$$

其中，$O(\boldsymbol{r})$ 是 $H(\boldsymbol{r})$ 的傅里叶变换，是光学系统的 OTF。我们已知，一个光学系统的OTF 表示了该系统在傅里叶空间的支持区间，在此区间之外将等于零。OTF 的支持区间，也即在倒空间的可观察区域，它确定了显微镜的空间分辨率。普通显微镜的OTF 支持区间是一个类花托区域，它中间的孔就是在 $\boldsymbol{k}_z$ 轴(傅里叶空间 $\boldsymbol{k}_z$ 轴对应于实空间的 z 轴)附近的信息丢失锥。所谓扩展空间分辨率的实际含义是要找到一条途径在上述支持区间之外探测信息。这看起来自相矛盾的命题是可能实现的，这是因为显微镜科学家感兴趣的结构实际上并不是荧光发射分布函数 $E(\boldsymbol{r})$,而是物结构,即荧光染料密度分布函数 $S(\boldsymbol{r})$ 。如果物被照明光强 $I(\boldsymbol{r})$ 激发，则荧光发射速率分布函数可表示为

$$E(\boldsymbol{r}) = S(\boldsymbol{r})I(\boldsymbol{r}) \tag{5.15}$$

这里所有的比例常数如吸收截面和量子产额等为简化起见均被略去。上述方程描述正常的线性荧光，关于非线性荧光响应特性以及利用它提高空间分辨率的有关问题我们在 5.2.1 节已作了讨论，这里不复赘述。式(5.15)的傅里叶变换就变成了卷积关系，即

$$\mathcal{F}(E(\boldsymbol{r})) = \mathcal{F}(S(\boldsymbol{r})) \otimes \mathcal{F}(I(\boldsymbol{r})) \tag{5.16}$$

上面的卷积关系说明在傅里叶空间就变得非局域化了,特别是卷积使得 $\mathcal{F}(E(\boldsymbol{r}))$ 的可观察区域内的观察数据取决于在正常情况下不能观察而来自倒空间其他部分的量 $\mathcal{F}(S(\boldsymbol{r}))$ 。从原理上讲，上述的那些信息是可以观察的，但是一定要想办法提取出来。对于通常的照明而言，要将上述的信息提取出来是困难的，但是如果某些条件可以满足，提取这些信息就变得很简单。这些条件包括：第一，照明图案应是有限分量的和，其中的每一个分量在轴向和横向可变成分离的函数，即

$$I(\boldsymbol{r}_{xy}, z) = \sum I_m(z) J_m(\boldsymbol{r}_{xy}) \tag{5.17}$$

这里，$\boldsymbol{r}_{xy}$ 表示横向坐标 (x, y) 。第二，上述表达式中的横向函数 J_m 中的每一个函数应该是简单的谐波，即只包含一个空间频率。第三，下面两个条件中的一个应得到满足，即或者是轴向函数 I_m 也是纯的谐波函数，或者通过相继的轴向聚焦获得二维图像从而获得三维图像，这时照明图案与显微镜的焦平面保持固定而不是

与物固定。后一个条件后面还会进一步讨论，这是因为它将允许轴向函数 I_m 具有更大的选择余地。

在图像获取过程中，如果照明图案与物保持固定关系，直接利用式(5.13)、(5.15)、(5.17)将会导致如下的卷积关系：

$$\begin{aligned} D(\boldsymbol{r}) &= (H \otimes E)(\boldsymbol{r}) = [H \otimes (SI)](\boldsymbol{r}) \\ &= \sum_m \int H(\boldsymbol{r}-\boldsymbol{r}')S(\boldsymbol{r}')I_m(z')J_m(\boldsymbol{r}'_{xy})\mathrm{d}\boldsymbol{r}' \end{aligned} \tag{5.18}$$

其中，$D(\boldsymbol{r})$ 表示探测器所得到的图像数据。在上面的积分中，带撇的是样品坐标系，而不带撇的是数据组坐标系，其中尤其是轴向坐标 z 是样品相对于物镜的物理位移量，而坐标之差 $\boldsymbol{r}-\boldsymbol{r}'$ 表示相对于物镜的位移。这里可以看出点扩展函数 H 取决于坐标差 $\boldsymbol{r}-\boldsymbol{r}'$。如果我们现在考虑照明光图案相对于物镜的焦平面具有固定的关系，这就意味着 I_m 将不取决于样品的带撇坐标而是取决于物镜坐标差 $z-z'$，与点扩展函数 H 具有相同的坐标关系。因此，在卷积中每一照明分量的轴向部分乘以点扩展函数而不是物 S，如下式：

$$\begin{aligned} D(\boldsymbol{r}) &= \sum_m \int H(\boldsymbol{r}-\boldsymbol{r}')I_m(z-z')S(\boldsymbol{r}')J_m(\boldsymbol{r}'_{xy})\mathrm{d}\boldsymbol{r}' \\ &= \sum_m [HI_m \otimes (SJ_m)](\boldsymbol{r}) \end{aligned} \tag{5.19}$$

如果我们令 D_m 表示上面和式中的第 m 项，其傅里叶变换将可如下式表示：

$$D_m(\boldsymbol{k}) = O_m(\boldsymbol{k})[S(\boldsymbol{k}) \otimes J_m(\boldsymbol{k}_{xy})] \tag{5.20}$$

其中，$O_m = O \otimes \tilde{I}_m$ 是 HI_m 的傅里叶变换。上面假设 J_m 是一简单的谐波，即

$$J_m(\boldsymbol{r}_{xy}) = \mathrm{e}^{\mathrm{i}(2\pi \boldsymbol{p}_m \cdot \boldsymbol{r}_{xy} + \varphi_m)} \tag{5.21}$$

这就意味着其傅里叶变换是一 δ 函数，即 $J_m(\boldsymbol{k}_{xy}) = \delta(\boldsymbol{k}_{xy} - \boldsymbol{p}_m)\mathrm{e}^{\mathrm{i}\varphi_m}$。代入式(5.20)，可观察数据即可写作

$$D(\boldsymbol{k}) = \sum_m D_m(\boldsymbol{k}) = \sum_m O_m(\boldsymbol{k})\mathrm{e}^{\mathrm{i}\varphi_m} S(\boldsymbol{k} - \boldsymbol{p}_m) \tag{5.22}$$

它是有限数目物信息 S 复制物之和，每一复制物在倒空间横向移动距离为 $\boldsymbol{p}_m$，并经光学传递函数 O_m 滤波和相移 φ_m。总之，照明结构中的每一横向频率分量 m 相应于分离的光学传递函数 O_m，由通常的探测 OTF 与轴向照明结构的第 m 个图案分量的卷积给出，并将其应用于物信息的一个分量，该分量在倒空间已按那个图案分量的横向波矢 $\boldsymbol{p}_m$ 做了位移。从式(5.22)可以看出，单一原始数据图像是若干不同信息分量之和，每一分量对应于一个参数 m。为了储存数据，这些信息分量必须要分离开来。这可以通过利用不同的已知相位值 φ_m 得到附加数据组而实现。

通过相移 $\delta\varphi_m$ 改变相位值，由此改变式(5.22)中的 $e^{i\varphi_m}$，由 $e^{i\varphi_m}$ 变为 $e^{i(\varphi_{m0}+\varphi_m)}$，从而导致未知信息分量的线性无关结合。每一相移图像提供 N 个未知量的一个独立线性方程，其中 N 表示频率分量数目。如果获得 N 个不同相位的数据，方程的个数最少应等于未知数的个数，通过使用一简单的 $N\times N$ 矩阵就可将 N 个信息分量分离出来。当然，如果选择的相位不合适，就有可能导致病态甚至奇异矩阵，如果在 0～2π以相等的间隔选取相位就可产生良好满足要求的分离矩阵。事实上，通常还可作进一步简化。物理光强是实变函数，公式中的指数项具有相反的 $\boldsymbol{p}_m$ 值，因此成对出现，这相应于倒空间对称分布空间的信息。我们只需要计算其中的一个值，根据对称性就可以知道另一个值。另外，如果照明图案的一组横向空间频率 $\boldsymbol{p}_m$ 是周期图案的基频和谐波，这时谐波相移 $\delta\varphi_m$ 也是基波相移的 m 倍，即 $\delta\varphi_m = m\delta\varphi$。对于反射对称的图案，上述关系也可用于初始相位，即 $\varphi_{m0} = m\varphi_0$，因此整个相位也有如下关系，即 $\varphi_m = m\varphi$。在这样的情况下，我们可将上述方程写作

$$D(\boldsymbol{k}) = \sum_m O_m(\boldsymbol{k}) e^{im\varphi} S(\boldsymbol{k} - m\boldsymbol{p}) \tag{5.23}$$

从上面的方程我们可以看出，由测量所得数据从下面两个方面可获得更多新的信息：一方面，与通常的 OTF_0 相比，通过与轴向函数 I_m 的卷积，每一光学传递函数 O_m 的支持区间在轴向得到扩展；另一方面，通过 $m\boldsymbol{p}$ 转化新的信息在横向移入支持区间 O_m 内。同时，由于 O_m 和 $\boldsymbol{p}_m$ 都是已知的，所分离的信息分量都可以通过计算移回到在倒空间的实际位置，重新组成单一的分辨率得到提高的数据组，并再将它们变换回实空间。利用该方法可得到的有效观察区域可由通常的 OTF_0 与整个照明结构 $\tilde{I}$ 的卷积给出。利用这种方法，空间分辨率提高的最大因子可表示为 $(1/\lambda_{exc} + 1/\lambda_{em})/(1/\lambda_{em}) = 1 + \lambda_{em}/\lambda_{exc}$，这与上面讲的结构光照明二维纳米成像得到的结论是一样的，但这里可实现三维纳米分辨。下面还要就此作进一步的讨论。

在二维结构光照明纳米成像中，我们只需要两束光照明样品，这两束光通过干涉形成正弦光强分布图案，其中只包含三个傅里叶分量，即 $m = -1, 0, +1$。如果在三维成像中仍采用两束光照明，将会出现通常遇到的锥丢失问题，在三维图像重建中将会遇到难以克服的困难。解决此问题的方法之一是使用更稀疏的照明结构，这时波矢 $\boldsymbol{p}$ 更短，三个 OTF 分量彼此靠得更近互相重叠，丢失锥问题得到解决，但这是以牺牲横向空间分辨率为代价的。如果既要解决锥丢失问题，又不使横向空间分辨率降低，可采用一种新的照明结构。这里介绍一种照明方式，它使用三束彼此相干光作为激发光。一般来说，具有波矢 $\boldsymbol{k}_j$ 的平面波相干叠加所产生的总光强可用下式表示：

$$
\begin{aligned}
I(\boldsymbol{r}) \propto \left|\sum_{j}\boldsymbol{E}_j \mathrm{e}^{\mathrm{i}\boldsymbol{k}_j\cdot\boldsymbol{r}}\right|^2 &= \left(\sum_{j}\boldsymbol{E}_j^{*}\mathrm{e}^{-\boldsymbol{k}_j\cdot\boldsymbol{r}}\right)\cdot\left(\sum_{q}\boldsymbol{E}_q \mathrm{e}^{\mathrm{i}\boldsymbol{k}_q\cdot\boldsymbol{r}}\right) \\
&= \left(\sum_{j,q}\boldsymbol{E}_j^{*}\cdot\boldsymbol{E}_q \mathrm{e}^{\mathrm{i}(\boldsymbol{k}_q-\boldsymbol{k}_j)\cdot\boldsymbol{r}}\right)
\end{aligned}
\tag{5.24}
$$

它由一空间分量构成，其波矢等于每两个平面波传播波矢之差。三束照明光之间的干涉产生了三维激发强度图案，它包含 7 个傅里叶分量。利用该照明图案产生的可观察区间是 7 个点空间频率与通常的OTF 支持区间的卷积，如图 5-6 所示。它既解决了锥丢失问题,同时使横向和轴向空间分辨率均获得 2 倍的扩展。当然，这种照明方法如二维的情况一样，只能使横向一个方向的空间分辨率获得提高。为了使横向其他方向的空间分辨率也获得改善，如二维的情况一样，需要旋转照明图案的取向。图 5-6(e)给出在三个照明图案取向的情况下得到的可观察区间。而在单一取向图案下，如图 5-6(d)所示，会有丢失锥时的浅凹坑出现。如果照明图案的方位取多个方向，这些浅凹坑就可以有效地被填充，这可从图 5-6(e)中看到。从图 5-6(h)中还可以看到，在横向有 5 个频率出现，因此有 $m=-2,-1,0,1,2$ 等 5 个光学传递函数 $O_m(\boldsymbol{k})$ 对支持区间有贡献，如图 5-6(d)所示。每一个 O_m 是通常OTF 和轴向函数 $I_m(k_z)$ 的卷积。在 $k_z=0$ 的位置有三个 δ 函数，在 $k_z=\pm(1-\cos\beta)n/\lambda_{\mathrm{exc}}$ 处有 2 个 δ 函数，这里 β 表示每一边束和光轴的夹角。在上面的讨论中，我们都假设照明光是完全相干的。

图 5-6 给出各种结构光照明下倒空间的可观察区间。其中(a)和(b)给出普通显微镜的可观察区间，(c)给出二维结构光照明下的可观察区间；(d)和(e)分别给出三束照明光单一取向和相继三个取向下的可观察区间；(f)给出相应于三个照明束方向的三个幅度波矢，所有三个波矢都具有相同的幅度 $1/\lambda$；(g)给出两束照明强度下的空间频率分量；(h)给出三束照明强度下的空间频率分量，其中的虚线表示通过物镜照明可能产生的空间频率组；(i)和(j)分别表示通过 OTF 的支持区间得到的 xz 截面和 xy 截面，其中白色表示(b)的支持区间，轻度阴影表示(c)的支持区间，重阴影表示(d)的支持区间，黑色实区表示(e)的支持区间。

2. 三维纳米成像系统[30,32-34]

该成像系统如图 5-7 所示，所用的激光系统波长可为 488nm 或者 532nm，为了去除其空间相干性，将采用旋转全息散射器在空间上消除激光散斑，再将其耦合到多模光纤中，在光纤输出端产生随处近似不变的光强，并在空间上不相干。由光纤输出的激光照射到熔融石英线性透过相位光栅上，该光栅使光束发生多级衍射。利用中间光瞳平面将 0 级和±1 级之外的光全部遮挡掉，并使上述三级光约占入射到光栅上总光功率的 70%，而 0 级约为±1 级强度的 70%～80%，这是为了

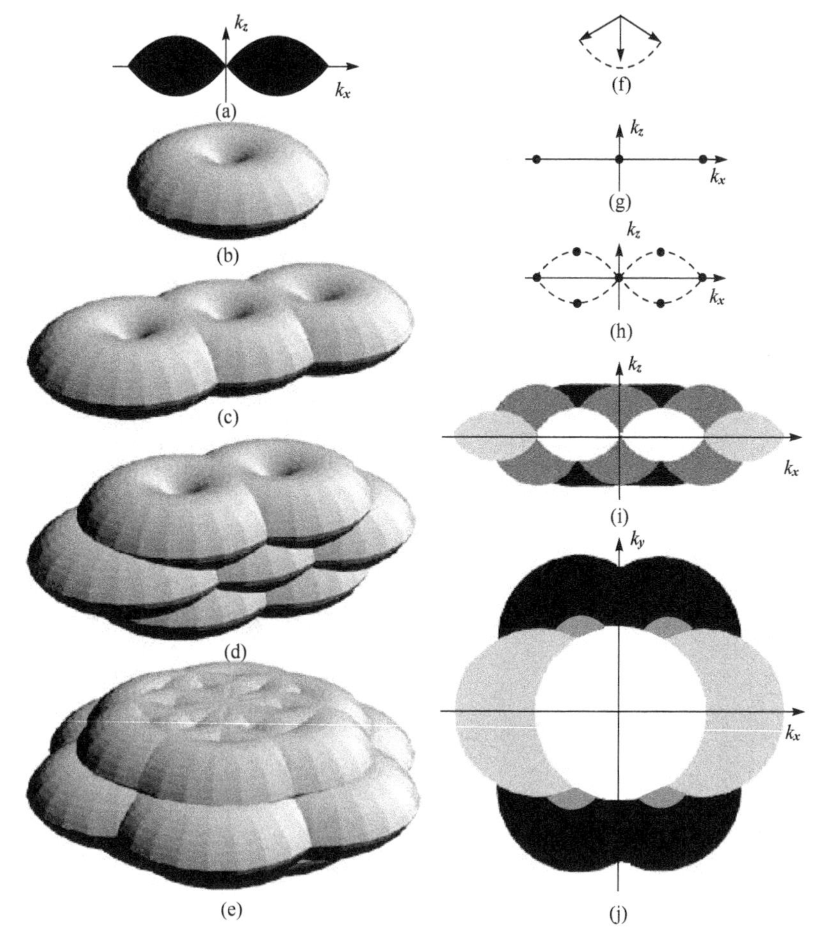

图 5-6　各种结构光照明下倒空间的可观察区间

加强最高横向频率的信息分量。三束光重新进行聚焦从而在物镜的后焦面上可得到它们中的每一个构成的光纤端面的像。+1 和−1 级衍射分别聚焦在背向焦平面孔径边缘的两侧，而 0 级衍射聚焦在中心部位。物镜要重新准直光束并使它们在物镜焦平面上彼此交叉，在那里它们彼此干涉从而构成轴向和横向结构的强度图案，如图 5-7 所示。在物镜焦平面上，照明强度图案可以认为是光栅的一个缩小的像。由样品发出的荧光被同一物镜收集并经双色镜偏转，由制冷 CCD 相机接收，而激发散射光由在相机前的滤光片滤除。通过在轴向相对于物镜移动样品盒获得三维数据组。上述精密移动是通过压电陶瓷实现的。照明图案的方位角改变和相移是通过旋转和位移光栅而实现的。为此，光栅被安装在压电陶瓷微位移器上，而此微位移器又安装在马达驱动的旋转台上。为使干涉产生最大的对比度，照明光束在样品中彼此都是 s-偏振的，这相应于由光栅衍射的光束在垂直于衍射平面的方向上是线性偏振的。利用一网状线性偏振器与光栅同旋转使得这种偏振态在所有的方位上均可保持。当然，为了获得高质量的图像，还有一些细节问题需要注意，这里就不详述了。

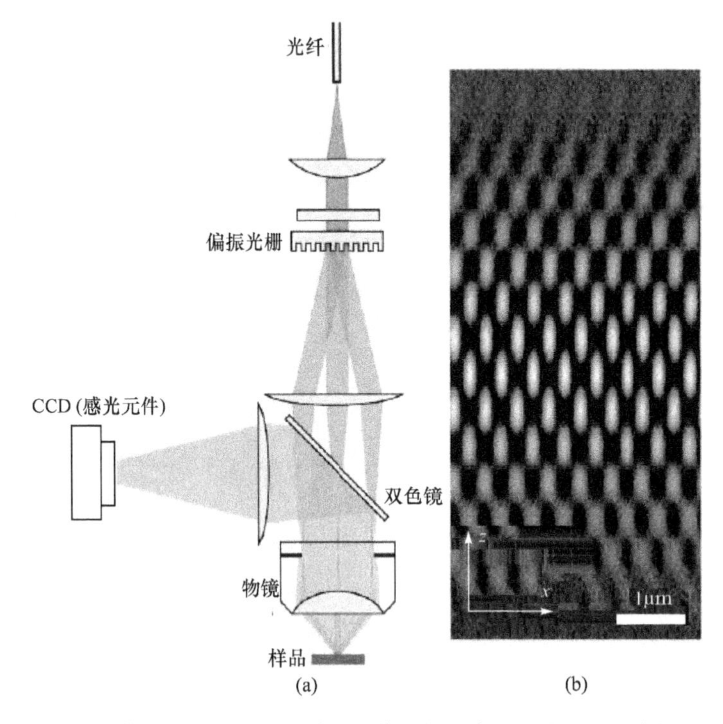

图 5-7　特殊结构光照明下的三维纳米成像系统示意图及该系统形成的照明图案

为了利用上述三维纳米成像系统获得三维数据，图案可采用 5 个相位，相邻相位间隔为 2π/5，可取三个方位角，间隔为 60°，在轴向的步长可选为 125nm。轴向长度根据样品和研究的内容进行选取，一般大于 0.5μm。在获取数据时，调整方位角是最慢的。因此，总是先改变相位，再进行聚焦，最后改变方位角。利用单一的荧光珠构成的样品所测量的点扩展函数数据，包括 5 个相位和一个方位角。轴向点扩展函数数据的获取类似于通常的做法。还要注意曝光时间或光漂白等问题。

通过获取多幅源图像和求解上面讨论得到的方程组，就可以获得方程中所包含的参数，有如结构光照明二维纳米成像中所讨论的内容，获得我们所需要的参数。这里要再次提及的是在实空间获得源图像，通过傅里叶变换在频率空间获得所需要的参数，然后再进行傅里叶逆变换获得我们所要求的纳米分辨图像。这里重点讨论一下在获得各种参数之后如何更好地实现图像重建。这里引入维纳滤波器，由所获数据组的傅里叶变换求得物的信息，如下式所示：

$$S(\boldsymbol{k})=\frac{\sum\limits_{d,m}O_m^*(\boldsymbol{k}+m\boldsymbol{p}_d)D_{d,m}(\boldsymbol{k}+m\boldsymbol{p}_d)}{\sum\limits_{d',m'}\left|O_{m'}(\boldsymbol{k}+m'\boldsymbol{p}_{d'})\right|^2+w^2}A(\boldsymbol{k}) \tag{5.25}$$

其中，$S(\boldsymbol{k})$ 表示真实样品信息 $S(\boldsymbol{k})$ 的估值，和式包括三个方位角 d 和每一方位角五个衍射级 m 的信息；$\boldsymbol{p}_d$ 是图案方位角 d 的图案波矢；w^2 是维纳参数，它是一常数，可根据经验调整；$A(\boldsymbol{k})$ 是一渐近函数，典型的是三维的三角函数，它在旋转椭球体的表面从原点由单位 1 线性减小到 0，用它来近似扩展了的 OTF 支持区间。上面的方程可按下面的程序进行求解：每一微位移的信息分量 $D_{d,m}(\boldsymbol{k})$ 单独乘以滤波函数 $O_m^*(\boldsymbol{k})A(\boldsymbol{k}-m\boldsymbol{p}_d)\Big/\left(\sum\left|O_{m'}(\boldsymbol{k}+m'\boldsymbol{p}_{d'}-m\boldsymbol{p}_d)\right|^2+w^2\right)$，并将滤波后的结果用 0 填补，这样可为通过矢量 $\boldsymbol{p}_d$ 位移信息提供空间，或者等效地减小实空间像素的大小，为提高分辨率创造条件。再将上述结果变换到实空间，乘以复相位梯度 $\mathrm{e}^{2\pi i m\boldsymbol{p}_d\cdot\boldsymbol{r}}$ (这就代表在频域位移了 $m\boldsymbol{p}_d$，并加在一起，从而产生了最后的重建结果。在这一计算中，由插值得到的旋转平均测量量 O_m 计算出光学传递函数值。上述的操作程序较先将 $D_{d,m}(\boldsymbol{k})$ 与 $O_m^*(\boldsymbol{k})$ 直接相乘，再将乘积位移 $m\boldsymbol{p}_d$ 并按式(5.25)相加和重建到实空间的途径可获得更好的结果。之所以这样做与边缘缺陷有关。另外，在计算处理中，对于 m 为正值的信息分量进行了计算，对于 m 为负数的情况没有直接进行计算，而是利用了复共轭对称的性质由 m 为正值的信息分量得到。

利用上述实验装置、参数处理方法和重建算法获得了很好的实验结果。所用激发光波长为 488nm，物镜放大倍率为 100，物镜数值孔径为 1.4，荧光波长为(520±25)nm，荧光珠直径为 115nm，实验所得的横向和轴向的点扩展函数的半高全宽分别为 103.9nm 和 279.5nm，理论值分别为 92nm 和 265nm，两者符合良好。实验所得细胞内微管的结果如图 5-8 所示，图中给出了微管的三维纳米分辨图像。

图 5-8　实验所得细胞内微管图像

上述方法的最大优点是可实现宽场成像，并由于为获得二维纳米分辨所需的画幅较少，从而就可以以较高的帧频获得样品的动态图像，目前获得的最高帧频为 11 幅/s[32]。

5.3　受激辐射耗尽和基态耗尽三维纳米成像

上面介绍了利用结构光照明实现纳米成像的原理、方法和系统，该方法的优点是全场成像、图像获取速率高，缺点是在线性激发条件下空间分辨率只能提高到衍射极限的两倍。在非线性激发条件下，尽管理论上分辨率可无限制地提高，但实际应用中会受到许多限制，至今还未见饱和吸收条件下应用实例的报道。为实现纳米成像，早在 1994 年 Hell 等就提出利用 STED 的方法[10]，之后又提出基态耗尽(ground state depletion，GSD)[35]和可逆开关光学荧光转变(reversible switchable optical fluorescence transition，RESOLFT)[36]方法实现纳米成像，这些方法的实质都是利用光学非线性效应改善点扩展函数达到纳米分辨的目的。具体来说都是利用共线的高斯光束和环形光束聚焦后扫描样品，高斯光束用于激发荧光，环形光束用于抑制荧光的产生，其结果只有在聚焦高斯光束的中心部位产生荧光，其他部位的荧光都被抑制了，从而使荧光点扩展函数获得改善实现纳米分辨。这种纳米成像方法已发展近 20 年，不仅可获得三维纳米分辨图像，还由于最近发展了规模宏大的多焦点扫描技术，使成像速率获得大幅度提升，已成为荧光纳米成像的主流方法之一。下面将重点介绍其成像原理以及实现三维纳米成像的方法、技术和最新进展等。

5.3.1　基本工作原理

上面提到的 STED、GSD 和 RESOLFT 等方法，尽管它们之间有共性，但还表现出各自的独特性。要深刻理解其本质，还是要从了解它们各自的工作原理入手。

1. STED 工作原理[37-39]

STED 实现纳米成像的核心是利用 STED 光使环形光范围内不产生荧光，而形成受激辐射光，只有环形光的中心位置在激发光的作用下产生荧光，再利用荧光和受激辐射光的光谱差异通过光谱分辨提取荧光信息，从而使空间分辨率获得提高。要懂得 STED 成像方法，就要深刻理解荧光和受激辐射产生机理，并能进行定量处理，从理论上搞清楚提高分辨率应满足的物理条件，并能定量描述分辨率和 STED 光强之间的关系。

在物镜的焦平面处，激发光强度的分布是由衍射确定的，其点扩展函数可用第一阶贝塞尔(Bessel)函数表示，即

$$h_{\text{exc}}(\nu) = \text{const.}\left|2\text{J}_1(\nu)/\nu\right|^2 \tag{5.26}$$

其中，J_1 就是上面所说的第一阶 Bessel 函数，而 $\nu=2\pi r\text{NA}/\lambda_{\text{exc}}$ 是焦平面内的光学单位，r 是离开焦点的距离，NA 表示数值孔径，λ_{exc} 表示激发光波长。$h_{\text{exc}}(\nu)$

表示激发光子在ν处出现的概率，并决定了扫描荧光显微镜的空间分辨率。提高空间分辨率的一条可能的途径就是设法使上述点扩展函数的周边区域不发射荧光。为此，引入一附加光束，即上面提到的 STED 光束，它具有环形结构。下面我们就来分析一下如何利用环形 STED 光束提高空间分辨率。为此，我们就需要分析荧光分子产生荧光和受激辐射的竞争过程。设有如图 5-9 所示的两能级系统，包括基态S_0和第一激发态S_1，还包括第一激发态附近的振动态L_1和L_2以及基态附近的振动态L_3。在激发光作用下，处于L_0态的荧光分子被激发到L_1态，并很快弛豫到L_2态。处于L_2态的荧光分子在环形光范围内或者通过自发辐射产生荧光，或者受激励光的作用产生受激辐射。而在环形光的中心部位或者通过自发辐射产生荧光，或者通过无辐射跃迁回到基态。

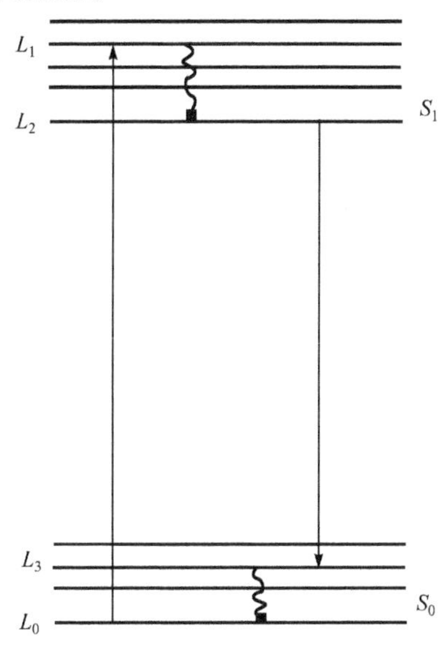

图 5-9　两能级系统的能级示意图

上述量子态过程可用如下粒子速率方程描述：

$$\begin{aligned}
\frac{\mathrm{d}n_0}{\mathrm{d}t} &= h_{\mathrm{exc}}\sigma_{01}(n_1-n_2)+\frac{1}{\tau_{\mathrm{vibr}}}n_3 \\
\frac{\mathrm{d}n_1}{\mathrm{d}t} &= h_{\mathrm{exc}}\sigma_{01}(n_1-n_2)-\frac{1}{\tau_{\mathrm{vibr}}}n_1 \\
\frac{\mathrm{d}n_2}{\mathrm{d}t} &= \frac{1}{\tau_{\mathrm{vibr}}}n_1+h_{\mathrm{STED}}\sigma_{23}(n_3-n_2)-\left(\frac{1}{\tau_{\mathrm{fluor}}}+Q\right)n_2 \\
\frac{\mathrm{d}n_3}{\mathrm{d}t} &= h_{\mathrm{STED}}\sigma_{23}(n_2-n_3)+\left(\frac{1}{\tau_{\mathrm{fluor}}}+Q\right)n_2-\frac{1}{\tau_{\mathrm{vibr}}}n_3
\end{aligned} \tag{5.27}$$

其中，n_i 表示在能级 $L_i(i=0,1,2,3)$ 上粒子概率的空间和时间行为，并有 $\sum_i n_i = 1$ 和 $n_0(t=0)=1$；τ_{fluor} 表示平均荧光寿命，约在 2ns 量级；τ_{vibr} 表示平均振动弛豫时间，并且 L_1 到 L_2 以及 L_3 到 L_0 的平均振动弛豫时间是一样的，在 1～5ps；$h_{\text{exc}}\sigma_{01}$ 表示吸收速率系数，$h_{\text{STED}}\sigma_{23}$ 表示受激辐射速率系数，σ_{01} 和 σ_{23} 分别表示 L_0 到 L_1 和 L_3 到 L_2 的吸收截面，它们的典型值处于 10^{-17}～10^{-16}cm^2；淬灭速率 Q 典型值为 10^8s^{-1}。从上面的数据可以看到，振动弛豫时间比荧光自发辐射平均寿命要小三个数量级。由于这一量子过程具有如上所述的动态性质，利用脉宽远小于自发荧光寿命的脉冲光作为激发光和 STED 光更为有利，也就是说其脉宽应在皮秒量级。激发光和 STED 光之间的时间延迟 Δt 能使激发光和受激辐射光在时间上分开。Δt 的最佳值应如此选择，一旦激发光结束，受激辐射脉冲当即出现，这样 STED 光就会被有效地利用。STED 光的脉宽应大于振动弛豫时间，这是因为 L_3 的寿命决定 L_2 可以被耗尽的速率。通过数值求解上述方程，可求出 STED 光的脉宽约等于 200ps，远大于振动弛豫时间。在不同 STED 光功率密度下数值计算了点扩展函数结果，如图 5-10 所示。

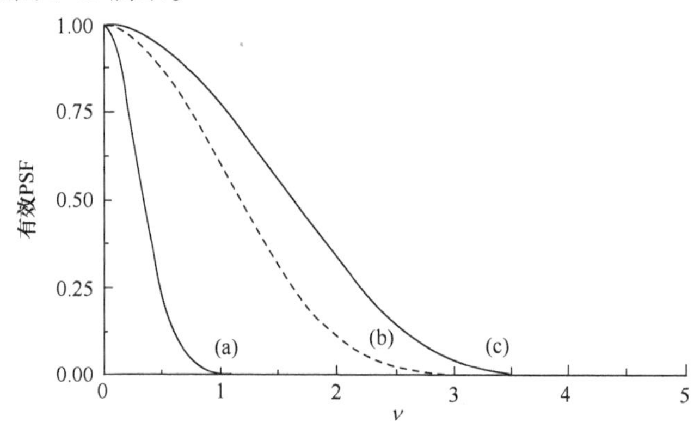

图 5-10　不同 STED 光功率密度下的点扩展函数

图 5-10(a)表示在 STED 光功率密度为 1300MW/cm^2 时的点扩展函数，其分辨率较共焦显微镜(b)提高了 3.3 倍，较普通荧光显微镜(c)提高了 4.5 倍，显然这种提高空间分辨率的方法是非常有效的。经过进一步的研究，我们可得到评价 STED 方法空间分辨率的简单公式：

$$\Delta r(I) \approx \frac{\lambda}{2n\sin\alpha\sqrt{1+I/I_{\text{S}}}} \tag{5.28}$$

其中，n 表示浸没物质的折射率；α 表示物镜的孔径半角；I_{S} 表示 STED 光的特征强度，在此强度下荧光总强度将减半，当 STED 光脉冲宽度为 100ps 时，其典型值为 10～30MW/cm^2；I 为提高空间分辨率所采用的 STED 光的强度，单位 I_{S}，一般要达到 1300MW/cm^2，这时要求 STED 光的功率约为 1W。目前该方法的激发光脉宽典型值为 80ps, STED 光的脉宽为 250ps。该方法的优点是当 STED 光足够强时，空间分辨率可获得有效的提高；其缺点是需要使用脉冲光，并要求具有极高的 STED 光功率。

2. GSD 工作原理[35,40]

正如上述，STED 方法要求受激辐射速率要高于荧光衰减速率，但要低于能级内振动弛豫衰减速率，这就需要皮秒脉冲光源。显然，使用这种光源不如使用连续光源方便。我们可否使用连续光源实现纳米成像呢？答案是肯定的，这要通过 GSD 方法来实现。下面我们就来介绍这种方法，并仔细分析实现纳米分辨所需的连续光功率。我们仍从荧光材料能级图入手分析其改善空间分辨率的物理机制。图 5-11 给出典型荧光材料的能级图，它包括基态 S_0 和第一激发能级 S_1。因为我们打算利用连续光改善空间分辨率，就必须考虑第一三线态 T_1。这里还引入了基态 S_0 的振动能级 L_0，S_1 中的直接激发 Franck-Condon 能级 L_1' 和振动弛豫能级 L_1，以及 T_1 中的振动弛豫能级 L_2 和基态中更高振动能级 L_0'。因为振动弛豫时间为若干皮秒，在低功率连续光工作状态下，处于 L_0' 和 L_1' 能级的概率是很小的。因此，限定我们的研究在能态 L_0、L_1 和 L_2。

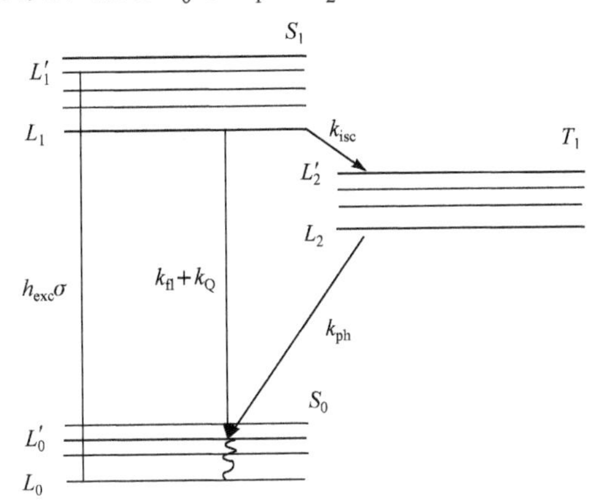

图 5-11　典型荧光材料的能级图

设激发光子流量为 h_{exc}，荧光分子的概率 $n_{0,1,2}$ 可由下列方程组给出：

$$\begin{aligned}\frac{dn_0}{dt}&=-h_{exc}\sigma n_0+(k_{fl}+k_Q)n_1+k_{ph}n_2\\\frac{dn_1}{dt}&=+h_{exc}\sigma n_0-(k_{fl}+k_Q)n_1-k_{isc}n_1\\\frac{dn_2}{dt}&=+k_{isc}n_1-k_{ph}n_2\end{aligned}\tag{5.29}$$

并有 $\sum_i n_i=1$，参数 $k_{fl}=1/\tau_{fl}$ 和 $k_Q=1/\tau_Q$ 分别表示荧光速率和淬灭速率，$k_{isc}=1/\tau_{isc}$

表示由激发单线态到三线态系统之间的系间跃迁速率，$k_{ph}=1/\tau_{ph}$ 表示三线态的衰减速率。上述各速率是相应于各寿命 τ 的倒数。三线态的寿命在 1μm～1ms，因此在上述过程中三线态的衰减速率是最小的。当将连续光打开时，我们可以认为在 5 倍于三线态的寿命时间后系统就达到了稳态。这时荧光粒子的概率 n_i 不再做任何进一步变化，即 $\mathrm{d}n_i/\mathrm{d}t=0$，并有

$$n_0=\frac{k_{ph}(k_{fl}+k_Q+k_{isc})}{D}$$

$$n_1=\frac{h_{exc}\sigma k_{ph}}{D} \tag{5.30}$$

$$n_2=\frac{h_{exc}\sigma k_{isc}}{D}$$

其中，$D=(h_{exc}\sigma+k_{fl}+k_Q)(k_{ph}+k_{isc})+k_{isc}(k_{ph}-k_{fl}-k_Q)$。图 5-12 给出通常用的荧光材料粒子概率 n_i 和激发光强度的函数关系。这里取的平均寿命值分别如下：荧光寿命和淬灭寿命之和为 4.5 ns，系间跃迁寿命为 100ns，三线态寿命为 1μs。激发光波长为 488nm。图 5-12 表明，只要激发光功率密度高于 10MW/cm²，87%的荧光分子处于长寿命的三线态，13%的荧光分子处于激发态，基态这时完全被耗尽了。上述结果在物理上可得到很好的解释。在连续光的作用下，由基态到激发态再到荧光的发射一直在快速地进行，但在每一循环之后就会有更多的荧光分子处于三线态，一直到将基态耗尽，达到平衡状态。只要连续光一直作用，基态就一直处于耗尽状态。

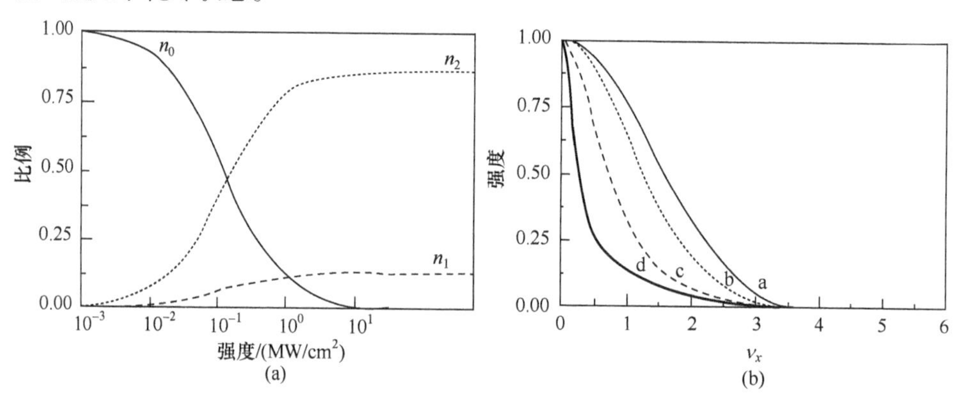

图 5-12　基态耗尽条件及 GSD 分辨率改善与基态耗尽光强之间的关系

这里的问题是，如何利用 GSD 方法获得超衍射极限的空间分辨率？事实上，这里我们仍然要使用环形光，只不过是中心激发光和环形光的波长相同，环形光束的强度要达到使基态耗尽的程度，而中心部位的激发光仍处于线性激发光强度范围内。图 5-12(b)给出基态耗尽光强分别为 0.01MW/cm²(b 曲线)、0.1MW/cm²(c

曲线)和 $1\mathrm{MW/cm^2}$(d 曲线)的点扩展函数，图中 a 曲线表示普通扫描荧光显微镜的点扩展函数。当系间跃迁寿命为 10ns 时，在同样的基态耗尽光功率密度下可获得更窄的点扩展函数，当光功率密度为 $1\mathrm{MW/cm^2}$ 时，其空间分辨率较一般扫描显微镜提高 11 倍。若采用 400 nm 波长的光源作为激发光，透镜的数值孔径为 1.4，这时求得理论分辨率为 15nm。当基态耗尽光功率密度为 $1\mathrm{MW/cm^2}$ 时，使用数值孔径为 1.4 的油镜，激光功率只需 1mW，因此基态耗尽是很容易实现的。该方法的缺点是最高点扫描速率受到染料三线态弛豫时间的限制，为记录临近点必须要等所有分子回到基态，该延迟时间约为三线态寿命的 5 倍，一般约为 5μs。进一步的问题是三线态在长寿命期间可能经历化学反应，从而引起荧光分子的漂白。因为这些现象与环境有关，这就要求要选择好的工作环境，使其更有利于实现基态耗尽。

当然，STED 方法也可以采用连续光。我们可从上面介绍的 GSD 方法得到启发，对于连续光，STED 也可作类似的分析。对于两能级系统，有

$$\frac{\mathrm{d}N_1}{\mathrm{d}t} = -(k_{\mathrm{fl}} + k_{\mathrm{STED}})N_1 + k_{\mathrm{exc}}N_0 \tag{5.31}$$

其中，$N_0 + N_1 = 1$。若 STED 光采用连续光，在平衡状态下，$\mathrm{d}N_1/\mathrm{d}t = 0$，从而将导致下式所示结果：

$$N_1 = \frac{k_{\mathrm{exc}}}{k_{\mathrm{fl}} + k_{\mathrm{exc}} + k_{\mathrm{STED}}} \tag{5.32}$$

其中，k_{exc} 表示激发速率；$k_{\mathrm{fl}} = 1/\tau_{\mathrm{fl}}$ 表示荧光衰减速率，τ_{fl} 表示第一激发态的寿命；$k_{\mathrm{STED}}=\sigma$ 表示连续光 STED 光束 I 引入的另一个衰减速率，有 $N_1 = k_{\mathrm{exc}}/(k_{\mathrm{fl}} + k_{\mathrm{exc}} + k_{\mathrm{STED}}) < 1$。上面 σ 表示受激辐射分子截面，I 表示 STED 光的每秒每单位面积光子数。调节 I 使关系式 $k_{\mathrm{STED}} > k_{\mathrm{fl}} > k_{\mathrm{exc}}$ 成立，从而确保 STED 的主导地位，这就要求 $I > (\sigma\tau_{\mathrm{fl}})^{-1}=I_{\mathrm{S}}$。为产生 I_{S} 的连续光强，就要求 $P_{\mathrm{s}} = Ahc/(\lambda_{\mathrm{STED}}\sigma\tau_{\mathrm{fl}})$，其中 c、h 和 A 分别表示光速、普朗克常量和环形光面积。若 STED 光波长为 650nm，油浸没物镜的数值孔径为 1.4，A 为 $3\times10^{-9}\mathrm{cm^2}$，因为许多荧光材料的受激辐射截面都大于 $3\times10^{-17}\mathrm{cm^2}$，荧光寿命为 3ns，这样可求出 P_{s} 为 10mW。这时，上述方法的空间分辨率可表示为 $d = \lambda_{\mathrm{exc}}/(2\mathrm{NA}(1+P/P_{\mathrm{s}})^{1/2})$。即使空间分辨率提高 5 倍，STED 连续光的光功率也必须高达 250mW。可见，使用连续光实现受激辐射耗尽，其优点是系统可使用连续光源，而无须使用脉冲光源和实现它们之间的同步，付出的代价是 STED 光要具有极高的连续光功率，这在实验上很多时候是不允许的。在实验中，为了获得约 20nm 的空间分辨率，所需 STED 连续光功率为 812mW，当光功率为 142mW 时，所得空间分辨率只能达到 52nm。

3. RESOLFT 工作原理[36,41]

尽管 STED 方法已获得 λ/50=16nm 的空间分辨率，但由于 $I_{\mathrm{S}}=k_{\mathrm{fl}}/\sigma=$

100MW/cm^2，即使在脉冲工作状态下，所需的 STED 光功率仍高达 GW/cm^2 以上，有可能导致多光子漂白效应，这对许多生物学实验来说是难以承受的，非常有必要寻求减小 STED 光强的途径和方法。为此，这里介绍一种所谓的在极低光功率下可以实现荧光蛋白亮态(A)和暗态(B)两种态之间的可逆转换或者开和关的方法，它可以用来突破衍射极限获得高的空间分辨率。两个态之间的饱和跃迁的终极形式是可饱和光开关，因为在这种情况下不再存在再跃迁回来的问题。为了提高空间分辨率，我们使环形光范围内均处于暗态，只有中心部位处于亮态。随着饱和态的增强，空间分辨率越高，理论上可以达到单分子的分辨率。用 A 表示荧光态，用 B 表示荧光材料的基态，光分别驱动了激发和受激辐射，因此 STED 可认为是第一种 RESOLFT。RESOLFT 方法的一种有前途的形式是利用具有可逆开关的荧光材料，这时其一种状态是发出荧光，另一种状态是不产生荧光，这样的开关作用可通过荧光材料的构形转换得以实现。近年来，我们已经见证过许多种可逆开关荧光材料，其中两个例子就是可逆开关荧光蛋白 asFP595 和 Dronpa，它们的这种转换特性可用一定波长的光进行控制。例如，asFP595 用蓝光(关)和黄光(开)可实现可逆控制，并且由一种状态转换到另一种状态所需光强比原来的 STED 方法要低 8 个数量级。asFP595 的潜力已在超衍射分辨实验中获得了验证。许多荧光材料的开关特性是在随机开关条件下实现的，而这里则要求在环形范围内所有荧光分子均要处于暗态。因此，在集总状态下这些材料的有效性就需要进一步进行验证。到目前为止，已在实验上证明 asFP595 具有这种性质，即在需要的环形范围内具有集总开关的效应，并且所需光强很低。例如，曾用 568nm 和 458nm 两种激光进行了实验，分别用来开和关。黄光不仅使 asFP595 发出荧光，还使其由暗态转向亮态，所需功率分别为 65nW 和 500nW。环形光用蓝光，$I_S=I_b = 1\ \mathrm{W/cm^2}$，这时对应的连续蓝光功率只有 1nW。在黄光光强为 600W/cm^2 和蓝光光强为 30W/cm^2 时，点扩展函数半高全宽为 20nm。这时连续蓝光功率也只有 30nW。既然光功率有如此幅度的下降，我们可以实现线扫描甚至上十万点的并行扫描，从而可提高图像获取速率，有利于动态纳米成像的实现。但至今在实验上只有 asFP595 材料在这方面的应用报道，若能有更多荧光材料可用于 RESOLFT 方法，其发展将会很有前景。

5.3.2 三维纳米成像

以上我们介绍了 STED、GSD 和 RESOLFT 等方法的工作原理，下面将要介绍它们在三维纳米成像中的应用。限于篇幅，我们以发展最为成熟的 STED 方法为例说明之。其中主要介绍如何产生环形光，如何实现轴向纳米分辨，以及在实现三维纳米成像中主要应注意的问题。

1. 环形光的产生[45-47]

不论 STED、GSD 或 RESOLFT 方法，为了提高空间分辨率，都会用到环形光,它为提高横向空间分辨率提供了最有效的方法。环形光可用不同的方法产生。最便利的方法是使用空间光调制器。空间光调制器可以调节每个像素的相位，并可以根据波长的不同作不同的调整。这种方法最适合于实验室研究应用，针对不同的要求可以方便地实现所设计的方案。但是，对于应用者而言，空间光调制器就不是那么受欢迎了,因此有必要发展产生环形光的系列产品,方便用户的使用。为此,人们发展了螺旋相位片。尽管针对不同的应用波长需要不同的螺旋相位片，但一旦形成系列产品，对应用者来说是十分便利的。该相位片的结构如图 5-13 所示，它针对特定的波长沿圆周方向的相位改变量从 0 连续变化到 2π，当一圆偏振高斯光束共轴通过该相位片后，该高斯光束在 x-y 方向就变成了环形光，而在 x-z 或 y-z 方向则变为平行光束，如图 5-13 所示[48]。输出光强在 x-y 方向为 0.33，在 x-z 方向也为 0.33。

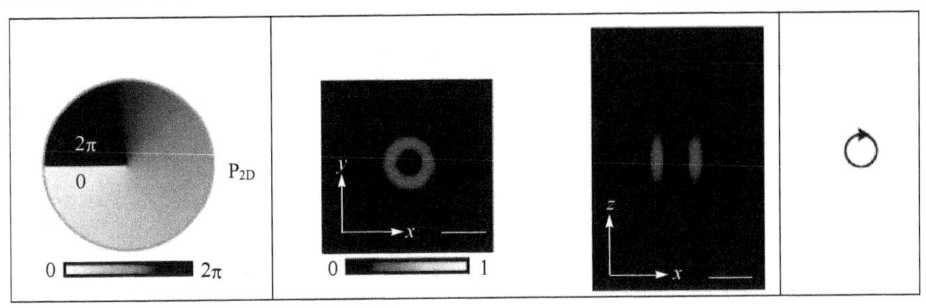

图 5-13　螺旋相位片及其在径向和轴向产生的光束

2. 轴向纳米分辨方法[48,49]

利用 STED 方法只能提高横向空间分辨率,需要利用其他方法提高轴向空间分辨率。目前已采用的提高轴向分辨率的方法有三种：第一种是利用全内反射方法，这种方法我们后面还会作专门讨论；第二种是利用 4Pi 方法，这一点我们已在前面讲到；第三种是我们这里要介绍的相位片方法。这种方法所使用的台阶型相位片如图 5-14 所示，其结构要简单得多，中心圆内相位增量为π，周边圆环内相位增量为 0。当线偏振或圆偏振高斯光束共轴通过该相位片后在 x-y 平面内仍形成环形光束，只是光强为原来 0.11 倍，而在 z 方向该光束在中心光强为 0，离开中心后光强对称分布，在轴向的光强为原来的 0.5 倍。可见，将螺旋相位片与此相位片结合起来，STED 光就变成中心光强为 0 的椭球环形光，在 x-y 方向为短轴，在 z 方向为长轴，从而使椭球环形范围内实现了受激辐射耗尽，只有椭球中心位置产生荧光，从而使体像素实现超分辨，通过体像素在三维空间扫描实现三维纳米成像。

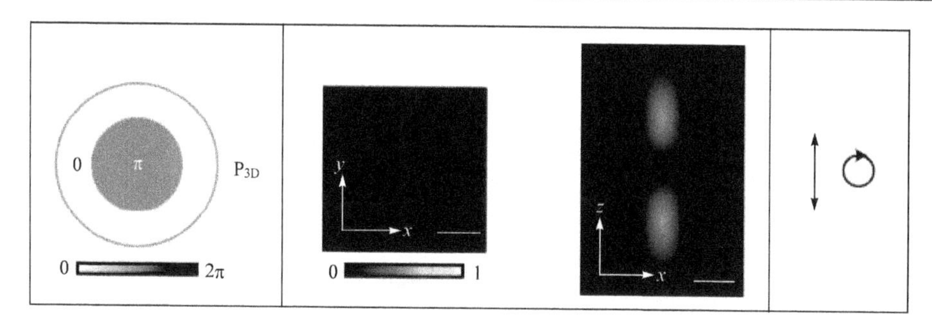

图 5-14　台阶型相位片及其在径向和轴向产生的光束

3. 基于 STED 的三维纳米成像[48-51]

下面我们来介绍利用上述两种相位片实现三维纳米成像的系统。其结构如图 5-15 所示，环形光由掺钛蓝宝石激光器产生，其产生的 100fs 激光脉冲先通过 1m 长的玻璃棒(SF6)使脉冲展宽以避免产生非线性效应，再通过 100m 长的保偏光纤将光脉冲展宽至 300ps，作为 STED 光。为了实现三维纳米分辨，如图 5-15(b)所示，使用了两个相位片，一个是螺旋相位片，以实现 x-y 方向的 STED 光，另一个是台阶相位片，以实现轴向 STED 光。两光束与激发光合束后通过双色镜和物镜照射到样品上。激发光由脉冲激光二极管产生，其脉冲宽度约为 70ps，为了使激发光和 STED 光实现同步，激发光光源由 STED 光激发而产生。由样品产生的荧光经过双色镜通过管镜聚焦在多模光纤上并耦合到单光子雪崩光子探测器上。

利用上述装置我们只能获得一个体像素的信息。为了获得三维纳米分辨图像，

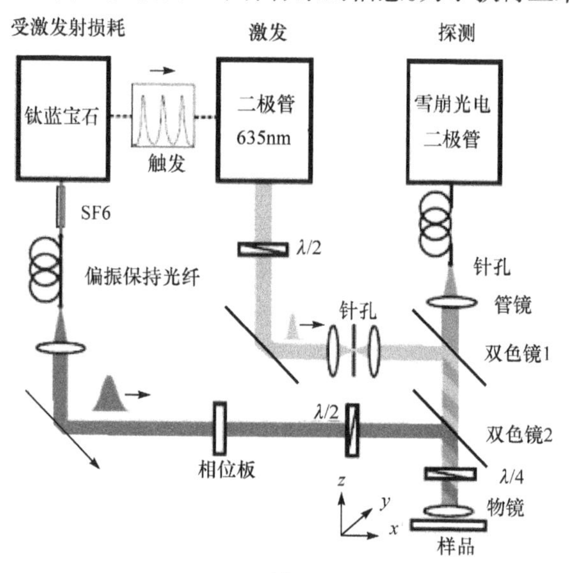

(a)

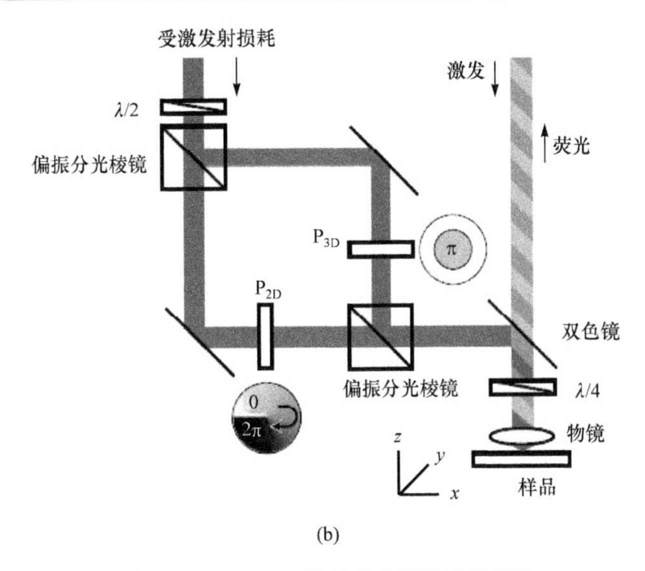

(b)

图 5-15　STED 三维纳米成像装置示意图

我们必须实现光束在三维空间的精密扫描，扫描定位精度应优于所要求的纳米空间分辨率。有两种扫描方式：一种是利用纳米微位移台对样品进行扫描，这时样品装在上述的纳米微位移台上，先在横向实现 x-y 平面内的扫描，获得某一 z 处的一幅纳米分辨图像，再在 z 向实现扫描，这样就可获得一幅幅的层析图像；另一种是利用精密振镜扫描对激发和 STED 光束进行 x-y 平面和轴向扫描，有时轴向扫描还采用轴向微位移台。上述两种扫描方式，前一种扫描速度慢，更适合于实验室应用；后一种扫描速度快，更适合产品中的应用。这里还要说明的一点是，为了获得纳米分辨图像，显微镜所在环境和显微镜本身的结构对纳米分辨影响是很大的，有必要采用高精度的防振台，使显微镜置于防振台上。另外，样品相对于物镜的轴向固定及样品在样品台上的横向固定也是十分重要的。否则，尽管方法具有先进性，但由于结构的影响无法获得纳米分辨。为此，还要解决横向和轴向的防漂移问题。

如何充分利用 STED 光获得最佳的体像素是我们感兴趣的问题，图 5-16 给出有关的实验结果。横坐标给出 STED 光的总功率，从而可知，随着 STED 光功率的提高，空间分辨率在不断改善。从图中还可以看出，只有在横向和轴向都采用 STED 光才能使体像素获得最快的改善，而 STED 光功率的分配方式并不特别重要，不论横向 STED 光或轴向 STED 光分配 30%或 70%的总光功率，其结果都是近似一致的，其差别在于是横向分辨率还是轴向分辨率改善得更多一些。从图中我们还可以进一步看到，即使在脉冲工作状态下，STED 光所需的平均光功率仍在几十甚至数百 mW，这是这种方法的缺点之一。

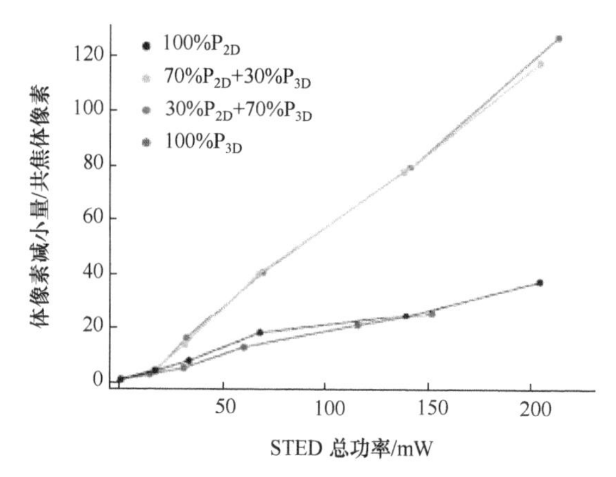

图 5-16　体像素大小与 STED 光功率的关系

为了说明 STED 纳米成像方法的可行性，图 5-17 给出 PtK2 细胞的微管纳米分辨图像。为做比较，这里同时还给出了利用共焦显微镜所获得的图像。

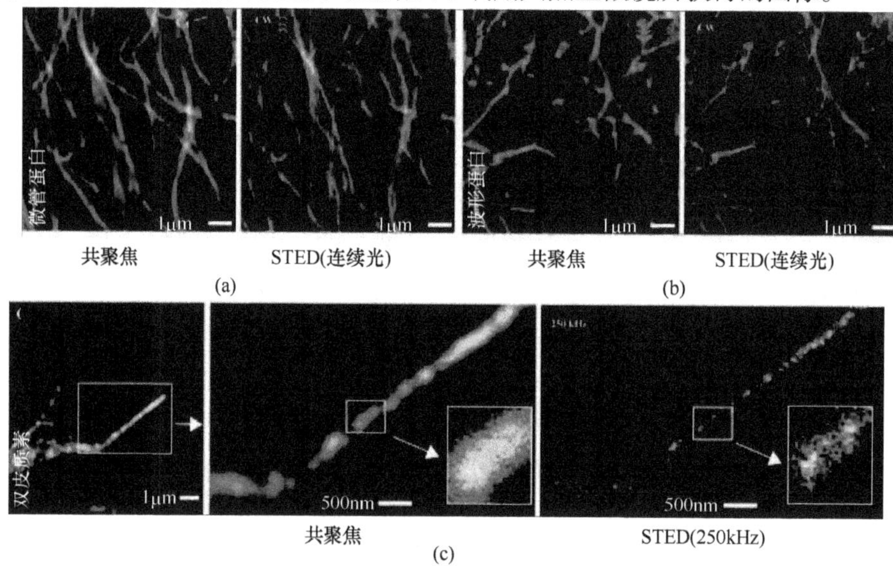

图 5-17　利用共焦和 STED 显微镜所获得的 PtK2 细胞的微管图像

上面我们以 STED 方法为例，讲述了三维纳米成像的方法、技术和系统。同样，还可以利用 GSD 或 RESOLFT 方法实现三维纳米成像。这些方法同样需要上述的两种相位片。若采用 GSD 方法实现三维纳米成像，所需环形光功率可远低于 STED 方法，比如数 mW 即可，但获得三维纳米分辨图像需要花费比 STED 方法长得多的时间。这是因为，基态耗尽后需要长得多的恢复时间才能回到原来的状态，而在基态耗尽的情况下再无法获得附近像点的图像信息。RESOLFT 方法所需的光功率更低，可小于 1mW。但是，正如我们在前面提到的，至今可用的荧光材料只有荧光蛋白 asFP595，其他荧光材料还没有实验结果报道。其难点是要在环形集总范围内实现荧光材料的关闭。尽管有很多荧光材料具有开关效应，但都是在空间随机地实现开关作用,而不是在指定的范围内实现全开或全关。因此，尽管 STED 方法需要较高的光功率，可能会带来更严重的漂白效应，但至今应用最广。另外，这类方法都要通过扫描实现三维纳米成像，但扫描方法的固有缺点是图像获取速率低。为解决此问题,已发展了多种提高图像信息获取速率的方法。这些方法的核心是实现不同形式的并行图像信息获取，例如，10 万个像点并行获取方法[52]。这样带来的问题是在样品内同时输入了更大功率的激光，样品尤其是生物样品难以承受如此大的光功率输入。可行的途径是采用并行的 RESOLFT 方法。为此，需要寻求更多可用于 RESOLFT 方法的荧光材料。

上面我们之所以作如此多的讨论，在于使读者全面了解已发展的纳米成像方法的优缺点。正因为有上述突出的优点，这些方法才能被人们所接受；正因为有上述缺点，才驱使人们去不断探讨新的荧光纳米成像方法。

5.4　单分子定位三维纳米成像

单分子定位三维纳米成像是荧光纳米成像中另一类重点发展的方法，在 2006 年，美国三个不同的研究小组在不同的杂志上分别独立报道了三种不同命名的纳米成像方法，即前面提到的 PALM、STORM 和 FPALM 方法，它们都属于单分子定位纳米成像方法[53,54]。下面我们就其成像原理、轴向纳米分辨方法和三维纳米成像等有关问题进行讨论。

5.4.1　成像原理

单分子定位三维纳米成像方法是在对荧光材料特性深刻理解的基础上发展起来的。单分子定位是在质心定位方法的基础上发展起来的，最早用于天文学，用来提高天体星斗的空间定位精度；后来将这种质心定位方法用于提高运动分子的空间定位精度；之后才用于单分子定位。这种单分子定位方法之所以能应用于荧光纳米成像，是建立在人们对荧光标记材料发光特性有更深刻认识的基础上。荧光标记材料不仅具有闪烁特性和漂白特性，还具有光开关特性和光激活特性，并且这些特性受到光子的控制。也就是说，某一时刻有多少荧光分子发光将受到光子的控制。尽管荧光标记分子很稠密，但在光子控制下通过光开关或光激活效应可实现稀疏发光,其稀疏程度可达到衍射受限范围内最多只有一个荧光分子发光，这样我们就可以确定在衍射受限范围内所有发出的光子都来源于同一个荧光分子，并可以利用单分子定位的方法来确定该分子在空间的精确位置，从而使空间分辨率较衍射极限提高了 $N^{1/2}$，这里的 N 表示单个荧光分子所发出的光子数目。我们对不同瞬时的稀疏激发荧光分子的发光状态进行宽场记录，并分别对视场内的所有发光分子进行单分子质心定位处理，再将不同时刻得到的质心定位图像叠加起来，就可以重构出目标的纳米分辨图像。这里要解决的关键问题有两个：一是如何实现稀疏激发，二是如何实现单分子精确定位。下面我们就来回答这两个问题。

1. 稀疏激发

正如上述，所谓稀疏激发是指在一幅宽场图像中，每一衍射极限所确定的像元范围内最多只有一个荧光分子被激发而发光。早在2006年之前，人们已经认识到通过单分子定位可以获得纳米分辨图像，其间主要的问题是如何实现稀疏激发。人们曾尝试过利用光谱分辨和光漂白实现稀疏激发。利用多色荧光标记，通过光谱分辨可将同一衍射极限区域内的多个荧光分子进行分离。设有三个列队分布的间隔为50nm的荧光分子，如果通过传统荧光图像是无法进行区分的。然而，如果将每一个荧光分子发射的不同光谱通过光谱分光，就可以利用三个相应的光谱通道获得各自的荧光图像。也就是说，每个通道中的荧光分子都实现了稀疏分布。对于各个通道中已经处于稀疏分布的荧光分子都可以对它们分别进行单分子定位，从而实现这三个荧光分子的空间区分。但是，由于荧光分子的荧光光谱总是具有一定的光谱宽度，一般为几十纳米。也就是说，为了避免不同发射谱荧光分子之间的相互串扰，用于区分光谱的荧光滤光片相互之间的间隔不能小于几十纳米。这意味着光谱分辨的方法只能对同一衍射极限区域内的几个不同发射波长的荧光分子进行分通道成像，发光分子的稀疏程度只能下降至原来的几分之一。更重要的是，如何正好使不同的荧光分子处于同一衍射极限范围内而不让同种荧光分子处于此范围，这是值得研究的问题。还有，随着不同光谱的荧光材料种类的增加，记录通道将剧增，系统将更加复杂和昂贵。因此，除非某些特殊情况，否则利用多色标记实现稀疏激发是难以获得广泛应用的。另一种曾尝试过的方法是光漂白。如果在同一衍射极限区域内有多个荧光分子，在高强度的激发光持续激发下，会表现出该区域的荧光强度逐渐下降，即荧光漂白。随着光照时间的增加，在大量分子光漂白后，最后总能出现荧光分子的稀疏激发。理论上来说，因为各个荧光分子光漂白需要的时间是有差别的，因此，如果探测器的成像频率足够快，就可以将各个分子发生光漂白时导致的荧光强度变化记录下来。也就是说，各个分子都有各自发生光漂白的时刻。纳米分辨荧光图像重构所需的源图像为荧光强度每一次跳变前所采集的荧光图像，该荧光图像是这一时刻所有发光分子图像的叠加。当光漂白到一定时刻，荧光图像中的发光分子达到了稀疏激发的程度，就表明这幅源图像是最后要记录的图像。因为在最后一幅源图像中，发光的荧光分子实现了稀疏激发，因此可以通过质心定位获得这些分子的纳米精度的空间定位。随后通过反演的方法，利用图像相减的方式，从稍前一幅荧光图像中把最后一幅源图像减去，再通过质心定位的方法获得另一部分稀疏激发的荧光分子的位置信息，以此类推直至获得所有荧光分子的位置信息。但是，同样需要指出的是，即便探测器成像频率足够高，也能够捕捉到各个分子的漂白导致的荧光强度变化，但是对单分子定位成像来说，要获得良好的定位精度，要求有足够长的曝光时间，以获得足够多的光子数。这意味着，在所有荧光分子从全部发光到全部漂白的这一时间段内，每一荧光分子发光要占据足够长的时间，例如几十毫秒，从而导致可供荧光强度跳变的次数是有限的，即可分辨的分子密度是有限的。如果荧光分子浓度过高，同一荧光分子发出的光子可能记录于相邻的画幅之中，我们将无法实现荧光分子的定位。此外，这种方法采用的单分子定位方法，最后一幅源图像中的分子的定位误差会影响到前一幅源图像中分子的定位，这种误差会逐渐累加。分子密度越大，也就是说一个衍射极限像元范围内荧光分子数越多，所需的源图像幅数也就越多，这种积累的误差对第一幅源图像定位荧光分子(也就是最后被定位的那些分子)的影响就会越大。因此，为了保证单分子定位的高分辨，一个衍射极限内分子数一般为个位数，例如，目前见报道的一个衍射极限像元内最多不超过 5 个荧光分子。因此，和光谱分辨类似，当荧光分子浓度比较高时，依靠光漂白实现分子稀疏激发进而进行纳米分辨成像的方法就不再适用了。

荧光蛋白、有机荧光分子或量子点(QD)的闪烁特性是荧光标记材料所具有的基本特性之一。即使在连续光的激发下，它们所产生的荧光也不是连续的。在研究荧光分子群或荧光量子点群的荧光表现时，这种闪烁特性并不明显，这是因为众多荧光发射体所产生的荧光叠加起来掩盖了单分子或单量子点的这种闪烁特性。然而，在很多需要利用单分子或单量子点荧光的情况下，这种闪烁特性就显得突出了。在一些情况下闪烁特性会成为一种不利因素。例如，当作为目标分子的荧光标记并用于追踪该目标分子的运动轨迹时，由于荧光分子的闪烁特性，在某些时段(非荧光态)被标记分子的运动信息将丢失，从而不能记录完整分子的运动轨迹。这时就需要采取措施改善其发光的连续性。在另外一些情况下，例如上述的荧光分子或荧光量子点的稀疏激发发光，又需要利用其闪烁特性。但不是简单地利用，而是通过外部条件的改变能有效地控制其闪烁特性，这就是我们要讲的荧光分子或荧光量子点的光开关特性或光激活特性。通过改变外部控制条件，可以有效地控制荧光分子或荧光量子点在空间上发光的疏密程度，从而实现可控制的稀疏激发。

令 $A(t)$表示 t 时刻处于荧光态的分子数，$B(t)$表示 t 时刻处于非荧光态的分子数。当荧光分子受到激活光和去激活光的作用时，荧光分子到达平衡态时处于荧光态的分子数可由以下两个简单的速率方程解得[55]：

$$\begin{aligned} \mathrm{d}(A(t))/\mathrm{d}t &= -k_{\mathrm{off}}A + k_{\mathrm{on}}B \\ \mathrm{d}(B(t))/\mathrm{d}t &= k_{\mathrm{off}}A - k_{\mathrm{on}}B \end{aligned} \tag{5.33}$$

其中，k_{on} 和 k_{off} 分别表示荧光分子由非荧光态到荧光态以及由荧光态到非荧光态的变化速率。在 $A+B=N_{total}$ 和初始条件 $A(0)=N_{total}$ ， $B(0)=0$ 的情况下，可以解得

$$A=N_{total}\left\{k_{off}/(k_{on}+k_{off})\exp[-(k_{on}+k_{off})t]+k_{on}/(k_{on}+k_{off})\right\} \tag{5.34}$$

式(5.34)表明，在激活光和去激活光作用下，处于荧光态的分子数呈负指数下降，达到 $1/e$ 时所需要的时间为 $1/(k_{on}+k_{off})$ 。达到平衡态时(t 无穷大)，处于荧光态的分子数为

$$N_{on}=N_{total}k_{on}/(k_{on}+k_{off}) \tag{5.35}$$

这意味着平衡态时，荧光分子处于荧光态的概率为

$$p=k_{on}/(k_{on}+k_{off}) \tag{5.36}$$

对于很多具有开关效应的荧光分子包括荧光蛋白和荧光染料分子，k_{on} 和 k_{off} 分别与激活光强度、去激活光强度之间呈线性关系。因此，通过调节激活光强度或去激活光强度可以方便地改变荧光分子处于荧光态的概率。为了实现荧光分子的稀疏激发，用作光开关的荧光分子需要具备以下两个特点：一是能够在荧光态和非荧光态之间可逆转换；二是荧光分子由荧光态向非荧光态转变的速率比由非荧光态向荧光态转变的速率高得多，也就是说荧光分子处于荧光态的概率比处于非荧光态的概率要低很多。这样就使得在某一曝光时间内，两个分子同时发光的概率相对来说更低，也就是说，在荧光分子标记密度一定的情况下，某一瞬时处于发光态的荧光分子的分布可更为稀疏，或者说这时允许更高的荧光分子标记密度。显然，这对于提高空间分辨率是有益的。假设在单分子定位显微成像中，我们取成像区域中的一个衍射极限像元所确定的区域，其中标记的分子数为 n ，分子处于荧光态的概率为 p_{on} 。如果在某幅源图像中，发光分子最多只有 1 个，就认为本次成像是有效的，其概率是

$$p_{va}=np_{on}(1-p_{on})^{n-1} \tag{5.37}$$

而如果超过了一个，则认为本次成像是无效的，其概率是

$$p_{in}=1-np_{on}(1-p_{on})^{n-1}-(1-p_{on})^{n} \tag{5.38}$$

在多次成像中，比值 $p_{va}/(p_{va}+p_{in})$ 反映了源图像成像的有效性。图 5-18(b)为 p_{on} 值不同时，源图像成像有效性(effectiveness=$p_{va}/(p_{va}+p_{in})$)随 n 的变化。从中可看到，在分子处于荧光态的概率确定的前提下，随着标记密度的增加，成像有效性呈近负幂指数下降，以 p_{on}=0.03 对应曲线为例，分子密度 n 达到大约 40 时，有效成像和无效成像的概率近似相等。此外，在相同 n 值下，越小的 p_{on} 值，对应越高的源图像成像有效性，但是 p_{on} 越小， p_{va} 也越小。因此合适的 p_{on} 值需要在考虑了 p_{va} 、源图像成像有效性、n 后，根据实验条件确定。

2. 单分子定位

单分子定位用的是质心定位方法。这里的质心定位就是通过计算单分子荧光图像的强度质心，确定该分子的空间位置。实际上，质心位置较易确定，这里重点

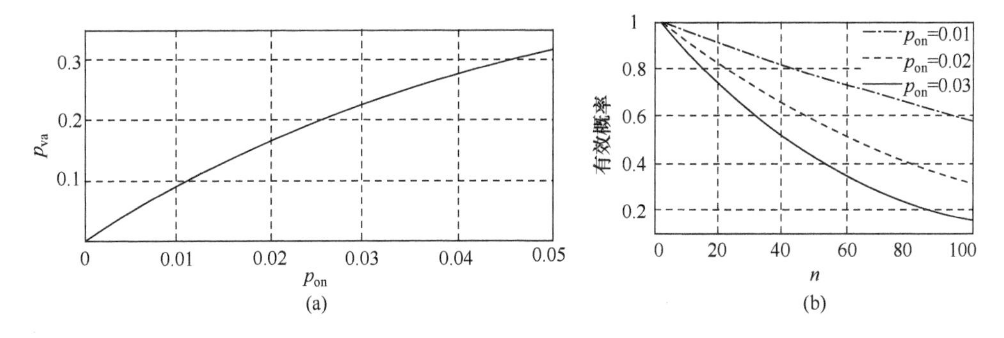

图 5-18　成像有效性和成像有效概率

要讨论质心的定位精度，它与衍射限制、所发射的荧光光子数目的涨落、探测器像素的大小以及无效荧光发射导致的背景噪声等因素有关。由此从一个方面确定了系统的空间分辨率。但系统的分辨率还与标记的荧光分子密度有关。若标记密度所确定的分辨率等于或低于质心定位精度所确定的分辨率，则标记密度确定了系统的空间分辨率。若标记密度所确定的分辨率高于质心定位精度所确定的分辨率，则质心定位精度确定了系统的空间分辨率[55,56]。下面首先介绍质心定位，再介绍质心定位精度。

质心定位：设有连续分布的密度函数 $I(x,y)$，在 x,y 平面内的有限区域内有值，其对应的质心在 x 和 y 方向的质心分别用 x_c 和 y_c 表示，则有

$$
\begin{aligned}
x_c &= \frac{\iint xI(x,y)\mathrm{d}x\mathrm{d}y}{\iint I(x,y)\mathrm{d}x\mathrm{d}y} \\
y_c &= \frac{\iint yI(x,y)\mathrm{d}y\mathrm{d}x}{\iint I(x,y)\mathrm{d}x\mathrm{d}y}
\end{aligned}
\tag{5.39}
$$

当密度函数呈离散分布时，例如采用像元结构的探测器 EMCCD 或 sCMOS 所得到的荧光图像，其质心算法则用求和的方式给出

$$
\begin{aligned}
x_c &= \frac{\sum_{i,j}^{m,n} x_i N_{ij}}{\sum_{i,j}^{m,n} N_{ij}} \\
y_c &= \frac{\sum_{i,j}^{m,n} y_j N_{ij}}{\sum_{i,j}^{m,n} N_{ij}}
\end{aligned}
\tag{5.40}
$$

其中，(x_i, y_j) 为像元坐标；$N_{i,j}$ 为该像元积分的光子数；m，n 分别为图像在 x 和 y 方向的像元数。对于常规的显微系统，它的点扩展函数对应于艾里斑，表示为 $h_{\text{exc}}(\nu) = \text{const.}|2\text{J}_1(\nu)/\nu|^2$，其中，$\text{J}_1$ 表示一阶 Bessel 函数；$\nu = 2\pi r\text{NA}/\lambda_{\text{exc}}$，$\lambda_{\text{exc}}$ 为荧光波长，NA 为物镜的数值孔径。而在实际应用中，点扩展函数常常用高斯函数 $\text{PSF}(\boldsymbol{r}) = A\exp(-\boldsymbol{r}^2/(2s^2))$ 代替，其中 s 表示高斯函数的标准差。利用高斯函数近似一阶 Bessel 函数，两者之间的区别非常小。在以下的讨论中，都采用高斯函数表示系统的 PSF。

质心定位精度： 下面分别叙述与质心定位精度有关的因素。

1) 光子噪声

从概念上讲光子噪声对定位精度的影响是很简单的，图像收集的每一个光子将给出荧光分子的一个位置，每个光子给出的位置误差都是一样的，这就是显微镜点扩展函数的标准方差。位置的最佳估值应是每一个探测到的光子位置的平均位置，其误差由通常的平均标准方差给出，即

$$\left\langle (\Delta x)^2 \right\rangle = \frac{s^2}{N} \tag{5.41}$$

其中，Δx 表示位置误差；s 表示点扩展函数的标准方差；N 表示收集到的光子数。为了对分辨率进行估值，我们已知光学系统的衍射受限光斑大小可表示为 $s = 0.5\lambda_0/\text{NA}$，若在此光斑内有 N 个光子，通过质心定位，其定位精度可表示为

$$S_{\text{Cs}} = 0.5\lambda_0 / (\text{NA}\sqrt{N}) \tag{5.42}$$

可见，为了提高定位精度，除了增大光学系统的数值孔径外，关键要在衍射受限的分辨元内收集更多的单个荧光分子发出的光子数。为了使空间分辨率提高 10 倍，分辨元内最少要收集 100 个荧光光子。事实上，从样品到探测器中间要经过多个光学元件，这些元件都会有光子损失，事实上要收集到多于 100 个光子才有可能使定位精度提高 10 倍。

2) 探测器像素化噪声

探测器的像素化使定位精度的确定变得更为复杂。由于图像的像素具有有限的大小从而使定位误差更大。之所以如此是由于使光子到达的位置在像素范围内产生了不确定性。像素大小带来的定位误差的理论分析如下。

假设有效像素尺寸为 a，对于某一像素，以像素中心为坐标原点，光子落在像素中的位置坐标的概率密度可以用 top-hat 函数表示为

$$f(x,y) = \begin{cases} 1/a^2, & -0.5a < x < 0.5a \text{且} -0.5a < y < 0.5a \\ 0, & \text{其他} \end{cases} \tag{5.43}$$

因此，由像素结构带来的额外定位误差用方差表示为(为简单起见，先考虑 x 方向，

y 方向的推导是类似的)

$$s_{\mathrm{p}}^2=\iint(x-\mu)^2 f(x,y)\mathrm{d}x\mathrm{d}y \tag{5.44}$$

其中，μ为 x 的数学期望：

$$\begin{aligned}\mu&=\iint xf(x)\mathrm{d}x\mathrm{d}y\\&=\int_{-0.5a}^{0.5a}\int_{-0.5a}^{0.5a}x\mathrm{d}x\mathrm{d}y\\&=0\end{aligned} \tag{5.45}$$

将 μ 值代入式(5.44)，得到对于单个光子，由像素化带来的定位误差

$$\begin{aligned}s_{\mathrm{p}}^2&=\int_{-0.5a}^{0.5a}\int_{-0.5a}^{0.5a}\frac{x^2}{a^2}\ \mathrm{d}x\mathrm{d}y\\&=\frac{a^2}{12}\end{aligned} \tag{5.46}$$

因此，同时考虑光子噪声和像素化采样噪声，定位误差为

$$\begin{aligned}s_{\mathrm{Cp}}^2&=\frac{s^2+s_{\mathrm{p}}^2}{N}\\&=\frac{s^2+a^2/12}{N}\end{aligned} \tag{5.47}$$

同时，必须指出的是，以上推导的前提是有效像素尺寸小于系统点扩展函数的艾里斑，即 $a<0.61\lambda/\mathrm{NA}\approx 240\mathrm{nm}$。如果 a 过大，即单个分子的荧光图像几乎全部落在一个探测器像元内，此时，无论分子产生的光子数是多少，质心均为该像元坐标；质心定位误差仅来自像素化噪声，而与光子噪声无关。

3) 背景噪声

在考虑了光子噪声、像素化噪声对质心定位的影响后，还需要考虑背景噪声的影响。通常，背景噪声来自探测器的读出噪声、暗电流，以及由样品产生的自体荧光等，这些背景噪声与信号无关，而且满足高斯分布。我们可从最小二乘法拟合判别式开始：

$$\chi^2(x)=\sum\frac{(y_i-N_i(x))^2}{\sigma_i^2} \tag{5.48}$$

其中，y_i 表示实际测量的像素的计数；$N_i(x)$ 表示从位于 x 处的一个荧光分子获得计数的期望值；σ_i 表示所期望的计数不确定性；下标 i 用来表示像素数。σ_i 由光子噪声和背景噪声 b 决定，可表示为

$$\sigma_i^2=N_i(x)+b^2 \tag{5.49}$$

这里,光子计数噪声的变分等于光子计数的期望值,并假设背景噪声为一个常数。最小值的条件是 $\mathrm{d}\chi^2/\mathrm{d}x=0$，它利用计数给出了测量位置 x 的方程。将 $N_i(x)$ 围绕荧光分子位置 x_0 展开，只取到一阶项 $\Delta x=x-x_0$，并假设光子计数的误差相对很小，从而可给出如下方程：

$$\begin{aligned}\Delta x&=-\frac{\sum\frac{\Delta y_i N_i'}{\sigma_i^2}\left(1-\frac{\Delta y_i}{2\sigma_i^2}\right)}{\sum\frac{N_i'^2}{\sigma_i^2}\left(1-\frac{\Delta y_i}{\sigma_i^2}\right)}\\&\approx-\frac{\sum\frac{\Delta y_i N_i'}{\sigma_i^2}}{\sum\frac{N_i'^2}{\sigma_i^2}}\end{aligned}\tag{5.50}$$

其中，N_i' 表示 N_i 在 x_0 处的导数，并有 $\Delta y_i=N_i(x)-y_i$。将式(5.50)平方并计算期望值，均方差可写作

$$\left\langle(\Delta x)^2\right\rangle=\frac{1}{\sum(N_i'^2/\sigma_i^2)}\tag{5.51}$$

若 N_i 可近似为

$$N_i=\frac{N}{\sqrt{2\pi}s}\mathrm{e}^{-i^2/(2s^2)}\tag{5.52}$$

并将上面式(5.51)中的和用积分近似，若只有背景噪声存在，我们则可得到

$$\left\langle(\Delta x)^2\right\rangle=\frac{4\sqrt{\pi}s^3b^2}{aN^2}\tag{5.53}$$

这里已将像素大小 a 计入，从而使单位变得正确。这里像素噪声看不到，是因为和式变成积分就意味着像素为无穷小。实际上，像素应围绕光斑放置，这里说的光斑大小即为点扩展函数分布的标准差。将光子噪声、像素噪声和背景噪声结合到一个方程式中，则可表示为

$$\left\langle(\Delta x)^2\right\rangle=\frac{s^2+a^2/12}{N}+\frac{4\sqrt{\pi}s^3b^2}{aN^2}\tag{5.54}$$

上面的结果是在一维定位的情况下获得的，将其推广到二维情况，通过二维积分，可得

$$\left\langle(\Delta x)^2\right\rangle=\frac{s^2+a^2/12}{N}+\frac{8\pi s^4b^2}{a^2N^2}\tag{5.55}$$

5.4.2 轴向纳米分辨方法

上面讨论了质心定位方法，它与荧光分子标记密度一起确定了 PALM、STORM 和 FPALM 方法的横向分辨率。这里再来讨论确定其轴向纳米分辨率的方

法。应当指出的是,这里讲的轴向分辨率的确定方法不能影响横向分辨率的确定。这里讲的轴向分辨率是指能分辨不同荧光分子在轴向不同位置的能力，也即这里的轴向纳米分辨方法是以纳米的精度确定荧光分子在轴向的位置。已发展的轴向纳米分辨方法包括柱面镜法、双平面法、单光子干涉法和双螺旋点扩展函数法等。下面分别予以叙述。

1. 柱面镜法[57]

该方法是在成像光路中引入一柱面镜，该柱面镜的引入，使在不同轴向位置的荧光分子所发出的荧光光子聚焦后其点扩展函数形成了不同的形状，由其形状区分所在的轴向位置。其光路如图 5-19(a)所示，从样品发出的荧光由物镜接收，经柱面镜和管镜成像在 EMCCD 上，若光路中没有柱面镜，我们在 EMCCD 上接收到许多个彼此分离的近似圆形的点扩展函数；若引入柱面镜，则视点扩展函数轴向不同位置的形状如图 5-19(a)中的右图所示。图 5-19(b)则给出不同轴向位置点扩展函数在 x 和 y 方向的点扩展函数的扩展情况，其中分别用 w_x 和 w_y 表示。实验证明利用这种方法所获得的横向和轴向分辨率分别为 20～30nm 和 50～60nm，而标准偏差在 x、y 和 z 方向分别为 9nm、11nm 和 22nm。

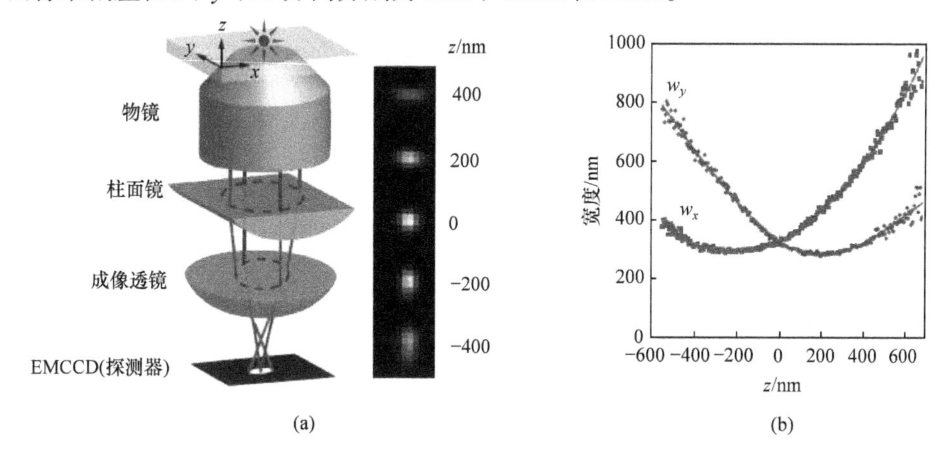

图 5-19　柱面镜法及其轴向测量范围和定位精度

为了改善空间分辨率，Zhuang 等还将柱面镜法与 4Pi 方法结合起来，从而使横向和轴向分辨率分别小于 10nm 和小于 20nm。他们还将柱面镜法和轴向扫描的方法结合起来，使轴向深度进一步扩大，原来轴向分辨范围小于 600nm，利用上述方法则可将轴向成像范围扩大到 3μm。

2. 双平面法[58]

一般来说，利用两个探测平面来确定轴向荧光分子的位置已足够了，但必须满足如下两个约束条件：一个是所探测的荧光分子是稀疏分布的，也即它们的点扩展函数彼此是不重叠的；另一个是荧光分子的轴向位置或者是靠近其中的一个探测平面或者是介于两个探测平面之间。利用双平面探测有两个优点：一个优点是若轴向深度不大于 1μm，则无须轴向扫描，从而使成像加速；另一个优点也是更重要的优点是该方法消除了基于扫描的定位缺陷，这些缺陷来源于对单分子来说极普遍的闪烁和漂白现象。双平面法如图 5-20 所示。在探测之前，该系统与一般的 PALM、STORM 等成像系统一样，只是在探测器前加一分光器，一路通过半反半透镜成像在探测器上，另一路被反射到同一探测器的另一部位，两者轴向距离之差约 500nm。这就是说，利用同一探测器同时记录不同轴向位置的两幅图像，从而获得轴向信息，可计算出体像素的大小。由获得的体像素光子的分布，可求出轴向半高全宽为 75nm。其三维空间的分辨率为 30nm×30nm×75nm，在不进行轴向扫描的情况下轴向深度可达 1μm。

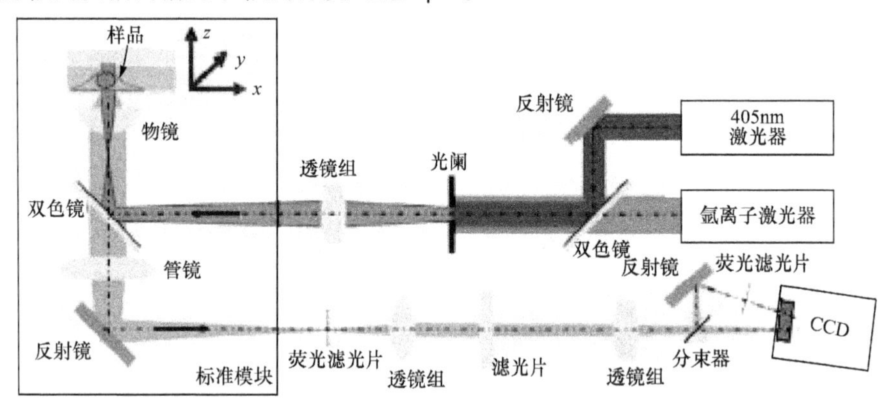

图 5-20　双平面法示意图

3. 单光子干涉法[59]

之所以能用干涉法，首先，单一的荧光分子诸如荧光蛋白等本身是一很好的量子光源，波粒二象性允许单一荧光光子构成其自身的相干束；所发射的光子可同时在两个不同的光路中传输，它们重新结合起来之后就会与其自身干涉。发射体的位置直接决定了它们的路径差，同时也就决定了两光束之间的相对相位。这一原理已在荧光干涉仪和光谱自相干荧光显微镜中获得了应用。其次，我们能够构成一光学系统，在很宽的横向源位置范围内干涉均可产生，并可在像 CCD 这样的面阵探测器上构成干涉图像，从而可快速并行获取图像。最后，也是最重要的，我们必须对每个光子进行同时多相位探测。这样的探测方法允许光强变化并允许具有短的荧光寿命，它还具有自校正功能和可提供与位置相关的干涉相位角提取的全部信息。图 5-21 给出单光子干涉荧光成像概念的示意图，这一概念的核心是三光束分束器。这里的器件已延伸到多相位干涉和对生物样品成像所需的多源情况。三光束分束器由并行的三个平面组成，一个是 66∶33 分束器，一个是 50∶50 分束器，一个是反射镜。激发光和激活光进入 4Pi 显微镜，产生荧光光子，经三光束分束器干涉后送到三个 CCD 相机进行探测。由于在三光束分束器中光子自干涉效应提高了轴向定位精度，即使收集到的荧光光子只有 1500 个，轴向的半高全宽为 9.8nm，而横向的半高全宽为 22.8nm。图 5-21(c)给出了轴向分辨率测量方法允许的轴向测量范围，从中还可看出轴向分辨率从中心到边缘会有所降低。

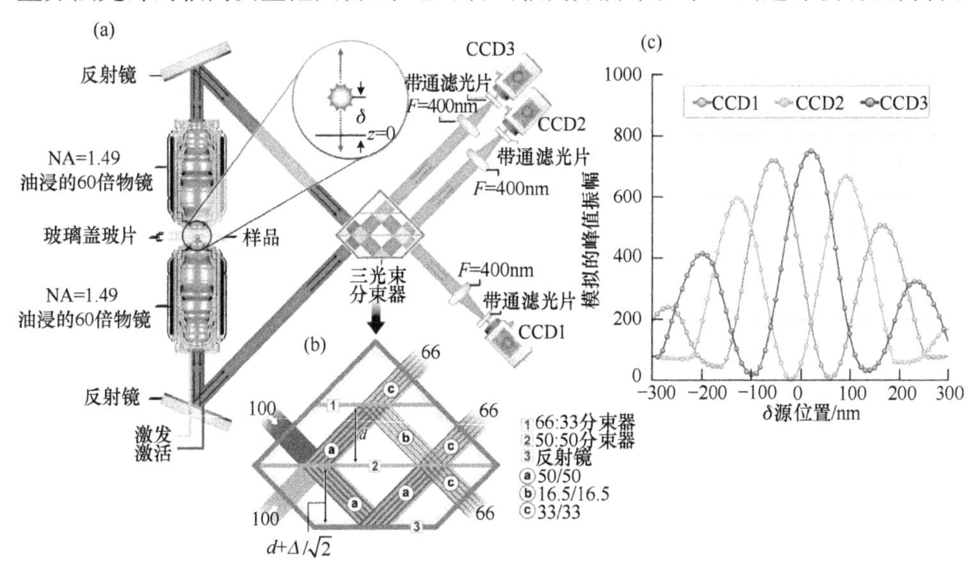

图 5-21　单光子干涉法示意图(后附彩图)

4. 双螺旋点扩展函数法[60]

该方法利用 Laguerre-Gaussian(L-G)模式平面上沿一个方向取这个方向上所有模式，并将它们等权叠加起来，就得到我们所需要的获得双螺旋点扩展函数的模板。上述的方向斜率决定了双螺旋点扩展函数的旋转速率。所谓双螺旋点扩展函数，是指上面的模板将高斯型点扩展函数分裂为两个扩展函数，它们之间的中心连线与轴线的夹角同轴向位置有关。实际上，上述模板的构成要比上面讲的复杂得多，因为此时光能利用率很低，必须合理利用上述模式附近的其他模式，并将幅度模板变为相位模板，光能才能获得充分的利用。详细内容需阅读有关论文。图 5-22(a)给出这种方法的一种实施示意图，这种实施方法的主要特点是使用了液晶构成的空间光调制器，用来构成 L-G 模板。当从不同轴向深度稀疏激发的荧光分子发出的宽场荧光经过空间光调制器后，在 EMCCD 面阵探测器上就形成了双螺旋点扩展函数图像，在不同深度的荧光分子所发出的荧光在 EMCCD 上就形成了不同旋转方向的双螺旋点扩展函数。螺旋方向与轴向深度的定量关系如图 5-22(b)所示，不同深度所得到旋转点扩展函数图 5-22(c)所示。这种方法的横向分辨率仍与光子数、像素大小及背景噪声等有关，而轴向分辨率与角度测量精度有关。

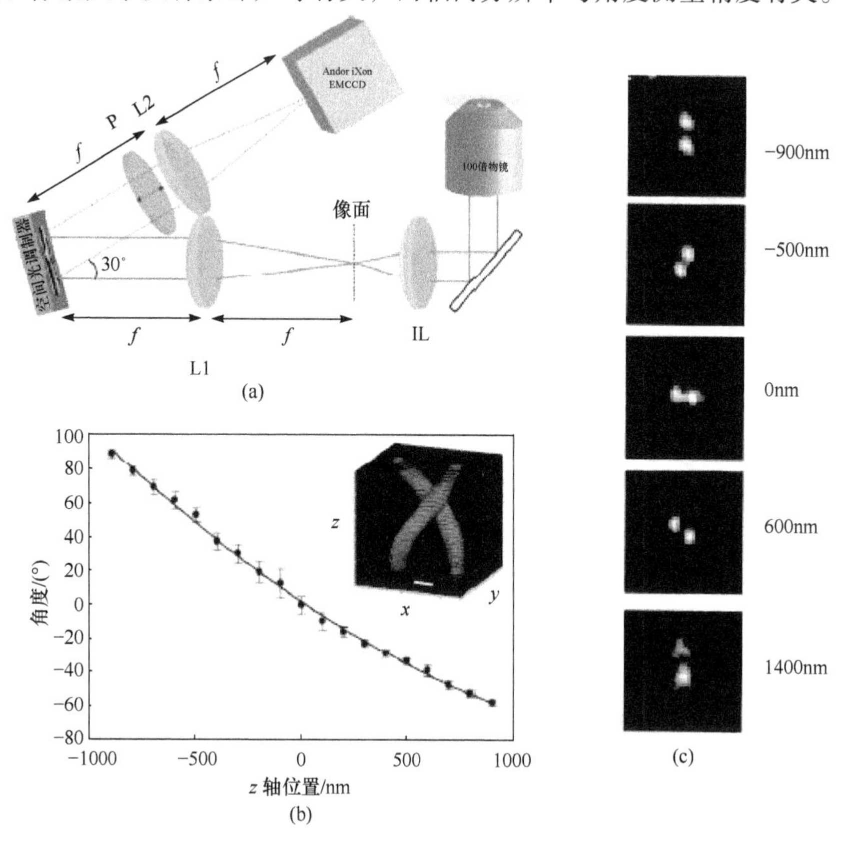

图 5-22　双螺旋点扩展函数法示意图

5. 弯曲光栅和双螺旋点扩展函数相结合的轴向成像[61]

在上面介绍的各种轴向成像方法中，一般允许的轴向长度均在 1μm 左右，只有双螺旋点扩展函数法轴向长度范围有所扩展，但也只有 2μm 左右。即使可进一步扩大，也是以牺牲轴向分辨率为代价的。这里介绍的是将弯曲光栅和双螺旋点扩展函数相结合的方法，是作者及其课题组成员发明的。我们知道，弯曲光栅通过透镜可以将物体不同深度的信息以不同的衍射级成像在同一图像探测器的不同位置，如图 5-23(a)所示，可将物体在深度 A、B 和 C 位置的样品图像信息以 0 和 ±1 阶衍射成像在探测器左、中、右不同的位置。通过透镜和弯曲光栅的设计，A、B 和 C 之间的轴向距离可根据需要选择，例如相邻距离为 4μm。若每一级用双螺旋点扩展函数实现轴向分辨，三级串联起来成像深度则可达 12μm。事实上，我们将弯曲光栅和双螺旋点扩展函数的相位板设计在一起，则可利用一个器件实现样品轴向深度 12μm 的纳米成像。显然，这种方法较上面其他方法在实现上都要简单得多，而性能上则要优越得多。我们已经研制成功这种器件，并使光能获得充分的利用。

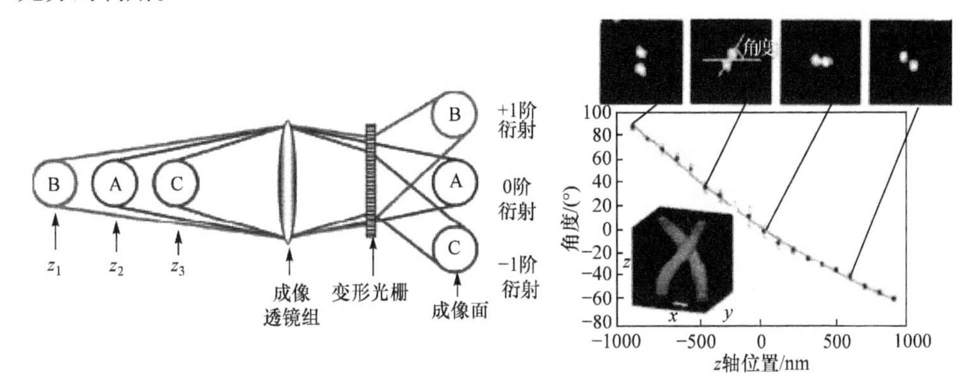

图 5-23　弯曲光栅和双螺旋点扩展函数相结合的轴向成像法示意图

5.4.3　三维纳米成像

上面我们分别介绍了单分子定位成像原理和单分子定位轴向成像方法。下面就这种方法实现三维纳米成像的有关问题展开讨论。

首先是系统的建立，它主要包括连续光源、显微物镜和面阵 EMCCD 或 sCMOS 探测器以及实现轴向纳米分辨的器件和装置。这里要特别提及的是系统的稳定性。为了稳定地获取纳米分辨图像，要求系统要有好的隔振装置，隔振装置的固有振动频率应低于 1Hz。单此还不够，还要采取在 x、y 和 z 方向的防漂移措施[57,62]。甚至全部硬件措施还不够，通常还需要使用标准的标记物，例如荧光珠，进行标记。视它们漂移的情况采用适当的软件，使在不同方向的漂移得以纠正[63,64]。还可仿效电子显微镜[65,66]和原子力显微镜[67,68]中所采取的措施进行校正。当然，其他器件和装置也各有特别的要求，例如，光源要具有好的光束质量，物镜要具有尽可能大的数值孔径，探测器要具有单光子探测能力和尽可能高的图像获取速率，轴向纳米分辨装置要具有足够高的轴向分辨率和足够大的轴向探测距离等。

在完成单分子定位三维纳米成像装置建立之后，另一个要解决的重要问题是如何获取高质量的源图像。这里首先要做到稀疏激发，确保在每一衍射极限分辨元内最多只能有一个荧光分子发光。这是该方法的一个基本要求，否则就无法实现单分子定位了。只强调这一点还不够，为了使该方法尽可能提高纳米分辨图像获取速率，还要求每幅源图像要提供尽可能多的图像信息，也即要尽可能在每一个衍射极限分辨元内有一个荧光分子在发光，这即图像信息获取效率问题。同时解决好上述两个问题的关键在于稀疏激发的控制。现在已发展了若干控制方法来解决此问题，例如激活光强度和氧化还原剂的合理使用等[69,70]。这方面的改进还需要进一步探索。

最后是关于数据的事后处理问题。由获得的源图像通过单分子定位方法确定每一幅源图像中每一像点纳米精度的定位位置和轴向定位位置，再将如上处理过的所有源图像叠加起来构成我们所希望得到的三维纳米分辨图像，并根据荧光分子密度和定位精度确定系统的横向和轴向空间分辨率。为了表示三维纳米分辨图像，通常采用伪彩色来表示轴向位置。处于同一深度的像点用同一种颜色表示。必要时，可对系统随时间的漂移进行标定，并利用标定所建立的时变方程对所有像点在空间的位置进行修正。若处理得好，可进一步提高空间分辨率，获得更清晰的三维纳米分辨图像。图 5-24 给出利用单分子定位方法所获得的三维纳米分辨图像[71]。其中，(a)给出 COS-7 细胞中 Alexa647 标记的肌纤蛋白图像，图中轴向位置用不同的颜色标记，紫色表示最浅的位置，红色表示最深的位置；(b)表示(a)中方框内的图像信息；(c)表示同一方框内的图像信息，不过这里是只用一个物镜获得的图像信息，(b)是用两个物镜所获得的图像信息，显然(b)图像比(c)图像更为清晰，这是因为(b)图像使用了 4Pi 技术，使衍射极限所确定的空间分辨率提高了

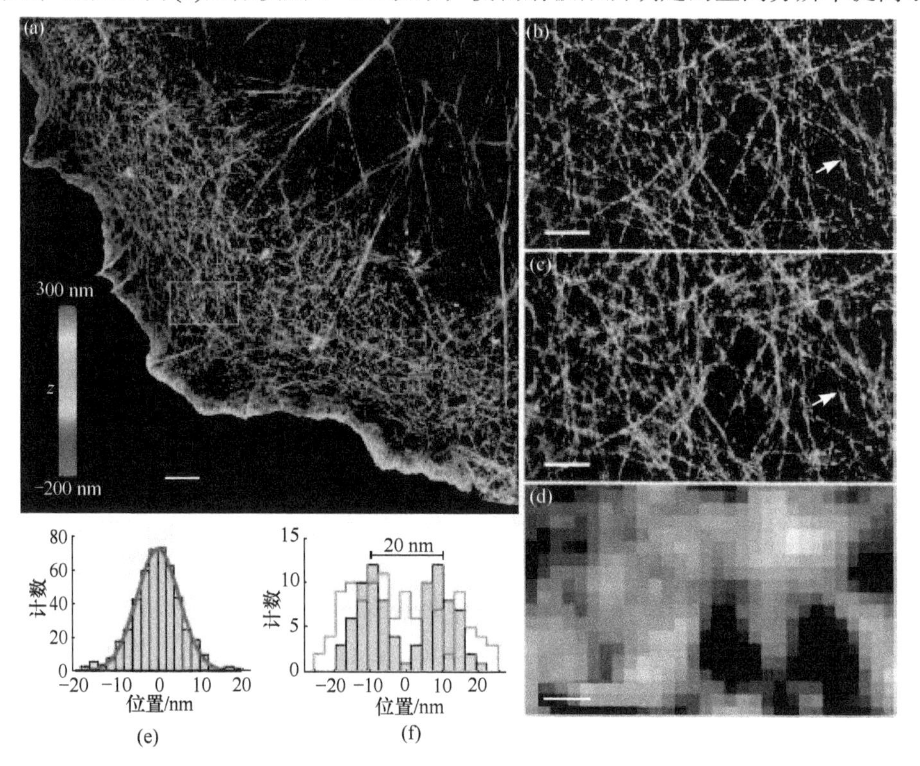

图 5-24　单分子定位方法所获得的 COS-7 细胞中 Alexa647 标记的肌纤蛋白图像(后附彩图)

一倍；(d)则表示了普通荧光显微镜所获得的同区域的图像，显然分辨率大幅下降，我们几乎看不到任何图像细节；(e)给出 8 根微丝累叠在一起的横断面尺寸，红线表示高斯拟合的结果，其半高全宽为 12nm；(f)表示(b)和(c)中相邻两根微丝的横截面尺寸，其在(b)和(c)中的位置用白箭头表示出来，灰色条带表示用双物镜获得的，红色线相应于一个物镜所获得的结果。在(a)中标尺尺寸为 2μm；在(b)～(d)中标尺尺寸为 500nm。

5.5　超分辨光学涨落成像

上面介绍的单分子定位超分辨成像方法都要对荧光分子进行稀疏激发，在每次曝光时间里使衍射受限的每一空间分辨元内最多只有一个荧光分子受激发光，最后所获得的超分辨图像是通过成千上万幅源图像通过单分子定位处理后叠加而成。显然，这类方法比较耗时，对应用于动态成像不利。还有一种荧光三维纳米成像方法称作超分辨光学涨落成像(superresolution optical fluctuation imaging，SOFI)，这是于 2009 年由美国科学家 Dertinger 和德国科学家 Enderlein 等提出来的[18]。这种方法是基于荧光材料的闪烁特性提出来的，对成像系统没有特别的要求，具有固有的层析能力和固有的消除背景的能力，尤其与上面单分子定位方法相比，它不需要进行稀疏激发，显然有利于图像信息获取速率的提高，更适合于动态图像的获取。下面分别就其工作原理和最新进展作一介绍。

5.5.1　SOFI 工作原理

该方法应满足如下三个基本要求：①荧光标记物至少要能呈现两种不同的发射状态，例如，这些状态可以是荧光态和非荧光态，但原理上讲只要在光学上可以区分的两种或多种状态均是可以的；②不同的发射体必须在两种状态之间重复变化，不同的发射体是彼此不相关的，各自以随机的方式发生改变；③对于这种方法而言，在获得图像时像素的大小应小于衍射极限。将来还会进一步讨论分辨率小于像素尺寸的情况。基于此，我们再来介绍这种方法的成像原理。假设样品包含 N 个彼此独立的涨落发射体，位置处于 $\boldsymbol{r}_k$ 并具有与时间有关的分子亮度 $\varepsilon_k s_k(t)$，其荧光源分布可由下式给出：

$$\sum_{k=1}^{N}\delta(\boldsymbol{r}-\boldsymbol{r}_k)\cdot\varepsilon_k\cdot s_k(t) \tag{5.56}$$

其中，ε_k 表示分子亮度的一个常数；$s_k(t)$ 表示与时间有关的分子强度涨落，不是 1，便是 0。我们假设在图像获取的过程中发射体的位置不会发生改变，随时间的变化只是由单个发射体的荧光发射态的变化引起的。为简化起见，我们进一步假设点扩展函数不随空间位置的变化而改变。当然，像局域的像差和偏振等都可以考虑进去。在位置 $\boldsymbol{r}$ 和时间 t 的荧光信号 $F(\boldsymbol{r},t)$ 可由系统的点扩展函数 $U(\boldsymbol{r})$ 和荧光源的分布的卷积给出，即

$$F(\boldsymbol{r},t)=\sum_{k=1}^{N}U(\boldsymbol{r}-\boldsymbol{r}_k)\cdot\varepsilon_k\cdot s_k(t) \tag{5.57}$$

这里假设在图像获取的过程中样品处于平衡稳态，涨落可表示为零平均的涨落，即

$$\begin{aligned}\delta F(\boldsymbol{r},t)&=F(\boldsymbol{r}-\boldsymbol{r}_k)-\left\langle F(\boldsymbol{r}-\boldsymbol{r}_k)\right\rangle_t\\&=\sum_k U(\boldsymbol{r}-\boldsymbol{r}_k)\cdot\varepsilon_k\cdot[s_k(t)-\left\langle s_k(t)\right\rangle_t]\\&=\sum_k U(\boldsymbol{r}-\boldsymbol{r}_k)\cdot\varepsilon_k\cdot\delta s_k(t)\end{aligned} \tag{5.58}$$

其中，$\langle\cdots\rangle_t$ 表示时间平均。二阶相关函数 $G_2(\boldsymbol{r},\tau)$ 由下式给出：

$$\begin{aligned}G_2(\boldsymbol{r},\tau)&=\left\langle\delta F(\boldsymbol{r},t+\tau)\cdot\delta F(\boldsymbol{r},t)\right\rangle_\tau\\&=\sum_{j,k}U(\boldsymbol{r}-\boldsymbol{r}_j)U(\boldsymbol{r}-\boldsymbol{r}_k)\cdot\varepsilon_j\cdot\varepsilon_k\cdot\left\langle\delta s_l(t+\tau)\delta s_k(t)\right\rangle\\&=\sum_k U^2(\boldsymbol{r}-\boldsymbol{r}_k)\cdot\varepsilon_k^2\cdot\left\langle\delta s_k(t+\tau)s_k(t)\right\rangle\end{aligned} \tag{5.59}$$

在上面的方程中，我们假设不同发射体的发射彼此在时间上是不相关的，因此，所有的互相关项均为零。而二阶相关函数就变得十分简单，只包含不同位置点扩展函数的平方项和，各自的权值为每一发射体亮度的平方和分子的时间相关函数 $\left\langle\delta s_k(t+\tau)\delta s_k(t)\right\rangle$。时间延迟为 τ 的 $G_2(\boldsymbol{r},\tau)$ 的值决定了这种方法的图像，每一图像之间唯一的区别是点扩展函数平方项的权值-分子的相关函数。这种方法图像的强度并不是直接报告荧光信号，而是其亮度和其相关的程度。此外，点扩展函数为原来点扩展函数平方的分布。如果光学系统原来的点扩展函数可以用三维高斯分布近似，由式(5.59)可知，在每一个方位上，新的点扩展函数将减小为原来的 $1/\sqrt{2}$，因此，二阶 SOFI 图像

$$\begin{aligned}&U(\boldsymbol{r})=\exp\left(-\frac{x^2+y^2}{2\omega_0^2}-\frac{z^2}{2\omega_{z0}^2}\right)\\&\Rightarrow U^2(\boldsymbol{r})=\exp\left(-\frac{x^2+y^2}{2\omega_0^2}-\frac{z^2}{2\omega_{z0}^2}\right)\end{aligned} \tag{5.60}$$

的光学分辨率获得了提高，有 $\omega_{0z}=\omega_{0z}/\sqrt{2}$ 和 $\omega_0=\omega_0/\sqrt{2}$。由于二阶相关函数包含点扩展函数的平方项，为了获得点扩展函数的更高阶幂函数，很自然就要求得更到高阶的相关函数，从而使分辨率提得更高。n 阶相关函数可由下式给出：

$$G_n(\boldsymbol{r},\tau_1,\cdots,\tau_{n-1})=\left\langle\delta F(\boldsymbol{r},t)\delta F(\boldsymbol{r},t+\tau_1)\cdots\delta F(\boldsymbol{r},t+\tau_{n-1})\right\rangle_t \tag{5.61}$$

由于式(5.61)表明所要求的信号涨落必须是 $n-1$ 次延时的乘积得到 G_n，因此 G_n 可

以很容易地直接算出来。为了利用该方法产生更高阶图像，就有必要将n阶相关函数转换为n阶累积函数$C_n(\boldsymbol{r},\tau_1,\tau_2,\cdots,\tau_n)$。其理由是所有由较低阶相关贡献引起的交叉项在累积中都消除掉了，因此n阶累积只由包含点扩展函数n次方的项组成。通过下面的例子可以理解上面的陈述。为了计算四阶相关函数，人们在一个像素中最终需要四个光子相关。这四个光子可由不同的发射体发出或者从同一发射体发出。后一种情况可直接产生超分辨。然而，还有可能其中的两个光子由同一发射体发出，另外两个光子由不同的发射体发出。这些光子同样将贡献于四阶相关，但对每一发射体只具有点扩展函数的平方，隐藏有四次方点扩展函数的贡献，这只是来自单一发射体的涨落。累积量不包含这些交叉项。因此，只有使用累积量才能保证超分辨。这可通过如下方程表示出来：

$$C_n(\boldsymbol{r},\tau_1,\tau_2,\cdots,\tau_n)=\sum_k U^n(\boldsymbol{r}-\boldsymbol{r}_k)\varepsilon_k^n w_k(\tau_1,\cdots,\tau_{n-1}) \tag{5.62}$$

其中，$w_k(\tau_1,\cdots,\tau_{n-1})$表示基于相关的权重函数，它取决于每一发射体的特定涨落性质。注意$w_k(\tau_1,\cdots,\tau_{n-1})$的精确表示取决于累积量的阶数。由于$n$阶累积量产生的图像的有效的点扩展函数是原始点扩展函数的n次方，对于高斯点扩展函数分辨率将提高$\sqrt{n}$倍。例如，四阶累积量将导致这种方法的分辨率提高2倍，而16阶累积量将使分辨率提高4倍。尽管这种方法不存在使分辨率获得提高的理论极限，但存在实际的限制。因为点扩展函数提高到n次方，由每一发射体产生的亮度也获得提高。若每一发射体具有2倍的分子亮度，这种方法所获得的图像将会亮2^n次方倍。此外，权重函数$w_k(\tau_1,\cdots,\tau_{n-1})$可以改变这种方法获得图像的显示性亮度。一个在这段时间范围内没有发生涨落的发射体将不产生任何相关性，这即是说权重函数$w_k(\tau_1,\cdots,\tau_{n-1})=0$，因此该发射体在这种方法所获得的图像中将不会出现。只有那些闪烁的发射体对权重函数才产生非零的值，也才会在这种方法所获得的图像中出现。权重函数的精确值是由发射体特定的闪烁特性确定的，因此分子亮度的n次方和单一发射体权重的乘积决定了对所获得图像的贡献，这将会导致暗的发射体被周围亮的发射体所掩盖。换句话说，所导致的更亮的图像具有非常大的动态强度范围。这一效应使这种方法所获得的最终图像减少了所显示的信息内容，而当阶数大于2时更为突出。尽管在计算更高阶累积量时不存在基本的困难，应当注意的是，第n阶累积量是τ_i的$n-1$维函数，因此计算量和存储量随着n^2而增加，在荧光涨落过程中我们需要计算每一个像素的高阶累积量，这可能很快就成为产生更高阶图像的一个限制因素。实际上，置所有时间延迟为零对于计算这种方法的图像是最有效的。

$$C_n(\boldsymbol{r},0)\equiv C_n(\boldsymbol{r},\tau_1=0,\cdots,\tau_{n-1}=0)=\sum_k U^2(\boldsymbol{r}-\boldsymbol{r}_k)\varepsilon_k^n w_k(0) \tag{5.63}$$

在这种情况下，累积量的公式可以以简化的形式表示出来，例如，二阶累积量就变成信号的变分，这在计算上可容易地实现：

$$C_2(\boldsymbol{r},0)=\left\langle F^2(\boldsymbol{r},0)\right\rangle-\left\langle F(\boldsymbol{r},0)\right\rangle \tag{5.64}$$

这样一种简化当然不会将信号的散弹噪声消除掉。如果信噪比比较低，这种方法就很难应用了，例如在测量有机染料时就是这样。在这种情况下，应该像在没有散弹噪声的情况下计算累积量。为了验证此方法的有效性，最早使用量子点进行实验。由于量子点荧光开和关的分布服从幂函数，它们以所有时间间隔进行闪烁，这就允许以任何的分幅速率进行拍照，实验中随时间的变化拍取 2000 幅图像以构造超分辨图像。因为分辨率是以区分两个相邻点源的距离大小来确定的，我们就可以使用两个量子点进行分辨率的实验。实验结果表明，随着阶数的提高，分辨率确实随 n 的平方根而改善，当 n=25 时，空间分辨率可达 55nm。利用单量子点可获得该方法的点扩展函数。图 5-25 给出利用单量子点所获得的原始和各阶在三个方向上的点扩展函数。

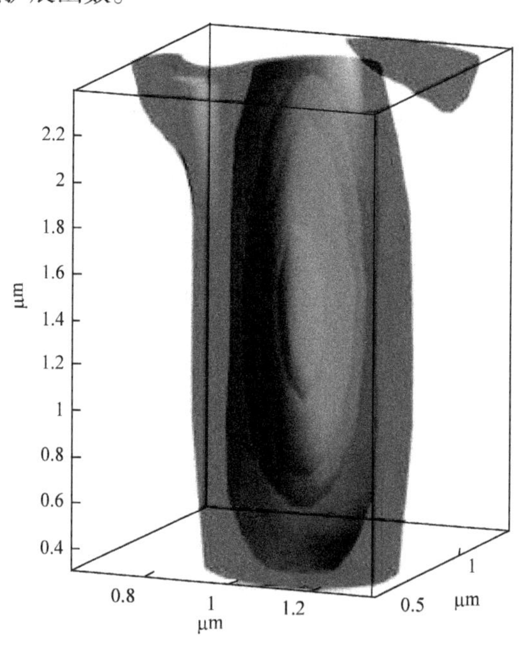

图 5-25　利用 SOFI 所获得的三维点扩展函数截面图

图 5-25 是利用超分辨光学涨落成像所获得点扩展函数的截面图。表面是利用高斯法平滑之后得到的结果，由外至内的不同灰度表示原始点扩展函数以及 2 阶、3 阶、4 阶和 16 阶点扩展函数的剖面图。从图中可以清楚地看到，随着阶数的提高，三维点扩展函数在收缩。图 5-26 还给出一种细胞的α-微管网络结果。

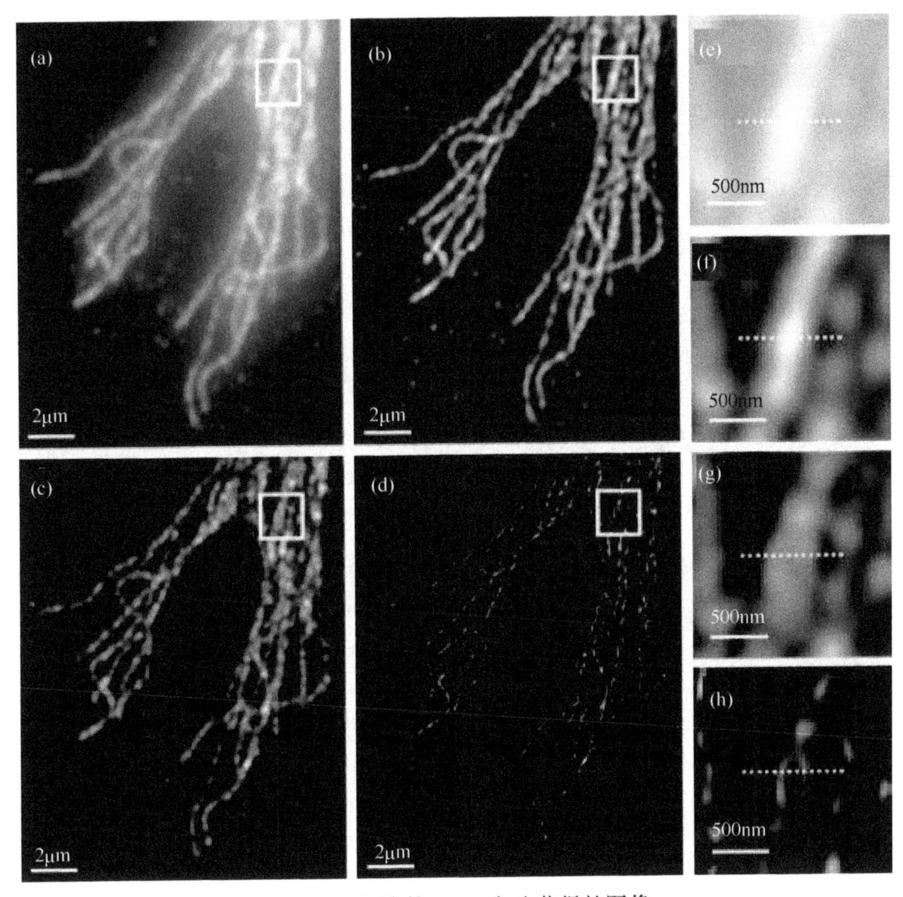

图 5-26　细胞的 SOFI 方法获得的图像

图 5-26(a)给出 3000 幅源图像的平均结果，表示了在原始分辨率下的细胞微管网络图；(b)是(a)解卷积得到的结果；(c)是二阶 SOFI 图像；(d)是(c)解卷积获得的图像；(e)～(h)是(a)～(d)中方框区域内的放大结果，其中的标尺代表 500nm。从(a)到(c)图像的变化，不仅分辨率获得提高，而且信号和背景的比也获得改善。其原因是在处理过的图像中消除了模糊背景。之所以能达到这样的目的，是因为 SOFI 算法本身可去除非相关背景。SOFI 方法这种去除背景的本领尤其重要。如果背景不存在，解卷积算法可以使图像质量更好。SOFI 这种方法就使得解卷积对图像的改善更为有效。

5.5.2　SOFI 方法的最新进展

自从 2009 年 SOFI 方法报道之后，近年来又取得不少进展，重点在设法将该方法用于细胞内的动态成像，这是目前其他方法尚未很好解决的一个问题。

第一个改进是该方法的发明者自己提出来的。原来曾谈到，随着阶数 n 的提高，

分辨率将提高 n 的平方根倍。2010 年他们又提出分辨率的提高可与 n 成正比[72]。若上述关系成立，不仅分辨率随阶数提高得更快，为了提高时间分辨率，还可以在实现超分辨的同时减少所需源图像的数目。为此，他们引入一新的权重函数 $W(\boldsymbol{k})$：

$$W(\boldsymbol{k})=\frac{U(n\boldsymbol{k})}{U(\boldsymbol{k})\underset{(n-1)\text{次}}{\otimes}U(\boldsymbol{k})+\alpha} \tag{5.65}$$

这里，$U(\boldsymbol{k})$ 表示成像系统的 OTF (点扩展函数的傅里叶变换)；α 表示一衰减因子，以一个接近零的数阻止分割。我们已知，$U^n(\boldsymbol{r})\xrightarrow{\text{傅里叶变换}}O(\boldsymbol{r})=U(\boldsymbol{k})\underset{(n-1)\text{次}}{\otimes}U(\boldsymbol{k})$，若式(5.65)成立，$\alpha$ 又很小，则 $O(\boldsymbol{k})\approx U(n\boldsymbol{k})$。可见，只要利用新的权重函数，空间分辨率将随 n 线性提高。事实上，若 $O'(\boldsymbol{k})\approx U(n\boldsymbol{k})$，其傅里叶逆变换则为 $U\left(\frac{\boldsymbol{r}}{n}\right)$。由 Titchmarsh 卷积理论，上面的 $O(\boldsymbol{k})$ 和 $O'(\boldsymbol{k})$ 在傅里叶空间的支持区间是等同的，也即上面所说的新的权重函数是成立的。这就是说，随着新的权重函数的引入，我们可以实现空间分辨率随 n 线性变化的关系。利用新的权重表达式，这种方法 SOFI 的图像就可以变换为高分辨率图像：

$$C_n(r,\tau_1,\cdots,\tau_n)=\mathcal{F}^{-1}[\mathcal{F}[AC_n(r,\tau_1,\cdots,\tau_n)]\cdot W(\boldsymbol{k})] \tag{5.66}$$

这里，$\mathcal{F}$ 和 $\mathcal{F}^{-1}$ 分别表示傅里叶变换和傅里叶逆变换。新的权重函数的性能强烈依赖于我们对点扩展函数和相应的 OTF 了解的情况，了解得越准确，此傅里叶权重函数越有效。有关细节可参考相关文章。

另一个重要的进展就是荧光标记材料改进和合理选择[73]。我们知道，SOFI 方法之所以有效，是因为它利用了荧光材料固有的闪烁特性。但是，在闪烁的过程中，若在非荧光态待的时间太长，则在此期间我们任何信息也得不到，这就使成像效率大大降低。目前，在利用 SOFI 方法实现超分辨时，常常用量子点作为荧光标记物。量子点外层使用 ZnS 防止 CdSe 芯料与氧和水的作用。但若此壳层太厚，闪烁就会变慢，量子点处于非荧光态的时间就会太长，不利于 SOFI 快速成像。日本科学家为了使 SOFI 方法更适合于动态成像，就设法减小 ZnS 壳层的厚度。为此，他们进行了大量的实验，最后使量子点的尺寸达到(8.7±1.6)nm，其直径约为商用量子点的一半，并使闪烁特性大有改善，如图 5-27 所示。

从图 5-27 明显看出，改进后的量子点的闪烁特性大有改观，不再存在原来的长时间处于非荧光态的情况。在相同分辨率下源图像获取时间大大缩短，最后所取得的初步结果是空间分辨率为 90nm，时间分辨率为 80ms，这时帧频可达 12.5Hz。另一个进展是发现了 Lyn-Dronpa 荧光蛋白的快速闪烁特性，并应用于 SOFI 方法实现超衍射成像。Lyn-Dronpa 在受到 488nm 的激光激发时，会产生很强的荧光，之后荧光会很弱，但可以持续很长的时间，如图 5-28 所示。这种现象实际上表明，在激发光的作用下，有的荧光分子在闪烁发光，有的荧光分子处于非荧光态，当我们用曝光时间短的相机对这些受激荧光分子进行拍照时，就可以清楚地发现这种快速闪烁特性。基于这种发现，将 Lyn-Dronpa 荧光蛋白对细胞进行标记，并用 SOFI 方法进行了超分辨成像实验。目前初步实验表明，在二阶累积量条件下，空间分辨提高了一倍，达到 120nm，每幅源图像曝光时间为 10ms，获取一幅超分辨图像的时间为 5s[74]。还有的利用有机染料荧光材料，如 Alexa647 进行了 SOFI 实验，采用EMCCD作为记录系统，源图像获取速率为20幅/s，获得一幅超分辨图像要 50s[75]，主要受所用探测器的限制。显然，获取图像的速率还有很大的提高空间。

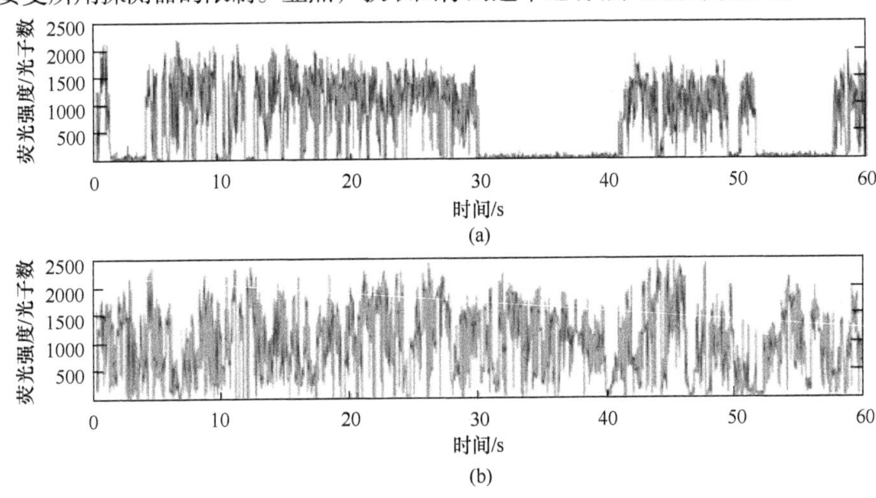

图 5-27　量子点的闪烁特性

(a)为改进前量子点闪烁特性；(b)为改进后量子点闪烁特性

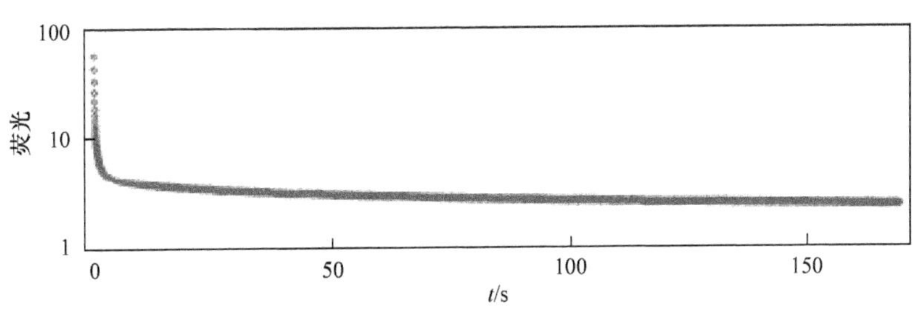

图 5-28　Lyn-Dronpa 荧光蛋白材料的发光特性

5.6　全内反射荧光纳米成像

全内反射荧光显微镜(total internal reflection fluorescence microscopy，TIRFM)

近年来在细胞过程和单生物分子研究中赢得了关注[76]。最早(1961 年)提出这种方法的是 E. J. Ambrose[77]，用于研究细胞和衬底接触地方的光散射现象，20 年之后 D. Axelrod 将这种方法用于研究细胞膜附近的荧光成像[78]。作为一种技术，与扫描技术相比较，尤其是与激光扫描荧光共焦和双光子荧光显微镜相比较，它相对来说实现起来比较容易，成本也较低。尽管它很简单，但它可提供比其他技术更好的层析能力。这里重点介绍其基本工作原理、方法、装置和应用。

5.6.1 工作原理

设光束从高折射率材料(n_1)入射到低折射率材料(n_2)，入射角为α_1，折射角为α_2，根据 Snell 折射定律有

$$n_1 \sin\alpha_1 = n_2 \sin\alpha_2 \tag{5.67}$$

如图 5-29(a)所示，由于$n_1 > n_2$，存在$-\alpha_1 = \alpha_2$，这时$\alpha_2 = 90^\circ$，我们称α_c为临界角，其大小由下式表示：

$$\alpha_c = \arcsin(n_2 / n_1) \tag{5.68}$$

当入射角大于此临界角时，不再存在折射光。取而代之，光完全被反射了。尽管如此，电场确实还会透射到较低折射率介质中产生以指数形式衰减的隐失波，其强度分布可用下式描述：

$$\begin{aligned} I &= I_0 e^{-z/d} \\ d &= \frac{\lambda}{4\pi}(n_1^2 \sin^2\alpha - n_2^2)^{-1/2} \end{aligned} \tag{5.69}$$

其中，z 表示离开交界面的距离；d 表示穿透深度，在此深度处使 I_0 衰减到原来的 1/e；λ 表示光的波长，如图 5-29(b)所示。从这里可以看到，隐失波在交界面处最强，随着离开交界面距离的增大，隐失波光强呈指数衰减，I_0 与入射光的强度成正比，而与α具有复杂的函数关系，并与偏振有关。这里令$n_2 = 1.38$，n_1分别为 1.52 和 1.8。n_2的值对应于细胞的折射率，n_1的第一个值对应于常用波带片的折射率，第二个值对应于已有的相对较贵的波带片的折射率。其横坐标为入射角，纵坐标为光在介质 2 中的穿透深度。由图 5-29 可见，当入射角大于临界角时，随着入射角的增大，在介质 2 中的穿透深度减小。从图中可以看出，当入射角达到一定数值时，穿透深度近似保持一常数，对于第一种波带片材料，最小穿透深度约为 75nm；对于第二种波带片材料，最小穿透深度约为 50nm。可见，随着介质 1 折射率的提高，临界角会减小。穿透深度 d 随着介质 1 折射率 n_1 的提高和入射角α_1的提高而减小，隐失波的作用范围也减小。随着波长的加长和样品折射率的提高，穿透深度则会增加。

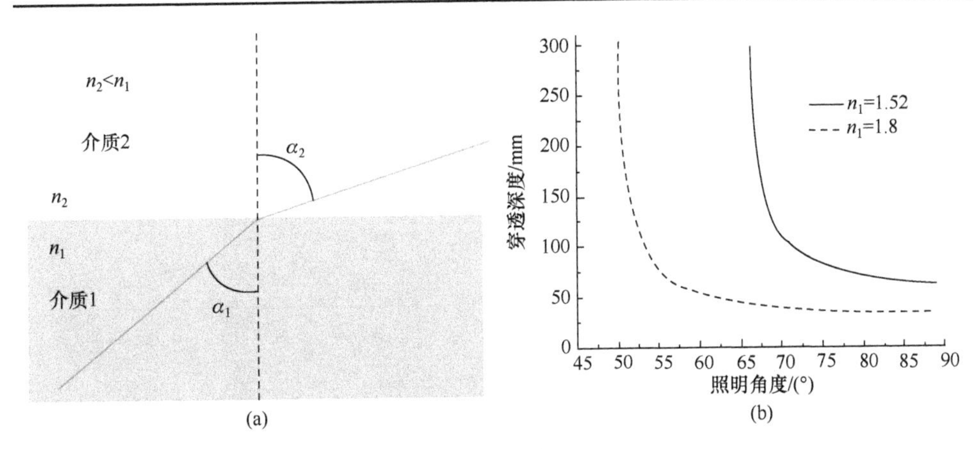

图 5-29　全内反射产生条件及穿透深度与照明角度的关系

TIRFM 与普通荧光显微镜的主要不同之处是激发光的输入方式不同，如图 5-30 所示，(a)表示普通荧光显微镜，(b)表示 TIRFM。前者激发光垂直或以小于临界角入射到样品上，可以激发样品内任何部位的荧光分子；后者激发光则以大于临界角的方向照射到样品上，只能激发隐失波所在范围内的荧光分子。在 TIRFM 中，这一隐失波用来激发在较低折射率介质中的荧光团。由荧光分子发出的光被物镜接收和用探测器探测。这种方法的主要优点是照明光很薄并以指数衰减，起作用范围约在几十到几百纳米，可远小于入射光的波长。例如，对经常使用的 488nm 的激光来说，波带片的折射率为 1.52，水即细胞的折射率为 1.33。若入射角为 70°,就会出现全内反射,所产生的隐失波局限在 74.6nm 的厚度范围内。在如此薄的光束的照明下，在最佳条件下，几乎没有被散焦的荧光。实际上，在衬底之间的交界面上会出现一定程度的散射而偏离所期望的最佳条件。即使在这样的情况下，TIRFM 仍远优于通常荧光显微镜的层析能力。因此，它可收集更多的荧光而不损失分辨率。TIRFM 还可给出向着或离开交界面运动的信息。在 TIRFM 中的荧光强度对离开交界面的位移异常敏感。当荧光目标向着交界面运动时，它将经历一更强的电磁场，因此只要荧光团还没有达到基态饱和的状态，荧光就会变得更强。仍取上面的例子，穿透深度为 74.6nm，荧光团向着玻璃-水交界面运动 50nm，荧光发射就增强至原来的 2 倍。荧光的这种变化常常被用来作为荧光团是向着还是离开盖玻片运动的判据，多角度 TIRFM 已被用来评估目标离开盖玻片的绝对距离。还应当注意到，由于近场效应，所发射的光也取决于离开交界面的距离。在接近交界面的距离处，较更大的距离处会发射更多的荧光。因此，荧光和距离之间的关系与纯指数相比会有一定的偏离。

从实践上来说,激发波长和盖玻片的折射率是一定的,用户只能改变入射角。一般来说，入射角一直要增加到大于临界角。不能在不估计是否产生了隐失波的情况下设定入射角的大小，这是因为随样品不同，其折射率是变化的。一般生物样品的折射率是未知的，有的还是变化的。还有些样品即使是同类的，折射率可能也会有变化。因此，小心并重复地调节入射角的大小是使用 TIRFM 所必须注意的，这是与其他荧光显微镜所不同的地方。

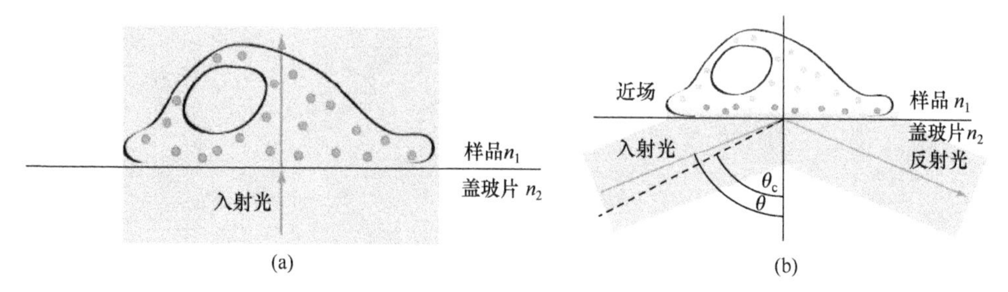

图 5-30　普通荧光显微镜与 TIRFM 的区别

5.6.2　TIRFM 装置[81,82]

实现全内反射照明，主要有两条途径，如图 5-31 所示。其中的第一种解决方案，样品是通过玻璃或石英正方形棱镜、半柱面或半球面棱镜将激发光耦合进去的。通过使用半柱面或半球面棱镜或者多激光扫描系统，在样品上照明光点的位置保持固定，而入射角发生改变。第二种技术方案是使用大数值孔径的物镜实现极端的暗场照明，其数值孔径对玻璃而言可达 1.45，对于蓝宝石而言可达 1.65。当所用的数值孔径为 1.45 时，孔径角为 72°，超过临界角 7°。在这种情况下，在孔径平面内只有很小的一个圆环或者接近边缘的一个斑点被照明。因此，在临界角和孔径角之间只有很小的立体角范围可以利用，要实现穿透深度的变化是困难的，不过，选取生物样品的一个薄层例如单分子探测是可以的。

下面对上述的两类 TIRFM 作一简要介绍。基于大数值孔径的 TIRFM 已经实现商品化。在这种显微镜中，入射光束被限制在物镜光瞳的边缘处，并在一个很小的立体角范围内入射到样品上。为此，只能将入射光束聚焦在物镜后焦面的轴外，光束在径向的位置离轴越远，光束离开物镜的出射角越大，出射的最大角由物镜的数值孔径决定：

$$\sin\alpha_{\max} = \mathrm{NA} / n_{\mathrm{oil}} \tag{5.70}$$

其中，n_{oil}表示油镜所用油的折射率。基于物镜的 TIRFM 与普通的大数值孔径的荧光显微镜几乎没有什么不同，只是将光束在物镜的后焦面上移至轴外的位置。因此，采取的特殊措施主要要实现这一点。目前主要采用的结构如图 5-32 所示。图中前三种都采用激光照明，不同之处只是调节激光出射角的方式不同：在(a)方案中通过横向移动透镜 L 的位置改变光束的出射方向；在(b)方案中通过光纤传输激光，通过位移光纤位置改变光束的出射方向；而在(c)方案中利用光学系统形成一等

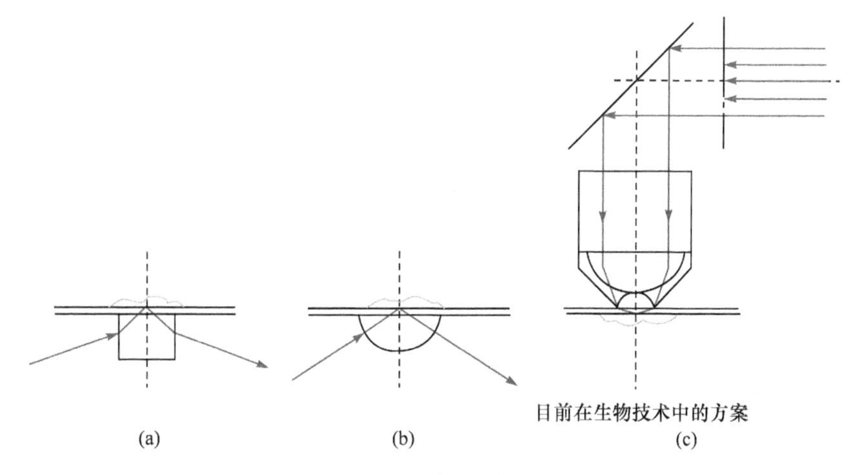

图 5-31　全内反射照明技术方案

(a)正方形棱镜；(b)半球面棱镜；(c)高数值孔径物镜。在所有情况下，在玻璃中传播的光在样品表面的入射角大于全内反射的临界角，因此，在样品和衬底交界面处引起隐失电磁波并在样品中穿透一小的距离

效的后焦面，通过调节棱镜改变出射方向。只有在(d)方案中根本不用激光而用汞灯照明，其目的是物镜的后焦面上形成不透明圆盘遮挡的边缘锐利的图像，只有极临界的光通过物镜。实际的不透明圆盘(镀铝玻璃)置于前面光路的等效后焦面上，通过上下移动此圆盘，即可改变光束的方向。这种结构的优点是它既可作为普通荧光显微镜工作，也可作为 TIRFM 工作，只要移走或放置不透明圆盘即可。在样品上全内反射荧光面积随光束在后焦面会聚角增大而增加。在全内反射照明状态下，在光束进入显微镜之前，通过扩展聚焦透镜处的光束宽度，全反射荧光面积是很容易增大的。弧光灯照明还有一个优点，就是利用滤光片很容易选择激发波长和不存在相干光的干涉条纹。其缺点是照明有些暗，这是因为在临界角之下照明样品的光需要遮挡掉。基于物镜的 TIRFM 隐失波照明不是纯的，样品照明中一小部分还来自物镜内部的散射，因此，所观察到的荧光中一小部分来自这些散射光的激发。

另一类是基于棱镜的 TIRFM。尽管棱镜可能限制样品靠近物镜或在某些情况下限制物镜的选择，基于棱镜的 TIRFM 非常便宜，并且可以产生比基于物镜的全内反射更纯净的隐失波激发的荧光。图 5-33 给出五种基于棱镜的全内放射倒置荧光显微镜方案的示意图。为看得清楚，这些示意图的垂直方向的尺寸被放大了。它们都采用激光照明。其中前四种结构(图 5-33(a)～(d))都是将棱镜置于样品之上。在这些结构中，所使用的样品架是由两块盖玻片中间夹一厚度为 60μm 的聚四氟乙烯环构成，里面充满溶液。上面的盖玻片让样品贴在壁上，然后倒置，样品朝下。放置样品的盖玻片的另一面通过光学接触与棱镜装在一起。在结构(d)中，由同一激光器发出的激光分成两束在全内反射表面交叉，这样在样品上形成条带状干涉图案，这对于研究表面扩散是有用的。结构(e)与上面几种结构都不同，棱镜置于样品的下方，激光要在衬底内内反射多次，样品和溶液都从上面取进取出。不过，这里只能用空气或水物镜。

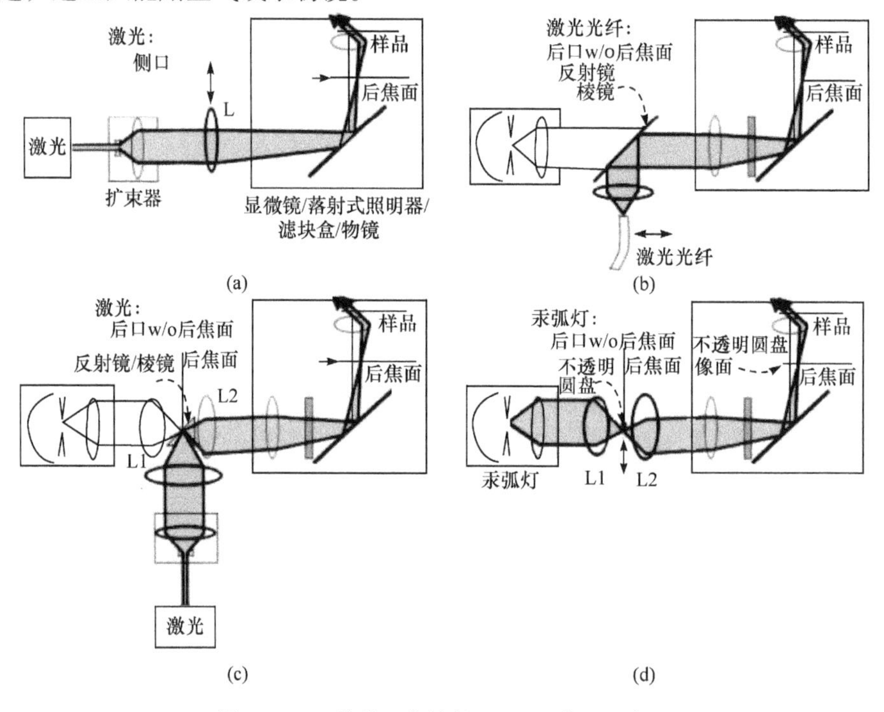

图 5-32　四种基于物镜的 TIRFM 装置示意图

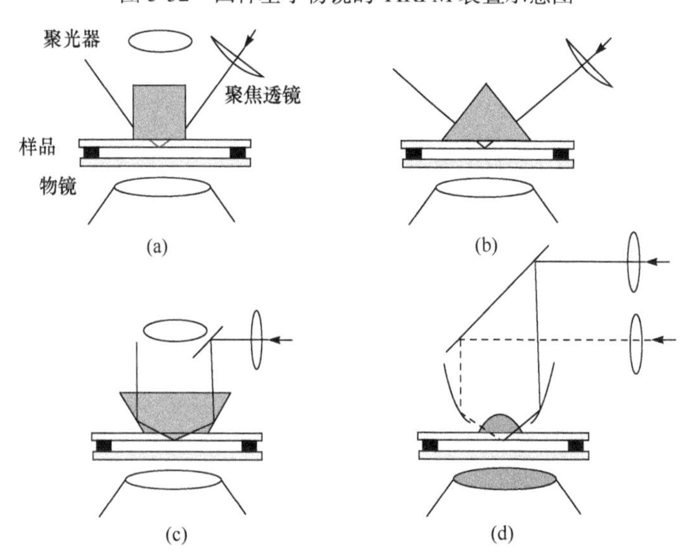

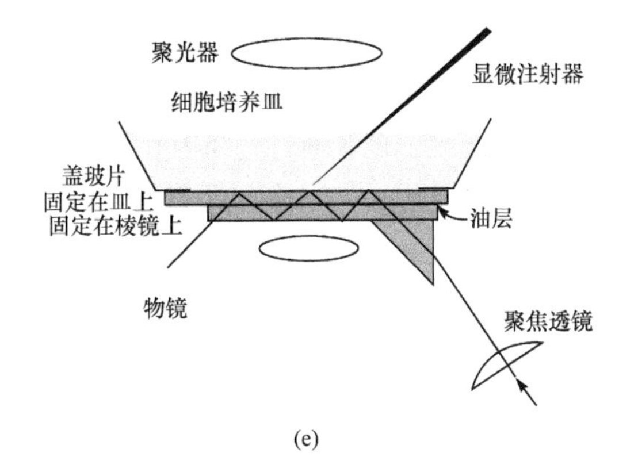

(e)

图 5-33　基于棱镜的 TIRFM

除了上面介绍的两类全内反射倒置荧光显微镜之外，还有一种全内反射正置荧光显微镜，如图 5-34 所示。这里采用最为方便的基于棱镜的全内反射正置荧光显微镜。激光以通常的透射光照明方式设置，使光束垂直向上照明。这里使用一附加的透镜 L 弱聚焦全内反射光斑并调节其位置。利用梯形棱镜可以方便地改变入射角大小，从而改变穿透深度。不同角度的梯形棱镜允许我们离散地改变入射角的大小。当然，还可利用半球面棱镜代替梯形棱镜，这样入射激光束可以在外面光学元件设置的角度下沿半径方向行进。

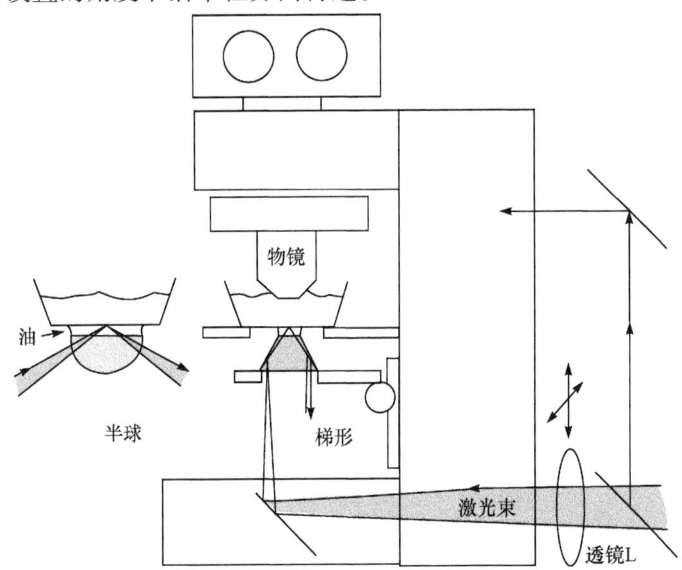

图 5-34　全内反射正置荧光显微镜

当然，这些装置的搭建还需要一些核心部件，包括光源尤其是激光器、物镜、棱镜和相机等。这些均已有产品，关键是要根据需要进行合理的选择。这里就不详述了。

早在 2003～2004 年，上面介绍的棱镜型和物镜型 TIRFM 有关技术已经发展起来。近年来所取得的主要进展有二。进展之一是改进变角全内反射荧光显微镜的结构。原来存在的问题是其结构过于复杂，现在已为最小化照明装置所取代，其结构如图 5-35 所示。激光器发出的光通过光纤传输并与光学系统准直后，由可调节的反射镜反射，利用一反射镜、凹面镜和半柱面棱镜聚焦在样品上。通过旋转可调节反射镜，入射到样品上的光束角度可以改变，从而可改变隐失波在样品中的穿透深度。可调节反射镜的调节步长为 0.15°。从不同种类的激光器所发出的激光可通过单模或多模光纤传输出去。该装置非常适合于测量细胞和衬底的形貌，还可用于透射照明显微镜和相衬显微镜。进展之二是将 TIRFM 与其他显微镜结合起来，包括与双光子荧光显微镜、扫描共焦显微镜、原子力显微镜和荧光寿命显微镜的结合等。随着 STED、PALM 和 STORM 等纳米分辨技术的发展，人们又将这些纳米分辨技术与全内反射荧光激发技术结合起来，发展了研究细胞膜附近纳米结构和动态过程纳米成像的新方法。可以说 TIRFM 的生命力就在于它能与各种新技术相结合，从而进一步促进了 TIRFM 在更广阔领域的应用。

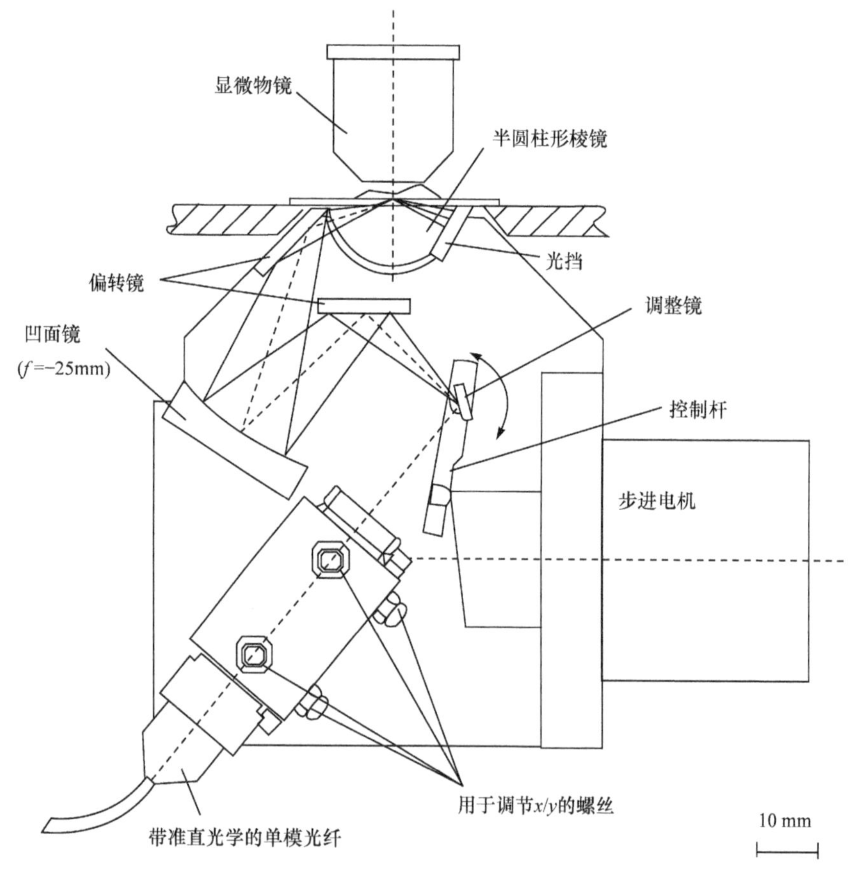

图 5-35　用于变角度全内反射荧光显微镜的代替普通显微镜中的聚光镜的紧凑照明装置

5.6.3 TIRFM 应用[79,83,84]

TIRFM 一个最有特色的应用是研究细胞表面或其附近的分子时空动态过程。图 5-36 给出普通荧光显微镜与 TIRFM 所获得的统一目标图像的比较，其中还有与共焦显微镜获得图像的比较。从中可以看出，由于背景的改善，TIRFM 所获得的图像要比通常荧光显微镜清晰得多。但与共焦显微镜获得的图像相比较，TIRFM 的背景与其相当，但前者由于使用了针孔空间分辨率获得了一定的改善，结果会更好一些。但应注意的是，TIRFM 结构要简单得多，成本也要低得多，因此其性价比还是最高的。

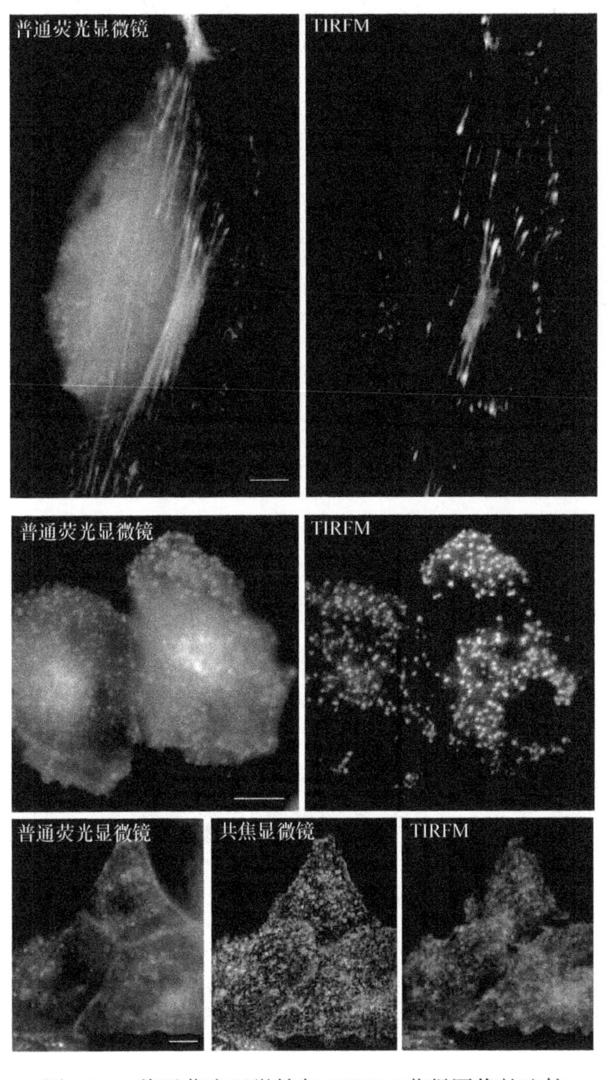

图 5-36　普通荧光显微镜与 TIRFM 获得图像的比较

近年来，TIRFM 也与纳米分辨技术结合起来了，从而空间分辨率已远超共焦显微镜。并由于它只获取隐失波范围内被标记分子，而有关现象只发生在纳米级薄层范围内，这样就可以提高图像获取速率，获得薄层内运动分子的有关动态信息。例如，将 TIRF 与 PALM 结合起来，研究活细胞质膜内蛋白质分子的扩散运动情况就是一个很好的例子。图 5-37 给出的是 Manley 等用这种方法获得的活细胞质膜蛋白质分子运动的图像和轨迹，这里以小于 25nm 的定位精度给出了分子的运动轨迹[85]。所得结果与电子显微镜研究所得结论是一样的。Leutenegger 等还将 STED 技术与 TIRF 技术结合起来形成了 TIRF-STED 显微镜。

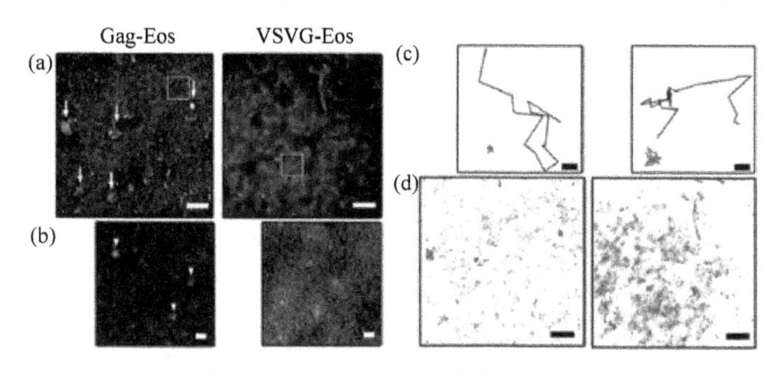

图 5-37　基于 TIRF 的单分子追踪 PALM 成像

5.7　荧光材料及其特异性标记方法

上面介绍的各种纳米成像方法都涉及荧光标记问题。对纳米成像而言，对荧光探针的要求主要表现在如下几方面：第一，具有尽可能小的尺寸，一般不超过几纳米；第二，具有尽可能高的量子转换效率，一般应接近 1；第三，具有短的荧光寿命，从而一个荧光探针在有限的曝光时间内尽可能产生更多的荧光光子或者为获得有限的荧光光子数使用尽可能短的曝光时间；第四，具有尽可能好的漂白特性，以便在其漂白之前从一个荧光探针处获得更多的荧光光子；第五，具有好的开关特性，这对于单分子定位纳米成像而言尤为重要；第六，具有良好的特定生化性质以保证能高精确度、特异性地与目标分子相结合。

5.7.1　荧光材料

能满足上述要求的荧光探针有荧光蛋白、小分子荧光染料和量子点三类。下面将分别予以介绍。

1. 荧光蛋白

1994 年，Chalfie 等使用在自水母 *victoria* 中发现的野生绿色荧光蛋白(green fluorescent protein，GFP)来标记线虫的感觉神经元，开创了荧光蛋白作为生物医学研究中的标记物的新时代[86]。

绿色荧光蛋白的结构如图 5-38(a)所示，是一个圆筒状的蛋白质分子，由 11 个 β-sheet 构成一个圆筒包围住的发色团。发色团由三个氨基酸的自催化环化作用构成[87]，如图 5-38(b)所示。

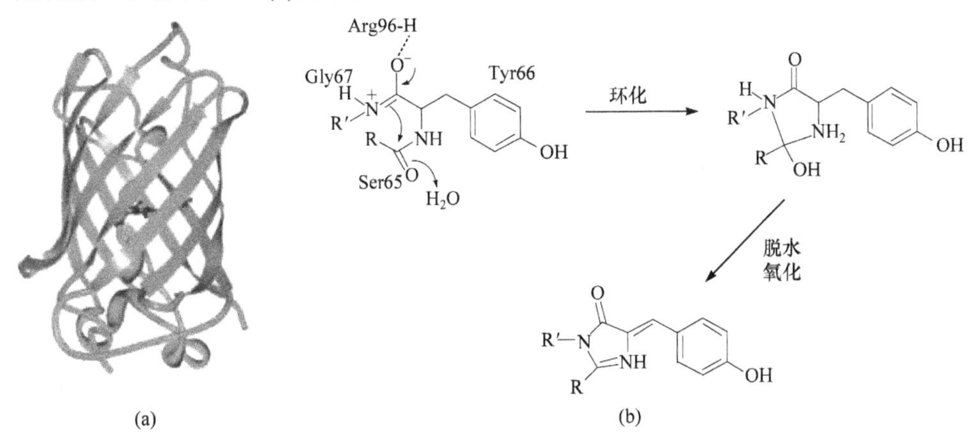

图 5-38　绿色荧光蛋白的结构及发色团的自动形成过程[89]

绿色荧光蛋白的发现、分离、克隆和发展工作获得了 2008 年诺贝尔化学奖，之后绿色荧光蛋白的各种变体也被分离或合成出来，如蓝色荧光蛋白(blue fluorescent protein，BFP)、黄色荧光蛋白(yellow fluorescent protein，YFP)、近红外荧光蛋白等，几乎囊括了整个可见光谱，通过其标记来研究生物体中蛋白质的结构、表达和活动等[88,89]。

它们作为光学成像的标记物，除了必须具备荧光探针所需的各种性质外，还需要具备其他一些特性，例如，足够的发色团成熟率，须是单体结构，从而可避免将其结合在目标物上之后引起误标记或者功能紊乱。

在荧光蛋白的各种光学性质中，被用于纳米成像中的性质主要有三项：光激活、光转换与光开关，总称为光点亮特性。

光激活荧光蛋白(photoactivatable fluorescent protein, PA-FP)：在紫外线或者紫光照射下从暗态转换到亮态的荧光蛋白。首先用于成像的光激活荧光蛋白来自将野生绿色荧光蛋白第 203 号位置上的羧氨酸替换为组氨酸之后所获得的产物，命名为 PA-GFP。之后又发展出 PA-mCherry1、Phamret 等光激活荧光蛋白用于纳米成像[90]。

光转换荧光蛋白(photoconvertible fluorescent protein，PC-FP)：在紫外线照射下，从一种发射波长转换到另一种发射波长(通常是从发绿光转换到发红光)的荧光蛋白。光转换荧光蛋白的数量不少，但其中很多在自然状态下都是四聚物状态，用作标记探针的难度较大。首个用于 PALM 成像的光转换荧光蛋白是来自珊瑚虫的 EosFP，本身发出波长为 516nm 的明亮的绿色荧光，在近紫外线照射下，转换为发出 581nm 的橙红色荧光。之后又发展出 mEosFP、tdEosFP、mEos2、KikGR、mKikGR、DendFP、Dendra、Dendra2、IrisFP 等光转换荧光蛋白[89]。目前所报道的绿变红荧光蛋白(包括 Dendra2、Eos、Kaede、KikGR 和 Table2)都含有一个初始发出绿色荧光的三肽片段 His-Tyr-Gly(组氨酸-酪氨酸-甘氨酸，简称 HYG)，在可见光的长波段或者紫外线的短波段光的照射下，组氨酸残基上的氨基氮与α-碳原子分开，接着在组氨酸侧链上连上发色团。这个过程需要整个蛋白质的催化作用并会导致发射荧光向更长波段转移(红移)[91]。

光开关荧光蛋白(photoswitchable fluorescent protein，PS-FP)：在特定波长的光照射下，轮换着变换暗态和亮态的荧光蛋白。Andresen、Chudakov、Henderson 等的研究表明，荧光蛋白光开关效应的机制是酪氨酰侧链上的羟基环戊酮(hydroxybenzilidine)发色团的顺反异构作用导致质子状态的改变，顺式结构对应荧光态，反式异构体对应非荧光态(或者暗态)[92-94]在光开关荧光蛋白中，具有突出效果的是一种叫做 Dronpa 的单体荧光蛋白，由珊瑚虫中的四聚物荧光蛋白衍生而得，其吸收最大峰为 503nm(阴离子的去质子化发色团)，最小值为 390nm(中性的质子化发色团)，阴离子发色团发出峰值在 518nm 的绿色荧光，强度约为增强型绿色荧光蛋白(EGFP)的 2.5 倍。Dronpa 的光开关效应来自去质子化的亮态与质子化的暗态之间的转换，488nm 光照射下，Dronpa 回到暗态；405nm 光照射下，Dronpa 回到亮态。这个暗亮之间的转换可以来回重复几百次而不出现明显的光漂白效应。其他光开关荧光蛋白还有 KFP(kindling FP)、mTFP0.7、rsCherry、rsCherryRev、Dreiklang、rsEGFP、PA-GFP、PA-mCherry 等[95,96]。

Chudakov 等在 2003 年从 Anemonia sulcata 中发现了另一种光开关荧光蛋白 kindling FP(KFP1)，KFP1 初始不发荧光，在 525～580nm 范围内的绿光或者黄光照射下，才会有发射荧光现象：低强度照射使其发出短暂的红色荧光(这个过程称为“点亮”)，激发峰值和发射峰值分别为 580nm 和 600nm，停止照明后，KFP1 回到其初始不发荧光的状态，荧光慢慢地消失。强蓝光(450～490nm)照射会使 KFP1 的红色荧光迅速被猝灭。相对地，强绿光(550nm 左右)或者持续中等强度绿光照明会使 KFP1 发生不可逆的光转换，使其发出强度 30 倍于未激活的 KFP1 的荧光。KFP1 的主要缺点在于它一定会发生四聚化，大大地阻碍了其在荧光共振能量转移(FRET)中作为标记蛋白的应用[93]。

图 5-39 给出荧光蛋白光激活、转换、开关的机制。(a) PA-GFP(图中所示)与

PS-CFP2 上的第 222 号位置的谷氨酸的去羧基作用使得荧光发色团从中性变成带阴离子的状态，从而光激活发出绿色荧光；(b) Dendra2、Eos、Kaede、KikGR(这些荧光蛋白都含有 HYG 发色团)在受到紫外线或者紫光照射时，第 62 号位置的组氨酸残基上的氨基氮与 α -碳原子分开，形成一个共轭的双咪唑环，从发绿光的状态变成发射红光；(c) Dronpa 在交替使用 405nm 和 488nm 光的照射下，发生顺反光异构化作用，导致光开关现象，在 mTFP0.7 和 KFP1 的光开关中也有类似的异构化机制。

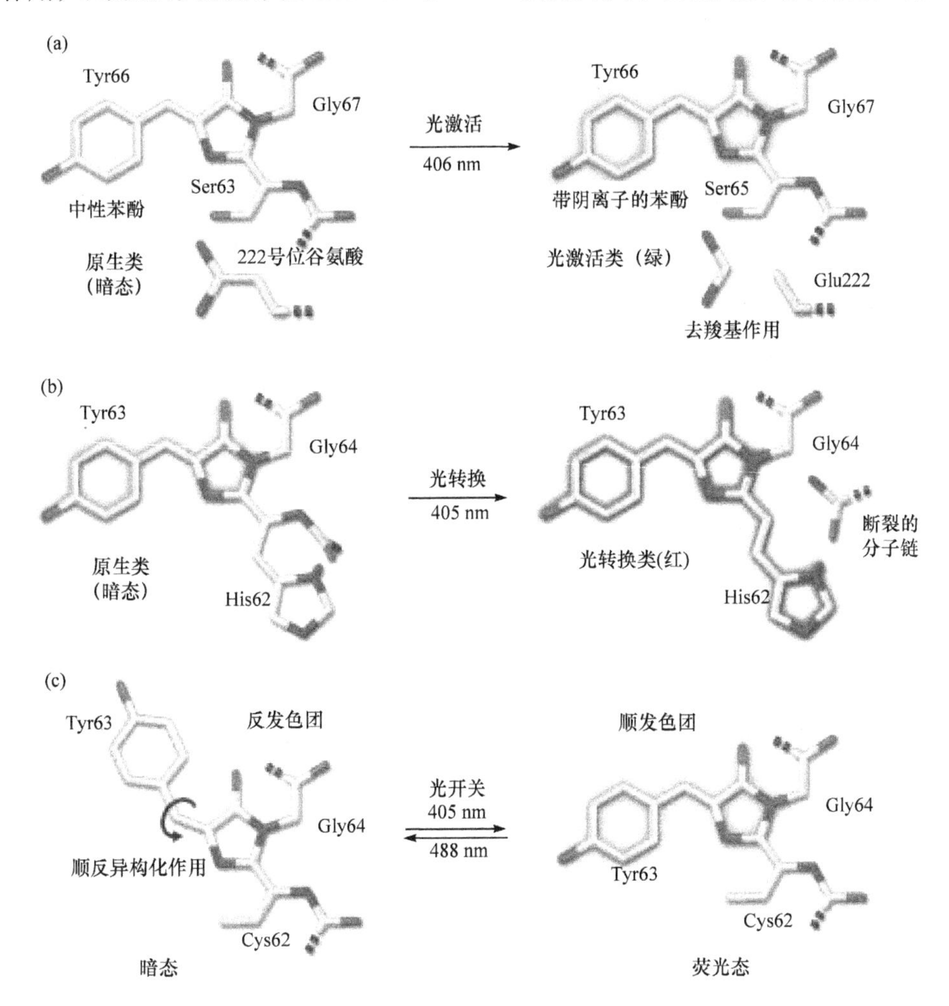

图 5-39　荧光蛋白光激活、转换、开关机制的示意图[91]

用自体发光的荧光蛋白作为荧光探针有一些局限：荧光蛋白体积大(约为 4.2nm×2.4nm×2.4nm)，即使在最理想的单体状态下也由大约 240 个残基构成[88,97]，过大的体积严重影响了成像结果；另外，光稳定性不够强，光谱范围也有限；还有，荧光蛋白寡聚化的趋势容易导致每一个定位的荧光探针分子上含有不止一个发色团，这将严重影响随机显微成像的结果。

2. 小分子荧光染料

一般来说，比起荧光蛋白，小分子荧光染料发射的光子数更多，但标记的特异性略差。本节主要介绍用于纳米分辨荧光成像中的光开关小分子荧光染料，如光开关花青染料(Cy2～Cy7)、恶嗪染料、罗丹明衍生物、Alexa Fluor 等。

光开关荧光团的开关特性可以用四个参数来描述：① 每次光开关时收集到的光子数；② 亮态时间；③ 对光漂白的幸存率；④ 光开关的总次数。总的来说，用于纳米分辨荧光成像的理想小分子荧光染料的特点是发出的光子数多、亮态时间短、光稳定性好、光漂白幸存率高和光开关总次数多。

一些对光反应变色的罗丹明衍生物在光照下会发生异构作用，不需要其他作用物的辅助，就可以产生光开关效应；而花青染料和 Alexa Fluor 需要第二荧光团的辅助[98]。在 STORM 成像中，应用最多的是光开关花青染料，其中不需要另加辅助物的 Cy5 尤甚。同时将 Cy5 与第二荧光团(如 Cy3、Cy2 或者 Alexa Fluor 405)合在一起，可极大地促进光开关作用[90]。

许多荧光染料的光开关性能与光稳定性可以用硫醇或者低氧环境来加强，因此在单分子定位纳米成像中，可以加入酶催化氧清除系统、硫醇、β-巯基乙醇(β-ME)或者巯基乙胺(MEA)来加强荧光染料的开关性能[95]。

笼锁荧光团(caged fluorophore)又叫不可逆光开关荧光团。它连接有一个光化学敏感的保护性酯基团，初始状态下为不发荧光的暗态，在紫外线照射下，起笼锁作用的光敏感基团与荧光团分开，生成一个发荧光的荧光团，发出高对比度的荧光，可实现高精度定位，然后就被淬灭。常使用 o-硝基苄基基团来作为笼锁基团。但笼状荧光团仍很少应用于纳米成像。2010 年，V. N. Belov 等合成了一种更适于荧光成像的笼锁荧光染料罗丹明 NN(rhodamine NN)[99]。

由于合成过程相对简便、可操控，标记方法较为简单，有机荧光团在纳米成像中的应用非常广泛，如香豆素(coumarin，CM，蓝色)、荧光素(fluorescein，FL，绿色)、四甲基罗丹明(trtramethylrhodamine，TMR，橘红色)和羧基萘酚荧光素(carboxynaphthofluorescein，CF，红色)的单醋酸盐或双醋酸盐结构都能通过细胞膜，可用于活体细胞内部标记。而这些染料的醋酸盐基团进入细胞后，在细胞内部的内生酯酶作用下，发生自发的水解，形成亮度更强的染料[100]。而笼锁荧光素(caged fluorescein，C2FL)是荧光素的两个醋酸基团被光稳定性很差的 2-硝基苄基基团取代后的产物，在光照下 2-硝基苄基基团从荧光素上分解[100]，可利用这个过程对细胞进行动态纳米成像。

用于荧光团的特异性标记方法有很多种，如酶催化的标记(如在生物素连接酶催化下生物素与生物素受体链的结合，常用于细胞表面的蛋白标记)、通过一些膜透过性的发荧光的配体(如能与四半胱氨酸序列结合的双砷染料，如 FlAsH、ReAsH 等；或镍-氨三乙酸三钠酸(Ni-nitrilotriacetic acid，NTA)与六组氨酸序列的结合作用等)特殊的螯合作用，或者自体标记(结合在 O6-烷基鸟嘌呤 DNA 烷基转移酶上的蛋白质特异性与酶底物衍生物(AGT tag 或称 SNAP tag)结合)[101,102]等，这些标记方式会在 5.7.2 节中作详细说明。

3. 量子点

量子点为一种无机半导体纳米颗粒，由 CdSe 核(直径为 2～10nm)与 ZnS 壳构成，在宽光谱范围内的光照射下能发出明亮的荧光[90,103]。量子点的光稳定性好，发射光谱非常对称，消光系数和荧光量子效率都很大，吸收谱宽阔，发射谱狭窄，荧光寿命长[103,104]，因此可以用很宽波长范围内的光激发量子点。量子点的发射光谱与其 CdSe 核的大小有关，尺寸越大，发射波长越长，较小(2nm 左右)的核发射蓝光，而较大(5～7nm)的核发射黄光和红光。量子点的光稳定性比小分子荧光染料和荧光蛋白都强得多，过强的光稳定性阻碍了量子点在 STRORM 成像中的应用，解决此问题的途径是设法将量子点变成光开关的状态。最近有报道显示，研究者将锰元素掺杂在 ZnSe 中制备出的量子点，在光照下可以不依赖外来的激发剂或者猝灭剂而具有可逆光开关特性[90]。

用于生物应用时，必须将量子点用惰性层和亲水外壳或磷脂质、两亲聚合物、多肽或核酸等包被；用于标记目标物时，必须将量子点连上链霉亲和素、抗体或者多肽链等。例如，将量子点连上链霉亲和素，用于观测神经元中神经受体的活动；将量子点连接上生物自发光的蛋白质，会发生生物自发光共振能量转移，不需要外界光照明，就能发出荧光，以用于活动物成像[104]。

量子点标记生物体的方式有免疫荧光标记、静电作用、生物素-链霉亲和素作用、共价作用(如胺与羧基基团在碳化二亚胺激活下的结合作用、胺与巯基基团在马来酰亚胺催化下的结合，或者乙醛与酰肼的结合作用等)[101]、多组氨酸标签(polyhistidine tags)等。

5.7.2　荧光探针对目标蛋白的特异性标记方法

1. 荧光蛋白基因转染

荧光蛋白的基因能在多种生物细胞中进行表达，可用于活细胞标记，并对目标蛋白的功能和形态无明显影响。利用 DNA 重组技术，提取出目标蛋白的 DNA 片段(即目的基因)，将目的基因与 GFP 基因构成融合基因，将融合基因转染入合适的细胞进行表达。在荧光蛋白和目标蛋白之间嵌入一个多变的富含甘氨酸的氨基酸残基序列，能够防止蛋白质表达时空间上的冲突[95]。

荧光蛋白基因转染的具体过程是，设计一段引物，作为核苷酸聚合作用的起点，在酶的辅助下，通过聚合酶链式反应(PCR)技术，将目的基因从一大段序列中复制出来并无限放大，以提取目的基因。这个过程相对较复杂，提取成功率不高，费时较长。因此常通过置换商用质粒中的 DNA 片段，以获取能够表达目的基因的质粒。对空白质粒与目的基因使用同样的限制性内切酶处理以得到相同的黏性末端，使用连接酶使目的基因与切开的空白质粒连接在一起，得到能表达目的蛋白的质粒。将其导入细菌中转化，使前一步获得的微量的表达质粒得到无限的放大，用试剂盒提取出放大后的表达质粒，将其导入活细胞中，质粒在活细胞中表达出连接有荧光蛋白的目的蛋白，即可用于纳米成像。可使用不同的信号模序(signal motif)以引导荧光蛋白在不同的亚细胞结构上表达。表 5-1 给出不同亚细胞结构所用的信号模序[95]。

表 5-1　不同亚细胞结构所用的信号模序

亚细胞结构	信号模序
细胞核	COOH terminus: PKKKRKVEDA COOH terminus: DPKKKRKV COOH terminus: DPKKKRKVDPKKKRKVDPKKKRKVGSTGSR In general, various KR-rich sequences close to the COOH terminus can lead to more or less efficient protein localization to the nucleus or nuclear membrane
胞液	COOH terminus: LALKLAGLDI
内质网	NH_2 terminus: MLLSVPLLLGLLGLAAAD and COOH terminus KDEL
线粒体基质	NH_2 terminus: MSVLTPLLLRGLTGSARRLPVPRAKIHSLGDP Tandem repeat of this signal provides more reliable targeting
线粒体膜	NH_2 terminus: MVGRNSAIAAGVCGALFIGYCIYFDRKRRSDPN NH_2 terminus: MAIQLRSLFPLALPGMLALLGWWWFFSRKK
高尔基体腔	NH_2 terminus: 81 amino acids of the human β1, 4-galactosyltransferase NH_2 terminus: MGNLKSVAQEPGPPCGLGLGLGLGLCGKQGPA
高尔基体膜	NH_2 terminus: MGCIKSKRKDNLNDDGVDMKT Myristoylation and palmitoylation
细胞膜	COOH terminus: KKKKKSKTKCVIM Farnesylation COOH terminus: KLNPPDESGPGCMSCKCVLS Farnesylation NH_2 terminus: MLCCMRRTKQVEKNDEDQKI Double palmitoylation
过氧化氢酶体质	COOH terminus: SKI COOH-terminal sequence XKL, can also determine notable targeting to the peroxisomal matrix

2. 免疫荧光标记

免疫荧光标记利用了抗原和抗体之间的特异性作用力。如用抗体连接量子点，用于标记固定细胞或活体异种移植前列腺肿瘤[104]等。

如图 5-40 所示，目标蛋白(抗原 A)的特异性第一抗体(鼠抗 A，mouse-antiA)(灰色箭头)识别出抗原 A 并与之特异性结合；携带有荧光染料的第二抗体(兔抗鼠，rabbit-anti-mouse)(红色箭头)特异性地结合在第一抗体上，实现了将荧光染料特异性标记在感兴趣蛋白上的目标，这个过程称为间接免疫荧光标记[88,105]。

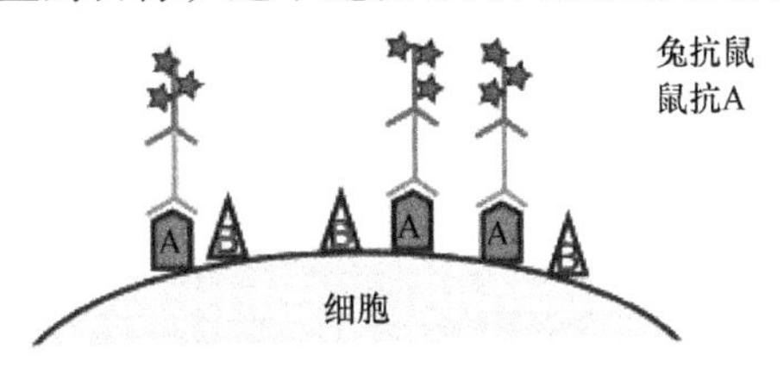

图 5-40　间接免疫荧光标记[88](后附彩图)

在免疫荧光标记中，还存在另一种情况：不需要经过第二抗体，而直接用修饰有荧光染料的第一抗体结合在目标蛋白上，这个过程称为直接免疫荧光标记[88,105]。在间接免疫荧光标记中，存在一个乘法效应[88]：第二抗体携带不止一个荧光染料，不止一个第二抗体结合在第一抗体上，因此乘法效应会导致目标蛋白的成像过程中收集到数目较多的荧光光子。免疫荧光的优势在于可以自由灵活地选择荧光染料，结合在第一抗体或者第二抗体上是有机荧光团标记生物分子的有效方式，但抗体不能透过细胞膜，必须将细胞固定并渗透化，以保证抗体进入细胞内部，因此只能用于固定细胞和渗透化的细胞，或者用来标记细胞膜上的目标物。且抗体标记法的效率相对较低，在荧光探针和目标物之间存在 10～20nm 的位置的不确定性[90]。

3．蛋白或多肽标签

利用生物体内一些特殊的反应，如受体与携带有荧光染料的配体之间的特异性作用，或者鬼笔环肽与肌动蛋白之间的特殊亲和性[88]，可以进行一些特异性标记，但这类标记只局限于特定的反应，难以将其推广到其他结构的标记。

比起荧光蛋白，有机小分子荧光团用作标记的主要优势是其对发色团的结构没有严格的限制，且能够对发色团方便地引入复杂的结构修饰。还有，用荧光蛋白作为标记物存在一些缺点(如体积过大、光稳定性和光强度都不够高等)，使用蛋白或多肽标签与合成的荧光探针来标记目标蛋白，能够克服这些缺点。不同的荧光团(更强的亮度和光稳定性，更好的光谱特征)和量子点都能够用于蛋白或多肽标签法中，但同时要克服量子点和荧光探针的体积带来的膜透过性的问题。

蛋白或多肽标签是指将特定的蛋白质或者多肽连接在目标蛋白上，再通过蛋白质或多肽与小分子荧光染料结合，达到对目标蛋白荧光特异性标记的目的。表达目标蛋白时，使其额外带上一段多肽链。这段多肽链本身不发荧光，与合成的荧光团或者其他荧光探针特异性结合时才发出荧光。基于此种思想的荧光探针有四半胱氨酸 tag、氧 ^{6}-烷基鸟嘌呤-DNA 烷基转移酶的变体(O6-alkylguanine- DNA alkyltransferase，简写为 AGT 或者 SNAP-tag)、载体蛋白(carrier proteins，CPs)、HALO-tag[97]等，称为自标记蛋白或多肽标签。自标记蛋白或多肽标签通过共价作用或非共价作用将修饰过的荧光染料与目标蛋白连接起来：使活细胞内部表达出标记蛋白(或多肽链)，标记蛋白(或多肽链)特异性结合在细胞内部的目标结构上，并与荧光染料也实现特异性结合，这样就将荧光染料标记在了目标结构上[88,101,106]。

标记蛋白与荧光染料结合的作用力可分为共价作用或者非共价作用，也可分为直接标记或者酶介导标记。共价结合相对于非共价结合的优势在于更强的不可逆性[107]。近年来，蛋白或多肽标签发展迅速，已合成多种适用于这种标记方式的荧光染料。总的来说，蛋白或多肽标签与小分子荧光染料结合的方式分为三大类：①螯合物结合；②酶催化的结构修饰；③共价自标记。有关细节可参考相关论文[88,97,100,103,107-115]。

5.7.3 小分子物质进入细胞膜的方式

无论是荧光蛋白转染标记细胞，还是有机荧光团或者量子点的荧光标记，要实现细胞内部亚细胞结构的标记，都必须分别将质粒、荧光团或者表面处理过的量子点导入细胞中。影响膜透过性的因素有：荧光染料的尺寸、亲水性和电荷。一般来说，体积小、电荷量不多的染料更容易透过细胞膜[88]。除了染料本身的性质，还有多种处理方法将这些小分子物质导入细胞中。

1. 协同运输

用一段具有生物亲和性的功能分子，如多肽或蛋白质[116,117]，或其他功能性化合物，如高分子聚合物(如聚乙烯亚胺)、脂质体、小分子(如葡萄糖、叶酸等)或药物等来修饰小分子物质的表面，通过胞吞或胞饮作用，用囊泡将小分子物质包裹，协助运输其进入细胞内部。通过非特异性的胞吞机制的导入效果取决于小分子物质的大小、表面包被情况、聚集程度、细胞类型和培养过程等因素。在受体介导的胞吞作用中，细胞膜表面受体识别出连接有蛋白质、小分子配体或者病毒等的小分子物质并将其导入细胞中。在小分子物质表面连接一段能够通过细胞膜的短肽[116]，可以加强胞吞过程。胞吞机制的缺点是小分子进入细胞后经常被困在内体区间(endosomal comartments)中，而无法与目标结构连接[118,119]。

2. 多肽或蛋白质介导

常用来自人类免疫缺陷病毒(human immunodeficiency virus, HIV)-1 的 TAT 多肽序列、阳离子多肽、聚精氨酸序列[116]、Pep-1 多肽序列、RGD 序列[116]、神经肽等协助量子点进入细胞内部；常用于此的蛋白质有 EGF、转铁蛋白、抗体(一抗与二抗)、Cholera toxin B(CTB)[116,118]等。如 2011 年 6 月，S. A. Jones 等[120]在细胞外将转铁蛋白连接上荧光探针对 Alexa405-Alexa647，然后将被 Alexa405-Alexa647 标记过的转铁蛋白注入细胞中。

TAT 多肽序列是一种由 HIV-1 反式激活蛋白(transactivator protein，TAT)衍生而来的能够贯穿细胞的肽链[121]，由 9～13 个氨基酸围绕着一个富含精氨酸的区域构成，TAT 肽链的细胞毒性很小[121]。TAT 肽链可用于在试管内将 CdTe 量子点嵌入细胞中,也可用于在活体生物中协助 CdS:Mn/ZnS 量子点突破血脑屏障[121]。将 TAT 与生物素连接，再将量子点用链霉亲和素包被，使量子点通过链霉亲和素-生物素结合物结合在 TAT 肽链上，TAT-QD 通过基于脂筏的大胞饮作用进入细胞内部。如果将 TAT-QD 复合物中的量子点换成荧光染料 FITC，则 TAT-FITC 复合物通过基于网格蛋白的胞吞作用和基于脂筏的大胞饮作用两种方式进入细胞内部[121]。

核定位信号(nuclear localizing signal，NLS)多肽具有将蛋白质导入细胞核内的作用，2007 年，A. Hoshino 等[122]使用 R_{11}KC 细胞的 NLS 序列和细胞色素氧化酶Ⅷ线粒体标记信号肽链(cytochrome-c oxidase Ⅷ mitochondria-targeting signal peptide，MTS)作为量子点标记的中间物，分别实现了将量子点标记到细胞核和线粒体上的目标。

3. 聚合物介导

用阳离子聚合物胶囊包裹小分子或者对其进行表面修饰以改变其细胞通透性，小分子一进入细胞内部就能从胞饮小泡中释放出来。如使用 DEAE-葡聚糖和 polybrene 聚阳离子法将 DNA 导入细胞中：带正电的 DEAE-葡聚糖或 polybrene 多聚体复合物与带负电的 DNA 分子相互作用，使 DNA 结合在细胞表面，再用 DMSO 或者甘油引起渗透休克，将 DNA 复合体导入[123]。

4. 脂质体介导

脂质体是结构与细胞膜相似的双层膜结构，能够裹起小分子物质并与细胞膜融合，将质粒中包含的外源性遗传物质转入细胞中。脂质体介导的基因转移的最大优势在于能在活体内应用。用阳离子脂质体胶囊来包裹小分子，使其进入细胞内。如使用乙酰甲氧基甲酯(acetomethoxymethyl(AM)-ester)衍生物使荧光团透过细胞膜，可用于细胞内部成像[101]。

5. 主动运输

对细胞进行直接的操作，如显微注射[118]、电穿孔[118,124]、珠子装载[125]等，以改变细胞膜对小分子的通透性,在细胞核外细胞膜内的区域形成一个均匀的标记。

这里不再做详述。

参考文献

[1] Abbe E. Beitrage zur theorie des mikroskops und der mikroskopischen wahrnehmung. Archiv fur mikroskopische Analomie, 1873,9(1): 413-418.

[2] Gruenbaum Y, Hochstrasser M, Mathog D, Saumweber H, Agard D A, Sedat J W. Spatial organization of the drosophila nucleus: A three-dimensional cytogenetic study. J. Cell Sci. Suppl. 1984, 1: 223-234.

[3] Cardullo R A, Agrawal S, Flores C, Zamecnik P C, Wolf D E. Detection of nucleic acid hybridization by nonradiative fluorescence resonance energy transfer. Proc. Natl. Acad. Sci. USA, 1988, 85: 8790-8794.

[4] Minsky M. Microscopy apparatus: US patent 3013467. 1957-11-07.

[5] Agard D A. Optical sectioning microscopy cellular architecture in three dimensions. Annu. Rev. Biophys. Bioeng., 1984, 13: 191-219.

[6] Pawley J. Handbook of Confocal Microscopy. 3rd ed. New York: Plenum, 1995.

[7] Sarder P, Nehorai A. Deconvolution methods for 3-D fluorescence microscopy images. IEEE Signal Processing Magazine, 2006: 32-45.

[8] Gustafsson M G L. Agard D A, Sedat J W. I^5M: 3D widefield light microscopy with better than 100nm axial resolution. Journal of Microscopy, 1999, 195(Pt 1):10-16.

[9] Hirvonnen L M, Smith T A. Imaging on the nanoscale: Super-resolution fluorescence microscopy. Aust. J. Chem. , 2011, 64: 41-45.

[10] Hell S W, Wichmann J. Breaking the diffraction resolution limit by stimulated emission: Stimulated-emission-depletion fluorescence microscopy. Optics Letters, 1994, 19(11): 780-782.

[11] van Oijen A M, Schmidt J, Muller M, Brakenhoff G J. Far-field fluorescence microscopy beyond the diffraction limit. J. Opt. Soc. Am. A, 1999, 16(4): 909-915.

[12] Lidke K A, Rieger B, Jovin T M, Heintzmann R. Superresolution by localization of quantum dots using blinking statistics. Optics Express, 2005, 13(18): 7052-7062.

[13] Qu X, Wu D, Mets L, Scherer N F. Nanometer-localized multiple single-molecule fluorescence microscopy. PNAS, 2004, 101(31): 11298-11303.

[14] Betzig E, Patterson G H, Sougrat R, Lindwasser O W, Olenych S, Bonifacino J S, Davidson M W, Lippincott-Schwartz J, Hess H F. Imaging intracellular fluorescent protein at nanometer resolution. Science, 2006, 313: 1642-1645.

[15] Hess S T, Girirajan T P K, Mason M D. Ultra-high resolution imaging by fluorescence photoactivation localization microscopy. Biophys. J., 2006, 91: 4258-4272.

[16] Rust M J, Bates M, Zhuang X. Sub-diffraction-limit imaging by stochastic optical reconstruction microscopy(STORM). Nature Methods, 2006, 3(10): 793-795.

[17] Gelles J, Schnapp B J, Sheetz M P. Tracking kinesin-driven movements with nanometre-scale precision. Nature, 1988, 331: 450-453.

[18] Dertinger T, Colyer R, Lyer G, Weiss S, Enderlein J. Fast, background-free, 3D super-resolution optical fluctuation imaging(SOFI). PNAS, 2009, 106(52): 22287-22292.

[19] Axelrod D, Burghardt T P, Thompson N L. Total internal reflection fluorescence. Ann. Rev. Biophys. Bioeng., 1984, 13: 247-268.

[20] Neil M A A, Juskaitis R, Wilson T. Method of obtaining optical sectioning by using structured light in a conventional microscopy. Optics Letters, 1997, 22(24): 1905-1907.

[21] Leschziner A E, Nogales E. The orthogonal tilt reconstruction method: an approach to generating single-class volumes with no missing cone for ab initio reconstruction of asymmetric particles. J. Structural Biology, 2006, 153: 284-299.

[22] Irani M, Peleg S. Improving resolution by image registration. Graphical Models and Image Processing, 1991, 53(3): 231-239.

[23] Marks D L, Brady D J. Three-dimensional source reconstruction with a scanned pinhole camera. Optics Letters, 1998, 23(11): 820-822.

[24] Heintzmann R, Cremer C. Laterally modulated excitation microscopy: Improvement of resolution by using a diffraction grating. BioS Europe'98, 1999.

[25] Gustafsson M G L. Surpassing the lateral resolution limit by a factor of two using structured illumination microscopy. J. Microscopy, 2000, 198(Pt2): 82-87.

[26] Heintzmann R, Jovin T M. Saturated patterned excitation microscopy-a concept for optical resolution improvement. J. Opt. Soc. Am. A, 2002, 19(8): 1599-1609.

[27] Gustafsson M G L. Nonlinear structured-illumination microscopy: Wide-field fluorescence imaging with theoretically unlimited resolution. PNAS , 2005, 102(37):13081-13086.

[28] glass L. Moire effect from randon dots. Science, 1969, 223: 578-580.

[29] Nishijima Y. Moire patterns: Their application to refractive index and refractive index gradient measurements J. Opt. Soc. Am. , 1964, 54(1): 1-5.

[30] Gustafsson M G L, Shao L, Carlton P M, et al. Three-dimensional resolution doubling in wide-field fluorescence microscopy by structured illumination. Biophys. J., 2008, 94: 4957-4970.

[31] Orieux F, Sepulveda E, Loriette V, et al. Bayesian estimation for optimized structured illumination microscopy. IEEE Transaction on Image Processing, 2012, 21(2): 601-614.

[32] Wang C J R, Carlton P M, Golubovskaya I N, et al. Interlock formation and coiling of meiotic chromosome axes during synapsis. Genetics, 2009, 183: 905-915.

[33] Kner P, Chhun B B, Griffis E R, et al. Super-resolution video microscopy of live cells by structured illumination. Nature Methods, 2009, 6(5): 339-342.

[34] Schermelleh L, Carlton P M, Haase S, et al. Subdiffraction multicolor imaging of the nuclear periphery with 3D structured illumination microscopy. Science, 2008, 320: 1332-1336.

[35] Hell S W, Kroug M. Ground-state-depletion fluorescence microscopy: A concept for breaking the diffraction resolution limit. Appl. Phys. B, 1995, 60: 495-497.

[36] Hofmann M, Eggeling C, Jakobs S, et al. Breaking the diffraction barrier in fluorescence microscopy at low light intensities by using reversibly photoswitchable protein. PNAS, 2005, 102(49): 17565-17569.

[37] Hell S W, Wichmann J. Breaking the diffraction resolution limit by stimulated emission: Stimulated-emission-depletion fluorescence microscopy. Optics Letters, 1994, 19(11): 780-782.

[38] Klar T A, Hell S W. Subdiffraction resolution in far-field fluorescence microscopy. Optics Letters,

1999, 24(14): 954-956.

[39] Klar T A, Jakobs S, Dyba M, et al. Fluorescence microscopy with diffraction resolution barrier broken by stimulated emission. PNAS, 2000, 97(15): 8206-8210.

[40] Folling J, Bossi M, Bock H, et al. Fluorescence nanoscopy by ground-state depletion and single-molecule return. Nature Methods, 2008, 5(11): 943-945.

[41] Schwentker M A, Bock H, Hofmann M, et al. Wide-field subdiffraction RESOLFT microscopy using fluorescence protein photoswitching. Microscopy Research and Technique, 2007, 70: 269-280.

[42] Wildanger D, Medda R, Kastrup L, et al, A compact STED microscope providing 3D nanoscale resolution. J. Microscopy, 2009, 236(Pt1): 35-43.

[43] Schmidt R, Wurm C A, Punge A, et al. Mitochondrial Cristae revealed with focused light. Nano Letters, 2009, 9(6): 2508-2510.

[44] Schmidt R, Wurm C A, Jakobs S, et al, Spherical nanosized focal spot unravels the interior of cells. Nature Methods, 2008, 5(6): 539-544.

[45] Kim G H, Jeon J H, Ko K H,et al. Optical vortices produced with a nonspiral phase plate. Appl. Opt., 1997, 36(33): 8614-8621.

[46] Oemrawsingh S S R, van Houwelingen J A W, Eliel E R, et al. Production and characterization of spiral phase plates for optical wavelengths. Appl. Opt., 2004, 43(3): 688-694.

[47] Kotlyar V V, Anmazov A A, Khonina S N, et al. Generation of phase singularity through diffracting a plane or Gaussian beam by a spiral phase plate. J. Opt. Soc. Am. A, 2005, 22(5): 849-861.

[48] Harke B. 3D STED microscopy with pulsed and continuous wave lasers. Göttingen: Georg-August-Universität, 2008.

[49] Dyba M, Jakobs S, Hell S W. Immunofluorescence stimulated emission depletion microscopy. Nature Biotech, 2003, 21(11): 1303-1304.

[50] Hein B, Willing K I, Hell S W. Stimulated emission depletion(STED) nanoscopy of a fluorescence protein-labled organelle inside a living cell. PNAS, 2008, 105(38): 14271-14276.

[51] Nagerl U V, Willing K I, Hein B, et al. Live-cell imaging of dendritic spines by STED microscopy. PNAS, 2008, 105(48): 18983-18987.

[52] Chmyrov A, Keller J, Grotjohann T, et al. Nanoscopy with more than 100,000 'doughnuts'. Nature Methods, 2013, 10(8): 737-740.

[53] Gelles J, Schnapp B J, Sheetz M P. Tracking kinesin-driven movements with nanometre-scale precision. Nature, 1988, 331: 450-453.

[54] Bornfleth H, Satzler K, Eils R, et al. High-precision distance measurements and volume-conserving segmentation of objects near and below the resolution limit in three-dimensional confocal fluorescence microscopy. J. Microscopy, 1998, 189(2): 118-136.

[55] 陈丹妮. 荧光全场三维纳米分辨显微成像研究. 武汉：华中科技大学, 2010.

[56] Thompson R E, Larson D R, Webb W W. Precise nanometer localization analysis for individual fluorescence probes. Biophys. J., 2002, 82:2775-2783.

[57] Huang B, Wang W, Bates M, et al. Three-dimensional super-resolution imaging by stochastic

optical reconstruction microscopy. Science, 2008, 319: 810-813.
[58] Juette M F, Gould T J, Lessard M D, et al. Three-dimensional sub-100nm resolution fluorescence microscopy of thick samples. Nature Methods, 2008, 5(6): 527-529.
[59] Shtengel G, Galbraith J A, Galbraith C G, et al. Interferometric fluorescent super-resolution microscopy resolves 3D cellular ultrastructure. PNAS, 2009, 106(9): 3125-3130.
[60] Pavani S R P, Thompson M A, Biteen J S, et al. Three-dimensional, single-molecule fluorescence imaging beyond the diffraction limit by using a double-helix point spread function. PNAS, 2009, 106(9): 2995-2999.
[61] Chen D, Yu B, Li H, et al. Approach to multiparticle parallel tracking in thick samples with three-dimensional nanoresolution. Optics Letters, 2013, 38(19): 3712-3715.
[62] Huang B, Jones S A, Brandenberg B, et al Whole-cell 3D STORM reveals interactions between cellular structures with nanometer-scale resolution. Nature Methods,2008, 5(12):1047-1052.
[63] Casasent D, Psaltis D. Position, rotation, and scale invariant optical correlation. Applied Optics , 1976, 14(7): 1795-1799.
[64] Mlodzianoski M J, Schreiner J M, Callahan S P, et al. Sample drift correction in 3D fluorescence photoactivation localization microscopy. Optics Express, 2011,19(16): 15009-15019.
[65] Schaffer B, Grogger W, Kothleitner G. Automated spatial drift correction for EFTEM image series. Ultramicroscopy, 2004, 102(1): 27-36.
[66] Heil T, Kohl H. Optimization of EFTEM image acquisition by using elastically filtered images for drift correction. Ultramicroscopy, 2010, 110(7): 745-753.
[67] Rahe P, Bechstein R, Kühnle A. Vertical and lateral drift corrections of scanning probe microscopy images. J. Vac. Sci. Technol. B, 2010, 28(3): C4E31-C4E38.
[68] Salmons B S, Katz D R, Trawick M L. Correction of distortion due to thermal drift in scanning probe microscopy. Ultramicroscopy, 2010, 110(4): 339-349.
[69] Fernandez-Suarez M, Ting A Y. Fluorescence for super-resolution imaging in living cells. Nature Rev., 2008, 9: 929-943.
[70] Jones S A, Shim S H, He J, et al.Fast three-dimensional super-resolution imaging of live cells. Nature Methods, 2011, 8(6): 499-508.
[71] Xu K, Babcock H P, Zhuang X. Dual-objective STORM reveals three-dimensional filament organization in the actin cytoskeleton. Nature Methods, 2012, 9(2): 185-188.
[72] Dertinger T, Colyer R, Vogel R, et al. Achieving increased resolution and more pixels with superresolution optical fluctuation imaging(SOFI). Optics Express, 2010, 18(18): 18875-18885.
[73] Watanabe T M, Fukui S, Jin T, et al. Real time nanoscopy by using enhanced quantum dots. Biophys. J., 2010, 99: L50-L52.
[74] Dedecker P, Mo G C H, Dertinger T, et al. Widely accessible method for superresolution fluorescence imaging of living systems. PNAS, 2012, 109(27): 10909-10914.
[75] Dertinger T, Heilemann M, Vogel R, et al. Superresolution optical fluctuation imaging with organic dyes. Angew. Chem. Int. Ed. Engl., 2010,49(49): 9441-9443.
[76] Reck-Peterson S L, Derr N D, Stuurman N. Imaging single molecules using total internal reflection fluorescence microscopy. Cold Spring Harbor Protocols, 2010, 2010(3): 1-11.

[77] Ambrose E J. The movements of fibrocytes. Experimental Cell Research, 1961, 8: 64-73.
[78] Axelrod D. Cell-substrate contacts illumination by total internal reflection fluorescence. The J. Cell Biology, 1981, 89: 141-145.
[79] Mattheyses A L, Simon S M, Rappoport J Z. Imaging with total internal reflection fluorescence microscopy for the cell biology. J. Cell Sci., 2010, 123(21): 3621-3628.
[80] Zenisek D. Total internal reflection fluorescence microscopy. Cell Imaging, 2005: 165-176.
[81] Axelrod D. Total internal reflection fluorescence microscopy in cell biology. Traffic, 2001, 2: 764-774.
[82] Schneckenburger H. Total internal reflection fluorescence microscopy: technical innovations and novel applications. Current Opinion in Biotechnology, 2005, 16: 13-18.
[83] Smith I F, Parker I. Imaging the quantal substructure of single IP_3R channel activity during Ca^{2+} puffs in intact mammalian cells. PNAS, 2009, 106(15): 6404-6409.
[84] Shroff H, Galbraith C G, Galbraith J A, et al. Dual-color superresolution imaging of genetically expressed probes within individual adhesion complexes . PNAS, 2007, 104(51): 20308-20313.
[85] Manley S, Gillette J M, Patterson G H, et al. High-density mapping of single-molecule trajectories with photoactivated localization microscopy. Nature Methods, 2008, 5(2): 155-157.
[86] Shaner N C, Patterson G H, Davidson M W. Advances in fluorescent protein technology. Journal of Cell Science, 2007, 120(24): 4247-4260.
[87] Grotjohann T, Testa I, Leutenegger M, et al. Diffraction-unlimited all-optical imaging and writing with a photochromic GFP. Nature 2011, 478:204-208.
[88] Hein B. Live cell STED microscopy using genetically encoded markers. Göttingen: Georg-August-Universitat Göttingen, 2009.
[89] Day R N, Davidson M W, The fluorescent protein palette: Tools for cellular imaging. Chem. Soc. Rev. , 2009, 38(10): 2887-2921.
[90] Patterson G, Davidson M, Manley S, et al. Superresolution imaging using single-molecule localization. Annu. Rev. Phys. Chem. , 2010, 61: 345-367.
[91] Shaner N C, Patterson G H, Davidson M W. Advances in fluorescent protein technology. Journal of Cell Science, 2007, 120(24): 4247-4260.
[92] Andresen M, Wahl M C , Stiel A C, Grater F, Schafer L V, Trowitzsch S, Weber G, Eggeling C, Grubmuller H, Hell S W, Jakobs S. Structure and mechanism of the reversible photoswitch of a fluorescent protein. Proc. Natl. Acad. Sci. USA, 2005, 102 (37): 13070-13074.
[93] Chudakov D M, Feofanov A V, Mudrik N N, Lukyanov S, Lukyanov K A. Chromophore environment provides clue to "kindling fluorescent protein" riddle. J. Biol. Chem., 2003, 278 (9): 7215-7219.
[94] Henderson J N, Remington S J. The kindling fluorescent protein: a transient photoswitchable marker. Physiology (Bethesda), 2006, 21 (3): 162-170.
[95] Dempsey G T, et al. Evaluation of fluorophores for optimal performance in localization-based super-resolution imaging. Nature Methods, 2011, 8(12): 1027-1036.
[96] Chudakov D M, Matz M V, Lukyanov S, et al. fluorescent proteins and their applications in imaging living cells and tissues, Physiological Rev. , 2010, 90: 1103-1163.

[97] Johnsson N, Johnsson K. Chemical tools for biomolecular imaging. ACS Chemical Biology, 2007, 10: 1021/cb6003977 CCC:537.00.

[98] Conley N R, Biteen J S, Moemer W E. Cy3-Cy5 covalent heterodimers for single-molecule photoswitching. J. Phys. Chem. B, 2008, 112(38): 11878-11880.

[99] Belov V N, Wurm C A, Boyarskiy V P, et al. Rhodamines NN: a novel class of caged fluorescent dyes. Angew. Chem. Int. Ed. Engl., 2010, 49(20): 3520-3523.

[100] Chattopadhaya S, Srinivasan R, Yeo D S Y, et al. Site-specific covalent labeling of proteins inside live cells using small molecule probes. Bioorg. Med. Chem., 2009, 17(3): 981-989.

[101] Resch-Genger U, Grabolls M, Cavaliere-Jaricot S, et al. Quantum dots versus organic dyes as fluorescent labels. Nature Methods, 2008, 5(9): 763-775.

[102] Fernandez-Suarez M, Ting A Y. Fluorescent probes for super-resolution imaging in living cells. Nat. Rev. Mol. Cell Biol., 2008, 9(12): 929-943.

[103] Chapman S, Oparka S K J, Roberts A G. New tools for in vivo fluorescence tagging. Current Opinion in Plant Biology, 2005, 8(6): 565-573.

[104] So M K, Yao H, Rao J. Halotag protein-mediated specific labeling of living cells with quantum dots. Biochem. Biophys. Res. Commun. , 2008, 374(3): 419-423.

[105] Aoki V, et al. Direct and indirect immunofluorescence. An. Bras. Dermatol., 2010, 85(4): 490-500.

[106] Yano Y, Matsuzaki K. Tag-probe labeling methods for live-cell imaging of membrane proteins. Biochim. Biophys. Acta, 2009, 1788(10): 2124-2131.

[107] Lin M Z, Wang L. Selective labeling of proteins with chemical probes in living cells. Physiology (Bethesda), 2008, 23: 131-141.

[108] Soh N. Selective chemical labeling of proteins with small fluorescent molecules based on metal-chelation methodology. Sensors, 2008, 8: 1004-1024.

[109] O'Hare H M, Johnsson K, Gautier A, Chemical probes shed light on protein function. Curr. Opin. Struct. Biol., 2007, 17(4): 488-494.

[110] Uttamapinant C, et al. A fluorophore ligase for site-specific protein labeling inside living cells. PNAS, 2010, 107(24): 10914-10919.

[111] Guignet E G, et al. Repetitive reversible labeling of proteins at polyhistidine sequences for single-molecule imaging in live cells. Chem. Phys. Chem. 2007,8(8): 1221-1227.

[112] Wombacher R, Heidbreder M, van de Linde S, et al. live-cell super-resolution imaging with trimethoprim conjugates. Nature Methods, 2010, 7(9): 717-719.

[113] Gallagher S S, Sable J E, Sheets M P, et al. An in vivo covalent TMP-tag based on proximity-induced reactivity. ACS Chemical Biology, 2009, 4(7): 547-556.

[114] Gautier A, Juillerat A, Heinis C. An engineered protein tag for multiprotein labeling in living cells. Chem. Biol., 2008, 15(2): 128-136.

[115] Schroder J, Benink H, Dyba M, et al. In vivo labeling method using a genetic construct for nanoscale resolution microscopy. Biophys. J., 2009, 96(1): L01-L03.

[116] Delehanty J B, Bradburne C E, Boeneman K, et al. Delivering quantum dot-peptide bioconjugates to the cellular cytosol: Escaping from the endolysosomal system. Integr. Biol.

2010, 2(5-6): 265-277.

[117] Biju V, Itoh T, Ishikawa M. Delivering quantum dots to cells: Bioconjugated quantum dots for targeted and nonspecific extracellular and intracellular imaging. Chem. Soc. Rev., 2010, 39(8): 3031-3056.

[118] Delehanty J B, Mattoussi H, Medintz I L. Delivering quantum dots into cells: Strategies, progress and remaining issues. Anal. Bioanal. Chem., 2009, 393(4): 1091-1105.

[119] Pinaud F, Clarka S, Sittner A, et al. Probing cellular events,one quantum dot at a time. Nature Methods, 2010, 7(4): 275-285.

[120] Jones S A, Shim S H, He J, et al. Fast, three-dimensional super-resolution imaging of live cells. Nature Methods, 2011, 8(6): 499-505.

[121] Chen B, Liu Q, Zhang Y, et al. Transmembrane delivery of the cell-penetrating peptide conjugated semiconductor quantum dots, Langmuir, 2008, 24(20): 11866-11871.

[122] Hoshino A, Manabe N, Fujioka K, et al. Use of fluorescent quantum dot bioconjugates for cellular imaging of immune cells, cell organelle labeling, and nanomedicine: Surface modification regulates biological function, including cytotoxicity. Jap. Soc. Artif. Organs, 2007, 10(3): 149-157.

[123] Rezakhanlou A M, Habibi D, Lai A, et al. Highly efficient stable expression of indoleamine 2,3 dioxygenase gene in primary fibroblasts. Biol. Proced. Online, 2010, 12(1): 9028.

[124] Derfus A M, Chan W C W, Bhatia S N. Intracellular delivery of quantum dots for live cell labeling and organelle tracking. Adv. Mater., 2004, 16(12): 961-966.

[125] Humphrey D, Rajfur Z, Imperiali B, et al. Introduction of caged peptide protein into cells using bead loading. Cold Spring Harbor Protocols, 2007, (1):4658.

第 6 章 非标记光学纳米成像

上面介绍的光学纳米成像方法均属荧光纳米成像。由于自体荧光很弱，难以实现纳米成像，上述的荧光纳米成像均需外源性荧光标记。正如在 5.1 节所述外源性标记有其本身的缺点，例如毒性和漂白特性，还有些分子在标记后会影响其性能，不适合做标记。从根本上来说，标记是迫不得已的，标记本身还会带来一系列技术难题，包括标记物制备、特异性连接和导入等，尤其对活体标记是十分困难的。有没有可能实现非标记光学纳米成像呢？答案是肯定的，但难度更大。从根本上来说，荧光纳米成像是建立在发光体的基础上，本身具有纳米尺度的点源性，为实现纳米成像奠定了基础。而非标记光学纳米成像是建立在光传输的基础之上，为实现纳米成像，必须解决光传输中的衍射受限问题，这对光学波段而言，理论上存在不可逾越的障碍，必须另辟他径。至今，在探讨两大途径：一条途径是像荧光标记一样，既要识别所研究的分子和目标，又要实现纳米分辨；另一条途径是像普通的光学显微镜一样，给出样品的结构信息，但要突破衍射极限，实现纳米分辨。这里先介绍前一种，这就是所谓的基于拉曼谱的超分辨成像，再介绍光学超振荡纳米成像。

6.1 基于拉曼谱的超分辨成像

正如大家所熟知的，拉曼信息可以给出分子的指纹谱，只要得到分子的拉曼谱，我们就会知道这是一种什么分子。拉曼显微成像也是大家早就熟知的，它以衍射受限的空间分辨率给出不同分子在空间的分布状态。现在的问题是如何利用拉曼谱以纳米的分辨率给出分子在空间的分布状态，这对许多研究而言是十分重要的。但是，也正如大家所熟知的，拉曼谱的获得是一种非线性光学过程，分子的散射截面低至 10^{-32}～10^{-28}cm^2/分子，即使光与分子相互作用发生散射，拉曼散射只占总散射光子数的亿分之一到百万分之一，灵敏度极低，在衍射受限的情况下，要获得拉曼显微图像都需要数十分钟到数十小时，即使有方法实现纳米分辨，获取纳米分辨图像所需的时间也是人们所不能接受的。为此，第一要提高拉曼信号获取的灵敏度，起码要使灵敏度提高几个数量级，这不是提高探测器的灵敏度所能办得到的；第二要设法突破光学衍射极限获得纳米的空间分辨率。表面增强拉曼散射(SERS)可使信号增强几个到十几个数量级，通过尖端增强拉曼散射(TERS)和其他方法可使空间分辨率提高到纳米量级。因此，SERS 是我们首先要研究的途径和方法。但是，不论是基于 TERS 技术还是 SERS 技术，虽然能获得样品表面分子分布的纳米分辨图像，但需要在待测样品表面引入金属纳米结构，需要专门的制作技术；同时，该技术至今难以应用于三维纳米成像。人们还在发展其他非标记纳米成像方法。利用红外线可获得分子振动或转动能级信号，从而同样可获得分子的指纹谱，并且由于其吸收截面较分子的拉曼散射截面大十个数量级左右，灵敏度可获得提高，关键是如何突破衍射极限获得纳米的空间分辨率。为此，人们近年来发展了红外近场光学显微成像方法和红外原子力显微成像方法，以获得样品表面分子分布图像；并发展了振动和频产生红外超分辨显微成像方法和远场微分红外吸收超分辨显微成像方法，以获得样品分子三维分布图像。另外，相干反斯托克斯拉曼散射(CARS)信号也比普通的拉曼信号要高几个数量级，并具有很强的方向性，又可给出分子的指纹谱，关键问题是如何实现纳米分辨。正在发展的方法包括结构光照明 CARS 超分辨成像和类 STED 的 CARS 超分辨成像等方法。下面我们就上述问题分别予以讨论。

6.1.1 SERS 纳米成像

早在 1923 年，Smekal 在理论上就预言存在非弹性光散射[1]。Raman 和 Krishnan 在他们 1928 年发表于 *Nature* 的文章中报道：首次在实验上观察到了这种现象[2]。这种非弹性散射效应与普通的散射相比较是非常微弱的，这种微弱的现象就是我们现在熟知的拉曼散射。当光子经历了拉曼散射后所观察到的波长改变应归因于分子振动模式的激励。由于不同的功能组具有不同的特征振动能级，每一种分子都有其独特的拉曼谱。这就是说拉曼谱是分子指纹谱的原因。显然，它在分子识别方面具有极其重要的应用价值。但是拉曼散射截面典型值比荧光的吸收截面要小 12 个数量级左右，而拉曼散射较分子瑞利散射又要小 6～8 个数量级，因此即使采用样品允许的激光强度作激发光，拉曼信号在多数情况下比荧光发射要小 10 个数量级。由于拉曼信号很弱，已有的探测器灵敏度和激发源强度又有限，拉曼散射的应用受到很大的限制。随着激光器的出现和光子探测技术的进步，这种分析技术取得了很大进展，但其应用仍不及荧光探测技术那样广泛。直到 20 世纪 70 年代这种局面才开始有所改观。1974 年，Fleischmann 及其合作者首次使用粗糙银电极观察拉曼信号[3]；接着于 1977 年，Jeanmaire 和 van Duyne 首次观察到“SERS”现象[4]，也即当散射物质置于粗糙贵金属衬底上或附近时，拉曼信号就会大幅增强，可增强 6 个数量级，局域甚至可增强 10 个数量级。之后，一方面在化学、生物、材料等各个领域利用表面增强现象测得相关分子的拉曼谱，尤其在生物学领域用于研究信号转导机制和在化学领域用于研究化学传感，具有比荧光更大的信号稳定性，在体的情况下可提供飞摩尔和皮摩尔的灵敏度；另一方面对表面增强现象进行理论研究，寻求导致 SERS 现象的原因。截至目前，表面增强机制仍是一研究热点。再就是利用 SERS 效应，设法进行纳米成像。这方面的研究涉及衍射极限的突破，研究起步较晚。直到 2000 年，瑞士科学家 Stockle 等提出 TERS，使用固定的直径为 50nm 的金属尖端扫描样品，才使空间分辨率突破衍射极限，达到 55nm，并可实现定量分析，场增强因子最少达 40000 倍，信号增强 40 倍[5]。同时，通过进一步研究，Nie 等还使增强因子提高到 10^{14}，可以用来探测附着在直径为 110nm 银粒子上的 R6G 单分子[6]。不过，后者不单是使用固定金属尖端扫描样品，还使样品分子附着在游离的金属纳米球或纳米尖端上。但是，各种 SERS 和各种 TERS 产生的物理机制是一样的，我们将一并对它们进行讨论和分析。

6.1.2　SERS 产生机制

自从 SERS 现象被发现以来，所假设的机制主要有两种，即电磁场增强和化学增强[7]。

电磁场增强是在入射电磁波的作用下由尖端处的静电场增加(照明棒效应)或者表面等离子激元的激励而引起，后者是更多研究者所关注的[8-10]。导体电子气的集总激发称为等离子激元。如果激发局限于表面附近，就称为表面等离子激元。表面等离子激元或者在表面光栅上传播，或者局域于球形粒子的表面。对于光激发的表面等离子激元，要求表面粗糙或者弯曲。在表面等离子激元激发条件下，表面的光场可被极大地增强，入射激光光场和与表面相互作用的拉曼散射场构成了 SERS 的电磁机制。在过去许多年里，人们发展了多种电磁理论用来处理不同的模型，包括孤立的球形、孤立的椭球、相互作用的球形和相互作用的椭球等。我们可将随机粗糙表面看作半球面凸起或光栅以及不规则表面。在不同复杂程度情况下对这些系统已进行过理论分析。在球形表面，感应场与外场之间的关系可用下式表示：

$$E^2 \propto E_0^2 \left| \frac{\varepsilon_{\mathrm{m}} - \varepsilon_0}{\varepsilon_{\mathrm{m}} - 2\varepsilon_0} \right|^2 \tag{6.1}$$

其中，E 表示球表面场；E_0 表示入射场强度；ε_{m} 为复数，是与频率有关的金属介电函数；ε_0 是环境的相对介电常数。在一定频率下，若 $\mathrm{Re}(\varepsilon_{\mathrm{m}}) = 2\varepsilon_0$ 就会发生谐振。表面等离子激元的激发大大增强了附着在球形颗粒表面上分子的局域场。球形颗粒不仅增强了入射激光场，还增强了拉曼散射场。其作用有如天线，它放大了入射激光场和散射场强度。由上面的讨论我们不难看出稍微增加局域场就会使拉曼散射场大大增强的原因，总的增强因子正比于 E^4。这样一个简单的模型最少定性地说清楚了大部分实验所观察到的结果。上面用的是球面结构，对于其他结构，谐振方程只有 2 倍的差别。之所以使用贵金属是因为在获得拉曼谱时常使用可见光光谱，而贵金属介电函数对可见光可产生等离子激元谐振。其他金属具有它们自己的表面等离子激元谐振的电磁谱，原理上在这些频率上可支持 SERS。此外，贵金属的介电函数的虚部在谐振频率下是很小的，因此，这些贵金属在可见光频率下的损耗很低，可保持锐而强的谐振。显然，这一点对应用来说是非常重要的。在材料的需求方面，要求其 ε_1 的实部满足谐振条件，其虚部则要求应尽量接近于零。由于入射激光和拉曼光的频率不同，因此增强系数应正比于 $E_{\text{laser}}^2 E_{\text{Raman}}^2$。这就意味着上述两个场都接近表面等离子激元的谐振频率，只有很小的频移。尽管二者频移很小，但表面等离子激元的激发或者是由激光场引起或者是由拉曼场引起，而不是由二者共同引起。另外，表面增强因子 G 强烈地依赖于球形金属表面的曲率半径 r 和待测分子到金属表面的距离 d，对于单分子，有

$$G = \left[r/(r+d)\right]^{12} \tag{6.2}$$

对单分子层，则有

$$G = \left[r/(r+d)\right]^{10} \tag{6.3}$$

另一种理论是化学增强机制，认为 SERS 是由在金属中电荷转移或键的组成使吸附在金属上的分子极化率增加所导致的[11]。在某些情况下，一些增强现象无法用电磁场增强解释，有人就提出上述的化学增强机制。不过，在多数情况下，还是由电磁场增强机制决定的。化学增强只有在某些情况下才会产生，其增强因子平均来说约为 100。不过，这并不是所有人的共识，也有人认为电磁场增强和化学增强是同时存在的。

6.1.3　SERS 衬底及其制作[12]

鲁棒而高性能的 SERS 衬底的设计和制作，对 SERS 光谱成分的高灵敏分析和纳米成像而言是至关重要的。从形态上讲，SERS 所需要的衬底是一个二维准连续的结构，其上有许多不同结构的纳米尖端。不过它们所用的金属材料都是一样的。最早的 SERS 衬底是利用电化学的方法将金属电极表面粗糙化而实现的，但不久后，在了解 SERS 原理的基础上就由金属化的纳米粒子构成了。因此，制作金属纳米粒子是实现 SERS 现象的基础，是构成 SERS 衬底的基础。实验证明许多金属都可以产生 SERS 现象，但正如上述，对可见光而言，只能使用贵金属，尤其是金，因为它对生物样品不起反应，化学上非常稳定，又具有强的 SERS 效应。此外，在可见光范围内，金可提供可调的等离子激元共振。金可变换成多种

形式，如纳米棒、纳米线、纳米立方体、纳米棱形体、纳米八面体、纳米四面体、纳米盘、纳米花、纳米帽、纳米星等，它们绝大部分均应用于离体细胞或组织的实验中；最近也有用于在体的实验。在使用金纳米粒子时，有时会出现聚集现象，即许多金纳米粒子会聚在一起，导致信号大幅度增强，并使成像分辨率降低，这并不是人们所希望出现的现象。因此，近来人们在金粒子外面包裹一层二氧化硅层，即所谓的混合纳米粒子，用于保护金，并使成像稳定。从而产生了一种成像中介物，它很稳定，并有多种稀释剂，对纳米成像而言没有引起任何变化，倒是为这种纳米粒子与被标记生物目标分子的连接提供了活性位置。银衬底同样可提供非常有效的增强作用，但需要更短波长的光进行激发，也更不稳定，寿命短，相对于金，它的应用面小多了。银之所以不稳定和寿命短，与其本身的性质密切相关，银的强度要差一些，化学性质相对来说更活泼一些，更易被氧化；同时，生物分子更易被银吸附，从而使其表面被污染。为了改善银的这些性质，像金一样也在其表面附着一层二氧化硅膜，这样就可以使银纳米粒子与外界隔离开来。但这种金或银的复合粒子曾导致不少疑问，例如：此保护层会不会使谐振频率发生改变？增强因子会不会保持不变？会不会因为增加介质层使分辨率降低？理论模拟表明，若在直径为 10nm 的二氧化硅上制作 25nm 厚的银层，形成直径为 60nm 的纳米粒子，再在其表面附着一层二氧化硅，即使二氧化硅层厚达 20nm，增强因子也只是从 200 左右减小到 150 左右，若厚度小于 5nm，则影响很小。但若保护层用金，则等于增大了金属粒子的直径，随着金的厚度的增加，增强因子则会大幅下降，这时应服从于我们上面给出的关系式(6.2)，等效于式中的 r 增大了。但这里应当注意的是，银层内外均有二氧化硅，内外金属表面均会产生等离子激元谐振，它们会互相影响。不论采用二氧化硅层还是金层，谐振频率都会有所位移，并随着厚度的增加一般会出现红移。当最内层为金并且形状如锥时，外面若有二氧化硅层，则较单是金锥时的增强因子更大，约增大 30%。金属纳米粒子外面的保护层不仅可用二氧化硅，还可用有机溴化物等或氨基酸等表面活化剂。关于金属纳米粒子的制作已有很多报道，主要是用化学的方法制成。关于金或银纳米尖端的制作方法也有不少报道：有的先用电化学的方法制备出大体的结构，再用离子刻蚀的方法做出所要的纳米结构；有的则直接利用电化学方法制作出所要求的纳米结构，不过制作过程需要严格控制。碳纳米管由于其一维电子态的限制可产生强的拉曼信号，因此可被用来进行拉曼成像。有如小的分子，碳纳米管可用也可不用金属衬底表面增强。关于碳纳米管的毒性，尽管有的小组作了报道，但研究表明其毒性强烈依赖于用量、操作程序、尺寸比例以及纳米管的化学钝化特性等。但无论如何绝不能将碳纳米管从分子成像标记物中排除。

SERS 衬底可分为三类：一类是金属纳米粒子悬浮液；一类是金属纳米粒子

固定在固体衬底上；最后一类是纳米结构直接制作在固体衬底上，其方法包括纳米刻蚀和纳米结构模板合成。金属纳米粒子悬浮液是最简单的一种，被分析的物质以一定的浓度存在于液体中。这种方法的不足之处是金属纳米粒子会出现团聚。尽管存在一些缺点，这种衬底应用还是比较普遍的，这是由于其高的表面增强性能、好的稳定性和易于制作。在平面上固定金属纳米粒子的衬底是难以制作的，金属纳米粒子在平板衬底上的附着状态是很不好的，必须发展一种固定技术保证金属纳米粒子的集成性和随时间的稳定性。例如，在玻璃衬底上沉积金或银的纳米粒子，其固定的可重复性是不好的，为此需要对玻璃表面进行修饰。多数 SERS 衬底还是用第三种方法，即在平面衬底上刻蚀或人工合成纳米金属粒子，即采用光刻技术或纳米刻蚀技术。目前应用最广泛的纳米刻蚀技术主要是离子束和电子束刻蚀。这些技术可以控制纳米结构的大小和形状。离子束和电子束可被用来在连续的金属薄膜上形成纳米洞或者在固体衬底上形成金属纳米粒子，使它们具有良好的可控光学性质。纳米刻蚀技术的主要优点就是可以很好地控制纳米结构的几何参数，通过使用这些衬底使 SERS 强度具有非常高的重复性。由于本节主要是讨论基于 TERS 的纳米成像问题，对 SERS 衬底不作过多的专门论述，感兴趣者可参考有关综述或专门论述文章[13,14]。

6.1.4 SERS 纳米成像及其应用

所谓 SERS 纳米成像是指利用 SERS 信号作为信息载体实现的纳米成像。为了获得稳定而定量的拉曼信号和实现纳米分辨，最简便的方法就是基于尖端增强的 TERS 纳米成像，近年来还发展了基于 SERS 的二维和三维纳米成像。TERS 和 SERS 的拉曼信号增强在原理上是一样的，都是基于表面等离子激元产生的拉曼散射增强效应，只不过对 TERS 而言，等离子激元只局限于极其有限的区域，为了提高空间分辨率，该区域应尽可能地小，不过以产生等离子激元集总效应为前提，也即不能小到等离子激元效应不能产生的地步。下面我们就分别介绍一下基于 TERS 和 SERS 的纳米成像。

1. 基于 TERS 的纳米成像

为了实现 TERS 纳米成像，首先要获得高质量的金属纳米尖端，现在已有各种技术可制作出高质量的金属纳米尖端，如图 6-1 所示，有球形的、圆柱形的和锥形的等，其中还图示了场增强机理及可以获得的场增强因子，并给出了可以获得的最大场增强效应的结构示意图[15]。当然，为了获得最大的场增强效果，由于两尖端之间的距离有限，样品的厚度只能在纳米量级，这对于单分子的探测是有利的。从图中可知，场增强因子可高达 7×10^5。

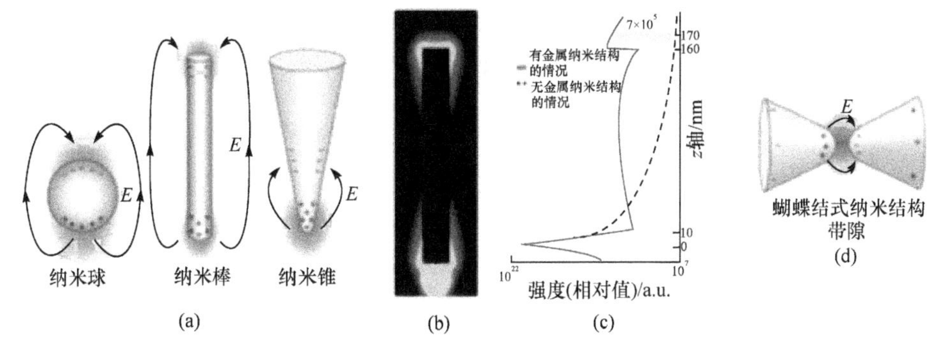

图 6-1　(a)几种常用的场增强纳米结构；(b)长 150 nm 银纳米柱理论模拟的表面等离子激元谐振情况下的强度增强分布；(c)无金属纳米结构的情况下光强自然衰减的情况(虚线)以及有金属纳米结构的情况下场增强因子可高达 7×10^5 (实线)；(d)具有纳米间隙的场增强结构

为了实现 TERS 纳米成像，已经发展了多种显微镜，它们的基本工作模式如图 6-2 所示[16]。一种是常用的方式，如图 6-2(a)所示，物体对可见光而言是透明的，金属纳米尖端置于样品上方，显微镜是倒置的，大数值孔径物镜置于样品的下方，激光通过物镜聚焦照到样品上，通过金属纳米尖端使样品产生的拉曼信号增强，再通过物镜收集送到探测器上。这种方式可以避免强激光对信号的干扰。第二种方式如图 6-2(b)所示，物镜置于金属纳米尖端的同一侧，常常使用长工作距离的物镜，用于照明样品和收集拉曼信号。这里使入射激光的偏振方向与金属纳米尖端方向相平行，这时表面等离子激元将会得到有效的激发。如果样品是金属表面，就可以方便地构成尖端金属腔，这时场增强的程度足以探测单个分子。第三种方式如图 6-2(c)所示。其中引入了抛物面反射镜装置，这种结构的性质使平行于抛物面反射镜轴的光束将会聚于一点，这可认为是测向照明的一个扩展，但一般的测向照明透镜的数值孔径小，而这种方式可以具有 180°的收集角，并具有紧聚焦的焦斑大小。抛物面装置的另一个优点是当液体充入抛物面盘中时，不会影响聚焦的焦斑大小。这种显微装置已引入不锈钢的腔体中，从而可获得超高真空或者充入所需要的气体。当工作在超高真空的环境下时，样品置入后在整个实验的过程中不会受到环境的污染，测量结果将会十分稳定和可靠。

一个完整的 TERS 纳米成像系统如图 6-3 所示[17],它是一个倒置光学显微镜，利用径向偏振光照亮透明样品，物镜的数值孔径高达 1.4，用于聚焦轴向偏振激光束到衬底表面上。一金纳米尖端置于入射激光束的焦点上，它利用灵敏的剪切力反馈机制与样品表面的距离保持在 2nm 左右。增强的拉曼散射光由同一物镜接收。该拉曼散射信号可以用雪崩二极管(APD)单光子计数器进行探测，也可以利用制冷的 CCD 或 EMCCD 探测散射拉曼光谱。为了滤除不必要的信号，在探测器前可以使用低通滤波器和窄带滤波器等。通过对样品表面的扫描，利用上面任何一个探测器则可获得所需要的样品表面成分的纳米分辨图像。因为利用 CCD

或 EMCCD 可以获得样品表面不同分子的指纹谱信息，从而可获得样品表面不同分子的表面分布图，也即样品表面不同分子的图谱。

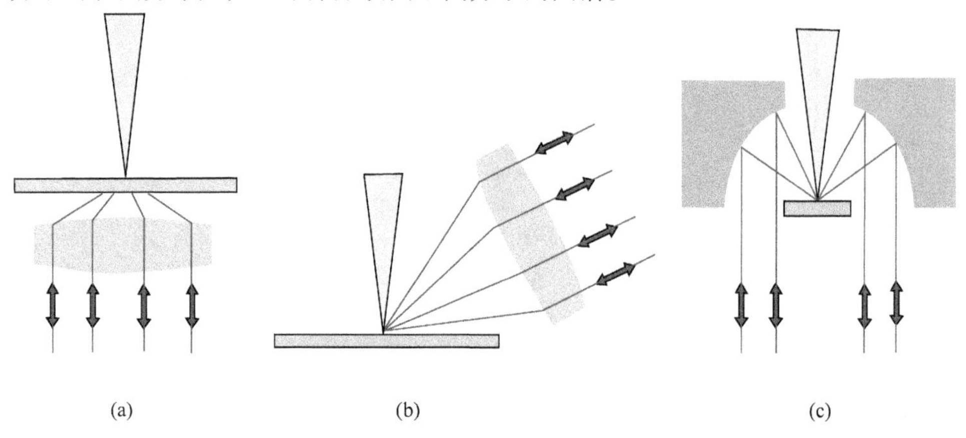

图 6-2　不同 TERS 纳米成像显微系统示意图

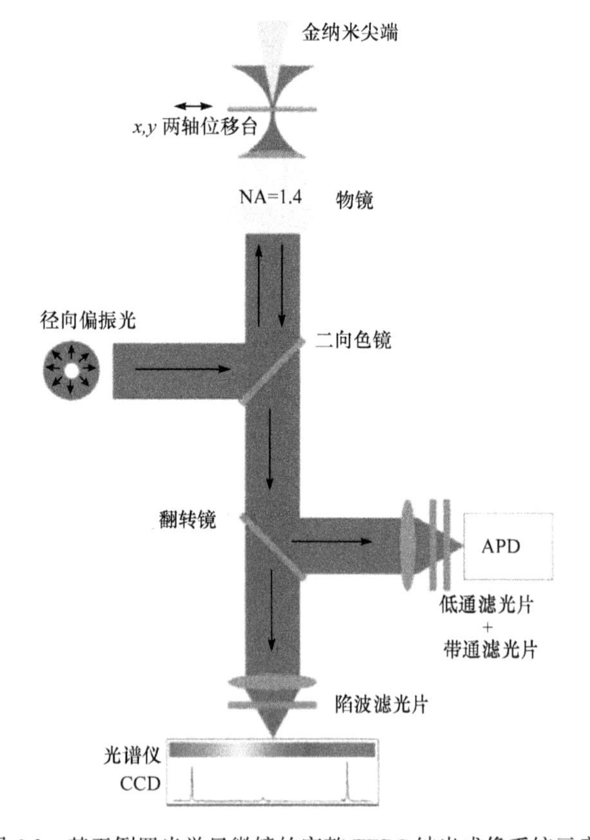

图 6-3　基于倒置光学显微镜的完整 TERS 纳米成像系统示意图

上述显微镜的空间分辨率主要取决于金属纳米尖端的形状和尺寸。正如上述，为了维持金属表面自由电荷载体实现集总等离子激元谐振，该尺寸不可能太小，否则，此谐振就维持不了。因此，空间分辨率也不可能太高，目前单利用尖端已经获得的最高空间分辨率为 10～15nm，这是受到 TERS 增强原理的限制。当然，若 TERS 现象不存在，即使可以找到实现纳米分辨的方法，但由于自发拉曼散射的散射截面太小，所产生的拉曼信号太弱，使用目前最高灵敏度的探测器也难以记录下来。因此，为了进一步提高 TERS 的空间分辨率，获得单分子在空间的分布信息，就需要在 TERS 的基础上设法改进。日本科学家 T. Yano 等于 2009 年提出了压力相助的 TERS 成像方法[18]，获得了 4nm 的空间分辨率。其基本工作原理是，所施加的外压力通过尖端作用于尖端下面的分子上，这些被尖端直接接触到的分子就会在机械上受到扰动，它们与周边未受到压力的分子相比较会具有不同的光学响应，受压的分子由于机械畸变，其拉曼模式的振动频率就会不同于未受压的分子。通过传感此种差异，就可以使这种显微技术获得极高的空间分辨率。图 6-4(a)～(c)分别给出衍射受限、TERS 成像和受压 TERS 成像的空间分辨率示意图。所完成的实验是在原子力显微镜的基础上改进的。该显微镜处于接触模式，这样压力在三个方向上就容易得到控制。在原子力显微镜的尖端上镀银，形成的尖端直径为 35nm，从而增强拉曼散射信号。使用倒置显微镜收集拉曼信号，所用物镜数值孔径为 1.4，放大倍率为 100。采用 532nm 的连续光进行照明，光功率为 0.1mW。利用该方法测量单壁碳纳米管，施加压力为 2.4nN，扫描步长为 1nm，测得的空间分辨率为 4 nm。

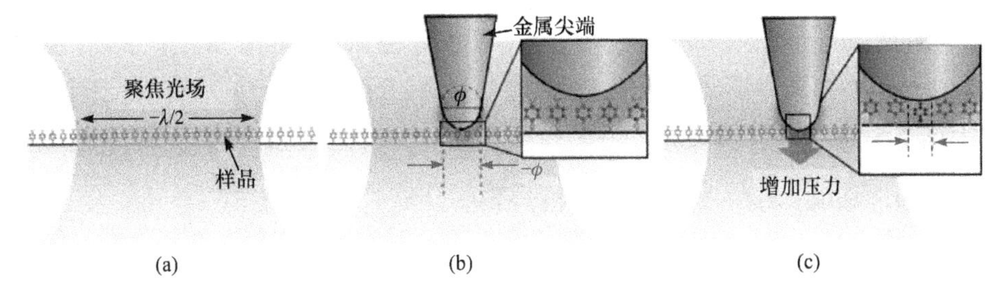

图 6-4　衍射受限(a)、TERS 成像(b)和受压 TERS 成像(c)的空间分辨率示意图

还有的利用全内反射方法照明样品表面，利用表面场增强原理使荧光分子产生的荧光得以增强，并利用单分子定位的方法获得每个分子在表面的位置，由此可探测 SERS 衬底上间隔为 15 nm 的热斑点分布情况。特别要提出的是，这里不用扫描的工作模式，而是实现全场探测和纳米定位。

下面给出一些典型的照片。图 6-5 给出纳米管的 TERS 照片和拉曼谱分布[17]，从中也可看出 TERS 可提供的空间分辨率。

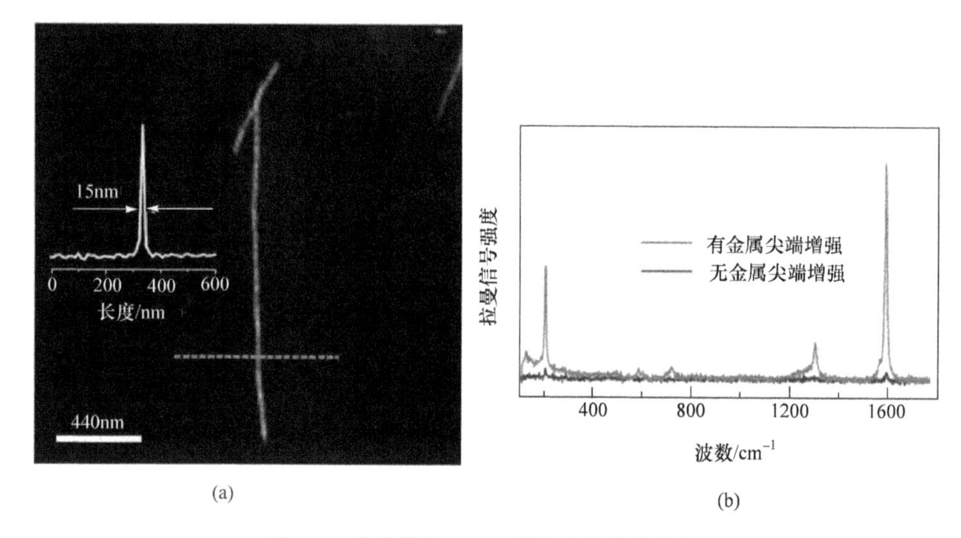

(a)　　(b)

图 6-5　纳米管的 TERS 照片和拉曼谱分布

除了 TERS 之外，还发展了高灵敏度的尖端增强相干反斯托克斯拉曼散射(TE-CARS)纳米成像技术。相对于自发拉曼散射而言，CARS 由于相干共振和信号方向性强，信号增强 6～8 个数量级；尖端场增强会使 CARS 信号进一步提高，并由于尖端和样品分子相互作用范围受到纳米尖端的限制，从而使空间分辨率获得大幅度改善，可以突破衍射极限达到纳米量级。早在 2003 年，日本科学家就开展了这方面的研究，获得了超衍射极限的空间分辨率。近来人们又开展了径向偏振尖端增强 CARS 超分辨成像和近场 CARS 超分辨成像的研究工作，分辨率优于 80nm，并用相关方法获得了亚细胞结构的 CARS 图像。关于 CARS 纳米成像，后面还会作进一步论述。

2. 基于 SERS 的纳米成像

基于 TERS 的增强拉曼散射成像方法可以获得极高的空间分辨率，但是为获得样品表面的分子分布信息，需要对样品表面进行逐点扫描，信息获取速率低。为了改善这种特性，2013 年，S. Ayas 等提出一种宽场成像的方法[19]。为实现该方法，样品需制作在等离子激元表面上，在此表面上，利用真空蒸发的方法形成了一个个随机自组织银(Ag)纳米岛，被称作随机构造超表面。这种表面特征尺寸比光波波长要小一个数量级，可用有效介质理论近似，具有均匀的光学性质。因此，人们将这种等离子激元表面称作超表面。这种表面的结构如图 6-6 所示，所得扫描电镜照片如图 6-6(b)所示，在约 20nm 厚的 Al_2O_3 上蒸镀 5～10nm 厚的 Ag 膜，由于自组织效应，形成一个个 Ag 岛，直径为 25～45nm，Ag 岛之间的间隔为 5～10nm。通过理论模拟在 532nm 光波作用下可对岛参数和介质厚度进行优化。计算结果表明，在图 6-6(a)所给参数下，在岛之间产生的场增强效果最好，这时接近谐振激发，如图 6-6(c)所示。Ag 纳米岛尺寸分布及岛之间距离的不均匀性导致表面光学性质的不均匀性，如场增强因子的不同。图 6-6(e)表明这种结构的最佳场增强因子为 4.5×10^3，这时对应的 SERS 增强因子为 2×10^7。谐振特性还可通过调节介质厚度得以实现，当介质厚度达到可以不考虑介质下面的金属层时，场增强因子如图 6-6(f)所示。

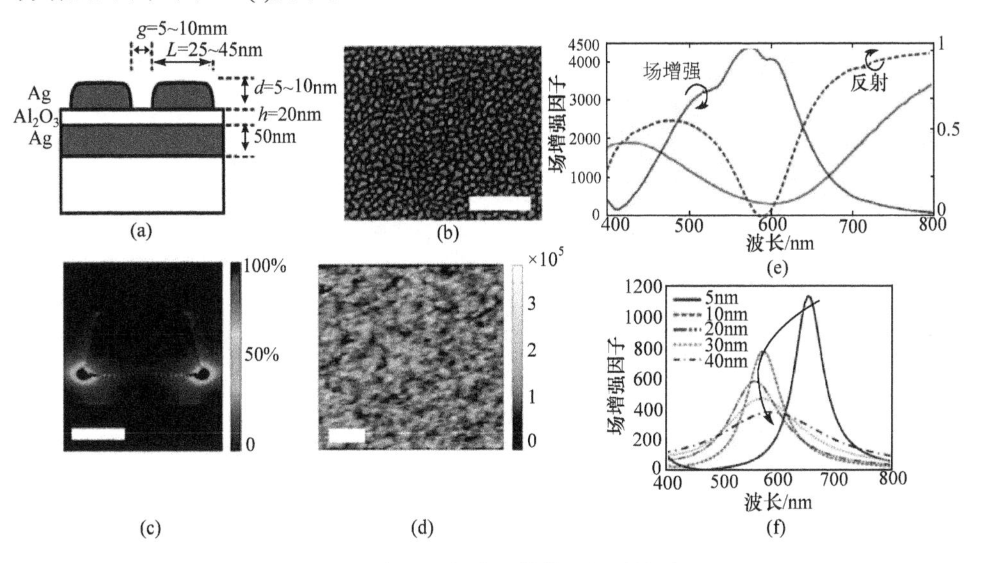

图 6-6　自组织超表面结构及相关性质

为了在理论上说明我们是如何获得表面分子密度分布的，这里给出一给定时刻 t 的信号微分强度的表达式：

$$\begin{aligned}\mathrm{d}I_i(x,y,\omega_\mathrm{s},t)=&QI_\mathrm{L}(x,y,\omega_\mathrm{exc})\varepsilon(\omega_\mathrm{exc})^{-1}\Omega S_i(\omega_\mathrm{s},t)\\&\cdot N_i(x,y,t)E_\mathrm{F}(x,y,\omega_\mathrm{s},\omega_\mathrm{exc})\mathrm{d}A\mathrm{d}I_i(x,y,\omega)\end{aligned}\tag{6.4}$$

方程左边表示待测分子 i 分量的强度。式中，$S_i(\omega_\mathrm{s},t)=\mathrm{d}\sigma_i(\omega_\mathrm{s},t)/\mathrm{d}\Omega$ 表示分子分量 i 拉曼谱的微分散射截面；Q 表示整个光学收集和探测效率；$I_\mathrm{L}(x,y,\omega_\mathrm{exc})$ 表示激发功率密度；$\varepsilon(\omega_\mathrm{exc})$ 表示激发光光子能量；Ω 表示物镜的收集立体角；$N_i(x,y,t)$ 表示分子分量 i 的区域密度分布；$E_\mathrm{F}(x,y,\omega_\mathrm{s},\omega_\mathrm{exc})$ 表示 SERS 增强因子空间分布函数。由式(6.4)可知，只要 SERS 增强因子空间分布函数为一个常数，则待测分子分量 i 的强度分布即正比于分子分量 i 的区域密度分布。这就是说，若上面讲的随机构造超表面的 SERS 增强因子空间分布函数为一个常数，我们即可利用宽场成像方便地获得分子分量 i 的区域密度分布。事实上，上面介绍的随机构造超表面的 SERS 增强因子分布函数可近似于一个常数。

下面我们将要介绍如何使用随机构造超表面在宽场的情况下获得纳米的空间分辨率。实验证明，如果在上述随机构造超表面上覆盖一分子层，在宽场激发光照射下所产生的 SERS 信号像荧光信号一样将具有闪烁性质。测试表明，图像记录时间从微秒到数十毫秒都具有闪烁性质。尽管这种闪烁特性不像荧光那样稀疏激发程度可以受到控制，但只要在衍射极限范围内纳米岛数目或通常说的热点数目不是特别大，就可以利用这种闪烁特性在时间上将同一衍射极限范围内的热点分离开来，使它们分别在不同时刻的画幅里出现。再利用第 5 章介绍的单分子定位方法以纳米的空间分辨率确定各热点的位置。最后将不同时刻获得的热点位置组合起来即可获得纳米分辨图像。所用的显微系统如图 6-7 所示，该系统既可工作于全场状态,也可工作于共焦扫描状态;所采用的记录系统既可记录全场图像，也可进行分子的光谱分析。当然，这里只是一种分子。若全场范围内不同位置存在不同的分子，就需要记录不同的分子及各自的密度分布。这时，就无法实现全场激发而要采取线扫描激发。若采用面阵 CCD 等探测器，既可记录一维空间的信息，又可记录每一热点的拉曼光谱分布。在一维空间要实现多次曝光，从而实现纳米分辨；再通过扫描获得二维空间的纳米分辨不同分子的分布信息。当然，在同一热点也可以存在多种分子，这时就需要通过数据处理获得每一热点处的分子种类和各种分子含量的有关信息。

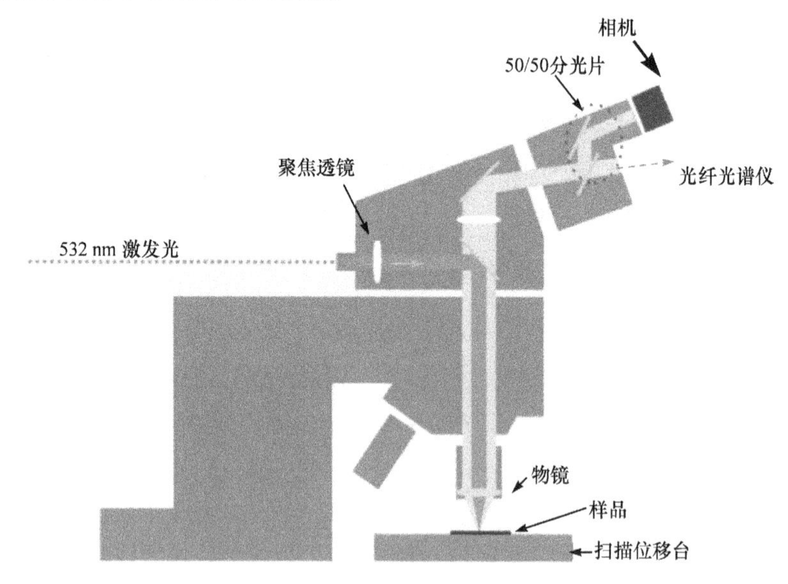

图 6-7　SERS 宽场纳米成像系统示意图

利用该方法已获得一些初步的宽场纳米分辨图像,感兴趣者可参阅有关文章[19]。

显然，与上面介绍的 TERS 纳米成像方法相比较，该方法还很不成熟，有待今后进一步发展。

6.2　红外超分辨成像

红外纳米成像之所以受到重视是因为红外线与分子的振动吸收谱相对应，分子的红外吸收谱将像其拉曼谱一样可以给出分子的指纹谱，从而用来识别分子。它较拉曼谱的突出优点是其吸收截面较拉曼散射截面要高十个数量级，即红外吸收谱仪的探测灵敏度较拉曼谱仪要高得多。但是由于红外波长长，根据衍射理论，其所能提供的极限空间分辨率要低得多，这对于空间分辨谱分析是十分不利的。为此，近年来，人们设法利用一切可能的方法来提高红外光谱成像的空间分辨率。超分辨红外谱不仅能识别分子，还能精确定位分子的位置，显然在许多重大研究领域都具有重要的应用价值。这里就目前正在发展的表面红外超分辨成像和超分辨三维红外显微成像进行讨论。

6.2.1　表面红外超分辨成像

为适应研究工作的需要，人们已发展多种表面红外超分辨成像方法。我们这里重点介绍应用较为广泛、技术相对成熟的红外扫描近场光学显微(infra-red scanning near-field optical microscopy，IR-SNOM)成像方法[20,21]和红外原子力显微(infra-red atomic force microscopy，IR-AFM)成像方法[22,23]。

1. 红外扫描近场光学显微成像方法

红外线与物质分子作用之后，只要其波长与振动能级相匹配，则可实现高效红外吸收。但由于红外线波长达数微米甚至几十微米，由衍射理论可知其空间极限分辨率很低，难以实现分子的高空间分辨指纹谱分析。我们在第 4 章中曾谈到近场光学显微镜可以改善空间分辨率，但那里的孔径扫描近场光学显微镜受到孔径角的限制，空间分辨率只能达到 $\lambda/10$，这对红外线来说，即使采用这种近场光学显微镜，空间分辨率还在微米量级，显然不能满足分子高空间分辨指纹谱分析的要求。1987 年，美国 IBM 公司 Wickramasinghe 等在他们的专利申请中提出了无孔径近场红外显微镜方法，其原理示意图如图 6-8 所示，并于 1994 年报道了利用该方法对可见光获得了小于 3 nm 的空间分辨率[24]。之后，德国学者 Knoll 等基于此方法于 1999 年提出了近场探测振动吸收的化学显微镜，当红外波长为 10μm 时，空间分辨率可小于 100 nm，小于波长的百分之一[25]。在这种方法中，通常近场显微镜的孔径为体积要小得多的粒子或天线尖端所代替，这种粒子或尖端被用来作为场高度集中的散射中心，用于接收样品表面分子的红外谐振信号。

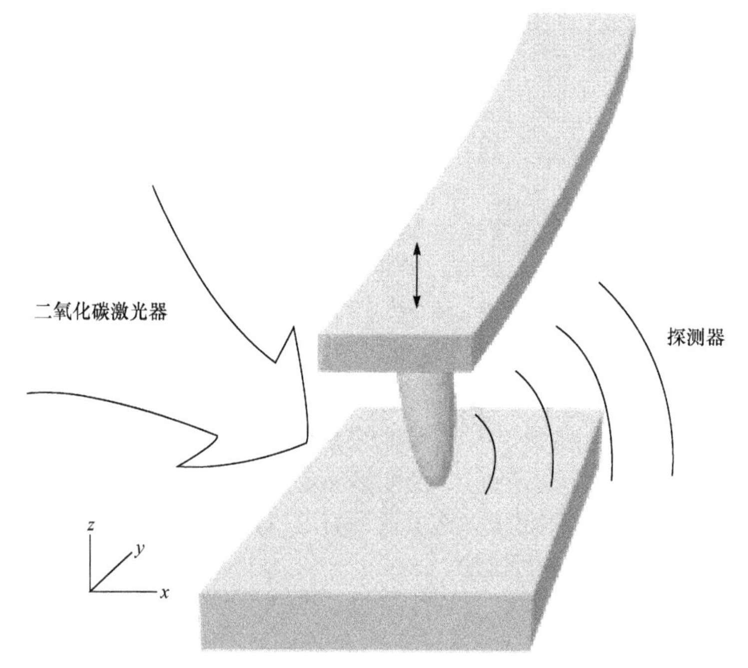

图 6-8　无孔径近场红外显微镜示意图

颤动的金属尖端散射红外辐射，该辐射为探测器所探测，样品在近贴的情况下被扫描

上述的无孔径红外显微镜的尖端可用多种办法制成，例如在硅尖端上镀金，用来将红外线场集中在尖端附近。该尖端在杠杆带动下在垂直于样品表面的方向上以一定的频率颤动，颤动的范围约 120 nm。利用该方法可以将原子力显微图像和红外显微图像同时记录下来。所采用的光源可根据红外波长的要求进行选择，功率约在 mW 量级，一般采用轴向偏振光，利用数值孔径约为 0.6 的物镜将红外光聚焦在尖端处，要精细地调节焦点的位置以获得高对比度的红外图像。为使碲镉汞探测器尽可能多地收集尖端散射出的红外线，常采用一凹面反射镜。由探测器获得的信号经锁定放大后构成了近场响应。尖端的上下颤动使尖端从样品表面获得的信息变成脉冲序列形式，从而可方便地去除背景，改善图像质量。关键问题是，如何利用此无孔径尖端获得样品表面分子对红外线的吸收特性？如何提高这种方法的空间分辨率？

下面我们通过理论模拟就可为上述问题找到答案。我们可认为尖端是一电偶极矩，为简化计算，我们可认为尖端是一球形。考虑到样品的表面效应，在模型中引入尖端的镜像。在此近场模型中并没有考虑球形的支持部分，我们假设球体以上锥的部分对相应的信号大小没有影响，也即上述锥体部分对红外对比度本身没有影响。当然，锥体部分通过远场天线的耦合效应和极化会增加绝对信号大小，但这只是影响连续的背景强度。设球的半径为 a，介电常数为 ε_t，离开样品表面

的距离为 d，样品表面介电常数为 ε_s，这时在纵向偏振光的作用下，尖端和样品表面的相互作用主要由下面给出的有效极化率决定：

$$\alpha_{\perp}^{\text{eff}} = \frac{\alpha(1+\beta)}{1-\dfrac{\alpha\beta}{16\pi(a+d)^3}} \tag{6.5}$$

其中，$\beta=(\varepsilon_s-1)/(\varepsilon_s+1)$；$\alpha=4\pi a^3(\varepsilon_t-1)/(\varepsilon_t+2)$，从而我们可得到其吸收和散射两个截面，它们可分别表示为

$$C_{\text{abs}} = k\,\text{Im}\{\alpha_{\perp}^{\text{eff}}\} \tag{6.6}$$

$$C_{\text{sca}} = k^4\left|\alpha_{\perp}^{\text{eff}}\right|^2/(6\pi) \tag{6.7}$$

式中，$k=2\pi/\lambda$。如果 $a \ll 100\text{nm}$，我们可求出 $C_{\text{sca}} \ll C_{\text{abs}}$。当我们测量近场向外的散射时，$C_{\text{sca}}$ 可忽略不计。例如，若 $a=30\text{nm}$, $\lambda=10\mu\text{m}$，$\varepsilon_s=1$，对孤立金球而言，$C_{\text{abs}}=0.03\text{nm}^2$。在非常近贴的情况下，即 $d<a$，对金或硅而言，其吸收截面将分别增大 5 倍或者 3 倍，但对于聚苯乙烯(PS)或者聚甲基丙烯酸甲酯(PMMA)有机材料，将增大 400 倍之多。若 d=120nm，吸收截面将减小 60%左右，然后则近似保持为一个常数。我们来计算吸收截面差：

$$\Delta C = C_{\text{abs}}(d=0) - C_{\text{abs}}(d=120\text{nm}) \tag{6.8}$$

它表示在尖端上下颤动时所观察到的吸收截面变化的近场响应。图 6-9 给出了不同材料在尖端颤动的过程中吸收截面的改变量。

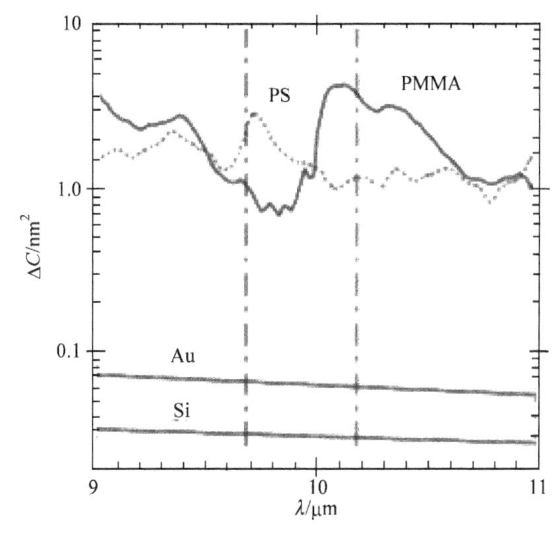

图 6-9　近场情况下 d 由 0 变至 120 nm 时吸收截面的改变量

这时球的直径为 60nm

为了评估该方法在振动态谐振条件下所提供的红外对比度，Knoll 等利用 PS

和 PMMA 进行了实验,他们在 PS 膜上覆盖一层 PMMA,个别地方 PS 未被 PMMA 覆盖，利用波长可调的 CO_2 激光器作为光源，所获得显微照片如图 6-10 所示。图 6-10(a)和(c)是原子力显微镜得到的表面形貌图像，图 6-10(b)和(d)分别是利用波长 9.68μm 和 10.17μm 的光获得的红外吸收图像。图 6-10(b)正好对应 PS 吸收截面小的位置，图像中相应位置出现了黑斑；相反地，图 6-10(d)正好对应于 PS 吸收截面大的位置，图像中相应位置出现了亮斑。上述现象可用上面的吸收截面随波长变化的图 6-9 进行解释。另外，我们比较一下每一行的左右两幅图像，原子力显微镜可以给出样品表面的形貌图像，而红外吸收图像只能给出样品表面分子的分布图像，表面形貌信息丢失了。可见，每种成像方法各有其优越性，不能用一个代替另一个。

图 6-10　埋于 PMMA 中的 PS 红外照片和它们对应的原子力显微镜照片
(a)和(b)对应激光波长为 9.68μm，(c)和(d)对应激光波长为 10.17μm，视场为 3.5μm × 2.5μm

近年来，利用该方法已获得小于 20nm 的空间分辨率[21,26]。

2. 红外原子力显微成像方法

上面介绍的无孔径红外近场光学显微方法可以提供极高的空间分辨率，并具有良好的分子指纹谱特异性，但它需要使用连续的红外光源。而这种可资利用的波长可调的红外光源极其有限，限制了该方法的广泛应用。另外，连续光源的光谱调节范围十分有限，难以测量分子具有的多振动谱，从而也给识别分子带来困难。因此，还需要发展其他方法，使其适用于随手可得的红外光源，并增强分子指纹谱识别能力。我们知道，不同波长的红外脉冲光源是较易实现的，并具有较宽的光谱调节范围，尤其是自由电子激光器(FEL)和红外超连续谱激光器等。因此，我们需要发展一种可以使用脉冲光源的红外超分辨成像方法。红外原子力显微镜正好能满足这种要求，它是由法国学者 Dazzi 等于 2005 年发明的[22]。该方法是利用原子力显微镜探测样品分子振动谐振吸收产生的光热膨胀效应，称为光热感应谐振(photo-thermal induced resonance，PTIR)，正好需要脉冲红外光源，并可实现超分辨成像。下面就对该成像方法作一介绍。

红外原子力显微镜的本质是利用原子力显微镜测量分子红外吸收引起的局部表面变形。因此，我们必须使用短激发过程和快速测量技术，否则热就会自然稀释从而影响测量结果，至少会使空间分辨率变低。这种方法的横向空间分辨率取决于局部形变的传播，也即取决于在测量过程中热在衬底上的传播。这与样品的结构和与衬底的热接触方式有关。为了解释得更清楚一些，我们给出该方法的实验装置之一，如图 6-11(a)所示。其样品置于 ZnSe 棱镜的表面上，该棱镜对 1～16μm 波长的红外线具有很好的透过率。所需的红外脉冲由自由电子激光器输出，脉宽 10ns，波长 10μm。该脉冲通过棱镜以全内反射的方式送入。在空气处实现全内反射，在样品处红外线则可进入其内。在样品的另一面与原子力显微镜的尖端接触。为了避免剩余红外线被尖端吸收，尖端为 60nm 厚的金膜所覆盖。红外激光脉冲作用的结果使样品加热，由于样品的变形使原子力显微镜的杠杆发生振动。原子力显微镜的反馈使四象限探测器产生一相反的信号，但此反馈回路响应时间太长，以致在激光脉冲引起的振动测量的过程中无法补偿。因此，输出信号代表了杠杆的实际振动，其谐振频率近似为 60kHz。通过频率分析，我们可以测量此振动幅度而排除了噪声和寄生信号。这里原子力显微镜的尖端工作于接触模式。作用在尖端上的力接近 10nN。实验证明，表面红外吸收引起的变形减小得很快，否则若变形时间大于 10μs，则振动信号的平均值可跟随变形幅度。另外，振动的对称性表明原子力显微镜仍工作在线性区域，即使大的振动也是如此，这正是我们所期望的。因此，信号幅度正比于局部的热膨胀。另一种工作模式如图 6-11(b)所示，其原理与图 6-11(a)相同，都是利用原子力显微镜检测光热引起样品表面的变形，不过测量光热变形的方法不同，图 6-11(b)方案是通过测量照射在杠杆上的另一束激光的偏转量来获得光热变形信息的[27]。

上述方法的缺点是，为了克服激光光源的系统噪声以及原子力显微镜的机械和电子噪声，需要采集更多的数据进行平均，从而导致信息获取时间太长。获取信息时间长反过来又影响空间分辨率的提高，这是由在样品中的热扩散所导致的。

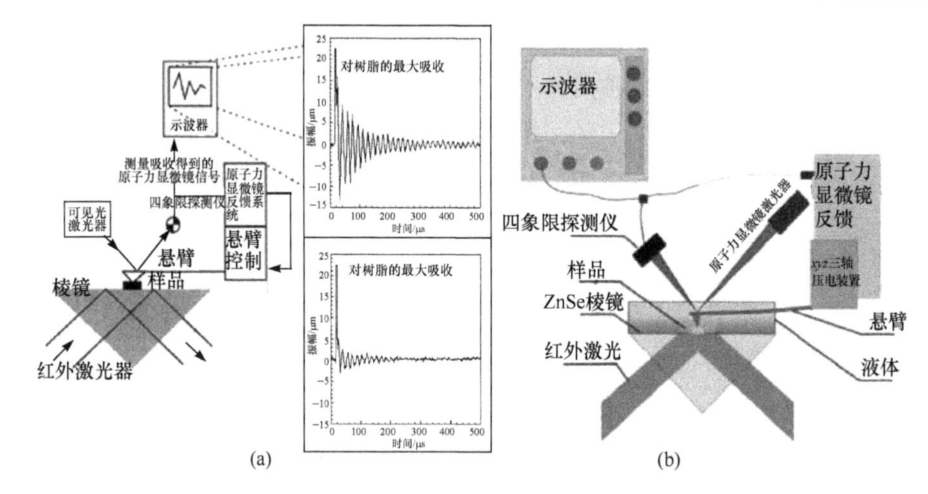

图 6-11　红外原子力显微镜实验装置

(a) 通过探测杠杆的振动幅度获得光热变形信息；(b) 通过探测另一束激光的偏转获得光热变形信息

为了进一步提高空间分辨率使其在材料交界处小于 100nm，研究者们又进一步缩短红外脉冲宽度和测量时间。采用光参量振荡器(optical parametric oscillator, OPO)红外激光器，通过改进杠杆设计，使振动频率可高达 1260kHz，从而在信噪比为 6 时，材料交界面处的空间分辨率可优于 100nm。进一步的改进可使空间分辨率小于 50nm[28]，但系统并没有本质的变化，这里就不进一步介绍了。

6.2.2　超分辨三维红外显微成像

上面介绍的红外纳米成像由于使用了近场光学显微镜原理或原子力显微镜原理，只能用于样品表面成像，还无法获得样品的超分辨三维分子分布图像。为了适应三维分子识别和超分辨定位的需求，还需要发展超分辨三维红外显微技术。显然，这种成像方法实现起来难度更大，应当说至今还没有一种非常成熟的技术供研究者使用。不过，人们正在通过各种可能的途径实现这种成像方法。下面重点介绍两种较有发展前景的途径：一种是日本学者 M. Sakai 等于 2007 年提出的瞬态荧光探测超分辨红外显微成像，之后又称为振动和频产生红外超分辨显微成像，其工作原理是完全一样的[29]；另一种是爱尔兰学者 Silien 等的国际合作研究小组于 2012 年提出的远场超分辨微分红外吸收显微成像[30]。下面将分别予以介绍。

1. 振动和频产生红外超分辨显微成像

三维红外显微镜早已得到发展和应用，但由于其波长在 3～25μm，受衍射极限的限制，空间分辨率在微米量级，应用受到很大的限制。可见光波长短，尽管也受衍射极限的限制，空间分辨率却可高达 200nm 左右，这较红外显微镜的分辨率要高一个量级以上。M. Sakai 等在研究上转换材料双色超分辨激光扫描荧光显微镜的基础上提出了振动和频产生红外超分辨显微镜的构想。图 6-12 给出其工作原理示意图。如图 6-12(a)所示，设一分子从其基态到第一电子态所需能量大于所给可见光光子的能量，但若有一红外光子，它具有的能量可使电子由基态跃迁到某一振动态，这时若存在上述可见光光子，则处于振动态的电子在可见光光子的作用下有可能跃迁到第一电子态，并释放出一个荧光光子再回到基态。将上述的可见光和红外线经物镜聚焦后照射到样品上，若可见光和红外线各自的衍射受限光斑在样品上有重叠的区域，如图 6-12(b)所示，在两束光重叠的区域内则可能产生荧光。这里我们要提起注意的是，凡在产生荧光的位置，同时伴随有样品分子对红外线的吸收。这时，我们则可用荧光的方法确定系统的空间分辨率，由于可见光和红外线的焦斑只是部分覆盖，因此相对可见光而言仍有可能实现超分辨。当然，我们也可使系统工作于图 6-12(c)所示的状态，两束光通过物镜共轴作用于样品上，它们的数值孔径是一样的，只是波长不同，可见光光斑完全置于红外光斑的中心。分辨率则基本上取决于可见光的波长，相对于红外线而言，则是超分辨。

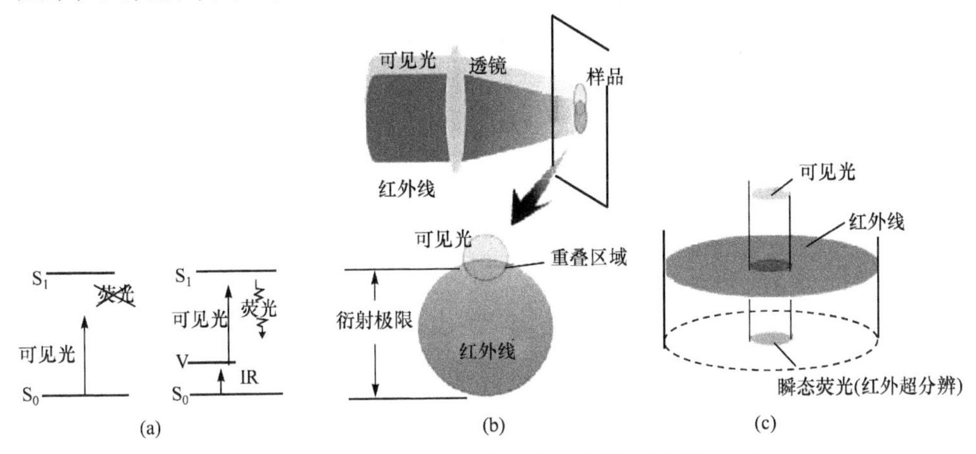

图 6-12　振动和频产生红外超分辨显微镜工作原理示意图

该方法实际使用的光学系统一直在不断改进之中，一个典型的系统如图 6-13 所示[31]。该系统的复杂性主要来源于光源。为了以高的概率同时实现红外吸收和电子态跃迁，红外线和可见光均应是超短脉冲；为了使二者同步，它们应由同一种子源产生。为此，图中的光源来自蓝宝石激光器，通过再生放大器使光脉冲能量高达 3.4mJ，重复频率 1kHz，波长 800nm，脉宽 2ps。然后将此输出一分为三，用来产生可见光和红外线脉冲。其中的一束先倍频，然后送入行波光参量放大器系统，获得频率可调的可见光脉冲。第二束送入另一个光参量放大器系统，其输出与第三束倍频后结合起来产生差频形成红外线脉冲。从而我们可获得可见光激光，波长为 610nm，以及红外线脉冲，波长在 3030～3703nm 范围内可调。可见光和红外线用同一个物镜聚焦于样品上。为满足红外线需求，物镜用 CaF_2 制成，焦距 100mm。从样品发出的振动和频产生的荧光信号由数值孔径为 0.5 的长工作距离镜头接收，经长波通、短波通和红外等滤光片后由增强型 CCD 相机接收。该系统每次只获得一个斑点的红外分子指纹谱信息，通过三维扫描，则可获得三维超分辨红外图像，给出某种分子在三维空间的分布信息。该系统还可以根据探测分子的不同，使用不同的红外线脉冲。显然，由于红外线波长覆盖范围有限，一方面不能给出所有分子的特征谱，另一方面也不可能给出同一分子的所有振动谱。

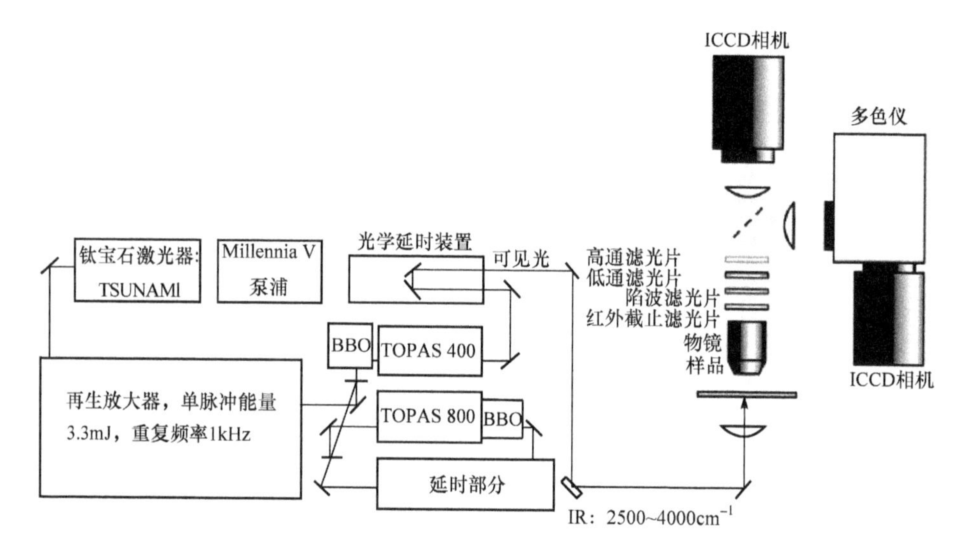

图 6-13　振动和频产生红外超分辨显微镜示意图

上述方法尽管可提供三维超分辨红外图像，但所需的激光系统复杂，成本高，由于可见光和红外线使用同一物镜，其成像质量也会受到限制，目前所得空间分辨率只能达到 2μm 左右，这显然是不够的。加之它不能给出分子的完整的振动谱，对分子的识别功能有限。最后，这种振动和频的效率也是令人质疑的。

2. 远场微分红外吸收超分辨显微成像

远场微分红外吸收超分辨显微成像方法刚提出不久，至今还是一种构思，没有得以实现。不过，看起来是有发展前景的，这里特作介绍。

该方法借鉴了 STED 方法的指导思想[32]，即设法构造一环形光，使在此环形内的红外线强到在此范围内相关的分子振动态均处于饱和吸收状态，使另一束高斯红外探测光同轴输入后，只有环形中心很小的部位产生红外吸收，通过探测这部分信号，则可提高空间分辨率。下面我们就来进一步分析其成像机理。

为简化起见，假设样品的分子只有一个振动能级，并将红外光束的波长调谐至可实现振动跃迁。若有一环形光束通过物镜聚焦在样品上，其点扩展函数可用下式表示：

$$\mathrm{PSF}_{\mathrm{vortex}} \propto \sum\nolimits_{0,\mathrm{vortex}}(x,y) - \sum\nolimits_{\mathrm{vortex}}(x,y) \tag{6.9}$$

其中，$\sum_{\mathrm{vortex}}(x,y)$ 表示样品吸收后环形光的红外能量，$\sum_{0,\mathrm{vortex}}(x,y)$ 表示样品未吸收前的环形光的红外能量，二者之差则表示环形光内被样品吸收的红外光能。因为样品并不会吸收比取得饱和更多的光子数，这就是说，若局域的一半粒子发生反转，环形点扩展函数在环形光强度大于饱和阈值时就会变成一个平台，并且随着环形光能量的增加，环形中心处的宽度就会变得越来越窄，这就像第 5 章介绍的 RESOLFT 方法一样，环形中心处的宽度就会远小于衍射极限。

若上述的环形光束与高斯光束完好同轴，同样，我们可得到高斯点扩展函数的红外能量：

$$\mathrm{PSF}_{\mathrm{Gauss}} \propto \sum\nolimits_{0,\mathrm{Gauss}}(x,y) - \sum\nolimits_{\mathrm{Gauss}}(x,y) \tag{6.10}$$

其中，$\sum_{\mathrm{Gauss}}(x,y)$ 表示样品吸收后的高斯光束红外能量；$\sum_{0,\mathrm{Gauss}}(x,y)$ 表示高斯光束样品吸收前的红外能量。上述两点扩展函数之差就是我们所需要的超衍射极限点扩展函数：

$$\varDelta = \mathrm{PSF}_{\mathrm{Gauss}} - \mathrm{PSF}_{\mathrm{vortex}} \tag{6.11}$$

其结果如图 6-14(d)所示。

微分点扩展函数也可作如下表示：

$$\mathrm{PSF}_{\mathrm{DIR}} \propto \sum\nolimits_{\mathrm{vortex}}(x,y) - \sum\nolimits_{\mathrm{Gauss}}(x,y) \propto \varDelta(x,y) - C \tag{6.12}$$

这时，只剩下两个被测量，非吸收的高斯和环形红外能量则无须再测量，与上述 $\varDelta$ 的差别只是一个不变的背景。其物理意义也是非常明显的。可见，尽管上述构思与 STED 等类似，实现起来还是有所不同的。式(6.12)是我们测量时真正要获得的量，即环形光和高斯光分别作用于样品后，测量饱和吸收后剩余能量的空间分布函数，两个分布函数相减则得到我们所要求的超分辨点扩展函数。当然，这种方法与上面的方法均需要通过扫描获得三维超分辨红外显微图像。目前的理论模拟表明，对于链烷类的 C—H 键而言，当红外能量高于饱和值的 10 倍时，空间分辨率将优于 $\lambda/10$。

值得提及的是，这种方法若有合适的宽带红外光源，则有可能同时获得分子的完整振动红外吸收谱，这样一来，不仅可使空间分辨率突破衍射极限，还可同时获得分子的完整拉曼谱，其应用价值将是很大的。我们这里要特别提及的是红外超连续谱的产生。已有的研究表明，利用氟化物光纤(ZrF_4-BaF_2-LaF_3- AlF_3-NaF，ZBLAN)可以产生红外超连续谱[33-35]。目前获得的红外带宽波长范围为 2～6.3μm，最长波长有可能扩展到 8μm。已有人将此红外超连续谱用于红外显微成像，但空间分辨率只能达到20μm[36]。可见，要实现三维宽带超分辨红外成像还需要一些时日。

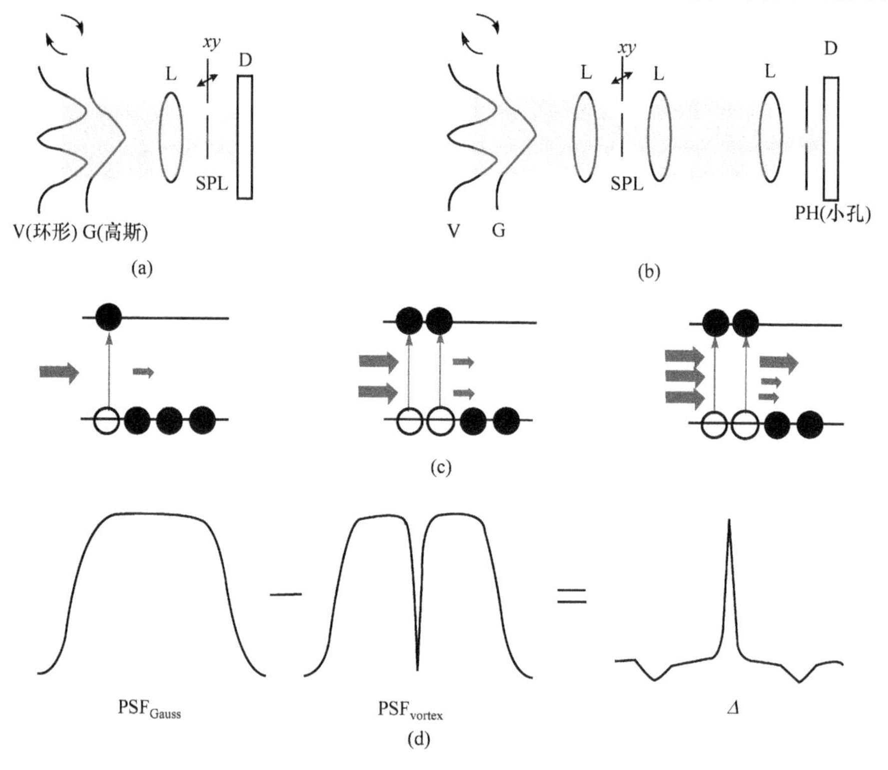

图 6-14 微分红外吸收显微原理示意图

(a)和(b)表示可用的光学系统，结构简单；(c)表示红外线的吸收，饱和时则不再吸收；(d)表示高斯、环形和微分点扩展函数

6.3 CARS 纳米成像

拉曼成像具有无比优越的分子指纹谱识别能力，遗憾的是，由于其散射截面太小，一般在10^{-30}cm^2/sr[37]，而在受到散射的光子中，绝大部分是弹性散射，只有10^{-8}~10^{-6}的概率发生非弹性散射，产生拉曼散射。因此拉曼散射的探测灵敏度非常低。一般的拉曼显微成像速度尚且令人难以接受，实现超分辨，其图像获取速率之低就更可见一斑了。为解决此问题，正如上述，人们发展了场增强拉曼散射超分辨成像技术和红外超分辨成像技术。前者使信号增强因子高达 10^8，有的甚至达 10^{14}，从而使实现超分辨成像甚至单分子成像成为可能；后者红外吸收截面较拉曼散射截面要高 10^{10} 以上，也为实现超分辨创造了有利条件。但是，正如上述，这两类非标记超分辨成像方法在实现的过程中总有这样或那样的问题。TERS 和 SERS 只能用于样品表面成像，而红外成像由于波长太长，即使采取某

些超分辨的成像方法，最终的空间分辨率仍不够理想。基于此，本节将要介绍另一类非标记成像方法，即 CARS 超分辨成像方法。一般情况下，产生反斯托克斯拉曼散射光子的概率极低，比斯托克斯拉曼散射还要低一个数量级左右，而用 CARS 的方法产生反斯托克斯拉曼光子的概率却比自发拉曼高 10^6～10^9，这是因为，用 CARS 方法至少需要输入两束不同波长的激光，它们的频率差正好等于待测分子的某一振动频率，只要光子和分子相互作用发生散射，产生这种非弹性散射的概率达到最大值，也以最大的概率产生反斯托克斯拉曼散射光子。

1965 年，Maker 和 Terhune 首次发现了 CARS 现象[38]，并对这一过程进行了较为系统的研究。1974 年，Harvey 和 Byer 首先提出了 CARS 光谱技术的设想[39]。随后，基于 CARS 非线性光学过程的 CARS 光谱仪首次问世，作为进行化学分析的光谱学分析工具得到了广泛的应用。1982 年，Duncan 等首次实现 CARS 显微成像[40]。他们使用两台染料激光器输出的连续激光作为激发光源，采用非共线结构和松聚焦模式将激光聚焦在待测样品中，采用前向信号探测方式获取 CARS 光谱信号，得到了横向分辨率为 700 nm 的 CARS 显微图像。1999 年，Xie 等通过使用共线紧聚焦模式、前向信号探测方式，得到了横向分辨率为 307 nm 的聚苯乙烯小球在 3053 cm^{-1} 处的图像，并且获取了待测样品的层析结果[41]。与其他显微成像技术相比，CARS 显微成像技术主要具有如下优点：

(1) 非侵入和无损伤探测。CARS 显微成像技术最大的优点是无需外源标记，并且由于生物样品对所使用的近红外激发光具有较小的吸收截面，能够在较小吸收的情况下穿透较深的生物样品。这就使 CARS 显微成像技术能够以非标记和对样品无损伤的非侵入方式下获得活细胞和活体组织内部结构和功能的图像信息。

(2) 灵敏度高。在激发光束与待测样品相互作用的过程中，产生的 CARS 信号强度比传统的拉曼散射信号的强度高 10^6～10^9，并具很好的方向性，使 CARS 显微成像技术比传统的拉曼显微成像技术具有更高的探测灵敏度和探测效率。

(3) 噪声低。由于 CARS 信号是相对于激发光频率蓝移的，而在拉曼散射显微成像技术中产生的信号是相对激发光红移的。因此，CARS 显微成像技术可以通过使用干涉滤光片将待测样品产生的自体荧光信号滤除，从而使系统的信噪比获得大幅度改善。

(4) 衍射受限的空间分辨率高。作为一种基于非线性光学过程的显微成像技术，激发光与样品相互作用产生的 CARS 信号的强度与泵浦光的强度的平方成正比，与斯托克斯光的强度具有线性关系。因此，在紧聚焦条件下，只在样品中激发强度最高的很小的聚焦体积内产生强的 CARS 信号，其点扩展函数的半高全宽是入射光点扩展函数半高全宽的 $1/\sqrt{3}$ 倍，从而使所获得图像的空间分辨率较一般的荧光图像更高，并因此具有较强的三维层析成像能力。与红外成像相比更具有优越性。显然，这一特点对于获取活细胞生命活动的高空间和时间分辨图像是非常有利的。

(5) 数据获取速率高。由于分子振动的共振增强效应，CARS 信号的强度远大于普通拉曼信号的强度，且具有好的方向性，这就允许以较低的激发功率在数秒或更短的时间内获取生物组织或细胞的 CARS 图像信息，具有实时监测活细胞和活体组织内动态过程的能力。

近年来，在减小背景干扰、扩展可同时探测的光谱范围和实现便于实际应用的 CARS 显微成像技术等方面又开展了大量具有创新性的研究工作。Xie 研究团队对 CARS 显微成像技术进行了大量的理论和实验研究工作，为 CARS 显微成像技术逐步走向实用化做出了重要贡献[42-44]。2002 年，Wurpel 等报道了多元 CARS 显微成像技术[45]。同年，Dudovich 等报道了单脉冲量子相干控制 CARS 显微成像技术[46]。为了进一步提高 CARS 显微成像技术的空间分辨率，满足生命科学研究的需要， Ichimura 等将场增强技术引入 CARS 显微成像技术中，极大地提高了显微成像的空间分辨率，最小分辨尺度已达 35 nm[47]。近年来，围绕超宽带 CARS 成像和三维 CARS 纳米成像开展了大量的研究工作。由于人们一般对 CARS 了解甚少，在大多数有关 CARS 的文章中只谈及单谱 CARS，而超宽带 CARS 和 CARS 纳米成像在生命科学、化学和材料科学等领域又特别重要，因此下面我们就 CARS 原理、超宽带 CARS 获取和 CARS 纳米成像等问题分别进行论述。

6.3.1　CARS 原理

这里利用半经典理论分析 CARS 过程，也即分子场用量子力学理论处理，光场用经典理论处理，由此获得描述三束中心频率不同的窄线宽激光光场在物质中激发产生 CARS 信号的耦合波方程组。为简化计算，这里在分析 CARS 过程中考虑图 6-15 所示的二能级物质分子系统。图中实线表示无入射光场时，分子系统中实际存在的振动频率为 Ω_v 的振动状态。其中，$|\psi_a\rangle$ 为分子的振动激发态，$|\psi_b\rangle$ 为分子的振动基态；本征能量分别为 W_a 和 W_b。虚线表示入射光场激发分子系统产生的虚能态。入射光场包括泵浦光、斯托克斯光和探测光，泵浦光和斯托克斯光频率差正好等于分子的振动频率，从而可发生谐振；而探测光与分子振动和频，输出反斯托克斯拉曼散射信号，这就是我们下面要求解的信号。

入射光场在二能级结构的样品中激发产生的集合振动 Q 可表示为[48]

$$\frac{\partial^2\langle Q\rangle}{\partial t^2}+\frac{2}{T_2}\frac{\partial\langle Q\rangle}{\partial t}+\Omega_v^2\langle Q\rangle=\frac{\omega_v Q_{ab}^2}{\hbar}\left(\frac{\partial\alpha}{\partial Q}\right)(1-2n_a)E^2 \tag{6.13}$$

$$\frac{\partial^2\langle Q\rangle}{\partial t^2}+\frac{2}{T_2}\frac{\partial\langle Q\rangle}{\partial t}+\Omega_v^2\langle Q\rangle=\frac{\omega_v Q_{ab}^2}{\hbar}\left(\frac{\partial\alpha}{\partial Q}\right)(1-2n_a)E^2 \tag{6.14}$$

其中，T_2 表示计及 $\langle Q\rangle$ 的弛豫效应时集合振动的振动退相时间；$\Omega_v=(W_a-W_b)/\hbar$

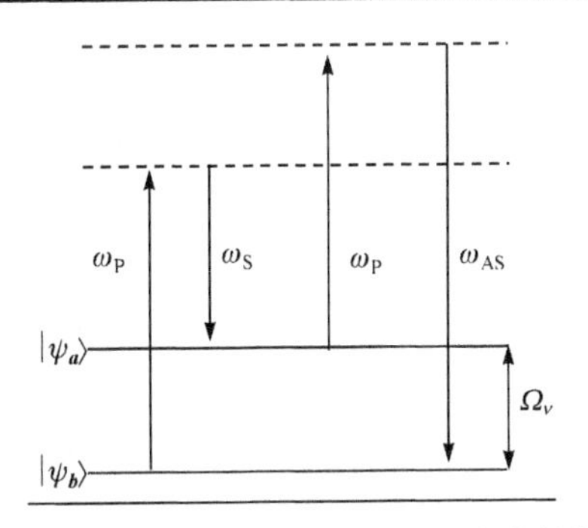

图 6-15　CARS 过程中的二能级分子系统的能级示意图

表示在无入射光场时二能级系统固有的振动频率；Q_{ab} 表示不同态 $\langle Q\rangle$ 上的矩阵元；α 表示与分子系统中原子之间的相对位置有关的分子极化率张量；$\partial\alpha/\partial Q$ 表示与入射光场引起的振动密切相关的分子极化率在振动模式上展开的线性项；E 表示入射光场的电场分量；$n_a=\rho_{aa}$，表示二能级系统中上能级的占有概率。在以下的分析中，为简化计算，认为介质体系中的粒子数分布恒定不变，即 $1-2n_a$ 为常数。由式(6.14)可知，入射光场激发产生的 $\langle Q\rangle$ 与入射光场和介质体系的粒子数分布有关。

假定入射光场，包括泵浦光、探测光和斯托克斯光，以及激发产生的 $\langle Q\rangle$ 和反斯托克斯光场都为沿+z 方向传播的平面波，则在物质中存在的总光电场 E 可以表示为

$$\begin{aligned}E=&\frac{1}{2}\Big\{E_P\exp\left[-\mathrm{i}\left(\boldsymbol{k}_P z-\omega_P t\right)\right]+E_S\exp\left[-\mathrm{i}\left(\boldsymbol{k}_S z-\omega_S t\right)\right]\\&+E_{P'}\exp\left[-i\left(\boldsymbol{k}_{P'} z-\omega_{P'} t\right)\right]+E_{AS}\exp\left[-\mathrm{i}\left(\boldsymbol{k}_{AS} z-\omega_{AS} t\right)\right]+\mathrm{c.c.}\Big\}\end{aligned} \tag{6.15}$$

其中，E_P、E_S、$E_{P'}$、E_{AS}，ω_P、ω_S、$\omega_{P'}$、ω_{AS} 和 $\boldsymbol{k}_P$、$\boldsymbol{k}_S$、$\boldsymbol{k}_{P'}$、$\boldsymbol{k}_{AS}$ 分别表示各场的振幅、中心频率和波矢。由式(6.15)可知，在样品中各个场之间相互耦合产生多个具有不同频率的场。在分析 CARS 过程时，只考虑对分子振动起共振增强作用的部分，即各场之间频率差等于 ω_v 的部分。因此，$\langle Q\rangle$ 的振幅 Q_v 可表示为

$$\frac{\partial Q_v}{\partial t}+\frac{Q_v}{T_2}=\frac{\mathrm{i}}{4m\omega_v}\left(\frac{\partial\alpha}{\partial Q}\right)\left[E_P E_S^*+E_{AS}E_{P'}^*\mathrm{e}^{\mathrm{i}\Delta\boldsymbol{k}z}\right](1-2n_a) \tag{6.16}$$

入射光场和激发产生的场在物质中传播应满足麦克斯韦波动方程，因此，当三个中心频率不同的入射光场与样品相互作用时，各光场的耦合波方程表示为

$$\begin{aligned}\frac{\partial E_P}{\partial z}+\frac{n_P}{c}\frac{\partial E_P}{\partial t}+\frac{\alpha_P}{2}E_P=&\frac{\mathrm{i}\omega_P}{2n_P c\varepsilon_0}\Bigg[\frac{1}{2}N\left(\frac{\partial\alpha}{\partial Q}\right)E_S Q_v\\&+6\varepsilon_0\chi_{NR}^{(3)}\left(|E_{AS}|^2+|E_S|^2+|E_{P'}|^2\right)E_P+6\varepsilon_0\chi_{NR}^{(3)}E_S E_{AS}E_P^*\mathrm{e}^{\mathrm{i}\Delta\boldsymbol{k}z}\Bigg]\end{aligned} \tag{6.17}$$

$$\frac{\partial E_{\mathrm{S}}}{\partial z}+\frac{n_{\mathrm{S}}}{c}\frac{\partial E_{\mathrm{S}}}{\partial t}+\frac{\alpha_{\mathrm{S}}}{2}E_{\mathrm{S}}=\frac{\mathrm{i}\omega_{\mathrm{S}}}{2n_{\mathrm{S}}c\varepsilon_0}\left[\frac{1}{2}N\left(\frac{\partial\alpha}{\partial Q}\right)E_{\mathrm{P}}Q_{\nu}^{*}+6\varepsilon_0\chi_{\mathrm{NR}}^{(3)}\left(|E_{\mathrm{P}}|^2+|E_{\mathrm{P'}}|^2+|E_{\mathrm{AS}}|^2\right)E_{\mathrm{S}}+6\varepsilon_0\chi_{\mathrm{NR}}^{(3)}E_{\mathrm{P}}E_{\mathrm{P'}}E_{\mathrm{AS}}^{*}\mathrm{e}^{-\mathrm{i}\Delta \boldsymbol{k}z}\right] \tag{6.18}$$

$$\frac{\partial E_{\mathrm{P'}}}{\partial z}+\frac{n_{\mathrm{P'}}}{c}\frac{\partial E_{\mathrm{P'}}}{\partial t}+\frac{\alpha_{\mathrm{P'}}}{2}E_{\mathrm{P'}}=\frac{\mathrm{i}\omega_{\mathrm{P'}}}{2n_{\mathrm{P'}}c\varepsilon_0}\left[\frac{1}{2}N\left(\frac{\partial\alpha}{\partial Q}\right)E_{\mathrm{AS}}Q_{\nu}^{*}+6\varepsilon_0\chi_{\mathrm{NR}}^{(3)}\left(|E_{\mathrm{P}}|^2+|E_{\mathrm{S}}|^2+|E_{\mathrm{AS}}|^2\right)E_{\mathrm{P'}}+6\varepsilon_0\chi_{\mathrm{NR}}^{(3)}E_{\mathrm{P}}^{*}E_{\mathrm{S}}E_{\mathrm{AS}}\mathrm{e}^{\mathrm{i}\Delta \boldsymbol{k}z}\right] \tag{6.19}$$

$$\frac{\partial E_{\mathrm{AS}}}{\partial z}+\frac{n_{\mathrm{AS}}}{c}\frac{\partial E_{\mathrm{AS}}}{\partial t}+\frac{\alpha_{\mathrm{AS}}}{2}E_{\mathrm{AS}}=\frac{\mathrm{i}\omega_{\mathrm{AS}}}{2n_{\mathrm{AS}}c\varepsilon_0}\left[\frac{1}{2}N\left(\frac{\partial\alpha}{\partial Q}\right)E_{\mathrm{P'}}Q_{\nu}\mathrm{e}^{-\mathrm{i}\Delta \boldsymbol{k}z}+6\varepsilon_0\chi_{\mathrm{NR}}^{(3)}\left(|E_{\mathrm{P}}|^2+|E_{\mathrm{P'}}|^2+|E_{\mathrm{S}}|^2\right)E_{\mathrm{AS}}+6\varepsilon_0\chi_{\mathrm{NR}}^{(3)}E_{\mathrm{P}}E_{\mathrm{P'}}E_{\mathrm{S}}^{*}\mathrm{e}^{-\mathrm{i}\Delta \boldsymbol{k}z}\right] \tag{6.20}$$

其中，n_{P}、n_{S}、$n_{\mathrm{P'}}$和n_{AS}和a_{P}、a_{S}、$a_{\mathrm{P'}}$、α_{AS}分别表示样品对对应频率光场的折射率和吸收系数。在描述产生的反斯托克斯场在物质中传播的式(6.20)中包含波矢失配因子$\Delta \boldsymbol{k}$，这说明产生反斯托克斯场的过程为参量过程。为了简化计算，$\Delta \boldsymbol{k}$取了各个场的波矢值之差，即$\Delta \boldsymbol{k}=\boldsymbol{k}_{\mathrm{AS}}-\boldsymbol{k}_{\mathrm{P}}-\boldsymbol{k}_{\mathrm{P'}}+\boldsymbol{k}_{\mathrm{S}}$。

方程组式(6.17)～式(6.20)描述了入射光场在样品中相互作用的过程，对于使用三束中心频率不同的窄线宽激光的 CARS 过程，由于E_{AS}的强度远小于其他入射光场，式(6.20)中括弧内的第二项可忽略不计，故式(6.20)可改写为

$$\frac{\partial E_{\mathrm{AS}}}{\partial z}+\frac{n_{\mathrm{AS}}}{c}\frac{\partial E_{\mathrm{AS}}}{\partial t}+\frac{\alpha_{\mathrm{AS}}}{2}E_{\mathrm{AS}}=\frac{\mathrm{i}\omega_{\mathrm{AS}}}{2n_{\mathrm{AS}}c\varepsilon_0}\left[\frac{1}{2}N\left(\frac{\partial\alpha}{\partial Q}\right)E_{\mathrm{P'}}Q_{\nu}\mathrm{e}^{-\mathrm{i}\Delta \boldsymbol{k}z}+6\varepsilon_0\chi_{\mathrm{NR}}^{(3)}E_{\mathrm{P}}E_{\mathrm{P'}}E_{\mathrm{S}}^{*}\mathrm{e}^{-\mathrm{i}\Delta \boldsymbol{k}z}\right] \tag{6.21}$$

由于在 CARS 过程中，入射光场的强度远高于激发产生的反斯托克斯场，因此可近似认为入射光场的强度保持不变。式(6.16)和(6.21)是描述三束中心频率不同的窄线宽激光光场激发样品产生 CARS 信号过程的主要方程。

CARS 过程是外加入射光场与物质分子中的电子激发、分子振动或晶格振动相互耦合的非弹性散射的结果。在此过程中，入射光场与物质之间的相互作用过程应满足能量守恒条件。对物质分子而言，在无外加入射光场的条件下，组成物

质分子的各个化学键具有振动频率为 ω_v 的固有的分子振动模式。中心频率分别为 ω_P 和 ω_S 的激光脉冲分别作为泵浦光和斯托克斯光入射到样品中，当二者的频率差与分子化学键固有振动模式的振动频率相等时，即 $\omega_\Omega = \omega_P - \omega_S$，物质分子固有的振动模式受到外加光场的驱动而得到共振增强。在固有分子振动得到共振增强的过程中，入射的泵浦光和斯托克斯激光脉冲将自身光子的能量以特殊的形式转移给了物质分子。此时，一个中心频率为 $\omega_{P'}$ 的激光脉冲作为探测光入射到样品中，其与得到共振增强的分子振动相互耦合产生频率为 $\omega_{AS} = \omega_{P'} + \Omega_v$ 的反斯托克斯拉曼信号。

在整个 CARS 过程中，为了有效获取物质分子的 CARS 信号，需要合理选择入射光场的频率以匹配不同的分子振动模式的振动频率，即 $\omega_{AS} = \omega_{P'} + \omega_P - \omega_S$ 和 $\Omega_v = \omega_P - \omega_S$，满足能量守恒条件。但是，众所周知的事实是，物质分子中不仅仅具有一种分子振动模式，各个分子振动模式还具有不同的振动频率。因此，为了通过 CARS 技术获得完整的分子振动谱，必须同时使物质分子中所有的分子振动模式得到共振增强，这就要求至少有一束入射光场具有足够的光谱覆盖范围，这就是多元 CARS 或宽带 CARS 的理论基础。

CARS 过程是一个参量过程，为了获得物质分子的 CARS 信号，要求入射到样品中的光场和在样品中激发产生的光场不仅满足能量守恒条件，还要满足动量守恒条件，即在样品中的各个光场的传播方向满足相位匹配条件[49-51]：

$$l \ll l_c = \pi / |\Delta \boldsymbol{k}| \tag{6.22}$$

其中，l 是入射光场在样品中相互作用的长度；l_c 是相干长度；$\Delta \boldsymbol{k} = \boldsymbol{k}_{AS} - (\boldsymbol{k}_{P'} + \boldsymbol{k}_P - \boldsymbol{k}_S)$ 是波矢失配量，$\boldsymbol{k}_{P'}$、$\boldsymbol{k}_P$、$\boldsymbol{k}_S$ 和 $\boldsymbol{k}_{AS}$ 分别是泵浦光、探测光、斯托克斯光和反斯托克斯光的波矢。由式(6.22)可以看出，只有当在样品中的光场的相互作用长度远小于各个光场的相干长度时，CARS 信号才能达到最大值。对于采用不同几何结构的光路配置的 CARS 光谱探测和显微成像系统，为了满足相位匹配条件就必须使相干长度大于由样品的轴向尺度所决定的有效相互作用长度，即 $l < \pi / |\Delta \boldsymbol{k}|$。因此，对于有效产生 CARS 信号的散射体的几何尺寸来说，$\Delta \boldsymbol{k}$ 的实际值相当于一个体积滤波器。

在传统的 CARS 光谱探测或显微成像系统中，通常采用折叠厢式或光束共线传输结构，在最小化相位失配量的同时最大化相互作用的长度，来满足相位匹配条件，实现动量守恒，如图 6-16 所示。当使用具有大数值孔径的显微物镜实现紧聚焦条件的 CARS 光谱探测和显微成像系统时，假定泵浦光和斯托克斯光是沿+z 轴传输的强度为高斯分布的激光光场，可以按照紧聚焦高斯光束计算在焦点体积内的任一点上的聚焦场[52]。入射激光光场在样品中相互作用的体积小，同时入射光场经具有大数值孔径的显微物镜聚焦后在样品中形成大的锥角，补偿了由待测样品的折射率的色散所引起的波矢失配条件，因此相位匹配条件也就容易得到满足[53]。

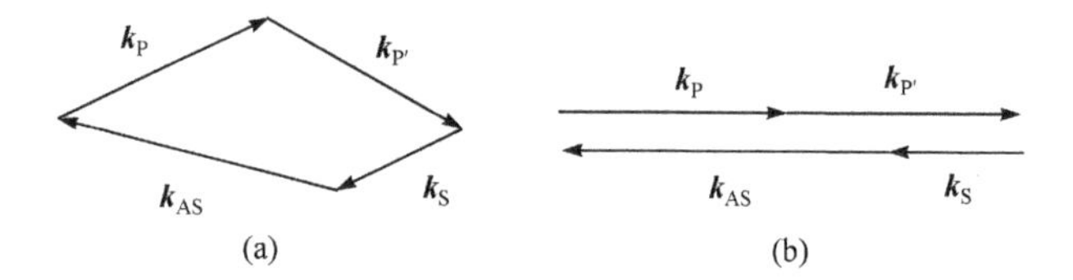

图 6-16　折叠厢式(a)和光束共线传输(b)CARS 的相位匹配条件

光束共线传输结构的光路配置能够提供很好的空间分辨率和图像质量，因而在 CARS 显微镜中得到了广泛应用[54,55]。当泵浦光、斯托克斯光和探测光沿光轴共线传输时，假定反斯托克斯信号的传播方向为前向($\boldsymbol{k}_{AS}$ 沿 $+z$)和背向($\boldsymbol{k}_{AS}$ 沿 $-z$)，前者称为前向探测 CARS(forward-detected CARS，F-CARS)，后者称为背向探测 CARS(epi-detected CARS，E-CARS)。在理想条件下，对于 F-CARS 来说，相位匹配条件沿+z 轴总能得到满足，即 $|\Delta\boldsymbol{k}|=0$ 。而在 E-CARS 中，沿 $+z$ 轴引入了大的波矢失配量 $|\Delta\boldsymbol{k}|=2|\boldsymbol{k}_{AS}|=4n\pi/\lambda_{AS}$ 。与 E-CARS 类似，当入射激光光场相向传输，通过物镜聚焦在待测样品中，在沿光轴 $+z$ 方向上探测 CARS 信号时，也能引入大的波矢失配量。具有这种光束配置方式的 CARS 系统称为相向传输 CARS(counter-propagating CARS，C-CARS)，沿 $+z$ 轴的波矢失配量为 $|\Delta\boldsymbol{k}|=2|\boldsymbol{k}_S|=4n\pi/\lambda_S$ ，其中假定折射率 n 是独立于入射激光中心频率的。与荧光和自发拉曼散射显微镜不同，CARS 显微镜所产生的 CARS 信号由焦点处的激发场的局域场强决定。同时，CARS 显微镜也依赖于来自单独的拉曼散射体的反斯托克斯场的相干叠加的局域相位的影响。因此，在 CARS 显微镜中，当泵浦光、斯托克斯光和探测光紧聚焦在待测样品中时，与每一束入射激光光场相关的 Gouy 相移效应产生的额外的相位差是不可忽略的[42]。在紧聚焦条件下需要对 CARS 过程的相位匹配条件进行修正，修正的相位匹配条件如下式所示：

$$\left|\boldsymbol{k}_{AS}-\left(\boldsymbol{k}_P+\boldsymbol{k}_{P'}+\Delta\boldsymbol{k}_{P,g}+\Delta\boldsymbol{k}_{P',g}\right)+\left(\boldsymbol{k}_S+\Delta\boldsymbol{k}_{S,g}\right)\right|l_c<\pi \tag{6.23}$$

其中，$\Delta\boldsymbol{k}_{P,g}$ 、$\Delta\boldsymbol{k}_{P',g}$ 和 $\Delta\boldsymbol{k}_{S,g}$ 分别表示在相互作用长度 l 内，由 Gouy 相移效应引起的泵浦光、斯托克斯光和探测光的相位失配量。对于 F-CARS 来说，$|\Delta\boldsymbol{k}|=0$ ，而在 $+z$ 方向上 $z=\pm\lambda$ 范围内，绝大多数的信号产生的区域内，由于 Gouy 相移效应的存在，光束的 Gouy 相移为$-\pi$，引起的相位失配量为 $\pi/(2\lambda_P)+\pi/(2\lambda_{P'})-\pi/(2\lambda_S)$ 。由式(6.23)可知，由 Gouy 相移效应在 F-CARS 中引起的相位失配量对应的相干长度可以表示为

$$l_c<\frac{1}{\dfrac{1}{2\lambda_P}+\dfrac{1}{2\lambda_{P'}}-\dfrac{1}{2\lambda_S}} \tag{6.24}$$

因此，由于 Gouy 相移效应的存在，在 F-CARS 中可以获得较大体积的待测样品

的 CARS 信号。而对 E-CARS 来说，Gouy 相移的存在导致相干长度相比于 F-CARS 要小。因此，通过 E-CARS 可以获得较小体积待测样品的 CARS 信号。

这里还应提及 CARS 的非共振背景问题。由 CARS 过程的原理可以知道，总的 CARS 信号来自于样品中特定分子的三阶非线性极化率($\chi^{(3)}$)，它同时包含了共振($\chi_R^{(3)}$)和非共振($\chi_{NR}^{(3)}$)两部分。因此，激发产生的信号也是共振部分($P_R^{(3)}$)和非共振部分($P_{NR}^{(3)}$)相互叠加的结果。相比于共振信号来说，非共振信号频域分布更广，因此两者叠加的结果将会严重影响 CARS 光谱探测和显微成像系统的光谱分辨率与探测灵敏度。尤其是在对生物样品进行研究时，样品自身以及所处的液体环境所产生的非共振背景常常湮没样品产生的较弱的共振 CARS 信号，因此，有效抑制来自待测样品自身的和其所处溶液环境的非共振背景是提高 CARS 光谱探测和显微成像技术的光谱选择性、探测灵敏度以及时间和空间分辨率的关键。为实现这一目标，结合不同的 CARS 技术提出了众多抑制非共振背景的方案，如偏振探测[56]、时间分辨探测[57]、相位控制和整形[58]以及外差干涉方法[59]等。感兴趣的读者可参考有关文献。

6.3.2　超宽带 CARS 获取

根据 CARS 信号的产生原理可知，为了获取分子振动谱信号，要求 CARS 系统中同时使用至少两束具有不同中心波长的窄线宽激光脉冲，一束作为泵浦光和探测光，一束作为斯托克斯光。调节两束激光脉冲的中心波长使其频率差与某一分子振动模式的振动频率一致，分子振动得到共振增强，产生相应的 CARS 信号。因此，当使用这种方法对含有多种分子成分或对未知成分的待测样品进行研究时，必须经常调节两束激光束之一的中心波长以匹配同一种分子的不同分子振动模式或不同分子的各个分子振动模式的振动频率。通过这种方法获取待测样品的分子振动谱信息来识别物质成分不仅耗时，而且无法同时快速获取待测分子完整的 CARS 光谱，不便于对分子进行快速准确识别。为了克服上述困难，发展了多种宽带 CARS 光谱探测和显微成像技术的方法[60-63]。宽带 CARS 光谱探测和显微成像技术除具有传统的单频 CARS 技术所具有的优点外，由于其能够同时激发光谱覆盖范围内分子的多种不同振动模式产生相应的 CARS 光谱信号，因此在对生物样品和其他复杂系统进行非标记显微成像的研究中具有引人注目的应用前景。为了提高 CARS 系统的光谱分辨率，其探测光一定要窄线宽的激光器；为了同时获得宽带 CARS 光谱信号，一定还要提供一台宽光谱的激光器，用来作为斯托克斯光源。

在早期的宽带 CARS 光谱探测和显微成像技术中，使用一台染料激光器输出的窄线宽激光束作为泵浦光和探测光，使用另一台染料激光器输出的具有一定线宽的激光束作为斯托克斯光，两束激光共线传输，紧聚焦于待测样品中。窄线宽泵浦光与具有一定线宽的斯托克斯光能够同时产生多种频差，使在光谱覆盖范围内的分子的所有分子振动模式同时得到共振增强，并产生相应的 CARS 光谱信号，能级示意图如图 6-17 所示。随着超短脉冲激光技术的发展，使用电子同步的一台窄线宽皮秒固体激光器和一台具有一定线宽的飞秒固体激光器作为宽带 CARS 光谱探测和显微成像系统的激发光源。这种光源系统比染料激光器系统更加稳定，但可同时探测的光谱范围受飞秒激光脉冲线宽的限制，无法同时获取待测样品完整的 CARS 光谱信号，例如，生物大分子的分子振动谱范围为 50～3500cm^{-1}，对实际的应用仍然存在一定的局限性。

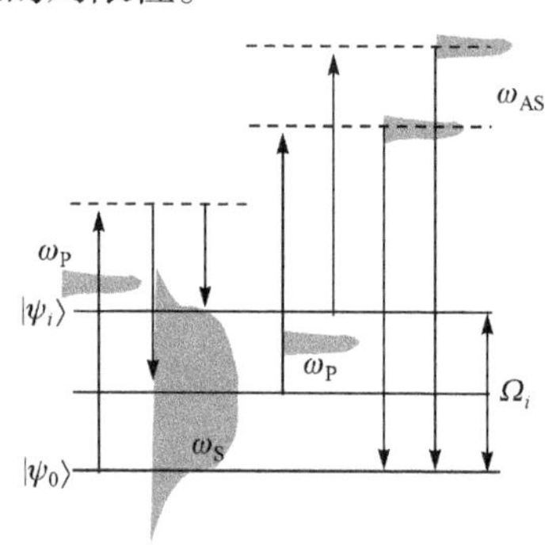

图 6-17　宽带 CARS 光谱探测和显微成像技术的能级示意图

为了进一步扩展可同时探测的光谱范围，充分开发和利用宽带 CARS 光谱探测和显微成像技术的潜能，满足同时获取含有复杂组成成分或未知成分的待测样品完整的 CARS 光谱信息的需求，人们提出使用超短脉冲激光器泵浦锥形非线性光纤[64]或光子晶体光纤(photo-crystal fiber，PCF)产生的超连续谱(super-continuum，SC)激光输出作为泵浦光源，实现了宽带 CARS 光谱探测和显微成像[65-68]。近年来，随着非线性光纤光学的发展，尤其是 PCF 的出现[69]，成功地实现了具有一定可同时探测光谱覆盖范围的宽带 CARS 光谱探测和显微成像技术[70]。PCF 所具有的非线性增强效应和可控色散特性使之成为产生 SC 激光输出的有效手段[71,72]。根据 CARS 光谱探测和显微成像技术对光源的光谱覆盖范围的要求，在宽带 CARS 光谱探测和显微成像技术中，利用一台波长可调谐的超短脉冲激光器泵浦 PCF 产生的 SC 激光输出作为泵浦光和斯托克斯光源得到了成功的应用。这种技术具有快速有效地识别含有多种成分的混合物中各组分和实时监测复杂系统中各种成分含量的微小动态变化的能力[73-75]。使用 SC 激光光源大大简化了系统，提高了性价比，为 CARS 光谱探测和显微成像从实验室走向实际应用提供了一个很好的选择方案。下面就对 SC 的产生原理及在 CARS 应用中的特殊要求作讨论。

1. 光子晶体光纤

早在半个多世纪之前，物理学家就已经知道晶体中的电子由于受到晶格的周期势场的散射作用而使电子能级呈带状分布，即形成电子能带。当电磁波在这种晶体中传播时，其中部分波段的电磁波会因干涉而形成带隙，能量落在带隙中的电磁波则不能传播。在光学系统中，介电系数在空间中的周期性分布能够引起系统空间折射率的周期性变化。当介电系数的变化足够大且变化周期与光波周期相当时，光波的色散关系呈现带状结构，即形成所谓的光子能带结构。这些被禁止的光频区间被称为光子带隙(photonic band gap，PBG)，光频落在禁带中的光波或电磁波被严格禁止传播。具有光波频率带隙的周期性介电结构的物质称为光子带隙物质，或称光子晶体(photonic crystal)。事实上，在光子晶体的概念尚未问世前，对一维的光子晶体，即一维多层介质膜结构，已进行了广泛的研究。尽管这种结构在多个领域中得到广泛应用，这方面的研究却一直停留在一维系统的光学性质上。

1972 年，V. P. Bykov 在进行关于一维光子晶体结构的理论研究中第一次研究了在光子晶体中光子禁带对镶嵌其中的原子或分子的自发辐射现象的影响，并推测了二维以及三维光子晶体对自发辐射过程的影响[76,77]。1987 年，E. Yablonovitch[78]和 S. John[79]分别指出了带隙现象也存在于光学系统中，并第一次提出了“光子晶体”这个名字。但是由于受当时制作工艺的限制，早期研究工作主要集中在理论研究的层面。1991 年，E. Yablonovitch 等在以前实验研究的基础上调整了制作方法，首次获得了面心立方结构的完全禁带[80]。1996 年，T. F. Krauss 成功开辟了一条利用已广泛应用的半导体工业技术制造半导体材料光子晶体的新道路[81]。利用这种带隙特性控制光的传输，为材料学、物理学和通信提供了全新的研究方法和手段，也有人说光子晶体的发现是电磁波传播与控制技术方面的一次革命。1998 年，二维光子晶体被成功地应用在光纤上，P. Russell 成功地制作出与普通光纤相比具有很多独特优点的 PCF，引起了广泛的注意。如今，随着加工手段和制作工艺的不断提高和完善，围绕着 PCF 开展的理论和实验研究工作极大地繁荣起来。

PCF 又被称为多孔光纤(holey fiber，HF)或微结构光纤(microstructure fiber，MF)[82,83]，由晶格常数(或称周期常数、特征长度)为光波波长量级的二维光子晶体构成，即包层为 Si 或 SiO_2 材料制成的周期性微米量级空气孔结构，而 PCF 的纤芯由破坏了包层结构的周期性缺陷构成，这个缺陷可以是实心的 Si 或 SiO_2，也可以是空气孔。由于 PCF 横向的周期性结构具有光子带隙，限制了某一频率范围内的光波的横向泄漏，光波只能在缺陷中沿 PCF 的纵向传输。按照导光机理的不同，PCF 通常分为如下两大类。

一类是光子带隙型 PCF[84]，其端面如图 6-18(a)所示。包层中的空气孔结构具有严格的周期性，纤芯部分以空气作为缺陷，包层的有效折射率大于纤芯部分。这种 PCF 的导光机制不同于普通光纤的全内反射机制，而取决于 PCF 中的光子带隙效应。光子带隙型 PCF 只传输频率在带隙范围内的光波，其他频率范围的光波在传输的初始阶段就会泄漏，因而传输特性具有较强的波长依赖性。光子带隙型 PCF 在导光过程中具有极低的损耗、色散和非线性效应，适用于高能激光脉冲传输和远距离信息传递。

另一类是全内反射型 PCF，其端面如图 6-18(b)所示，这类 PCF 是由具有周期性空气孔结构的包层和石英纤芯构成的，含有空气孔的包层的有效折射率小于纤芯部分，因此这种 PCF 的导光机制类似于普通的光纤，以等效全内反射机制导光。然而这种类型的 PCF 的传输特性又有别于普通光纤，它允许以单模形式传输具有宽频率范围的光波。通过改变包层的空气孔的填充率能够实现不同程度的多种非线性光学效应，如自相位调制(self-phase modulation，SPM)、光孤子、交叉相位调制(cross-phase modulation，XPM)、受激拉曼散射(stimulated Raman scattering，SRS)、受激布里渊散射(stimulated Brillouin scattering，SBS)、双折射、自陡峭(self-steepening，SS)和四波混频(four-wave mixing，FWM)等。由于光波在全内反射型 PCF 中传输时会同时发生上述多种非线性光学效应，这种类型的 PCF 多用于获得具有很宽的光谱覆盖范围的 SC 激光输出[85,86]。

图 6-18 扫描电子显微镜获得的光子带隙型 PCF(a)和全内反射型 PCF(b)的端面图

根据 PCF 的特性和超宽带时间分辨 CARS 光谱探测和显微成像技术对泵浦光源的要求，常选用飞秒激光脉冲泵浦全内反射型 PCF 作为 SC 激光输出的发生装置，下面将分别对飞秒激光脉冲泵浦全内反射型 PCF 产生 SC 激光输出的过程进行理论分析和数值模拟工作。

2. SC 激光光源的理论分析

这里讨论的 SC 激光输出主要是对全内反射型 PCF 的结构和光波导的传输理论进行数值模拟计算分析，本书此后所说的 PCF 均为全内反射型 PCF。通过理论分析和模拟计算得到的结果和规律，为优化用于超宽带时间分辨 CARS 光谱探测和显微成像技术的 SC 激光光源提供有价值的参考和指导。

超短激光脉冲泵浦 PCF 获得 SC 激光输出的过程是多种非线性光学效应共同

作用的结果，这里对具有特定包层结构的 PCF 进行数值模拟计算，分析具有不同参数的飞秒激光脉冲在 PCF 内传输对产生 SC 激光输出的光谱展宽的影响。为此，需要首先通过建立 PCF 的结构模型，模拟计算得到 PCF 自身的色散特性和非线性特性；接着利用 PCF 的特性参数建立描述飞秒激光脉冲在 PCF 中传输过程中产生的各种非线性光学过程的数学模型，对该数学模型求解获得 SC 激光输出的光谱展宽结果。通常对 PCF 的理论研究数据量极大，寻找精确、快捷的理论研究方法是理论研究的重要课题之一。目前对 PCF 进行模拟计算分析的方法主要有有限差分时域(finite-difference time-domain, FDTD)法[87-89]、平面波法(plane wave method, PWM)[90]、有效折射率法(effective index method, EIM)[91]、多极法(multipole method)[92,93]、有限元法(finite element method, FEM)[94]、光线追迹法[95]、格林函数法[96]和多重散射法[97]等。我们曾利用 FEM 分析了 PCF 的结构对其色散和非线性特性等传输特性的影响，获得了所选择的 PCF 的主要光学参数[98]。为此，首先对 PCF 断面二维区域进行离散化，并做到相邻单元之间不重叠和无间隔；然后合理地选择多项式的阶数，用其作为插值函数；在此基础上，建立方程组，先写出单元方程，再对其求和，代入边界条件得到最终的方程组表达式；剩下的问题就是对方程组求解。所有这些工作的目的是为了求得 PCF 的光学参数，为求解 PCF 中发生的非线性过程创造条件。

在通过上述的模拟计算获得所选择的 PCF 的主要光学参数的基础上，通过数值模拟计算，研究在具有特定包层结构和几何长度的 PCF 内传输的激光脉冲的主要参数对所获得 SC 激光输出的光谱展宽的影响。通过广义非线性薛定谔方程(generalized nonlinear Schrödinger equation, GNLSE)可以有效描述超短激光脉冲在 PCF 中传输获得 SC 激光输出的过程，它的表达形式为[99-101]

$$\begin{aligned}&\frac{\partial A(z,t)}{\partial z}+\frac{\alpha}{2}A(z,t)+\sum_{k\geqslant 2}\frac{\mathrm{i}^{k+1}}{k!}\beta_k\frac{\partial^k A(z,t)}{\partial T^k}\\&=\mathrm{i}\gamma\left(\left|A(z,t)\right|^2A(z,t)+\frac{\mathrm{i}}{\omega_0}\frac{\partial}{\partial T}\left[\left|A(z,t)\right|^2A(z,t)\right]-T_{\mathrm{R}}A(z,t)\frac{\partial\left|A(z,t)\right|^2}{\partial T}\right)\end{aligned}\tag{6.25}$$

其中，通过做变换 $T=t-z/v_{\mathrm{g}}\equiv t-\beta_1 z$，引入了群速度 v_{g} 移动的参考系，即所谓的延时系。式(6.25)的左端描述了光的线性传输效应，其中，$A(z,t)$ 表示光脉冲的慢变振幅，z 表示光脉冲在 PCF 内部的传输距离，t 表示光脉冲在 PCF 内传输的时间，α 表示 PCF 的线性损耗系数，β_k 表示模传输常数 $\beta(\omega)$ 以 ω_0 为中心频率进行泰勒展开的 k 阶色散系数。式(6.25)的右端描述了光传输的非线性效应，右端第一项表示自相位调制效应，第二项表示自陡峭效应，最后一项表示受激拉曼散射效应。其中，非线性系数 $\gamma=\omega_0 n_2/(cA_{\mathrm{eff}})$；非线性折射率 $n_2\approx 2.2\times 10^{-20}\,\mathrm{m}^2/\mathrm{W}$；$A_{\mathrm{eff}}$ 表示 PCF 有效纤芯截面，利用基模高斯近似，则 $A_{\mathrm{eff}}=\pi\omega^2$，这里取 $\omega\approx a$，a 为

PCF 纤芯半径。由以上的参数设定和理论模拟使用的 PCF 的结构参数，可以计算得到非线性系数 $\gamma = 0.047\mathrm{W}^{-1}\cdot\mathrm{m}^{-1}$ 。与拉曼增益谱的频率有关的参数 $T_{\mathrm{R}} = f_{\mathrm{R}} \times \int [t \times h_{\mathrm{R}}(t)]\mathrm{d}t$ ，它在载频 ω_0 附近随频率线性变化，其中 $f_{\mathrm{R}} = 0.18$ ，它表示延时拉曼响应对非线性极化强度的贡献，而拉曼响应函数为 $h_{\mathrm{R}}(t) = -\left(\tau_1^2 + \tau_2^2\right)\exp\left(-t/\tau_2\right)\sin\left(-t/\tau_1\right)/\tau_1\tau_2^2$ ，τ_1 和 τ_2 都是可调节的参量，通常取 $\tau_1 = 12.2\mathrm{fs}$ ，$\tau_2 = 32\mathrm{fs}$ ；v_{g} 表示脉冲传输的群速度。

然而式(6.25)并不适于进行解析求解，要想具体描述超短激光脉冲在 PCF 内传输过程中产生的多种非线性效应，通常需要采用数值方法进行处理，这里采用了分步傅里叶方法(split step Fourier method，SSFM)对这一过程进行数值模拟。分步傅里叶方法的基本原理是假定光波在传输过程中，每经过一小段距离 h，分别计算非线性作用和色散作用。首先，把式(6.25)改写成如下形式：

$$\frac{\partial A}{\partial z} = (\hat{D} + \hat{N})A \tag{6.26}$$

其中，$\hat{D}$ 是差分算符，代表线性介质的色散和吸收，可以表示为

$$\hat{D} = -\frac{\alpha}{2} - \sum_{k \geqslant 2} \frac{\mathrm{i}^{k+1}}{k!}\beta_k \frac{\partial^k}{\partial T^k} \tag{6.27}$$

$\hat{N}$ 是非线性算符，表示激光脉冲在 PCF 内传输过程中的非线性效应，其表达式为

$$\hat{N} = \mathrm{i}\gamma\left(|A(z,t)|^2 + \frac{\mathrm{i}}{\omega_0}\frac{1}{A(z,t)}\frac{\partial}{\partial T}\left[|A(z,t)|^2 A(z,t)\right] - T_{\mathrm{R}}\frac{\partial |A(z,t)|^2}{\partial T}\right) \tag{6.28}$$

从 z 到 $z+h$ 传输过程中，首先令 $\hat{D} = 0$ ，即仅存在非线性作用；接着令 $\hat{N} = 0$ ，即仅有色散作用，则可以得到

$$A(z+h,T) \approx \exp\left(h\hat{D}\right)\exp\left(h\hat{N}\right)A(z,T) \tag{6.29}$$

要想提高使用 SSFM 计算光脉冲从 z 到 $z+h$ 之内传输的精度，可以将式(6.29)替代为

$$A(z+h,\ T) \approx \exp\left(\frac{h}{2}\hat{D}\right)\exp\left[\int_z^{z+h}\hat{N}(z')\mathrm{d}z'\right]\exp\left(\frac{h}{2}\hat{D}\right)A(z,T) \tag{6.30}$$

它们之间的区别在于式(6.29)的非线性效应已包含在小区间的中间而不是在边界上。式(6.30)含有对称的指数项，因此又把这种方法称为对称 SSFM。它的最大优点是，主要误差是步长的三阶项，因此模拟计算的精度较高。

下面讨论 SC 激光输出的时谱结构。上面我们介绍了如何利用 FEM 数值分析 PCF 中的模场分布，并获得 PCF 自身的色散特性和非线性特性，进而介绍了如何利用 SSFM 方法数值模拟具有不同参数的超短激光脉冲在 PCF 内传输产生 SC 激光输出的光谱展宽及其在时间域上的分布。由此我们可以在不同的泵浦条件和

PCF 几何长度下对 SC 激光输出的光谱展宽和时间分布进行模拟。超短激光脉冲泵浦 PCF 获得的 SC 激光输出具有复杂的相位分布，导致在 SC 激光输出中存在复杂的时谱结构。下面我们有必要进一步了解 SC 激光输出中各个光谱成分在时间域内的具体分布情况。

对超短激光脉冲的时域-频域分布的测量方法已经被证明能够对超短激光脉冲的时谱结构进行准确的测量分析[102]。频率分辨光学快门(frequency-resolved optical gating，FROG)方法基于自相关原理，它可以利用具有瞬时响应特性的非线性光学效应实现自相关测量，在各波长范围内对不同波长的激光脉冲进行强度和相位的测量。FROG 方法的基本思想是采用一个时域和频域的联合函数，描述这个信号在各时域和频域的能量密度或强度的分布，通过这个分布能够了解在特定的时域和频域内的能量分布，以及在某个特定时刻上的光频的分布情况。然而，由于 SC 激光输出在频域内分布很广，基于自相关原理的 FROG 方法是无法使用的。1998 年，S. Linden 等首先提出了使用晶体抖动技术对这种频谱范围较宽而持续时间较短的激光脉冲进行互相关 FROG(cross-correlation FROG，XFROG)测量[103]。XFROG 测量方法通过把已知的参考光和待测光(如 SC 激光)输出，一起聚焦在可变换角度的约 1mm 厚的偏硼酸钡(Barium boron oxide，BBO)晶体上，在测量的过程中不断改变参考光路的时间延迟，在各个时间延迟下产生的频率互相关信号由光谱仪接收。再通过时域和时间延迟的联合函数，得到这个信号在各时域和频域的能量密度和强度的分布。如果说 FROG 方法是通过对两个脉冲进行时间延迟以对光脉冲进行时间选通并测量光谱，那么 XFROG 方法就是利用 FROG 的优势，通过已知的参考光脉冲对未知的光脉冲进行选通测量，这一方法的数学表达式可以写作[104]

$$I_{\mathrm{XFROG}}(\omega,\tau)=\left|\int_{-\infty}^{+\infty}\boldsymbol{E}_{\mathrm{sig}}(t,\tau)\exp(-\mathrm{i}\omega t)\mathrm{d}t\right|^2 \tag{6.31}$$

其中，非线性信号场 $\boldsymbol{E}_{\mathrm{sig}}(t,\tau)$是由已知的参考光脉冲 $\boldsymbol{E}_{\mathrm{gate}}(t-\tau)$和未知的待测光脉冲 $\boldsymbol{E}(t)$构成的选通函数在所选定时域的互相关函数，其表达式为

$$\boldsymbol{E}_{\mathrm{sig}}(t,\tau)=\boldsymbol{E}(t)\boldsymbol{E}_{\mathrm{gate}}(t-\tau) \tag{6.32}$$

XFROG 方法利用非线性光学的和频效应(sum-frequency generation，SFG)，通过输入光场激发和频晶体而产生和频信号，这些由和频效应产生的和频信号场的强度分别正比于两个输入光场的强度。使用 XFROG 方法对 SC 激光输出的时谱结构进行分析可以在实验测量和数值模拟计算两方面实现。通过 XFROG 数值模拟方法可以把 SC 激光输出中各光谱成分的强度分布及其在时间域内的分布清晰地表达出来。我们采用 XFROG 方法进行数值模拟计算，分析不同的泵浦条件和 PCF 自身的性质对 SC 激光输出的时谱结构的影响。对 SC 激光输出的数值模拟运算所获得的数据量很大，因此，在采用 XFROG 算法进行数值模拟运算时一般采用矩阵代替离散

变量进行运算。根据式(6.31)和(6.32)，设已知的参考光 $\boldsymbol{E}_{\text{gate}}(t-\tau)$为在 t 时刻 N 个不同的时间延迟 τ 下双曲正割型的飞秒激光脉冲，其矩阵形式的表达式如下：

$$\boldsymbol{E}_{\text{gate}}(t-\tau)=\begin{bmatrix}G_1 & G_2 & G_3 & \cdots & G_N\end{bmatrix} \tag{6.33}$$

其中，每一个脉冲归一化强度的数学表达式为

$$G_i=\operatorname{sech}\left(\frac{t-\tau_i}{t_0}\right)\exp\left(-\frac{\mathrm{i}C(t-\tau_i)^2}{2t_0^2}\right)\quad (i=1,2,3,\cdots,N) \tag{6.34}$$

式中，G_i 代表在 t 时刻参考光的时间延迟为 τ_i 时的脉冲矩阵元；t_0 为飞秒激光脉冲的脉宽。同理可得待测的 SC 激光光场的矩阵表达式为

$$\boldsymbol{E}(t)=\begin{bmatrix}E_1 & E_2 & E_3 & \cdots & E_N\end{bmatrix}^{\mathrm{T}} \tag{6.35}$$

$$E_j=E_j(t)\quad (j=1,2,3,\cdots,N) \tag{6.36}$$

其中，每一个矩阵元 E_j 都代表在某一个时刻 t 的 SC 激光光场。根据式(6.31)，联立式(6.32)～(6.36)得到信号场的表示式：

$$\boldsymbol{E}_{\text{sig}}=\begin{bmatrix}E_1G_1 & E_1G_2 & E_1G_3 & E_1G_4 & E_1G_5 & \cdots & E_1G_N\\ E_2G_1 & E_2G_2 & E_2G_3 & E_2G_4 & E_2G_5 & \cdots & E_2G_N\\ E_3G_1 & E_3G_2 & E_3G_3 & E_3G_4 & E_3G_5 & \cdots & E_3G_N\\ E_4G_1 & E_4G_2 & E_4G_3 & E_4G_4 & E_4G_5 & \cdots & E_4G_N\\ E_5G_1 & E_5G_2 & E_5G_3 & E_5G_4 & E_5G_5 & \cdots & E_5G_N\\ \vdots & \vdots & \vdots & \vdots & \vdots & & \vdots\\ E_NG_1 & E_NG_2 & E_NG_3 & E_NG_4 & E_NG_5 & \cdots & E_NG_N\end{bmatrix} \tag{6.37}$$

它表示对矩阵 $\boldsymbol{E}(t)$ 和 $\boldsymbol{E}_{\text{gate}}(t-\tau)$ 作外积的结果。其中每一个元素表示了在某时刻、某一时间延迟下 SC 激光输出和参考光脉冲之间的相互作用。接下来还需要对式(6.37)的每一行做一个变换，即从第二行开始对每一项做行移动。这样做的目的是使选通脉冲分别在不同的时间延迟下与 SC 激光光场发生相互作用。变换后的表达式为

$$\boldsymbol{E}_{\text{sig}}=\begin{bmatrix}E_1G_1 & E_1G_2 & E_1G_3 & E_1G_4 & E_1G_5 & \cdots & E_1G_N\\ E_2G_2 & E_2G_3 & E_2G_4 & E_2G_5 & E_2G_6 & \cdots & E_2G_1\\ E_3G_3 & E_3G_4 & E_3G_5 & E_3G_6 & E_3G_7 & \cdots & E_3G_2\\ E_4G_4 & E_4G_5 & E_4G_6 & E_4G_7 & E_4G_8 & \cdots & E_4G_3\\ E_5G_5 & E_5G_6 & E_5G_7 & E_5G_8 & E_5G_9 & \cdots & E_5G_4\\ \vdots & \vdots & \vdots & \vdots & \vdots & & \vdots\\ E_NG_N & E_NG_1 & E_NG_2 & E_NG_3 & E_NG_4 & \cdots & E_NG_{N-1}\end{bmatrix} \tag{6.38}$$

其中，每一行表示在确定的时刻、固定间隔时间延迟下两光束的相互作用；每一

列表示在不同时刻、固定间隔时间延迟下两光束的相互作用。最后将式(6.38)的每一列做傅里叶变换，并提取其强度值，就得到了 SC 激光光场中各光谱成分的强度在时间域内的具体分布情况。

对 SC 激光光源输出的时谱结构的影响因素主要包括如下几方面：① PCF 的色散特性和长度，现有的 PCF 包括单零色散、双零色散光纤，它们均属于负色散光纤，还有一种正色散光纤；② 泵浦光脉冲的瞬态光功率和脉冲持续时间，一般泵浦瞬态光功率越高，SC 光谱越宽。

超宽带 CARS 对 SC 光源有特别的要求，现分述如下：①SC 激光脉冲持续时间在飞秒量级；② SC 激光的谱宽为 350～450 nm，整个光谱处于近红外区；③ SC 激光在谱宽范围内连续，各光谱成分具有近似相等的光功率；④ 泵浦光的光能全部转换在上述的谱宽范围内。也就是说，超宽带 CARS 所要求的 SC 光源谱宽并不大，但对时谱结构的要求特别严格。我们利用正色散 PCF 的理论模拟表明获得这样的光源是可能的。我们对此进行了理论模拟，正色散光纤长度为 10cm，泵浦光中心波长 1310nm，脉宽 200 fs，峰值功率 10kW，所得结果如图 6-19(a)所示[105]。从图看出，不同光谱间存在少许延时，同一光谱的脉冲宽度也显稍宽。我们可以采用棱镜对进行色散补偿，使 SC 脉冲实现同时性，所得结果如图 6-19(b)所示。再利用空间光调制器实现不同光谱的脉冲压缩，所得结果如图 6-19(c)所示，其脉宽小于 10fs，光谱带宽大于 400nm，完全满足 CARS 谱测量和超宽带 CARS 成像的要求。

实际的实验结果表明，当入射光功率为 500mW、光子晶体光纤(NL-1050-NEG)长度为 42cm 时，产生的超连续谱的时间频谱结构如图 6-19(d)所示。从图中可以看出，超连续谱的光谱宽度大于 500nm，且具有较好的光谱连续性和平坦度；超连续谱中不同频谱成分间的时间延迟最大可达 3.2ps。采用光栅对色散补偿装置进行色散补偿后的超连续谱的时间频谱结构如图 6-19(e)所示，超连续谱中的不同频谱成分几乎同时到达，当超连续谱中任意两种不同成分间的频差满足分子键的共振条件时，分子键的固有振动模式得到共振增强；由于色散补偿后的超连续谱具有较宽的光谱(不同频谱成分间的频差可达 4500cm^{-1})，而生物分子指纹谱区的拉曼振动频率一般为 500～2000cm^{-1}、脂肪族常见的 C—H，C—H_2 键的拉曼振动频率多在 3000cm^{-1} 附近，因而该超连续谱可同时激发样品分子中所有的拉曼振动模式，从而得到分子完整的 CARS 光谱信息(图 6-20)。从图 6-20 中可以看出：当超连续谱脉冲和探测光脉冲间的延迟时间大于 0.7ps 时，非共振背景基本消除，仅剩下宽带 CARS 信号；由于 CARS 过程中拉曼振动键的退相干特性，CARS 信号强度随延迟时间的增加而逐渐变弱；由于采用了具有较好时间频谱结构的超连续谱作为泵浦光和斯托克斯光，从而可同时测量所有拉曼振动键的振动退相时间，图中比较明显的 CARS 峰位置分别为 3052cm^{-1}，2213cm^{-1}，1582cm^{-1}，1158cm^{-1}，

987cm^{-1}，732cm^{-1}，442cm^{-1}。

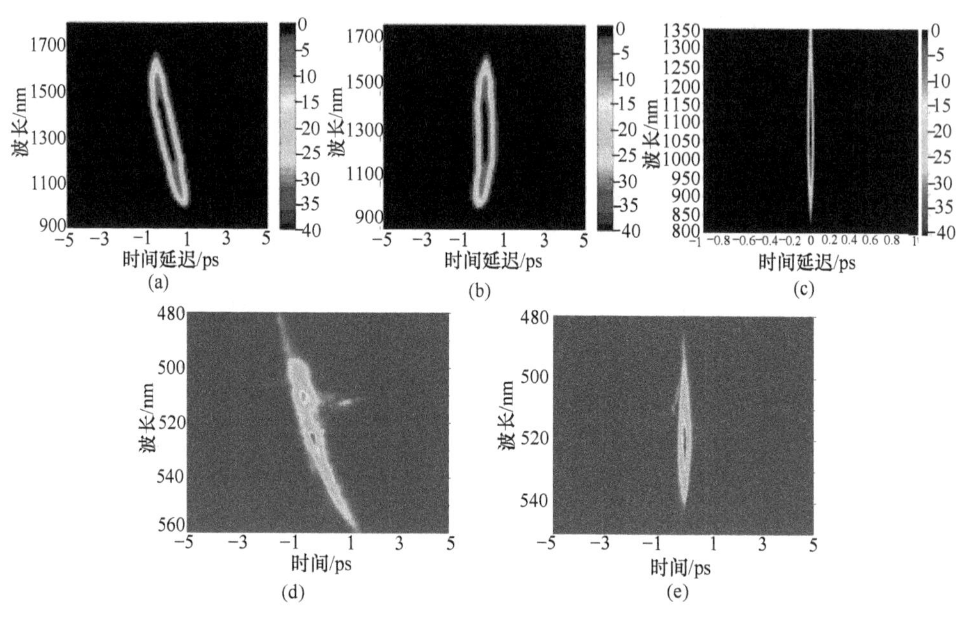

图 6-19　实现超宽带 CARS 成像的脉冲光源识谱结构(后附彩图)

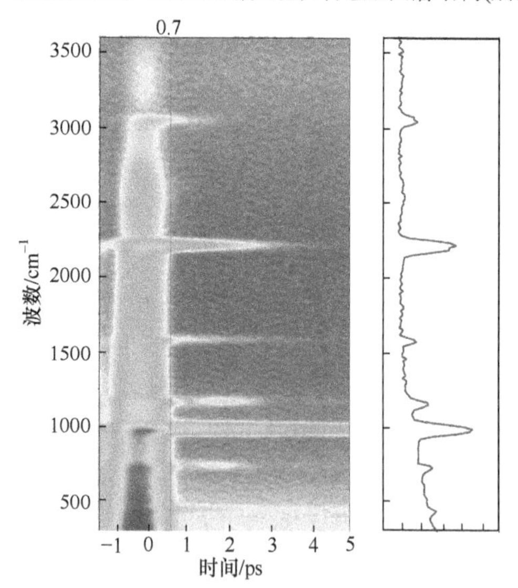

图 6-20　不同时间延迟下苯甲腈分子的宽带 CARS 信号(后附彩图)

6.3.3　CARS 超分辨成像

CARS 超分辨成像的发展至今已有十多年的历史，最早发展起来的是表面 CARS 超分辨成像，之后才是 CARS 三维超分辨成像。不过，已有的方法还只局限于 CARS 的单谱信息获取，本质上说，还无法真正实现分子的识别。

1. CARS 二维超分辨成像

2004 年，日本的 T. Ichimura 等提出尖端增强 CARS 振动纳米成像的方法，用来获取 DNA 网络结构信息[106]。他们利用尖端使大数值孔径物镜聚焦于样品表面上的泵浦光和斯托克斯光获得增强，从而使 CARS 信号增强。尽管文献中没有给出这种方法的空间分辨率，但由图 6-21 给出的图像表明，其分辨率约为 15nm。2011 年，英国的 Steuwe 等又提出了纳米洞表面增强 CARS 超分辨成像方法[107]，与前面介绍的方法不同的是，他们利用表面纳米洞形成的表面等离子体激元实现增强，其优点是可对泵浦光、斯托克斯光和反斯托克斯光同时实现增强，从而使信号强度较通常的 CARS 提高了 10^5 倍，比前面介绍过的 SERS 提高 10^3 倍。这种方法的核心是要合理设计和制作在金属膜上一定尺寸的孔洞，使输入和产生的光频均可实现共振增强。根据报道，若孔洞的直径达 50nm，则可使 800nm 的探测光及其泵浦 PCF 产生的超连续谱和 CARS 信号都得到共振增强。值得注意的是，这里不再是单 CARS 谱输出，而是宽带 CARS 输出，均可获得增强。增强的倍数可用下式表示：

$$G_{\mathrm{SECARS}} = g_{\mathrm{P}}^4 g_{\mathrm{S}}^2 g_{\mathrm{AS}}^2 \tag{6.39}$$

其中，$g = E / E_0$，它表示不同光场的增强因子；下标 P、S 和 AS 分别表示泵浦光及探测光、斯托克斯光、反斯托克斯光。与通常的 CARS 信号相比，利用这种方法所获得的 CARS 信号强度将提高增强因子的 8 次方倍。与 SERS 信号强度相比，这种方法的 CARS 信号的增强倍数可用下式表示：

$$\frac{G_{\mathrm{SECARS}}}{G_{\mathrm{SERS}}} = g_{\mathrm{P}}^2 g_{\mathrm{AS}}^2 \tag{6.40}$$

人们之所以对增强技术高度重视，目的在于对浓度极低的材料，甚至单分子进行探测。这不仅能实现高灵敏度的探测，并能实现高精度的定位。当然，不希望光的引入会破坏样品材料，进而，光的引入不改变样品的任何性能。这种技术的分辨率可达 60 nm 左右。

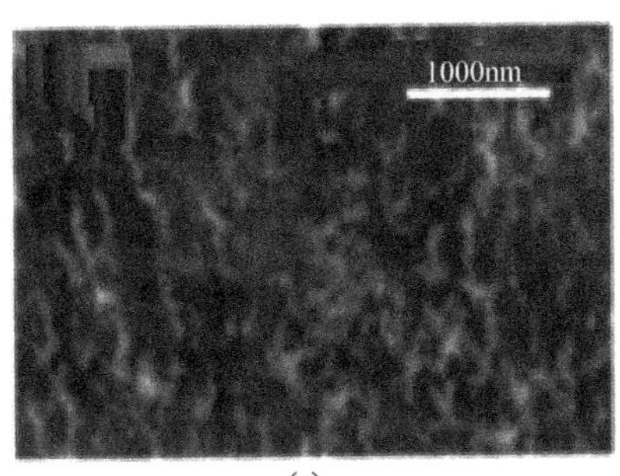

(a)

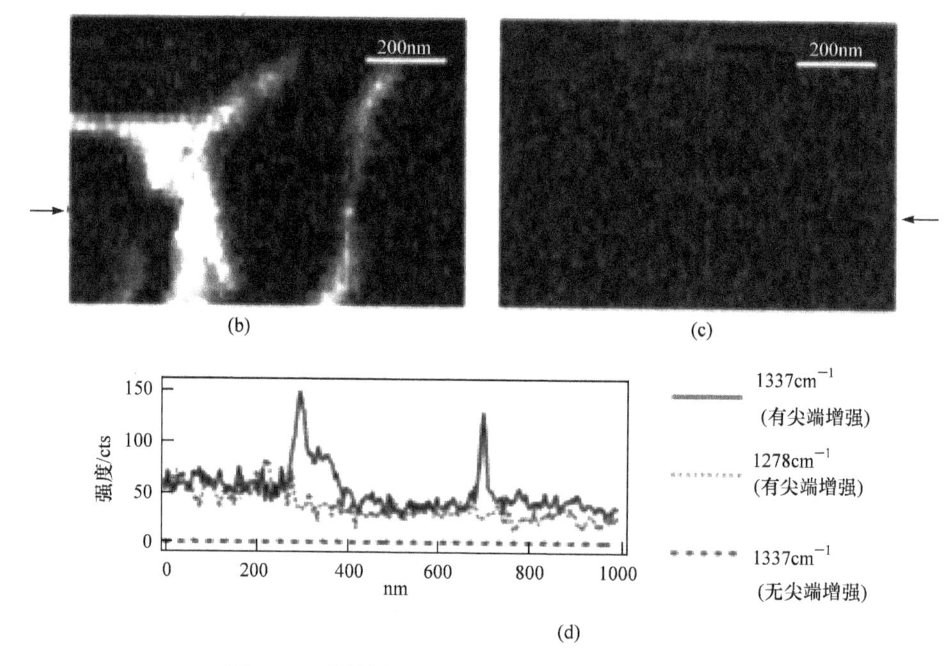

图 6-21 尖端增强 CARS 所获得的 DNA 网络图像

(a)DNA 网络的表面形貌图像；(b)表面增强 CARS 图像的共振频率(1337 cm^{-1})；(c)非共振频率处的图像；(d)图(b)箭头所指位置横截面曲线轮廓，扫描面积为 1000nm×800nm，600~800nm 处的结构宽度远小于 100nm，可见该方法的分辨率约为 15nm

2. CARS 三维超分辨成像

CARS 三维超分辨成像难度更大，已发展了几种不同的方法，分别介绍如下。

1) 结构光照明 CARS 超分辨成像[108]

关于结构光照明三维超分辨成像方法我们在第 5 章已作过较为详尽的介绍，这里就 CARS 设计的特殊问题作一介绍。关键问题是要解决在 CARS 情况下如何实现结构光照明、如何实现所要求的相位匹配和有无可能进一步提高空间分辨率。为此，如图 6-22 所示，泵浦光分成左右两束以尽可能大的入射角从样品的下端输入，从而使入射角不再受物镜数值孔径的限制，一方面利用此方法在样品的一个方向上形成驻波实现结构光照明，另一方面为提高空间分辨率创造条件。为满足相位匹配条件，正如在结构光照明显微镜中所用的那样，泵浦光要生成相位可变的驻波场。一般而言，显微镜的带宽是由物镜的数值孔径和成像光的波矢确定的，如图 6-23 的中心紫色区域所示。在频域空间，驻波场可由两个位移频率 $\pm k_{\mathrm{P}x}/\pi$ 表示，这里的 $k_{\mathrm{P}x}$ 是泵浦光束波矢在样品平面上的投影幅度。结构光照明 CARS 的频域支持区间通过显微镜的带宽与位移频率实现卷积而扩大。在这里介绍的系统中，驻波频率不能任意选取，它是由所研究的样品和宽场的几何结构决定的。但并不像大多数结构光照明显微镜那样，是由显微镜的带宽限制的，在那里驻波要通过物镜照到样品上，这里不存在此限制。因此，我们可以在能量和相位匹配的条件下自由地选取物镜的数值孔径，从而获得尽可能高的分辨率增量。正如图 6-23 所示，通过选取物镜使其数值孔径满足 $\mathrm{NA}=k_{\mathrm{P}x}/k_{\mathrm{AS}}$，显微镜本身的通过带宽正好与频域空间谱的位移区间重叠，这相应于显微镜的有效通过带宽最大增量的条件。在这种情况下，通过带宽是原来的 3 倍，从而导致空间分辨率是原始系统衍射极限的 3 倍。

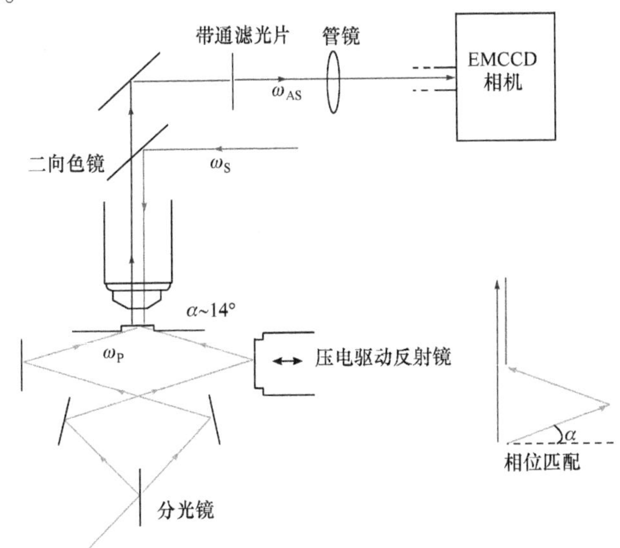

图 6-22　宽场相位匹配 CARS 超分辨成像示意图

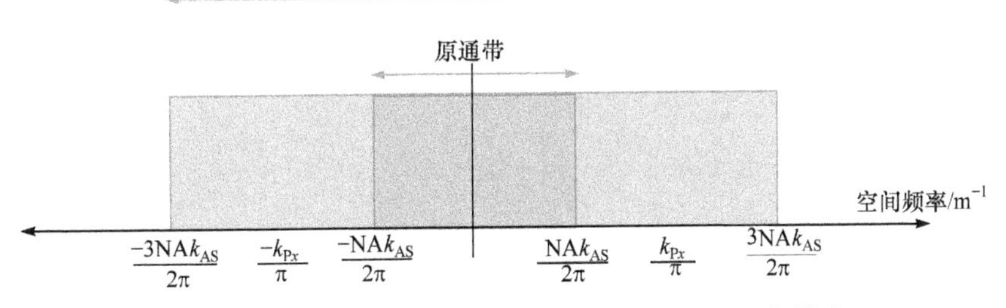

图 6-23　显微镜在频域空间通过带宽的示意图(后附彩图)

给出结构光照明下有效通过带宽的增加量；原来显微镜的通过带宽由紫色区域表示，它由物镜的数值孔径和成像光的波矢所决定；结构光照明创造的频移由卷积产生了附加频率空间

我们已知通常的结构光照明空间分辨率只能是原来光学系统极限分辨率的两倍。这里之所以能获得更高的空间分辨率，一方面应归因于 CARS 的非线性光学

成像，另一方面应归因于驻波频率不受显微镜通过带宽的限制。还要注意这里的一个附加优点是照明波长长于反斯托克斯信号光束的波长。轴向空间分辨率的某些提高是由此系统导致的，即结构光照明本身所具有的层析能力。下面我们将对上面的有关论述作进一步的理论分析。由相干光产生的处于聚焦状态的薄物体像面上的强度方程可写作

$$I(x,y)=\left|\mathcal{F}\left[c(m,n)\mathcal{F}\left[o(x',y')\right]\right]\right|^2 \tag{6.41}$$

其中，$\mathcal{F}\left[g(m,n)\right]$表示函数$g(m,n)$的傅里叶变换；$c(m,n)$表示任何显微物镜的相干传递函数；$o(x',y')$表示物函数。我们假设物函数是 CARS 偏振光，则有

$$o(x,y)=a\chi^{(3)}N(x,y)E_{\mathrm{P}}^2(x,y)E_{\mathrm{S}}^*(x,y) \tag{6.42}$$

这里，a表示相乘的常数；$\chi^{(3)}$表示感兴趣的样本目标的三阶非线性系数，特指每一分子有效的三阶非线性系数；$N(x,y)$表示样品上目标分子的空间分布函数；E_{P}和E_{S}分别表示泵浦场和斯托克斯场。这里注意$o(x,y)$明确地依赖于目标分子的空间分布。为了简化处理，这里假设相位完全匹配，并取斯托克斯光场在z的负方向为平面波，横向没有变化，取E_{S}^*为单位幅度，即$E_{\mathrm{S}}^*=\exp(\mathrm{i}k_{\mathrm{S}}z)$。成像光束在正的$z$向传播直到物镜。我们还假设快速振荡因子$\exp(\mathrm{i}\omega t)$对于不同的场均可以略去，这是因为在探测时间间隔里这些项的平均值为 1。进而，对于泵浦光，我们考虑为一维驻波场，可写作如下形式：

$$E_{\mathrm{P}}(x,y)=\exp\left[\mathrm{i}\left(k_{\mathrm{P}x}x+k_{\mathrm{P}z}z+\phi/2\right)\right]+\exp\left[\mathrm{i}\left(-k_{\mathrm{P}x}x+k_{\mathrm{P}z}z-\phi/2\right)\right] \tag{6.43}$$

这里，ϕ表示两束泵浦光之间的相位差。像斯托克斯光场一样，我们取其幅度为 1，为进一步简化，设其无横向结构。将上述场代入方程(6.42)中，应用卷积理论，并完成相关的傅里叶变换，我们发现物函数的傅里叶变换$\mathcal{F}\left[o(x',y')\right]=O(m,n)$为

$$\begin{aligned}O(m,n)&\propto\mathcal{F}\left[N(x,y)\right]\otimes\mathcal{F}\left[E_{\mathrm{P}}^2(x,y)\right]\otimes\mathcal{F}\left[E_{\mathrm{S}}^*(x,y)\right]\\&\propto\mathcal{N}(m,n)\otimes\left(2\delta(m,n)+\mathrm{e}^{\mathrm{i}\phi}\delta\left(m-k_{\mathrm{P}x}/\pi,n\right)+\mathrm{e}^{-\mathrm{i}\phi}\delta\left(m+k_{\mathrm{P}x}/\pi,n\right)\right)\\&\propto\left\{2\mathcal{N}(m,n)+\mathrm{e}^{\mathrm{i}\phi}\mathcal{N}\left(m-k_{\mathrm{P}x}/\pi,n\right)+\mathrm{e}^{-\mathrm{i}\phi}\mathcal{N}\left(m+k_{\mathrm{P}x}/\pi,n\right)\right\}\end{aligned} \tag{6.44}$$

这里，$\mathcal{N}(m,n)$表示$N(x,y)$的傅里叶变换。注意在上式中我们忽略了总的相位因子，它是泵浦光和斯托克斯光z向分量的结合导致的，这是因为在强度测量时，它将变为单位 1。方程表明，由于使用了结构光照明，在两种情况下位移量正比于驻波的空间频率，空间频率发生位移，目标分子的空间分布出现三次。将方程(6.44)代入方程(6.41)，并将傅里叶变换理论应用于卷积和位移理论，我们可以得

到在探测器处的强度表达式：

$$I(x,y,\phi) \propto \left| \begin{aligned} &2\mathcal{F}\left[c(m,n)\mathcal{N}(m,n)\right] + \exp\left(\mathrm{i}\left(-2k_{\mathrm{P}x}x+\phi\right)\right)\mathcal{F}\left[c\left(m+k_{\mathrm{P}x}/\pi,n\right)\mathcal{N}(m,n)\right] \\ &+\exp\left(\mathrm{i}\left(2k_{\mathrm{P}x}x-\phi\right)\right)\mathcal{F}\left[c\left(m-k_{\mathrm{P}x}/\pi,n\right)\mathcal{N}(m,n)\right] \end{aligned} \right| \tag{6.45}$$

在式(6.45)中，我们看到频移已经进入显微镜的相干传递函数中，换句话说，位移影响了有效的显微镜通过带宽。探测器的强度不是简单地给出包含 $c(m,n)$ 空间频率上的分子分布，而是包含了两个附加空间频率区域的分布。正如在前面图 6.22 所说明的，传递函数的中心通过 $\pm k_{\mathrm{P}x}/\pi$ 的位移已经加倍了，这就意味着在 $\mathcal{N}(m,n)$ 中出现的附加频率在图像中表现出来了。因此，对于物镜数值孔径的正确选择，超分辨系统可以通过 3 倍于通常系统的空间频率。

下面将涉及图像处理方面的问题，这是因为只有通过一系列的不同相位驻波的源图像处理才能获得超分辨的图像。由于 CARS 信号相干的特性，图像处理本质上与结构光荧光显微镜是不同的。如果我们将式(6.45)写作正弦和余弦的形式，则有

$$\begin{aligned} I(x,y,\phi) &\propto A + B\cos\left(2k_{\mathrm{P}x}x-\phi\right) + C\sin\left(2k_{\mathrm{P}x}x-\phi\right) \\ &+D\cos\left(4k_{\mathrm{P}x}-2\phi\right) + E\sin\left(4k_{\mathrm{P}x}-2\phi\right) \end{aligned} \tag{6.46}$$

其中的 5 个系数 $A\sim E$ 如下所示：

$$\begin{aligned} A(x,y) = &4\left|\mathcal{F}\left[c(m,n)\mathcal{N}(m,n)\right]\right|^2 + \left|\mathcal{F}\left[c\left(m+k_{\mathrm{P}x}/\pi,n\right)\mathcal{N}(m,n)\right]\right|^2 \\ &+\left|\mathcal{F}\left[c\left(m-k_{\mathrm{P}x}/\pi,n\right)\mathcal{N}(m,n)\right]\right|^2 \end{aligned} \tag{6.47}$$

$$\begin{aligned} B(x,y) = &4\,\mathrm{Re}\left(\mathcal{F}\left[c(m,n)\mathcal{N}(m,n)\right]\mathcal{F}^*\left[c\left(m+k_{\mathrm{P}x}/\pi,n\right)\mathcal{N}(m,n)\right]\right) \\ &+4\,\mathrm{Re}\left(\mathcal{F}\left[c(m,n)\mathcal{N}(m,n)\right]\mathcal{F}^*\left[c\left(m-k_{\mathrm{P}x}/\pi,n\right)\mathcal{N}(m,n)\right]\right) \end{aligned} \tag{6.48}$$

$$\begin{aligned} C(x,y) = &4\,\mathrm{Im}\left(\mathcal{F}\left[c(m,n)\mathcal{N}(m,n)\right]\mathcal{F}^*\left[c\left(m-k_{\mathrm{P}x}/\pi,n\right)\mathcal{N}(m,n)\right]\right) \\ &-4\,\mathrm{Im}\left(\mathcal{F}\left[c(m,n)\mathcal{N}(m,n)\right]\mathcal{F}^*\left[c\left(m+k_{\mathrm{P}x}/\pi,n\right)\mathcal{N}(m,n)\right]\right) \end{aligned} \tag{6.49}$$

$$D(x,y) = 2\,\mathrm{Re}\left(\mathcal{F}\left[c\left(m+k_{\mathrm{P}x},n\right)\mathcal{N}(m,n)\right]\mathcal{F}^*\left[c\left(m-k_{\mathrm{P}x}/\pi,n\right)\mathcal{N}(m,n)\right]\right) \tag{6.50}$$

$$E(x,y) = 2\,\mathrm{Im}\left(\mathcal{F}\left[c\left(m+k_{\mathrm{P}x},n\right)\mathcal{N}(m,n)\right]\mathcal{F}^*\left[c\left(m-k_{\mathrm{P}x}/\pi,n\right)\mathcal{N}(m,n)\right]\right) \tag{6.51}$$

其中，$\mathcal{F}^*\left[g(m,n)\right]$表示 $g(m,n)$ 傅里叶变换的复共轭。目标分子的空间分布信息包含在这些系数之中。因为在方程(6.46)中包含有 5 项，至少需要 5 幅具有不同而适当的相位图像才能将这些系数分离出来。若驻波的频率已知，最简单的方法就是围绕单位圆取 5 幅相位间隔相等的图像。这时不同的系数就可以分离出来，分别表示如下：

$$A(x,y)=\frac{1}{n}\sum_{i}^{n}I\left(x,y,\phi_i\right) \tag{6.52}$$

$$B(x,y)=\frac{2}{n}\sum_{i}^{n}\cos\left(2k_{\mathrm{P}x}x-\phi_i\right)I\left(x,y,\phi_i\right) \tag{6.53}$$

$$C(x,y)=\frac{2}{n}\sum_{i}^{n}\sin\left(2k_{\mathrm{P}x}x-\phi_i\right)I\left(x,y,\phi_i\right) \tag{6.54}$$

$$D(x,y)=\frac{2}{n}\sum_{i}^{n}\cos\left(4k_{\mathrm{P}x}x-2\phi_i\right)I\left(x,y,\phi_i\right) \tag{6.55}$$

$$E(x,y)=\frac{2}{n}\sum_{i}^{n}\sin\left(4k_{\mathrm{P}x}x-2\phi_i\right)I\left(x,y,\phi_i\right) \tag{6.56}$$

其中，n 表示等间隔图像的数目，$n\geqslant 5$。这里我们并没有对目标分子的分布作任何假设。将 $A\sim E$ 5 个系数结合起来，我们就可以重建超分辨图像。为了确定适当的结合，我们比较了这些系数对图像强度所包含的信息，而图像强度可以由非结构光照明的系统获得，但在一维空间上具有增加的通过带宽，其表达式如下：

$$\begin{aligned}I_{\mathrm{ideal}}(x,y)\propto&\left\{\left|\mathcal{F}\left[c(m,n)\mathcal{N}(m,n)\right]\right|^2+\left|\mathcal{F}\left[c\left(m+k_{\mathrm{P}x}/\pi,n\right)\mathcal{N}(m,n)\right]\right|^2\right.\\&\left.+\left|\mathcal{F}\left[c\left(m-k_{\mathrm{P}x}/\pi,n\right)\mathcal{N}(m,n)\right]\right|^2\right\}\\&+2\,\mathrm{Re}\left(\mathcal{F}\left[c(m,n)\mathcal{N}(m,n)\right]\right)\mathcal{F}^*\left[c\left(m+k_{\mathrm{P}x}/\pi,n\right)\mathcal{N}(m,n)\right]\\&\times 2\,\mathrm{Re}\left(\mathcal{F}\left[c(m,n)\mathcal{N}(m,n)\right]\right)\mathcal{F}^*\left[c\left(m-k_{\mathrm{P}x}/\pi,n\right)\mathcal{N}(m,n)\right]\\&+\left\{2\,\mathrm{Re}\left(\mathcal{F}\left[c\left(m+k_{\mathrm{P}x}/\pi,n\right)\mathcal{N}(m,n)\right]\right)\mathcal{F}^*\left[c\left(m-k_{\mathrm{P}x}/\pi,n\right)\mathcal{N}(m,n)\right]\right\}\end{aligned} \tag{6.57}$$

这里再次说明 $N(x,y)$为目标函数，相干传递函数可表示为

$$c'(m,n)=c(m,n)+c\left(m+k_{\mathrm{P}x}/\pi,n\right)+c\left(m-k_{\mathrm{P}x}/\pi,n\right) \tag{6.58}$$

我们可以发现系数若实现如下组合：

$$I_{\text{super-resolved}}(x,y)=\frac{1}{4}A+\frac{1}{2}B+D+\frac{3}{4}\sqrt{D^2+E^2} \tag{6.59}$$

则可重建出高分辨图像，它与式(6.57)在数学上是等价的。为了比较，对通常的 CARS 和上述超分辨 CARS 做了模拟。若透镜的数值孔径为 0.78，所获得的通常 CARS 点扩展函数半高全宽为 362 nm，而超分辨 CARS 则为 122 nm。

2) 焦点体积工程乘法和减法的 CARS 超分辨成像

显然，上述的结构光照明 CARS 超分辨方案还不够理想。另一种方案是对点

扩展函数进行修正。不过与 STED 等方法不同，它是通过直接求解在焦点处的场分布，数值修正输入场参数，达到改善点扩展函数的目的。这里要用完全的矢量场描述电场。大数值孔径透镜焦点附近的泵浦光束和斯托克斯光束用角谱可写作[109]

$$\boldsymbol{E}(x,y,z)=\frac{\mathrm{i}f}{\lambda}\mathrm{e}^{-\mathrm{i}kf}\int_0^{\theta_{\max}}\mathrm{d}\theta\int_0^{2\pi}\mathrm{d}\varphi\left(\frac{n_1}{n_2}\right)^{1/2}\times\sin\theta\sqrt{\cos\theta}\,\mathrm{e}^{\mathrm{i}\boldsymbol{k}(x\sin o\cos\varphi+y\sin\theta\cos\varphi+z\cos\theta)} \times\boldsymbol{R}_{\varphi}^{-1}\boldsymbol{R}_{\theta}^{-1}\boldsymbol{R}_{\varphi}\boldsymbol{E}_{\mathrm{inc}} \tag{6.60}$$

这里，f 表示透镜的焦距；λ 表示入射光的波长；$\boldsymbol{E}_{\mathrm{inc}}$ 表示入射电场；n_1 和 n_2 分别表示物镜前后介质的折射率；θ 和 φ 分别表示极坐标角和方位角；$\theta_{\max}$ 表示物镜的数值孔径；$\boldsymbol{R}_{\varphi}$ 和 $\boldsymbol{R}_{\theta}$ 分别表示坐标变换矩阵，代表在透镜弯曲表面上的折射，它们可写作

$$\boldsymbol{R}_{\varphi}=\begin{pmatrix}\cos\varphi & \sin\varphi & 0\\ -\sin\varphi & \cos\phi & 0\\ 0 & 0 & 1\end{pmatrix} \tag{6.61}$$

$$\boldsymbol{R}_{\theta}=\begin{pmatrix}\cos\theta & 0 & -\sin\theta\\ 0 & 1 & 0\\ \sin\theta & 0 & \cos\theta\end{pmatrix} \tag{6.62}$$

利用上述表达式就可以计算具有任意幅度和相位输入场的焦点场。在利用上式时，要给出所用波长和焦点区域范围，所采用的网格大小要远小于焦点区域尺寸，约 20nm。当然，还要给出所用物镜的参数。假设入射场在物镜后孔径上的幅度是均匀的，相位分布可用相位板修正。相位板图案用 Hermite-Gaussian(HG10)构成。焦点场分布利用数值方法对上述方程用 Simpson 公式求解。焦点场与物质的相互作用用三阶非线性系数 $\chi^{(3)}$ 在焦点附近产生非线性极化 ($\boldsymbol{r}=(x,y,z)$)：

$$\boldsymbol{P}^{(3)}(\omega_{\mathrm{AS}},\boldsymbol{r})=\varepsilon_0\chi^{(3)}(-\omega_{\mathrm{AS}};\omega_{\mathrm{P}},\omega_{\mathrm{P}},-\omega_{\mathrm{S}})\boldsymbol{E}_{\mathrm{P}}^2(\omega_{\mathrm{P}},\boldsymbol{r})\boldsymbol{E}_{\mathrm{S}}^*(\omega_{\mathrm{S}},\boldsymbol{r}) \tag{6.63}$$

其中，$\omega_{\mathrm{AS}}=2\omega_{\mathrm{P}}-\omega_{\mathrm{S}}$ 表示 CARS 发射波长；ε_0 表示介电常数。这里假设 $\chi^{(3)}$ 为纯实数。若改变入射场分布，通过泵浦场和斯托克斯场与介质的固有乘积的相互作用，$P^{(3)}(\omega_{\mathrm{AS}},r)$ 的空间分布将会发生改变。非线性极化导致辐射的产生，通过所有偶极子发射体场的积分便可以计算出反斯托克斯场如下：

$$\boldsymbol{E}(\omega_{\mathrm{AS}},\boldsymbol{R})=-\int_v\frac{\mathrm{e}^{\mathrm{i}k|\boldsymbol{R}-\boldsymbol{r}|}}{4\pi|\boldsymbol{R}-\boldsymbol{r}|}(\boldsymbol{R}-\boldsymbol{r})\times\left[(\boldsymbol{R}-\boldsymbol{r})\times\boldsymbol{P}(\omega_{\mathrm{AS}},\boldsymbol{r})\right]\mathrm{d}^3\boldsymbol{r} \tag{6.64}$$

其中，k 表示 CARS 场的波矢的大小；v 表示激发体积(式中的 $\boldsymbol{P}(\omega_{\mathrm{AS}},\boldsymbol{r})$ 即为 $\boldsymbol{P}^{(3)}(\omega_{\mathrm{AS}},\boldsymbol{r})$)。通过在远场探测区域的远场电场的积分,我们则可得到远场的光强：

$$I_{\text{far}}=\int_0^{2\pi}\mathrm{d}\varphi\int_0^{\theta_{\text{det}}}\mathrm{d}\theta R^2\sin\theta\left|\boldsymbol{E}(R,\theta,\varphi)\right|^2 \tag{6.65}$$

其中，$\theta_{\text{det}}=60°$，表示由收集透镜所确定的收集角；R 表示从焦点算起的远场探测表面的距离。这里的 $\boldsymbol{E}(R,\theta,\varphi)$ 即反斯托克斯光场 $\boldsymbol{E}(\omega_{\text{AS}},R)$。

在焦点体积内，非线性极化的构形是由泵浦和斯托克斯场的大小和相位决定的。在聚焦的情况下，每一入射波的场分布是由衍射决定的，从而导致在焦点处的衍射受限体积。通过入射的泵浦光和斯托克斯光分别构形光束轮廓，在 CARS 焦点处体积内的相乘操作可以用来剪裁焦点体积的轮廓。在相干显微镜中，场相互作用导致的相乘自然属性使得超过线性光学显微镜激发体积形状和大小成为可能。这里主要针对 CARS 讨论这种模拟的可能性。环形的相位和幅度结构一般会使中心斑点更小，但周围的旁瓣却加大了。对一般的成像而言，这是不希望出现的，但对 CARS 成像而言，它由泵浦光和斯托克斯光场的乘积决定，从而由于上述的这种乘积操作，旁瓣效应就会减小。接下来考虑一种纯相位环形相位板，内圈分割半径为 ρ，大于此半径范围光束相对中心部分存在 π 相移。通过调节 ρ 的大小，我们可以改变中心光斑的大小使其最小，当然这时旁瓣就大了。对于 CARS 激发而言，如图 6-24 所示，利用空间光调制器产生环形斯托克斯光，通过双色镜使泵浦光和斯托克斯光共轴送入显微镜。该环形相位板利用 Laguerre-Gaussian 模式 LG00 和 LG02 构成。图 6-25 给出泵浦光、斯托克斯光和计算出的 CARS 在焦平面处焦斑场的轮廓。图 6-25(a)给出泵浦光艾里斑的焦斑场分布，图 6-25(c)给出斯托克斯光束光斑，这里相位板的半径 ρ 为 0.62，在这种情况下，斯托克斯中心光斑呈现一弱的斑点，而边缘却有强的旁瓣。在 CARS 激发中，中心斑点增强，而旁瓣在一定程度上被抑制了，如图 6-25(e)所示。而 CARS 的相位轮廓与斯托克斯相位轮廓一样，如图 6-25(f)所示。所得到的中心光斑约为 150 nm，约为衍射受限光斑的一半。计算表明，当 ρ 增大时，中心光斑明显减小，当 ρ=0.635 时，中心光斑就不存在了。与此同时，随着中心光斑的缩小，旁瓣也加大了，并且旁瓣的强度也随之指数上升。

还有一种 CARS 激发方案，就是焦点体积减法成形法。其原理示意图如图 6-26 所示。泵浦光以 50：50 分成两束，一束保持不变，另一束受到空间光调制器的调制，相位有 $\pi/2$ 的延时，从而使两束泵浦光合束后不会干涉。两束泵浦光和斯托克斯光通过双色镜一起送入显微镜。这里相位板产生 HG10 模式，如图 6-26 中所示。送入显微镜聚焦后，CARS 的极化可用下式表示：

$$P^{(3)}\propto\chi^{(3)}\left(E_{\text{P1}}^2E_{\text{S}}^*+E_{\text{P2}}^2E_{\text{S}}^*\mathrm{e}^{\mathrm{i}\pi}+2E_{\text{P1}}E_{\text{P2}}E_{\text{S}}^*\mathrm{e}^{\mathrm{i}\pi/2}\right) \tag{6.66}$$

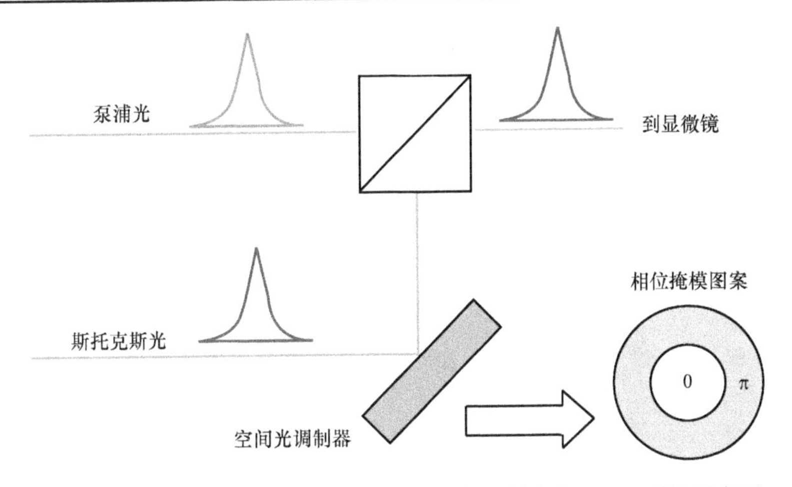

图 6-24　利用空间光调制器产生的斯托克斯环形光束 CARS 系统示意图

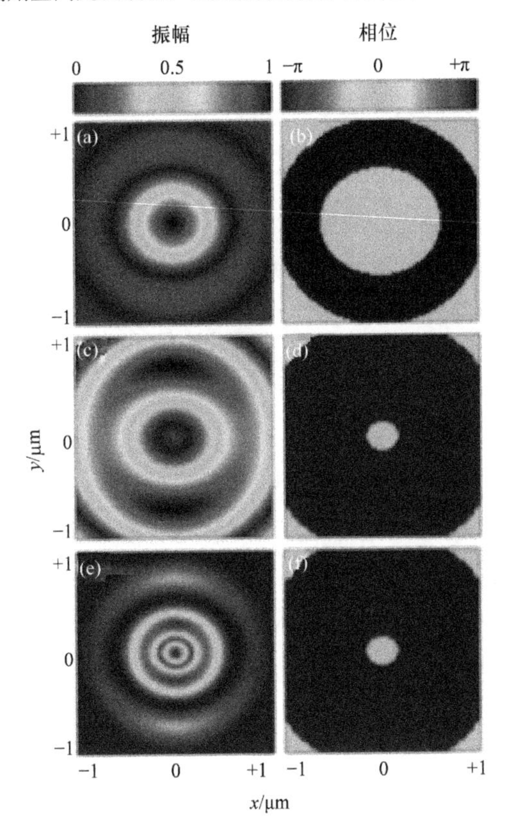

图 6-25　焦平面上焦斑场轮廓(后附彩图)

(a)，(b)为泵浦光；(c)，(d)为斯托克斯光；(e)，(f)为 CARS 激发；(a), (c), (e)为振幅轮廓；(b), (d), (f)为相位轮廓

由方程(6.66)可知，CARS 可由两个泵浦光束分别激发，它们的结合项取决于 E_{P1} 和 E_{P2}。由于 CARS 取决于泵浦光的平方，在 CARS 的激发中，泵浦光原来的π/2 相移就变成了 π 相移。因此，除了结合项之外还包含一项相减的项$\left(E_{P1}^2-E_{P2}^2\right)E_S^*$。后面的一项相对其他项存在 π/2 的相移，因此与其余的相位匹配激发是不相干的。在纳米结构的纯实数的近似下，结合项可以方便地通过干涉仪技术与其他分量鉴别出来。图 6-27 显示了不同$(E_{P1}/E_{P2})^2$情况下 x 方向的 CARS 激发轮廓图。

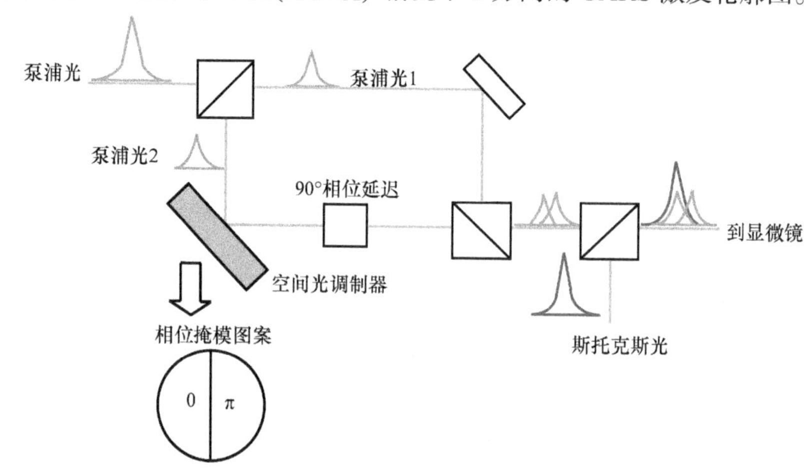

图 6-26 焦点体积减法成形 CARS 激发示意图

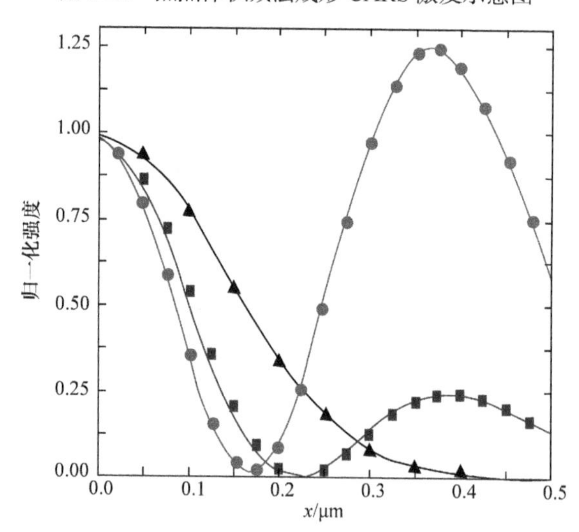

图 6-27 焦点体积减法成形方法在不同$(E_{P1}/E_{P2})^2$情况下沿横向 x 方向的 CARS 激发轮廓图
–■– $(E_{P1}/E_{P2})^2=1$； –●– $(E_{P1}/E_{P2})^2=2$； –▲– 为了比较给出均匀入射激发的情况

利用上述方法，已进行了实验研究，所获得的结果如图 6-28 所示。这里使用的激光波长是 728nm(泵浦光)和 785nm(斯托克斯光)，所用相位板的内环直径为外

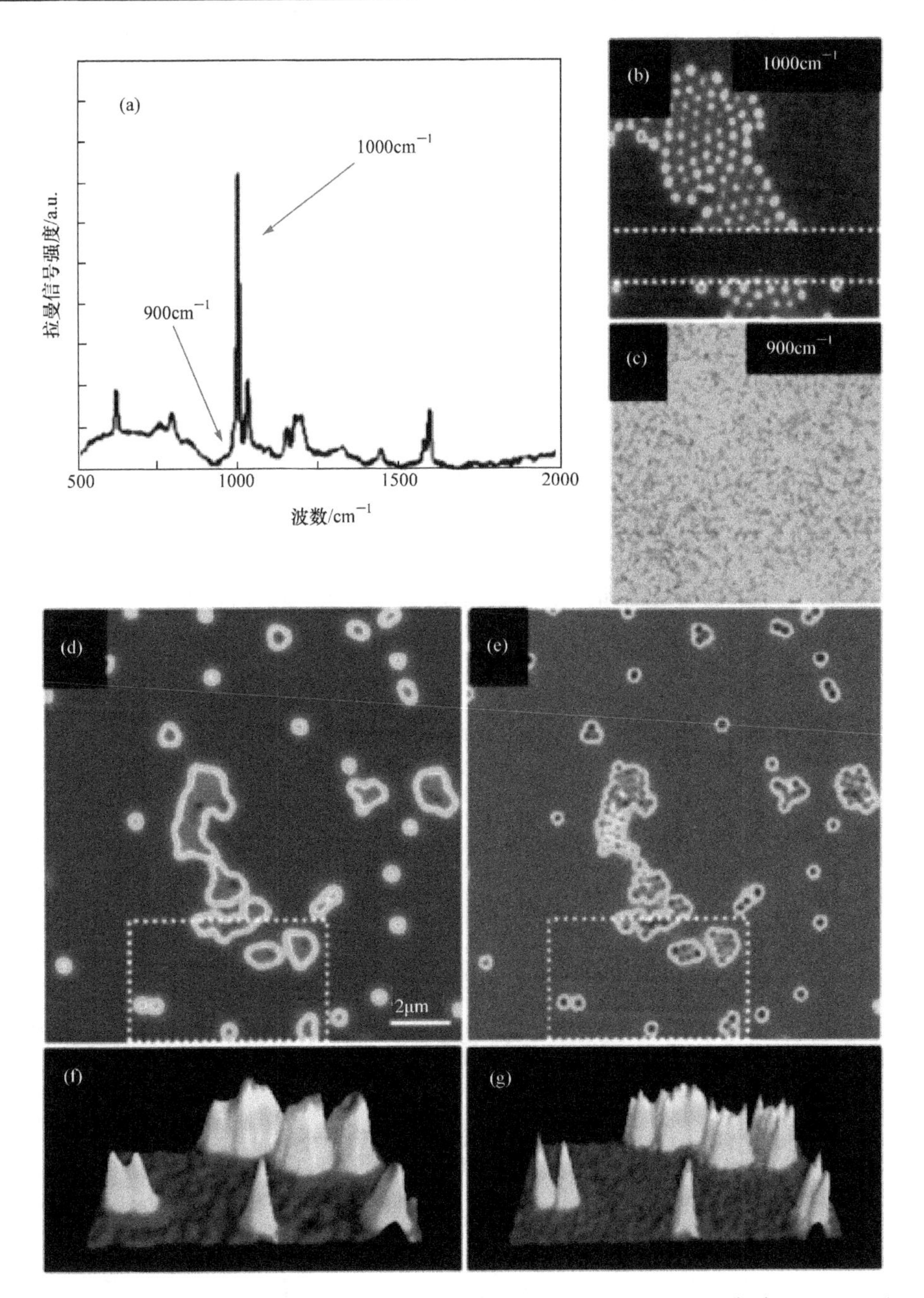

图 6-28　(a) 聚苯乙烯珠的拉曼谱；(b) CARS 相应于 1000 cm^{-1}；(c) CARS 相应于 900 cm^{-1}；(d) CARS 图像：区域 20μm×20μm，分布有 0.3 μm 的聚苯乙烯珠；(e) 超分辨 CARS 图像，区域同(d)，但(d) 不能分辨聚苯乙烯珠，而(e) 则可清晰分辨；(f) 和(g) 分别给出 CARS 和超分辨 CARS 的三维分辨结果，(g) 可清晰分辨聚苯乙烯珠，而(f) 不能(后附彩图)

环直径的0.35倍。这里应用了CARS激发的乘法性质，获得的空间分辨率为130nm，与理论预测结果良好符合。

3. 类STED方法

上面介绍的两种三维CARS超分辨方法均已有实验结果，但空间分辨率难以进一步提高，使其小于100nm。因此，人们一直在努力争取获得纳米的空间分辨率。至今，已有若干理论方法报道，但还没有实验结果。不过，就我们的分析，这些方法发展下去有可能取得至今尚未获得的好结果。因此，将予以简要介绍。尽管这些方法各有不同，但可以说均属于类STED方法，即设法去除CARS点扩展函数周边信号，从而提高空间分辨率。原理上讲，这种方法的空间分辨元可以无限小，不过受信噪比的限制总存在一极限值。一个是德国学者2009年提出的方法[110]，他们已研究多年，一直在修正自已的方案。不过其基本构思不可能同时获得样品分子的完整CARS谱，只能获得单谱，这对分子的精确识别是不利的。我们于2011年提出所谓的附加探测光声子耗尽的方法[111]，与现有其他方法相比较，在获得纳米分辨的同时，可同时获得分子的完整CARS谱，从而为精确识别分子奠定了基础。现分别介绍如下。

首先介绍我们的方案，该方案相对来说比较容易理解。它是建立在飞秒激光和飞秒超连续谱发展的基础之上。我们在上面介绍CARS原理和超连续谱产生的时候已为该方案的发展奠定了基础。我们已知一般的超宽带CARS成像，需要用超连续谱作为泵浦光和斯托克斯光，从而与样品相互作用产生分子的多个振动谐振信号，或者从量子力学的理论出发，泵浦光和斯托克斯光光子与样品分子的作用产生了多个声子信号，它们分别与分子的各振动能级相对应。为了避免非共振背景的产生，我们使皮秒探测脉冲相对超连续谱飞秒脉冲有一延时，延时应稍长于超连续谱脉冲的宽度，这就是一般超宽带CARS的成像方法。我们的超分辨成像方法如图6-29所示，与上述的超宽带CARS成像方法的差别只是引入了一个附加的飞秒探测光，其波长不同于通常使用的探测光，使其在进入显微镜前通过一螺旋相位板形成一环形光束。它与超连续谱脉冲同时送入样品，使泵浦光和斯托克斯光与样品作用所产生的声子点扩展函数的周边与此环形探测光作用产生CARS信号，而晚到的正常探测光，由于上述的声子点扩展函数的边缘声子已被耗尽，只能与中心部位的声子作用产生CARS信号。不过此CARS信号与附加探测光产生的CARS信号的光谱范围不同，通过适当的滤光片可以将前者滤除，得到我们所需要的中心部位的CARS信号，从而类似于STED方法，其空间分辨率可获得提高。

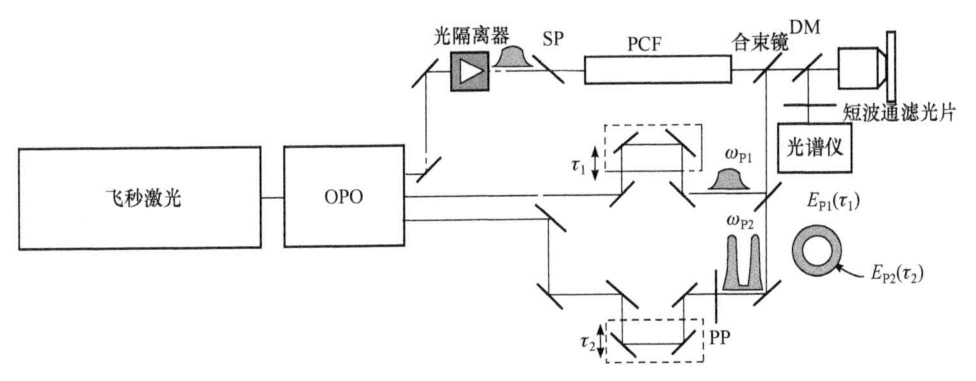

图 6-29　宽带 CARS 超分辨成像原理图

OPO 产生的信号光泵浦 PCF 产生超连续谱，作为产生 CARS 信号的泵浦光和斯托克斯光；泵浦 OPO 的飞秒激光的剩余部分作为探测光；OPO 输出的闲频光作为附加探测光；各路光束的同步通过精密延时器调节；用 EMCCD 光谱仪探测 CARS 信号

我们对上述过程进行了理论模拟，所得到的空间分辨率公式如下：

$$\Delta r = \sqrt{2}\frac{\lambda}{\pi n \sin\alpha\sqrt{1+\dfrac{I_{P1}^{\max}}{I_{dep}}}} \approx \frac{0.9}{\sqrt{3+\dfrac{I_{P1}^{\max}}{I_{dep}}}}\frac{\lambda}{2n\sin\alpha} \tag{6.67}$$

其中，I_{dep} 表示耗尽峰值泵浦光和斯托克斯光产生的声子所需的光强，可作如下估值：

$$I_{dep} \sim I_S^{\max} I_L^{\max} \times 10^{-7} \tag{6.68}$$

$I_{P1}^{\max}$ 表示附加探测光的最大光强。根号内的数字 3 来源于 CARS 的非线性效应。若 $I_{P1}^{\max}=0$，则式(6.67)变为通常 CARS 的分辨率公式，由于非线性效应，出现根号 3。应当注意，在上述公式的推导中，忽略了泵浦光、斯托克斯光、探测光和附加探测光波长的差别，同时也忽略了它们折射率的差别。可见，为了提高这种方法的空间分辨率，必须提高附加探测光的强度。若 $I_{P1}^{\max}/I_{dep}=50$，我们可求出该方法的空间分辨率为 41 nm。所得点扩展函数如图 6-30 所示。

超宽带时间分辨 CARS 已有多家研究单位实现，包括我们自己在内。现在的超分辨方法只是在已有方法基础上引入一附加探测光，应当说是容易实现的。该方法的优点：一方面可提供比已实现的方法更高的空间分辨率，可以达到纳米量级；另一方面与所有超分辨 CARS 方法相比，它可同时实现超宽带 CARS 成像，甚至可实现 CARS 全谱超分辨成像，这是其他任何超分辨 CARS 方法所不能比拟的。当然，正像当前已经实现的超宽带 CARS 成像一样，在测试混合物时，不同种类分子的 CARS 信号混杂在一起，我们需要进一步发展分离的方法，以便把不同分子的 CARS 谱分辨开来。这不是该方法的缺点，而是技术进步要求进一步发展分离技术的问题。当然，这会带来大量的工作，即建立不同分子的 CARS 谱库。

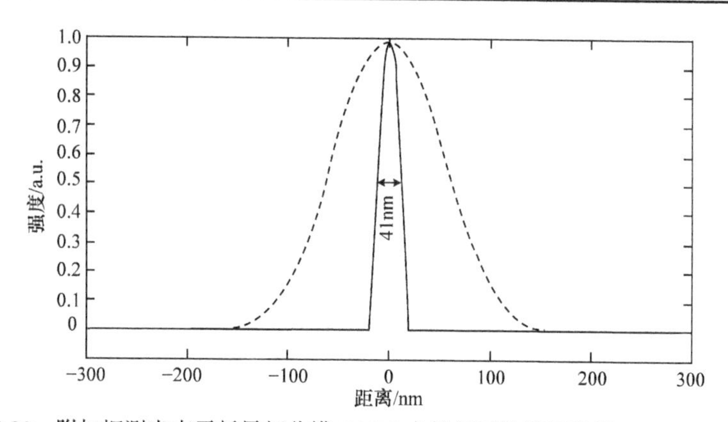

图 6-30　附加探测光声子耗尽超分辨 CARS 点扩展函数模拟结果($I_{P1}^{max} / I_{dep} = 50$)

事实上，这一工作在自发拉曼谱方面早已开始了，现在需要进一步积累数据，尤其是生命科学中不同分子的拉曼谱库的建立是刻不容缓的。

下面介绍德国学者研究的结果，他们分别于 2009 年、2010 年和 2012 年介绍自己的方案，每一次都有修正。他们提出的方案也要使用一附加的激光束，不过不是附加探测光，而是所谓的控制光束[112]。在研究初期，假设分子是一四能级系统，如图 6-31 所示，包括一个基态、两个振动态和一个电子态。此系统可能发生的跃迁过程只有图示的几种。在正常 CARS 现象发生前先引入附加的控制光束，其振动态 $|2\rangle$ 能级的寿命为皮秒级，只要电子由基态泵浦到振动态 $|4\rangle$，当即跃迁至振动态 $|2\rangle$ 上。当这种控制光束足够强时，电子就会由基态更多地跃迁到 $|4\rangle$ 上，并由 $|4\rangle$ 当即转移至 $|2\rangle$ 上，从而破坏了 CARS 过程中的相干谐振。若该控制光束形成一环形光，当正常的 CARS 过程进行时，只有环形的中心部位正常地产生 CARS 信号，而周边分子处于非相干谐振状态，这里的 CARS 过程难以正常发生，从而提高了空间分辨率。但是上述方案要在环形区域内实现 $|4\rangle$ 和 $|2\rangle$ 之间的高非相干耦合，这是很难实现的。后来的文章又使 $|4\rangle$ 能级的相干寿命长达纳秒量级，对于 CARS 过程而言，该控制光束可认为是连续光。当控制光束足够强时，由于 $|4\rangle$ 能级相干寿命长，可实现基态耗尽。环形区域范围内不再存在 CARS 过程，从而使空间分辨率获得提高。但是，相干寿命要达到纳秒级，也不是一般分子所能具有的。事实上，上面两种方法都使用红外线形成环形光束，此光束的内环直径受衍射极限的限制，与可见光的泵浦光和斯托克斯光的点扩展函数重叠得很小，很难达到提高空间分辨率的目的。

鉴于此，2012 年他们又提出了进一步的改进方案[113]，可适用于常见分子。2013 年又对 2012 年方案中的计算错误进行了纠正[114]。其基本的构思是要实现环形上分子的基态耗尽。实现的方案所利用的光子能量或者使电子从基态跃迁到电

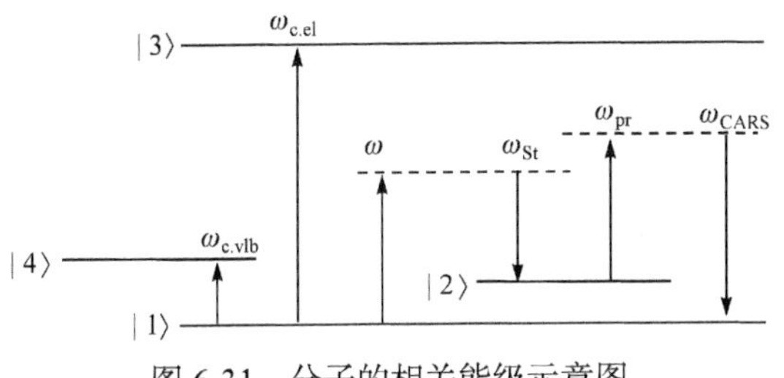

图 6-31 分子的相关能级示意图

子态$|3\rangle$，或者使电子从基态跃迁到振动态$|4\rangle$。这些控制光束的脉冲宽度要大于整个 CARS 过程，可取 10ps。其峰值到达样品的时间要比产生 CARS 信号的泵浦光、斯托克斯光和探测光峰值早 30ps 左右。他们利用矩阵密度方程进行了理论模拟，模拟结果如图 6-32 所示。从图中可以看出，随着控制光束强度的提高，相应态上

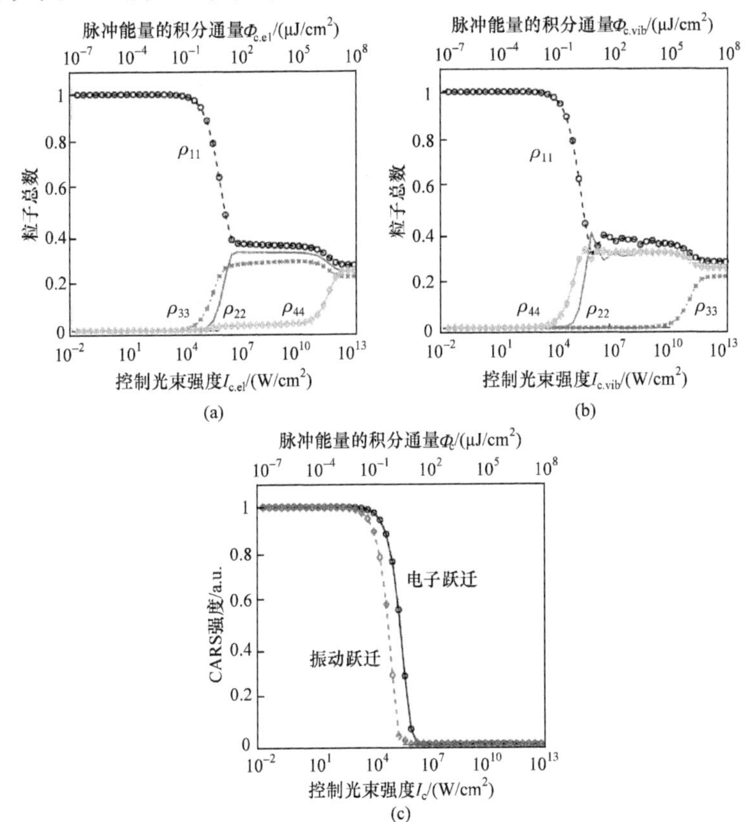

图 6-32 (a) 电子态作为控制态，随控制光束强度增加，态$|1\rangle$（黑色，ρ_{11}）、$|2\rangle$（蓝色，ρ_{22}）、$|3\rangle$（红色，ρ_{33}）和$|4\rangle$（绿色，ρ_{44}）密度变化情况；(b) 振动态$|4\rangle$作为控制态，随控制光束强度增加，各态密度变化情况；(c)在电子态和振动态分别为控制态时，CARS 强度随控制光束强度的变化情况，$|1\rangle$-$|3\rangle$用黑实线表示，$|1\rangle$-$|4\rangle$用红虚线表示(后附彩图)

粒子数在不断增加。只有在控制光束强度达到某一值时，粒子才出现饱和。此饱和值约为 1/3，这时基态、控制态和拉曼态粒子数近似相等。两种情况下，随着控制光束能量的提高，其饱和态约在六个数量级的范围内保持不变。图 6-32(c)还给出了 CARS 信号强度随控制光束强度的变化情况。当控制光束强度高于 10^7W/cm^2 时，CARS 信号消失。若将控制光束照射在环形螺旋相位板上，只有控制光束强度高于 10^6W/cm^2 才能使这里的 CARS 信号为零，空间分辨率才能得以提高。

该研究小组还研究了泵浦光、斯托克斯光、探测光和不同波长的控制光束在聚焦状态下的光斑大小以及在一定控制光束条件下的 CARS 点扩展函数图，分别如图 6-33 和图 6-34 所示。为了改善空间分辨，如 STED 一样，采用了螺旋相位板，如图 6-33 中插图所示。从图 6-33 中可看到泵浦光、斯托克斯光和探测光的高斯型点扩展函数以及控制光束在不同波长下的环形光束情况。控制光束照射到上述螺旋相位板上，形成环形光束。它们通过显微物镜聚焦后共轴照射到样品上。计算了使用两种控制光束的情况，先用 $|1\rangle$ 到 $|3\rangle$ 的谐振控制光束，20ps 后送入 $|1\rangle$ 到 $|4\rangle$ 的谐振控制光束，所得结果分别如图 6-34 所示。所用控制光束强度对照图 6-32，分别为 0W/cm^2、2×10^6 W/cm^2、2×10^7 W/cm^2、2×10^8 W/cm^2 和 4×10^8 W/cm^2。从中可看出点扩展函数随控制光束强度提高单调变窄。若 CARS 点扩展函数的半高全宽为 318nm，在控制光束强度为 4×10^8 W/cm^2 时，所得点扩展函数的半高全宽为 17.6nm。这里还要提及的一点是，如果单纯采用 $|1\rangle$ 到 $|4\rangle$ 的控制光束，由于其波长在数微米，所形成的环形光束受衍射极限的限制，其峰值强度所在的直径远在上述各高斯型点扩展函数范围之外，如图 6-33 所示，我们很难利用此环形光束改善 CARS 显微图像的空间分辨率。这也是过去方案存在的主要问题之一。

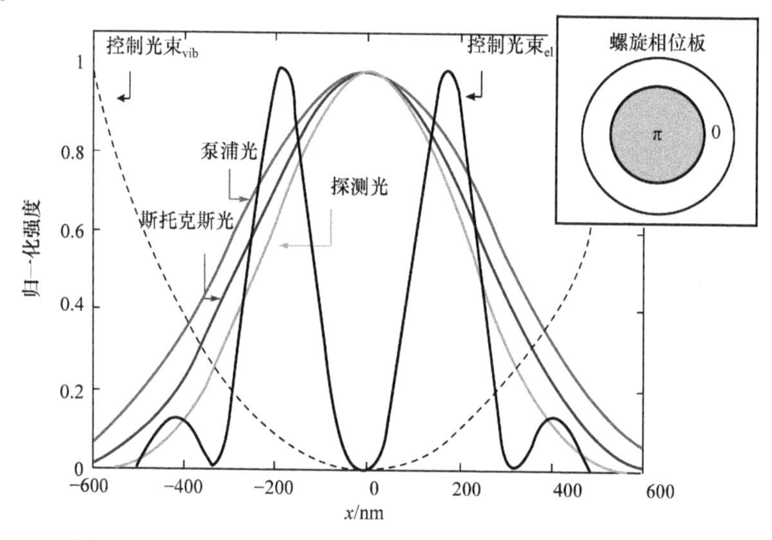

图 6-33　在聚焦状态下的 CARS 超分辨点扩展函数的计算结果

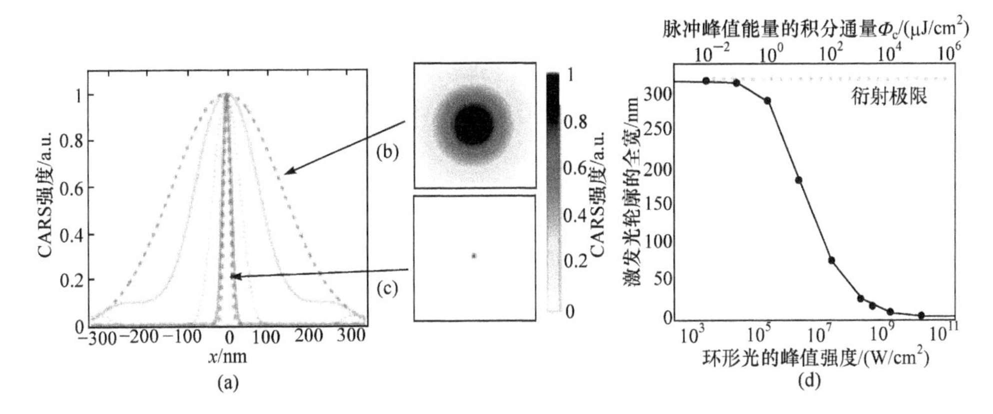

图 6-34　在不同控制光束情况下的 CARS 超分辨点扩展函数的计算结果

关于 CARS 三维超分辨成像实验研究，至今罕有报道。究竟哪种方案未来有应用前景，还有待证明。

6.4　基于超振荡的光超分辨成像

在上面已介绍的光学纳米成像方法中，或者利用隐失波，或者利用光学非线性效应，或者利用单分子定位方法，它们均有其应用的局限性。隐失波只能获得物体表面的形貌结构或功能信息，而无法获得物体更大范围的图像信息；目前可以利用的非线性光学方法或单分子定位方法基本上都只适用于荧光标记样品，无法获得完全处于自然状态下的物体的纳米分辨图像。超振荡是这样一种现象，在一定的间隔范围内，波形振动快于其最高构成的傅里叶频率分量。因此，超振荡的光波在有限的空间内，振荡快于其最高空间频率分量，使成像系统在远场具有超衍射成像能力。超振荡波的数学表达式最早是由 Slepian 给出的，之后 Aharonov 和 Berry 利用量子力学和光学系统证实了超振荡的存在，并证明超振荡在轴向传播距离约为几个波长范围。为了使超振荡在更大轴向范围内传播，Maris 和 Psaltis 首先研究了衍射对加长传播距离的影响，并提出超振荡无衍射光束的概念，从而使传输距离获得明显的改善，但超振荡区域携带的功率随传播距离的加大而呈指数衰减限制了传输距离的进一步增大。有几个研究小组演示了亚波长超振荡聚焦和涡旋，尤其是 Roger 最近所做的工作更为突出，用亚波长光斑照亮样品并进行亚波长步长的扫描，构筑了超分辨图像。这种所谓的超振荡透镜的工作原理类似于近场光学显微镜。但是，探测时与物体的那种近贴要求不存在了，这是因为亚波长照明是用超振荡波实现的。在延伸的工作距离上获得亚波长成像是一个很大的研究进展。直至 2013 年，人们发展了所谓的光学超显微镜(optical super microscopy，OSM)，这种基于超振荡的成像系统在直接和单一获取模式下，实现了线性、远场和超衍射成像。为了理解超振荡的本质，下面我们就超振荡的数学表述、超振荡的量子力学描述、超振荡无衍射光束及其应用、超振荡透镜和光学超显微镜分别予以介绍。

6.4.1　超振荡的数学表述

信号是否真的受到带宽的限制？似乎是这样，又似乎不是这样。一方面，一对铜天线不能传播光频的电磁波，因此，我们由它接收到的信息一定是带宽受限的。然而另一方面，带宽受限的信号可表示为有限带宽的傅里叶变换，即

$$s(t)=\int_{-W}^{W}\mathrm{e}^{2\pi\mathrm{i}ft}S(f)\mathrm{d}f \tag{6.69}$$

上述积分表示的未知数是非常平滑的，具有所有各阶导数。事实上，这样的积分完全是 t 的连续函数，要么在任何时段上均不为零，要么在整个时段上随处都为零。这一信号既没有开始也没有停止，只能一直延续下去。实际的信号一定是有始有终的，因此一定不能是带宽受限的。这样，我们就陷入两难的境地，要么假设信号必须随时间一直进行下去，从而带宽受到限制，但这似乎是不合理的；要么假设信号在任意高的频率上都具有能量，即不存在带宽限制。如果我们要避免数学上的矛盾，上面两种情况之一必有一种假设是正确的，或者信号带宽受限，或者带宽不受限。究竟哪一个结论是正确的呢？上述问题是 IBM 公司的 Slepian 于 1976 年提出的[115-117]，他认为对这一问题的争论必然会促进科技的新发展。Slepian 是在论及通信带宽时提出此命题的，但在成像领域也存在同样的问题。我们这里主要涉及超振荡成像问题。

上面的结论之一是信号不受带宽限制，可以具有任意高的频率。常识告诉我们，对可见光成像而言，光学系统的点扩展函数的傅里叶变换的带宽总是受限的，最高空间频率不能超过 $\mathrm{NA}/(0.5\lambda)=n\sin\theta/(0.5\lambda)$，这是因为衍射存在。正因为如此，我们在前面曾提到倒空间支持区间的概念。我们很难想象接收端能逾越发射端的频率极限。若能改善接收端的空间分辨率，即使不能逾越发射端的空间频率限制，仍有可能将空间分辨率提高到纳米量级。现在的问题是，我们是否可构造一点扩展函数获得比其傅里叶变换带宽更高的空间频率呢？答案是肯定的。例如，我们有如下函数[118]：

$$f(x)=(\cos x+\mathrm{i}a\sin x)^{N}\quad(a>1,N\gg 1) \tag{6.70}$$

对于一般的 a 值，$f(x)$是以 π 为周期的周期函数。如果 a=1，则 $f(x)=\exp(\mathrm{i}Nx)$，它表示一向右传播的平面波。若 a>1，在 x 接近 0 时，函数变化得更快，这时

$$f(x)\sim\exp(N\log(1+\mathrm{i}ax))\sim\exp(\mathrm{i}aNx) \tag{6.71}$$

$f(x)$的傅里叶级数

$$f(x)=\sum_{m=0}^{N}c_m\exp\{\mathrm{i}Nk_m x\} \tag{6.72}$$

其中，

$$k_m=1-\frac{2m}{N},\quad c_m=\frac{N!}{2^N}(-1)^m\frac{\left(a^2-1\right)^{N/2}\left[(a-1)/(a+1)\right]^{Nk_m/2}}{\left[N\left(1+k_m\right)/2\right]!\left[N\left(1-k_m\right)/2\right]!} \tag{6.73}$$

这里值得我们注意的是波数 k_m 的绝对值小于或等于 1。上面式(6.71)表明有超振荡的性质，超振荡程度由 a 描述。为了更深入地理解超振荡，我们可将 $f(x)$写成积分的形式，即

$$f(x)=\left(\frac{a}{k(x)}\right)^{N/2}\exp\left\{\mathrm{i}N\int_0^x \mathrm{d}x'k(x')\right\} \tag{6.74}$$

其中所包含的局域波数(动量期望)可表示为

$$k(x)\equiv\frac{1}{N}\mathrm{Im}\,\partial_x\log f(x)=\frac{a}{\cos^2 x+a^2\sin^2 x} \tag{6.75}$$

波数由超振荡 $k(0)=a$ 变化到最慢的变化 $k(\pi/2)=1/a$。在超振荡区，$|k|>1$，并有

$$|x|<x_s=\operatorname{arccot}\sqrt{a} \tag{6.76}$$

在这一区域内，振荡数为

$$n_{\mathrm{osc}}=\frac{N}{2\pi}\int_{-\operatorname{arccot}\sqrt{a}}^{\operatorname{arccot}\sqrt{a}}\mathrm{d}x\,k(x)=\frac{N}{2\pi}\arctan\sqrt{a} \tag{6.77}$$

式(6.77)表明在超振荡区的$|f|$值较在$|k|<1$正常区域的值以指数的形式衰减，若在 $x=0$ 处超振荡的振幅为 1,则在 $x=\pi/2$ 处的振幅则为 a^N。因此，N 是一渐近参数，描述在超振荡区的振荡数目。如果我们将式(6.74)在 $x=0$ 附近展开，就可以得到较式(6.74)更精确的近似结果：

$$f(x)\approx\exp\{\mathrm{i}aNx\}\exp\left\{\frac{1}{2}N\left(a^2-1\right)x^2\right\} \tag{6.78}$$

这样所得到的超振荡区域为

$$|x|<x_{\mathrm{fs}}=\frac{1}{\sqrt{N\left(a^2-1\right)}} \tag{6.79}$$

所得到的超振荡数目为

$$n_{\mathrm{fs}}=\frac{\sqrt{N}}{\pi}\frac{a}{\sqrt{a^2-1}} \tag{6.80}$$

图 6-35 给出上述超振荡的一个实例。这里纵坐标用 $\log|\mathrm{Re}\, f|$ 表示，这样就可以清楚地表示出振荡情况。这里取 a=4，N=20。其中双箭头表示最小的周期 $\pi/N=\pi/20$。因为 a=4，最快的超振荡缩小到了 1/4。

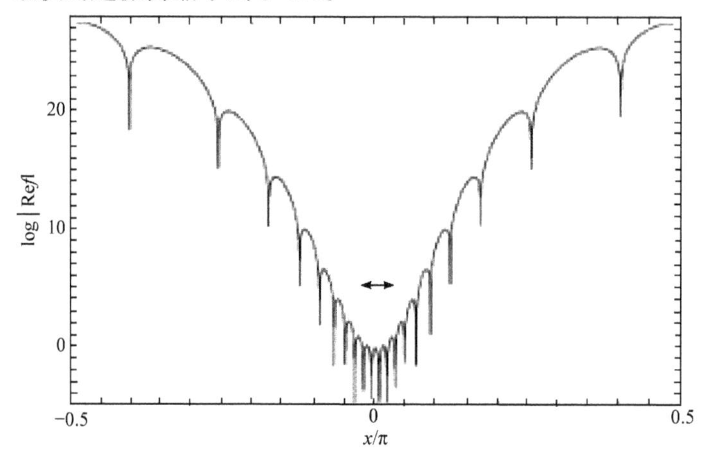

图 6-35　超振荡实例

超振荡是一种十分精细的现象，它与 $f(x)$傅里叶分量之间的互相关性是非常微弱的。因此，谈不上超振荡的功率谱有多大，也即

$$P(k)=\frac{Nc_m^2\left(m=(1-k)N/2\right)}{2\sum_0^N c_m^2}\underset{N\gg1}{\approx}\frac{1}{\sigma\sqrt{2\pi}}\exp\left\{-\frac{\left(k-\langle k\rangle\right)^2}{2\sigma^2}\right\} \tag{6.81}$$

其中，

$$\langle k\rangle=\frac{1}{a},\ \ \sigma\equiv\sqrt{\left(k-\langle k\rangle\right)^2}=\sqrt{\frac{a^2-1}{2Na^2}} \tag{6.82}$$

因此，渐近谱是一个窄的高斯型，其中心位于波数 $k=1/a$，在 $|x|=\pi/2$ 附近是以指数增长的慢振荡区。

超振荡还有其他的数学表达形式，这里就不一一列举了。

6.4.2　超振荡的量子力学描述

上面的数学表示确实说明超振荡是存在的。现在我们应当进一步认识，这种超振荡是瞬间即逝，还是可以随时间持续存在可以被利用？Berry 等利用薛定谔方程研究了这种现象[118-120]。利用上面描述的 $f(x)$作为薛定谔方程的初始态，我们则有

$$\mathrm{i}N\partial_t\psi(x,t)=\frac{1}{2}\partial_x^2\psi(x,t),\quad \psi(x,0)=f(x) \tag{6.83}$$

其中的渐近参数 N 起着普朗克常量的作用。这里的态函数 $\psi(x,t)$ 或者可写作传播子的积分，或者可写作傅里叶分量之和：

$$
\begin{aligned}
\psi(x,t) &= \sqrt{\frac{N}{2\pi \mathrm{i} t}}\int_{-\infty}^{\infty} \mathrm{d}x' f(x') \exp\left\{\mathrm{i}N(x-x')^2/(2t)\right\} \\
&= \sum_{m=0}^{N} c_m \exp\left\{\mathrm{i}N\left(k_m x - \frac{1}{2}k_m^2 t\right)\right\}
\end{aligned} \tag{6.84}
$$

ψ 的早期，有一个主要的附加性质，ψ 是 t 和 x 的周期函数，其周期是 $N\pi/2$。这种周期性是量子复活现象。图 6-36 中用白线表示振荡是如何进展的。如图 6-36(a)所示，超振荡并不是立即消失，而是要持续一段时间。在更长的时间后(图 6-36(b))振荡变得更慢了。在图 6-36(c)中超振荡消失了。在整个的时间范围 t=0～$N\pi/2$ 振荡则变得更慢(图 6-36(d))。

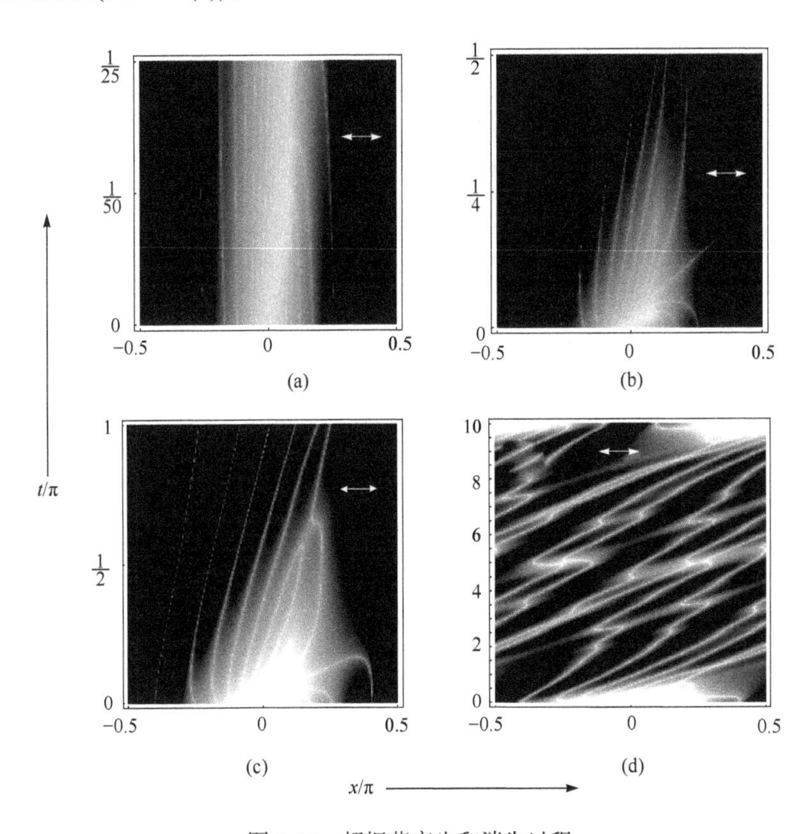

图 6-36　超振荡产生和消失过程

为了将问题说得更清楚，图 6-37 进一步给出了超振荡随时间消失更详细的过程，给出了 $\psi(x,t)$ 随时间的变化情况。图 6-37(d)给出超振荡消失的时间，此时

$gt=(3+7^{1/2})/8$。从图 6-37(c)到图 6-37(e)一个突出的特点是出现了一个隔墙，将快速振荡区和极慢振荡区隔离开了。

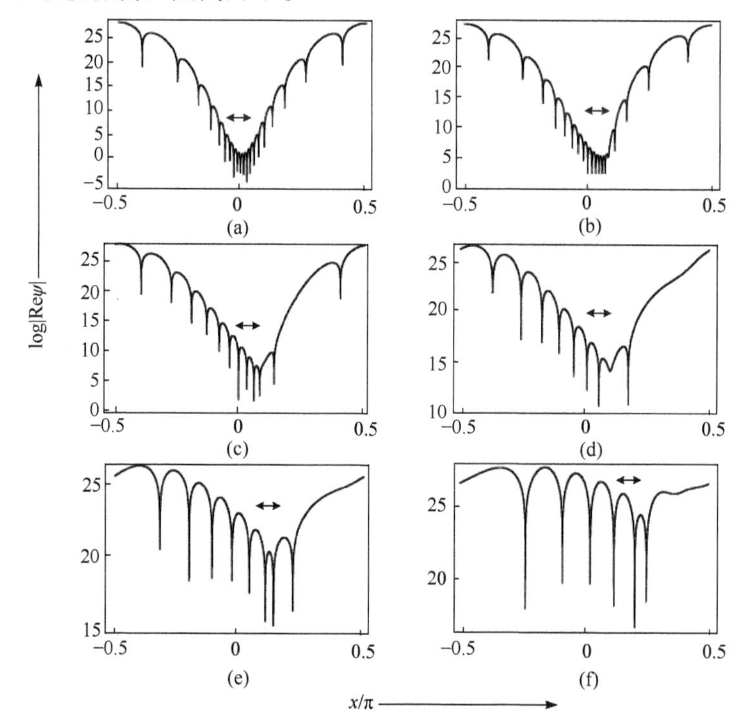

图 6-37　超振荡随时间的变化情况

(a)对应 0 时刻；(a)～(f)为时序变化情况

下面我们将试图对超振荡和隔墙现象给予解释。基于 $N \gg 1$，利用渐近性可导出有关结果，上面式子中的被积函数的模和相位都在快速变化，并可重新写作

$$\psi(x,t)=\sqrt{\frac{N}{2\pi \mathrm{i}t}}\int_{-\infty}^{\infty}\mathrm{d}x'\exp\left\{\mathrm{i}N\left[\int_0^{x'}\mathrm{d}x''q(x'')+(x-x')^2/(2t)\right]\right\} \tag{6.85}$$

其中，$q(x)$为复动量：

$$q(x)=-\frac{\mathrm{i}}{N}\partial_x \log f(x)=\frac{a\cos x+\mathrm{i}\sin x}{\cos x+\mathrm{i}a\sin x} \tag{6.86}$$

这时，波数变作 $k(x)=\mathrm{Re}q(x)$。用 $N\varphi$ 表示指数(复相位)，ψ 则可写作

$$\psi \leqslant (x,t)=\sqrt{\frac{N}{2\pi \mathrm{i}t}}\int_{-\infty}^{\infty}\mathrm{d}x'\exp\{\mathrm{i}N\phi(x',x,t)\} \tag{6.87}$$

对于 $N \gg 1$，利用鞍点法可以近似上面的积分，由鞍点 $x_j(x,t)$ (ϕ稳定点)给出 ψ，它要满足如下条件：

$$\partial_{x'}\phi(x',x,t)=0\Rightarrow q(x')=\frac{x-x'}{t}\Rightarrow x'=x_j(x,t) \tag{6.88}$$

从物理上讲，鞍点可认为是复动量，它可用来确定叠加波ψ，并由标准鞍点理论给出：

$$\psi_{\text{sp}}(x,t)=\sum_j \frac{f(x_j)}{\sqrt{1+t\partial_x q(x_j)}}\exp\left\{\mathrm{i}N(x-x_j)^2/(2t)\right\} \tag{6.89}$$

上面的和式是在所有的鞍点上求和。为保持积分收敛，其初始 x' 轮廓可以变形。对于非常小的 t，只存在一个有贡献的鞍点，由式(6.88)可知此鞍点靠近 x，当 t 加大时，其他鞍点以复杂的方式进入图像，这一点下面还会解释，它对了解超振荡是如何消失的十分重要。鞍点法可以数值模拟，所给出的结果几乎与傅里叶级数计算出的结果不可区分，即使 N 很小时也是这样。为了解析完成相关程序，可进一步进行简化，从而使我们感兴趣的现象——超振荡的消失得以解释，这时涉及的 x 和 t 很小。在这种情况下，对于大的 a 值，可获得很好的近似，我们可用简单的函数代替 $f(x)$和 $q(x)$，并引入新的比例变量：

$$f_{\text{app}}(\xi)=(1+\mathrm{i}\xi)^N,\ \ q_{\text{app}}(\xi)=\frac{1}{1+\mathrm{i}\xi},\ \ \xi\equiv ax,\ \ \tau\equiv a^2t \tag{6.90}$$

所用的比例从$\psi(\xi,\tau)$中消除了参数 a，可写作

$$\begin{aligned}\psi_{\text{app}}(\xi,\tau)&=\sqrt{\frac{N}{2\pi\mathrm{i}\tau}}\int_{-\infty}^{\infty}\mathrm{d}\xi' f_{\text{app}}(\xi')\exp\left\{\mathrm{i}N(\xi-\xi')^2/(2\tau)\right\}\\&=\sqrt{\frac{N}{2\pi\mathrm{i}\tau}}\int_{-\infty}^{\infty}\mathrm{d}\xi'\exp\left\{\mathrm{i}N\left[\int_0^{\xi'}\mathrm{d}\xi'' q_{\text{app}}(\xi'')+(\xi-\xi')^2/(2\tau)\right]\right\}\\&=\sqrt{\frac{N}{2\pi\mathrm{i}\tau}}\int_{-\infty}^{\infty}\mathrm{d}\xi'\exp\left\{\mathrm{i}N\phi_{\text{app}}(\xi',\xi,\tau)\right\}\\&=N!(1+\mathrm{i}\xi)^N\sum_{m=0}^{\text{int}(N/2)}\frac{1}{m!(N-2m)!}\left(-\frac{2\mathrm{i}\tau}{N(1+\mathrm{i}\xi)^2}\right)^m\end{aligned} \tag{6.91}$$

在做进一步处理之前，我们有必要来核查一下上面的简化是否保持了我们在研究的波函数 $\psi(x,t)$ 的结构，图 6-38 证明了这一点，其超振荡确实随着时间消失了。尽管略有不同，但无关大局。

对于$\psi_{\text{app}'}$，鞍点法明显地体现出来了，有两个鞍点$\xi_\pm(\xi,\tau)$，由下式给出：

$$\begin{aligned}&\partial_{\xi'}\phi_{\text{app}}(\xi',\xi,\tau)=0\Rightarrow\\&\xi'=\xi_\pm(\xi,\tau)=\frac{1}{2}\left(\xi+\mathrm{i}\pm\mathrm{i}\sqrt{1-\xi^2+2\mathrm{i}(\xi-2\tau)}\right)\end{aligned} \tag{6.92}$$

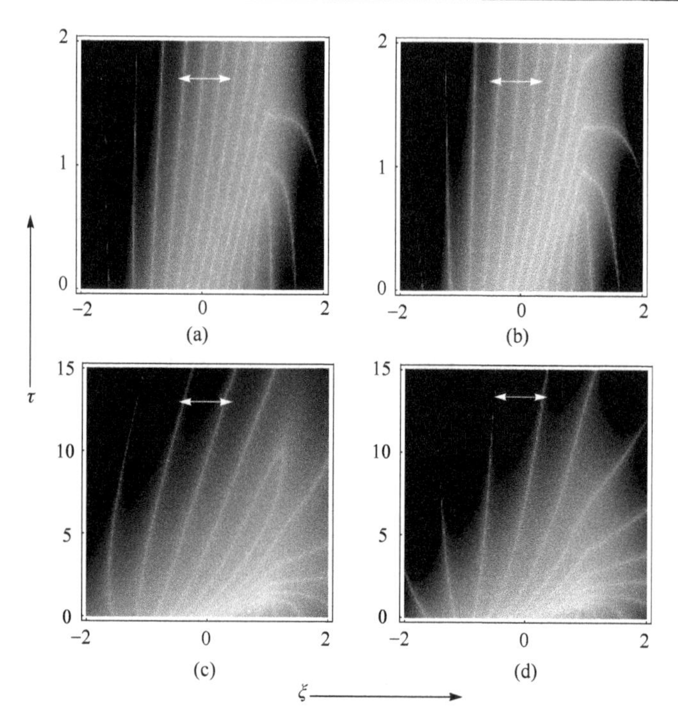

图 6-38　波函数做近似处理后仍具有近似相同的超振荡现象

对于小的τ值，以及平方根具有的自然约定，我们期望做出主要贡献的鞍点接近ξ，并且是解$\xi_-(\xi,\tau)$。对于一般的(ξ,τ)，鞍点近似式为

$$\psi_{\text{app,sp}}(\xi,\tau)=\sum_{\pm}a_{\pm}\frac{\exp\left\{\mathrm{i}N\phi_{\text{app}\pm}(\varsigma,\tau)\right\}}{\sqrt{1+\tau\partial_{\xi}q_{\text{app}}\left(\xi\pm(\xi,\tau)\right)}}\tag{6.93}$$

其中，

$$\phi_{\text{app}\pm}(\xi,\tau)=\sum_{\pm}\phi_{\text{app}}\left(\xi_{\pm}(\xi,\tau),\xi,\tau\right)\tag{6.94}$$

如果鞍点有±贡献，乘子$a_{\pm}$为 1，否则为零。下面我们将对这种奇特的情况予以解释。鞍点的行为是依照两个判据将(ξ,τ)平面分成一些区域。在典型的一些点，$\exp\left\{\mathrm{i}N\phi_{\text{app},\pm}\right\}$绝对值贡献是不同的，存在一些区域，在这些区域+主导−；还有一些与此相反的区域，那里−主导+。它们由“反斯托克斯线”隔开，其指数绝对值是相等的。同样重要的是“斯托克斯线”，其绝对值是不同的。这些起主导作用的线的重要性是跨越它们子区域或者可以出现或者也可以不出现，它们隐藏在主区域之后，这是一种指数渐近性现象。此外，式(6.92)中的平方根引出一分支线，跨过它+和−的贡献可交换。这三种线由下式决定：

反斯托克斯线：　$\mathrm{Im}\left[\phi_{\mathrm{app}+}(\xi,\tau)-\phi_{\mathrm{app}-}(\xi,\tau)\right]=0$　(6.95)

斯托克斯线：　$\mathrm{Re}\left[\phi_{\mathrm{app}+}(\xi,\tau)-\phi_{\mathrm{app}-}(\xi,\tau)\right]=0$　(6.96)

分支线：当$\tau>0.5,\xi=2\tau$时，式(6.92)中的平方根取负实数。

图 6-39 表示出如何用这些线构造出(ξ,τ)平面。其中的主要特点是与所有三条线有关的点$\xi=1,\tau=1/2$，在这里两个马鞍结合起来。为了理解隔墙现象和超振荡消失，跨过反斯托克斯线$\xi=1,\tau>1/2$主导区的交换具有核心的重要性，这是因为所出现的波数小于要代替的超振荡波数。这也解释了在$\xi=1$的隔墙现象。在隔墙本身处，两个波数如下：

$$k_{\mathrm{app}\pm}(1,\tau)\equiv\mathrm{Re}\,q_{\mathrm{app}}\left(\xi_{\pm}(1,\tau),1,\tau\right)=\frac{1\mp\sqrt{2\tau-1}}{2\tau} \tag{6.97}$$

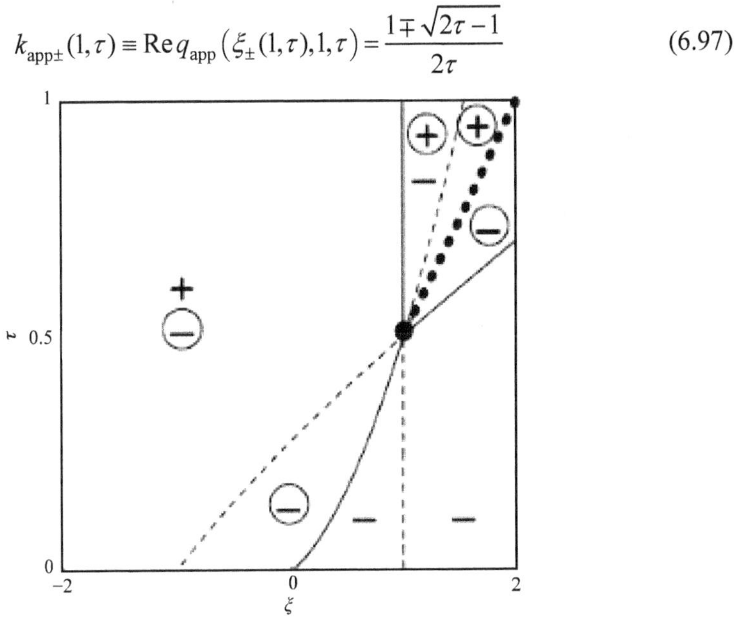

图 6-39　利用反斯托克斯线、斯托克斯线和分支线构成的(ξ,τ)平面
实线：反斯托克斯线；虚线：斯托克斯线；点线：分支线；黑点：马鞍结合点

在隔墙开始的$\tau=1/2$处，$k_{\mathrm{app}+}=k_{\mathrm{app}-}=1$，它正好是超振荡值。隔墙越高，两个波数减小，其主值$k_{+\mathrm{app}}$下降得更快，并当$\tau>1$时变为负数，这表示波向左传输。利用上面的方程我们至少可回答为什么超振荡会消失。在$t=\tau_{\mathrm{d}}$时发生，这时更大的波数$k_{\mathrm{app}-}$减小到在原始$f(x)$中的最大傅里叶分量相应的值。这相应于$k_{\mathrm{app}}=1/a$。由式(6.97)有

$$k_{\mathrm{app}-}\left(1,\tau_{\mathrm{d}}\right)=\frac{1}{a}\Rightarrow\tau_{\mathrm{d}}=\frac{a^2}{4}\left(1+\frac{2}{a}\sqrt{1+\frac{4}{a}-\frac{4}{a^2}}\right)\xrightarrow{a\gg1}\frac{a^2}{2} \tag{6.98}$$

在原始变量 t 中，相应于超振荡消失时间为

$$t_{\mathrm{d}}=\frac{1}{4}\left(1+\frac{2}{a}+\sqrt{1+\frac{4}{a}-\frac{4}{a^{2}}}\right)\xrightarrow{a\gg 1}\frac{1}{2} \tag{6.99}$$

t_{d}只取决于 a，并且程度较低，特别是 t_{d}不取决于 N，因此较量子恢复时间 $N\pi/2$ 要小得多。用复动量解释超振荡消失更具普遍性。其理由是对于任何初始量子态，其进化可用积分进行描述。进而，如果量子态为超振荡，将有一个大的参量，类似 N，被积函数的模和相位将变得很快，证明利用渐近性是正确的，并导致进化由复鞍点主导，那就是复动量。

一种在实验上实现超振荡的可能途径是出于这样的事实，即 $f(x)$是一个周期函数，这样就可以利用衍射光栅将入射光平面变换为系列的传播衍射束。这种光栅可用空间光调制器通过编程实现。令平面波 $\lambda=2\pi/K$，在 z 方向自由传播，在 $z=0$ 处设置一光栅，它将光波变换为超振荡函数：

$$\psi(x,0)=f(x/d) \tag{6.100}$$

我们保证在 $z>0$ 的半空间不存在隐失波；为此，条件应满足 $K>N/d$。另一方面，我们要求在光栅中的超振荡小于波长，因此 $K<aN/d$。如下条件

$$\frac{aN}{d}>K>\frac{N}{d} \tag{6.101}$$

将产生一光栅，其结构具有亚波长，所产生的场完全是传播的波，而不是隐失波。因此，该光栅将产生我们不熟识的超分辨，即不含隐失波的超分辨。我们将要研究超振荡将传播多远。光栅之后的场是波数为 K 的亥姆霍兹方程的精确解，其初始条件上面已介绍，把不重要的相位因子去除则可得

$$\psi(x,z)=\exp(-\mathrm{i}Kz)\sum_{m=0}^{N}c_{m}\exp\left\{\mathrm{i}\left(Nk_{m}x/d+z\sqrt{K^{2}-N^{2}k_{m}^{2}/d^{2}}\right)\right\} \tag{6.102}$$

如果式(6.101)中的第二不等式强成立，即如果光栅的最高阶傅里叶分量变化远慢于 λ，所有传播角度 $\theta_m=\arcsin(NK_m/(dK))$都很小，就可以用傍轴近似，即

$$\psi_{\text{paraxial}}(x,z)=\sum_{m=0}^{N}c_{m}\exp\left\{\mathrm{i}N\left(k_{m}x/d-zNk_{m}^{2}/(2Kd^{2})\right)\right\}=\psi\left(\frac{x}{d},z\frac{N}{Kd^{2}}\right) \tag{6.103}$$

这里 ψ 由式(6.84)给出。通过这一处理，超振荡越过光栅传播的问题就简化为前面已经研究过的问题，即按照量子进化处理超振荡持续过程。代表了量子再生的 ψ 的周期性这里重新解释为衍射理论中的塔尔博特效应，即在塔尔博特距离上重新构成光栅：

$$z_{\text{Talbot}}=\frac{1}{2}\pi Kd^{2}=\frac{(\pi d)^{2}}{\lambda} \tag{6.104}$$

但由于超振荡是如此精细，非常需要知道它们是否被非傍轴效应所破坏。但图 6-40 表明上述情况并未发生。这里 d=1, a=8, N=10, K=40，这时对应的光栅的最大传输角如下式所示：

$$\theta_{\max} \sim \arcsin(1/4) \sim 15° \tag{6.105}$$

属于傍轴但角度并不是特别小，在其傅里叶级数中最短的空间尺度为 $d\pi/N=2\lambda$，超振荡的微细结构为 $d\pi/(Na)=\lambda/4$。

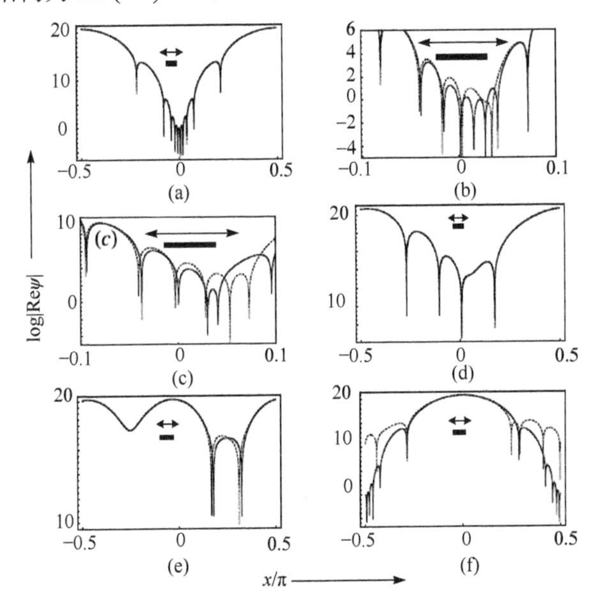

图 6-40　属于傍轴但 $\theta_{\max}$ 达 15°时不同时刻 ψ 随 x 的变化情况

对于光栅波，在物理上重要的传播范围是轴向距离 z_λ，短于此距离，超振荡精细结构保持在小于波长的范围。通过简单的推导，则可得到

$$z_\lambda = \frac{N}{4K}\left(1+\frac{2Kd}{Nd}+\sqrt{1+\frac{4Kd}{Na}-4\left(\frac{Kd}{Na}\right)^2}\right) \xrightarrow{a\gg 1} \frac{N}{2K}=\frac{N\lambda}{4\pi} \tag{6.106}$$

此距离与超振荡参数 a 只有弱的依赖关系，而与渐近参数 N 具有强的依赖关系。我们应将此参数与隐失波持续距离作一比较。这样的波具有如下形式：$\exp(\mathrm{i}aNx/d)\exp\left(-z\sqrt{(aN/d)^2-K^2}\right)$，因此使光强衰减到原来强度的 1/e 的持续距离为

$$z_{\text{evanescence}} = \frac{1}{2\sqrt{(aN/d)^2-K^2}} \xrightarrow{a\gg 1} \frac{d}{2Na} < \frac{1}{2K} \tag{6.107}$$

可见

$$z_{\lambda} / z_{\text{evanescence}} > N \gg 1 \tag{6.108}$$

我们可得出结论，对于传播的亚波长结构，基于光栅的超振荡远比基于隐失波的亚波长结构要有效得多。类似量子超振荡消失时间 t_{d} 对应的距离 z_{d}，这里超振荡扩展的空间尺度就是光栅中的最大傅里叶分量，即

$$z_{\mathrm{d}} = \frac{Kd^2}{4N}\left(1+\frac{2}{a}+\sqrt{1+\frac{4}{a}-\frac{4}{a^2}}\right) \xrightarrow{a\gg 1} \frac{Kd^2}{2N} \tag{6.109}$$

超振荡随着离开光栅距离的增加的情形，我们在这里作一个小结：

$z=0$	初始超振荡
$z=d^2K/(2Na^2)(=1/32)$	马鞍结合处(复动量)
$z=z_{\lambda}(=0.213)$	振荡达到波长大小
$z=z_{\mathrm{d}}(=2.499)$	超振荡消失
$z=z_{\mathrm{Talbot}}(=20\pi)$	塔尔博特重复距离

6.4.3 超振荡无衍射光束及其应用

从上面的分析可知，超振荡图像信息不仅存在，而且与隐失波完全不同，属于传输波。但是，受到衍射的影响，不可能传输得太远，并且当传输距离增加到几倍波长时，其空间分辨率由于衍射的存在而降低。可见，因超振荡光束存在衍射扩展，其应用受到严重的限制。2011 年，Makris 和 Psaltis 引入一个重要的概念，即超振荡无衍射光束[121]，通过使用超振荡形状保持不变的 Bessel 光束，在理论上证明可以产生不扩展的光束，使突破衍射极限的光束得以远距离传输。下面我们就来讨论超振荡无衍射光束的理论和实验问题。

首先我们考虑不同级的 Bessel 光束叠加的分布，一般来说，在垂直于轴的平面上，Bessel 光束彼此有位移。其复光场振幅 $E(r,z)$可表示为

$$E(r,\theta,z) = \mathrm{e}^{-\mathrm{i}kz}\sum_{m=0}^{N}\sum_{l=0}^{l_m} a_{lm}\mathrm{J}_m\left(k_r\left|\boldsymbol{r}-\boldsymbol{r}_{lm}\right|\right)\mathrm{e}^{-\mathrm{i}m\theta_{lm}} \tag{6.110}$$

这里我们使用柱坐标系(r, θ, z)，场的幅度 $E(r, \theta, z)$由 0 阶到 m 阶的 Bessel 光束组成。对于每一阶 m 可以有任意束 $l(m)$ 。第 m 阶光束 J_{lm} 以$\left|\boldsymbol{r}_{lm}\right|$为中心。所有光束分享同样的横向波矢 $\boldsymbol{k}_r$。对于每一横向位移的坐标系统，角坐标用 θ_{lm} 表示。坐标系由图 6-41 给出。由于每一 Bessel 光束是传播不变的(与轴向坐标无关)，并且所有的光束均沿轴向传播，并均以相同的速率获得相位，因此它们的叠加也是传播不变的。这里我们先考虑上述表达式的一个例子，它由两个叠加的第二阶光束构成，在上述方程中 m=2, l=2。它们在 x 轴上的中心可任意设定，其相对相位可

设定为π，沿 x 轴的场幅值为

$$E(x,z)=a_{21}\mathrm{J}_{21}\left(k_r x\right)\mathrm{e}^{-\mathrm{i}kz}-a_{22}\mathrm{J}_{22}\left(k_r(x-x')\right)\mathrm{e}^{-\mathrm{i}kz} \tag{6.111}$$

其中，a_{21}、a_{22} 和 k_r 为正的实常数。对于小的距离 $x<1/k_r$ 和这两束之间的横向距离 $\left|x-x'\right|<1/k_r$，方程(6.111)可近似为

$$E(x,z)\cong\frac{\mathrm{e}^{-\mathrm{i}kz}}{2!}\left[a_{21}\left(\frac{k_r x}{2}\right)^2-a_{22}\left(\frac{k_r\left(x-x'\right)}{2}\right)^2\right] \tag{6.112}$$

对于 $a_{22}>a_{21}$，$E(x,z)$ 在 $x_{\max}=x'a_{22}/(a_{22}-a_{21})$ 处具有最大值，并在 $x=\sqrt{a_{22}}x'/\left(\sqrt{a_{22}}-\sqrt{a_{21}}\right)$ 和 $x=\sqrt{a_{22}}x'/\left(\sqrt{a_{22}}+\sqrt{a_{21}}\right)$ 处过零。因此，光强是单一的，这两个零点之间的距离 $\Delta x=2\sqrt{a_{22}a_{21}}x'/\left(a_{21}-a_{22}\right)$ 可以任意小。之所以如此，是因为其中的 x' 可以任意小，但付出的代价是这一特征尺寸内所携带的光功率减小了。也即，因为 $E(x_{\max})\sim(x')^2$，峰值强度 $I(x_{\max})\sim(x')^4$，在沿 z 向传输的过程中，这一小的特征尺寸内所携带的光功率 $P\sim(x')^5$。当然，这只是普遍现象中的一个特例，普遍现象都是，随着特征尺寸的减小，超振荡特征尺寸内所携带的光功率是衰减的。

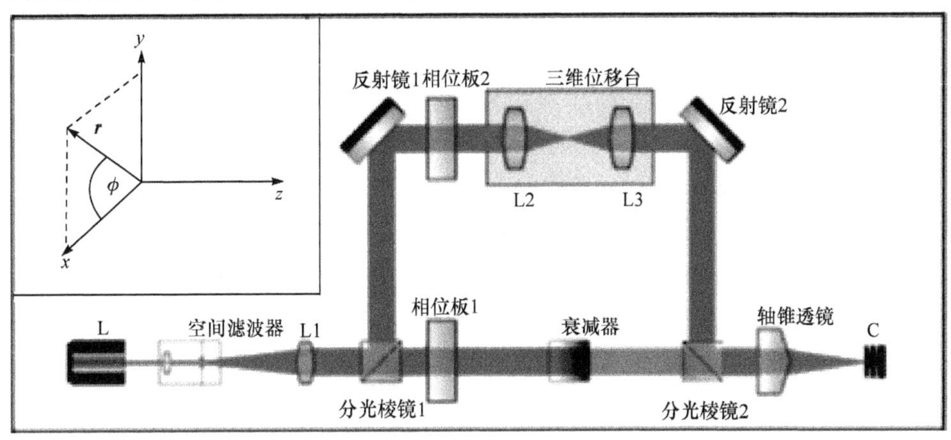

图 6-41　所采用的柱坐标系和实现二阶 Bessel 函数光束的光路图

实现上述设想的实验装置如图 6-41 所示[122]。两个平面波由同一激光器产生，该激光器产生的是连续光，可以是常用的 He-Ne 激光器，光束沿 z 向传播，先通过一空间滤波器，使光束实现空间滤波，使光束扩展，再重新准直，然后分成两束，每一束分别通过相位板 1 和相位板 2，得到螺旋相位 $m\theta$，其中 θ 表示在极坐标中模板平面的角度，m 一般为整数。在这一实验中 $m=2$。下面的一束通过衰减器，它给出了两路光束的强度比。上面的一束可以通过安装在三维显微架上的望远系统在横向实现位移。最后两束重新结合起来，并通过轴锥透镜使光束在长的

传输距离范围内形状保持不变。这里的轴锥透镜偏角为 2°，折射率为 1.48，其出射角度为 0.96°。这里系统的数值孔径为 0.0168，衍射受限的分辨率为 $\lambda/(2\mathrm{NA})$，约为 19 μm。光束横向彼此有位移，在进入轴锥透镜前使它们重叠。在透镜的输出端，光束近似为两个横向有位移的第二阶 Bessel 光束，其复场幅度分别为 $E_1 = A_{21}\mathrm{e}^{\mathrm{i}(m\theta-kz)}\mathrm{J}_2\left(k_r r\right)$ 和 $E_2 = A_{22}\mathrm{e}^{\mathrm{i}(m\theta-kz)}\mathrm{J}_2\left(k_r\left(r-r'\right)\right)$。复系数 A_{21} 和 A_{22} 由衰减器和所选择的仪器中光束的相对相位确定。沿 x 轴的场与式(6.112)给出的是一致的，其中的系数作如下选择：$A_{22}=a_{22}$；$A_{21}=\mathrm{e}^{\mathrm{i}\pi}A_{22}/10$。$k_r$ 只是由轴锥透镜聚焦能力确定，导致衍射图案在一个大的区域内是不扩展的，只是由圆锥透镜的直径和光束的直径决定。在这一系统中光束的准直是很容易控制的。光束在角度方向的彼此不准直导致超振荡在传播时的扩展或聚焦，而聚焦或扩展的角度与不准直的角度呈线性关系。事实上，这一自由度可以被用来故意使光束不准直，从而在已知的角度传播时，产生一超振荡，并使其宽度随准直的不同而发生改变。相应于光束的横向不准直，超振荡宽度与光束的横向位移约呈线性关系。这一自由度对我们介绍的系统而言是容易控制的。控制光束之间的相位到亚微米水平对下面的系统而言是至关重要的，这是因为光束之间在轴上的跳动可能引起光束之间的破坏性干涉，而这是我们不希望出现的情况。避免此问题的一条途径就是在装置的一个臂上使用厚的相位板，这样就可使 Bessel 光束与在厚相位板中反射产生的自己的光学“鬼像”相叠加。相对于入射光束的方向倾斜相位板就可以对光束之间的横向位移提供一种灵敏的控制方法。

实验结果表明利用上述装置可以获得非衍射光学超振荡，并通过光束的横向位移改变超振荡的特征尺寸，其尺寸可精确而连续地由衍射极限的 10%变化到 50%。相应地其峰值强度就像上面所预言的衰减 4 个数量级。实验还证明，它可以方便地控制超振荡的特征性质，并在传播的过程中使超衍射分辨得以保持，传播距离可长达 250 瑞利长度。

下面我们介绍一种使用叠加的高阶 Bessel 光束产生任意形状的非扩展超振荡光束的普遍方法。为此，正如前述，我们考虑超振荡叠加的场，但限制所有推导的所有光束的中心置于原点，并引入另一个简化，对于第 m 阶 Bessel 光束，所有 l 个情况是简并的，这样场就可写作

$$E(r,z) = \mathrm{e}^{-\mathrm{i}kz}\sum_{m=0}^{N} a_m \mathrm{J}_m\left(k_r r\right)\mathrm{e}^{-\mathrm{i}m\theta} \tag{6.113}$$

这里我们将要求得解析解，这样就可由事先确定的光束形状产生非衍射的超振荡，而无须求解方程。这里选择超振荡轴为 x，对于 $x \ll 1/k_r$，我们近似式(6.113)的沿

x 轴的场为

$$\begin{aligned} E(x,z) &= \sum_{m=0}^{m=N} a_m \sum_{s=0}^{\infty} \frac{(-1)^s}{s!(m+s)!}\left(\frac{k_r x}{2}\right)^{m+2s} \\ &= \mathrm{e}^{-\mathrm{i}kz} \sum_{j=0}^{\infty}\left(\sum_{k=0}^{f/2} \frac{(-1)^k a_{j-2k}}{k!(j-k)!2^f}\right)(k_r x)^f \end{aligned} \tag{6.114}$$

这里对于 $j-2k>N$ 和 $j-2k<0$，我们令 $a_{j-2k}=0$。我们对式(6.114)中的第 j 阶多项式 x^j 的每一个系数假设只包含最高阶系数 $a_j\,(k=0,s=0)$。例如，我们近似抛物项

$$\left(\frac{a_2}{8}-\frac{a_0}{4}\right)(k_r x)^2 \sim \left(\frac{a_2}{8}\right)(k_r x)^2 \tag{6.115}$$

和三次方项

$$\left(\frac{a_3}{48}-\frac{a_1}{16}\right)(k_r x)^3 \sim \left(\frac{a_3}{48}\right)(k_r x)^3 \tag{6.116}$$

这样可得

$$E(x,z) \cong \mathrm{e}^{-\mathrm{i}kz} \sum_{m=0}^{m=N} \frac{a_m}{m!}\left[\frac{k_r x}{2}\right]^m \tag{6.117}$$

这一近似是正确的，下面将会看到系数 a_m 随 m 以指数增长。利用式(6.114)设计的超振荡之间的数值比较，或者通过式(6.116)近似形式，表明，这两种形式所得到的结果只有可忽略的差别。为了设计任意形状的超振荡光场，光场复振幅最少在 x 轴上遵循函数 $f(x)$，我们用 Taylor 级数展开场分布，则有

$$f(x)=\sum\nolimits_m b_m x^m, \quad m=0,1,2,\cdots \tag{6.118}$$

使式(6.117)中的系数与式(6.118)Taylor 展开的系数相匹配，如果幅度 a_m 作如下设置：

$$a_m = \frac{m!b_m 2^m}{[k_r]^m} \tag{6.119}$$

任意形状的超振荡则可产生。因此，对于实现超振荡特征 $f(x)$的复场幅度可用 Bessel 光束叠加产生，表示为

$$E(x,z) = \mathrm{e}^{-\mathrm{i}kz} \sum_{m=0}^{m=N} \frac{m!b_m 2^m}{[k_r]^m} \mathrm{J}_m(k_r x) \tag{6.120}$$

式(6.120)是特定场的直观表示，它显示出某些定量有用的性质。m 阶 Bessel 光束贡献给所希望的超振荡场的 Taylor 展开第 m 阶项。因此，很明显，更高阶的 Bessel 光束对于扩展那些非展宽的超振荡区域是必要的。在式(6.120)中包括第 m 阶光束与 2^m 的乘积，因此在超振荡区域内的光束峰值强度的比值用 I_{so} 表示，超振荡区

域之外光束峰值强度为 I_{beam}，它们的比值表示为

$$R \equiv I_{\text{so}} / I_{\text{beam}} \sim 2^{-2N} \tag{6.121}$$

对于功率为常数的光束，R 可粗略地认为是传播不变光束超振荡区域内携带功率的一个量度。因此很明显超振荡的扩展需要 $f(x)$更高阶的 Taylor 展开，相应地，超振荡光功率将以指数的形式衰减。进而，以因子 r 收缩整个超振荡区域，k_r 将以因子 r^m 增加，光功率将以因子 r^{-2m} 衰减。当 $m \to \infty$ 时，超振荡精确地与预先设计的 $f(x)=\sin(ax)$相一致。在式(6.121)约束下，由超振荡区域所携带的光功率在 m 增加时变得小到可忽略不计。图 6-42(a)表示两正弦超振荡的产生。这里 $f(x)=\sin(ax)$，其中 a 是常数，这里建立的光束具有两个正弦强度特征，每一个的宽度为 $D_0/7$，这里 D_0 是系统的衍射极限，Bessel 束叠加取至 $m=3$。图 6-42(a)下面的图给出二维强度分布，上面的图给出其水平横截面强度分布。这里计算了直至 3 阶 Bessel 束叠加情况。图 6-42(b)表示扩展的超振荡区，其中包含 6 个超振荡，为此需要 19 阶正弦波形的 Taylor 级数，因此需要 19 阶 Bessel 束叠加。图 6-42(c)产生超振荡特征长方形矩阵，这里是 80 阶 Bessel 束的叠加，$f(x)$的傅里叶分解直至 3 阶。图 6-42(d)表示光束峰值强度和超振荡区域强度的比值与超振荡区域空间支持区间的函数关系。如图所示，这种依赖关系呈指数分布。

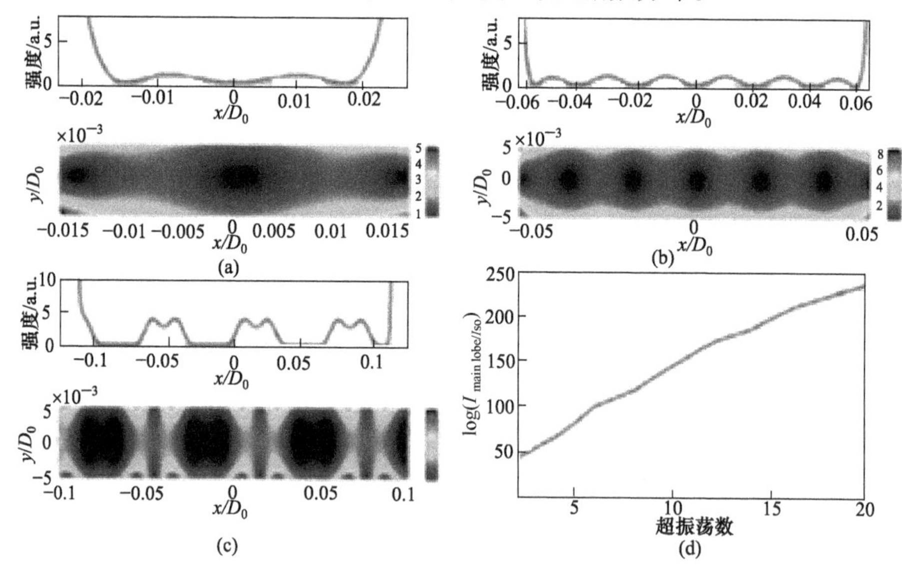

图 6-42　超振荡的产生(后附彩图)

对于实际应用而言，以不展宽的光束编码和传送系列的超振荡信息是头等重要的。然而，多项式(Taylor 级数)对于产生这样的特征并不方便。为此，可采用傅里叶分解方法，从而导致的超振荡的场分布与长方形脉冲串非常匹配。在这种

情况下，$f(x)$是一周期长度为 L 的长方形。我们将一波形展开为正弦级数，在 Taylor 级数中的每一正弦可得

$$f(x)=\sum_{n=1,3,5,\cdots} c_n \sin\left(\frac{2n\pi}{L}x\right)=\sum_{n=1,3,5,\cdots}\frac{4}{\pi n}\sum_{k=0}^{\infty}\frac{(-1)^k}{(2k+1)!}\left(\frac{2n\pi x}{L}\right)^{2k+1}=\sum_{k=0}^{\infty}b_{2k+1}x^{2k+1} \quad (6.122)$$

因此，第$(2k+1)$阶 Bessel 束的系数为

$$b_{2k+1}=\sum_{n=1,3,5,\cdots}\frac{4}{\pi n}\frac{(-1)^k}{(2k+1)!}\left(\frac{2n\pi}{L}\right)^{2k+1} \quad (6.123)$$

在这种情况下，光场可表示为

$$\begin{aligned}E(x,z)&=\mathrm{e}^{-\mathrm{i}kz}\sum_{k=1,3,5,\cdots}^{N}\frac{k!b_k 2^k}{[k_r]^k}\mathrm{J}_k(k_r x)\\&=\sum_{k=1,3,5,\cdots}^{N}\frac{k!2^k}{[k_r]^k}\sum_{n=1,3,5,\cdots}\frac{4}{\pi n}\frac{(-1)^k}{(2k+1)!}\left(\frac{2n\pi}{L}\right)^{2k+1}\mathrm{J}_k(k_r x)\end{aligned} \quad (6.124)$$

这个例子有着特别深刻的意义，这是因为超振荡区域所携带的功率既取决于超振荡在空间的清晰度，这是由傅里叶级数 n 给出的，又取决于超振荡空间支持区间，这是由 Taylor 级数 k 表明的。这即是说，对于空间支持区间，这是由已知的最高 Taylor 级数 k 给出，功率水平可粗略地表示为$b_{2k+1}=\sum_{n=1,3,5,\cdots} n^{2k+1}$。尽管上面的方法可以保持超衍射极限光学特征，并且在原理上适合于编码和传送长距离信息，但是超振荡传输功率的减小可能最终使得整个想法——对于使用超振荡长距离地保持超衍射极限——变得不现实。

6.4.4　基于超振荡透镜的光学显微镜

超振荡实现超分辨的核心器件是超振荡透镜(super oscillatory lens，SOL)[123]，这种超振荡透镜实际上是一种纳米结构的模板，通过相干光照明后，可以在超过近场的距离上实现聚焦。这种超衍射极限的聚焦能力是与下列事实有关的，即带宽受限函数可以在局域以比最高傅里叶分量更快的频率任意振荡，我们称这种现象为超振荡。普通的透镜聚焦的焦斑的直径与波长相当，而超振荡透镜原理上可以聚焦到任何希望的大小上。值得注意的是，在所有情况下，这种亚波长的聚焦点强度是很低的，而其周边高强度光环同时出现，这就限制了这一聚焦器件在成像时的视场大小。进而，亚波长光斑只收集到总功率中非常小的一部分。超振荡光斑的这些特点就成为过去成像应用的主要障碍，再加上制造超振荡模板的工艺技术问题，包括精度问题、连续性问题和与坐标有关的透过率等问题，更使其难

以走向应用。

之后之所以能实现超振荡成像主要受两个因素的影响。第一，代替原来连续性模板，发展了容易制造的二进制超振荡透镜，它是由一系列具有不同宽度和不同直径的同心圆环组成的，从而保证了波的精确有益的干涉，并导致亚波长光斑的产生。不像以前的工作，超振荡二进制模板不用隐失波构成亚波长光斑，这样就可以在成十倍波长的距离上由模板聚焦。第二，利用超振荡透镜通过扫描实现成像，利用 CCD 探测器中心部分，也即用亚波长光斑实现图像重建，这样一种成像策略同共焦显微镜，从而将不需要的周边光环去除。如果用普通的透镜成像一点状源，随着孔径的减小，斑点和透镜的分辨率将渐渐减小，但对于超振荡透镜而言，只要遮挡其孔径的很小一部分，就可以完全破坏亚波长斑点，这是因为它实际上是由大量的光束干涉平衡产生的结果。另一方面，超振荡这一脆弱性允许我们获得超振荡光斑大小的分辨率，但即使比此光斑还小的障碍物都会严重影响干涉的平衡状态，从而影响图像重建所用的信号。可见其对环境的要求是很严格的。

为了设计二进制模板，径向坐标被分成 N 个同心圆环，其中每一个圆环要么透明，要么完全不透明。该模板通过使用最佳化的二进制粒子群进行优化。这就是所谓的自然激发的进化算法以实现随机最佳化，它是通过使用一定数目的粒子群在 N 维空间找到总体最优。与假设固定数目的环算法相比较，这里环的数目在优化的过程中可以改变。我们定义中心斑点大小作为优化的评价函数。进一步，我们还可以通过要求有用视场大小和环形光强限制解的空间，当然环形光强应是实验允许的。在可应用算法中，对于 N=100 的超振荡透镜的设计，选取 60 个粒子群和 10000 次迭代，最后由 25 个尺寸变化的透明区组成。超振荡透镜的环形图案的最外环直径为 40 μm，利用聚焦的离子束对支撑在圆形玻璃衬底上 100 nm 厚的铝膜加工而成，然后将其安装在显微镜上作为照明透镜，照明激光 λ=640 nm，它产生的聚焦斑点直径为 185 nm，它离开铝膜的距离为 10.3 μm。超振荡透镜斑点的光强是入射光强的 25 倍。样品由安装在普通浸没透镜位置的超振荡透镜照明。用 20 nm 的步长对样品进行扫描，用 sCMOS 对信号进行记录。为了构建图像，探测区域是斑点的 1/3。图像重建中未使用解卷积和任何后处理技术。目前可分辨距离 105 nm，为波长的 1/6。图 6-43 给出超振荡透镜结构及利用此超振荡透镜计算得到的在 10.3 μm 处的光能分布以及利用它所获得的实际斑点大小。

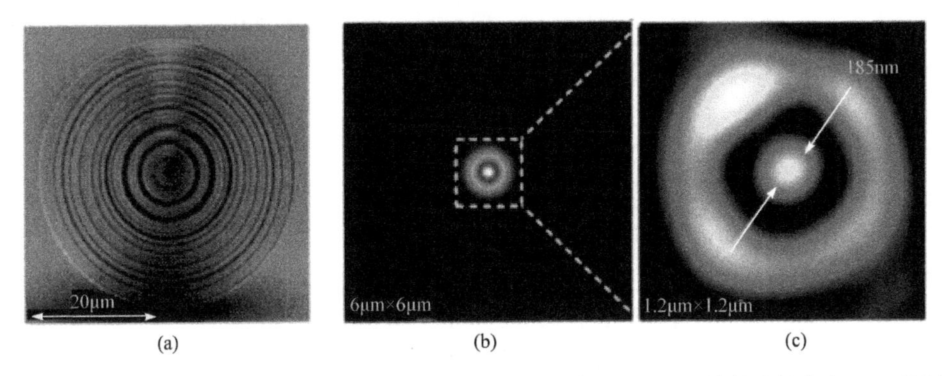

(a)　(b)　(c)

图 6-43　超振荡透镜结构(a)及利用此超振荡透镜计算得到的在 10.3 μm 处的光能分布(b)以及利用它所获得的实际斑点大小(c)

6.4.5　突破衍射极限的远场实时成像的光学超显微镜

这里将要设计一线性成像系统，它具有超振荡点扩展函数。如果利用此系统成像一针孔，其图像将变为一超振荡波形，具有超衍射斑点尺寸；进一步扩展，利用此系统成像一更为复杂的目标，就可以构成高分辨的图像。对于远场超衍射成像所希望的超振荡点扩展函数，其特点是具有一二维的超衍射峰值以及一低照明的区域，它将峰值和超振荡旁瓣分离开来。以前的工作认为没有如此大的动态范围可以将超振荡波形与高亮度的旁瓣同时显示出来，最近的进展得出相反的结论。在超衍射峰值锐利性和它所承载的波形能量百分比之间需要折中处理，人们发现当适当控制超振荡函数的旁瓣时，在旁瓣强度和信号动态范围的要求之间可以适当折中。为了对超振荡区域和旁瓣实现对称控制，人们将最近建立的超振荡和超方向性天线之间的关系予以平衡，从由天线阵列合成场出发采用超振荡函数设计方法[124]。通过使用该方法，人们设计了在一定程度上可以控制的并具有可以接受的超衍射峰值、暗区和旁瓣的超振荡点扩展函数。实验装置示意图见图 6-44。用波长为 632.8 nm 的 He-Ne 激光器用来照明物体，第一个透镜 L1 将物方的光场变换为傅里叶平面上的频谱，空间光调制器完成反射滤波。在此实验中所用的空间光调制器为 1024×768 的像素阵列，两像素之间的步长为 9μm。第二个透镜 L2 用来进行傅里叶逆变换，在实空间形成最后的图像。上述两个透镜的焦距均为 40cm，空间光调制器的宽度为 7mm。由此变换可知系统的数值孔径 NA=0.00864，相应的衍射受限的斑点尺寸为 $D=\lambda/(2\mathrm{NA})=36.7\mu\mathrm{m}$。当然，为了获得高的空间分辨率，希望使用高数值孔径系统，为了进行原理性验证，这里使用低的数值孔径，在距 L240cm 处放置 CCD 相机就可以很好地分辨超衍射图像。

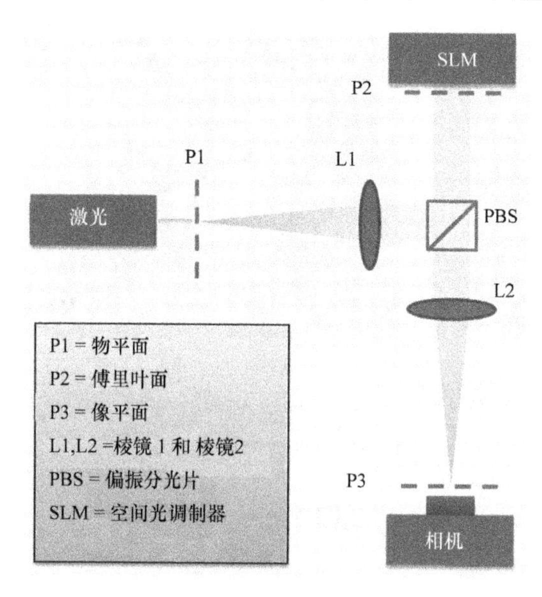

图 6-44　超振荡点扩展函数实验装置示意图

图 6-45 给出光学超显微镜和衍射受限显微镜点扩展函数的比较。其中(a)是利用光学超显微镜所得到的 10μm 孔的图像，可近似认为是系统的点扩展函数；(b)为更接近焦点的光学超显微镜的点扩展函数，它与衍射受限的点扩展函数相比，焦点更小了；(c)给出光学超显微镜点扩展函数的计算值、测试值与衍射受限值结果的比较，理论值与实验值的差别来源于空间光调制器有限的像素大小。光学超显微镜直接对目标成像而无须扫描，这是一个引人注目的优点，能实现一些与扫描成像相比独特的功能。首先，此成像系统十分简单，不用进行扫描，也没有事后处理的问题。进而，由于图像可实时构成，该系统就可以用来对随时间变化的物体进行成像。这里应当强调的是，所得到视频中的每一幅图像都是相机直接捕获到的，不要进行数据或图像处理。这种完成实时成像的能力是这种光学超显微镜相比其他基于超振荡成像系统的优势之一，有应用于在体超衍射生物医学显微镜的潜力。目前，这种光学超显微镜已将斑点宽度减小到衍射极限的 72%，分辨距离已达到瑞利判据的 75%。从原理上证明了该光学超显微镜的设计是正确的。通过增加光谱域的自由度还可以进一步改善分辨率。目前受空间光调制器有限像素大小的限制，不能获得更多的自由度。这种限制利用传统制造的模板作为超振荡滤波器可获得一定的改善。现代制造技术可以可靠地制作出特征尺寸 100nm 的模板。我们利用这样特征尺寸的模板就可以将更多的自由度编码到超振荡滤波器中，从而使光学超显微镜获得更高的空间分辨率。光学超显微镜要成像大的目标时其视场在某些情况下可能会受到制约。照明光束占据光学超显微镜的视场为 $2\lambda/NA$，通过扫描目标和将相邻视场的图像缝合起来，可以获得大目标的完整图

像。这里应当强调的是，这里的大步长扫描完全不同于在近场或者超振荡透镜所进行的亚波长扫描。这里的扫描步长是系统分辨率的 6 倍。因此，这种扫描对提高分辨率没有贡献，它只是增大系统的视场。进而，利用大步长扫描，避免了机械漂移以及其他慢扫描带来的缺陷，并且可以节省扫描时间，而空间分辨率仍是超衍射极限的。除了大物体成像，正如上述，我们还可能利用光学超显微镜实现亚波长成像。在上面的实验中利用低的数值孔径实现了超衍射分辨，这是因为我们企图利用 CMOS 器件进行实验。通过增加数值孔径到接近甚至超过 1，光学超显微镜就可以容易地实现亚波长分辨的远场成像，进而可以通过显微镜实时观察到亚波长图像。在这样的情况下，我们需要利用通常制作的透射或反射滤波器代替空间光调制器，这样就可以具有更精细的特征尺寸。其带来的结果是，不仅结构更精细，还使系统进一步简化，更容易推广应用。

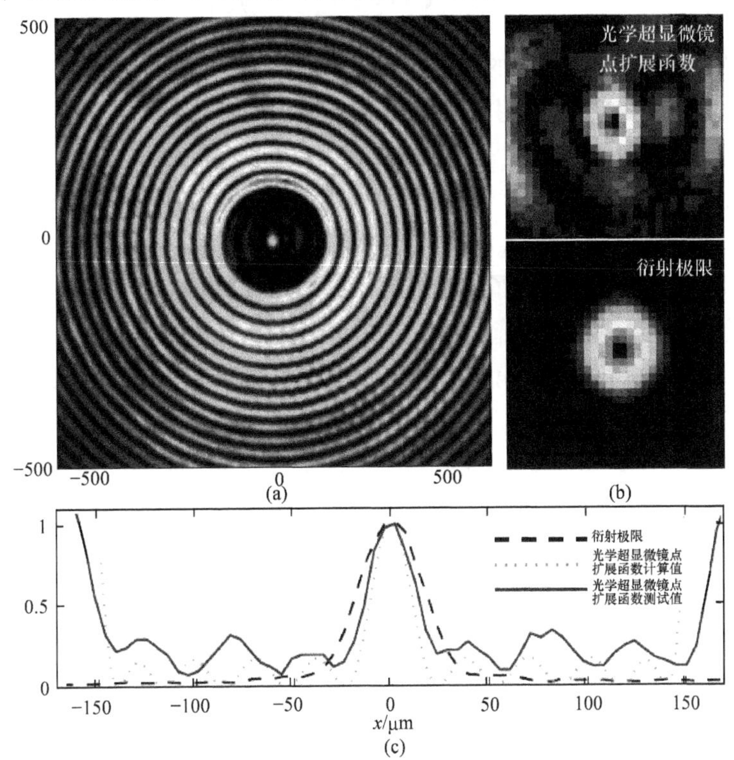

图 6-45　光学超显微镜和衍射受限显微镜点扩展函数的比较(后附彩图)

(a) 利用光学超显微镜所得到的 10 μm 孔的图像；(b) 更接近焦点的光学超显微镜的点扩展函数；(c) 光学超显微镜点扩展函数的计算值、测试值与衍射受限值结果的比较

剩下的问题就是如何设计超振荡函数。这里用的是二维超振荡滤波器，但我们在下面介绍的模型是一维的，它是在天线设计领域所建立的方法。我们考虑一

个周期函数 $F(x)$，其布洛赫周期为 Λ，它由 N 个复指数函数构成：

$$F(x)=C\sum_{n=0}^{N-1}a_n z^n=Ca_{N-1}\prod_{n-1}^{N-1}\left(z-z_n\right) \tag{6.125}$$

其中，$C=\mathrm{e}^{-\mathrm{j}k_{x0}x}$ 和 $z=\mathrm{e}^{-\mathrm{j}\Delta kx}$，$k_{x0}$ 和 $\Delta k=2\pi/\Lambda$ 分别代表具有最低空间频率分量和相邻空间频率分量之间的间隔。多项式 $F(z)$的因子化使我们可以在 z 复平面内用 $N-1$ 个零的函数来表示，在此 z 平面上，在每一布洛赫周期内对 $F(x)$沿单位圆追迹路径。凭直觉选择复函数 $F(z)$的零值来设计函数 $F(x)$。对于快速变化的 $F(x)$，一个简单的设计就是成偶地在单位圆上分布所有 $N-1$ 个零。在这种情况下，估值上述方程将会产生如下的最高频率的正弦函数：

$$F(x)=A_0\sin\left(\frac{(N-1)x}{2}+\varphi_0\right) \tag{6.126}$$

其中，A_0 和 φ_0 分别表示任意的幅度和相位常数。为了建立一个函数使其具有更快的振荡(如超振荡)，我们借用天线里的超方向概念，将沿单位圆上一段的所有零的部分包装在一起，并构建一波形 $F(x)$沿着那段弧超振荡。在超振荡区域之外的 $F(x)$的能量不可避免地增加，我们适当地放置一些零控制非超振荡区域的幅度。在设计中，令 N=63，在 $\pm2\pi\mathrm{NA}/\lambda$ 之间使间隔均匀，这里 λ=632.8nm，NA=0.00864。在超振荡区域 $4\lambda/\mathrm{NA}$ 内设置了 10 个零，通过 Tschebyscheff 扩展构成了最窄的峰值和等纹波旁瓣，其强度是峰值强度的 21%。在初始设置零之后，其余的零的设置要使旁瓣幅度最小化，所有零的位置要稍作修正，以使纹波性能最佳。

最后还要简单介绍一下二维径向对称超振荡函数的设计。这里在横向空间频率范围内，基于一组 Bessel 函数构成径向对称的超振荡函数：

$$G(r)=\sum_{p=0}^{(N-1)/2}b_pB_0\left(k_pr\right),\quad k_p=\left(p+\frac{1}{2}\right)\Delta k\,,\quad r=\sqrt{x^2+y^2} \tag{6.127}$$

由于 Bessel 函数与正弦函数之间的相似性，这里对函数 $G(r)$确定权重 b_n，就像 $F(x)$在 x 中的零值一样，$G(r)$在 r 中也会产生相同的零值：

$$G\left(r=x_n\right)=\sum_{p=0}^{(N-1)/2}b_pB_0\left(k_px_n\right)=0 \tag{6.128}$$

其中，

$$x_n=-\frac{\arg\left(z_n\right)}{\Delta k}\quad\left(n=\frac{(N-1)}{2}+1\sim N-1\right) \tag{6.129}$$

这里假设在$-\pi$到 π 相位上升中列出的零值，只涉及正 x 轴的零值，这直接对应于径向坐标 r。选择 b_0 作归一化常数，对于 $n=(N-1)/2+1\sim N-1$，则有

$$G\left(r=x_n\right)=\sum_{p=1}^{(N-1)/2} b_p B_0\left(k_p x_n\right)=-b_0 B_0\left(k_0 x_n\right) \tag{6.130}$$

在求解上述方程之后，我们得到的二维超振荡函数 $G(r)$的径向截面与其一维相应的部分非常相似。

6.4.6　超振荡的超衍射结构光显微成像[125]

我们提出一种基于超振荡的结构光照明超分辨成像方法，它利用超振荡构造具有超衍射极限的高空间频率的结构光，结合结构光照明的思想实现超衍射极限分辨的显微成像。获得超振荡结构光的关键就是要设计出超振荡区域呈准余弦的强度分布。如果一个连续可导的函数同时满足零点等间距排布、振幅相等，我们认为这样的波形是准余弦分布的。如果零点间隔小于衍射极限，我们认为其具备了超衍射结构光照明的能力。我们采用 Schelkunoff 方法来设计超衍射的结构光。

图 6-46(a)所示为超振荡波形，而构成该波形的频率谱如图 6-46(b)所示，可以看出区域两边的振幅远高于中间，为了更清楚地展示超振荡波形以及它和衍射极限之间的关系，在图 6-46(c)中给出了衍射极限对应的余弦波形并对振幅取了对数，其中蓝色线是我们设计的超振荡波形，红色线是衍射极限对应的余弦波形。可以看出，在超振荡波形的感兴趣区域(region of interest，ROI)，零点的间距是光学系统衍射极限对应的余弦零点的 0.75 倍。

从图 6-46(a)可以看出，ROI 中央和边缘的振幅比达到了 1 : 8。虽然可以在结构光照明下对源图像进行加权处理来改善这种振幅非均匀性带来的影响，但是效果有限，而且会在一定程度上限制源图像的信噪比。而直接获得振幅均匀性良好

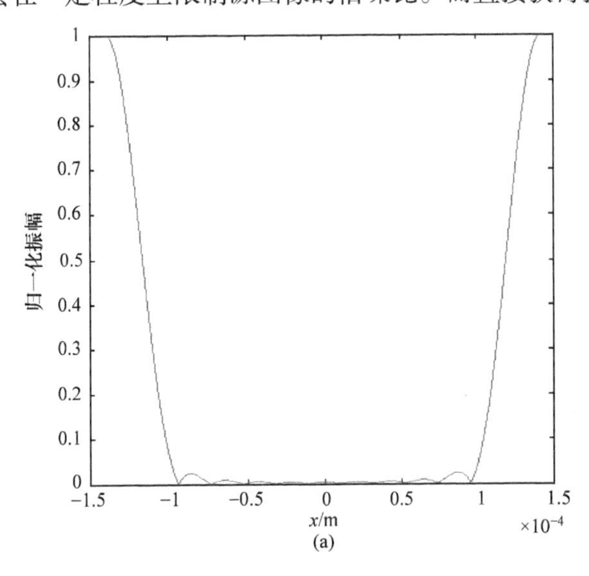

(a)

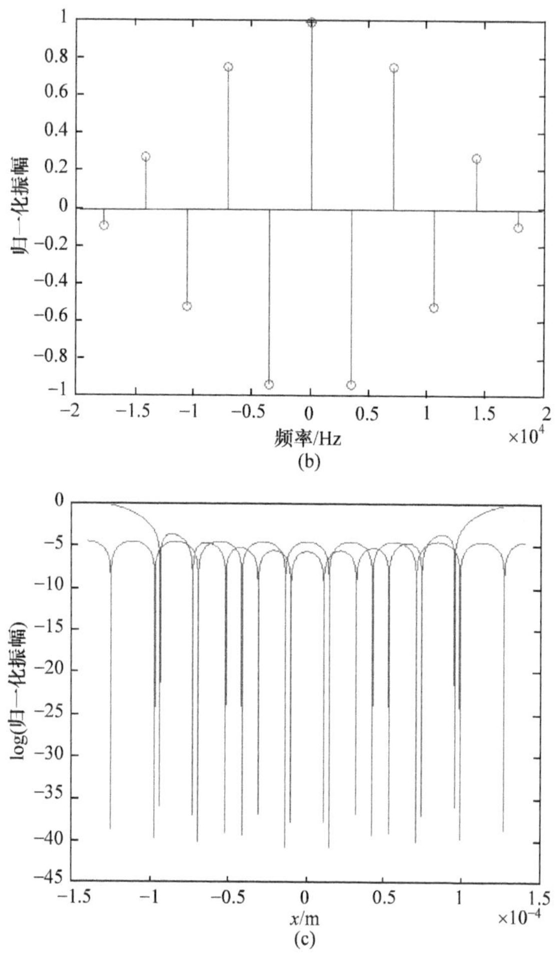

图 6-46 (a) 在 ROI 放置 11 个零点后的超振荡波形；(b) 构成该波形的频率谱：(c) 图(a)的振幅取对数坐标后的结果(后附彩图)

的结构光照明无疑更为有利。因此我们必须要考虑 ROI 振幅的均匀性。对于 ROI 均匀性的处理可以有两种方案，一种方案是纯粹的优化算法，另一种方案是解线性方程组的方法。

当超振荡的超衍射结构光照射到荧光标记的物体时，ROI 的激发光空间频率超过了普通光学成像系统的衍射极限，如果 ROI 的超衍射结构光的空间频率为 k_{so}，则系统最终可获得的来自样品的最高空间频率为衍射极限对应空间频率 k_0 与 k_{so} 的和。如图 6-46 所示，(a)中圆内区域表示传统显微镜可以探测的空间频率范围，(b)中蓝色圆点表示 ROI 的超衍射结构光的空间频率，是高于光学系统衍射极限 k_{0x} 的，(c)中蓝色圆圈表示沿 x 方向分布的超振荡超衍射结构光可以获取的空间频率范围。最终可以获取的重构图像分辨率由 k_{so} 的具体大小决定，例如，当

k_{s0} 为 $2k_0$ 时，超振荡的超衍射结构光成像可以将分辨率提高到普通光学成像系统衍射极限的 1/3(图 6-47)。

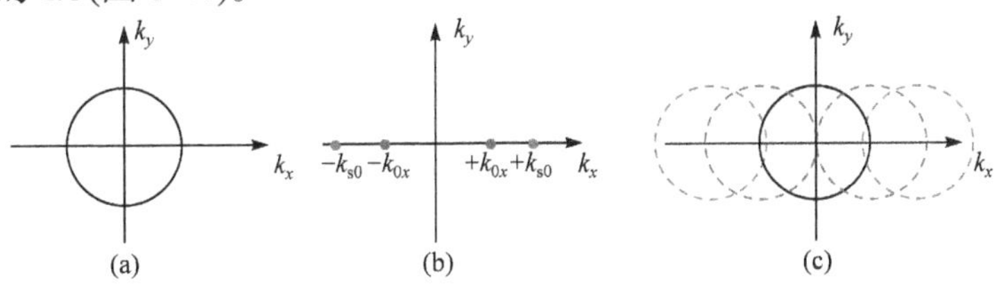

(a)　(b)　(c)

图 6-47　超振荡的超衍射极限结构光突破结构光显微成像分辨率极限的原理

(a) 普通光学成像系统的空间频域范围；(b) 用于照明的结构光空间频率；(c) 沿 x 方向分布的超衍射结构光成像所能获取的频域范围

下面以 Alexa647 荧光染料为例采用三步相移算法对超振荡的超衍射结构光成像进行模拟计算。激发波长为 640nm，发射波长为 670nm，模拟所用的光学系统衍射极限为 240nm。我们构造了三组密集标记的呈周期分布的荧光分子带，如图 6-48(a)所示，最上面一组的空间频率为衍射极限的 1.5 倍，中间一组的空间频率为衍射极限的 2.5 倍，最下面一组的空间频率为衍射极限的 3 倍。为了使模拟结果更接近实际，每一荧光源图像上都添加了噪声(包括泊松噪声和高斯噪声，高斯噪声的方差值为 0.001)。图 6-48(b)为普通光学成像系统成像的模拟结果，可以看出，普通的光学成像系统无法分辨这三组结构。图 6-48(c)为线性结构光显微成像的模拟结果，可以看出，线性的结构光显微成像可以分辨空间频率为 1.5 倍衍射极限的荧光分子带，但是无法分辨空间频率为 2.5 倍及 3 倍衍射极限的下面两组。图 6-48(d)为超振荡的超衍射结构光显微成像的模拟结果，可以看出，超振荡的超衍射结构光显微成像可以分辨三

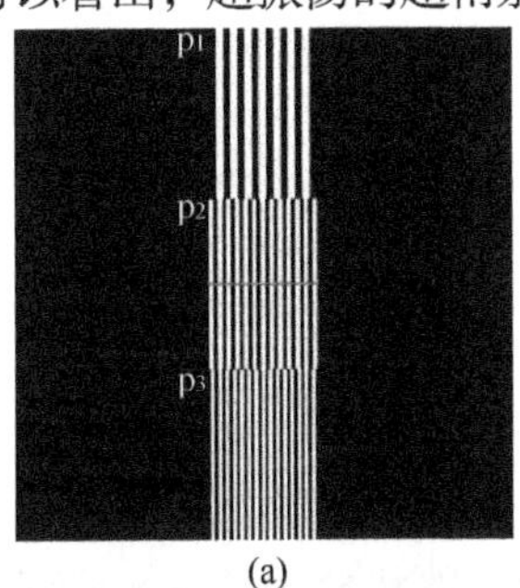

(a)

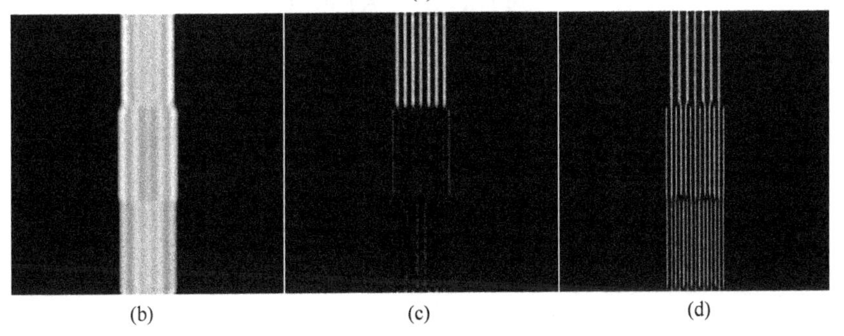

(b)　(c)　(d)

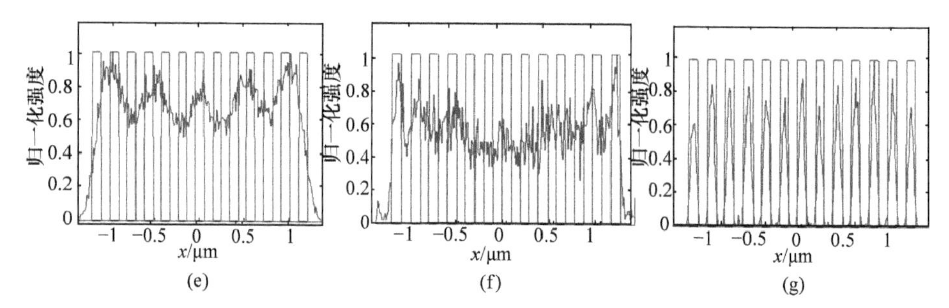

图 6-48　荧光分子带(a)用普通光学系统成像(b)、线性结构光显微成像(c)、超振荡的超衍射结构光显微成像(d)的模拟结果，以及相应的强度分析(e)～(g)(后附彩图)

(e)～(g)中红色表示样品结构，蓝色表示成像的强度分布

组结构的荧光分子带。

总的来说，该方法可以用来产生突破照明光路衍射极限的结构光，从而不用借助于饱和结构光照明的方法就可以进一步提高 SIM 的成像分辨率，突破了 1/2 衍射极限这一瓶颈，为 SIM 的发展提供了新的思路，同时该方法也是超振荡原理一种全新角度的应用。理论上讲，该方法可以在局部产生任意高频率的结构光，但是高能量的旁瓣随之而来，因此实际应用中还需在分辨率以及能量利用上做权衡，同时结合抑制旁瓣的方法。

参 考 文 献

[1] Smekal A. Zur quantentheorie der dispersion. Naturwissenschaften,1923,11(43): 873-875.

[2] Raman C V, Krishnan K S. A new type of secondary radiation. Nature,1928,121(3048): 501-502.

[3] Fleischmann M, HendraP J, McQuillan A J. Raman spectra of pyridine absorbed at a sliver electrode. Chem. Phy. Lett., 1974, 26(2): 163-166.

[4] Jeanmaire D L , van Duyne R P. Surface Raman spectroelectrochemistry: Part 1. Heterocyclic, aromatic, and aliphatic amines adsorbed on the anodized silver electrode.J. Electroanal. Chem. and Interfacial Electrochem.,1977,84(1): 1-20.

[5] Stockle R M, Suh Y D, Deckert V, Zenobi R. Nanoscal chemical analysis by tip-enhanced Raman spectroscopy. Chem. Phys. Lett., 2000, 318: 131-136.

[6] Nie S, Emory S R. Probing single molecules and single nanoparticles by surface-enhanced Raman scattering. Science,1997, 275: 1102-1106.

[7] Campion A, Kambhampati P. Surface-enhanced Raman scattering. Chem. Soc. Rev., 1998,27: 241-250.

[8] Haynes C L, McFarland A D, van Duyne R P. Surface-enhanced Raman spectroscopy. Anal. Chem., 2005: 339A-346A.

[9] Garcia-Vidal F J, Pendry J B. Collective theory for surface enhanced Raman scattering. Phys. Rev. Lett.,1996, 77(6): 1163-1166.

[10] Xu H, Aizpurua J, Kall M, Apell P. Electromagnetic contributions to single-molecule sensitivity in surface-enhanced Raman scattering. Phys. Rev. E,2000, 62(3): 4318-4324.

[11] Lombardi J R, Birke R L, Lu T , Xu J. Charge-transfer theory of surface enhanced Raman spectroscopy: Herzberg-Teller contributions. J. Chem. Phys., 1986, 84(8): 4174-4180.

[12] Fan M, Andrade G F S, Brolo A C. A review on the fabrication of sunstrates for surface enhanced Raman spectroscopy and their applications in analytical chemistry. Anal. Chim. Acta, 2011, 693: 7-25.

[13] Le F, Brandl D W, Urzhumov Y A, et al. Metallic nanoparticle arrays: a common substrate for both surface-enhanced Raman scattering and surface-enhanced infrared absorption.ACS NANO,2008,2(4): 707-718.

[14] Driskell J D, Shanmukh S, Liu Y, et al.The use of aligned silver nanorod arrays prepared by oblique angle deposition as surface enhanced Raman scattering substrate. J. Phys. Chem. C, 2008, 112: 895-901.

[15] Kawata S, Inouye Y, Verma P. Plasmonics for near-field nano-imaging and superlensing. Nature Photonics, 2009, 3: 388-394.

[16] Yeo B S, Stadler J, Schmid T, et al. Tip-enhanced Raman spectroscopy—Its status, challenges and future directions. Chem. Phys. Lett.,2009, 472: 1-13.

[17] Cancado L G, Hartschuh A, Novotny L. Tip-enhanced Raman spectroscopy of carbon nanotubes. J. Raman Spectroscopy,2009, 40: 1420-1426.

[18] Yano T, Verma P, Saito Y, et al. Pressure-assisted tip-enhanced Raman imaging at a resolution of a few nanometers. Nature Photonics,2009, 3: 473-477.

[19] Ayas S, Cinar G, Ozkan A D, et al. Label-free nanometer-resolution imaging of biological architectures through surface enhanced Raman scattering. Scientific Reports,2013,3:2624.

[20] Keilmann F. Surface-polariton propagation for scanning near field optical microscopy application. J. Microscopy,1999,194(Pt2/3): 567-570.

[21] Berweger S, Nguyen D M, Muller E A, et al.Nano-chemical infrared imaging of membrane proteins in lipid bilayers. J. Am. Chem. Soc.,2013, 10:1021/ja409815g.

[22] Dazzi A, Prazeres R, Glotin F, et al.Local infrared microspectroscopy with subwavelength spatial resolution with an atomic force microscope tip used as a photothermal. Optics Letters, 2005, 30(18): 2388-2390.

[23] Huth F, Schnell M, Wittborn J, et al. Infrared spectroscopic nano-imaging with a thermal source. Nature Material,2011,10: 352-356.

[24] Zenhausern F, Oboyle M P, Wickramasinghe H K.Apertureless near-field optical microscope. Appl. Phys. Lett.,1994,65(13): 1623-1625.

[25] Knoll B, Keilmann F. Near-field probing of vibrational absorption for chemical microscopy. Nature,1999, 399: 134-137.

[26] Brehm M, Taubner T, Hillenbrand R, et al. Infrared spectroscopic mapping of single nanoparticles and viruses at nanoscale resolution. Nano Letters, 2006, 6(7): 1307-1310.

[27] Mayet C, Dazzi A, Prazeres R, et al.Sub-100nm IR spectromicroscopy of living cells. Optics Letters, 2008, 33(14): 1611-1613.

[28] Kennedy E, Al-Majmaie R, Al-Rubeai M, et al.Nano-scale infrared absorption imaging permits non-destructive intracellular photo-sensitizer localization for sub-cellular uptake analysis. RSC Advances, 2013, 3: 13789-13795.

[29] Sakai M, Kawashima Y, Takeda A, et al.Far-field infrared super-resolution microscopy using picosecond time-resolved transient fluorescence detected IR spectroscopy. Chem. Phys. Lett., 2007, 439: 171-176.

[30] Silien C, Liu N, Hendaoui N, et al.A framework for far-field infrared absorption microscopy beyond the diffraction limit. Optics Express, 2012, 20(28):29694-29704.

[31] Inoue K, Fujii M, Sakai M.Development of a non-scanning vibrational sum-frequency generation detected infrared super-resolution microscope and its application to biological cells. Applied Spectroscopy, 2010, 64(3): 275-281.

[32] Pita I, Hendaoui N, Liu N,et al.High resolution imaging with differential infrared absorption micro-spectroscopy. Optics Express, 2013, 21(22): 25632-25642.

[33] Xie C, Kumar M, Kulkarni O P,et al.Mid-infrared super-continuum generation to 4.5μm in ZBLAN fluoride fibers by nano-second diode pumping. Optics Letters, 2006, 31(17): 2553-2555.

[34] Qin G, Yan X, Kito C, et al.Ultrabroadbamd supercontinuum generation from ultraviolet to 6.28μm in a fluoride fiber. Appl. Phys. Lett. ,2009, 95: 161103.

[35] Kulkarni O P, Alexander V V, Kumar M, et al.Supercontinuum generation from 1.9-4.5μm in ZBLAN fiber with high average power generation beyond 3.8μm using a thulium-doped fiber amplifier. J. Opt. Soc. Am. B ,2011,28(10): 2486-2498.

[36] Dupont S, Petersen C, Thogersen J, et al.IR microscopy utilizing intense supercontinuum light source. Optics Express ,2012,20(5): 4887-4892.

[37] Zong C, Premasiri R, Lin H, et al. Plasmon-enhanced stimulated Raman scattering microscopy with single-molecule detection sensitivity. Nat. Commun., 2019, 10: 5318.

[38] Terhune R W, Maker P D, Savage C M. Measurements of nonlinear light scattering.Phys. Rev. Lett.,1965, 14(17): 681-684.

[39] Begley R F, Harvey A B, Byer R L. Coherent anti-Stokes Raman spectroscopy. Appl. Phys. Lett.,1974, 25(7): 387-390.

[40] Duncan M D, Reijntjes J, Manuccia T J. Scanning coherent anti-Stokes Raman microscope. Optics Letters ,1982,7:350-352.

[42] Zumbusch A, Holton G R, Xie X S. Three-dimentional vibrational imaging by coherent anti-Stokes Raman scattering. Phys. Rev. Lett.,1999, 82(20): 4142-4145.

[42] Volkmer A, Cheng J X, Xie X S. Vibrational imaging with high sensitivity via epidetected coherent anti-Stokes Raman scattering microscopy. Phys. Rev. Lett., 2001, 87(2): 023901.

[43] Volkmer A, Book L D, Xie X S. Time-resolved coherent anti-Stokes Raman scattering microscopy: Imaging based on Raman free induction decay. Appl. Phys. Lett.,2002, 80(9): 1505-1507.

[44] Nan X, Potma E O, Xie X S. Nonperturbative chemical imaging of organelle transport in living cells with coherent anti-Stokes Raman scattering microscopy. Bio. Phys. J.,2006, 91: 728-735.

[45] Wurpel G W H, Schins J M, Muller M. Chemical specificity in three dimensional imaging with multiplex coherent anti-Stokes Raman scattering microscope. Optics Letters,2002,27(13): 1093-1095.

[46] Dudovich N, Oron D, Silberberg Y. Single pulse coherently controlled nonlinear Raman spectroscopy and microscopy. Nature ,2002,418: 512-514.

[47] Ichimura T, Hayazawa N, Hashimoto M, et al.Tip-enhanced coherent anti-Stokes Raman scattering for vibrational nanoimaging. Phys. Rev. Lett.,2004, 92(22): 220801.
[48] Boyd R W. Nonlinear Optics. New York:Academic Press, 1992: 457-466.
[49] Shen Y R.The Principles of Nonlinear Optics. New York:John Wiley and Sons Inc., 1984: 141-184.
[50] Clark R J H, Hester R E.Advances in Nonlinear Spectroscopy.New York:John Wiley and Sons Ltd., 1988: 15-45.
[51] Levenson M D, Kano S S.Introduction to Nonlinear Laser Spectroscopy.San Diego: Academic Press, 1988: 88-122.
[52] Richards B, Wolf E. Electromagnetic diffraction in optical systems：Ⅱ. Structure of the image field in an aplanatic system. Proc. R. Soc. A ,1959, 253 (1274): 358-379.
[53] Potma E O, de Boeij W P, Wiersma D A.Nonlinear coherent four-wave mixing in optical microscopy.J. Opt. Soc. Am. B,2000, 17(10):1678-1684.
[54] Hashimoto M, Araki T, Kawata S.Molecular vibration imaging in the fingerprint region by use of coherent anti-Stokes Raman scattering microscopy with a collinear configuration. Opt. Lett.,2000,25(24): 1768-1770.
[55] Cheng J X, Volkmer A, Book L D, et al.An epi-detected coherent anti-Stokes Raman scattering (E-CARS) microscope with high spectral resolution and high sensitivity. J. Phys. Chem. B, 2001,105(7): 1277-1280.
[56] Brakel R, Schneider F W.Polarization CARS Spectroscopy//Clark R J H, HesterR E. New York: Wiley & Sons , 1988: 10-45.
[57] Kamga F M, Sceats M G.Pulse-sequenced coherent anti-Stokes Raman scattering spectroscopy: A method for suppression of the nonresonant background. Opt. Lett.,1980, 5(3): 126-128.
[58] Dudovich N, Oron D, Silberberg Y. Single-pulse coherently controlled nonlinear Raman spectroscopy and microscopy. Nature,2002, 418: 512-514.
[59] Potma E O, Evans C L, Xie X S.Heterodyne coherent anti-Stokes Raman scattering (CARS) imaging. Opt. Lett.,2006, 31(2): 241-243.
[60] Kano H, Hamaguchi H. Near-infrared coherent anti-Stokes Raman scattering microscopy using supercontinuum generated from a photonic crystal fiber. Appl. Phys. B, 2005, 80: 243-246.
[61] Kee T W, Zhao H X, Cicerone M T.One-laser interferometric broadband coherent anti-Stokes Raman scattering.Opt. Expr.,2006,14(8): 3631-3640.
[62] Lee Y J, Liu Y X, Cicerone Y X.Characterization of three-color CARS in a two-pulse broadband CARS spectrum. Opt. Lett.,2007, 32(22): 3370-3372.
[63] Lee Y J, Cicerone M T.Vibrational dephasing time imaging by time-resolved broadband coherent anti-Stokes Raman scattering microscopy. App. Phys. Lett.,2008, 92: 041108.
[64] Kee T W, Cicerone M T. Simple approach to one-laser, broadband coherent anti-Stokes Raman scattering microscopy. Opt. Lett.,2004, 29(23): 2701-2703.
[65] Kano H, Hamaguchi H. Near-infrared coherent anti-Stokes Raman scattering microscopy using supercontinuum generated from a photonic crystal fiber. Appl. Phys. B ,2005,80: 243-246.
[66] Kee T W, Zhao H X, Cicerone M T.One-laser interferometric broadband coherent anti-Stokes

Raman scattering. Opt. Expr.,2006,14(8): 3631-3640.

[67] Lee Y J, Liu Y X, Cicerone M T.Characterization of three-color CARS in a two-pulse broadband CARS spectrum. Opt. Lett.,2007, 32(22): 3370-3372.

[68] Lee Y J, Cicerone M T.Vibrational dephasing time imaging by time-resolved broadband coherent anti-Stokes Raman scattering microscopy. App. Phys. Lett.,2008, 92: 041108.

[69] Russell P. Photonic crystal fibers. Science ,2003,299: 358-362.

[70] Paulsen H N, Hilligsoe K M, Thogersen J, et al.Coherent anti-Stokes Raman scattering microscopy with a photonic crystal fiber based light source. Opt. Lett.,2003, 28(13): 1123-1125.

[71] Knight J C, Russell P.New ways to guide light. Science ,2002,296: 276.

[72] Sangeeta M, Craig B, Andrew R,et al.Coherent anti-Stokes Raman scattering microscopy using photonic crystal fiber with two closely lying zero dispersion wavelengths. Opt. Exp., 2007,15(21): 14028-14037.

[73] Kano H, Hamaguchi H.Femtosecond coherent anti-Stokes Raman scattering spectroscopy using supercontinuum generated from a photonic crystal fiber. Appl. Phys. Lett.,2004,85(19): 4298-4300.

[74] Kee T W, Cicerone M T.Simple approach to one-laser, broadband coherent anti-Stokes Raman scattering microscopy. Opt. Lett. ,2004,29(23): 2701-2703.

[75] Konorov S O, Akimov D A, Ivanov A A, et al. Microstructure fibers as frequency-tunable sources of ultrashort chirped pulses for coherent nonlinear spectroscopy. Appl. Phys. B, 2004,78(5): 565-567.

[76] Bykov V P. Spontaneous emission in a periodic structure. Sov. Phys. JETP ,1972,35: 269-273.

[77] Bykov V P. Spontaneous emission from a medium with a band spectrum. Sov. J. Quant. Electron, 1975, 4: 861-871.

[78] Yablonovitch E.Inhibited spontaneous emission in solid-state physics and electronics. Phys. Rev. Lett., 1987, 58(20): 2059-2062.

[79] John S. Strong localization of photons in certain disordered dielectric superlattices. Phys. Rev. Lett. ,1987,58(23): 2486-2489.

[80] Yablonovitch E, Gmitter T J, Meade R D, et al. Donor and acceptor modes in photonic band structure. Phys. Rev. Lett. ,1991,67(24): 3380-3383.

[81] Krauss T F, DeLaRue R M, Brand S. Two-dimensional photonic-bandgap structures operating at near infrared wavelengths. Nature ,1996,383: 699-702.

[82] Birks T A, Knight J C,Russell P. Endlessly single-mode photonic crystal fiber. Opt. Lett. ,1997,22(13): 961-963.

[83] Knight J C, Broeng J, BirksT A, et al. Photonic band gap guidance in optical fibers. Science ,1998,282(5393): 1476-1478.

[84] Cregan R F, Mangan B J, Knight J C. Single-mode photonic band gap guidance of light in air. Science ,1999,285: 1537-1539.

[85] Ranka J K, Windeler R S, Stentz A J. Visible continuum generation in air-silica microstructure optical fibers with anomalous dispersion at 800nm. Opt. Lett. ,2000,25(1): 25-27.

[86] 胡明列, 王清月, 栗岩峰,等. 飞秒激光在光子晶体光纤中产生超连续光谱机制的实验研究.

物理学报 ,2004, 53(12): 4243-4247.
[87] Yee K S. Numerical solution of initial boundary value problems involving Maxwell's equation in isotropic media. IEEE Trans. Antenn. Prop. , 1966 ,14(3): 302-307.
[88] Qiu M. Analysis of guided modes in photonic crystal fibers using the finite-difference time-domain method. Microwave and Optical Technology Letters, 2001,30(5): 327-330.
[89] Zhu Y, Chen Y, Huray P, et al. Application of a 2D-CFDTD algorithm to the analysis of photonic crystal fibers (PCFs). Microwave and Optical Technology Letters ,2002,35(1): 10-14.
[90] Ferrando A, Silvestre E, Miret J J, et al. Full-vector analysis of a realistic photonic crystal fiber. Opt. Lett. ,1999,24(5): 276-278.
[91] Knight J C, Birks T A, Russell P, et al. Properties of photonic crystal fiber and the effective index model. Journal of the Optical Society of America A ,1998,15(3): 748-752.
[92] White T P, Kuhlmey B T, Mcphedran R C, et al. Multiple method for microstructured optical fibers, I. Formulation. Journal of the Optical Society of America B ,2002,19(10): 2322-2330.
[93] Kuhlmey B T, White P, Renversez G, et al. Multiple method for microstructured optical fibers, Ⅱ. Implementation and results. Journal of the Optical Society of America B ,2002,19(10): 2331-2340.
[94] Brechet F, Marcou J, Pagnoux D, et al. Complete analysis of the characteristics of propagation into photonic crystal fibers by the finite element method. Optical Fiber Technol. ,2000,6(2): 181-191.
[95] Fogli F, Saccomandi L, Bassi P. Full vectorial BPM modeling of index-guiding photonic crystal fibers and couplers. Opt. Expr. ,2002,10(l): 54-59.
[96] Stagira S. Full vectorial analysis of cylindrical waveguides using Green functions. Opt. Comm., 2003, 225: 281-291.
[97] Wang X Y, Lou J J, Lu C. Modeling of PCF with multiple reciprocity bondaryelement method. Opt. Expr. , 2004,12(5): 961-966.
[98] 尹君.基于超连续谱的时间分辨 CARS 方法及技术研究. 武汉: 华中科技大学,2010.
[99] Kodama Y, Hasegawa A. Nonlinear pulse propagation in a monomode dielectric guide. IEEE Photonics Technol. Lett. ,1987,QE-23: 510-524.
[100] Dudley J M, Genty G, Coen S. Supercontinuum generation in photonic crystal fiber. Reviews of Modern Physics , 2006,78(4): 1135-1184.
[101] Agrawal G P. Nonlinear Fiber Optics. Singapore: Elsevier(Singapore)Pte Ltd. ,2009: 424-513.
[102] 科恩 L. 时-频分析: 理论和应用. 白居宪, 译. 西安:西安交通大学出版社,1993: 155-213.
[103] Linden S, Giessen H, Kuhl J. XFROG—A new method for amplitude and phase characterization of weak ultrashort pulses. Phys. Status Solidi B ,1998,206(1): 119-124.
[104] Xu L, Gu X, Kimmel M, et al. Ultra-broadband IR continuum generation and its phase measurement using cross-correlation FROG. Lasers and Electro-Optice, 2001,1: 198-200.
[105] 刘双龙, 陈丹妮, 刘伟, 牛憨笨. 基于全正色散光子晶体光纤的超连续谱光源. 物理学报 ,2013, 62(18):184210.
[106] Ichimura T, Hayazawa N, Hashimoto M,et al.Tip-enhanced coherent anti-Stokes Raman scattering for vibrational nanoimaging. Phys. Rev. Lett.,2004, 92(22): 220801.

[107] Steuwe C, Kaminski C F, Baumberg J J, et al. Surface enhanced coherent anti-Stokes Raman scattering on nanostructureed gold surface. Nano Letters ,2011,11: 5339-5343.

[108] Hajek K M, Littleton B, Turk D, et al. A method for achieving super-resolved widefield CARS microscopy. Optics Express ,2010,18(18): 19263-19272.

[109] Raghunathan V, Potma E O. Multiplicative and subtractive focal volume engineering in coherent Raman microscopy. J. Opt. Soc. Am. A Opt. Image Sci. Vis. ,2010,27(11): 2365-2374.

[110] Beeker W P, Groβ P, Lee C J, et al. A route to sub-diffraction-limited CARS microscopy. Optics Express ,2009,17(25): 22632-22638.

[111] Liu W, Niu H. Diffraction barrier breakthrough in coherent anti-Stokes Raman scattering microscopy by additional probe-beam-induced phonon depletion. Phys. Rev. A ,2011,83: 023830.

[112] Beeker W P, Lee C J, Boller K J. Spatially dependent Rabi oscillation: an approach to sub-diffraction-limited coherent anti-Stokes Raman-scattering microscopy. Phys. Rev. A ,2010,81: 012507.

[113] Cleff C, Groβ P, Fallnich C. Ground-state depletion for subdiffraction-limited spatial resolution in coherent anti-Stokes Raman scattering microscopy. Phys. Rev. A,2012, 86: 023825.

[114] Cleff C, Groβ P, Fallnich C. Stimulated-emission pumping enabling sub-diffraction-limited spatial resolution in coherent anti-Stokes Raman scattering microscopy. Phys. Rev. A, 2013, 87: 033830.

[115] Slepian D. On bandwidth. Proceedings of the IEEE ,1976,64(3): 292-300.

[116] Slepian D. Prolate spheroidal wave function, Fourier analysis, and uncertainty. The Bell System Technical Journal ,1978,57(5): 1371-1430.

[117] Slepian D . Some comments on Fourier analysis, uncertainty and modeling. SIAM Rev., 1983, 25(3): 379-393.

[118] Berry M V, Popescu S. Evolution of quantum superoscillations and optical superresolution without evanescent waves. J. Phys. A: Math. Gen.,2006, 39(22): 6965-6977.

[119] Berry M V, Dennis M R. Natural superoscillations in monochromatic waves in D dimensions. J. Phys. A: Math. Theor.,2009, 42: 022003.

[120] Berry M V. A note on superoscillations associated with Bessel beams. J. Opt.,2013, 15: 044006.

[121] Makris K G, Psaltis D. Superoscillatory diffraction-free beams. Opt. Lett.,2011,36(22): 4335-4337.

[122] Greenfield E, Schley R, Hurwitz I, et al.Experimental generation of arbitrarily shaped diffractionless superoscillatory optical beams. Optics Express ,2013,21(11): 13425-13435.

[123] Rogers E T F, Lindberg J, Roy T, et al.A super-oscillatory lens optical microscope for subwavelength imaging. Nature Material ,2012,11(5):432-435.

[124] Wong A M H, Eleftheriades G V. An optical super-microscope for far-field, real-time imaging beyond the diffraction limit. Scientific Reports , 2013,3: 1715.

[125] 霍英东. 基于光学超振荡的超分辨显微成像方法研究. 西安: 中国科学院西安光学精密机械光机所, 2017.

第 7 章　动态纳米成像

7.1　引　　言

前面几章中我们介绍了各种纳米成像方法，但并未涉及目标的运动问题。但运动是物质的基本属性，不存在不运动的物质，尤其对处于介观和微观的物质而言，都在随时随地发生着变化。因此，纳米成像方法只有能描述运动着的物质，才更具实际应用价值。不论我们发展的纳米成像方法是否可反映物质的运动特性，物质本身无时无刻不在运动，因此，我们过去所得到的纳米分辨图像是曝光时间内目标随时间变化的平均结果。如果在曝光时间范围内，目标的运动变化在纳米分辨的尺度上不可忽略，所得到的纳米分辨图像则是模糊的。

正如上述，尽管前几章介绍的纳米成像方法未考虑目标随时间的变化，但是在获得纳米分辨图像时，总要采用一定的曝光时间。所采用的曝光时间长短没有考虑运动导致的图像模糊效应，而只是考虑信号的强弱，以获得满意的图像信噪比为目的。随着空间分辨率的提高，单位空间分辨元内所包含的图像信息在减少，获得高的图像信噪比就显得特别重要。为此，对于弱信号目标就需要加长曝光时间。若考虑到目标的运动变化，同样为获得纳米分辨图像，首先要考虑所采取的曝光时间是否为运动目标所允许。若在曝光时间范围内目标的运动变化不为纳米分辨所允许，只能进一步缩短曝光时间。至于信噪比的问题只能通过增大输入信号强度或采取其他措施予以解决。

本章将论及动态纳米成像，也即介观和微观世界运动目标的纳米成像。所谓运动目标是指随时间在变化的目标，这种随时间的变化可能是目标位置、目标形状，也可能是目标的某种参数随时间在发生变化。为反映介观和微观目标随时间的变化，要求在进行动态纳米成像时引入一新的变量，即时间变量，如果说原来我们实现的是三维纳米成像，现在则要实现四维成像。要实现动态纳米分辨，沿时间轴则要实现时间分辨，对时间分辨能力的要求取决于目标随时间变化的快慢。时间分辨既不能导致空间分辨率降低，也不能导致获得的参数随时间变化的规律产生不适当的失真。介观和微观世界随时间的变化快慢差别是很大的，例如，分子中的原子运动速度在 1km/s，而亚细胞结构形状随时间的变化速度却在 0.1μm/s 以下，前者的时间分辨率应在 fs 量级，后者的时间分辨率则在 ms 量级就够了，二者相差 12 个数量级。对于运动目标的动态纳米成像，不仅要提供足够高的时间分辨率，还要提供足够多的随时间变化的动态图像，以便能充分反映目标随时间变化的完整动态过程。

这里以细胞内发生的各种动态过程为例来说明介观和微观世界里的动态过程是多么复杂。细胞之所以能正常生存，正是因为在细胞内和细胞间发生的这些正常有序的过程共同维系着细胞的各种功能。从图 7-1 中可以看出，这些生物学过程发生的时间跨度在亚皮秒到几百秒甚至更长时间这样一个很宽的范围内。有趣的是，且不论那些本身发生在亚秒量级的生物学快速事件，例如，协作转化(cooperative transitions)、受体信号(receptor signaling)、受体/受体相互作用(receptor/receptor interactions)等，即使是那些被认为是发展缓慢的过程，例如，细胞凋亡和细胞的有丝分裂，其实也可细分为快速的酶化(enzymic)和扩散(diffusional)过程。这也就意味着，对于每一个生物学过程，若想对它们进行充分的描述，都存在要进行快速成像和检测的问题。

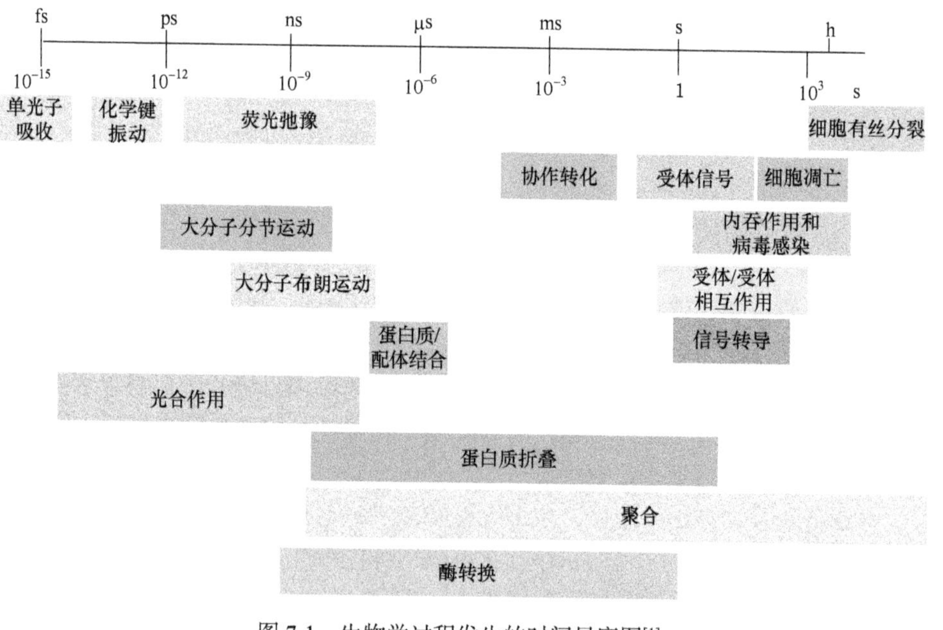

图 7-1　生物学过程发生的时间尺度图[1]

7.2　动态纳米成像基础

7.2.1　动态纳米成像分类

动态纳米成像根据介观和微观动态过程的不同，可以分为三类。一类动态过程尽管存在一定的诱因而发生，但这种诱因无法人为控制。例如，细胞内发生的各种介观和微观的动态过程，如分子输运、信号转导、亚细胞结构的运动和分子之间的相互作用等，尽管是在一定的诱因条件下发生的，但我们很难通过外来的诱因控制其发生或不发生。幸好这些过程不是只发生一次，而是随时都有可能出现。当然，活细胞内发生的动态过程，有的也可由外来诱因产生，在这种情况下，我们则可设法利用外来诱因触发动态纳米成像系统，实现对细胞内发生的动态过程的同步拍摄。另一类动态过程在一定的诱因下可以重复发生，只要诱因一次次重复，这种动态过程就可以一次次重复发生，当然，诱因的重复频率最快也应使样品在经历完整的动态过程后回复到其原始的状态。这类动态过程如叶绿素的光合作用过程、荧光分子的发光过程、生物分子的相干反斯托克斯拉曼散射过程、不同分子之间的可逆反应过程等。最后一类动态过程是在一定诱因下产生的不可重复的单次动态过程。这类动态过程与第二类动态过程的不同之处是样品在经历动态过程后再回复不到原来的状态。这种动态过程在介观和微观世界存在得更多，这就是我们常见的不可逆动态过程。例如，利用激光束对非晶硅作用使其多晶化，也即由非晶硅改性为多晶硅的不可逆现象。当然，出于应用的目的，这也正是我们期盼发生的现象。

针对上述三类不同的介观和微观动态过程，我们就需要发展不同种类的动态纳米成像方法。其实，实现动态纳米成像要解决的第一个问题就是如何以尽可能高的概率捕获介观和微观动态过程，获得该过程的动态纳米分辨图像。其实质是实现动态纳米成像系统与介观和微观动态过程的同步。从此观点出发，针对三类不同的介观和微观动态过程所发展的动态纳米成像系统的主要不同之处就是同步方式。针对第一类动态过程，动态纳米成像系统的同步特点是随机拍摄。显然，这类动态过程不能变化太快，随机发生的频率相对来说也不能太低。在这种条件下，即使是随机拍摄，捕捉概率也可以比较高。其中的关键问题是要针对研究的现象发展适当曝光时间和拍摄频率的动态纳米成像系统。这类动态过程主要发生在生命体内，尤其是活细胞内。例如，活细胞中分子的最快运动速度不会高于20μm/s，为获得 50nm 左右的空间分辨率，通过随后的进一步讨论我们可以知道，动态纳米成像单幅图像的曝光时间应不大于 1ms，而拍摄频率达到 100fps(frame per second)就可以较理想地描述该动态过程。我们常利用前面介绍的光学超分辨方法获取这类运动的动态纳米分辨系列分幅图像。这里要说明的是，并不是光学超分辨方法都是随机拍摄，若能实现外来信号触发细胞内的动态过程，我们就应尽量采用同步的方法获取其动态纳米分辨图像。针对第二和第三类动态过程，由于发生动态过程的诱因是外来的，而诱因与动态过程又具有固定的时间关系，我们就可以设法利用外来诱因激发动态纳米成像系统，使动态纳米成像系统与动态过程实现严格的同步。这两类动态过程中速度最快的是原子的运动，其速度可达1km/s，空间分辨率需达到 0.1nm，只有利用前面介绍的物质波或 X 射线波才有可能捕捉这样的动态过程，并获得所需的空间和时间分辨率。第二和第三类动态过程的不同之处：第二类诱因和动态过程均是以固定的频率重复发生的，而第三类诱因和动态过程却只能是单次的。这就是说，第二类动态纳米成像系统以重复的诱因激发其工作并以相同的重复频率记录动态过程。由于动态过程和成像系统均处于同步重复工作状态，现象的信号可以非常微弱，通过多次同步重复曝光使信号获得积累和增强。处于这种工作模式，由于图像信噪比可以通过同步重复积累获得改善，系统的空间分辨和时间分辨能力均可挖掘到极限。遗憾的是这种现象在自然界毕竟是有限的。更多的现象是第三类动态过程，尽管可以通过成像系统与动态过程的精确同步以 90%以上的概率获得动态过程的动态图像，但由于现象是单次的，常常受信号强度的限制，要获得高的图像信噪比特性是非常困难的，反过来就严重影响纳米空间分辨率的获得。按理说在这样的条件下我们可以通过提高输入信号的强度在所希望的空间和时间分辨能力下获得高的图像信噪比，但常受不同物理机制的基本限制，即使输入信号可以增强，我们也不能通过增强输入信息的强度获得理想的结果。显然，这就存在物质波和 X 射线波的合理选择问题。我们将在后面作进一步的讨论。

当然，我们还可以根据动态图像的记录方式对动态纳米成像进行分类。关于动态图像的记录，其中一个基本事实是至今我们只能利用二维的图像探测器记录包括时空在内的四维图像信息。这就需要我们根据研究对象的不同和感兴趣的内容不同对四维图像信息进行合理的选择，在二维探测器上合理记录最迫切需求的信息。目前可实现图像数字化的探测器只有 CCD 和 CMOS 两种，它们的时间响应特性至今一直在改进之中。一个不争的事实是，即使响应时间很短，可达 ns 甚至 ps 量级，但由于样品不能承受过强的信息载体的作用，随着时间分辨能力的提高，所得信噪比性能也难以维持高的空间分辨率特性。因此，为获得超快过程的动态纳米分辨图像，时间分辨的任务不能期望由图像探测器完成，只能在用其他方法完成时间分辨后再用图像探测器记录相关结果。在这种情况下，通常有如下三种工作模式：多次曝光的二维空间多分幅模式、时间连续的一维空间扫描模式和二维空间离散化扫描模式。第一种可获得时间离散化二维空间的动态纳米分辨图像,后两种可获得时间连续的一维空间或二维空间离散化动态纳米分辨图像。这时，要用一个图像探测器记录目标动态过程的全部时空图像信息。后面我们将会进一步介绍如何利用电子和 X 射线显微技术在这种工作模式下获得分子水平动态目标的动态纳米分辨系列时序分幅图像。如果要利用图像探测器直接获得运动目标的纳米分辨系列时序分幅图像，例如，利用光学超分辨方法获得活细胞内和活细胞间发生的动态过程的系列时序纳米分辨图像，就要使探测器处于类似视频的工作状态。目前可以获得的帧频最高可达 500fps 左右。随着技术水平的提高和工艺的改进，帧频可获得进一步的提高，例如可发展三维 EMCCD，即在 CCD

每个像素之后在第三维空间附加成百个带开关的电容器，先将一幅幅不同时刻的图像信息存储下来，动态过程完毕后再将信号读出并通过同一线阵倍增器将电子信号增强，最后数字化后输出。这种技术不仅可提高帧频、缩短曝光时间，还可获得高增益。但受样品耐辐照能力的限制，即使探测器帧频可进一步提高，受信噪比的限制，这种成像方法最终的时间分辨能力仍是有限的。不过，对生命体尤其是对活细胞而言，其中包括很多慢变过程，诸如分子运动和亚细胞结构变化等，基于这种记录方式的光学超分辨成像能给出很多有意义的结构。至于其中的生化反应过程，也许通过离体实验可得到更好的结果。

7.2.2　描述动态纳米成像的主要参数

与前面介绍的各种纳米成像相比较，动态纳米成像引入了时间变量，由于动态过程变化快慢不同，对时间分辨能力的要求也不同。但由于工作模式的不同，描述时间变量的参量也不同。在扫描工作模式下，时间变量被连续记录，并须将时间变量转换为空间变量，从而用二维空间探测器记录一维连续空间或二维离散空间随时间连续变化的图像信息。这时需用两个参数描写动态目标随时间的变化过程，即时间分辨率和扫描速度。一般来说，一个动态过程可用同一个时间分辨率描述其过程。由于目标随时间的变化过程用二维空间探测器记录，我们在记录之前就需要将随时间变化的信息转换为随空间变化的信息，时间轴则需通过扫描速度这一参量转换为空间轴，然后将信息记录在二维空间的探测器上。只要已知扫描速度，就可由二维探测器记录的信息转换为随时间变化的信息。在分幅工作模式下，与上面的扫描工作模式不同，但同样需要用两个与事件有关的参量描述，只是所用参量变了，不是时间分辨率和扫描速度，而是每幅图像的曝光时间和相邻两幅图像之间的时间间隔(或其倒数，称之为分幅速率)。在这种工作模式下，难以用时间分辨率表征动态过程的特征，我们既不能说时间分辨率为单幅曝光时间，也不能说时间分辨率为相邻两幅图像的时间间隔。只有将单幅曝光时间和分幅速率结合起来，才能反映分幅模式下系统对动态过程的时间响应特性。

除上述的时间参数之外，另一个描述动态纳米成像的重要参数就是动态纳米成像系统所具有的动态范围，即输入图像信号的强弱范围。输入信号太弱，所获得的图像信噪比太差，从而导致空间分辨率降低；输入信号太强或者为样品不允许，或者为成像系统不允许，将导致样品受损或系统时间响应特性变坏。此上限和下限的比值即为整个系统的动态范围。这一参量尤其在单次现象记录中最为重要。遗憾的是，截至目前，动态纳米成像系统发展得还不够成熟，应用也极其有限，不同系统的动态范围参数很多情况下是未知的，甚至没有提及。随着动态纳米成像技术的发展和应用的增多，此参数会越来越引起人们的高度重视。除了这些参数，还包括动态空间分辨率和动态情况下的图像信噪比特性等。这些参数的物理意义类同于静态纳米成像，但时间变量的引入可能会导致一些影响这些参数的新的因素，引起图像质量的下降。也就是说，在动态情况下如何改善动态纳米成像系统的时间响应特性和提高动态图像的质量是本章要研究的中心议题。

7.2.3 相关技术基础

正如上述，动态纳米成像与前面介绍的纳米成像的主要不同之处是引入了时间变量，用于研究介观和微观的动态过程。因此，动态纳米成像应在与纳米分辨相关的技术基础上解决与时间变量相关的技术问题。为获得介观和微观动态过程的动态纳米分辨图像，我们仍需要用电子、X 射线光子或可见光光子作为图像信息的载体，但在这种情况下我们常需要利用超短脉冲电子源、超短脉冲 X 射线源和超短脉冲激光源。为捕获到超短脉冲信息载体所携带的介观和微观动态过程的图像信息，就需要实现动态纳米成像系统与动态过程的时间同步。为实现精确同步，就需要使同步系统产生的触发晃动减小到使我们能捕捉到所需时刻的图像信息。当然，动态纳米成像系统还应具有良好的时间响应特性，并针对不同种类的介观和微观动态过程能够实现扫描状态下的高时间分辨和高扫描速度或分幅状态下的短曝光时间和必要的分幅速率，并采取必要的措施在快的时间响应特性下获得高的图像信噪比和保持纳米的空间分辨。下面就有关技术基础作一概述，后面在讨论具体的动态纳米成像时还会作更详细的论述。

1. 超短脉冲源

为实现介观和微观动态过程的动态纳米成像，常需要超短脉冲源，已发展多种技术来产生脉冲电子源，包括斩束法、群聚法和脉冲光电法等。其中较为有利的方法是脉冲光电法，即用超短激光脉冲作用于光电阴极产生超短光电子脉冲。这时，还可以利用超短激光脉冲与样品作用激发其产生介观和微观动态过程，并可用超短光电子脉冲通过精密延时去探测上述动态过程，实现同步探测。目前，产生光电发射的光电阴极种类很多，技术已十分成熟。这种方法的突出优点是光电阴极具有优越的时间响应特性，所导致的光电子发射时间弥散在飞秒量级，很容易实现动态过程与探测脉冲的精确同步。

超短电子脉冲容易产生，具有很重要的应用价值，尤其对重复动态过程的成像意义重大。但电子是费米子，要满足泡利不相容原理，并带有电荷，存在电子之间的相互排斥问题，很容易使电子脉冲展宽，使时间分辨能力变差。相反，X 射线光子属于玻色子，理论上可具有无限高的密度而不影响脉冲宽度。正因为如此，长期以来人们一直期盼获得超短 X 射线激光脉冲。它可以具有像物质波一样短的波长，又具有高的时间和空间相干性，是获得分子结构动力学等单次过程极限时间和空间分辨的唯一手段。遗憾的是，超短X射线激光脉冲的产生难度太大，至今已研究过各种产生途径，包括高次谐波法、等离子体法、逆康普顿散射法和自由电子激光器法等。目前，自由电子激光器已产生了高质量的X射线激光，波长可达0.1nm，脉冲宽度已达飞秒量级，每个单脉冲包含的X射线光子数可达10^{12}。人们正在利用此脉冲实现理论极限的时间和空间分辨能力。

我们在后面将会讲到，超短电子脉冲和超短X射线激光脉冲尽管无比优越，但都不适合于生命体尤其是活细胞的动态纳米成像。我们知道，细胞是一切生命体的基本组成单元。实现活细胞的动态纳米成像是研究细胞内分子再生和输运、信号产生和转导、各种亚细胞结构协调工作和完成各种功能等的重要方法与手段，这将有赖于可见光超短激光脉冲的合理应用。各种可见光波长的超短激光脉冲的产生目前在技术上已相当成熟，已有多种产品在应用。这里还要说明一点的是，我们还可以利用连续激光束通过斩波器或声光调制器形成脉冲序列激光，这样形成的脉宽可长可短，脉冲之间的时间间隔和重复频率都可任意设置。这种方法对形成较长的脉冲有利，在实现细胞内动态过程的同步拍摄和动态空间分辨率的提高方面具有重要的应用价值。

2. 同步技术

正如上述，在许多情况下，解决运动目标与动态纳米成像系统的同步问题是抓拍动态目标尤其是超快过程的首要任务。对于重复现象，不能实现同步就不能发挥重复现象的特点实现同一时刻信息的积累，难以实现对微弱现象的探测，更难以获得其系列时序图像信息；对于单次超快过程，若不能实现同步，根本无法抓拍动态目标的任何图像，更谈不到其系列时序图像的获取。不同动态纳米成像系统采用不同的具体同步技术。但通过仔细分析可以发现这些同步手段有其共性技术。首先，要建立介观和微观动态过程与动态纳米成像系统之间的时间关联关系。例如，叶绿素之所以发生光合作用，与外界光照有关，而非晶硅变成多晶硅，与外界激光作用非晶硅有关。若能产生超短激光脉冲，并将其分成两束，其中的一束作用于上述的样品上使其发生光合作用或促进非晶硅改性，另一束用来激发动态纳米成像系统，从而建立起两者之间的时间关联关系，这是实现同步的基础。不建立这样的时间关联关系，实现同步是根本不可能的。其次，在动态纳米成像系统中，我们要设法引入超快时间响应器件，将输入的同步激发脉冲转换为起动动态纳米成像系统的信号，并使此信号具有尽可能小的触发晃动时间。例如，若用电子显微镜观察上述样品的光合作用过程或非晶硅改性过程，就将上述的激光脉冲作用在光电阴极上，并用光电阴极代替通常电子显微镜所用的热阴极或场发射阴极。这样，我们所得到的电子束不再是原来电子显微镜中的连续电子束，而变成了脉冲电子束。由于光电阴极具有飞秒量级的响应时间，其受光脉冲作用后所产生的电子脉冲具有与光脉冲基本相同的时间结构，并具有可忽略的触发晃动。最后通过调节两触发信号之间的时间延迟则可实现动态目标与动态纳米成像系统的同步，由于光速是恒定的，上述的时间延迟精度只取决于距离的测量精度。目前，距离测量精度不难达到 1μm，时间同步精度则可达 3.3fs。显然，为获得尽可能高的时间同步精度，关键问题是要解决所用超快器件的触发晃动大小。由于不同的动态纳米成像系统采用不同的超快器件用于实现成像系统与动态目标的同步，所产生的触发晃动就会有所不同，目前已有的超快器件包括上述的各种光电阴极，还包括各种光电二极管和各种光电倍增管等，它们的触发晃动差别很大，一般在 fs 量级到 ps 量级，有的甚至可达 1ns 左右。

即使对于光学超分辨方法，在可能的情况下，也应尽量采用同步技术。我们可以利用斩波器或声光调制器将连续激光束转换为序列脉冲激光束。若目标运动速度快，就可以利用斩波器或声光调制器形成较短的脉冲，确保能在动态情况下获得纳米的空间分辨，不会由于目标运动使图像变得模糊。为确保信号强度，我们可以加大输入激光功率。为保证样品不受损伤，可适当加长脉冲之间的时间间隔，使样品接收到的平均光功率和在连续激光照射下的情形一样。

3. 动态纳米分辨图像获取技术

要获得动态纳米分辨图像，首先要能获得纳米分辨图像。也就是说，动态纳米分辨图像的获取是建立在前面介绍的纳米成像的基础之上。离开前面介绍的纳米成像方法要实现动态纳米成像是不可能的。现在要进一步解决前面介绍的纳米成像方法的时间响应特性问题，在介观和微观动态过程中获得反映此过程的系列时序分幅图像或时间连续扫描图像。这里以获得动态目标系列时序分幅图像为例来说明为获取动态纳米分辨图像所需要的技术。事实上，除了少数应用需要获得时间连续扫描图像外，大部分应用都要求获得动态目标的纳米分辨系列时序分幅图像。

目前大体上有两类动态纳米分辨图像获取技术，一类是针对活体尤其是活细胞的动态纳米分辨图像获取技术，一类是针对无生命样品尤其是分子水平样品的动态纳米分辨图像获取技术。一般来说，前一类用光学超分辨技术获得动态纳米分辨图像，后一类用物质波或 X 射线波获得动态纳米分辨图像。

为适应动态纳米分辨图像的获取，光学超分辨技术应尽可能采用同步技术。主要改进措施是采用脉冲激光以及提高探测器的图像获取速率和探测灵敏度。为防止光子密度过大对活体样品造成损伤，我们可采取两种措施。一是采用序列脉冲光源代替连续激光束，从而在不提高平均光功率的前提下，提高瞬时光功率，增大光子与样品分子作用的瞬时概率，提高瞬时输出信号强度。这是因为，为获得动态纳米分辨图像，曝光时间应不大于 1ms，而画幅之间的时间间隔又比较大，在曝光时间内应有光照，而在曝光时间之外的时间间隔范围内不应有光照，以减小平均光功率，从而不使样品受到损伤。另一个措施是提高探测器的量子效率和增益。由于这里主要涉及活体细胞内的分子运动和亚细胞结构的运动，它们的运动速度与原子相比较都不高，为获得它们的有关运动特征参数，我们可以在所需的分幅速率下尽可能采用同步拍摄模式，只有在不能采用外触发的情况下才采用随机拍摄模式。在同步拍摄模式下，很容易获得目标的时序动态图像；在随机拍摄模式下，由于目标运动速度不高，通过数次拍摄也可以获得目标的时序动态图像。当然，在采用光学超分辨技术获得动态纳米分辨图像时，有的方法需要通过在空间逐点扫描获得某一时刻的分幅图像。在这种情况下，为使成幅时间缩短，常采用阵列点扫描的方式。例如，前面介绍的 STED 方法，可以采用阵列环形光束同时获得多点超分辨图像。在这种情况下，同样需要面阵探测器具有如上的性能。当然，对特定的光学超分辨方法而言，为获得动态纳米分辨图像，还有其他特别的要求，例如，对目前采用最多的荧光纳米成像而言，若要获得特异性标记分子的运动规律，希望所发出的荧光不闪烁；若要获得亚细胞结构的运动规律，则希望荧光材料随时间具有更快的闪烁特性，并要求闪烁不间断。

为了利用前面介绍过的电子显微技术和 X 射线显微技术获得无生命样品介观和微观动态过程的时序系列分幅纳米分辨图像，就需要利用超短电子脉冲或超短 X 射线脉冲获取样品动态过程的瞬时图像，这就需要解决超短电子脉冲或超短 X 射线脉冲与动态过程的同步问题。对于重复过程，只需解决精密延时问题，使每次电子脉冲或 X 射线脉冲较前面的脉冲具有更长的延时，从而获得动态过程不同时刻的序列图像。电子显微镜尤其适用于重复现象，这时空间电荷效应可以达到可忽略的程度。但对于单次现象，电子显微镜就需要采用特殊的分幅技术，使不同时刻的图像呈现在探测器的不同位置。对 X 射线显微技术而言，我们无法使 X 射线实现快速偏折，而同一样品又不能受 X 射线脉冲的多次辐照，对单次现象而言，我们只能利用同类样品的复制品，每次使用不同的复制品通过精密延时获得样品不同时刻的时序系列图像。当然，我们也可以设法利用物质波或 X 射线波获得活体样品不同时刻的时序系列图像，利用光学超分辨方法获得无生命样品的动态纳米分辨图像，但难度和性能则是另外的样子。

4. 高量子效率和高增益探测器与快时间响应探测器

上面两类动态纳米分辨图像获取技术对成像探测器有着不同的技术要求。对于动态电子和 X 射线显微技术，其超快时间响应特性并不依赖于图像探测器，但由于空间分辨元小和单位分辨元内曝光时间短，在此时空范围内所接收的信息载体量子数目极其有限，这就要求探测器具有高的量子效率、高的耦合效率和高的量子增益，具体来说，通常需要采用电子轰击 CCD、高转换效率的荧光屏、光纤面板或光锥耦合方式、EMCCD，甚至需要带有微通道板的像增强器等。对于动态光学超分辨显微技术，除获得荧光寿命纳米分辨动态图像外，尽管存在外触发和自行触发动态过程之间的差别，从而导致同步拍摄和随机拍摄的差别，但都是直接利用二维探测器获得时序系列分幅图像，其分幅速率大小是由探测器本身的性能直接决定的。因此，在这种情况下，对探测器的性能要求，不仅是量子效率、耦合效率和量子增义的问题，还包括图像获取速率问题。

5. 防漂移系统

防漂移对各种纳米成像方法都是不可缺少的，随着时间的推移，有些纳米成像系统的漂移甚至使其空间分辨率达不到纳米分辨的水平。例如，基于单分子定位的三维纳米分辨显微成像方法，为获得纳米分辨图像需要采集几千甚至上万幅源图像[2-4]，所需时间长达几分钟甚至十几分钟，其间系统的不稳定，特别是物镜在自身重力作用下产生的轴向漂移会引起聚焦面的离焦，几分钟之内就可以漂移数百纳米，这对荧光单分子定位精度的影响很大。因此，抑制物镜的轴向漂移，保证物镜聚焦面稳定是实现三维纳米成像的前提和保障。而在动态过程的拍摄中，由于需要在一定时间内进行时序成像，为获得纳米的空间分辨率，成像系统也需要在这段时间内保持良好的稳定性。为此，首先要保证成像系统的焦点不能漂移。根据漂移的方向，可以将它们分为横向漂移和轴向漂移。产生漂移的因素可能来自温度导致的热漂移、实验环境的振动、实验过程中样品自身的变化以及实验装置自身的漂移等。在显微镜成像中，焦点漂移是由显微镜的聚焦机制和显微镜的热梯度延误造成的[5]。① 热漂移：温度的变化或许是焦点漂移最常见的来源之一。实验室的室内空调温度变化、显微镜照明光源的变化、受热不均的样品，都会导致温度的变化，引起镜筒受热不均，从而影响光路，并最终引起焦点漂移。而用于构成显微镜光学组件的不同材料因具有不同的膨胀系数也会引起物镜的前端透镜和盖玻片之间距离的变化，进而导致焦平面的漂移。当使用高分辨率物镜时，仅 1℃的变化就足以导致焦平面产生 0.5～1μm 的变化。生物样品显微成像对热漂移比较敏感，因此活细胞样品室往往建立在特定的装置中，这些装置利用不同的技术使样品处于恒定的温度下。② 实验环境的振动：振动也是使焦点发生漂移的最常见原因之一。除了周围环境产生的自然振动，显微镜及其配件、机械移动台以及其他的电动部件装置，都是影响焦点稳定的振动源。还有大量的外部因素，例如，实验室内的人员走动，空调系统、冰箱等大型电动装置的振动等都会产生微小的振动。这些外部的振动无法避免，这就要求纳米动态成像装置要建在具有减振能力的防振平台或减振垫上。③ 实验过程中样品自身的变化。例如，在光学超分辨生物实验中，在样品灌注过程中会产生隔膜效应，导致盖玻片弯曲，使得样品不再处于物镜焦点处。在灌注系统控制不佳的情况下，这种效应往往很明显。虽然盖玻片的弯曲可能不是引起焦点漂移的最大问题，但它会严重影响那些要求较高时间分辨率(2s 或更低)的研究。在时序成像中，许多研究要求更换培养液或加入某种特定的化学试剂，这样会产生微小的机械冲击，引起焦点漂移。加入的试剂作为成像介质，如果处于不同温度下，也会产生类似的效应。虽然在灌注系统中，引入新介质或化学试剂引起的轴向焦平面的变化是微不足道的，但是在一个开放样品系统中，用吸管或注射器加入试剂会引起焦点的变化。在光学超分辨率活细胞研究中，长时间实验可能要求所采用的物镜浸入某种浸润介质中，如油、水、甘油。如果需要用较长的时间去采集数据，浸润介质的黏度波动和化学分解会影响它的光学特性。油的折射率和黏度往往取决于温度，而水分很容易蒸发，这些都是防止焦点漂移必须要考虑和监测的因素。新开发的高性能有机油在很大的折射率范围内(包括水和甘油的折射率范围)都可以用，为使用传统的浸油介质提供了一个良好的解决方案。在某些情况下，垫圈和油管可以用来使物镜和盖玻片之间形成密封，以减少水分的蒸发。④ 实验装置机械的不稳定性。现代光学显微镜的物镜转盘中，为了方便实验观测，物镜旋转盘载质量可达 3～5lb(1lb=0.4536kg)。所以，引起焦点漂移的因素之一就是物镜转盘受重力影响的机械不稳定导致的焦点或焦平面的漂移。其他机械不稳定性主要来源于支架和冷凝器的支柱以及各种辅助部件齿轮组的松动，这些都是导致焦点漂移的可能因素之一。

当样品被成像时，焦平面必须保持稳定[6]。为此，可通过引进硬件和软件来解决焦点漂移的问题。对于焦点漂移，可以采取一些专门技术手段进行改进：加装大的有机玻璃外壳，以避免外部环境的干扰；通过温度控制来解决热梯度等引起的焦点漂移；开发专用的显微镜硬件，例如，为了使器件耐热膨胀，生产厂家为制作仪器的一些框架研发了专门的合金，并用耐热聚合物制成辅助部件(如物镜旋转盘)。这种改进再加上先进的线性编码器(一种电动组件)，可以重新定位平台和物镜转盘，达到了优于 50nm 的精度。目前，许多商业显微镜公司都为自己的荧光显微镜开发了防漂移系统，例如，尼康(Nikon)公司的完美聚焦系统(perfect focus system，PFS)系统[7]，利用的是盖玻片界面反射参考光的偏移表征物镜的轴向漂移量，用电动微位移装置实现主动的负反馈校正(图 7-2)，其防漂移精度在 100nm 以上。这样的防漂移精度远不能满足荧光纳米成像的需求。

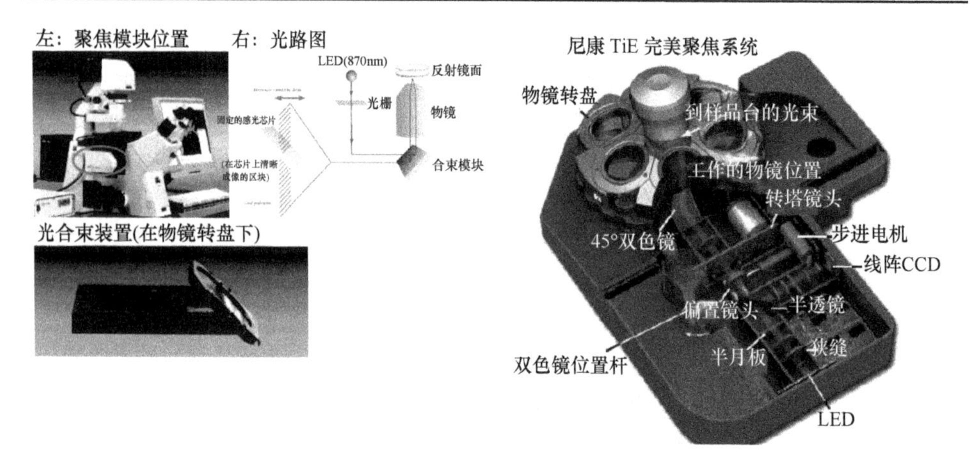

图 7-2　Nikon 完美防漂移系统

而在荧光的超分辨实验中，比较常用的方法是利用设置在样品上的纳米颗粒、荧光珠，或者使用表面刻画有已知结构的载玻片作为基准标记物[8-10]，在成像的同时对基准标记物进行测量，通过分析基准标记物的位移得到样品的三维漂移量，然后在图像处理时进行相应的漂移校正。该方法需要在样品中加入额外的标记物，于是系统的成像参数和器件也要与之匹配，并且高浓度的标记物可能会对样品的结构信息产生影响，实现起来不太方便。

还有一种方法是互相关的方法[11,12]，通过计算荧光序列图中前后两幅图中相应荧光分子的互相关得到漂移量，然后在图像处理中引入漂移量校正。相关函数是评价两个信号之间存在多少相似性的量度。两个完全不同的、毫无关系的信号，对所有位置，互相关的值应为零。假如两个信号由于某种物理上的联系在一些部位存在相似性，在相应位置上就可以存在非零的互相关。1982 年，Rosenfeld 提出一种利用像素灰度值进行互相关运算的图像匹配方法[13]。对于一幅图像 $G(x,y)$ 和另一幅相对小尺度的图像 $T(x,y)$，归一化二维相关函数 $C(x_0,y_0)$ 模板在图像上每一个位移位置的相似程度为

$$C(x_0,\ y_0)=\frac{\sum_x\sum_y T(x,y)G(x-x_0,y-y_0)}{\left[\sum_x\sum_y G^2(x-x_0,y-y_0)\right]^{1/2}}$$

如果除了灰度比例因子外，图像和模板在位移 (i,j) 正好匹配，交叉相关函数就在 $C(i,j)$ 出现峰值。这时，相关函数必须是归一化的，否则相似度的计量将会受到局部图像灰度的影响。A. Roche 等[14]的改进算法能够较好地解决噪声问题，而且计算速度也提高不少。1995 年，Viola 等[15]把互信息引入图像匹配的领域，交互

信息是基于信息理论的相似性准则提出来的。这种图像匹配方法是假设 A、B 是两个随机量，交互信息量是这两个随机变量之间统计相关性的量度，或者是一个变量包含另一个变量的信息量的量度，其意义与信息论中相同，互信息量表示了两幅图像的统计依赖性，它的关键思想是：如果两幅图像达到匹配，它们的交互信息量达到最大值。因此，作为图像间相似性的量度，该方法是近些年来医学图像匹配研究领域中使用最多的一种方法。在此基础上，Maes 等[16]进行了全面的研究，将匹配精度提高到亚像素级。基于灰度信息的图像匹配方法一般不需要对图像进行预处理，而是利用图像本身具有灰度的一些统计信息来度量图像的相似程度。这类算法的性能主要取决于相似性度量及搜索的选择上。其主要优点是在实现上比较简单，但因为是基于像素的，计算量较大，应用范围较窄，不能直接用于校正图像的非线性变换。和空间域一样，相关算法一样可以应用于频域。基于变换域的最主要的图像匹配方法是傅里叶变换方法。考虑两幅图像 $f_1(x,y)$ 和 $f_2(x,y)$ 之间存在一个平移量 (d_x,d_y)，即 $f_2(x,y)=f_1(x-d_x,y-d_y)$。对其进行傅里叶变换，得到两者在频域上的关系：$F_2(\xi,\eta)=\mathrm{e}^{-\mathrm{j}(\xi d_x+\eta d_y)}F_1(\xi,\eta)$。两个图像在频域上对应的功率谱为 $\dfrac{F_1(\xi,\eta)F^*{}_2(\xi,\eta)}{\left|F_1(\xi,\eta)F_2^*(\xi,\eta)\right|}=\mathrm{e}^{\mathrm{j}(\xi d_x+\eta d_y)}$。这说明两幅图像变换到频域中幅值相同，但平移量有一个相位差，根据平移定理，这一相位差等于两幅图像的互功率谱的相位谱：上式的右边部分为一个虚指数，对其进行傅里叶逆变换会得到一个脉冲函数，其只有在峰值点也就是平移量 (d_x,d_y) 处不为零，这个位置就是所需求的匹配位置。基于频域的匹配方法主要有以下一些优点：对噪声不敏感，检测结果不受光照变化影响，在后来的一些改进中，对于图像的平移、旋转、镜像和缩放等变换在频域中都有相应的体现[17,18]，精度也提高到亚像素，甚至百分之一像素的级别[19-23]，基于相关算法进行图像匹配的方法目前也被广泛应用于超分辨显微成像的漂移校正中，通过计算图像的偏移量进行补偿，克服由漂移引起的分辨率下降等问题，保证系统即使在长时间实验中都始终保持高精度的分辨能力[24-27]。这种方法也适用于电子和 X 射线显微镜。不过，可以确定的漂移量大小，与上述图像分辨率有关，我们不能期望用衍射受限的光学图像确定纳米的漂移量。

对于采用其他的主动防漂移方法补偿之后的剩余漂移量，上述两种方法都可以实现很好的校正，但必须在几十纳米的漂移量范围内较为适用。

另外，还有一种结构简单的主动轴向防漂移系统，校正精度达到了 10nm(统计标准差)。采用光学方法测量漂移量，即选取显微镜物镜与样品盖玻片之间的相对位移作为表征物镜漂移量的参量，在原有的荧光纳米分辨显微成像系统中引入用于测量的参考光，通过参考光光路，将焦平面变化(A1→A2)转移到光束位置的变化(P1→P2)，如图 7-3 所示。用响应速度快、探测精度高的四象限探测器直接探测上述光斑偏移量。利用上述光学测量和四象限探测的方法可以得到高精度的漂移量，再以压电位移台负反馈方式校正物镜所在位置，即可实现物镜的防漂移。该系统可以实现优于 10nm 的防漂移精度。

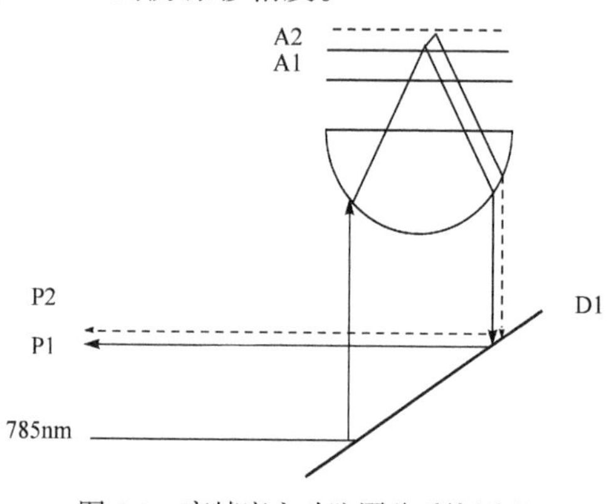

图 7-3　高精度主动防漂移系统原理

7.3　基于电子束的动态显微术

7.3.1　引言

如前所述，运动是物质的根本属性，处于介观和微观的物质更是如此。为了对微观世界存在的各种运动有一时间范围的概念，图 7-4 给出分子水平和固体内各种微观过程的时间量级。

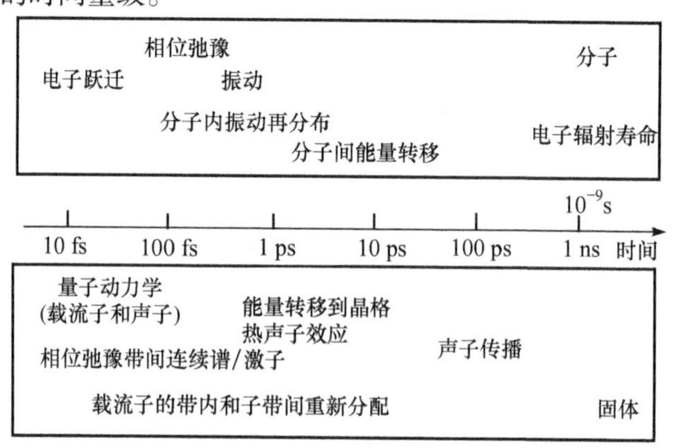

图 7-4　分子水平和固体内各种微观过程的时间量级

当我们在介观和微观水平上研究物质运动时，无论是物理的、化学的还是生物学的变化，其中一个基本的时间量级就是分子振动时间，即原子核的运动时间。为说得更清楚一点，我们这里以生化反应为例，其化学键的打开、形成或几何上的变化是非常快的。在生化反应中涉及的最基本问题是电子和原子核的运动。其中，原子核的运动速度约为 1km/s，若要记录原子级动态过程，在曝光时间范围内，原子走过的距离不能大于 1Å，否则所得到的原子图像就会因其运动而变得模糊。这就是说，平均曝光时间不能大于 100fs。因此，我们要揭开生化反应的谜团，了解过渡态，就必须能以亚纳米的空间分辨率和飞秒的时间分辨率记录生化反应过程中那些原子的运动状态。也就是说，在分子振动、转动或反应之前，我们只有用飞秒的时间分辨去冻结它们离开平衡态的结构，并将不同时刻的图像记录下来，我们才能真正认识生化反应的过程。化学键动态的本质问题是：能量如何进入反应的分子并重新在不同的自由度之间进行分配？这个过程有多快？连接反应物和生成物之间的每一量子态化学变化速度有多快？什么能够反映通过过渡态进行化学反应的原子核运动？这些运动到底有多快？我们只有了解了分子尤其是大分子结构随时间的变化过程，才能进一步了解分子功能的变化过程。这里需要说明的是，当我们去研究上述的物理、化学和生物学中的群体粒子动态过程时，是否已处于测不准原理范围内？理论处理表明，对电子显微技术而言，只要物质波波包尺度不小于 0.05Å，我们就可以利用经典理论处理粒子的运动状态。

为准确描述上述动态过程，首先，能确定运动的起始点，其时间精度应在几十飞秒范围内；其次，我们应区分所研究的动态过程是单次不可重复的过程，还是重复发生的过程，对这两种不同的动态过程需用不同的成像方法获得它们的动态图像；第三，不论是单次动态过程还是重复动态过程，为了获得动态图像，要求探测束与所要研究的动态过程实现同步。不论利用何种成像方法，为了获得研究目标的动态图像，上述三点必须满足。事实上，受上述亚纳米空间分辨率和三维空间成像的要求，目前我们只能利用物质波或 X 射线束实现成像。尽管物质波和 X 射线具有相近的波长，但物质波与样品作用的截面较 X 射线与样品的作用截面要大几个数量级，因此物质波更适合于研究薄样品甚至气态分子群，而 X 射线更适合研究厚样品。在本书的第 3 章我们已经介绍过各类电子显微成像技术和 X 射线显微成像技术，但是它们都不具有时间分辨本领，只能获得原子在平衡状态下的分布图像。为了获得原子级分辨的物理、化学、生物学等领域的动态过程在不同时刻的系列动态图像，我们就必须在上述的显微技术中引入时间变量。本节先介绍基于电子束的动态显微术。针对上面两种不同的动态过程，发展了频闪显微术和单次电子显微术，下面将分别予以陈述。

7.3.2 频闪显微术

频闪显微术是专门为重复动态过程设计的，包括频闪电子衍射术(electron

diffraction, ED)、频闪电子晶体学(electron crystallography, EC)和频闪电子显微术(electron microscopy, EM)。它们的共同特点是利用重复光脉冲对待测样品进行激励产生可重复的动态过程，利用同重复频率的光脉冲产生光电子脉冲，并利用此重复光电子脉冲通过不同的延时探测上述动态过程，获得样品动态过程不同时刻的图像信息。它们的不同之处在于根据样品的特点通过电子衍射或电子透射成像或电子扫描成像获得样品不同形式的动态图像信息。

1. 频闪电子衍射术

这里，我们将以利用频闪电子衍射术研究气态分子结构动力学为例说明频闪电子衍射术的工作原理。为使气态超快电子衍射获得成功，必须解决如下有关难题：首先，由于气态样品较固态和表面样品的分子密度要低许多个数量级，气态衍射强度将非常微弱；其次，在气态情况下不存在长程相干增强效应，有气体产生的非相干背景散射将成量级增大；最后，脉冲电子束中电子之间的相互作用将使电子脉冲加宽，影响时间分辨率。当然，为了获得分子结构动力学信息，必须使电子脉冲与分子动态过程之间实现所需要的同步和精确延时。

如果气态分子的结构动力学过程是可重复发生的，则可用频闪电子衍射技术解决上述问题，获得高质量的分子中原子的动态排布情况。气态分子束由特定的喷嘴产生，并用时间飞行质谱仪检测是否为我们所要求的分子，其化学反应受紫外激光脉冲驱动产生，反应效果由电子脉冲和反应分子相互作用产生的电子衍射效应探测。实际的实验装置如图 7-5 所示。钛宝石固体飞秒激光器产生的飞秒脉冲序列，经再生放大器放大获得重复频率为 1kHz 的重复脉冲，单脉冲能量可高达几十毫焦，三倍频后获得紫外脉冲序列。该紫外脉冲的大部分能量用来与气态分子作用，使其发生化学反应，并在脉冲停止后数百皮秒又回到原来的分子结构。该紫外脉冲的很小一部分用来照射电子枪的银光电阴极，产生光电子脉冲。该光电子脉冲经静电聚焦系统加速到 30kV，并经电磁聚焦系统聚焦与气态分子相互作用，聚焦斑点直径约 1μm。现在的问题是：如何检测光电子脉冲宽度和减轻因空间电荷效应而被展宽？如何测量光电子脉冲与进入真空室的紫外脉冲同步或实现所需要的精确延时？为了测量光电子脉冲的宽度，在电子枪之后引入一静电偏转系统，类似于变像管扫描相机，在偏转板上加一快速的斜坡电压脉冲，实现对入射到偏转系统中的光电子脉冲的线性扫描。若在光路中引入一时间标准具，则可精确测量出光电子脉冲的宽度。为了实现光电子脉冲与引入真空室的紫外脉冲同步或精确延时，可在分束的两束紫外脉冲之间引入一可变延时器达到此目的，可变延时器的调节精度可达 3fs 左右甚至更高。关键问题是我们如何通过实验来判断它们之间的同步。一个较为简便的方法是利用此紫外脉冲使气态分子发生电离，再利用离子的透镜效应判断光电子脉冲与紫外脉冲的同步。当然，如果我们精确知道光电子从光电阴极到样品的渡越时间，外光路中的行进时间是可以精确确定的，利用这样的计算方法我们也可确定泵浦光和光电子到达样品是否同步。光电子在电子显微镜中渡越时间的精确计算可以在计算机上方便地实现。

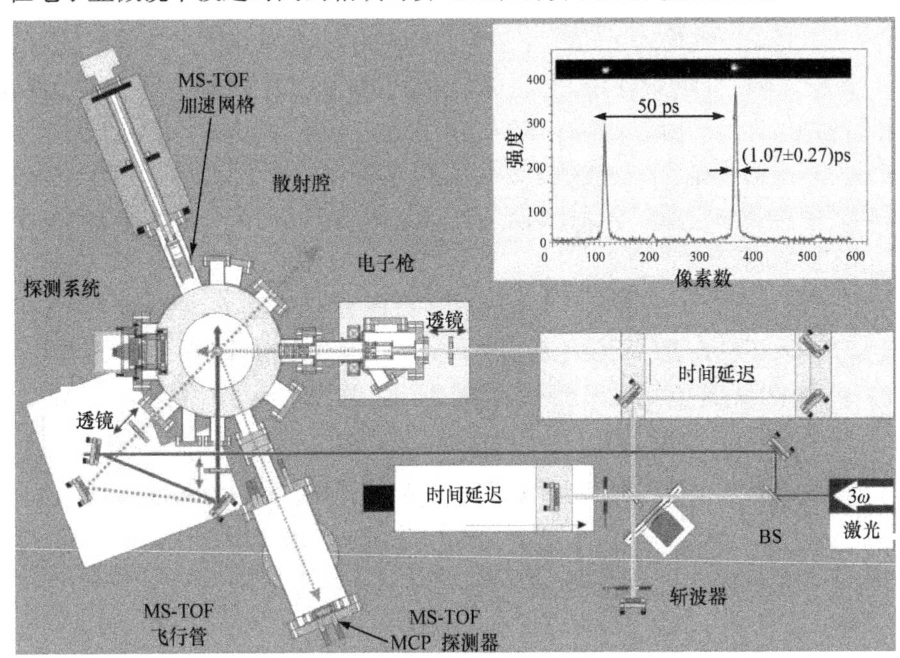

图 7-5　频闪电子衍射装置工作原理图

当我们使用电子束时，首先要考虑的问题是，电子是费米子，必须遵守泡利不相容原理。这是因为电子只有两个自旋态，即存在简并度的限制。这与玻色子的光子是完全不同的，它不受上述原理的限制。一般来说，在相空间相干体积元内，平均电子数目为 10^{-6}～10^{-4}。由量子电子光学可知，对频闪显微术而言，这种简并度可获得成量级的提高。相干体积元由空间相干长度和时间相干长度决定。长度可表示为 $l_{tc}=v_e\cdot(h/\Delta E)$，其中，$v_e$ 表示电子速度，ΔE 表示光电子能量弥散，h 表示普朗克常量。空间相干长度可表示为 $l_{sc}=\lambda_e/\alpha$，其中，λ_e 表示电子德布罗意波长，α 表示电子源的张角。相干元体积可表示为

$$V_c(\text{cell}) \equiv \Delta x\Delta y\Delta z = l_{tc}(\text{longitudinal})\times l_{sc}^2(\text{transverse}) \tag{7.1}$$

对频闪显微术而言，此相干体积元体积为 10^6nm^3。对实际的电子显微系统而言，电子轨迹计算表明该体积元体积处于 10^3～10^6nm^3，与电子数目激发射角大小有关。

为了获得高的时间分辨率，重要的因素是减小光电子脉冲自身的空间电荷效

应。为此，我们可利用上述扫描的方法测量光电子脉冲宽度，若脉冲太宽，就减小激发光电阴极的紫外脉冲的强度，直至光电子脉冲宽度满足要求。例如，我们若希望如图 7-4 所示的光电子脉冲宽度为 1ps 左右，则这时单个光电子脉冲所包含的光电子数目经检测约为 10^3。显然，为获得高信噪比的电子衍射图像，这样的光电子数目是不够的。幸好，我们这里研究的分子结构动力学过程是重复的过程，随泵浦光脉冲的重复作用，分子的结构变化重复出现，在延时不变的情况下，光电子脉冲与分子结构动力学过程某一时刻的状态就是同步的。因此，我们就可以在延时不变的前提下，使光电子脉冲重复与分子相互作用，使这一时刻的衍射图像实现多次叠加，直至信噪比满足要求。这就解决了时间分辨率与衍射图像信噪比相矛盾的问题。

关于衍射图像的记录问题，目前有两种方案可以选取：一种是利用科学级电子轰击 CCD 相机，直接记录电子信号；另一种是先利用转换屏将电子转换为可见光，再利用光锥耦合到近贴聚焦像增强器上，为将光信号转换为电子信号，再通过光锥耦合到 CCD 相机上，从而记录被增强的光信号，其结构如图 7-6 所示。后者结构更为复杂，但灵敏度更高，并可记录面积更大的衍射图像。

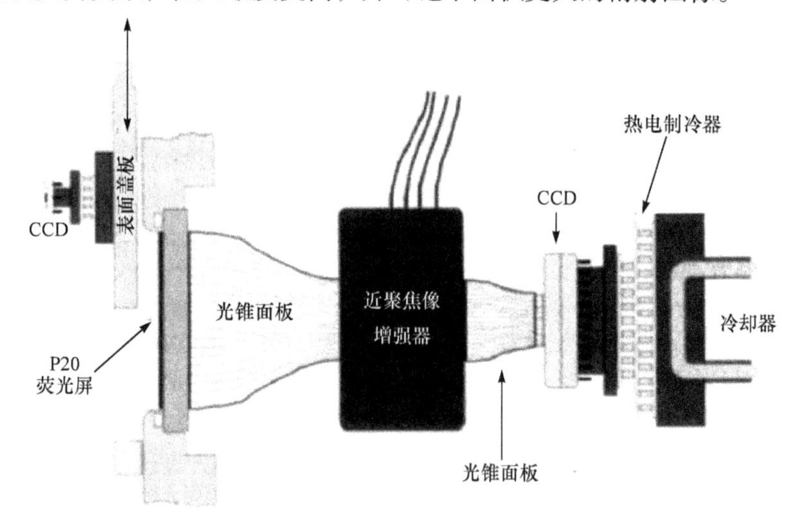

图 7-6　电子衍射图像记录系统[28]

左上角表示电子轰击 CCD 相机，其余部分表示基于光锥耦合的转换屏、像增强器和 CCD 记录系统

剩下的问题就是如何将分子随时间变化的频域电子衍射图像转换为分子随时间变化的空域原子分布图像，这与静态衍射图像的处理方法本质上没有区别。不过，由于我们在第 3 章中并未介绍过电子衍射成像，即使与 X 射线衍射成像类似，这里还是将针对动态成像对电子衍射相关问题作一介绍[29]。针对每一延时，我们

会获得一系列不同时刻的二维衍射图像，而其中每一幅衍射图像又是在同一延时条件下多幅衍射图像叠加而成，以改善其信噪比特性。电子散射强度一般用入射电子和弹性散射电子之间的动量传递幅度 s 描述：

$$s = 2\left|\boldsymbol{k}_0\right|\sin(\theta/2) \tag{7.2}$$

从中可看出，s 取决于散射角 θ 和电子束波矢 $\boldsymbol{k}_0$。其幅度大小与电子的德布罗意波长有关，$\left|\boldsymbol{k}_0\right| = 2\pi/\lambda$，而

$$\lambda = h\Big/\left(2m_{\mathrm{e}}E + E^2/c^2\right)^{\frac{1}{2}} \tag{7.3}$$

其中，m_{e} 为电子质量；E 为电子的动能；c 为光速。例如，对于 15keV 的电子束，λ=0.0993Å，对于 40keV 的电子束，λ=0.0601Å。注意，这里 s 的单位是 $Å^{-1}$。整个衍射强度等于每一原子散射贡献之和(I_{A})，并叠加所有原子与原子之间的干涉项(I_{M})。我们之所以对分子散射贡献感兴趣，是因为它包含了结构信息，即原子核之间间隔的信息。若假设每一原子的电势分布是独立的，各向同性分子的散射强度可写作分子中所有原子的双重和式：

$$I_{\mathrm{M}}(s) = C\sum_{i=1}^{N}\sum_{\substack{j=1\\ i\neq 1}}\left|f_i\right|\left|f_j\right|\exp\left(-\frac{1}{2}l_{ij}^2 s^2\right)\cos\left(\eta_i - \eta_j\right)\frac{\sin\left(sr_{ij}\right)}{sr_{ij}} \tag{7.4}$$

其中，f_i 表示原子 i 的直接弹性散射；η_i 表示相应的相位项；r_{ij} 表示原子 i 和原子 j 之间原子核的距离；l_{ij} 表示振动的平均幅度；C 为一比例常数；散射因子 f 和 η 取决于 E、s 和原子序数 Z，其中 f 和 η 的表可在相关文献中查到。当 s 为 $35Å^{-1}$ 时，整个散射强度将衰减为 s 为 0 时散射强度的 10^{-4} 倍。为了在更大的 s 值处表示出振荡特性，我们通常不用 $I_{\mathrm{M}}(s)$ 而用 $sM(s)$ 表示修正的分子散射强度。修正的分子散射强度可写作

$$sM(s) = s\frac{I_{\mathrm{M}}(s)}{I_{\mathrm{A}}(s)} \tag{7.5}$$

或

$$sM(s) = s\frac{I_{\mathrm{M}}(s)}{\left|f_a\right|\left|f_b\right|} \tag{7.6}$$

其中，a 和 b 相应于分子中的两个原子，通常这些原子具有高的原子序数。下面我们采用式(7.5)的定义。这时，$f(r)$ 可写作

$$f(r) = \int_0^{\infty} sM(s)\sin(sr)\mathrm{d}s \tag{7.7}$$

虽然所有结构信息均包含在分子散射函数中,但径向分布曲线更适合于定性解释，

这是因为 $f(r)$ 可以近似认为是分子中原子核之间距离的相对密度。如果上面积分的上限用 $s_{\max}$ 代替，就会使 $f(r)$ 引入人为的高频振荡，但这些高频振荡可以用衰减常数 k_{d} 和与 s^2 有关的指数项滤除：

$$f(r)=\int_0^{s_{\max}} sM(s)\exp\left(-k_{\mathrm{d}}s^2\right)\sin(sr)\mathrm{d}s,$$
$$M(s)=\begin{cases}M^{\mathrm{T}}(s), & s<s_{\min}\\ M^{\mathrm{E}}(s), & s\geqslant s_{\min}\end{cases} \tag{7.8}$$

由于上述积分过程和近似处理，所有的结构分析和适配处理都导致最优的实验分子散射函数而不是 $f(r)$。而径向分布函数常包含加速适配过程的因素，进一步的讨论将在下面进行。这里，M^{T} 和 M^{E} 分别表示 $M(s)$ 的理论值和实验值。

在整个实验的过程中，我们会得到许多幅不同时刻的电子衍射图像。通过对获得的衍射图像的实地观察和计算机辅助衍射分析求出总的实验强度 $I^{\mathrm{E}}(s)$ 以及修正的分子散射函数 $sM^{\mathrm{E}}(s)$。首先要确定 CCD 所记录的图像的衍射区域，去除非衍射图像信息和背景。然后再在衍射图像区域内，在离开中心一个特定的半径上将所有像素上的计数值相加，并除以有贡献的像素数，这样就可以将二维的衍射图像变为一维的计数曲线。对于不同时刻的衍射图像都作如上处理，就可以得到不同时刻的一维计数曲线。由此而获得的曲线对于大的 s 值而言，噪声会更大一些。另一个要计算的就是由总强度曲线求出 $sM^{\mathrm{E}}(s)$。为此，先要将 $I^{\mathrm{E}}(\mathrm{pix})$ 转换为 $I^{\mathrm{E}}(s)$。这就需要计算出散射角 θ，显然，这可由像素尺寸和相机离开样品的距离 L 求得。实验强度曲线由所希望的结构信息 $I_{\mathrm{M}}^{\mathrm{E}}$ 和背景强度 $I_{\mathrm{B}}^{\mathrm{E}}$ 构成，即

$$I^{\mathrm{E}}(s)=I_{\mathrm{M}}^{\mathrm{E}}(s)+I_{\mathrm{B}}^{\mathrm{E}}(s) \tag{7.9}$$

其中，$I_{\mathrm{B}}^{\mathrm{E}}$ 包括原子散射、非弹性散射和探测器的背景响应。对气态样品而言，分子的长程相干增强效应减弱了，而原子散射增强了，凸显出我们需要的信号 $I_{\mathrm{M}}^{\mathrm{E}}(s)$ 减小，我们不需要的背景 $I_{\mathrm{B}}^{\mathrm{E}}(s)$ 增大了。因此，实验修正的分子散射强度

$$sM^{\mathrm{E}}(s)=s\frac{I^{\mathrm{E}}(s)-I_{\mathrm{B}}^{\mathrm{E}}(s)}{|f_a||f_b|} \tag{7.10}$$

的求解就变得更为重要。还应当指出，即使同一个探测器，对其 $I_{\mathrm{B}}^{\mathrm{E}}$ 的标定也不可能得到普遍应用的曲线，这是由于散射激光强度及其他因素都会随实验而不同。这就需要针对不同的实验进行标定。还应注意，I_{M} 是一正弦函数，在实验探测范围内围绕 0 附近要循环几次。令 $S=\{s_0,s_1,s_2,\cdots,s_n\}$ 表示理论上的一组 s 值，在这些位置过零点，其 $I_{\mathrm{M}}^{\mathrm{T}}$ 为零。如果假设 $I_{\mathrm{M}}^{\mathrm{E}}=I_{\mathrm{M}}^{\mathrm{T}}$，那么这时的总强度 I^{E} 就等于 S 上

这些点的背景曲线。因此，这里 $I^{\mathrm{E}}(s)$ 就近似等于 $I_{\mathrm{B}}^{\mathrm{E}}$。这一曲线适合于 s 上连续三个点 $\{s_{i-1}, s_i, s_{i+1}\}$ 的一般表达函数可写作

$$b_i(s) = \exp\left(A_i + B_i s^{C_i}\right) \tag{7.11}$$

其中，A_i、B_i 和 C_i 为适配而确定的参数。对于位于 s_i 和 s_{i+1} 之间的特定的点 s'，实验背景强度为

$$I_{\mathrm{B}}^{\mathrm{E}}(s') = \left(\frac{s_{i+1} - s'}{s_{i+1} - s_i}\right) b_i(s') + \left(\frac{s' - s_i}{s_{i+1} - s_i}\right) b_{i+1}(s') \tag{7.12}$$

这一适配过程对于理论分子强度曲线过零点的位置是非常灵敏的。为了使上述方法达到实用，这里举一个例子。在 15keV 下的散射因子可以用四点插值技术计算出来，为在步长为 0.01Å^{-1} 确定 s=0Å^{-1} 到 s=30Å^{-1} 之间的因子，进行了二次插值。由目标分子的已知结构参数并认为 I^{T} 完全等同于实验曲线，计算出 I^{T} 和 S，并用其预测理论修正的分子散射曲线。实验衍射数据为实际散射强度与电子束分布的卷积。尽管这样并不改变散射振荡频率，但是改变其幅度：高频振荡比低频振荡衰减得更快。因此，实验和理论合理的吻合将变得不可能，除非理论曲线与相似的分布进行卷积。

利用这种方法目前可以获得的空间和时间分辨率分别可达到 0.01Å 和 1ps。

2. 频闪电子晶体学

电子晶体学是指利用电子衍射的方法研究纳米粒子中原子在空间的排列情况。频闪电子晶体学是指利用电子衍射的方法研究纳米粒子中原子在空间的动态排列情况。这对研究纳米电子学、纳米光电子学和纳米光子学中的动态过程，以及 DNA、RNA 和蛋白质等分子的结构动力学过程具有重要意义。其典型的成像装置如图 7-7 所示，其中包括样品制作超高真空(UHV)室、飞秒激光系统、频闪电子晶体学装置和其他辅助检测设备。样品制作超高真空室包括具有多维精密调整装置的样品架、溅射电子枪、掺杂枪、四极杆质谱仪和样品锁定装置等，附加检测设备主要有低能电子衍射仪(LEED)和俄歇谱仪。这里的频闪电子晶体学装置与上面介绍的频闪电子衍射装置类似，均由飞秒激光器、具有光电阴极的 30keV 的电子枪、CCD 衍射图像记录系统等组成。工作原理也类似，为了减小空间电荷效应对时间分辨率的影响，也采用了频闪技术，即对于纳米粒子在激光脉冲照射下的重复动态过程，利用超短电子脉冲对动态样品进行重复作用，就可获得纳米粒子不同时刻的动态衍射图像。由系列动态衍射图像获得纳米粒子的动态结构信息的方法也与上述气态衍射成像类似。所不同的是，样品形式由气态分子变为固态纳米粒子，分子长程相干增强效应较气态分子会有改善。由于样品为纳米粒子，这就需要寻求适合的衬底材料、适合的纳米粒子生长工艺以及现场的纳米粒子检

测手段，证明所生长的材料是我们要研究的纳米粒子。由于纳米粒子体积很小，要使超短电子脉冲作用于纳米粒子上而不会作用在衬底材料上，不仅需要对衬底表面进行处理，生成一层缓冲层，使生长的纳米粒子在缓冲层上的密度适中，还应当使样品置于合适的样品架上，使衬底的方位角容易实现方便而精确的调整，从而可使超短电子脉冲相对于衬底的入射角可以在1°～5°调节，不会因为与衬底材料作用而影响检测结果。为了保证超短电子脉冲只会与一个纳米粒子相互作用，而不与相邻纳米粒子作用，这就要求纳米粒子的最佳密度D应满足如下的关系式：

$$D = \sin^2(\theta_i)/d^2 \tag{7.13}$$

其中，d表示纳米粒子的直径；θ_i表示超短电子脉冲相对于样品衬底的入射角。若纳米粒子的直径为40nm，衬底用硅-111，并在其上有合适的缓冲层，则纳米粒子密度应不大于$10\mu m^{-2}$。

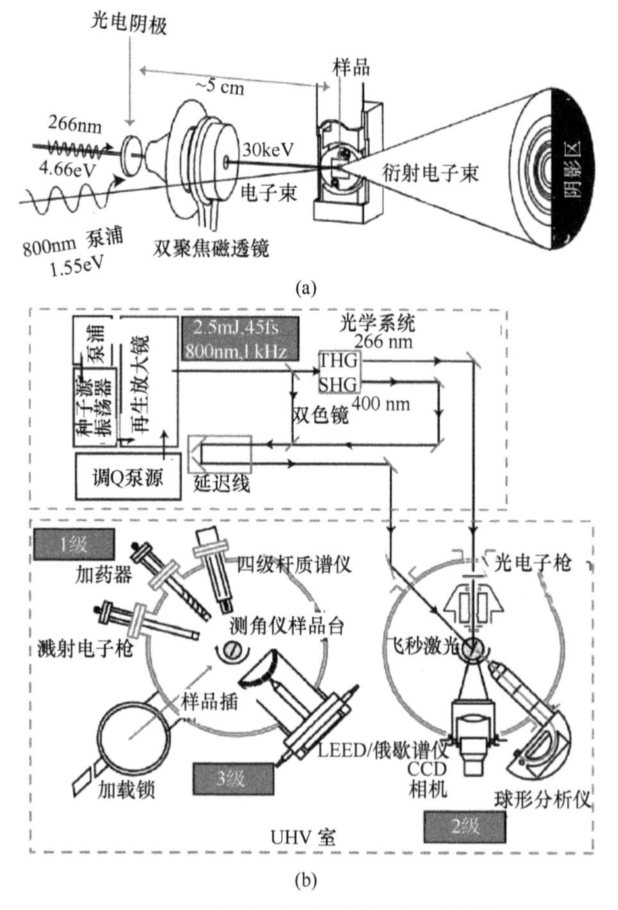

图 7-7　频闪电子晶体学装置示意图[30]

(a) 频闪电子晶体学原理图；(b) 样品制作 UHV 室、飞秒激光系统、频闪电子晶体学装置及其他检测设备

关于该系统所用的飞秒激光器，目前最好的还是钛宝石固体激光器，基频光为 800nm，脉宽 45fs，单脉冲能量 2.5mJ，重复频率 1kHz。其二倍频和三倍频的单脉冲能量分别可达 250μJ 和 40μJ。为了不使电子脉冲展宽过大，电子枪光电阴极附近的场强可高达 6.5kV/mm。电子枪轴向长度约为 5cm，所获得的电子束斑可达 5μm。电磁聚焦系统经过改进，电子束斑可减小至 1μm 左右。当电子脉冲可短至 1ps 左右时，该电子脉冲内所包含的电子数可达 10^3。显然，为获得高质量的电子衍射图像，此电子数还不能满足要求，需要在同一同步时刻进行多次曝光。

3. 频闪电子显微术

上面介绍的两种显微术，尽管研究对象分别为气态分子和纳米粒子，但都是利用电子枪产生的超短电子脉冲与样品相互作用形成瞬态电子衍射图像，由此再求出样品瞬态的结构参数。这里将要介绍的频闪电子显微术与上面两种技术的不同之处是可以直接获得样品的瞬态结构信息，相同之处是仍利用频闪技术获得重复动态过程的瞬态结构信息，这样就可以对同一时刻的状态进行多次曝光，既可获得高的时间分辨率，又可以获得高信噪比的瞬态图像信息。利用频闪电子显微镜，可以研究样品表面、表面吸附层和薄样品的动态过程。其装置的概念设计如图 7-8 所示。它与第 3 章中所介绍的透射电子显微镜结构很类似，包括电子枪、聚光镜、样品台、物镜、中间镜和投影镜等。所不同的是利用光电阴极取代热阴极或场发射阴极，利用倍频后的紫外飞秒光脉冲激发光电阴极产生的光电子脉冲。为了减小空间电荷效应对时间分辨率的影响，每一个紫外脉冲激发光电阴极，有时一个脉冲只包含一个光电子，这样光电子在输运过程中就不会出现电子脉冲的展宽，多个光脉冲激发产生的光电子若同步时间不变，它们之间的时间差主要取决于光电阴极的时间响应特性和电压不稳导致的电子渡越时间的差异，如果设计得好，这种系统的时间分辨率应与光脉冲的宽度相当。在这种工作模式下，电子显微镜的空间分辨率与通常的透射电子显微镜相当，在 100kV 的加速电压下，获得 1Å 左右的空间分辨率是可能的。

利用这种方法可以研究的样品最常见的包括单晶金、非晶碳和多晶铝等。对于薄样品，可采用透射电子显微镜工作模式，获得样品的动态图像信息；对于厚样品，可采用扫描电子显微镜的工作模式，获得样品表面动态图像信息。上面两种模式的主要不同之处是，前者在保持延时固定不变时，得到的是一幅完整样品的透射式瞬态图像，后者则需在这种情况下逐点扫描才能获得样品表面的完整瞬态图像。也就是说，后者要花费更长的时间才能获得样品表面不同时刻的动态图像，延长的时间正比于样品包含的像素数，空间分辨率越高，所需的时间越长。不过，只要泵浦光对样品的作用产生的结构性变化可以在确定的时间内恢复，不论耽误多长时间总是可以获得样品的微观动态图像。

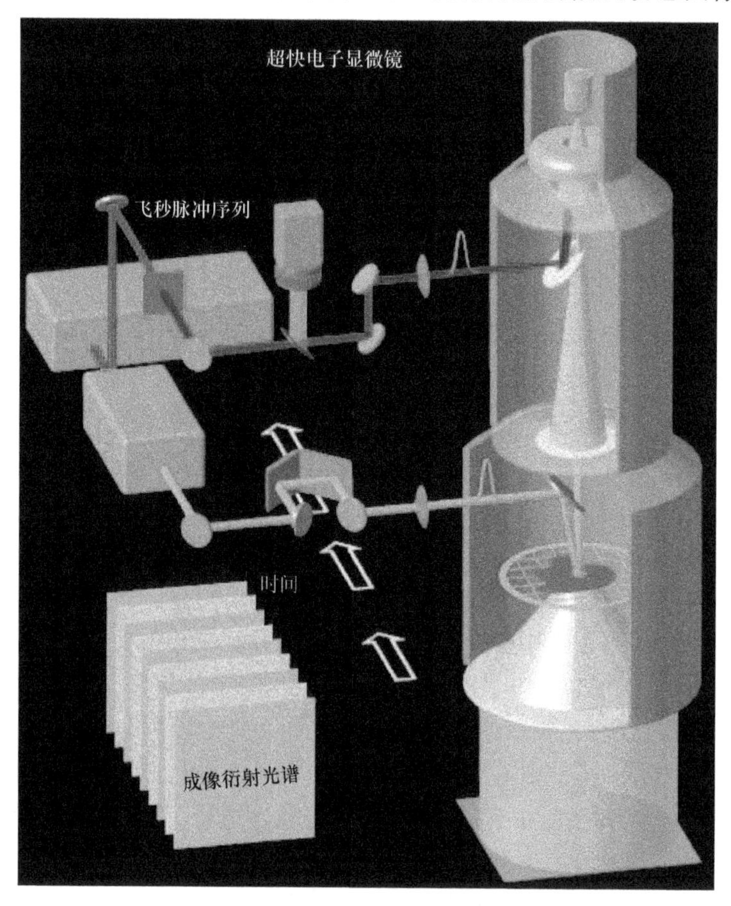

图 7-8　频闪电子显微镜示意图[31]

上面我们分别介绍了三种不同的频闪电子显微技术,分别叙述了它们的特点。但是，每一种技术都不是孤立的，在一定的样品条件下，同一种系统可以完成不同的功能。例如，对薄样品而言，我们既可获得其频闪电子衍射图像，也可获得其频闪电子显微图像，还可获得其频闪晶体学结构参数等。但是，上述三种技术只能应用于现象可重复发生的过程，尤其是在超短光脉冲作用下现象可重复发生的情况。但是，无论是物理、化学、材料学还是生物学中存在的动态过程，多半是不能重复发生的，这就需要单次电子显微术研究这些过程。

7.3.3　单次电子显微术

自然科学领域存在更多的是单次介观或微观的瞬态过程，尤其是超短脉冲激光技术诞生之后，出现了许多激光改性现象，它们多半也是单次过程。如果要研究这些现象，同样需要提供极高的时空分辨率，但由于现象不能重复，我们就必须对单次过程进行分时曝光，分时曝光的次数应足够多，从而能充分反映单次现象的瞬态变化过程；同时，单次曝光时间又要足够短，从而可忽略曝光时间内样品的运动，保持高的动态空间分辨率。对于单次宏观过程，现在已发展了多种技术用以记录物体随时间的变化过程。但对于单次介观或微观过程，直到 20 世纪 90 年代初还无人问津。为提供研究这种现象的方法和手段，我们早在 20 世纪 90 年代中期，在国家自然科学基金的资助下，开展了分幅电子显微镜的理论和实验研究。为突出研究重点，我们先没有引进超短激光脉冲与待测样品的相互作用和光电发射机制，而利用 LaB_6 热场发射阴极增强透射电子显微镜电子枪的发射能力，以支撑动态成像的需求。研究的重点放在聚焦和时间分析系统的设计和研制上，所研制的系统如图 7-9 所示，(a)为设计原理示意图，(b)为基于上述设计所建立的实验装置。它包括电子枪、聚光镜、样品台、物镜、中间镜、投影镜、扫描板、位移板、补偿板、荧光屏、像增强器和 CCD 相机等。为适应时间分析系统的要求，透射电子显微镜的电子枪和聚焦系统均需重新设计，但设计的重点还是放在时间分析系统上。为在单次过程中获得 6 幅不同时刻的动态图像，所设计的扫描板施加三角波电压，实现对电子束的两次扫描；为了使两次扫描的图像彼此分离，在位移板上施加一台阶波；为获得稳定的高分辨分幅图像，在三个狭缝之后的三对补偿板上分别施加与扫描板极性相反的三角波。为获得越短的曝光时间，就需要制作高速变化的三角波和台阶波。理论设计表明，利用当时的已有技术可以获得的最短曝光时间为 100ps，这时的动态空间分辨率优于 10nm[32]。当时受实验条件的限制，尤其是探测器的增益和像素数目的限制，实验获得的曝光时间为 21.5ns，空间分辨率为 14.4nm[33]。实验证明，所设计的方案是可行的。

在国外，最早报道单次电子显微镜的是德国学者 O. Bostanjioglo 等，他们于 1999 年发展了一种纳秒电子显微镜，最多只能获得两幅动态图像。不过，他们已将脉冲激光器引入电子显微镜，其结构如图 7-10 所示[34]。电子枪采用发叉式光电阴极，从而与热阴极兼容。通过阳离子电泳法将结合有 Nb、Ta、W、Ir-W 和 Re 的 CeB_6、LaB_6、ZrC、Ce、Tb、Ti 和 Zr 等材料沉积在发叉阴极表面，并在高真空下 1200℃焙烧而成。实验证明，结合有 Re 的 Zr 沉积层光电发射特性最好，阴

极亮度可达 4×10^6A/(cm^2 · sr)。照射在光电阴极上的光脉冲脉宽 7ns，波长 266nm。作用于样品的光脉冲有两种，一种是波长为 532nm、脉宽为 7ns 的 YAG 倍频光，另一种是波长为 620nm 的飞秒激光。为了实现分幅，只要有一对偏转板，其上加台阶波脉冲。

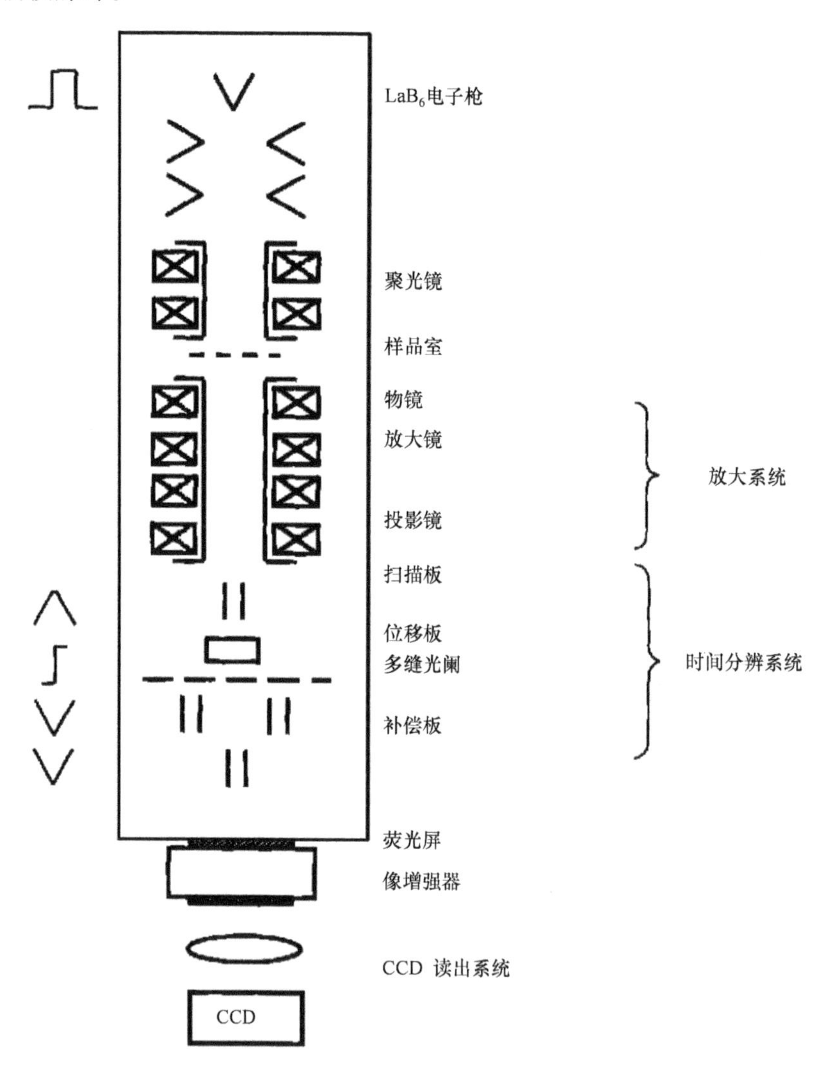

图 7-9 分幅电子显微镜工作原理示意图

之后，就是由美国劳伦斯利弗莫尔国家实验室(Lawrence Livermore National Laboratory)发展起来的单次电子显微镜。他们取得的重要进展是在应用方面，并将电子显微术(electron microscopy, EM)与电子衍射术(electron diffraction, ED)结合起来获得了有应用价值的照片。他们用于光电阴极的光脉冲宽度为 15ns，

可产生 2×10^9 个光电子，其中 5×10^7 个光电子可与动态样品作用，获得高质量的动态图像和动态衍射图像[35]。图 7-11 给出同一透射电子显微镜所获得的两幅图像，(a)为静态图像，(b)为 15ns 曝光时间的图像，两者的分辨率、对比度和信噪比几乎看不出有任何差别。图 7-12 给出了样品在激光作用下发生明显变化的显微图像。

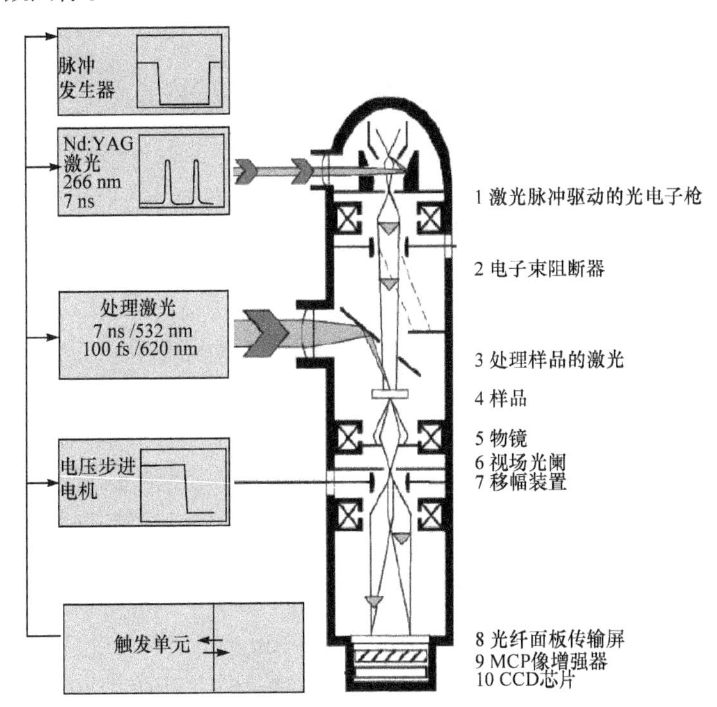

图 7-10　德国发展的单次纳秒电子显微镜结构示意图[34]

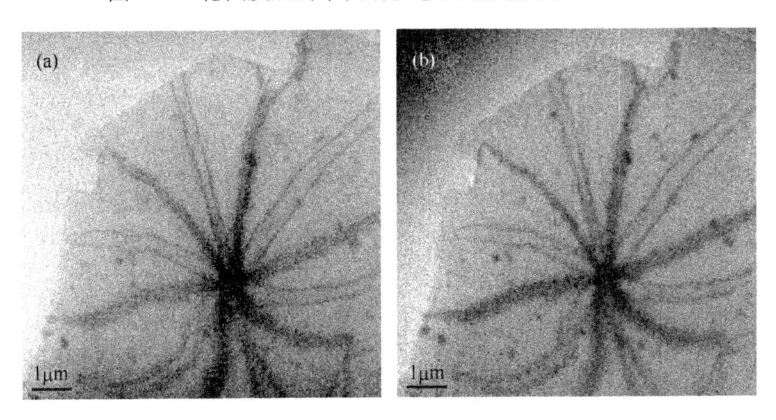

图 7-11　利用同一台透射电子显微镜获得的静态和 15ns 曝光时间的图像质量比较[35]

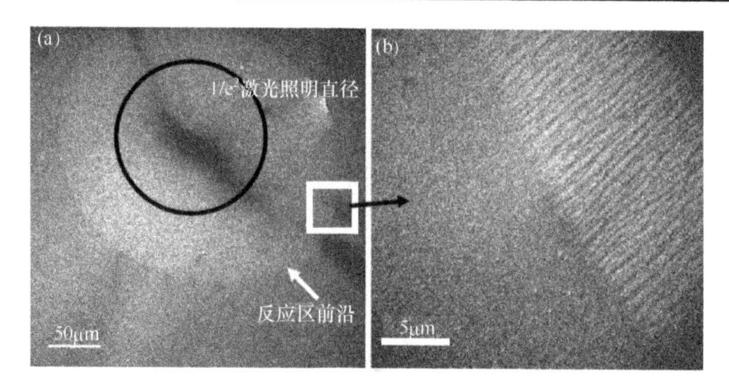

图 7-12　15ns 曝光时间下所获得的激光与样品相互作用后的反应前表面形貌图像[35]

(a) 低放大倍率下形貌图像，圆环大小给出激光电场强度衰减到 $1/e^2$ 的作用范围，白色方框给出激光作用后产生效应和未产生效应的交界位置；(b) 图(a)中白色方框的放大图像，从中可以看出激光作用后产生效应部分的微观结构发生了明显的变化

7.4　基于 X 射线的动态显微术

上面介绍了基于电子束的动态显微术，其优点是电子较 X 射线具有高 6 个数量级的散射截面，这有利于灵敏度的提高和高图像对比度的获得。但是，对单次电子显微术而言，随着时间分辨率的提高，要求电子显微镜能提供更大的瞬态电子束流。但电子是费米子，束流进一步的提高会受到泡利不相容原理的限制；同时，由于电子带电荷，空间电荷效应又会严重影响时间分辨率的提高。当然，电子对样品的穿透深度也极其有限。因此，当利用电子束进行动态成像时，其时间分辨率的提高是有限的。在单次过程中，我们的理论处理表明：若空间分辨率要求优于 10nm，其时间分辨率很难优于 100ps。

与电子束相比较，X 射线是玻色子，无须服从泡利不相容原理；又不带电荷，X 射线光子密度没有理论上的限制；其对样品的穿透深度远大于电子数；随着时间分辨率的提高，剂量所决定的极限空间分辨率会进一步提高。因此，我们说 X 射线可提供最锐的时空探针。人类期盼的瞬态显微图像的终极目标是在空间上能精确给出原子之间的距离，与此同时，在时间上能“冻结”此时的原子位置。也就是我们前面提到的空间分辨率应优于 0.05Å，时间分辨率应优于 100fs。对于单次瞬态过程而言，只有利用超短脉冲 X 射线激光束才有可能达到上述目标。即使对于重复的瞬态过程，利用超短脉冲 X 射线激光束在很多情况下也要优于频闪电子显微技术。

为了利用超短 X 射线激光束对瞬态过程实现动态成像，我们主要要解决两个基本问题：一是超短脉冲 X 射线激光束的产生问题，二是瞬态过程动态成像的方法问题。

关于超短脉冲 X 射线激光束的产生问题，首先我们要说明对其波长和脉冲宽度的要求。为了检测原子间的距离，空间分辨率应优于 0.1nm，这就是说，为满足这种需求，所产生的超短 X 射线激光的波长不能超过 0.1nm，即 X 射线光子能量应大于 12.4keV，这已属于硬 X 射线波段。关于脉冲宽度，前面我们已提到过多次，应小于 100fs。产生这种超短脉冲 X 射线激光的方法有多种，包括高次谐波法、逆康普顿散射法、等离子体法和自由电子激光器法等。其中发展得最为成熟的方法是最后一种，这即所谓的第四代光源。其原理是利用超短激光脉冲激发的光电子发射作为电子源，利用直线加速器将电子加速到 10～20GeV 甚至更高，然后将此电子束送入长的波荡器中，靠周期磁场不断改变电子束的运动方向，从而产生切连科夫辐射，形成超短脉冲 X 射线激光束。目前国际上已有三台这样的超短脉冲 X 射线激光器，它们被统称为自由电子激光器。一台是美国的 LCLS，其最短波长为 0.15nm，每个脉冲的 X 射线光子数为 10^{12}，已于 2009 年建成；另一台是日本的 SCSS，最短波长为 0.13nm，每个脉冲的 X 射线光子数为 2.1×10^{11}，已于 2011 年建成；还有一台是德国的 SASEI，最短波长为 0.1nm，每个脉冲的 X 射线光子数为 10^{12}，也已经正式对用户开放。上述三台自由电子激光器产生的 X 射线激光脉冲宽度均小于 100fs。

在介绍利用超短脉冲 X 射线激光束实现瞬态过程动态成像方法之前，我们有必要先介绍一下这种成像方法的特点。由于物质对 X 射线光子的散射截面小，为获得足够多的散射光子实现动态纳米乃至亚纳米分辨成像，这就要求超短脉冲 X 射线激光束具有足够多的光子数。实验和理论分析已经证明，利用这种超短 X 射线激光束，我们可以获得样品的瞬态动态图像，但是在动态图像输出之后，样品马上由于此激光脉冲的作用而解体，我们不可能获得同一样品两幅不同时刻的动态图像。为获得样品的动态序列图像，要求样品是可以复制的，我们同时具有多个同样的样品。这样，多个同样的样品同时经历相同的动态过程，但这些样品与超短脉冲 X 射线激光束的同步时间是不一致的，从而获得样品不同时刻的动态图像。显然，对有机大分子(如 DNA、RNA 和蛋白质等)可以精确复制，对不同的细胞和亚细胞结构也可进行复制，但人造样品(如不同的量子结构)是很难复制的，要对这些动态过程进行研究就比较困难。另外，样品的动态过程通常是利用超短脉冲激光束进行驱动的，而这些激光脉冲与自由电子激光器产生的超短脉冲 X 射线激光束是容易同步的，只要使产生电子束的激光束和样品动态过程激励的激光束具有固定的时间关系即可。这一点，我们在动态电子显微术介绍中已反复谈到，这里就不进一步介绍了。

关于瞬态过程动态成像的方法问题，在了解了上述 X 射线动态成像特点之后就容易理解了。原则上讲，第 3 章介绍过的各种 X 射线显微技术均可应用到动态成像中，包括透镜成像和无透镜成像。这里重点介绍一下目前正在发展的几种成像方法。一种是无透镜衍射成像，如图 7-13 所示[36]。可见光超短激光脉冲(ⅰ)与样品(ⅲ)相互作用，激发其发生动态变化。自由电子激光器(FEL)产生的超短 X 射线激光脉冲(ⅱ)与泵浦光脉冲以一定的同步关系与样品作用产生 X 射线的散射信号，经 45°反射镜(ⅳ)将散射 X 射线反射到对 X 射线敏感的 CCD 相机(ⅴ)上，获得样品的动态衍射图像。而透射的 X 射线和可见光(ⅵ)将不会对衍射图像造成影响。为了避免可见光通过反射镜使 CCD 相机敏感而造成背景，在 CCD 探测器上镀有不使可见光透过的膜层。再利用软件对获得的衍射图像进行处理，获得所要求的图像信息。这一点，与静态衍射 X 射线成像类似，我们在第 3 章中已作过较为详尽的介绍，这里就不重复了。这种方法经过近年来的发展，已比较完善，不论样品是晶体还是非晶体，是有机体还是无机体，均可适用。目前存在的唯一问题是有时计算中会出现不收敛的情况。另外，在实验中应注意尽可能多地收集衍射信息，使可探测的数值孔径尽可能地大，从而提高空间分辨率。

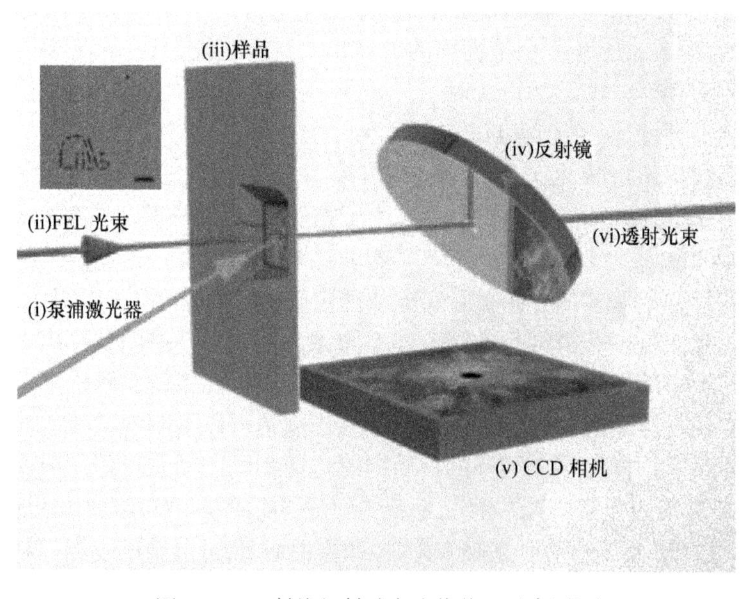

图 7-13　X 射线衍射动态成像装置示意图[36]

另一种是全息成像方法。与上面的方法相比较，这种方法需要引进两束 X 射线，一束物光，一束参考光束，这就需要引入分束镜。尽管 X 射线分束镜较可见光分束镜制作难度大，但较引入 X 射线透镜带来的工艺难度要小得多。这种成像方法即所谓的多孔并行 X 射线全息成像法[37]。我们知道，为获得高的空间分辨率，针孔就要做得很小，从而使图像变得暗淡。多针孔可以提高光强，但若要恢复图像就会对计算机和快速算法提出更高的要求。场景中的每一个亮点都会在观察屏上产生一针孔阵列阴影像。关于物体的深度信息就会编码在物点的阴影图像中。根据针孔阵列结构的相关知识，通过数值计算我们就可以将图像恢复出来。最初，在 X 射线天文学里使用随机分布的针孔阵列，之后为二进制均匀冗余阵列 (uniformly redundant arrays, URA)，后来表明这种针孔阵列对成像来说是最佳的。多个锐针孔的特性是所有可能的空间频率包含等同的信息量，因此在不牺牲图像亮度的情况下可以允许高的空间分辨率。目前，基于 URA 的编码孔径在硬 X 射线天文学、医学成像、等离子体研究、国家安全和光谱学等领域已被普遍采用。该方法提高了亮度，但并不需要采用透镜。这里介绍的多孔并行 X 射线全息成像，其物光是样品对入射 X 射线的散射光，参考光束为针孔附近的散射光，二者在远场互相干涉，形成干涉图案，即全息图。当此全息图重新被针孔参考光束照明时，全息图产生的衍射波前就产生了物的图像。其成像系统如图 7-14 所示。

图 7-14　多孔并行 X 射线全息成像原理图[37]

相干 X 射线束照明样品和其后的 URA 针孔阵列，CCD 面阵探测器记录衍射 X 射线束；衍射图案的傅里叶变换与全息项产生自相关图，Hadamard 变换解码全息图；通过之后对物体和 URA 相位扩展的迭代算法，分辨率可以超过 URA 可以提供的分辨率

7.5　荧光寿命纳米成像

上面我们讨论了利用物质波和 X 射线波实现动态纳米成像的有关问题。它们主要应用于无生命物质，尤其是分子水平动态过程的研究。从本节开始我们研究

用于生命体尤其是活细胞的光学超分辨动态成像技术，尤其是荧光分子标记的细胞内分子和亚细胞结构的动态纳米成像。这里先从荧光寿命纳米成像入手。

荧光寿命对荧光团所处微环境非常敏感，能够对离子(如 Ca^{2+}, Na^{+}等)浓度、pH 和氧分压(PO_2)等生理生化参数进行定量测量[38,39]。荧光寿命的一个突出特点是不受激发光强度、荧光团的浓度、光漂白等因素的影响，而且一般不受其他限制强度测量因素的制约。利用基于荧光寿命显微成像(fluorescence lifetime imaging microscopy, FLIM)的 FRET 技术可以研究活体细胞内蛋白质分子之间的相互作用及其构象变化[40,41]。这些多参量荧光显微成像，尤其是 FLIM 技术在生物医学研究中日益获得重要的应用。

然而，受光学衍射极限的限制，传统荧光显微技术的空间分辨率只能达到 200nm 左右，难以满足生命科学研究的需要。而对荧光寿命成像来说，其空间分辨率受衍射极限的限制尤为严重。FLIM 通过对样品中荧光团分子荧光寿命的逐点测量和成像，来揭示荧光团分子的微环境信息及其与周围分子的相互作用，而荧光团分子与微环境的相互作用大多发生在经典的衍射极限以下的空间尺度上，例如，发生 FRET 的两个蛋白质分子之间的距离在 1～6nm。由于光的衍射限制，样品中某个荧光团分子所发出的光子落到图像中其他分子所对应的像素上，而该荧光团分子所对应的像素也受到其他分子所发荧光光子的干扰。因此，传统的衍射受限 FLIM(diffraction limited FLIM, DL-FLIM)图像中各个像素的荧光寿命值，并不能反映其所对应的各个分子的荧光寿命，无法做到分子尺度的荧光寿命成像。在所有的 FLIM 方法中，基于同步扫描相机(synchroscan streak camera, SSC)和时间相关单光子计数(time-correlated single photon counting, TCSPC)的荧光寿命成像，即 SSC-FLIM 和 TCSPC-FLIM，都具有单光子的探测灵敏度[42]。但是这些成像手段都受到光学衍射极限的限制。正因为如此，利用上述方法所能测量的是衍射受限区域内大量荧光分子的平均荧光寿命，而非实际的单分子荧光寿命。利用 FLIM-FRET 所测量到的也不是真正的两个蛋白质分子之间的相互作用结果，而是大量分子相互作用的平均效应。此外，受衍射极限的限制，现有的 FLIM 技术对发生 FRET 现象的蛋白质分子的定位并不准确，这是因为只有两个分子彼此靠近到 1～6nm 时，才会发生 FRET 现象，并由此来判断两个蛋白质分子是否发生了反应。至于它们在细胞中发生反应的位置，受衍射极限的限制，我们无法以纳米的定位精度确定之。

目前，生命科学的研究已进入分子层次，为了更好地理解生命活动和疾病发展的分子机理，需要在分子水平上研究细胞内蛋白质位置与功能的关系以及蛋白质分子之间相互作用、结构蛋白等生物大分子如何组成细胞的基本结构体系、重要的活性因子如何调节细胞的主要生命活动等，这对荧光显微技术提出了更高的要求。

虽然目前的荧光成像已经实现了纳米的空间分辨率，但是，已发展的这些纳米成像技术都是以荧光强度为衬度。而对荧光而言，除了强度以外，还具有荧光光谱、荧光寿命、荧光偏振等参数，这些参数中都包含丰富的生物体系功能信息。尤其是荧光寿命成像，除了提供荧光探针所结合的生物大分子的浓度空间分布的信息外，正如前面所提到的，还可以提供细胞内大量的化学和物理因素的信息，如 pH，PO_2，温度，离子，分子极性，生物大分子的结构、构象及与周围环境的能量传递，因此是一个非常重要的功能成像参数。而纳米分辨的荧光寿命成像在一个前所未有的分辨率水平下进行上述研究，很有可能揭示某些由于分辨率限制而未能揭示的规律或现象，为研究细胞内生命现象的本质提供一个更好的平台，为细胞生物学研究提供一个强有力的工具。

纳米分辨荧光寿命成像技术涉及两个方面，首先是纳米分辨，其次是在纳米分辨下进行荧光寿命成像。正如在第 5 章中所述，实现荧光超分辨远场成像有多种途径，不过用得最多的主要有两种。一种途径是 1994 年由 Stefan Hell 所提出并逐渐发展的 RESOLFT 技术，其基本思想是实现点扩展函数的改造。另一种则是基于单分子质心定位的方法。该方法通过在荧光材料中引入亚稳态，实现荧光标记物的稀疏激发，再利用单分子定位和图像重组的方法最终获得超衍射极限的分辨图像。毋庸置疑，超分辨成像技术的发展，同样为荧光寿命纳米成像的发展提供了技术途径和方法。若将受激辐射耗尽和单分子定位方法与荧光寿命成像相结合，则有可能获得纳米分辨的荧光寿命图像。

7.5.1　基于 STED 方法的荧光寿命纳米成像

研究和发展超分辨荧光寿命成像(super-resolved-FLIM,SR-FLIM)技术，可以显著提高 FLIM 荧光寿命的测量精度和定位精度。利用基于 SR-FLIM 的 FRET，可以在分子尺度上研究蛋白质分子之间的相互作用，获得分子之间相互作用的效率及精确定位。2008 年，P. French 小组在国际上首次报道了一种超分辨荧光寿命成像方法，即 STED- FLIM，这也是目前报道的唯一一种 SR-FLIM 技术[43]。STED-FLIM 将 STED 共焦显微镜与 TCSPC 技术结合，原理如图 7-15 所示。该装置以标准的共聚焦显微镜为基础，利用飞秒激光器产生的超短脉冲光束一分两路，一路送入光子晶体光纤为主的可调谐超连续谱光源,提供相对简单和低成本的具有多功能光谱特性的激发光源,另一路通过相位板产生环形光束。STED-FLIM 首先在激发光和 STED 光作用下，产生横向和纵向尺度大约为 100nm 的光斑，实现纳米分辨，而光斑激发范围内产生的荧光寿命信息则利用 TCSPC 进行测量。再利用 STED 显微镜对样品进行共焦扫描，则可获得样品的纳米分辨荧光寿命图像。

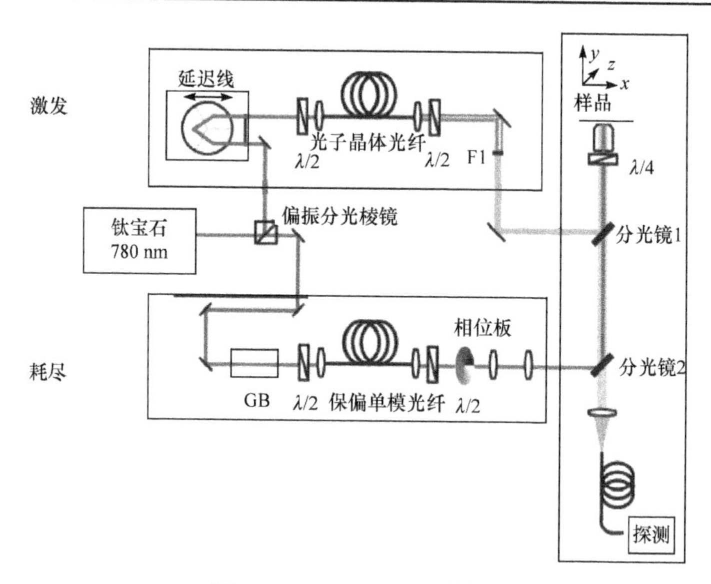

图 7-15　STED-FLIM 系统图

这种技术尽管在超分辨荧光寿命成像上有所突破，但还存在一些缺陷，如荧光寿命测量精度和空间分辨率不高等。应当说这不是方法本身的问题，该方法本身的主要问题是测量时间过长，寿命测量精度不高。尽管也有报道利用 TCSPC 进行单分子共焦荧光寿命显微测量[44,45]，但是仅限于衍射受限区域内单个分子的检测，无法成像，而且其空间分辨率也没有突破衍射极限的限制。

为提高基于 STED 方法的荧光寿命图像获取速率和寿命测量精度，我们可以采用阵列激发和环形光束以及同步扫描相机获得样品的荧光寿命，这时可并行获得多点的荧光寿命，同步扫描相机具有比 TCSPC 更高的时间分辨率。这样，就可大幅度提高纳米分辨荧光寿命图像的获取速率。

以上提及的是纳米分辨的荧光寿命成像，而实际上，寿命信息也可以作为一个实现纳米分辨的有效参数。例如，在 STED-FLIM 中，在 STED 光的作用下，荧光分子在激发态的平均停留时间由于 STED 光强度的环形分布而产生类似的环状分布，中心区域的荧光寿命比边缘区域更长，因此可以通过门控装置特异性选取达到一定寿命的光子信息，从而实现超分辨，或者进一步地提高 STED 分辨率表现[46]。

7.5.2　基于单分子定位方法的荧光寿命纳米成像

为了实现具有分子尺度分辨能力的荧光寿命成像，可以将基于单分子定位的纳米分辨方法与荧光寿命成像方法结合起来。其中一条实现途径的原理如图 7-16 所示。它利用全场照明的方法，对样品中的开关分子进行稀疏激活；利用脉冲光对样品进行扫描激发成像。将单分子定位与时间相关单光子计数探测相结合，利用 STORM 技术获取样品的超分辨图像，得到各个荧光分子的纳米定位信息。采用 TCSPC-FLIM，获取各个激活分子的荧光发射的衰减特性。将纳米定位和 TCSPC-FLIM 结合，最终实现超分辨荧光寿命成像。

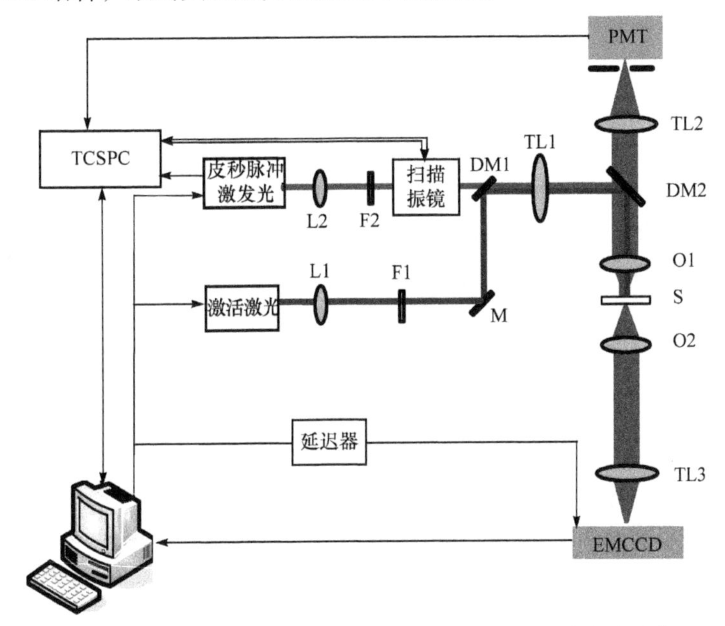

图 7-16　结合纳米定位与 TCSPC-FLIM 的荧光超分辨寿命成像

L1，L2：透镜；F1，F2: 滤光片；M:反射镜；DM1, DM2:双色镜；TL1～TL3：管镜；O1，O2：物镜；S：样品

上述方法可以获得荧光分子在所处微环境下的荧光寿命，但其缺点也是很明显的，就是图像获取速率太低。为解决此问题，我们可以不用 TCSPC，改用基于扫描变像管的同步扫描相机，这时用飞秒激光照亮样品的不是一个点而是一条狭缝，在此狭缝上的所有稀疏激发的荧光标记物都受飞秒激光的作用而产生荧光，它们的荧光寿命同时被上述的同步扫描相机测量给出。被飞秒激光照亮的狭缝沿其垂直方向逐行扫描样品，则可获得样品一幅源图像的荧光寿命。类似 STORM 方法，我们可以获得所有源图像的荧光寿命，最后构成纳米分辨荧光寿命图像。

7.6　粒子/分子追踪技术

7.6.1　细胞内动态目标的运动特性

细胞运动既包括细胞自身的形状改变、细胞自身的整体运动，也包括细胞内部的各种动态过程，而且前者与后者密不可分，是一系列内部动态过程的外在表现。因此，这里着重讨论的是细胞内的动态过程，包括分子在细胞膜和细胞内的扩散运动、沿着细胞骨架的运输过程以及细胞内亚细胞结构的运动。通过对分子扩散系数和扩散方向的分析，可以将分子扩散运动的模式分为定向运动、受限运动和布朗运动。对细胞膜上的单分子追踪获得的扩散系数等参数能够在细胞膜微区的"界限"及其划分特征等方面提供非常有用的信息。对真核细胞来说，细胞内部高度区域化，这意味着在细胞内，物质的合成与物质功能往往是在不同的部位完成或实施的，因此细胞内运输是一个必需的重要过程。不同的运动过程遵循不同的运动机制，因此表现出不同的速度特点。以细胞骨架(微丝微管)的生长与解离这一最简单过程为例，微丝生长速度为 10^{-2}～1μm/s，微管生长速度约为 0.3μm/s，收缩速度为 0.4～0.6μm/s。而沿着微丝微管运动的马达蛋白的运动机制要更为复杂。这些马达蛋白包括与微丝相关的肌球蛋白-Ⅰ、肌球蛋白-Ⅱ，以及与微管相关的驱动蛋白和胞质动力蛋白。马达蛋白往往有一个或多个 5～10 nm 大小的球形"头部"、一个稍长的"尾部"，该"尾部"一端连接球状头部，另一端可以与其他马达蛋白、囊泡、细胞器连接。肌球蛋白从微丝负极向正极运动，其运动速度通常能达到 10^{-2}～1μm/s。驱动蛋白通常朝微管正极方向运动，胞质动力蛋白朝微管负极方向运动，这些马达蛋白的运动速度为 1～4μm/s。

7.6.2　单粒子追踪

在细胞研究中，对生物学家和生物物理学家来说，更感兴趣的是在体观察那些正在行使特定生物学功能的蛋白质、RNA、DNA 或病毒[47-50]。细胞生物学中，许多细胞功能相关的动态生命学过程都与细胞内的囊泡和/或单分子的运动相关联。细胞内生物学过程追踪是理解细胞功能的重要基础[51,52]。细胞内，蛋白质大分子往往通过复杂的运输网络协调运动到细胞内的不同位置。例如，细胞内吞首先从细胞膜开始，货物分子与细胞膜表面的受体分子结合后，通过特定的机制(例如网格蛋白小窝、细胞穿透肽(cell penetrating peptides, CPP)被摄入细胞，然后被运送到细胞深处的内体室。对这些动态过程的研究，用得最多的一种方法是单粒子追踪(single particle tracking, SPT)。SPT 通过对单个分子信号进行分析，从而获得其纳米精度的位置信息。目前，利用宽场显微镜便可实现单分子的二维(例如膜动力学[53-57])或者三维[58]追踪。随着单分子显微技术的诞生，许多生物学家对细胞内单个分子的运输路径产生了浓厚的兴趣[59-61]。这是由于单分子追踪克服了传统群体分子研究时带来的平均效应，从而可以提供传统群体分子研究无法获取的信息[62]。当要研究成分组成复杂的系统(例如，研究内化后货物分子从质膜到核内体的运输途径)时，这些细节信息就变得尤为重要。鉴于 SPT 的这些优越性，在过去二十年里，利用单分子检测方法进行的各种生物学应用也急剧增加[63-66]。例如，利用 SPT 已经揭示了细胞质膜分子组织的新的动力学信息[47,67]。

目前，SPT 所采用的方法包括宽场成像、堆栈法、轨迹追踪法和四面追踪法。

1) 宽场成像

宽场成像包括利用全内反射荧光显微，也包括普通的宽场成像。利用TIRFM进行单分子追踪的好处在于它可以极大程度上减少背景，从而可提供单个分子的清晰高信噪比图像，可用于细胞膜附近的单分子追踪。但是这种方法带来的负面影响是，由于细胞的贴壁生长，很少有粒子能到达贴壁的膜外区域，即TIRFM的有效成像区域，因此能观察到的轨迹十分有限，为了解决这一问题，有两种方案：一是在细胞贴壁前在玻片上铺上一层目标粒子[68]；二是制作特殊的玻片，例如，在玻片表面微纳加工一些凹陷的小坑，从而当细胞贴壁时，使得纳米粒子能比较方便地借助这些小坑进入细胞膜。除了TIRFM以外，另一种SPT宽场成像技术就是利用普通的显微镜进行粒子的追踪。不管怎样，在给定的某个时刻，目前采用的宽场成像技术进行SPT时只能对一个焦平面进行成像。在观察运动的分子或粒子(例如单分子或囊泡)时，它们很可能移出系统的可探测景深范围，当所观察的运动分子或粒子(例如单分子或囊泡)离开这一范围时，便无法继续追踪。因此，这种方法对细胞内发生的快速生物学事件无法实现完整的三维动态追踪[69]。我们往往只能获得分子部分运输路线轨迹，这导致许多生物学问题的研究受到限制，许多生物学相关的问题无法得到准确的答案，例如，这些进入细胞内的囊泡最终将到达哪里，如何发挥生物学功能，等等。

要获得完整的完整轨迹，我们需要能实现真正三维追踪的方法。目前的三维追踪方法大致可以分为两类：一类是直接记录粒子的三维位置信息然后脱机处理数据，利用人工的办法或者使用自动追踪软件进行粒子追踪；一类是通过反馈环路实时追踪粒子。

2) 堆栈法

获得三维信息的最直接的方法就是利用轴向信息堆栈的方式对原本有限的有效成像深度进行扩展，经常采用的一种方法就是利用可快速三维成像的装置，例如带有旋转多孔盘的共焦显微镜。通过三维扫描获得粒子荧光信号的三维分布，便可以通过质心定位的方法获得它们的横向及轴向位置信息。但是显而易见，这种堆栈法下，无论粒子处于什么位置，都需要进行一个较大范围的三维成像，而实际上很多区域获取的信息都是无效的，这无疑将大大增加单个有效位置信息点获取所需的成像时间，也就是说将大大降低所获取轨迹的时间精度。因此我们需要更快的三维成像方法，例如前面提到的双焦面法、柱面镜法、双螺旋点扩展函数法。然而这些方法都存在一个共同的问题，就是有效的成像深度一般不超过1～2μm，这甚至不能达到一个完整细胞的厚度。

3) 轨道追踪法

轨道追踪法最早由 Enderlein 提出[70]，并由 Gratton 发展到三维[71]。相比于之前的堆栈法，这种方法更为精巧省时。这是一种实时追踪一个单分子的方法，它将激光聚焦到样品上，并扫描以所跟踪粒子为中心的圆环轨道或者其他更复杂的轨道[72-74]。以圆形轨道为例，轨道半径设置为点扩展函数约一半的大小，若粒子位于圆形轨道中心，当激光沿着圆形轨道扫描时，测得的荧光强度将不会发生改变。虽然在轨道追踪法中测得的粒子荧光强度相比于粒子位于光束中心时的荧光强度要低，但是可以获得良好的位置敏感性。粒子位置的变化将导致探测信号产生调制，通过快速傅里叶变换，获得调制信号的振幅和相位，分别表明了粒子相对于圆形轨道中心运动的大小和方向。紧接着，系统根据分析结果通过反馈调整聚焦激光束扫描轨迹中心的位置，让圆形轨迹中心到达一个新的位置并自动记录该位置信息，再重复上述过程，如此便可以以高达毫秒量级的时间精度实现单粒子的实时追踪。而要实现三维的实时追踪，则可以将信号分离至两个共焦通道进行探测，这两个共焦通道分别对焦于焦平面的上方和下方 500nm 处，粒子的横向位置信息通过两个通道的信号叠加后获得，而轴向位置信息则可以通过两个通道信号的差来获得。根据轴向信息通过反馈使得粒子一直位于两个共焦通道对应焦平面的中心，如此可以实现单个粒子的三维实时追踪。

4) 四面追踪法

另一种同样利用反馈的方法被称为四面追踪法[75,76]。顾名思义，该方法使用了高达 4 个探测器实现信号探测。四面追踪法在共焦显微镜中得以实现，系统示意图如图 7-17 所示，激光束稳定照射粒子，荧光分束后用多个雪崩二极管(APD)分别探测焦点周围的 4 个不同位置，该 4 个区域的空间分布如图 7-17(b)、(d)所示。利用这些探测通道的强度信息，即可实现二维或三维定位[76]。移动样品台来补偿粒子的运动；也可以不用反馈补偿装置，而将激光束照射到样品中的固定位置，但是追踪范围有所减小[77]。

轨道追踪法和四面追踪法这两类 SPT 方法虽然克服了大范围追踪的问题，但只能实现对单一分子的追踪，因此应用依然十分有限。

而要实现对细胞内多个分子的实时快速高精度追踪，首先需要解决的一个难题就是实现全细胞内分子的三维纳米分辨定位追踪。虽然 SPT 可以提供非常丰富的动态信息，但是显然 SPT 只能对运动速度有限的粒子实现有效的追踪。如果粒子运动过快(例如小的蛋白分子或者肽链的扩散运动)，以至于在追踪时间精度内运动范围超过了空间精度，可以认为 SPT 的信息有效性将受到影响。此外，如果粒子密度过高，以至于粒子轨迹相互交叠严重，SPT 的有效性也将下降。

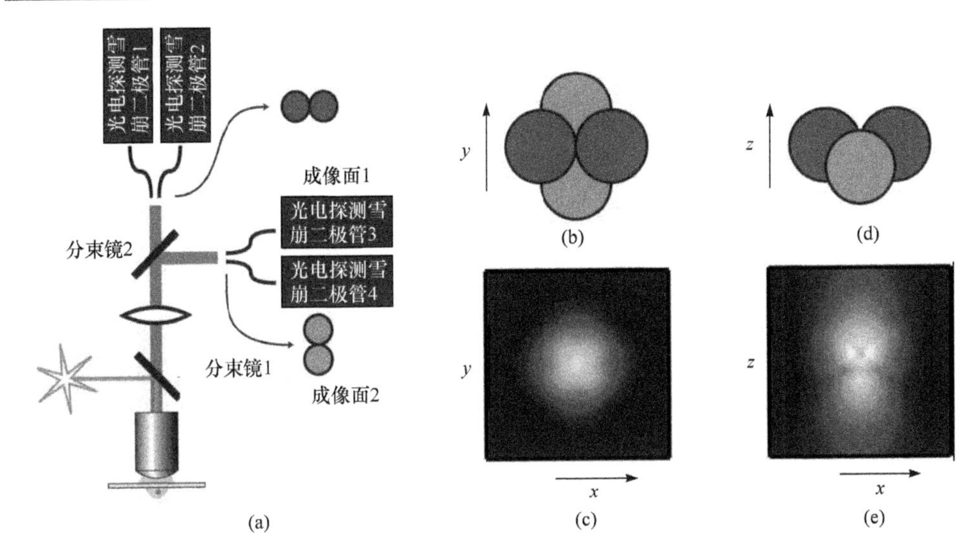

图 7-17　(a) 四面追踪法实验系统；(b)，(d)四个探测器采样空间分布；(c)，(e)全部荧光信号和随粒子空间位置的变化[76]

7.6.3　多分子/粒子追踪

虽然 SPT 的发展非常迅速，但当前的研究工作主要集中在细胞膜或细胞内单分子或单粒子的运输事件上，对多分子或多粒子从细胞膜到细胞内部的整个三维运输路线还没有进行深入的研究，其主要原因是受目前成像方法景深的限制。对细胞内复杂的动态生命过程而言，如果对通过细胞膜或者对细胞内多分子或多粒子的输运过程不能同时获得其有关知识，我们就很难真正理解细胞是如何协调一致地进行工作的。

在分子追踪实验中，实际上是对时间序列中每一幅源图像进行分析，通过特定算法将其中的分子进行三维定位，然后将不同时刻的分子位置信息进行有效关联，便可以获得各自的运动轨迹。随着荧光超分辨显微成像方法的发展，目前已经发展的多种三维纳米分辨定位方法，如柱面镜法[78]、荧光干涉法[79]或双焦面探测法[80]等都存在成像深度范围的限制问题，无法实现对整个细胞范围内的分子或粒子同时进行定位分析。为解决此问题，可以将这些三维纳米分辨定位方法与某些景深扩展的宽场成像方法结合起来，则有可能在全细胞范围内以纳米的精度定位各分子或粒子不同时刻所在的三维空间位置。下面我们就来介绍几种扩展景深的方法。

其中一种景深扩展方法采用的是多焦面探测景深堆栈的方法，使用多台探测器对细胞内不同深度进行成像，总的有效景深可扩展到整个细胞范围[81,82]。但这种方式存在光能利用率低且结构复杂、成本太高等问题。另一种方法则是利用一个特殊设计的弯曲光栅，将细胞内的 9 个不同深度层面成像到探测器不同区域(图 7-18)，从而实现有效景深的扩展[83]。然而，这同时也意味着每一成像面上的分子只有传统成像时 1/9 的光子数，由于定位精度与光子数的平方成反比，因此，定位精度也将随之下降。

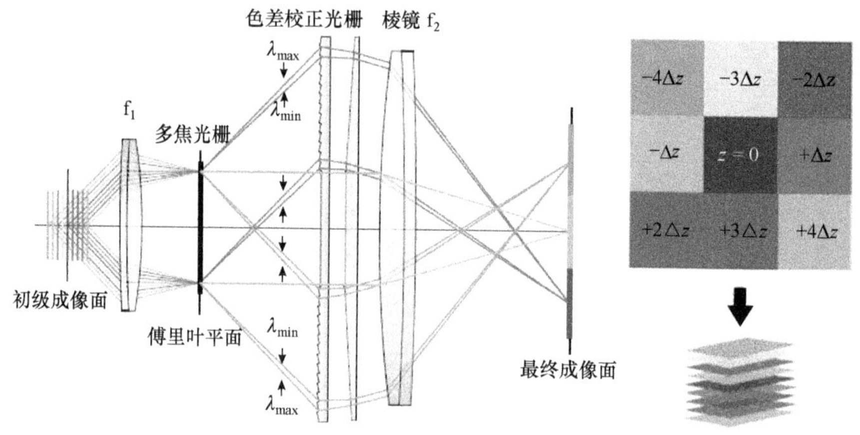

图 7-18　基于变形光栅的像差校正多焦面并行成像原理[83](后附彩图)

以图 7-19 所示的一维光栅为例说明弯曲光栅多焦面并行成像原理。

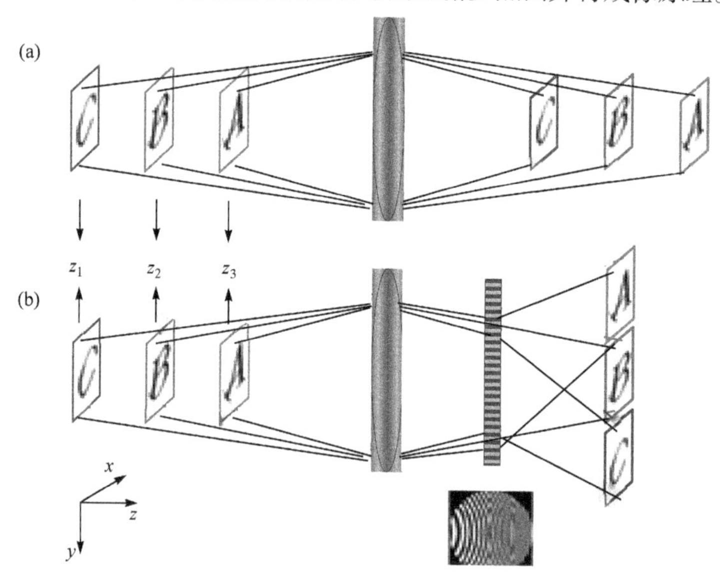

图 7-19　弯曲光栅成像原理

变形光栅实质上是一个离轴的二元相位菲涅耳波带片。一方面，它具有普通光栅的分光作用，通过衍射使入射光按不同的衍射级次方向分束传播；另一方面，它也具有菲涅耳波带片的透镜作用，在不同的衍射级上引入不同的透镜效应。基于光栅衍射原理，其在不同衍射级次上引入的二次相位因子为 $\phi_m(x,y) = m\frac{2\pi W_{20}}{\lambda R^2}\left(x^2+y^2\right)$。式中，$R$ 为光栅的孔径半径；m 为光栅衍射级次；$W_{20}=\frac{R^2}{2mf_m}$，表示光栅散焦能力的量，是散焦的标准系数，这里 f_m 为不同衍射级次上等效透镜的焦距。当变形光栅与短焦距透镜 f 密接组合使用时，短焦距透镜提供主要的聚焦能力，其复合系统的焦距 $f_c=\frac{fR^2}{R^2+2fmW_{20}}$。

从 f_c 的公式可以看出，在±1 级衍射光轴上，变形光栅对透镜聚焦能力进行微调，使得透镜在±1 级衍射光方向上具有不同的焦距，分别稍短于和稍长于透镜焦距。短焦距透镜的焦平面在±1 级衍射光焦平面的中间位置，因此变形光栅能够将不同深度的物体成像在同一像平面上的不同区域。其成像原理如图 7-19 所示。当探测光路中没有弯曲光栅时，根据物像关系可知，物空间中位于不同深度位置(z_1、z_1、z_3)上的三个目标(C、B、A)分别成像在像空间中三个不同的轴向位置上(图 7-19(a))。当探测光路中增加了一个弯曲光栅时，由于它具有分光以及对不同衍射级光束不同的聚焦能力，因此可以将物空间中位于不同深度位置(z_1、z_1、z_3)上的三个目标(C、B、A)分别清晰成像到同一轴向位置平面上的不同区域上(分别对应+1，0，−1 阶衍射方向)(图 7-19(b))，从而可以在同一成像平面上同时获得三个不同深度位置上物体的像。如果将变形光栅和双螺旋点扩展函数方法或其他轴向纳米分辨方法结合起来，就可以在更大的景深范围内实现三维纳米成像，实现在更大景深范围内多分子或多粒子的追踪。因此，变形光栅在波前曲率传感、粒子追踪等方面具有广阔的应用前景。

7.7　活细胞动态纳米成像

7.7.1　成像条件对活细胞的影响

追本溯源来看，可以认为辐射对细胞的影响都来自辐射与原子相互作用的结果。根据辐射产生作用的机制不同，可以将这种影响分为直接影响和间接影响。直接影响指的是对细胞内关键成分产生影响并影响细胞的存活与否，产生概率并不高；而更为大量的间接影响则是来自辐射导致的间接破坏，例如由辐射导致的化合物的影响。

这种辐射如果直接与 DNA 分子或其他一些对细胞存活至关重要的细胞组分原子发生相互作用，将对活细胞生存产生直接影响。这种相互作用可能会影响细胞的繁殖能力，因此也就直接影响细胞的存活。如果有足够多原子受到影响，甚至导致染色体不能正确复制，或者使得 DNA 所携带的信息发生了显著的改变，就可以认为该细胞受到了这种辐射的直接损伤。但是实际上，因为这些关系细胞生长的关系成分在整个细胞当中所占比例非常小，所以，即便细胞暴露于辐射中，辐射与 DNA 分子发生相互作用的概率是非常小的。然而，我们知道，包括人体细胞在内的每个细胞，其主要成分是水。因此，辐射与细胞中的水发生相互作用的概率要高得多。当辐射与水发生相互作用时，可能会破坏水的分子键，产生片段(fragment)，例如氢(H)和羟基(OH)。当然，它们可以重组，但是也可能与其他片段或离子产生相互作用而形成多种化合物。有些化合物(例如水)当然不会对细胞有损伤；然而，这些化合物也可以结合形成有毒物质，如过氧化氢(H_2O_2)，就可以对细胞产生破坏作用，这称为间接影响。需要注意的是，不同的活细胞对辐射的敏感性也不尽相同。那些繁殖活跃的细胞表现出比繁殖不活跃的细胞更高的辐射敏感性。这是因为，对正在分裂的细胞来说，正确的 DNA 信息对于繁殖细胞的生存至关重要。辐射对这类细胞产生的直接作用将可能导致细胞的凋亡或者产生突变。而对休眠细胞(dormant cell)而言，辐射与 DNA 直接作用产生的影响要小一些。因此，可以根据活细胞的繁殖速度将细胞进行分类，这种分类下的不同细胞对辐射的相对灵敏度表现不同。这同时也意味着，不同的细胞系统具有不同的辐射灵敏度。例如，淋巴细胞(白细胞)和造血细胞处于一直不断的再生过程中，因此对辐射最为敏感；生殖和胃肠道细胞则没有这么快的再生速度，因此对辐射的敏感性也就稍低一些；神经细胞和肌肉细胞的再生速度最慢，因此它们也是对辐射最不敏感的细胞。辐射的生物效应通常分为两类：暴露于高剂量辐射下在短时间内产生的急性或短期影响和一段较长时间低剂量辐射下产生的慢性或长期影响。高剂量往往会杀死细胞，而低剂量往往会改变细胞或对细胞产生破坏性影响。但对成像而言，为了获得更快的成像速度，往往需要更大的辐射以获得足够的信噪比，这时就需要考虑高辐射对细胞的影响。

对基于荧光的成像而言，激发光可以激发荧光分子产生荧光，但同时也可能导致光漂白和光毒性。活细胞荧光成像中的光漂白和光毒性主要由受激荧光团导致，受激荧光团产生活性氧(ROS)。活性氧与大量易氧化成分(如蛋白质、核酸、脂质和荧光团)作用，导致荧光信号损失(即光漂白)，以及细胞周期停滞或细胞死亡(即光毒性)。活性氧的产生主要依赖于荧光团的光化学特性和激发光的剂量，因此激发光剂量最小化是一种减少光漂白和光毒性的有效策略。然而，由于荧光信号也随着激发光剂量同步降低，导致信噪比也降低，因此图像质量也将受到影响。因此，在实际成像时，需要在图像质量(高光照剂量)和细胞活性(低光照剂量)之间寻求一个平衡[84]。

7.7.2　获取动态过程时序分幅图像的方法

对细胞内的动态过程而言，虽然存在细胞个体之间的差异，但是相同种类的细胞遵循着相同的规律，因此可以通过状态冻结的方法，对处于动态过程中每个瞬时的细胞进行成像。再通过统计分析来对完整的动态过程进行分析。这种状态冻结方法对研究某些细胞在特定条件下的反应过程来说尤为重要。状态冷冻后的细胞可以保持细胞原来的结构，再通过电子显微镜、X 射线以及光学的方法进行动态纳米成像。要在动态过程中的某个瞬时冻结细胞，同时保持细胞在该时刻下的正常状态，需要用到复杂的冷冻技术。

虽然低温冷冻技术是一种存储细胞的非常有效且常见的技术，但低温冷冻过程会对细胞产生损伤甚至导致细胞死亡。关于细胞组织冷冻损伤的机理，最为著名同时也是得到普遍认可的是 Mazur 等于 1972 年提出的两因素假说[85]：溶质性损伤和胞内冰晶损伤。由于生物细胞的含水量可以达到 70%以上，这两种损伤机制都与冷冻过程中水的状态有关。溶质性损伤指的是，在水溶液冷冻过程中，当温度低于冰点时，水分子会连接成冰晶，体积膨胀，因此会挤压细胞中的其他分子，使得这些分子的密度达到一个非常高甚至有害的程度。水在细胞中占据了大部分体积，在细胞水平来看，冷冻时，冰首先在细胞外围形成，随着冷冻过程延续，冰越来越多，细胞内外产生渗透压，细胞逐渐脱水并萎缩，细胞内的电解质浓度逐渐加大，当达到毒性水平时，便将引起蛋白变性，最终导致细胞遭到破坏，并被冰晶压扁。而胞内冰晶损伤是由于细胞内部冰晶生长，柔软的细胞壁和细胞器就会因为结冰过程而遭受毁灭性的物理损伤；此外，若细胞内形成了大量冰晶，还会直接对膜结构造成损伤，从而对细胞功能产生影响和破坏。上述两种损伤随冷冻速度表现出不同的特点，如图 7-20 所示。降温过快时胞内以冰晶损伤为主，过慢则以溶质性损伤为主。因此需要采取平衡冻存方法，即选择一个针对所研究细胞的最佳冷冻速率。添加化学物质(称为冷冻保护剂)可以阻止水分子聚集在一起形成冰。但需要指出的是，冷冻保护剂本身也会对细胞造成损伤，例如，保护剂浓度过高会对细胞产生毒性，此外，在复温后洗脱过程中会在细胞膜内外产生渗透压差，从而形成渗透性损伤。

−137℃是水的重结晶点，如果能使得样品迅速降低到这一温度，细胞中的水就会形成玻璃态的冰而不是具有破坏性的冰晶。为此，可以采用快速冷冻的办法。快速冷冻固定以高于10^4 K/s 的冷冻速度使包括细胞在内的生物样品在瞬间停止一切生命活动，而其中的水成分形成非晶玻璃态，因而可使样品的超微结构获得接近生理状态的保存环境。显然，这是生物细胞显微成像研究中理想的样品固定方法。快速冷冻方法有多种。例如，投入式冷冻、冷金属块撞击式冷冻、丙烷喷射冷冻、高压冷冻等。而高压冷冻方法是目前唯一能够将样品玻璃化的厚度达到

200μm 的方法。由于水的导热性较差，在常压下的快速冷冻只能在样品中实现约 2～15μm 厚度样品的玻璃态，这在很大程度上限制了对大尺寸生物样品的应用。研究表明，高压冷冻过程中，样品处于 2100atm(2048bar)下，可以将生物样品冷却至玻璃态的冷冻速率要求由 10^6 K/s 降至大约 1.6×10^4 K/s。原因有二：首先，水的冰点降至−22℃，从室温降至−22℃这段时间，样品中水的状态不会改变；其次，高压可以抵抗水降温形成冰晶的膨胀力，有利于形成玻璃态。所以，在高压冷冻下，生物样品中的水更容易形成玻璃态。

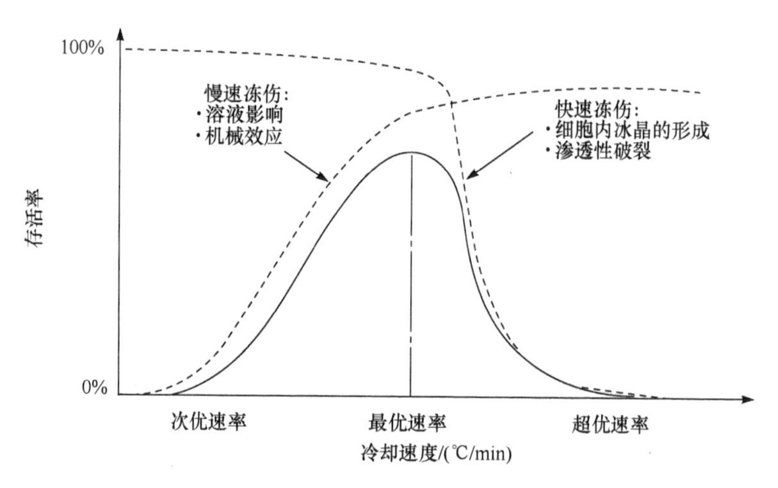

图 7-20　两种不同损伤下，细胞存活率与降温速率的关系[86]

然而，需要指出的是，由于状态冻结是对不同时刻不同状态下的不同细胞进行成像，因此为了减小细胞个体差异的影响，每个时刻下的状态往往需要多个细胞成像分析并统计，增加了实验的复杂性；此外，该方法对于没有明确的统一时间起点的动态过程，如随机发生的动态过程来说，实现起来更为困难，对完整动态过程的分析也增加了不确定性。因此，对同一个细胞的动态过程进行时序分幅成像，对完整动态过程的分析来说更为直接和准确。

第 3 章中提到，对电子或 X 射线显微这些高分辨显微镜来说，辐射损伤是限制其分辨率进一步提高的瓶颈[87,88]。X 射线自由电子激光器(XFEL)可以通过持续时间极短的飞秒激光脉冲实现对样品状态的冻结，而不需要上述低温冷却样品[89-92]。但正如本章前面曾提到的，利用自由电子激光器产生的 X 射线超短脉冲实现相干 X 射线衍射(coherent X-ray diffraction, CXD)成像，成像完成后样品则被粉碎，只能获得单幅动态图像。只有对完全可以复制的样品，才可以用多个样品获得不同时刻的分幅图像。尽管无须冷冻，但并不能用单个样品获得动态过程不同时刻的多幅时序分幅图像。要获得活细胞动态过程时序分幅图像，只有采用光学超分辨方法。

7.7.3　活细胞纳米成像方法

光学超分辨方法可使细胞在自然状态下获得其纳米分辨图像，并可给出各种对比机制的图像信息，这是这类方法的最大优势。光学超分辨方法有多种，可否用于细胞的动态成像，关键看其图像获取速率可否满足所要研究动态过程的要求。可以说目前所有光学超分辨方法的图像获取速率都不算太高。幸好，细胞中不论是分子运动还是亚细胞结构的运动，速度都不算太快，近年来，通过改进成像系统、开发新型荧光探针和发明新的定位算法，快速超分辨荧光显微技术取得了一定的进展。例如，应用 STED 技术以视频级速度(28 帧/s)对神经细胞内突触小泡实现了高分辨(50nm)成像[93]。利用 PALM 技术对活细胞内黏附物实现了 60nm 的二维空间分辨和 25s/帧的时间分辨成像[94]。应用 STORM 技术实现了二维(空间分辨率 25nm、时间分辨率 0.5s)和三维(空间分辨率横向 30nm、轴向 50nm，时间分辨率 1～2s)的成像[95]。2015 年，利用结构光激活非线性 SIM 及基于单分子荧光闪烁的快速超分辨显微成像术，只需用较低的照明光强，可在 1/3s 内采集 25 幅原始图像，重建出一幅分辨率为 84nm 的图像[96]。

活细胞成像方面的进展仍然在不断涌现。下面介绍一下动态应用中部分光学超分辨方法。

1. STED

传统 STED 利用单点扫描，扫描区域即视场大小会在很大程度上影响一幅二维图像所需的时间。因此要实现动态成像，要么以牺牲视场为代价，要么以牺牲分辨率(扫描间隔加大)为代价。所以，一般只能对小范围的区域实现动态成像。为了提高成像速度，可以利用多点并行扫描的方法。例如，利用 116000 个 STED 点来扫描，如图 7-21 所示[97]。它利用可逆饱和光学荧光转换(reversible saturable optical fluorescence transitions，RESOLFT)或非线性饱和结构光照明，通过两个非相干叠加的正交驻波，可以有效地实现多点 STED 并行使用。照明强度如图 7-20 所示，其中强度周期性地出现极小值，可起到 STED 中的环形耗尽光照明的作用，从而在焦平面获得中心对称的改造后点扩展函数(对应中心对称的分辨水平)。由于相邻 STED 局部区域的间隔非常小，从而只需要很少的扫描次数就可以实现二维成像。所以即便成像区域扩展到了 120μm×100μm，也可以以不足 1s 的时间间隔实现活细胞动态成像[97]。利用这一方法，实现了整个活细胞的动态成像(图 7-22)。

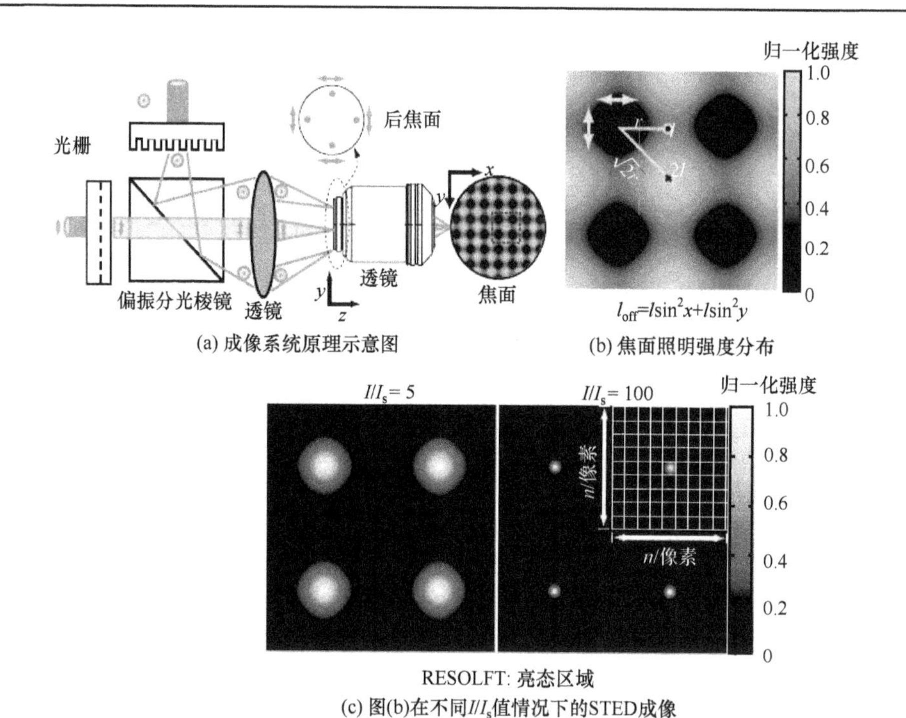

(a) 成像系统原理示意图　　(b) 焦面照明强度分布

(c) 图(b)在不同I/I_s值情况下的STED成像

图 7-21　多点并行扫描 STED[97](后附彩图)

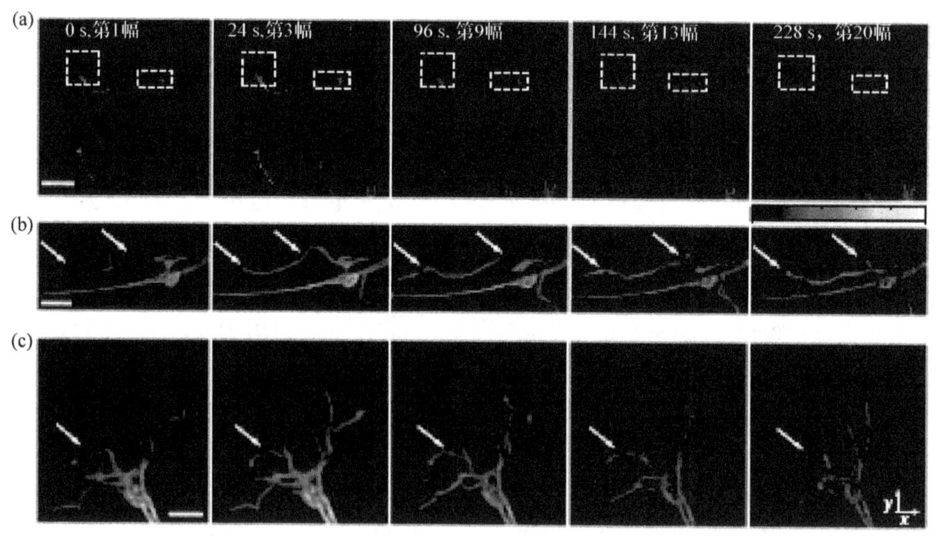

图 7-22　利用多点并行扫描 STED 实现活细胞动态图成像[97](后附彩图)

2. SOFI

SOFI 与传统基于单分子定位(PALM、STROM)和直接减少点扩展函数尺寸(STED、SIM\SSIM)的超分辨成像方法不同，它是通过计算荧光闪烁信号时间序列的自相关函数值来实现三维超分辨成像，具有快速、无背景、成像简单等优点。这里将主要介绍 SOFI 方法的原理、优缺点及近期进展。

SOFI 原理如下。设 N 个独立闪烁的荧光体分布在如图 7-23 所示的视场内，其位置和分子亮度分别为 r_k 和 $\varepsilon_k \cdot s_k(t)$，其中 ε_k 表示分子常数亮度，$s_k(t)$ 表示时间相关振动，于是场内荧光分布可以表示成物点与点扩展函数(PSF)的卷积：

$$F(r,t)=\sum_{k=1}^{N}U\left(r-r_k\right)\cdot\varepsilon_k\cdot s_k(t) \tag{7.14}$$

其中，$U\left(r-r_k\right)$ 表示 PSF。

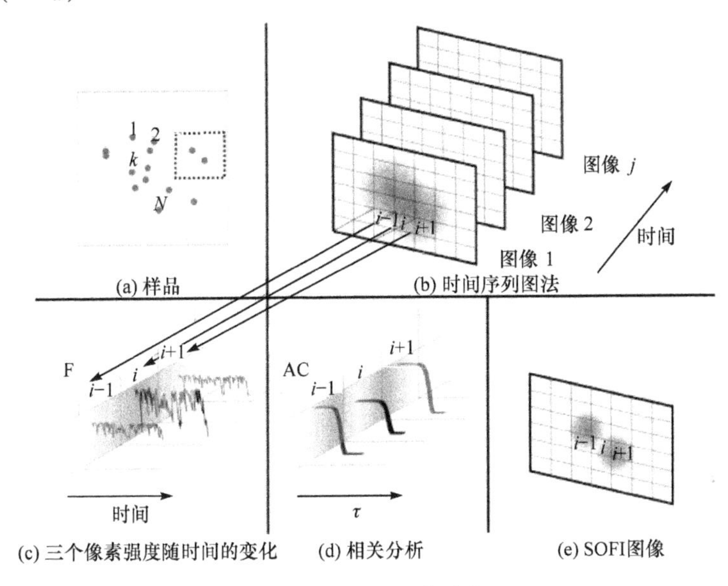

图 7-23　SOFI 原理图

假定整个采样区间内，样品保持静态平衡，于是振动量可以表示为 0 均值的振动：

$$\delta F(r,t)=F(r,t)-\left\langle F(r,t)\right\rangle_t=\sum_k U\left(r-r_k\right)\cdot\varepsilon_k\cdot\delta s_k(t) \tag{7.15}$$

其二阶自相关函数值作为 SOFI 图像值[98]：

$$\begin{aligned}G_2(r,\tau)&=\left\langle\delta F(r,t+\tau)\cdot\delta F(r,t)\right\rangle\\&=\sum_k U^2\left(r-r_k\right)\cdot\varepsilon_k^2\cdot\left\langle\delta s(t+\tau)s(t)\right\rangle\end{aligned} \tag{7.16}$$

式(7.16)中假设不同分子发出的信号不相关，因而交叉项 $\left\langle\delta s_j(t+\tau)s_k(t)\right\rangle$ $(j\neq k)$ 消失了。由式(7.16)可知，二阶自相关函数是 PSF 和亮度的平方及时间相关项的乘积，因而相比传统的宽场成像方法，分辨率提高 $\sqrt{2}$ 倍。

由于高阶相关函数存在低阶相关量的乘积项，无法线性地提高成像分辨率，因此研究者引入高阶累积量作为 SOFI 值[98]：

$$C_n(r,\tau_1,\cdots,\tau_{n-1})=\sum_k U^n(r-r_k)\cdot\varepsilon_k^n\cdot w_k(\tau_1,\cdots,\tau_{n-1}) \tag{7.17}$$

于是 n 阶累积量是 PSF 和分子亮度的 n 次方及时间相关权重函数的乘积，分辨率提高至 $\sqrt{n}$ 倍。

SOFI 的优点在于：① 相比 PALM/STROM，SOFI 无须精确控制荧光分子的闪烁，只需利用传统的宽场显微系统拍摄一组荧光分子随机闪烁序列图，再用后续的算法处理即可实现超分辨，因而具有系统简单、经济的优点；② 由于背景信号不相关，且 $\tau\neq0$ 时，散粒噪声也随时间不相关，若采样数据长度足够大，SOFI 可消除所有噪声，因而图像对比度增强；③ 通过改进算法或改造发光体(荧光染料、量子点)的闪烁特性，SOFI 可大大缩短所需的数据长度，具有快速活细胞成像的潜力。SOFI 也存在着明显的缺点：① 由于实际上数据长度有限，SOFI 计算的阶数越高，信噪比越低，因而分辨率提高有限；② SOFI 算法是以像素为单位，计算每个像素上闪烁信号的相关值作为 SOFI 的像素值，因而 SOFI 分辨率无法突破像素的大小；③ 理论上 SOFI 可消除所有噪声，实际上由于数据长度有限，存在统计噪声；④ 由于 n 阶累积量中包含光强的 n 次方及时间相关函数，图像动态范围变大，且发光体的闪烁特性也会影响 SOFI 的强度，图像出现失真。

近年来，研究人员从实验系统和算法方面提出了多种 SOFI 优化方案。席鹏课题组利用多色量子点联合标记(joint-tagging)的方法，有效减少了高阶 SOFI 成像时图像存在的非均匀现象，且由于每个光通道量子点的密度更接近于单分子态(每个衍射斑内只成像一个分子)，大幅缩短了用于统计的源图像序列长度，获得了 3s 和 85nm 的超高时空分辨率[99]。Vandenberg 课题组基于统计重采样算法估计 SOFI 图像每个像素上的累积量方差，并提出一种能自动将实验系统、样品、探针等参数考虑进来的算法，优化 SOFI 图像的信噪比，提高成像速度 30%～50%[100]。Jiang 等研究人员通过优化算法提升光学涨落信号的提取效率，实现了 25 张原始图片重构出比较理想的 SOFI 效果，大幅提高了 SOFI 的成像速度[101]。2010 年，Watanabe 等研究人员利用超分辨方差成像(variance imaging for superresolution, VISION)方法结合闪烁加强量子点，实现了 90nm 和 80ms 的时空分辨率[102]。

SOFI 的改进体现在算法改进和材料改进两个方面。

傅里叶域重新加权[103]：Dertinger 课题组提出通过对累积量重构图像进行傅里叶加权，n 阶 SOFI 空间分辨率可由原来的 $\sqrt{n}$ 倍提高至 n 倍。其原理是 n 阶累积量重构图像的 PSF 是原系统 PSF 的 n 次方，等效 OTF 的频谱是原系统 OTF 的 n 倍，包含 n 倍空间频率的信息。因此通过傅里叶域加权修正累积量图像的 PSF，使之具有与原系统 PSF 相同的函数形式，而空间尺寸缩减至原来的 $1/n$ 倍，从而提高分辨率(式(7.18))。

$$U^n(r)\xrightarrow{\text{Fourier}}O(\boldsymbol{k})=\tilde{U}(\boldsymbol{k})\underset{(n-1)\text{次}}{\otimes}\tilde{U}(\boldsymbol{k})\quad\downarrow W(\boldsymbol{k})\qquad W(\boldsymbol{k})=\frac{\tilde{U}(n\boldsymbol{k})}{\tilde{U}(\boldsymbol{k})\underset{(n-1)\text{次}}{\otimes}\tilde{U}(\boldsymbol{k})+\alpha}$$
$$U\left(\frac{\boldsymbol{r}}{n}\right)\xrightarrow{\text{Fourier}^{-1}}O'(\boldsymbol{k})=\tilde{U}(n\boldsymbol{k})\qquad \boldsymbol{k}\in\operatorname{supp}\left[\tilde{U}(\boldsymbol{k})\right],\ \alpha\ll 1 \tag{7.18}$$

先求 n 阶累积量，PSF 由 $U(r-r_k)$ 变至 $U^n(r-r_k)$，再通过傅里叶域重新加权，PSF 变成 $U\left(\frac{r-r_k}{n}\right)$，分辨率提高 n 倍。

时空累积量[98]：传统 SOFI 技术计算每个像素上振动信号的自累积量来重构超分辨图像，其分辨率受限于获取图像序列的有效像元大小。因此，为了使 SOFI 图像分辨率突破原图像素尺寸，Dertinger 课题组提出了一种计算原图相邻像素的时空互累积量产生虚像素的方法(cross-cumulant SOFI, XC-SOFI)，使有效像素大小满足超分辨重构图像的要求。

由于 $\tau=0$ 时，散粒噪声的自相关函数值不为 0，因而引入时空累积量：

$$XC_2(r_1,r_2,\tau)=U^2\left(\frac{r_1-r_2}{2}\right)\cdot\sum_k U^2\left(\frac{r_1+r_2}{2}-r_k\right)\cdot\varepsilon_k^2\cdot\left\langle\delta s_k(t+\tau)s_k(t)\right\rangle \tag{7.19}$$

式(7.19)中多了一个权重因子，因此计算时空累积量后需用权重因子的倒数 $U^2\left(\frac{r_1-r_2}{2}\right)^{-1}$ 去修正 SOFI 值。另外，采用时空累积量后，像素被插值，有效像素变小，分辨率可突破实际像素的大小。

迭代算法[102]：SOFI 算法的本质是通过分析荧光分子随时间振动信号的相关性来实现超分辨成像。在传统的 SOFI 技术中，n 阶累积量被用来分析一组图像序列的相关程度，提升空间分辨率至衍射极限的 n 倍。后来，Watanabe 等研究人员提出另一种新的超分辨方差成像方法(VISION)。VISION 通过计算每个像素上振动信号的 n 重方差来提高空间分辨率至原来的 $\left(\sqrt{2}\right)^n$ 倍。n 重相关函数和 n 阶累积量都是基于随机闪烁序列的统计分析，其实现超分辨成像的物理本质是一样的。此外，Watanabe 等还将 VISION 算法与闪烁加强量子点结合，计算 10 帧源图像序列，实现了 90nm(3 重方差)和 80ms 的时空分辨率，而 3 阶累积量 SOFI 计算 100 帧源图像序列也只获得 154nm 的空间分辨率。因此，与累积量 SOFI 相比，VISION 具有更高的时空分辨本领：

$$F(r,t)=\sum_{k=1}^{N}U\left(r-r_k\right)\cdot\varepsilon_k\cdot s_k(t) \tag{7.20}$$

$$C_2(r,\tau)=\sum_{k}U^2\left(r-r_k\right)\cdot\varepsilon_k^2\cdot\left\langle\delta s(t+\tau)s(t)\right\rangle \tag{7.21}$$

用$C_2(r,\tau)$替代原来的$F(r,t)$，反复计算二阶累积量，若迭代的次数为n，则分辨率提高$\left(\sqrt{2}\right)^n$倍。相同的原始数据，要达到相同的信噪比，迭代算法比高阶累积量算法所需要的数据长度更短，因而可提高 SOFI 的图像帧频。

材料改进：由于用于 SOFI 的量子点的闪烁特性与膜厚有关，2010 年，Watanabe 课题组提出通过减少膜厚增强量子点闪烁特性[102]，实现了 90nm 和 80ms 的时空分辨率。此外，利用聚合物量子点也成功实现了 SOFI 超衍射分辨的成像[104]。

参 考 文 献

[1] Clacke D T, Seddon E A, Quinn F M, et al. 4GLS—A fourth generation light source that for the biomedical scientist is more than a laser and more than a storage ring. Proceedings of SPIE—The International Society for Optical Engineering, 2002: 4633.

[2] Gould T J, Verkhusha V V, Hess S T. Imaging biological structures with fluorescence photoactivation localization microscopy. Nat. Protoc., 2009, 4(3): 291-308.

[3] Shroff H, Galbraith C G, Galbraith J A, et al. Dual-color superresolution imaging of genetically expressed probes within individual adhesion complexes. Proc. Natl. Acad. Sci. U.S.A., 2007, 104(51): 20308-20313.

[4] Bates M, Huang B, Dempsey G T, et al.Multicolor super-resolution imaging with photo-switchable fluorescent probes. Science ,2007,317(5845): 1749-1753.

[5] Kreft M, Stenovec M, Zorec R.Focus-drift correction in time-lapse confocal imaging.Ann. N.Y. Acad, Sci., 2005, 1048: 321-330.

[6] StephensD J, AllanV J.Light microscopy techniques for live cell imaging. Science, 2003, 300(5616):82-86.

[7] Peters J. Nikon Instruments TiE-PFS dynamic focusing system. Nature Methods: Application Notes, 2008.

[8] Zhuang X, Betzig E, Patterson G H, et al. Imaging intracellular fluorescent proteins at nanometer resolution. Science ,2006,313(5793): 1642-1645.

[9] Carter A R, King G M, Ulrich T A, et al. Stabilization of an optical microscope to 0.1 nm in three dimensions. Applied Optics, 2007, 46(3): 421-427.

[10] Lee S H, Baday M, Tjioe M, et al. Using fixed fiduciary markers for stage drift correction. Opt. Express, 2012, 20(11): 12177-12183.

[11] Wade A R, Fitzke F W. A fast, robust pattern recognition system for low light level image registration and its application to retinal imaging. Opt. Express ,1998,3(5): 190-197.

[12] Mlodzianoski M J, Schreiner J M, Callahan S P, et al.Sample drift correction in 3D fluorescence photoactivation localization microscopy. Opt. Express ,2011,19(16): 15009-15019.

[13] Rosenfeld A, Kak A C. Digital Picture Processing Vol. Ⅰ and Ⅱ. Oralando: Academic Press, 1982.

[14] Roche A, Malandain G, Pennec X. The correlation ratio asa new similarity measure for multimodal image registration.Proceedings of the First International Conference on MedicalImage Computing and Computer-Assisted Intervention MICCAI'98, 1998: 1115-1124.

[15] Viola P, Wells W M. Alignment by maximization of mutualinformation//Proceedings of the 5th International Conferenceon Computer Vision. Los Alamitos: IEEE Press,1995: 16-23.

[16] Maes F, Collignon A, Vandermeulen D, et al. Multimodalityimage registration by maximization of mutual information. IEEE Transactions on Medical Imaging, 1997,16(2):187-198.

[17] Reddy B, Chatterji B. An FFT—Based technique for translation, rotation and scale-invariant image registration. IEEE Transactions on Image Processing, 1996, l5: 1266-1271.

[18] Foroosh H, Zerubia J B, Berthod M. Extension of phase correlation to subpixelregistration.IEEE Transactions on Image Processing, 2002, 11(3): 188-200.

[19] Marcel B, Briot M, Murrieta R. Calcul de translation et rotation par transformation de Fourier. Traitement du Signal, 1997, 14(2): 135-149.

[20] Foroosh H, Zerubia J, Berthod M. Extension of phase correlation to subpixel registration. IEEE Trans. on Image Processing,2002,11(3):188-200.

[21] Takita K, Aoki T, Sasaki Y, et al. High-accuracy subpixel image registration based on phase-only correlation. IEICE Trans. Fund., 2003, E86-A(8): 1925-1934.

[22] Vandewalle P, Ssstrunk S, Vetterli M. A frequency domain approach to registration of aliased images with application to super-resolution. Eurasip Journal on Applied Signal Processing, 2006, 2006(1):1-14.

[23] Guizar-Sicairos M, Thurman S T, Fienup J R.Efficient subpixel image registration algorithms. Optics Letters,2008,33(2):156-158.

[24] Mennella V, Keszthelyi B, McDonald K L, et al. Subdiffraction-resolution fluorescence microscopy reveals a domain of the centrosome critical for pericentriolar material organization.Nat. Cell Biol.,2012, 14(11):1159-1168.

[25] Bates M, Huang B, Dempsey GT, et al. Multicolor super-resolutionimaging with photo-switchable fluorescent probes. Science, 2007, 317(5845):1749-1753.

[26] Mlodzianoski M J, Schreiner J M, Callahan S P, et al. Sample drift correction in 3D fluorescence photoactivation localization microscopy. Opt. Express ,2011,19(16):15009-15019.

[27] Mcgorthy R, Kamiyama D, Huang B. Active microscope stabilization in threedimensions using image correlation. Optical Nanoscopy, 2013, 2(1): 3.

[28] Williamson J C, Cao J, Ihee H, et al. Clocking transient chemical changes by ultrafast electron diffraction. Nature, 1997, 386: 159-162.

[29] Dantus M, Kim S B, Williamson J C, et al. Ultrafast electron diffraction. 5. Experimental time resolution and applications. J. Phys. Chem., 1994, 98: 2782-2796.

[30] Ruan C Y, Murooka Y, Raman R K, et al. The development and applications of ultrafast electron nanocrystallography. Microscopy and Microanalysis on Ultrafast Electron Microscopy and

Ultrafast Sciences, 2009, 15: 323-337.

[31] Lobastov V A, Srinivasan R, Zewail A H. Four-dimensional ultrafast electron microscopy. PNAS, 2005, 102(20): 7069-7073.

[32] Ewbank J D, Lobastov V A, Vorobiev N S, et al. Electron diffraction instrumentation at the University of Arkansas from continuous beams to picosecond pulses: 1983 to 1998. SPIE, Proceedings—Twenty-Third International Congress on High-Speed Photography and Photonics, Moscow, 1998.

[33] 李淑红. 分幅电子显微技术的理论与实验研究. 西安: 中国科学院西安光学精密机械研究所, 1998.

[34] Bostanjoglo O, Elschner R, Mao Z, Nink T, Weingärtner M. Nanosecond electron microscopes. Ultramicroscopy, 2000, 81(3-4): 141-147.

[35] LaGrange T, Campbell G H, Reed B W, Taheri M, Pesavento J B, Kim J S, Browning N D. Nanosecond time-resolved investigations using the in situ of dynamic transmission electron microscope(DTEM). Ultramicroscopy, 2008, 108(11): 1441-1449.

[36] Barty A, Boutet S, Bogan M J, et al. Ultrafast single-shot diffraction imaging of nanoscale dynamics. Nature Photonics, 2008, 2: 415-419.

[37] Marchesini S, Boutet S, Sakdinawat A E, et al. Massively parallel X-ray holography. Nature Photonics, 2008, 2: 560-563.

[38] Lakowicz J R. Principles of Fluorescence Spectroscopy. 3rd ed.Berlin: Springer, 2006.

[39] Herman B. Fluorescence Microscopy. 2nd ed. New York: Springer-Verlag Inc., 1998: 59-61.

[40] Buntru A, Zimmermann T, Hauck C R. Fluorescence resonance energy transfer (FRET)-based subcellular visualization of pathogen-induced host receptor signaling. BMC Biology, 2009, 7:81-90.

[41] Gadella T W J. FRET and FLIM Techniques.Amsterdam: Elsvier, 2009.

[42] Becker W. Advanced Time-Correlated Single Photon Counting Techniques. Berlin: Springer, 2005.

[43] Auksorius E, Boruah B R, Dunsby C, et al.Stimulated emission depletion microscopy with a supercontinuum source and fluorescence lifetime imaging. Opt. Lett.,2008, 33(2): 113-115.

[44] Prummer M, Hu1bner C G, Sick B, et al. Single-molecule identification by spectrally and time-resolved fluorescence detection. Anal. Chem., 2000, 72:443-447.

[45] Prummer M, Sick B, Renn A,et al. Multiparameter microscopy and spectroscopy for single-molecule analytics.Anal. Chem., 2004, 76:1633-1640.

[46] Vicidomini G, Schönle A, Ta H, et al. STED nanoscopy with time-gated detection: Theoretical and experimental aspects. PLOS One, 2013,8(1):e54421.

[47] Michalet X, Pinaud F F, Bentolila L A, Tsay J M, Doose S, Li J J, Sundaresan G, Wu A M, Gambhir S S, Weiss S. Quantum dots for live cells, in vivo imaging, and diagnostics. Science, 2005, 307: 538-544.

[48] Fujiwara T, Ritchie K, Murakoshi H, Jacobson K, Kusumi A. Phospholipids undergo hop diffusion in compartmentalized cell membrane. J. Cell Biol., 2002, 157: 1071-1081.

[49] Femino A M, Fay F S, Fogarty K, Singer R H. Visualization of single RNA transcripts in situ. Science, 1998, 280: 585-590.

[50] Seisenberger G, Ried M U, Endress T, Buning H, Hallek M, Brauchle C. Real-time single-molecule imaging of the infection pathway of an adeno-associated virus. Science, 2001, 294: 1929-1932.

[51] Mellman I. Endocytosis and molecular sorting. Annual Reviews on Cellular and Developmental Biology, 1996, 12: 575-625.

[52] Maxfield F R, McGraw T E. Endocytic recycling. Nature Reviews in Molecular Cell Biology, 2004, 5: 121-132.

[53] Dahan M, Levi S, Luccardini C, et al. Diffusion dynamics of glycine receptors revealed by single-quantum dot tracking. Science, 2003, 302: 442-445.

[54] Fujiwara T, Ritchie K, Murakoshi H, et al. Phospholipids undergo hop diffusion in compartmentalized cell membrane. Cell Biol., 2002, 157: 1071-1081.

[55] Saxton M J, Jacobson K. Precise nanometer localization analysis for individual fluorescent probes. Biomol. Struct., 1997, 26:373-399.

[56] Andrews N L, Lidke K A, Pfeiffer J A, et al. Actin restricts FcεRI diffusion and facilitates antigen-induced receptor immobilization. Cell Biol., 2008, 10: 955-963.

[57] Cheezum M K, Walker W F, Guilford W H. Quantitative comparison of algorithms for tracking single fluorescent particles. Biophys. J. ,2001, 81: 2378-2388.

[58] Holtzer L, Meckel T, Schmidt T. Nanometric three-dimensional tracking of individual quantum dots in cells. Appl. Phys. Lett., 2007, 90: 0539021-0539023.

[59] Kim S Y, Gitai Z, Kinkhabwala A, et al. Single molecules of the bacterial actin MreB undergo directed treadmilling motion in *Caulobacter crescentus*. Proceedings of the National Academy of Sciences USA, 2006, 103: 10929-10934.

[60] Ober R J, Martinez C, Lai X, et al. Exocytosis of IgG as mediated by the receptor, FcRn: An analysis at the single-molecule level. Proceedings of the National Academy of Sciences USA, 2004, 101: 11076-11081.

[61] Prabhat P, Gan Z, Chao J, et al. Elucidation of intracellular recycling pathways leading to exocytosis of the Fc receptor, FcRn, by using multifocal plane microscopy. Proceedings of the National Academy of Sciences USA, 2007, 104: 5889-5894.

[62] Moerner W E, Fromm D P. Methods of single-molecule fluorescence spectroscopy and microscopy. Review of Scientific Instruments, 2003, 74(8): 3597-3619.

[63] Jaqaman K, Kuwata H, Touret N, et al. Cytoskeletal control of CD36 diffusion promotes its receptor and signaling function. Cell, 2011, 146: 593-606.

[64] Pinaud F, Clarke S, Sittner A, et al. Probing cellular events, one quantum dot at a time. Nat. Methods, 2010, 7: 275-285.

[65] Suzuki K G, Fujiwara T K, Sanematsu F, et al. GPI-anchored receptor clusters transiently recruit Lyn and Gα for temporary cluster immobilization and Lyn activation: Single-molecule tracking study 1. J. Cell Biol., 2007, 177: 717-730.

[66] Tinoco I Jr, Gonzalez R L Jr. Biological mechanisms, one molecule at a time. Genes & Dev.,

2011, 25: 1205-1231.

[67] Kusumi A, Shirai Y M, Koyama-Honda I, et al. Hierarchical organization of the plasma membrane: Investigations by single-molecule tracking vs. fluorescence correlation spectroscopy. FEBS Lett., 2010, 584: 1814-1823.

[68] Koch P, Lampe M, Godinez W J, et al. Visualizing fusion of pseudotyped HIV-1 particles in real time by live cell microscopy. Retrovirology ,2009,6: 84.

[69] Ehrlich M, Boll W, Oijen A V, et al. Endocytosis by random initiation and stabilization of clathrin-coated pits. Cell, 2004, 118:591-605.

[70] Enderlein J. Tracking of fluorescent molecules diffusing within membranes. Appl. Phys. B, 2000,71: 773-777.

[71] Levi V, Ruan Q, Kis-Petikova K, et al. Scanning FCS, a novel method for three-dimensional particle tracking. Biochem. Soc. Trans.,2003, 31(Pt 5): 997-1000.

[72] Levi V, Ruan Q, Gratton E. 3-D particle tracking in a two-photon microscope: Application to the study of molecular dynamics in cells. Biophys. J. ,2005, 88: 2919-2928.

[73] McHale K, Berglund A J, Mabuchi H. Quantum dot photon statistics measured by three-dimensional particle tracking. Nano Lett., 2007, 7: 3535-3539.

[74] Katayama Y, Burkacky O, Meyer M, et al. Real-time nanomicroscopy via three-dimensional single-particle tracking. Chem. Phys. Chem., 2009, 10: 2458-2464.

[75] Berg H C . How to track bacteria. Rev. Sci. Instrum., 1971, 42: 868-871.

[76] Lessard G A, Goodwin P M, Werner J H. Three-dimensional tracking of individual quantum dots. Appl. Phys. Lett.,2007, 91: 224106.

[77] Sahl S J, Leutenegger M, Hilbert M, et al. Fast molecular tracking maps nanoscale dynamics of plasma membrane lipids. Proc. Natl. Acad. Sci. U.S.A., 2010, 107: 6829-6834.

[78] Huang B, Wang W, Bates M, et al. Three-dimensional super-resolution imaging by stochastic optical reconstruction microscopy. Science, 2008, 319: 810-813.

[79] Shtengel G, Galbraith J A, Galbraith C G,et al. Interferometric fluorescent super-resolution microscopy resolves 3D cellular ultrastructure. Proc. Natl. Acad. Sci. , 2009, 106(9): 3125-3130.

[80] Ram S, Prabhat P, Ward E S, et al. Improved single particle localization accuracy with dual objective multifocal plane microscopy. Opt. Exp., 2009, 17(8): 6881-6898.

[81] Prabhat P, Ram S, Ward E S, et al. Simultaneous imaging of different focal planes in fluorescence microscopy for the study of cellular dynamics in three dimensions. IEEE Trans. Nanobiosci., 2004, 3: 237-242.

[82] Prabhat P, Ram S, Ward E S, et al. Simultaneous imaging of several focal planes in fluorescence microscopy for the study of cellular dynamics in 3D. Proc. SPIE, 2006, 6090: 115-121.

[83] Abrahamsson S, Chen J, B Hajj B, et al. Fast multicolor 3D imaging using aberration-corrected multifocus microscopy. Nat. Methods, 2013, 10: 60-63.

[84] Hoebe R A, Van Oven C H, Gadella Jr T W J, et al. Controlled light-exposure microscopy reduces photobleaching and phototoxicity in fluorescence live-cell imaging. Nature Biotechnology, 2007, 25: 249-253.

[85] Mazur P, Leibo S, Chu E H Y. A two-factor hypothesis of freezing injury. Exper. Cell Res., 1972, 71: 345-355.

[86] Karlsson J O M, Toner M. Long-term storage of tissues by cryopreservation: Critical issues. Biomaterials, 1996, 17(3): 243-256.

[87] Kirz J, Jacobsen C, Howells M. Soft X-ray microscopes and their biological applications. Q. Rev. Biophys., 1995, 28: 33-130.

[88] Henderson R. The potential and limitations of neutrons, electrons and X-rays for atomic resolution microscopy of unstained biological molecules. Q. Rev. Biophys., 1995, 28: 171-193.

[89] Neutze R, Wouts R, van der Spoel D, et al. Potential for biomolecular imaging with femtosecond X-ray pulses.Nature, 2002, 406: 752-757.

[90] Chapman H N, et al. Femtosecond diffractive imaging with a soft-X-ray free-electron laser.Nat. Phys.,2006, 2: 839-843.

[91] Seibert M M, et al. Single mimivirus particles intercepted and imaged with an X-ray laser. Nature ,2011,470: 78-81.

[92] Chapman H N, et al. Femtosecond X-ray protein nanocrystallography.Nature ,2011,470: 73-77.

[93] Westphal V, Rizzoli S O, Lauterbach M A, et al. Video-rate far-field optical nanoscopy dissects synaptic vesicle movement. Science ,2008, 320(5873): 246-249.

[94] Shroff H, Galbraith C G, Galbraith J A, et al. Live-cell photoactivated localization microscopy of nanoscale adhesion dynamics. Nature Methods,2008, 5(5): 417-423.

[95] Jones S A, Shim S H, He J, et al. Fast, three-dimensional super-resolution imaging of live cells. Nature methods,2011, 8(6): 499-505.

[96] Li D, Shao L, Chen B C, et al. Extended-resolution structured illumination imaging of endocytic and cytoskeletal dynamics. Science,2015, 349(6251): aab3500.

[97] Chmyrov A, Keller J, Grotjohann T, et al. Nanoscopy with more than 100,000 'doughnuts'. Nature Methods,2013,10:737-740.

[98] Dertinger T, Colyer R, Iyer G S. et al. Fast, background-free, 3D super-resolution optical fluctuation imaging (SOFI). PNAS ,2009,106:22287-22292.

[99] Zeng Z, Chen X, Wang H, et al. Fast super-resolution imaging with ultra-high labeling density achieved by joint tagging super-resolution optical fluctuation imaging. Scientific Reports,2015:5.

[100] Vandenberg W, Duwé S, Leutenegger M, et al. Model-free uncertainty estimation in stochastical optical fluctuation imaging (SOFI) leads to a doubled temporal resolution. Biomedical Optics Express,2016, 7(2): 467-480.

[101] Jiang S, Zhang Y, Yang H, et al. Enhanced SOFI algorithm achieved with modified optical fluctuating signal extraction. Optics Express,2016, 24(3): 3037-3045.

[102] Watanabe T M, Fukui S, Jin T, et al. Real-time nanoscopy by using blinking enhanced quantum dots. Biophysical Journal, 2010, 99(7): L50-L52.

[103] Dertinger T, Colyer R, Vogel R, et al. Achieving increased resolution and more pixels with superresolution optical fluctuation imaging (SOFI). Optics Express ,2010,18: 18875-18885.

[104] Chen X Z, Li R Q, LiuZ H, et al. Small photoblinking semiconductor polymer dots for fluorescence nanoscopy. Advanced Materials, 2017, 29(5): 1604850.

第 8 章　光学功能纳米成像

8.1　功能纳米成像概述

8.1.1　功能成像

利用成像技术既可获得所研究物体的结构信息，也可获得所研究物体的功能信息。给出物体结构信息的成像技术称为结构成像技术，给出物体功能信息的成像技术称为功能成像技术。所谓结构信息本质上是指物体的空间构成特性，从宏观上讲，物体构成成分及疏密程度不同或表面形貌不同，当信息载体通过物体或作用于其表面时，就会引起信息载体的某种变化，从而形成不同对比度的图像信息。所谓功能信息本质上是指物体在外界刺激下不同部位表现出的某种不同的功能特征，当能用图像的形式记载下来时就构成了功能图像。简单来说，结构成像给出的是物体的空间结构信息，功能成像给出的是物体在当前结构下表现出的某种功能信息。例如，现有的各种照相机、X 射线 CT 等给出的是物体的结构信息，即结构成像；而正电子发射型计算机断层成像(PET)等给出的是功能信息，即功能成像。有的成像方法(如核磁共振成像)既可给出结构图像，也可给出功能图像。本质上讲，核磁共振成像给出的是结构信息，但结构的变化反映了功能信息。例如，大脑不同部位的血流量既反映了这个部位是否在工作，又反映了大脑的功能信息。不同的功能图像反映了物体的不同功能信息，拿 PET 来说，它的基本特征是使用了可以产生正电子的短寿命同位素，如含 ^{15}O 的水、一氧化碳、二氧化碳，含 ^{13}N 的氨、各种氨基酸、氧化亚氮，含 ^{11}C 的一氧化碳、二氧化碳、各种醇类、脂类的醋酸盐和含 ^{18}F 的 2-脱氧-D-葡萄糖等，这些物质进入人体后，代谢快的部位将会聚集更多的上述同位素，相应地就会产生更多的正电子，与就地的电子发生湮灭产生反向传输的γ光子，探测器接收到哪个部位具有更多的γ 光子，就说明这个部位新陈代谢加快了。利用 PET 技术可获得氧代谢、糖代谢、蛋白质代谢和蛋白质合成等功能图像，已成功地应用于认识科学研究和诊断肿瘤、脑出血、癫痫、中风、心肌梗死、胰腺炎、肝炎等一系列疑难病症。功能成像在应用于其他领域时还可获得另外的一些功能信息，例如温度场的测量、核裂变核聚变反应等。功能成像还包括时间分辨光谱成像、多光子成像等。

8.1.2　功能纳米成像及分类

同样，对介观和微观现象而言，也存在结构纳米成像和功能纳米成像之分。结构纳米成像，如前面介绍过的电子显微技术和 X 射线显微技术，给出介观和微观样品的空间结构信息。功能纳米成像给出介观或微观样品的某种功能信息。为了获得介观和微观样品的结构信息，我们分别利用了样品对物质波和 X 射线波的吸收、折射、散射和衍射特性，形成了不同对比度的二维和三维的结构图像，利用隧道效应、表面力效应、二次电子发射特性和近场光效应等获得了介观和微观样品的表面形貌图像。尽管结构纳米成像可以给出分子水平甚至原子水平的结构图像，但是这种成像方法不能给出这些介观和微观物质是由哪些分子组成的，哪些分子之间发生了化学反应，反应生成物是什么，介观和微观物质具有什么正常功能，功能有无发生变异，以及如何改变这种变异。这些都是功能纳米成像要回答的问题。

鉴于目前还没有任何专著讨论功能纳米成像，也没有对功能纳米成像分类进行过专门的论述，这里我们进行初步的尝试，定有疏漏不当之处，今后随着功能纳米成像的发展再不断地完善。我们可以将现有的功能纳米成像分成三类。第一类是以纳米的空间分辨确定物质分子在空间的分布情况。这类功能纳米成像要回答物质是由哪些分子组成的及这些分子在空间是如何分布的，分子在空间的定位精度应达到纳米量级。截至目前，正在发展的方法主要有两种：一种是利用质谱分辨不同的分子，可以区分不同种类的小分子和大分子，分子在空间的定位精度可达 50nm 左右；另一种是用拉曼光谱的方法，包括斯托克斯和反斯托克斯拉曼谱的方法，区分分子，表面场增强方法的分子空间定位精度已达 20nm 左右，分子在三维空间的纳米定位方法目前正在发展之中。第二类功能纳米成像涉及分子之间是否发生了化学反应，这类方法中用得最广泛的就是 Förster 首先发现的 FRET 成像技术，当两个分子要发生反应时，它们之间的距离就会减小到 1～10nm，这时若其中的一个分子处于激发态，其激发态的能量就会转移给靠近它的分子，使其处于激发态。为看清这种现象，我们可以使这两个分子分别标记不同颜色的荧光分子，当发生 FRET 现象时，由于共振能量转移，荧光颜色或荧光寿命将会发生改变。有关详细情况稍后我们还会作进一步介绍。我们还可通过观察组成分子的原子是否发生了改变去判断是否发生了化学反应，这要靠电子或硬 X 射线显微技术去实现。第三类功能纳米成像是获得某些结构的纳米分辨功能信息，包括这些结构具有何种正常功能信息，其正常功能是否发生了改变以及如何使其恢复正常功能。这里我们将以获取亚细胞结构功能信息为例介绍有关成像方法。不论哪类功能纳米成像，既要实现空间上的纳米分辨，又要获取在此空间分辨元内的功能信息，显然实现难度会更大。它需要综合利用各种知识，既要懂得成像、光谱和质谱原理，又要具有深入的物理、化学、材料和生物学知识，否则就无法真正掌握功能纳米成像的实质，更无法发展新型功能纳米成像方法和技术。

8.1.3　功能纳米成像参数及成像方法概述

功能纳米成像参数主要包括两类：一类用于描述纳米成像的参数，包括空间分辨率、图像衬度、信噪比等；一类用来描述所测样品的功能参数，包括分子种类及分布、各种分子所占比例及分布、发生反应分子的分布、发生反应和未发生反应分子的比例及其分布、纳米结构功能类型及空间分布等。概括起来，功能纳米成像应以纳米的空间分辨率给出相应功能发生的空间位置，不同的功能一般应以不同的功能纳米分辨图像给出。

发展到目前为止，人们已发展了多种功能纳米成像方法。早在 1946 年和 1948 年，德国物理化学家 Föster 就分别提出长程非辐射共振能量转移理论的经典和量子模型，为后来利用荧光共振能量转移观察分子之间的相互作用奠定了理论基础。该理论告诉我们，当两个分子靠近到 1～10nm 时，就会发生共振能量转移，当它们之间的距离在 3～6nm 时将有一半的分子发生能量转移，这种共振能量转移与两个分子之间的距离的 6 次方成反比。如果两分子分别用两种不同的荧光分子进行标记，它们之间是否发生了共振能量转移可由发出的荧光参数进行判断。一旦认为共振能量转移现象发生，则认为这两个分子发生了相互反应。长期以来，由于荧光成像的空间分辨率受到衍射极限的限制，我们难以看到两个分子相互作用的现象，而只是得到许多对分子相互作用产生的平均效应。近年来，荧光纳米成像技术的发展为我们观察两个分子之间的相互作用创造了条件。关于分子识别问题，尽管利用拉曼谱可识别分子，但由于灵敏度太低，很难实现分子的精确定位。直到 1977 年，Jeanmaire 和 van Duyne 首次观察到“表面增强拉曼散射”现象，也即当散射物质置于粗糙贵金属衬底上或附近时，拉曼信号就会大幅增强，可达 6 个数量级，局域甚至可达 10 个数量级，在体的情况下可提供飞摩尔和皮摩尔的灵敏度。基于这种现象，近年来已发展了分子识别纳米成像技术，包括基于尖端场增强分子识别纳米成像和基于表面增强分子识别纳米成像技术，前者的空间分辨率达到 10～15nm，后者还在发展之中。为了获得单分子的探测灵敏度，人们正在尖端增强的方式下进行改进。在利用质谱仪进行分子识别的纳米成像中，关键问题是如何实现纳米分辨，从而使所识别的分子具有纳米的定位精度。已有的质谱技术最好的是飞行时间二次离子质谱仪，但它需要脉冲离子束轰击样品，其空间分辨率受离子束空间电荷效应的影响，难以达到纳米量级，直到最近利用连续离子束和群聚方法才解决了此问题，使空间分辨率小于 100nm；另一条途径是采用磁扇质谱仪，其质谱分辨率不如飞行时间二次离子质谱仪，但可使用连续离子源轰击样品，空间分辨率可小于 50nm。但不论哪种质谱仪，要获得单分子的灵敏度还有困难，其质谱灵敏度和空间分辨率都有待进一步提高。近年来，随着生命科学的发展和检测手段的进步，实现了许多亚细胞结构的功能纳米成像，同时在细胞内药物传送功能纳米成像和癌细胞动力学疗法纳米成像方面也取得较大进展，这些进展丰富了功能纳米成像的研究内容，促进了功能纳米成像的发展。功能纳米成像还包含更丰富的内容，受我们视野的限制，肯定还有一些研究进展没有概括进来。

8.2　分子拉曼谱功能纳米成像

在第 6 章中我们已介绍过基于拉曼谱的超分辨成像，重点介绍了如何在可见光和红外线作用下通过拉曼谱或红外吸收谱获得纳米分辨图像。其中要解决的两个重要问题分别是灵敏度和超分辨。大家知道，瑞利散射信号因其散射截面很小本来就很弱，而拉曼谱信号只是瑞利散射信号的亿分之一到百万分之一，可见它是多么微弱。若进一步在纳米空间分辨元上获得拉曼谱信号就更困难了。我们只有设法增强拉曼信号，才有可能进一步追求空间分辨率的提高。为此，人们探讨了两条途径：一条途径是场增强效应，包括尖端场增强和表面场增强；另一条途径是相干共振效应，这即所谓的相干反斯托克斯拉曼散射效应。通过这两种途径，拉曼信号增强 6～10 个数量级，从而解决了拉曼信号弱的问题。关于超分辨的问题，由于场增强效应本身的局域性，此问题就自然解决了，但对相干反斯托克斯拉曼散射而言，空间分辨率并不会因为信号增强就提高了，人们必须另辟他径。为此，人们正在探讨实现的途径。有关这方面的进展，我们已在第 6 章中作过较为详尽的介绍。这里重点要在第 6 章的基础上介绍如何在实现纳米成像的基础上利用拉曼谱实现功能成像。即使空间分辨率达到纳米量级，该空间分辨元内一般来说可能包含不止一种分子。尽管我们用拉曼谱仪测出了空间分辨元内的拉曼谱，但得到的是此分辨元内所有分子拉曼谱的叠加。我们并不能由测到的拉曼谱直接获知每个空间分辨元内究竟存在哪些分子，因此涉及所谓的盲源分离(blind source separation, BSS)问题。为实现盲源分离，我们必须具备拉曼谱的有关知识。因此，这里将不再重复纳米分辨的有关问题，而将重点放在拉曼谱功能成像方面。为此，重点要解决两个问题：一个是拉曼谱学识别分子的有关理论，只有基于这些理论，才能懂得拉曼谱的真实含义，为实现盲源分析奠定理论基础；另一个是如何实现盲源分析，只有实现了盲源分析，才有可能获知利用拉曼谱仪所获得谱学信息的物理含义，将像元内所包含的分子种类区分开来，从而才能在纳米成像的基础上实现功能纳米成像。下面将分别予以叙述。

8.2.1　现代拉曼谱学概述

用于探测分子振动的光谱学主要是基于红外吸收和拉曼散射，它们已广泛用于提供化学结构和物理构成的信息，从特征谱图案的角度来确定物质的种类，即所谓的指纹谱,可以定量或半定量确定样品中物质的种类。样品可以在所有物态，包括固态、液态或气态，热态或冷态，块状或表面层等，进行考察。这种技术应用范围很广，可以为热点或挑战性分析提供答案。与红外吸收相比较，由于样品退化和存在荧光等问题，拉曼散射应用会受到一些影响。但是近来仪器技术的进步使设备进一步简化，并逐渐使上述问题基本上得以化解。这些进步以及拉曼谱仪具有检测水溶液的能力使得其应用得以迅速地发展，但拉曼散射还是一个正在发展的技术，很多重要的信息还未获得应用甚至还不被人们所知晓，有必要进行更多的介绍，加深人们对拉曼散射的理解。

早在 1923 年，Smekal 就预言了光的非弹性散射的存在，1928 年，Raman 和 Krishnan 就在实验上首先观察到这种现象，自此之后就称这种现象为拉曼谱。起初人们用望远镜聚焦太阳光来看纯化的液体或没有灰尘的蒸汽，再用另一个透镜收集散射光，利用滤光片滤除入射光从而证明频率发生了变化的散射光的存在。这即拉曼谱学的基本特性。

当光与物质相互作用时，构成光的光子可能被物质吸收或散射，或者与物质不相互作用，只是直接通过它。如果入射光子的能量正好与分子的基态和激发态能量之差相匹配，那么光子将被吸收，分子将处于激发态。正是由于这种变化，我们通过探测光的辐射能量损失来构成吸收光谱仪。当然，光子与物质作用发生散射现象也是可能的。在这种情况下，就没有必要使入射光子的能量与分子的能级之差对应的能量相匹配。只要不存在电子跃迁导致的光吸收，我们就可以通过在入射光束的方向上收集入射光子观察散射光子，其效率随着入射光频率的四次方而增加。散射的应用很普遍。例如，我们常用这种方法测量粒子大小的分布，这时粒子尺寸可小于 1μm。但是，用来识别分子的主要技术是拉曼散射和红外吸收。

在谱学技术中，广泛应用的是吸收过程。例如，声谱用于基态和激发态能量差别很小的情况，而 X 射线吸收谱则应用于带隙很大的情况。在这两种极端情况中间，还有很多谱学技术，如核磁共振、电子顺磁共振、红外吸收、电子态吸收和荧光发射，以及真空紫外谱学等。表 8-1 给出了常用的几种辐射的波长范围。

表 8-1　常用的几种辐射的波长范围

辐射类型	伽马射线、X 射线	紫外-可见光	近红外	中红外	远红外	微波
波长/m	10^{-11}	10^{-7}	10^{-6}	10^{-5}	10^{-4}	10

辐射常用其波长表征。但在谱学领域，因为我们对辐射与分子态之间的相互作用感兴趣，而相互作用常用能量表示，因此常用频率或波数表示，它们与能量呈线性关系。波长λ、频率ν和波数ϖ之间的关系可作如下表示：

$$\lambda = c/\nu \tag{8.1}$$

$$\nu = \Delta E/h \tag{8.2}$$

$$\varpi = \nu/c = 1/\lambda \tag{8.3}$$

红外作用的方式是辐射，而拉曼谱学则不同。在红外谱学中，红外频率覆盖范围对应的能量直接作用到样品上。当入射的红外辐射频率正好与分子的振动谱相匹配时，分子就会被激发到振动态。通过探测红外经过样品时的辐射损失，就可以探测到样品分子的振动谱。而拉曼谱用的是单一频率的辐射照射样品，其分子就会对辐射产生散射，一个振动态对应的单位能量与入射束光子的能量是不同的。因此，不像红外吸收，拉曼散射并不要求入射光子的能量与分子振动态和基态的能量差相匹配。在拉曼散射中，光与分子相互作用是原子核周围的电子云发生畸变，构成短寿命的虚态，此态不稳定，很快会产生再辐射。在振动谱学中，我们要探测到光子能量的改变就必须引起分子中原子核的运动。如果在散射中只存在电子云的畸变，由于电子相对来说很轻，入射光子的频率几乎不发生改变，这种散射被称作弹性散射，并为起主导作用的散射。对分子而言，叫作瑞利散射。如果在散射过程中引起了原子核的运动，入射光子和分子之间就会有能量转移，或者入射光子给分子，或者分子给入射光子以能量。在这些情况下，过程是非弹性的，散射光子的能量将不同于入射光子的能量，中间相差一个振动能量单位。这就是拉曼散射，一种非常微弱的现象，在散射光中只有(10^6～10^8)分之一是拉曼散射。其根本原因是要引起原子核的运动。这种拉曼散射又称作斯托克斯散射。另一种现象是反斯托克斯散射，其产生的概率更低，这是因为这种现象的发生是建立在分子处于振动态的基础之上。由玻尔兹曼方程可知，在室温下分子处于振动态的概率很小。因此，反斯托克斯拉曼散射较斯托克斯拉曼散射发生的概率更低。图 8-1 给出产生上述几种散射的示意图。在入射光子作用下，只改变电子云的状态，不论分子处于基态还是振动态，均以最大概率发生瑞利散射；由于只有在原子核运动的情况下才可发生斯托克斯散射，其发生概率要低得多；分子只有先处于振动态才能发生反斯托克斯散射，其发生的概率则更低。随着振动频率的提高，发生这种反斯托克斯散射现象的概率会进一步降低。当然，随着样品温度的提高，反斯托克斯散射相对于斯托克斯散射的概率会有所增加。另外，为了探测拉曼散射光，我们需要对输入光进行滤除，但滤光片有一定的带宽，有可能滤除掉低波数的拉曼信号。最后，尽管反斯托克斯散射信号很弱，我们对此信号还是十分感兴趣，这是因为，尽管斯托克斯散射信号强，但它是红移的，容易和样品的自体荧光信号混在一起，而自体荧光较斯托克斯散射信号要强得多；而反斯托克斯拉曼散射信号是蓝移的，不会受到上述荧光信号的干扰。图 8-1 还说明红外吸收与拉曼散射的不同之处。红外吸收所用的光子能量就等于基态 m 和振动态 n 之间的能量差，而拉曼散射对应的是入射光子与散射光子两个大能量光子的能量差等于基态和振动态之间的能量差。进一步研究还会发现，红外吸收与拉曼散射并不能完全互相取代，拉曼散射更适合于分子的对称振动，这样拉曼信号最强；而红外吸收更适合于非对称振动分子，这时红外吸收信号最强。可以说，这两种方法对分子识别而言，功能是互补的；对中心对称的分子而言，二者都不敏感。

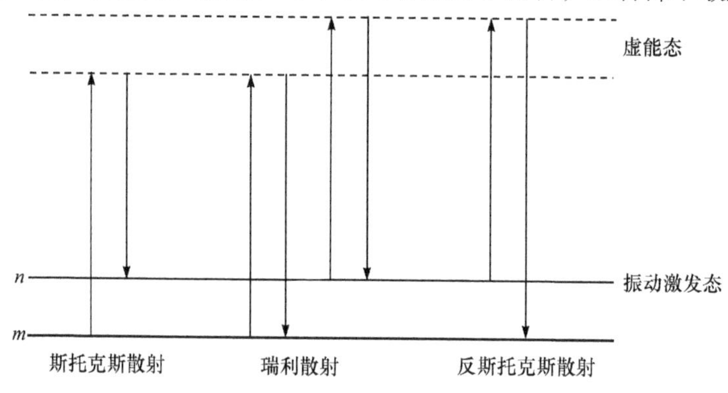

图 8-1　分子与入射光子相互作用产生的瑞利散射、斯托克斯拉曼散射和反斯托克斯拉曼散射的示意图

为了更深刻地理解拉曼散射，我们还有必要进一步理解分子振动的概念。如果分子吸收了光子和使电子激发到了激发态，但电子能级并没有发生改变，分子的能量则可以被分成许多个不同的部分或者说被分成许多个自由度。其中三个自由度用于描述分子在空间的移动，除了线性分子只有两个旋转自由度，其他分子都还有可能具有三个旋转自由度。因此，若一个分子具有 N 个原子，它所具有的可能振动自由度除了线性分子为 $3N-5$ 外，其他分子为 $3N-6$。对于双原子分子而言，就意味着它只有一个自由度。如氧分子只有一个可以伸缩的 O—O 键。这时，只能改变分子的极性，但并不能感应任何偶极子的变化，这是因为，在分子中不存在偶极子，振动对中心而言是对称的。因此分子的选择规则是可以预测的，并且这种预测是正确的。对气体氧而言，它具有一个拉曼谱带，而红外谱则不存在带。然而，在分子中，如一氧化氮(NO)，它也只有一个带隙，但同时存在偶极子和极性的变化，因此，它既存在红外谱，也存在拉曼谱。三原子的分子将具有三个不同模式振动态，一个是对称伸缩的，一个是弯曲或变形的，一个是非对称的。例如，水和二氧化碳可以有不同的振动模式，如图 8-2 所示。

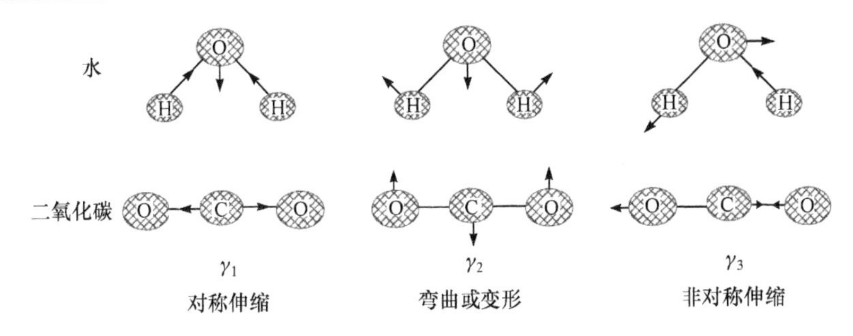

图 8-2　水和二氧化碳三个不同的振动模式

这些图案都用弹簧和球模型表示。弹簧表示原子之间的键。键越强，频率越高；球表示原子，原子越重，频率越低。后面我们将会介绍原子质量和键的强度与振动频率之间的关系。不过我们可以想见，键越强而原子越轻，振动频率就会越高，相反地，重原子核强键则具有低的振动频率。上述的简单模型广泛用来解释振动谱，但是实际上分子是以三维结构存在的，在整个分子结构上，不同位置处的电子密度是不同的。一个简单的例子如图 8-3 所示，它给出二氧化碳的情况。若任何一个分子发生振动，由于带正电荷的原子核位置发生改变，与它变化的性质有关，电子云一定会发生改变，从而引起偶极子动量的变化或极化。在三原子组成的分子中，对称伸缩引起大的极化变化，因此只存在弱的或根本不存在红外吸收。变形模式引起偶极子的变化，但极化变化很小，因此，这时存在强的红外吸收而只存在弱的或根本不存在拉曼散射。

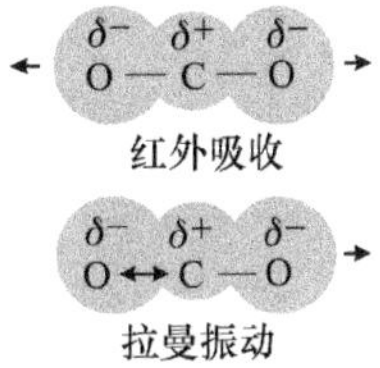

δ− δ+ δ−
O — C — O
红外吸收
δ− δ+ δ−
O ↔ C — O
拉曼振动

图 8-3　二氧化碳电子云模型与红外吸收和拉曼振动谱之间的关系示意图

还有一种情况就是所谓的群振动。为了使振动与相应的谱峰值相对应，还应当认识到，在一个分子中有两个或更多的键靠得很近，它们具有相似的相互作用能量，有一群原子的振动通过这些键联系在一起。这种现象在谱仪中是可以观察到的。例如，CH_2 被认为是有一个对称的和一个非对称的伸缩键而不是两个分离的碳氢伸缩键。由此出发并根据分子的结构，我们就可以知道，对于不同的群将可能有不同类型的振动。关于这方面的知识我们后面还会提及。与此相反，若原子在分子中是分离的，它们就不能作群处理，不同键的振动能量是很不同的，这时就必须对它们进行分别处理。对绝大部分的群而言，它们或者具有强的红外吸收峰，或者具有强的拉曼散射峰，对于这些具有特征频率的群，其能量范围是可以给出的。其特定峰值的相对强度可以帮助我们确信其正确的振动已被检测出来。

为了更深入理解物质的红外吸收谱和拉曼散射谱的物理意义，图 8-4 给出苯甲酸的红外吸收谱与拉曼散射谱，从中可以看出并不是所有拉曼散射谱峰值均与红外吸收峰值相对应。对多数用户而言，感兴趣的拉曼信号均处于 3600～400cm^{-1}。目前最好的拉曼光谱仪可以探测到 50cm^{-1}。拉曼谱的强度取决于所研究的振动能级的性质，还与仪器和样品参数有关。仪器通过标定可去除仪器本身参数的影响，但并不完全是这样。取样对强度、带宽和其所在的位置有很大的影响。

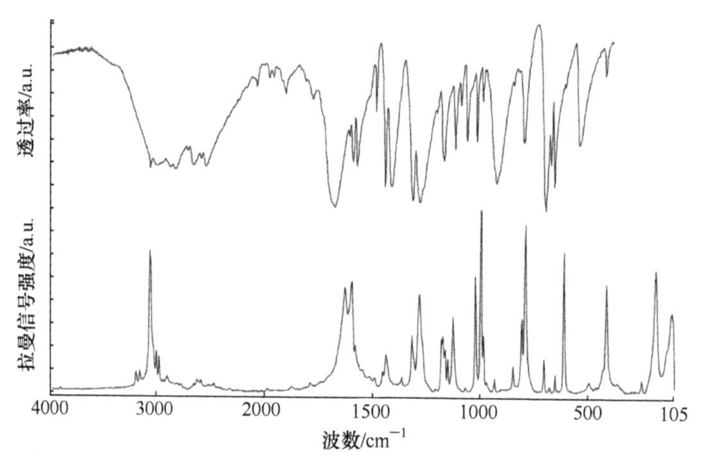

图 8-4　苯甲酸的红外吸收谱与拉曼散射谱

红外吸收谱表示在图的上方，用透过函数表示，透过率越低，对应于吸收最强的谱；拉曼谱表示在图的下方，峰值越高，散射越强

上面讲的都是自发拉曼散射现象，这与我们在第 6 章中介绍过的场增强拉曼散射和相干反斯托克斯拉曼散射现象是不同的。不过，其中用到的基本概念和具有的基本性质是一致的。为深刻理解其内涵，下面对基本的拉曼散射现象及有关规律作进一步介绍。

8.2.2　拉曼散射谱学理论

光与物质作用会产生很多现象，包括线性的和非线性的，其中最常见的是吸收和散射现象。要产生吸收现象，则要求入射光子的能量要相应于分子基态和某一激发态能量之差，这是广泛使用的谱学技术中所发生的基本过程之一；而散射的发生与光子能量是否匹配分子两能级能量之差无关，光与物质相互作用发生这种现象遵循另外的规律。

1. 吸收与散射

当光波被认为是一传播的振荡偶极子通过分子时，它将与围绕原子核的电子云相互作用并使其产生畸变。该能量以散射辐射的形式释放出去。首先考虑光波和分子的相对尺寸，可见光波长处于 400～700nm，而小分子像四氯化碳其大小只有 0.3～0.4nm，因此振荡偶极子远大于分子的尺寸。如果它与分子发生相互作用，将引起电子的极化并将跃向更高的能级。在那个瞬时，光波中的能量将转移给分子。这种相互作用可以被认为是光能与分子中的电子之间构成了短寿命的复合体，这时将没有时间允许原子核做明显的运动。这就导致分子以不同的电子几何结构形态处于高能态，而原子核并没有发生明显的运动。光和分子的这种复合体并不稳定，光很快就以散射辐射的形式释放出来，通常我们称这一状态为分子的虚能级。畸变的电子云的形状还取决于传递给分子多少能量，而这取决于所用激光的频率。因此，激光决定虚能态的能量和电子云畸变的程度。这一虚能态是瞬态构成的复合体的真正态。这一过程与吸收过程在许多方面都是不同的。首先，附加能量并没有将电子激发到静态分子的任何激发态，可以说所有的静态都以不同的程度介入了这种状态，它们一起构成了畸变的复合体。这个态的能量取决于所用激光光子的能量，分子畸变的程度取决于分子的电子态性质和激光光子的能量。其次，激发态的寿命与吸收过程相比较是非常短的。辐射以球形进行散射，在分子的范围内能量传递过程没有损耗，并没有以更低的能量发射出去。第三，激发引起的激化和散射光子之间的关系会导致特别的振动，之后将会做进一步分析。

有两种类型的散射已经被证实。一种是最强的散射，即瑞利散射，这种散射是在电子云发生弛豫而原子核不产生任何运动的情况下发生的。其本质上是一种弹性过程，能量没有发生明显的变化。另一种散射则是拉曼散射，相对而言，这是一稀有的事件，在被散射的光子中只占(10^6～10^8)分之一。这种现象只有在光与电子相互作用，同时原子核也开始运动时才会发生。由于原子核较电子质量要大得多，分子的能量将会发生明显的变化，视分子当时是处于基态(斯托克斯散射)还是振动态(反斯托克斯散射)或者得到能量或者失去能量。但不论在哪种情况下，虚态的能量是由入射激光的光子能量决定的，原来的态或者处于基态或者处于振动态。在与激光作用之前，多数分子处于静态，在室温下一般都处于基态。因此，拉曼散射中多数为斯托克斯拉曼散射。斯托克斯和反斯托克斯散射强度的比值取决于处于基态和振动态的分子数的比值。这可由玻尔兹曼方程式计算出来：

$$\frac{N_n}{N_m}=\frac{g_n}{g_m}\exp\left[\frac{-(E_n-E_m)}{kT}\right] \tag{8.4}$$

其中，N_n 表示处于振动态的分子数；N_m 表示处于基态的分子数；g_n 和 g_m 分别表示在 n 态和 m 态的简并度；E_n-E_m 表示两能态之间的能量差，k 表示玻尔兹曼常量(k=1.3807×10^{-23}J/K)。我们将会看到，在考虑对称性时，振动会以一种以上的形式出现，但不同形式的能量都是一样的，所以这些分量不能一个个识别开来，这些分量的数目就称为简并度，这即式(8.4)中的 g。因为玻尔兹曼分布必须考虑所有可能的振动态，我们必须对此进行纠正。对于多数态，g 降为 1，但对于简并振动，g 可以为 2 或 3。

2. 系统的态与胡克定律

下面我们重点介绍一下系统的态以及胡克定律。任意一个分子由一系列的电子态构成，而每一个电子态又包含大量的振动和转动态。图 8-5 表示一个分子的典型的电子基态示意图，纵轴表示系统的能量，横轴表示原子核之间的间隔，曲线表示电子态。在大的原子核间隔下，原子基本上处于自由状态，当它们之间的距离减小时，彼此吸引构成一个键。如果它们彼此过于接近，原子核力互相排斥，如图所示能量急剧上升。因此，最低能量在键的长度位置。在曲线范围内，分子的能量并不是可具有任何值，这是因为，分子在振动，振动能量是量子化的。其中的一些水平线表示量子化的振动态。一个特定电子态上的特定振动态就称为一个振动能级。当我们观察此曲线时，相对来说比较简单，实际上更为复杂的情况没有表示出来，若要表示就会十分杂乱。在图 8-5 中，第一能级(ν=0)表示基态，这时分子不振动；在第二个能级(ν=1)处吸收一个量子的能量，分子处于振动状态。高于此能级就近似而不精确地需要两倍、三倍、四倍于分子从基态到第一激发态的能量。凡变化大于一个量子能量的峰值就称为泛音。我们将会看到在拉曼散射中只有在某些特殊的情况下才会出现这种现象。为了描述在分子中的所有振动态，对每一振动态需要用具有不同的能量的一组类似的线表示。进而，振动可以结合起来，因此，一个振动为一个量子，另一个振动的能量将为一新的能级。在谱学中，由这些结合形成的峰值称作结合带，像泛音只是在某些情况下出现。为了使情况更为复杂一些，比振动能级还要低的转动能级也需要加入。具有所有这些能级的能级图太复杂，使用起来不方便。为方便起见，简化的方法或者是只给出一个振动能级所有的能级范围，或者是对每一振动只给出一个振动能级，这取决于用这个图来说明什么问题。

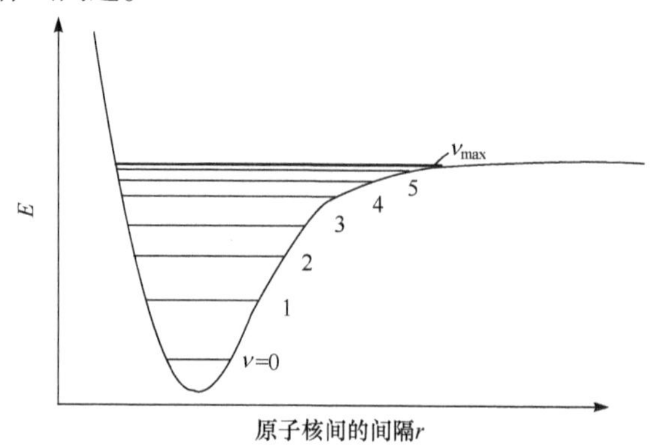

图 8-5　利用水平线代表振动能级的典型莫尔斯电子态曲线

为了描述一个电子由一个能级激发到另一个能级的吸收过程，需要具有基态和激发态的莫尔斯曲线图，这样就可以画出由基态激发到更高能级的激发过程。在拉曼散射中，所有的激发振动态对散射效率都有影响。因此，从原理上来说，我们需要画出分子所有态的莫尔斯曲线图。但是，我们并不需要对每一态的影响都要搞明白，因此，简单一些的莫尔斯曲线图还是可以用的，其中只要用少数几条曲线就可以描述所有的激发振动态。进而，由于拉曼散射相对原子核的运动而言还是很快的，在任何一散射事件中，原子核间距并没有发生明显的变化，因此沿横轴方向没有明显的变化。这样，为简单描述过程起见，在分子中的能量改变只用水平线在垂直方向的变化来表示，莫尔斯曲线的其他特性可以忽略不计。莫尔斯曲线的形状画起来困难，但也不是不可能。我们可以用谐波近似的简单理论计算振动能级的能量。在这种近似中，对双原子分子而言，莫尔斯曲线可用抛物线代替。这时，我们可以考虑一个分子是由振动弹簧连接的两个质点 A 和 B 组成。在这种近似下，胡克定律可以给出频率和原子质量之间的关系：

$$\nu = \frac{1}{2\pi c}\sqrt{\frac{k}{\mu}} \tag{8.5}$$

其中，c 表示光速；k 表示 A 和 B 之间键的力常数；μ 表示 A 和 B 质量 M_A 和 M_B 的折合质量，可表示为

$$\mu = \frac{M_A M_B}{M_A + M_B} \tag{8.6}$$

胡克定律使得我们容易理解特定振动能量的数量级。原子越轻，频率就越高。因此，C—H 键振动能量在 3000cm^{-1}，而 C—I 键振动能量小于 500cm^{-1}。力常数是对键强度的一个量度。键越强，频率也越高。振动能量如图 8-6 所示，这里给出拉曼散射中通常认定的单一振动和群的振动频率以及峰值强度[1]。其中垂线的长度表示波数范围，单位为 cm^{-1}；线的粗细表示强度，粗线表示强度最高。这里有两点需要提起注意：谐波近似预计分子的振动能级呈等间隔分布，但对实际系统而言与谐波特性存在差别，特别是在更高能级时，不同能级的间隔在减小；另外，当我们考虑拉曼过程效率时，与振动相关的电子密度这一点特别重要，后面我们还会对其作进一步讨论。

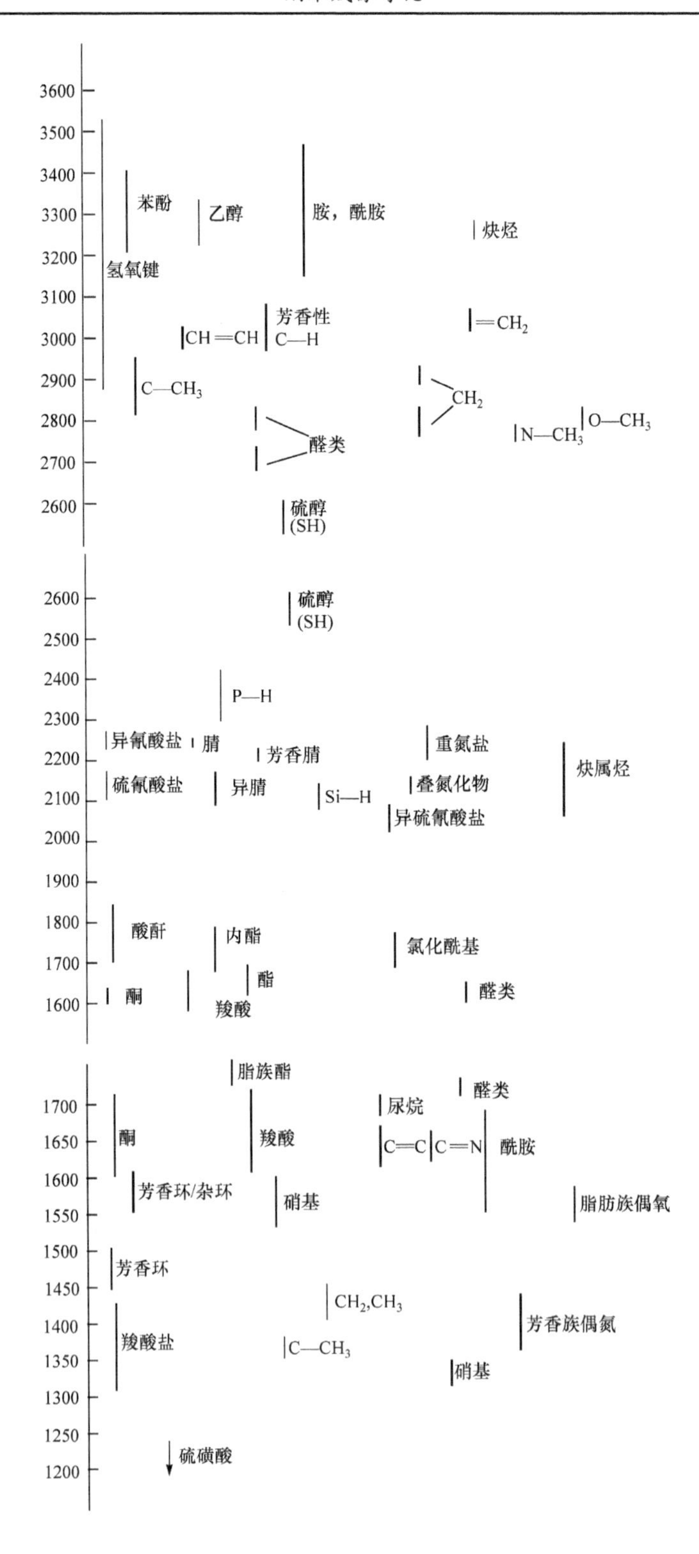

3600
3500
3400
3300
3200
3100
3000
2900
2800
2700
2600
苯酚
乙醇
胺，酰胺
炔烃
氢氧键
芳香性
C—H
CH═CH
═CH_2
C—CH_3
CH_2
醛类
N—CH_3
O—CH_3
硫醇
(SH)
2600
2500
2400
2300
2200
2100
2000
1900
1800
1700
1600
硫醇
(SH)
P—H
异氰酸盐
腈
芳香腈
重氮盐
炔属烃
硫氰酸盐
异腈
Si—H
叠氮化物
异硫氰酸盐
酸酐
内酯
氯化酰基
酯
酮
羧酸
醛类
1700
1650
1600
1550
1500
1450
1400
1350
1300
1250
1200
脂族酯
醛类
尿烷
酮
羧酸
C═C
C═N
酰胺
芳香环/杂环
硝基
脂肪族偶氧
芳香环
CH_2,CH_3
芳香族偶氮
羧酸盐
C—CH_3
硝基
硫磺酸

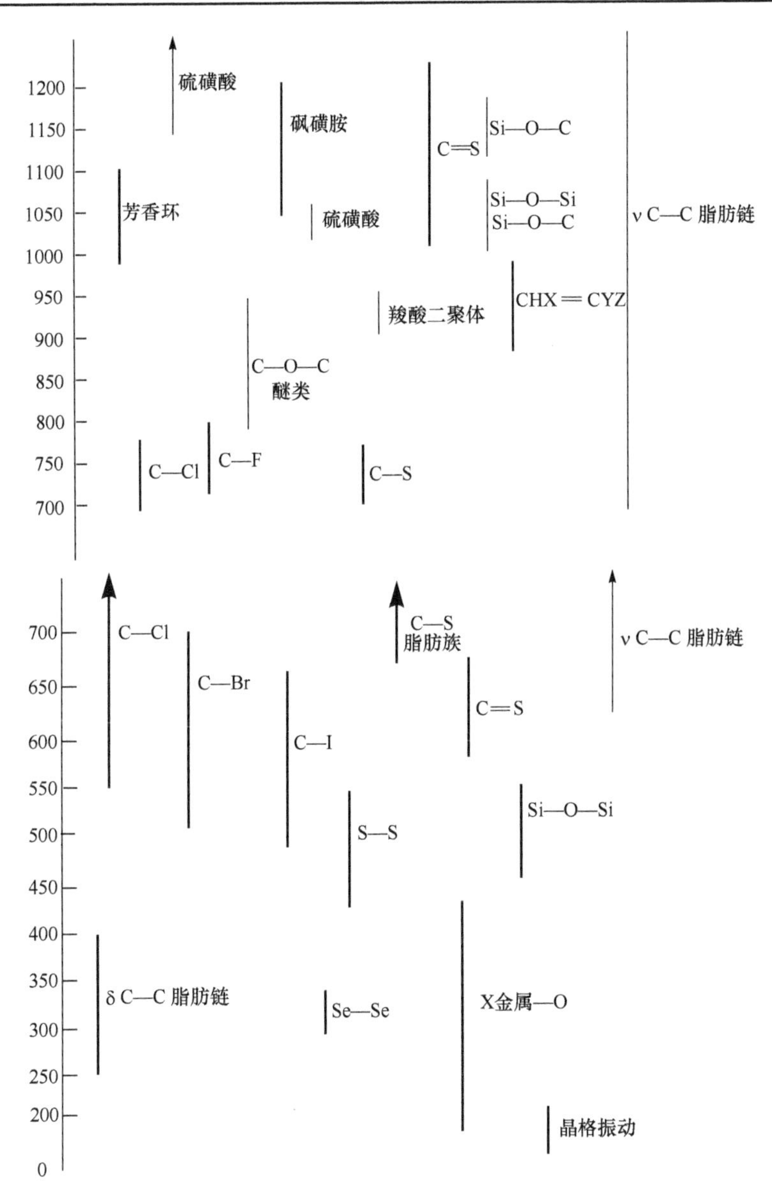

图 8-6　拉曼散射中通常认定的单一振动和群的频率以及峰值强度[1]

图 8-6 中的群给出常用的频率范围，但对于一些特殊的结构，其振动频率可能不在所标出的范围。图 8-6 给出了不同结构的振动频率范围，但评估其强度还是困难的。

3. 极化率性质和偏振的测量

极化也是我们关心的问题。当辐射由源发出时，要发出多个光子，而每个光子是由振荡偶极子构成的。我们在与传播方向成 90°的方向上观察，发射束像是波。如果在观察者和源的连线上观察，每一个光子就像一条线。一般来说，观察者的角度是随机的，但总要使光通过一定的光学元件，如棱镜或胶卷，使所有光线沿一个方向传播。这种光称作平面或线性偏振辐射。通常激发拉曼散射所利用的激光至少是部分偏振的。好的拉曼谱仪同样具有光学元件，如偏振片，这样就可以确保光是线性偏振的。当线性偏振光与分子相互作用时，电子云会产生一定的畸变，而这种畸变取决于电子被激化的能力(即极化率 α)。引起这种效应的光是平面偏振光，但是对电子云的效应是在所有的方向上。这可以用分子中的偶极子在笛卡儿坐标系中的变化进行描述。因此，为了描述线性偏振光相互作用下的分子极化率，需要考虑三个偶极子。简单的表达式就是在入射光子 E 的作用下分子中将会产生偶极子μ:

$$\mu = \alpha E \tag{8.7}$$

设线性偏振光存在一偏振角，分子的偏振分量可以用两个下标表示，第一个下标表示分子的极化方向，第二个下标表示入射光的偏振。因此，$\mu_x = \alpha_{xx}E_x + \alpha_{xy}E_y + \alpha_{xz}E_z$，同样，对于$\mu_y$ 和μ_z 也存在类似的表达式。因此，分子的极化率是一个张量，可表示为

$$\begin{bmatrix} \mu_x \\ \mu_y \\ \mu_z \end{bmatrix} = \begin{bmatrix} \alpha_{xx} & \alpha_{xy} & \alpha_{xz} \\ \alpha_{yx} & \alpha_{yy} & \alpha_{yz} \\ \alpha_{zx} & \alpha_{zy} & \alpha_{zz} \end{bmatrix} \begin{bmatrix} E_x \\ E_y \\ E_z \end{bmatrix} \tag{8.8}$$

这样一个复杂的表达式具有其特别的优点。在拉曼散射中，式(8.8)将入射束和散射束联系起来。如果一个特殊的辐射用来产生拉曼散射，散射束的偏振和入射束的偏振就建立起一个关系，但这并不意味着入射和散射束的偏振方向是一致的。因此，一台拉曼谱仪具有其光学元件即偏振器来控制入射束的偏振。它保证其辐射是平面偏振的，并决定了入射辐射平面的角度。第二个元件分析器用来分析散射束的偏振。分析器只允许一个平面的偏振光通过而到达探测器。一开始的设置只允许在入射平面的散射辐射可以透过，称之为平行散射；然后相对此方向旋转90°能使待测分子改变过偏振方向的任何光也能通过，并为探测器所探测，这种散射称作垂直散射。所用偏振设置如图 8-7 所示。

如果样品是一块单晶,在一个单元里的所有分子的轴都沿着同一方向。因此，入射辐射的偏振方向要与分子的轴向具有一定的关系。若是这种情况，就可能分析张量的每一个分量。对更高空间对称的晶体来说，上面的表达式应用最佳。光具有偶极子性质，这就意味着材料的光轴彼此成 90°。在某些更高的对称空间，如四面体空间，光和晶体轴成 90°，因此它们可以通过对准来匹配入射束的偏振方向。在这些情况下，在 z 方向的偏振光沿晶体 z 轴通过，就会有分量α_{zz}。在所

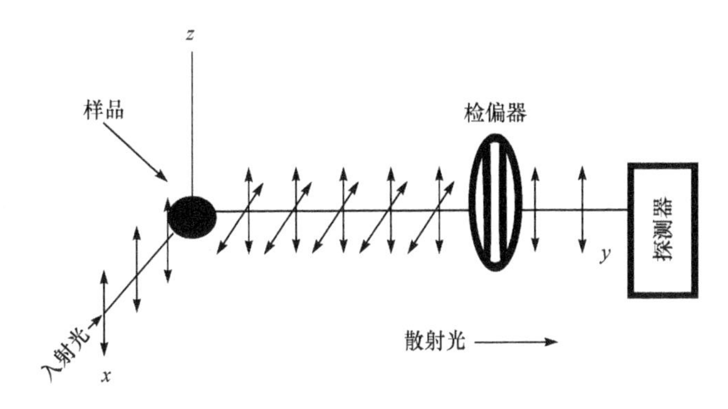

图 8-7　拉曼散射探测器偏振设置

其中箭头显示散射光平面，分析器的设置只允许平行散射通过，如果只使垂直散射通过，就要使分析器旋转 90°

有的可能性中，只有分子的轴沿着 z 轴所得到的信息与分子的性质有关。但在大部分情况下，分析更为复杂。若光不是沿着晶体的轴，就会在其范围内旋转，晶体的轴不是成直角，与分子的轴就会构成一个复杂的关系。因此，这一途径只是对很有限的样品可以提供丰富的信息，这里不再作更多介绍。

要考察的样品常处于气态或者溶液中。不论在上面两种情况中的哪一种，相对于光的偏振方向，分子的轴都是无序的，但是在这些情况下我们仍可由偏振测量得到信息。实际上，要测量的是去偏振比值，测量量是分子散射光的两个峰值强度，一个与入射光偏振方向平行，另一个与入射光偏振方向垂直。对于这样的样品，利用两个分离的量来表示平均偏振能力是很有用的，这两个量是旋转不变的，即各向同性和各向异性散射。各向同性散射通过测量与入射辐射平面平行的散射而得到，各向异性散射通过测量与入射辐射平面垂直的散射而得到。这时有可能求解张量方程计算出平行和垂直散射的比值，该值就是我们要测量的量，它被称为去偏比 ρ。这里我们给出方程，但并不作详细介绍，这是因为，此比值一般只是用来作定性说明，很少作定量计算。张量的各向同性和各向异性部分可由下面两式给出：

$$\bar{\alpha}=\frac{1}{3}(\alpha_{xx}+\alpha_{yy}+\alpha_{zz}) \tag{8.9}$$

$$\gamma^2=\frac{1}{2}\left[(\alpha_{xx}-\alpha_{yy})^2+(\alpha_{yy}-\alpha_{zz})^2+(\alpha_{zz}-\alpha_{xx})^2+6(\alpha_{xy}+\alpha_{xz}+\alpha_{yz})^2\right] \tag{8.10}$$

平行和垂直偏振效应可由下面两式给出：

$$\bar{\alpha}_{\parallel}^2=\frac{1}{45}(45\bar{\alpha}^2+4\gamma^2) \tag{8.11}$$

$$\bar{\alpha}_{\perp}^2=\frac{1}{15}\gamma^2 \tag{8.12}$$

从而可给出平行和垂直散射的比值

$$\rho = \frac{\overline{\alpha}_{\perp}^2}{\overline{\alpha}_{\parallel}^2} = \frac{3\gamma^2}{45\overline{\alpha}^2 + 4\gamma^2} \tag{8.13}$$

这一信号的重要性只有在我们考虑拉曼散射的选择定律时才变得更清楚，关于这一点我们稍后还会介绍。本质上讲，对于在溶液或气态情况下具有明显对称性的分子，去偏比变化取决于振动的对称性。对称振动具有最低的去偏比。因此，我们就可以利用分析器测量得到的平行和垂直散射及其去偏比校对峰值结果。这种校对对吸收谱学(例如红外谱学)还不可行。这里还应提及一点对应用很有意义的事，当拉曼信号送入单色仪时，所用光栅的效率与拉曼信号的偏振平面是有关的。这就意味着光栅透过的拉曼信号或者对平行的或者对垂直的拉曼信号效率更高，从而使显示的去偏比发生错误，显然这是我们不希望出现的现象。为此，在拉曼信号到达光栅之前，我们要引入一扰乱器，使输入的拉曼信号的偏振发生扰乱，然后再用探测器进行探测，所得到的结果就不会有问题了。例如，我们可插入一半波片，这样会使光旋转 90°。若使其在一个方向摇摆，问题则可得以解决。若这个问题处理不好，就会带来严重的问题。这是因为，通常激光都是偏振的，在没有偏振片和分析器的情况下，激光器本身就是一偏振器，而单色仪就是分析器。这就意味着，若光谱仪常常标为非偏振的，因为未引入偏振元件，但实际上是偏振的。其结果是，所得强度将会误导我们，尤其对对称的分子。

下面顺便介绍一下基本的选择规则。基本的选择规则是分子的极化率变化将引起拉曼散射，这就意味着对称的振动将会给出最强的拉曼散射。这正好与红外吸收形成鲜明的对比，对红外吸收而言，分子中的偶极子的变化将导致红外吸收强度的变化。在非常简单的水平上，这就意味着非对称而不是对称的振动红外吸收强。

4. 振动数目与对称性

下面再进一步讨论一下振动的数目和对称性。任何分子，其能量可分为平移能、振动能和旋转能。平移能可用互成 90°的三个矢量表示，因此具有三个自由度。对多数分子来说，旋转能也可用三个自由度描述，但是对线性分子只有两个旋转自由度：分子或者绕轴旋转，或者绕自身旋转。因此，我们说分子具有三个平移自由度，除了线性分子外还具有三个旋转自由度，对于线性分子只有两个旋转性自由度。其他就只有振动自由度，每一个自由度等效于一个振动。因此，对于由 N 个原子组成的分子而言，其可能具有的振动数目为 $3N-6$；但若是线性系统，其振动数目为 $3N-5$。由此，我们可能求出振动发生的数目。然而一定要注意，这并不是要使得所有的振动或红外吸收都发生，一般来说，我们并不期望在任何一台谱仪上能观察到所有的振动。正如我们前面提到的，由定义可知，一个简单的双原子分子是线性的，只存在一个振动。对于简单的同种原子的双原子分子，像氧或氮，它是对称振动，我们不可能期望它会有红外吸收谱。但是，由于键有不同的强度，我们期盼极化率会发生改变。因此，一个带是拉曼谱，将不存在红外谱。当一个分子具有多个对称元素时，可遵循多选择规则。考虑一个平面离子如 $AuCl_4^-$，它具有可选择的振动运动，如图 **8-8** 所示，这里给出其两个振动。其中的一个振动，所有氯原子同时向外运动；另一个振动，三个氯原子向内，一个氯原子向外。

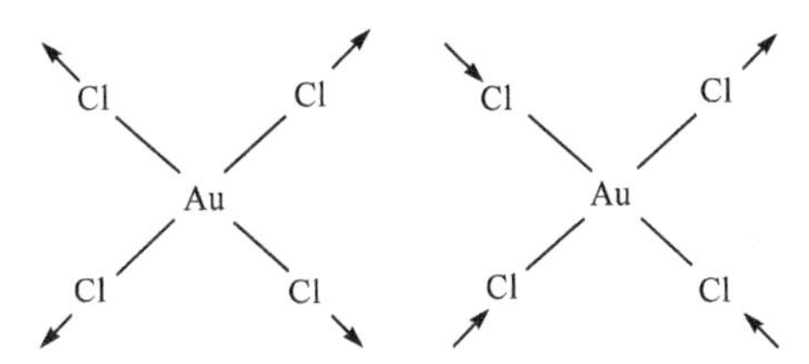

图 **8-8**　中心对称离子 $AuCl_4^-$ 的两个振动的示意图

5. KHD 表达式

关于光散射的理论，这里不可能作全面的论述，针对拉曼散射只提及两个公式。一个是拉曼散射的强度，可由下式给出：

$$I = K/(\alpha^2\omega^4) \tag{8.14}$$

其中，K 由一些常数组成，像光速等；I 表示激光功率；ω 表示入射辐射的频率；α 表示分子中电子的极化率。因此，式(8.14)有两个参数为变量，可受人为控制，即激光功率和激光频率。拉曼散射强度与分子性质有关的参数只有式(8.14)中的极化率 α，其表达式即大家熟知的 KHD(Kramer Heisenberg Dirac)表达式，即我们这里说的另一个公式。这里不作推导，只给出结果如下：

$$(\alpha_{\rho\sigma})_{GF} = k\sum_I\left(\frac{\langle F|r_\rho|I\rangle\langle I|r_\sigma|G\rangle}{\omega_{GI}-\omega_L-\mathrm{i}\Gamma_I}+\frac{\langle I|r_\rho|G\rangle\langle F|r_\sigma|I\rangle}{\omega_{IF}+\omega_L-\mathrm{i}\Gamma_I}\right) \tag{8.15}$$

其中，$\alpha_{\rho\sigma}$ 是分子的极化率；ρ 和 σ 分别表示入射和散射的偏振方向；$\sum$ 表示在分子所有振动态上求和，在不考虑特异性散射情况下应当如此求和；在和式符号之外的 k 为一常数；G 表示振动基态；I 表示一激发振动态；F 表示最后振动态，即基态。G 和 F 分别表示拉曼散射过程的初始态和最后态。我们将对式(8.15)的分子和分母作一些分析，并分析分母在不同状态下的影响。为了懂得式(8.15)中分子的含义，先考虑分子中的第一项。它由两个积分组成。由于表达式的复杂性，通常将积分用符号 $\langle\ \ \rangle$ 和 $|\,|$ 表示，而不是用积分号表示。这些积分类似于电子吸收谱所用的表达式，用于描述吸收和发射过程。但是在拉曼散射中，光并没

有将分子激发到其真实的态上。为了描述分子和光相互作用形成的复合体中畸变了的电子结构，我们最好认为这些项表示的是基态和激发态的混合。其中的一个积分可表示为

$$\langle I|r_\sigma|G\rangle \tag{8.16}$$

从表达式的右边开始，$|G\rangle$是波函数，表示振动基态；算子r_σ是偶极子算子，操作$|G\rangle$与激发态$\langle I|$的产物相乘。当将所有的态相加得到相应的结果时，上述的数学过程就是将两个态混合在一起。上面描述了激发过程部分。描述散射过程部分是类似的，左边积分使分子处于最后态，积分将激发态和最后态混合在一起。因为将要描述的两态混在一起，就不存在这一过程应从基态开始的理由。因此在方程(8.15)中所加的第二项与第一项是等效的。这里从激发态开始，以同样的方式将激发态和基态相混合。幸运的是，当我们考察分母时会看到，这一项对拉曼散射来说就没有那么重要了。早期人们关于虚态的性质曾作过讨论，并指出虚态是分子畸变后的实态，但是因为原子核没有足够的时间达到平衡态，虚态并不是静态分子的任何态，所以，当应用 KHD 表达式时，畸变过程被说成是所有振动态、激发态和基态的一种混合，用于描述分子在捕获到光子后瞬间存在的电子态。下面再来考虑方程(8.15)中的第一和第二项分母。$\mathrm{i}\Gamma_I$项的能量与能量ω_{GI}和ω_L相比要小。在第一项中，特定的激发态离基态越近，所需能量越小。在最后的表达式中，这一项就更大。由于ω_{GI}和ω_L在第二项中是相加的，与第一项相比较分母总是大的。其结果是，在描述偏振过程中，第二项将扮演次要的角色，可被忽略。若$\mathrm{i}\Gamma_I$不存在，当入射激光频率等于电子跃迁频率时，分母则为 0，散射将会变得无穷大。$\mathrm{i}\Gamma_I$项与激发态的寿命有关，并影响拉曼线的自然宽度， 因此，尽管它很小，但在确定分子的极化率的基本方程中是至关重要的。 第一项分子中的每一项取决于态的准确性质以及通过算子的耦合方式。这里我们将要进一步分析 KHD 表达式以懂得拉曼散射选择规则，并为共振拉曼方法奠定基础。为此，我们利用玻尔方法把态分成电子和振动分量。在这一方法中，整个波函数被分成电子(θ)、振动(Φ)和旋转(r)分量：

$$\Psi = \theta \cdot \Phi \cdot r \tag{8.17}$$

这是一种解决许多谱学问题的非常成功的方法。正由于电子、振动和旋转跃迁时间量级上的不同，式(8.17)才成立。在纯的电子跃迁中，非常轻的电子所经历的从基态到激发态的时间量级在 10^{-13}s 或更小，其中几乎不存在原子核的运动。这就是为什么常见的能级图上表示的电子跃迁是垂直向上的，它表明原子核之间沿 x 轴的距离在跃迁的过程中不可能明显变化。振动跃迁发生的时间量级在 10^{-9}s，不过较旋转跃迁要快。尽管旋转跃迁在气态的拉曼散射过程中可以看到，但多数情

况下旋转的贡献是可被忽略的。因为时间量级上的差别，电子和振动项可以被分离开来。θ 项是电子态部分的表达式，将取决于原子核和电子的坐标，分别为 R 和 r。而振动项涉及重原子核的运动，完全取决于原子核的坐标 R。振动和电子波函数之间的分离允许 KHD 表达式中分子的积分分离开。从一个激发态到另一个激发态中的电子运动只涉及电子态有关项的操作：

$$\langle I|r_\sigma|G\rangle=\langle\theta_I\cdot\Phi_I|r_\sigma|\theta_G\cdot\Phi_G\rangle=\langle\theta_I|r_\sigma|\theta_G\rangle\langle\Phi_I|\Phi_G\rangle \tag{8.18}$$

在这个方程中我们可考虑电子和原子核的作用。拉曼过程是如此之快，尽管存在能量从原子核传进传出的问题，但在任何散射事件期间，不会有明显的原子核运动存在。这就意味着波函数的电子部分可以将原子核运动时电子结构的改变近似为原子核处于静止时存在的一个校正项。为了进一步简化，上面表达式中的电子积分可写作

$$\langle\theta_I|r_\sigma|\theta_G\rangle=M_{IG}(R) \tag{8.19}$$

这样就可以用静止的值以泰勒级数描写其运动，即第一和最大的项 $M_{IG}(R_0)$，这里的 R_0 表示在平衡位置的坐标。第二和更高阶项表示沿特定的坐标 R_ε 的运动效应，这里甚至第二项都是很小的。因此，除了第一和第二项都可忽略。为简化起见，第一和第二项可分别写作 M 和 M'。

$$M_{IG}(R)=M_{IG}(R_0)+\left[\frac{\delta M_{IG}}{\delta R_\varepsilon}\right]_{R_0}R_\varepsilon+\text{更高阶项} \tag{8.20}$$

这样一来，KHD 表达式就可求解。有关求解可参考相关文献。在完成有关数学推导之后可得如下结果，它看起来复杂，实际上是简化了：

$$\begin{aligned}(\alpha_{\rho\sigma})_{GF}=&\,kM_{IG}^2(RO)\sum_I\frac{\langle\Phi_{R_F}|\Phi_{R_I}\rangle\langle\Phi_{R_I}|\Phi_{R_G}\rangle}{\omega_{GI}-\omega_L-\mathrm{i}\Gamma_I}\ (\text{A项})\\&+kM_{IG}(RO)M'_{IG}\sum_I\frac{\langle\Phi_{R_F}|R_\varepsilon|\Phi_{R_I}\rangle\langle\Phi_{R_I}|\Phi_{R_G}\rangle+\langle\Phi_{R_F}|\Phi_{R_I}\rangle\langle\Phi_{R_I}|R_\varepsilon|\Phi_{R_G}\rangle}{\omega_{GI}-\omega_L-\mathrm{i}\Gamma_I}\ (\text{B项})\end{aligned} \tag{8.21}$$

式中包含两项，即 A 项和 B 项。 在和式符号之前有一项或者相应于拉曼散射的电子分量(M)的平方，或者相应于 M 乘以一个非常小的校正因子 M'。因此，A 项表达式的这一部分远大于 B 项中的部分。然而，正像在前面已经讲的，激发态越接近于激光频率，方程的第一项的分母越小，对整个态的贡献就会越大。在 A 项中，在和式符号中的分子由所有可能的振动波函数的乘积构成。有一种理论称作更靠近理论，它指出，当所有振动波函数全部相乘时，最后的答案是零。因此，由 A 项得不到拉曼散射。在 B 项中，坐标操作子 R_ε 在分子中出现。这个操作子

描述在振动过程中沿分子轴方向的运动效应，它的出现是由于校正项 M' 已与振动态相乘过。这一操作子的特性之一是当它所操作的初始态和最后态之间只有一个量子的能量差时，积分只能是有限值。这就意味着只有在振动包含一个量子的能量时才会出现拉曼散射。因此，在拉曼散射中理论上不会出现泛音，这是一个非常好的选择规则。除非出现某些特殊的效应，否则泛音是看不到的。此外，现在就可知道拉曼选择规则只允许对称振动的原因。在积分中分子内的操作子当为红外吸收的偶极子操作时，特性为 u。然而，拉曼过程要求两个积分要相乘。本质上这将导致最后的结果特性为 g。

6. 晶格模式

到这里，有一种振动类型还没有考虑，这就是在固体样品中辐射与晶格相互作用产生的振动。例如氯化钠和硅这些材料所给出的振动谱，这里不存在原子之间用共价键连起来的所谓的分子。在这种情况下，辐射与材料的相互作用产生的振动是通过整个晶格实现的。其中一种类型的振动是沿辐射传播的方向(纵向或 L 模式)，另外一种振动是与它成直角的方向(横向或 T 模式)。这些模式通过整个晶体而构成，其中每一种模式是由大量的近似等能量的振动构成的，其带宽随材料而不同。通过研究这类带结构，拉曼谱可以用来研究元素的性质。这些带被称为晶格模式。例如，在氯化钠中存在两种晶格模式，一种模式是氯和钠离子一起运动产生位移,另一种模式是它们彼此在相反的方向产生位移,从而引起电荷分离。前一种晶格模式能量较低，其频率正常情况下落在声频范围，这种模式称作声模式，标记为 L_A 和 T_A。较高能量的模式称作光模式，标记为 L_O 和 T_O。当硅由单晶变成非晶时，其拉曼谱就会展宽，频率也会发生位移。这种变化在电子产业中很有用。在任何研究中，低频模式都是非常重要的，晶格模式出现的可能性是值得考虑的。

8.2.3 不同种类分子拉曼谱盲源分离有关方法及应用

这里我们感兴趣的问题是，既要实现对样品的纳米空间分辨，又要获知样品每一像素内由哪些分子组成、各种成分的浓度如何。为了获得分子成分的信息，我们这里采用拉曼谱分子指纹的分析方法。由前面的介绍我们可以获得样品内每个像素内所有分子拉曼谱的叠加。如果我们可以区分出每个像素内所包含分子的种类及各自的浓度，就可以以纳米的空间分辨率绘制出各种分子在样品中的分布情况，从而获得样品完整的纳米分辨拉曼图谱。我们现在的问题是如何从已获得的每个像素内的拉曼谱求知其内的分子种类及各自的浓度。

其中一种简单的情况是我们已知各像素内分子的种类，只是由各像素测得的拉曼谱求得各类分子的浓度。这只要采用我们所熟知的最小二乘法，通过已知谱的线性组合就可以拟合出它们各自的浓度。

但上述情况遇到的并不是太多。更多的情况有两种。一种是各像素包含的分子种类和各自的浓度都是未知的，我们必须同时由测得的拉曼谱分析出分子的种类和浓度，这即所谓的盲源分离问题，也就是在缺乏混合过程详细知识的情况下由混合体恢复出纯的信号源。至今，为解决此问题，已发展了两种基本的数学方法，即独立分量分析(independent component analysis, ICA)法和非负矩阵因式分解(nonnegative matrix factorization, NMF)法。基于这些基本的方法，人们已将上述方法用于拉曼谱盲源分离。实际上，我们常遇到的盲源分离问题不是对纯的信号源一无所知，而是知道其中的部分信息，对未知的部分进行求解，这就是我们要说的另一种情况，即所谓的半盲源分离(semi-blind source separation, SSS)问题。这种情况，可能遇到得更多。下面我们对这些方法将分别予以介绍。

1. 盲源分离方法

这里分别对独立分量分析法、非负矩阵因式分解法及其在拉曼谱盲源分离中的应用进行介绍。

1) 独立分量分析法[2]

独立分量分析法是一种统计学方法，用来将观察到的多维随机矢量变换成统计来说尽可能彼此独立的分量。这里采用通常的分量互信息最小化方式从信息理论观点出发对独立分量分析问题以线性的形式逼近其解。在神经网络研究、统计学和信号处理等领域，其中的一个中心议题是找到数据的适当的表示或变换。对图案识别、数据压缩、去噪等过程中所提供的信息，还需要作进一步分析，因此数据的事后分析是特别重要的。为计算和概念上的简化，常常认为要对原始的数据进行线性变换。我们假设可以观察到的平均为零的 m 维随机变量可表示为 $\boldsymbol{X}=\left(x_1,x_2,\cdots,x_m\right)^{\mathrm{T}}$，利用 $\boldsymbol{S}=\left(s_1,s_2,\cdots,s_n\right)^{\mathrm{T}}$ 表示其 n 维变换。我们这里假设分量的数目不大于观察到的变量的数目，即 $n\leqslant m$。现在的问题就变成要确定对观察到的变量进行线性变换所需的常矩阵 $\boldsymbol{M}$，即

$$\boldsymbol{S}=\boldsymbol{M}\boldsymbol{X} \tag{8.22}$$

其中已知量为观察值 $\boldsymbol{X}$，若能确定进行线性变换所需的常矩阵 $\boldsymbol{M}$，我们就实现了盲源分离，求得了 $\boldsymbol{S}$。为了找到所需的线性表示，已经发展了若干原理和方法，其中包括主分量分析、因式分解、投影追踪、独立分量分析等方法。利用这些判据求出最佳维数，最后就可以确定所要的变换。这里重点介绍其中的一种方法，即独立分量分析法。正如其名字所隐含的意思，这种方法确定变换的基本目标是找到一种变换，在这种变换中其变换分量 s_i 统计来说尽可能地要彼此独立，因此这种方法是冗余度减小的一种特殊情况。该方法的两个很有前景的应用是盲源分

离和特征抽取。在盲源分离中，所观察到的值 $\boldsymbol{X}$ 相应于 m 维离散时间信号 $X(t)$ $(t=1,2,\cdots)$，分量 $s_i(t)$ 即为源信号，通常是原始的信号。这样的信号源常是彼此独立的，因此可以从线性组合的混合信号中分离出来。这可通过一变换实现，被变换了的信号要尽可能地彼此独立。下面我们就来介绍这种独立分量分析法。

首先介绍这种方法的数据模型。构筑独立分量分析问题的一种很受欢迎的途径就是基于再生模型对数据的参量进行评估，可写作

$$\boldsymbol{X}=\boldsymbol{AS} \tag{8.23}$$

其中，$\boldsymbol{X}$ 是所观察到的 m 维矢量；$\boldsymbol{S}$ 是 n 维随机矢量，假设其分量是彼此独立的；$\boldsymbol{A}$ 是要评估的常数 $m\times n$ 矩阵。一般假设 $\boldsymbol{X}$ 和 $\boldsymbol{S}$ 的维数是相等的，即 $m=n$，也可能出现噪声矢量。正像在式(8.22)中的矩阵 $\boldsymbol{M}$ 确定变换一样，这里通过矩阵 $\boldsymbol{A}$ 的评估求逆而得到变换。这一构思与经典因式分解基本上是一样的，只是这里的独立分量 s_i 假设是非高斯的。实际上，对于模型(8.23)的可确认性，其非高斯性是非常必要的，同时还假设 $n\leqslant m$。这一构思本来就是为盲源分离而提出的，使独立分量分析简化了许多，因此很多人用它来做盲源分离。这里为使该方法应用面更广，我们对数据不作特殊的假设，并按照适合的信号理论判据确定在式(8.22)中的变换 $\boldsymbol{M}$。为了对独立分量分析获得比式(8.23)更为普遍的表达式，我们会用到信息理论判据。

这里我们回顾一下信息理论定义及相关性质。对于连续变量的基本信息理论概念是微分熵。具有密度 $f(\cdot)$ 的随机矢量 y 的微分熵 H 可作如下定义：

$$H(\boldsymbol{y})=-\int f(\boldsymbol{y})\log f(\boldsymbol{y})\mathrm{d}\boldsymbol{y} \tag{8.24}$$

对于标量变换微分熵并不具有不变性，但这种不变性的欠缺对许多应用而言并不实用。因此，人们定义了负熵 J 如下：

$$J(\boldsymbol{y})=H(\boldsymbol{y}_{\text{Gauss}})-H(\boldsymbol{y}) \tag{8.25}$$

其中，$\boldsymbol{y}_{\text{Gauss}}$ 具有像 $\boldsymbol{y}$ 一样的协变矩阵高斯随机变量。负熵对可逆线性变换具有不变性，它也总是非负的，并在 $\boldsymbol{y}$ 具有并只具有高斯分布时才为零。负熵具有两个主要的解释。首先，它可以被解释为 $\boldsymbol{y}$ 分布结构的量值。当分布明显地集中在某些值时，也即是说，当变量明显地群聚时，或者具有稀疏分布时，它是最大的。其次，它是 $\boldsymbol{y}$ 为非高斯性的一个度量。这些解释是相互联系在一起的。当可以考虑为高斯分布时，所有的分布也是结构最小化的。通过使用微分熵的概念，我们就可以定义 m 个随机变量(标量)，y_i $(i=1,2,\cdots,m)$ 之间的互信息 I 为

$$I(y_1,y_2,\cdots,y_m)=\sum_{i=1}^{m}H(y_1)-H(\boldsymbol{y}) \tag{8.26}$$

互信息是随机变量之间依赖关系的一种自然度量。它总是非负的，只有在变量统

计来说是独立的情况下，它才为零。互信息考虑了变量的整体依赖结构，这种方法不仅是协变的，还是相互关联的。特别感兴趣的是利用负熵表示互信息：

$$I(y_1, y_2, \cdots, y_m) = J(\boldsymbol{y}) - \sum_i J\left(y_i + \frac{1}{2}\log\frac{\prod c_{ii}}{\det \boldsymbol{C}^y}\right) \tag{8.27}$$

其中，$\boldsymbol{C}^y$ 表示 $\boldsymbol{y}$ 的协变量矩阵；c_{ii} 表示其对角线上的元素。若 y_i 是互相不关联的，第三项为零，这样我们就可得到

$$I(y_1, y_2, \cdots, y_m) = J(\boldsymbol{y}) - \sum_i J(y_i) \tag{8.28}$$

这一基本的关系式下面会反复用到。

下面我们就用互信息定义独立分量分析，也即用信息理论原理定义独立分量分析。作为开始，我们只考虑 $\boldsymbol{X}$ 的可逆变换，在式(8.22)中我们设置 $n = m$。因为互信息是随机变量独立的天然信息理论的度量，我们则可利用它作为寻找独立分量分析变换的判据。因此，我们定义随机矢量 $\boldsymbol{X}$ 的独立分量分析就是实现下面的可逆变换 $\boldsymbol{S}=\boldsymbol{MX}$，其中矩阵 $\boldsymbol{M}$ 是要被求解的，因此变换分量的互信息 s_i 要最小化。利用数据模型(8.23)也可得到这种选择，通过使互信息最小化来评估矩阵 $\boldsymbol{A}$。注意互信息(或独立分量)不受独立分量与标量常数相乘的影响。由于负熵对于可逆线性变换是不变的，由上面的式(8.28)可知，通过最小化互信息来找到可逆变换 $\boldsymbol{M}$，基本上等效于要找到使负熵最大化的方向。更精确地讲，等效于找到一维的子空间，在此子空间的投影具有最大的负熵。当分量 s_i 被约束到非相关，并且 $n=m$ 时，这就意味着 $\boldsymbol{M}$ 是可逆的，这种等效才是严格适用的。直观来说，这一结果就意味着我们必须找到不相关的方向，在这样的方向上，数据分布尽可能地不是高斯型。事实上，非相关性约束并不是必要的，但是它可以使计算大大简化，这样就可以用更简单的式(8.28)而不用更复杂的式(8.27)。因此，这里采用了 s_i 的非相关性约束。

另一个感兴趣的问题是如何能够使独立分量分析与投影追踪之间的联系显现出来。投影追踪是统计学中发展起来的一种技术，用来寻求多维数据感兴趣的投影。这种投影可以被用来使数据可视化达到最佳。为达此目的的方法还有密度评估和回归法等。在基本的一维投影追踪中，我们试图找到一些方向，在那些方向上数据的投影具有感兴趣的分布，也即显示某些结构。有人认为高斯分布是最不感兴趣的一种分布，最感兴趣的方向是高斯分布最少的方向，这即我们要找的负熵最大化的方向。因此，在一般的表达式中，独立分量分析可以被认为是多种投影追踪。所有的目标函数和提供的算法可以被称作投影追踪指数和算法。特别是投影追踪方法对 $n<m$ 的情况给出了有意义的解释，这时可以计算出较原始变量维数更少的独立分量 s_i。这样一种变换可以解释为投影追踪

和独立分量分析的一种混合。另一方面，使用互信息的构思并不是严格适用的，这是因为假设变换是可逆的。

下面我们讨论一下如何通过负熵近似目标函数。首先讨论基于累积的负熵近似。前面我们已经指出如何将寻求独立分量分析的变换简化为寻求负熵最大化的方向(或者使归一化的熵最小)。因此，我们就将 n 维最小互信息问题简化为 n 个一维负熵单独最大问题。遗憾的是，负熵的评估依然是一个难题。为了利用式(8.24)中微分熵的定义，估计密度的大小是必要的。因此，在投影追踪和独立分量分析相关的著作中已经提出负熵更简单的近似方法。通常，利用所谓的分布累积量来近似负熵。为简化起见，假设一维变量 x 是集中的和归一化的，因此具有零的平均值和单位方差。x 的三阶累积量可以被定义为 $\text{skew}(x)=E\left\{x^3\right\}$，显然，$x$ 的分布不具有对称性。x 的四阶累积量定义为 $\text{kurt}(x)=E\left\{x^4\right\}-3$。使用这两个累积量，可以导出如下负熵近似：

$$J(x)\approx\frac{1}{12}(\text{skew}(x))^2+\frac{1}{48}(\text{kurt}(x))^2 \tag{8.29}$$

因为常假设是对称分布的，这就意味着三阶累积量为零，这样就只剩下式(8.29)的最后一项，即 $J(x)\propto(\text{kurt}(x))^2$。但是，这种基于累积量的方法常只能提供一个相当差的熵的近似结果。直观来说，导致这样的结果有两个主要的原因。第一，有限样品的更高阶累积量评估值对其外围更敏感，它们的值可能只取决于很少的但可能是错误的大值观察数据，这就意味着外围可能完全决定了累积量的估值，从而使所得结果产生错误。第二，尽管累积量评估得很好，但它们只是度量了“尾巴”的分布，对靠近中心的分布结构并没有大的影响。相比较，熵主要度量接近中心附近的分布结构。

为避免上面讲的负熵近似遇到的问题，人们发展了一些新的近似方法，这些方法主要是基于最大熵原理。假设标量随机变量 x 具有零平均值和单位方差，信息与其密度 $f(\cdot)$ 有如下关系：

$$\int f(\xi)G_I(\xi)\mathrm{d}\xi=c_i,\quad i=1,2,\cdots,p \tag{8.30}$$

这实际上就意味着我们评估了不同 x 函数的期望值 $E\left\{G_i(x)\right\}$。由于我们并没有对随机变量 x 的模型作任何假设，利用这一信息估计 x 的熵并不是一个良好的确定性问题，对于式(8.30)所完成的约束，会存在无穷多个分布，而它们的熵彼此是非常不同的。特别是在 x 为有限值时，微分熵的极限可达到无穷大。对于这样的困境，一个简单的解决办法就是最大熵方法。这就意味着我们计算的最大熵是与式(8.30)的约束或度量相匹配的，这就变成一个良好的确定性问题。最大熵或因此而作的进一步的近似可以被用来作 x 熵的近似。这里应注意最大熵相应于最小负熵。与式(8.30)相匹配的最大熵近似可用下式表示：

$$J(x) \approx \sum_{i=1}^{p} k_i \left[E\left\{G_i(x)\right\} - E\left\{G_i(v)\right\} \right] \tag{8.31}$$

其中，k_i 表示某些正的常数；v 表示平均值为 0、方差为单位 1 的高斯变量。假设变量 x 的均值为 0、方差为单位 1，函数 G_i 从某种意义上讲一定是正交的。应当注意，即使在某些情况下这种近似并不是非常精确的，式(8.31)仍可用来构筑投影追踪因子，若 x 为高斯分布，它将具有非负值并等于零。在附加信息情况下，只存在单一期望值，即 $p=1$，对于实际上非二次型函数 G，近似可变为

$$J(x) \propto \left[E\left\{G(x)\right\} - E\left\{G(v)\right\} \right]^2 \tag{8.32}$$

如果 x 是对称的，这就是式(8.29)所产生的近似。事实上，取 $G(x)=x^4$，这就是式(8.29)的第二项。利用两个函数，一个偶函数，一个奇函数，直接就可得到式(8.29)的结果。在多数情况下，在独立分量分析中所使用的分布是对称的，式(8.29)中的第一项为零。因此，在式(8.32)中的简单近似对多数独立分量分析而言似已足够。若选择合适的函数 G，式(8.32)给出的近似要优于四阶累积量所给出的近似。下面还会进一步讨论如何给出函数 G。

为了确定独立分量分析的变换，我们可以用式(8.32)给出的负熵近似来定义新的目标函数。本质上讲，我们所要做的就是将下面近似负熵的函数最大化：

$$J_G(\boldsymbol{w}) = \left[E\left\{G(\boldsymbol{w}^{\mathrm{T}}\boldsymbol{x})\right\} - E\left\{G(v)\right\} \right]^2 \tag{8.33}$$

其中，$\boldsymbol{w}$ 表示 m 维权重矢量，这里假设 $E\left\{(\boldsymbol{w}^{\mathrm{T}}\boldsymbol{x})^2\right\}=1$；$v$ 是标准化的高斯随机函数。使 $J_G(\boldsymbol{w})$ 最大化就可以使我们找到一个独立的分量，或者一个投影追踪方向。因此，我们称式(8.33)为一个单位的目标函数。为简化起见，我们有时也称 G 为目标函数。一个单位目标函数式(8.33)可以进一步扩展来计算式(8.22)中的矩阵 $\boldsymbol{M}$。为此，当分量的负熵和最大时，利用式(8.28)可使互信息最小化。通过使一个单位目标函数最大化和考虑到解卷积的约束条件，我们则可得到下面的最优化问题：

$$\begin{aligned} &\text{最大化} \sum_{i=1}^{n} J_G(\boldsymbol{w}_i), \quad \text{对于每一个} \boldsymbol{w}_i, \quad i=1,2,\cdots,n \\ &\text{约束条件} E\left\{(\boldsymbol{w}_k^{\mathrm{T}}\boldsymbol{x})(\boldsymbol{w}_j^{\mathrm{T}}\boldsymbol{x})\right\} = \delta_{jk} \end{aligned} \tag{8.34}$$

当最大化时，每一个矢量 $\boldsymbol{w}_i(i=1,2,\cdots,n)$，就给出矩阵 $\boldsymbol{M}$ 的一行，独立分量分析变换可由 $\boldsymbol{S}=\boldsymbol{MX}$ 给出。由式(8.34)所给出的独立分量分析变换就是对互信息的近似最小化，从而得到分量 $s_i=\boldsymbol{w}_i^{\mathrm{T}}\boldsymbol{x}$。而在投影追踪解释中，式(8.34)的第二式给出 n 个投影追踪方向，其约束条件就是解卷积。这样，我们就将四阶累积量的方法给

普适化了，对于广泛的非二次型目标函数均是适用的。这种普适性还受到获得更好的负熵近似和互信息的驱动，这种方法正如互信息最小化所确定的，可以给出更好的独立分量分析变换。

下面我们就来讨论如何选择目标函数 G 的有关问题。首先，统计分析给出选择目标函数的某些判据。实际选择目标函数还存在其他判据，尤其是下面两条是值得注意的：一条是计算上要简单，目标函数计算起来应当要快；另一条是分布有序，这就意味着当对一个个独立分量进行估值时，它们出现的次序将会受到目标函数选择的影响。当然，我们不可能有把握确定此次序，但选择合适的目标函数意味着我们倾向于找到具有某种分布的独立分量。关于第一条，多项式函数较双曲正割计算起来要更快，然而非多项式目标函数可能被多项式近似所取代而不丢失非多项式函数的优点。例如，在 $g(u)=\tanh(a_2u)$的情况下，我们可定义线性近似 g，因此，对于$|u|<1/a_3$，则 $g(u)=a_3u$；对于其他 u，则 $g(u)=\text{sign}(u)$。关于第二条，经验告诉我们，当使用四阶累积量时，一般首先找到的是超高斯分量；若用这里给的其他函数，则首先找到的是次高斯分量。因此，若考虑到所有这些判据，我们则可得出一般性结论，即对于目标函数我们基本上可有如下几种选择：

$$G_1(u)=\frac{1}{a_1}\log\cosh(a_1u),\qquad g_1(u)=\tanh(a_1u) \tag{8.35}$$

$$G_2(u)=-\frac{1}{a_2}\exp(-a_2u^2/2),\qquad g_2(u)=u\exp(-a_2u^2/2) \tag{8.36}$$

$$G_3(u)=\frac{1}{4}u^4,\qquad g_3(u)=u^3 \tag{8.37}$$

这里，$a_1\geqslant1$，$a_2\approx1$，均为常数。在前两式中，可用现行近似。不同目标函数的优点可作如下概括：G_1 是一个可达一般目的的目标函数；当独立分量是高度超高斯时，或者当鲁棒性特别重要时，G_2 可能比较好；当计算量过大必须要减小时，可以使用 G_1 和 G_2 的线性近似；只有在估计次高斯独立分量而又不存在外围影响时，统计证明使用四阶累积量或 G_3 要好；在一些特殊情况下，首先要求要找到超高斯分量，这时要使用四阶累积量。

2) 非负矩阵因式分解法[3]

非负矩阵因式分解法是另一种盲源分离方法。设有一 $n\times m$ 非负观察矩阵 $\boldsymbol{V}$，非负矩阵因式分解法将确定非负矩阵因子 $\boldsymbol{W}$ 和 $\boldsymbol{H}$，并使其满足

$$\boldsymbol{V}\approx\boldsymbol{W}\boldsymbol{H} \tag{8.38}$$

其中，$\boldsymbol{W}$ 为 $n\times r$ 矩阵，$\boldsymbol{H}$ 为 $r\times m$ 矩阵，$\boldsymbol{W}$ 和 $\boldsymbol{H}$ 都是非负矩阵因子。通常 r 小于 n 和 m，当然，矩阵因子 $\boldsymbol{W}$ 和 $\boldsymbol{H}$ 也小于原始矩阵 $\boldsymbol{V}$。非负矩阵因式分解可以下面的形式实现多变量数据的统计分析：设有一组多变量 n 维数据矢量，矢量可设置

成 $n\times m$ 的矩阵 $\boldsymbol{V}$，其中 m 为数据组中样品的数目；然后将这一矩阵近似地因式分解成 $n\times r$ 矩阵 $\boldsymbol{W}$ 和 $r\times m$ 矩阵 $\boldsymbol{H}$，从而导致原数据矩阵的压缩形式。上面近似表达式的重要意义是什么？我们可以将其重写为列乘列的形式：$\boldsymbol{v}=\boldsymbol{W}\boldsymbol{h}$，其中 $\boldsymbol{v}$ 和 $\boldsymbol{h}$ 分别相应于矩阵 $\boldsymbol{V}$ 和 $\boldsymbol{H}$ 的列。也就是说，每一数据矢量 $\boldsymbol{v}$ 可以用 $\boldsymbol{W}$ 列的线性组合来近似，其中的分量 $\boldsymbol{h}$ 为权重。因此，可以认为 $\boldsymbol{W}$ 是包含了被数据 $\boldsymbol{V}$ 中的线性组合优化了的基。因为是用相对少的基矢量来表示许多数据矢量，如果基矢量发现了潜在数据中的结构，才算得到了一个好的近似。这里并不涉及非负矩阵因式分解的应用，主要聚焦于找到非负矩阵因式分解的技术。在数值线性代数中对其他类型的矩阵因式分解已经进行了大量的研究，但是非负的约束条件使许多过去的工作难以在此应用。这里我们介绍基于迭代来更新 $\boldsymbol{W}$ 和 $\boldsymbol{H}$ 的两种非负矩阵因式分解的算法，它们的优点是容易实现和保证收敛，已经证明它们可在实际应用中发挥很好的作用。其他的算法在整个计算时间上可能更为有效，但在使用上困难较多，不便用于不同的成本函数。这里要介绍的算法在每次迭代中，$\boldsymbol{W}$ 和 $\boldsymbol{H}$ 新的值等于目前的值乘以一个因子，而此因子取决于方程(8.38)的近似质量。实际证明，根据以上的相乘更新规则，近似水平可以单调地获得改善。在实践上，这就意味着依据更新规则的反复迭代可以保证收敛到局域最佳的矩阵因式分解上。下面就有关问题展开讨论。

首先讨论成本函数问题。为了找到近似因式分解 $\boldsymbol{V}\approx\boldsymbol{W}\boldsymbol{H}$，我们首先需要定义成本函数，该函数定量描述近似的质量。这样的成本函数可以通过度量非负矩阵 $\boldsymbol{A}$ 和 $\boldsymbol{B}$ 之间的距离来构造。一个有用的度量就使用 $\boldsymbol{A}$ 和 $\boldsymbol{B}$ 之间的欧几里得距离的平方来表示：

$$\|\boldsymbol{A}-\boldsymbol{B}\|^2=\sum_{ij}(A_{ij}-B_{ij})^2 \tag{8.39}$$

其下限为零，显然只有在 $\boldsymbol{A}=\boldsymbol{B}$ 时才适用。另一个有用的度量可作如下表示：

$$D(\boldsymbol{A}\|\boldsymbol{B})=\sum_{ij}\left(A_{ij}\log\frac{A_{ij}}{B_{ij}}-A_{ij}+B_{ij}\right) \tag{8.40}$$

类似欧几里得距离的下限也为零，且只有在 $\boldsymbol{A}=\boldsymbol{B}$ 时才成立。但是，它不能称作距离，这是因为在 $\boldsymbol{A}$ 和 $\boldsymbol{B}$ 中不是对称的。因此我们将称其为 $\boldsymbol{A}$ 自 $\boldsymbol{B}$ 的发散。当 $\sum_{ij}A_{ij}=\sum_{ij}B_{ij}=1$ 时，它就简化为 Kullback-Leibler(KL)发散，或被称作相对熵。这时 $\boldsymbol{A}$ 和 $\boldsymbol{B}$ 就可看作归一化的概率分布。现在我们可以考虑两种可供选择的非负因式分解构型作为最佳化问题。

问题 1：在约束条件 $\boldsymbol{W},\boldsymbol{H}\geqslant 0$ 下，相对于 $\boldsymbol{W}$ 和 $\boldsymbol{H}$ 使 $\|\boldsymbol{V}-\boldsymbol{W}\boldsymbol{H}\|^2$ 最小化。

问题 2：在约束条件 $\boldsymbol{W},\boldsymbol{H}\geqslant 0$ 下，相对于 $\boldsymbol{W}$ 和 $\boldsymbol{H}$ 使 $D(\boldsymbol{V}\|\boldsymbol{W}\boldsymbol{H})$ 最小化。

尽管函数 $\|\boldsymbol{V}-\boldsymbol{W}\boldsymbol{H}\|^2$ 和 $D(\boldsymbol{V}\|\boldsymbol{W}\boldsymbol{H})$ 只有在 $\boldsymbol{W}$ 中或只有在 $\boldsymbol{H}$ 中才是凸函数，但它

们同时在两个变量中就不是凸函数了。因此，企图找到一种算法对上面两个问题都能找到全局最小是不现实的。但是，从数值优化来说，有很多种技术都可以用来找到局域最小。也许梯度下降法是完成此任务的最简单方法,但收敛可能要慢。其他方法比如共轭梯度法至少对局域最小收敛较快，但实现起来较梯度下降法要复杂得多。基于梯度方法的收敛还有一个缺点,就是对步长大小的选择特别敏感,这对多数应用来说是不方便的。

另一个问题是相乘因子更新规则。人们已发现下面的相乘因子更新规则对于求解上面的问题 1 和问题 2 的计算速度和实现的难易程度来说是一个好的折中。

理论 1：欧几里得距离$\|\boldsymbol{V}-\boldsymbol{W}\boldsymbol{H}\|$在如下的更新规则下是不增加的。

$$H_{a\mu} \leftarrow H_{a\mu}\frac{(\boldsymbol{W}^{\mathrm{T}}\boldsymbol{V})_{a\mu}}{(\boldsymbol{W}^{\mathrm{T}}\boldsymbol{W}\boldsymbol{H})_{a\mu}}, \quad W_{ia} \leftarrow W_{ia}\frac{(\boldsymbol{V}\boldsymbol{H}^{\mathrm{T}})_{ia}}{(\boldsymbol{W}\boldsymbol{H}\boldsymbol{H}^{\mathrm{T}})_{ia}} \tag{8.41}$$

只有 $\boldsymbol{W}$ 和 $\boldsymbol{H}$ 在距离稳定的点上,在这样的更新条件下欧几里得距离才是不变的。

理论 2：在如下更新条件下发散 $\boldsymbol{D}(\boldsymbol{V}\|\boldsymbol{W}\boldsymbol{H})$是不增加的。

$$H_{a\mu} \leftarrow H_{a\mu}\frac{\sum_i W_{ia}V_{i\mu}/(\boldsymbol{W}\boldsymbol{H})_{i\mu}}{\sum_k W_{ka}}, \quad W_{ia} \leftarrow W_{ia}\frac{\sum_\mu H_{a\mu}V_{i\mu}/(\boldsymbol{W}\boldsymbol{H})_{i\mu}}{\sum_v W_{av}} \tag{8.42}$$

只有 $\boldsymbol{W}$ 和 $\boldsymbol{H}$ 在发散稳定的点上，在这样的更新条件下发散才是不变的。这些理论的证明是不难的，感兴趣的读者可参考有关文献。我们现在要提起注意的是，每一次更新都要乘一个因子。大家要特别注意的是，当 $\boldsymbol{V}=\boldsymbol{W}\boldsymbol{H}$ 时，相乘因子为单位 1，因此完美的重建所必需的就是一个固定点的更新规则。

下面再进一步介绍一下相乘因子和附加更新规则的有关问题。首先对比一下相乘因子更新与由梯度下降法所引起的这种更新是很有意义的。特别是对 $\boldsymbol{H}$ 的一个简单的附加更新可使距离的平方减小，其关系式可写作

$$H_{a\mu} \leftarrow H_{a\mu} + \eta_{a\mu}\left[(\boldsymbol{W}^{\mathrm{T}}\boldsymbol{V})_{a\mu} - (\boldsymbol{W}^{\mathrm{T}}\boldsymbol{W}\boldsymbol{H})_{a\mu}\right] \tag{8.43}$$

如果使$\eta_{a\mu}$都置微小的正数,这就等效于通常的梯度下降。只要这个数目足够小,更新将使得$\|\boldsymbol{V}-\boldsymbol{W}\boldsymbol{H}\|$减小。如果我们现在对变量按比例缩放，并令

$$\eta_{a\mu} = \frac{H_{a\mu}}{(\boldsymbol{W}^{\mathrm{T}}\boldsymbol{W}\boldsymbol{H})_{a\mu}} \tag{8.44}$$

我们将得到理论 1 所给出的关于 $\boldsymbol{H}$ 的更新规则。注意这里的缩放比例将导致一相乘因子在其分母中具有正的梯度分量和在其分子中具有负分量的绝对值。对于发散的情况，重新缩放的梯度下降法将采用如下形式：

$$H_{a\mu} \leftarrow H_{a\mu} + \eta_{a\mu}\left[\sum_i W_{ia}\frac{V_{i\mu}}{(\boldsymbol{WH})_{i\mu}} - \sum_i W_{ia}\right] \tag{8.45}$$

如上一样，如果$\eta_{a\mu}$小而为正，这一更新将减小 $\boldsymbol{D}(\boldsymbol{V}\|\boldsymbol{WH})$。如果我们现在令

$$\eta_{a\mu} = \frac{H_{a\mu}}{\sum_i W_{ia}} \tag{8.46}$$

那么我们将会得到理论 2 所给出的关于 $\boldsymbol{H}$ 的更新规则。这一缩放仍然可解释相乘因子在其分母中具有梯度的正的分量而在其分子中具有负的分量。因为我们对$\eta_{a\mu}$的选择并不小，看起来好像并不能保证这样的缩放梯度下降法使成本函数减小。但令人吃惊的是情况确实如此。

关于收敛的证明，我们将会用到类似于期望最大算法中的附加函数。若条件

$$G(h,h') \geqslant F(h), \quad G(h,h) = F(h) \tag{8.47}$$

得以满足，则说 $G(h,h')$是 $F(h)$的附加函数。由于如下的辅助定理，附加函数是一个很有用的概念：如果 G 为一附加函数，在下面的更新条件下 F 是不增加的，即

$$h^{t+1} = \arg\min_h G(h,h') \tag{8.48}$$

另一个辅助定理是：若 $\boldsymbol{K}(h^t)$是对角线矩阵

$$K_{ab}(h^t) = \delta_{ab}(\boldsymbol{W}^{\mathrm{T}}\boldsymbol{W}h^t)_a / h_a^t \tag{8.49}$$

则对于函数

$$F(h) = \frac{1}{2}\sum_i (v_i - \sum_a W_{ia}h_a)^2 \tag{8.50}$$

其附加函数为

$$G(h,h^t) = F(h^t) + (h-h^t)^{\mathrm{T}}\nabla F(h^t) + \frac{1}{2}(h-h^t)^{\mathrm{T}}\boldsymbol{K}(h^t)(h-h^t) \tag{8.51}$$

还有一个附加定理是函数

$$F(h) = \sum_i v_i \log\left(\frac{v_i}{\sum_a W_{ia}h_a}\right) - v_i + \sum_a W_{ia}h_a \tag{8.52}$$

的附加函数是

$$G(h,h^t) = \sum_i (v_i \log v_i - v_i) + \sum_{ia} W_{ia}h_a - \sum_{ia} v_i \frac{W_{ia}h_a^t}{\sum_b W_{ib}h_b^t}\left(\log W_{ia}h_a - \log\frac{W_{ia}h_a^t}{\sum_b W_{ib}h_b^t}\right) \tag{8.53}$$

这些附加定理的证明可参考有关文献。

以上我们已经表明更新规则方程(8.51)和(8.52)最少分别可以确保找到问题 1 和 2 的局域最佳解。收敛的证明依赖于定义一合适的附加函数。这些更新规则本身特别容易在计算机上执行。

3) 盲源分离方法在拉曼谱盲源分离中的应用

下面重点介绍一下上述两种盲源分离方法——独立分量分析法和非负矩阵因式分解法在拉曼谱分离中的应用。

A. 独立分量分析法在拉曼谱盲源分离中的应用[4]

大家知道，若待测物为混合物，由拉曼谱仪所测得的混合物拉曼谱是其含有的各种成分拉曼谱的加权叠加。要从拉曼谱测试结果中分离出混合物的各种成分就要知道各种成分的拉曼谱及各种成分的浓度。基于线性模型和考虑到谱的统计特性，前面介绍的独立分量分析法可以用来较好地估计各种成分的谱。而涉及浓度的估计不再能利用正交的性质而是只具有正值。

对纳米成像系统而言，设样品其中的一个成像面为 xy 平面，各像点的坐标可用(x,y)表示，每一坐标点的拉曼谱强度可用 $I_{x,y}(\overline{\nu})$ 表示，其中γ表示拉曼谱的波数，则在(x,y)坐标处的拉曼谱可表示为

$$\boldsymbol{I}_{x,y}=\left[\cdots,I_{x,y}(\overline{\nu}),\cdots\right]^{\mathrm{T}}\in\boldsymbol{R}^{N_{\overline{\nu}}} \tag{8.54}$$

其中，上标 T 表示转置；$N_{\overline{\nu}}$ 表示波数的数目。在 xy 平面上对样品进行扫描，则可获得样品 $N_x\times N_y$ 点的拉曼谱，若用 k 表示(x,y)的位置，我们则可获得样品的三维拉曼谱数据，用矩阵表示，则可获得三维数据：$\boldsymbol{I}=\left[\cdots,I_k,\cdots\right]^{\mathrm{T}}\in\boldsymbol{R}^{N_xN_y\times N_{\overline{\nu}}}$，从而获得不同 x 和 y 处的拉曼谱分布。若用 $\boldsymbol{S}_i$ 表示某一成分的拉曼谱，用 $\boldsymbol{A}_i$ 表示这一成分的浓度，我们所得到的不同成分的总的拉曼谱强度则可表示为

$$\boldsymbol{I}=\boldsymbol{Z}+\boldsymbol{N}_1+\boldsymbol{N}_2=\sum_{i=1}^{M}A_i\boldsymbol{S}_i^{\mathrm{T}}+\sum_{i=M+1}^{J}A_i\boldsymbol{S}_i^{\mathrm{T}}+\boldsymbol{N}_2 \tag{8.55}$$

其中，$\boldsymbol{Z}$ 表示我们感兴趣的成分；$\boldsymbol{N}_1$ 或者表示与源有关的其他化学成分产生的拉曼谱，但我们对这些成分不感兴趣，将其作为噪声处理，或者是线性相加记录噪声；$\boldsymbol{N}_2$ 表示非线性噪声，主要来源于自体荧光。应当注意，即使是我们不感兴趣的成分或线性相加记录噪声，与要求解的成分一样都要列入矩阵组中，进行同样的求解过程。

在获得不同成分拉曼谱之前，我们有必要对所获得的测试信号进行预处理。首先要进行基线的预处理，一般基线的变化都是非常慢的，每一基线都可以用多项式函数进行模拟，其最佳的估值可基于非对称截断二次成本函数最小化算法给出。利用这一方法对所有的基线信号都要进行预处理，并从记录数组中将它们减

去。要进行的第二项预处理就是不同成分拉曼谱峰值的良好对准问题。这种不对准现象是由光谱仪的机械缺陷造成的。最后，为了能正确记录所有信号，即使弱信号也不丢失，我们所要做的预处理就是将记录的谱置于中心位置，并对它们进行归一化处理。最后，对预处理过的信号用 $\boldsymbol{I}_{\mathrm{p}}$ 表示，这就是置心和归一化后式(8.55)中的 $\boldsymbol{Z}+\boldsymbol{N}_1$，也即置心和归一化处理过的 $\boldsymbol{S}_i$。

在上述基础上，最后要做的就是基于独立分量分析的不同成分的拉曼谱分离，即数字处理。在进行分离之前，我们还有必要介绍一下化学成分谱的统计性质。图 8-9 分别给出石蜡、CaF_2 和皮肤的拉曼谱。从图中可知，石蜡和 CaF_2 的拉曼谱具有不重叠的峰值，因此，这些谱可以用稀疏和非高斯函数模拟，但是皮肤是由很多种类的分子组成，其拉曼谱覆盖了整个谱范围，不再是稀疏的了。峰值的稀疏性和不重叠性导致源的更高阶互累积量的消除。累积量的这种性质可以被用来证明源的独立性。

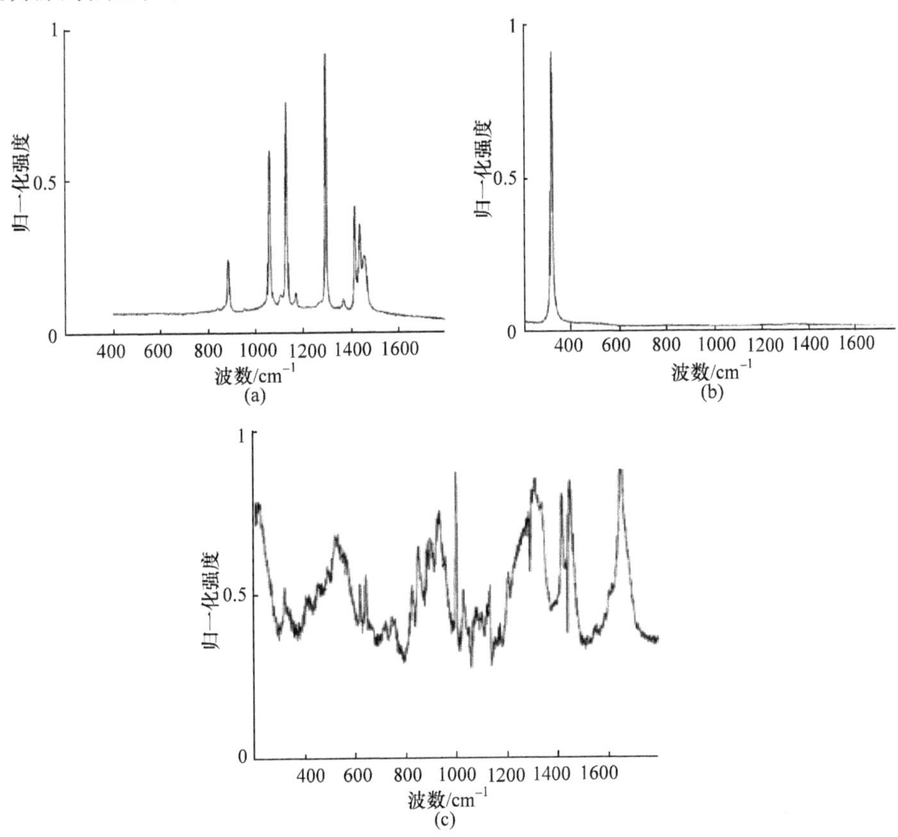

图 8-9　石蜡(a)、CaF_2(b)和皮肤(c)的拉曼谱

为了进行不同方法的比较，这里顺便介绍一下基于主分量分析的分离方法。

在统计数据分析、特征提取、数据去噪和数据压缩等中，这是一种经典的技术。通常在信号处理中用它来去除信号之间的相关性和减小数据组的大小。当主分量由协变矩阵计算时，主分量分析可以与奇异值分解联系起来。预处理数据组的奇异值$\boldsymbol{I}_p \in \boldsymbol{R}^{N_x N_y \times N_{\bar{\nu}}}$分解为

$$\boldsymbol{I}_p = \sum_{i=1}^{J} \delta_i \boldsymbol{B}_i \tilde{\boldsymbol{S}}_i^{\mathrm{T}} \tag{8.56}$$

其中，$J \leqslant \min\{N_x N_y, N_{\bar{\nu}}\}$为矩阵$\boldsymbol{I}_p$的秩，它定义为非零奇异值$\delta_i$的数目；右边的奇异矢量$\tilde{\boldsymbol{S}}_i$是我们感兴趣源谱$\boldsymbol{S}_i$的估值，其左边的$\boldsymbol{B}_i$给出相应浓度$\boldsymbol{A}_i$的估值。因为这些矢量在结构上是正交的，预估谱$\tilde{\boldsymbol{S}}_i$是失相关的和归一化的。一般来说，失相关与高斯源密不可分，但对图 8-9(a)和(b)并不是如此，这是因为我们是以稀疏和非高斯模拟它们的谱。相应的第二个结果使浓度的估值也是正交的，但这在物理上并不现实。这就是主分量分析法的局限性。但是，这种方法可以确认线性组合，而这种线性组合可以给出感兴趣的源谱，可在预处理数据组的子空间(维数降低)得以实现：

$$\begin{aligned}\boldsymbol{I}_p &= \sum_{i=1}^{M} \delta_i \boldsymbol{B}_i \tilde{\boldsymbol{S}}_i^{\mathrm{T}} + \sum_{i=M+1}^{J} \delta_i \boldsymbol{B}_i \tilde{\boldsymbol{S}}_i^{\mathrm{T}} \\ &= \tilde{\boldsymbol{Z}} + \tilde{\boldsymbol{N}}_1\end{aligned} \tag{8.57}$$

下面将进一步介绍基于独立分量分析的分离方法。独立分量分析是一种多通道数据组的盲分解，不过这些未知源是未知的线性混合，并假设这些源是互相独立的，最多也只是一个源是高斯的。这就意味着源的所有更高阶的互累积量必为零。不过，通常对瞬态的混合物只用到四阶统计。正如上面所提到的，所记录的谱的模型是线性的。相关源都是非高斯的独立源，即使在表达式中的$\tilde{\boldsymbol{Z}}$和$\tilde{\boldsymbol{N}}_1$中的源也是彼此独立的。为了对源进行评估，所有的条件都要用到独立分量分析上。独立分量分析分两个步骤进行：第一步要抽取出正交源，所感兴趣的源可以进行线性结合，类同于式(8.57)给出的子空间分离；第二步在于找到旋转矩阵$\boldsymbol{R} \in \mathbb{R}^{M \times M}$，从而由失相关源$\hat{\boldsymbol{S}}_i$通过如下关系由独立分量分析提供独立源$\hat{\boldsymbol{S}}_i \in \mathbb{R}^{N_{\bar{\nu}}}$：

$$\hat{\boldsymbol{S}} = \left[\cdots, \hat{\boldsymbol{S}}_i, \cdots\right]^{\mathrm{T}} = \boldsymbol{R}^{\mathrm{T}} \left[\cdots, \hat{\boldsymbol{S}}_i, \cdots\right]^{\mathrm{T}} \tag{8.58}$$

可以利用不同的算法找出旋转矩阵$\boldsymbol{R}$，有关算法包括特征矩阵联合近似对角化法、最大对角线法等。不过，各种算法所得结果都类似。有关浓度的估值是将$\hat{\boldsymbol{S}}$的伪逆用于矩阵$\tilde{\boldsymbol{Z}}$而得到。由于矩阵$\boldsymbol{R}$的出现，这些估值不再是正交的了。还有，由于四阶统计允许将主分量分析评估的失相关源变换为非高斯源，源$\hat{\boldsymbol{S}}_i$就成为感兴趣源谱$\boldsymbol{S}_i$更好的估值。

下面我们就来考察一下如何利用独立分量分析方法由拉曼谱仪测出的混合物谱将不同成分的谱分离出来。图 8-10 给出拉曼谱仪测出的在 CaF_2 衬底上的石蜡掩埋的皮肤样品的拉曼谱。显然，其中应包括 CaF_2、石蜡和皮肤的拉曼谱。我们的目的就是要从已获得的混合谱中获得皮肤的拉曼谱，从而比较癌变皮肤与正常皮肤拉曼谱的不同。

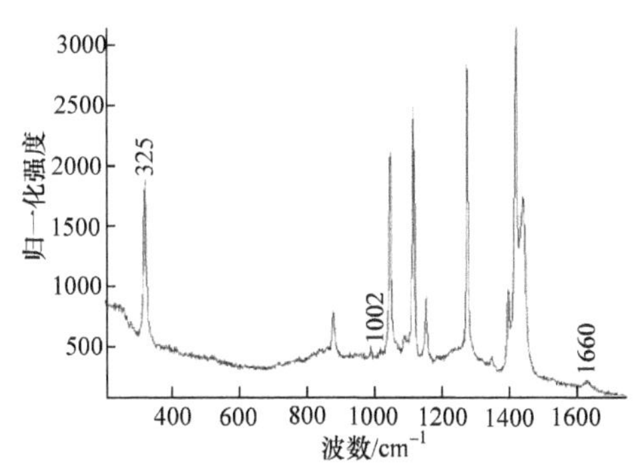

图 8-10　在 CaF_2 衬底上被石蜡掩埋的皮肤样品的拉曼谱图

在分离之前，我们应当说明，即使使用纯的物质，所获得的拉曼谱的波数尽管具有严格的重复性，但所测量的不同拉曼谱的峰值大小即使用同一最高峰值进行归一化处理，每次测量所得到不同波数的峰值比例也会出现差异，这在科技界都是被认可的。利用类似图 8-10 给出的拉曼谱，我们分别用上面介绍的主分量分析法和独立分量分析法对获得的混合物拉曼谱进行分离。限于篇幅，所得到的分离结果这里就不给出了，不过我们这里要着重指出的是，利用主分量分析法得到的波数峰值和浓度轮廓常会出现负值，这在物理上是无法解释的，也不符合纯物质拉曼谱的测试结果。

对同样的测试结果利用独立分量分析法求解的结果如图 8-11 所示，其结果则完全不同，尽管存在幅度很小的一些瑕疵，但分离还是很成功的，尤其是有关皮肤的拉曼谱，许多诸如蛋白质、脂的峰在原始的测试图中几乎是看不出来的。

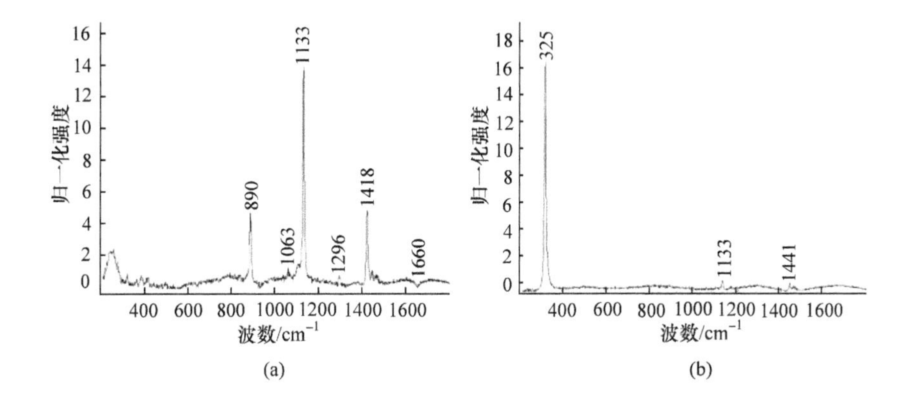

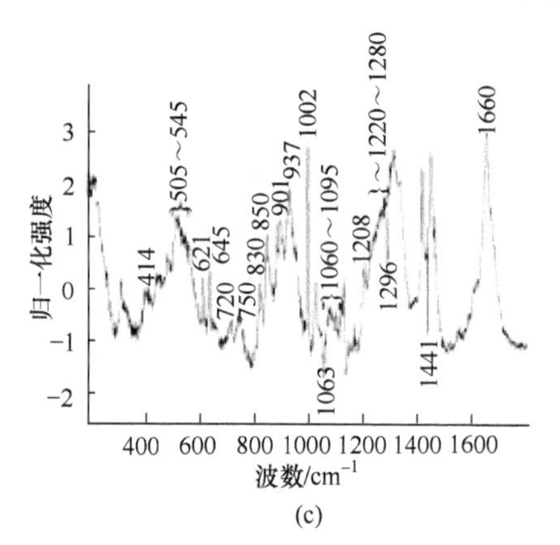

(c)

图 8-11　利用独立分量分析法获得的石蜡、CaF_2和皮肤的拉曼谱

为了改进独立分量分析法，目前已发展了多种独立分量分析法。为了获得好的分离效果，有的强调预处理的重要性，有的在算法上作了改进，还有的对快速独立分量分析法进行了改进。目前的算法包括 FastICA、CuBiCA 和 JADE 等，进一步要做的改进主要是事后处理，使得计算更为有效。例如，我们可以先用 CuBiCA 算法完成初步的谱分离，然后对每一物种，对矩阵 $\boldsymbol{A}^{-1}$ 中相应的行进行适当的变化，使未混合的谱的平滑度最大化。通过使用最佳化算法来完成这一改变，这就是我们这里要进一步介绍的被称作 SmoothCA 的算法。此算法完全是自动的，用户不用介入，也无须做任何判断，就可以实现谱的分离。实现平滑最大化的原理是基于拉曼谱本身是平滑的这一性质，其意思是峰值具有 Voigt 轮廓，不存在尖的不连续性，并且所有的峰值均为正。任何污染在谱上将会叠加附加的峰值，减小其平滑性，这可由其二阶导数绝对值的定量分析和在所有数据点处通过求和获知。

正如上述，平滑性用一个二阶导数来量化。每一谱的二阶导数通过数值求解，二阶导数的绝对值在整个谱上求和，从而得到总的结果。然后，该值利用最大峰值进行归一化处理。这一判据被用来作为最佳算法，尤其是单一下坡算法的成本函数，像在独立分量分析中一样，谱彼此相加和相减，直到所选择的谱尽可能地平滑。对于所有其他谱，重复上面的操作。由经验可知，这似乎可产生较同时对每一谱进行最大化平滑更优的结果。其中所希望的谱是平滑的，而其他谱则还混在一起。若所有的谱同时最佳化，尽管要花费更多的计算时间，但只有一个没有相混的矩阵 $\boldsymbol{A}^{-1}$，它所给出的谱是最优平滑的。因为物种都被最佳分离了，在采取平滑之前，谱已被良好分离了，否则平滑判据将会在错误的谱上收敛。为了确保 SmoothCA 程序的性能是由分离判据确定的，正像判断使用最佳化算法一样，更多的处理时间用到了谱的分离上，为此发展了后处理算法，但是这并不是用来使平滑参数最小化，而是将四阶累积量的绝对值最大化。四阶累积量用来度量峰值分布如何，这里用同样的平均值和方差来区分不同的分布，但在平均值附近和远离处用了更多的点进行处理，这样对均值的偏离量会更合理一些。四阶累积量由下式确定：

$$\text{kurt}(y) = E\left\{y^4\right\} - 3\left(E\left\{y^2\right\}\right)^2 \tag{8.59}$$

这里，E 表示期望操作，$E(y)$表示 y 的期望值或平均值；y 是大量的测量结果。注意，高斯分布的四阶累积量为零，使统计独立最大化的可能方法就是使分布的四阶累积量的绝对值最大化。有关这方面问题，我们在前面已作过介绍，对于优化算法而言，这是一个很适合的成本函数。

B. 非负矩阵因式分解法在拉曼谱分离中的应用[5]

在测量拉曼谱时常伴随有自体荧光或测量误差，所观察到的谱 $\boldsymbol{X}$ 可表示为

$$\boldsymbol{X} = \boldsymbol{AS} + \boldsymbol{N} \tag{8.60}$$

其中，列 $\boldsymbol{A}$ 表示化学谱的强度分布；行 $\boldsymbol{S}$ 表示化学谱；$\boldsymbol{N}$ 表示噪声。其中一种传统的求解方法就是所谓的线性回归法，这种方法取决于已有的感兴趣化学成分拉曼谱库的情况。它存在的主要问题是库谱并不总是可靠的，另外它不能反映环境的改变而引起谱的变化。另一种途径就是将盲源分离方法和拉曼谱探测技术结合起来。例如，利用前面介绍的独立分量分析法将不同成分的拉曼谱从混合物拉曼谱测试数据 $\boldsymbol{X}$ 分离出来。如果独立分量分析估值和目标化学谱之间的最大绝对相关超过了一定的阈值，就要接受对目标的一些假设。在这种情况下，不是一次测量就可以给出判断，而是利用多次测量才能产生一个结果。这一途径的问题在于成分谱之间的独立假设不存在，正如在许多情况下那样，它们是高度相关的。若这是正确的，独立分量分析途径的性能就可能受到不利的影响。在线性混合模型中，因为我们解释式(8.60)中的 $\boldsymbol{A}$ 为强度分布和 $\boldsymbol{S}$ 为成分的谱，很自然它们应是非负的。因此，非负矩阵因式分解可被用来寻找这种线性的非负数据的表示法。与独立分量分析相比较，非负约束使得这种表示法对谱应用而言更有意义。关于低秩近似的非负矩阵因式分解算法前面已作过介绍，这里将进一步介绍其在拉曼谱数据分析中的应用。不像在独立分量分析中需要强加独立的条件，这里主要是寻求最小矩阵的因式分解。由于非负矩阵因式分解成本函数所具有的非凸性质，在因式分解时的附加约束通常是强迫降低不同初始条件下非负因式分解的灵敏度。目前更新规则改进的目标是提高收敛的速度，所用的方法包括准牛顿法和投影梯度法等。这里介绍的非负矩阵因式分解方法，为了从混合物拉曼谱中提取出各成分的拉曼谱分布，提出的约束条件是正交性。这里结合目标化学谱的先验信息作参考，将恢复谱和参考谱之间接近程度的度量引入非负矩阵因式分解的对比度函数中，用于促进后续的探测过程。使用正交约束非负矩阵因式分解和拉格朗日正交约束非负矩阵因式分解两种方法求解约束最佳问题，每一种方法都有相应的探

测方案。对于较为简单的正交约束非负矩阵因式分解情况，使用乘子和投影两种梯度更新方法使所希望的成本函数最佳来实现约束。基于对它们收敛性质的讨论，针对每一种情况得到相应的更新规则。

前面我们已经提到，非负矩阵因式分解并不要像独立分量分析那样附加一强的独立条件，从而导致彼此差别很大的多个解。人们立刻就会想到非常需要对于更直接控制因式分解的估值方法。在正交约束非负矩阵因式分解中，通过正交约束引导的因式分解可以方便地引入目标谱的信息。因为我们对探测单一目标感兴趣，估值两个源就足够了。若给定非负 $n\times m$ 观察矩阵 $\boldsymbol{X}$，非负矩阵因式分解确定的非负矩阵 $\boldsymbol{A}$ 和 $\boldsymbol{S}$ 近似满足如下关系式：

$$\boldsymbol{X}\approx\boldsymbol{AS} \tag{8.61}$$

因此，我们可以认定式(8.61)中的源矩阵为 $\boldsymbol{S}=[s_1\ s_2]^{\mathrm{T}}$。对于两个给定的矢量 $\boldsymbol{u}$ 和 $\boldsymbol{v}$，我们定义对角线型度量 $\varphi(\cdot)$ 为

$$\varphi(\boldsymbol{u},\boldsymbol{v})=\frac{(\boldsymbol{u}^{\mathrm{T}}\boldsymbol{v})}{\|\boldsymbol{u}\|^2\|\boldsymbol{v}\|^2} \tag{8.62}$$

当 $\boldsymbol{u}$ 和 $\boldsymbol{v}$ 相互垂直时，这样的 $\varphi(\boldsymbol{u},\boldsymbol{v})$ 为零。如果 $\boldsymbol{u}$ 和 $\boldsymbol{v}$ 线性相关，即 $\boldsymbol{u}=a\boldsymbol{v}$，其中 a 为某一标量时，由 Cauchy-Schwarz 不等式，$\varphi(\boldsymbol{u},\boldsymbol{v})<1$。非负矩阵因式分解的解可由下面的最优化问题给出：

$$\min_{\boldsymbol{A},\boldsymbol{S}}\boldsymbol{D}(\boldsymbol{X}\,\|\,\boldsymbol{AS}),\quad \boldsymbol{A},\boldsymbol{S}\geqslant 0,\quad \sum_i a_{i,j}=1\quad \forall j \tag{8.63}$$

其中，列的和为单位 1 的约束主要为解决比例系数问题。我们考虑正交约束非负矩阵因式分解的两种情况，它们对于要恢复的非负矩阵因式分解谱分别强加两个不同的正交约束条件，对于给定的目标化学谱 $\boldsymbol{r}$,$\|\boldsymbol{r}\|=1$ 和约束条件：情况 1，$\varphi(\boldsymbol{s}_1,\boldsymbol{r})=0$；情况 2，$\varphi(\boldsymbol{s}_1,\boldsymbol{r})\geqslant 0$，$\eta\in(0,1)$。这样最佳化问题就给扩大了。这里的基本想法是：对于情况 1 我们只要恢复的谱之一与 $\boldsymbol{r}$ 正交，在这种情况下，当成分的谱互为正交时，就要强迫其他估值与 $\boldsymbol{r}$ 同向。如果非限制估值 $\boldsymbol{s}_2$ 和 $\boldsymbol{r}$ 之间的相关性超过了某一阈值，则可接收目标目前的假设。对于情况 2，我们则有

$$\rho^2(\boldsymbol{s}_1,\boldsymbol{r})=\frac{(\boldsymbol{s}_1^{\mathrm{T}}\boldsymbol{r})^2}{\left\|\boldsymbol{s}_1-E\{\boldsymbol{s}_1\}\right\|^2}>\varphi(\boldsymbol{s}_1,\boldsymbol{r}) \tag{8.64}$$

其中，$\rho(\cdot)$表示相关度量。通过合理设置一阈值 η，情况 2 的解将会为一限制估值 $\boldsymbol{s}_1$，其将根据正交性度量接近目标值，同时还隐含与目标具有高的相关性。例如，若 $\varphi(\boldsymbol{s}_1,\boldsymbol{r})\geqslant\eta=0.45$，$\boldsymbol{s}_1$ 和 $\boldsymbol{r}$ 之间的绝对相关性将大于 $\sqrt{\eta}=0.67$。为比较起见，我们用扩大方法求解情况 1，用拉格朗日法求解情况 2。

下面介绍几种基于正交非负矩阵因式分解的具体算法。

一种是利用乘子更新的 KL 发散算法(NMFOC-KLM)。下面我们针对情况 1 定义度量为新的目标函数：

$$D_a(\boldsymbol{X}\|\boldsymbol{Y})=\sum_{i,j}\left(x_{ij}\log\frac{x_{ij}}{y_{ij}}-x_{ij}+y_{ij}\right)+\alpha\varphi(\boldsymbol{s}_1,\boldsymbol{r}) \tag{8.65}$$

其中，$\boldsymbol{Y}=\boldsymbol{AS}$ 和 α 为正数，它确定正交性度量所给的权重。由于式(8.65)中的第一项在收敛后接近于零，对于大多数情况，若 $\alpha=1$ 可以提供满意的结果。如果利用下面的更新规则，可以找到上面最小化问题的局域解：给定 $\boldsymbol{X}$ 和 $\boldsymbol{r}$，由随机矩阵给出 $\boldsymbol{A}$ 和 $\boldsymbol{S}$ 的初值，但应是非负的，那么 $\boldsymbol{A}$ 和 $\boldsymbol{S}$ 可作如下更新：

$$\boldsymbol{S}=\boldsymbol{S}\odot(\boldsymbol{A}^{\mathrm{T}}(\boldsymbol{X}\varnothing\boldsymbol{AS}))\varnothing(\boldsymbol{A}^{\mathrm{T}}\boldsymbol{J}+\boldsymbol{E}) \tag{8.66}$$

$$\boldsymbol{s}_1=\boldsymbol{s}_1/\|\boldsymbol{s}_1\| \tag{8.67}$$

$$\boldsymbol{A}=\boldsymbol{A}\odot((\boldsymbol{X}\varnothing\boldsymbol{AS})\boldsymbol{S}^{\mathrm{T}})\varnothing(\boldsymbol{JS}^{\mathrm{T}}) \tag{8.68}$$

$$\boldsymbol{A}=\boldsymbol{A}\varnothing(\boldsymbol{PA}) \tag{8.69}$$

其中，$\odot$和$\varnothing$分别表示元素相乘和相加；$\boldsymbol{J}$ 表示 $n\times n$ 单位矩阵；$\boldsymbol{E}$ 表示 $k\times m$ 矩阵，其元素为 $e_{ij}=2\alpha(\boldsymbol{S}^{\mathrm{T}}\boldsymbol{r})r_{j1}\delta(i-1)$。为了导出更新规则所涉及的上述各式，需要用到附加函数式(8.62)。如果 $G(\boldsymbol{S})$是 $F(\boldsymbol{S})$的附加函数，则 $F(\boldsymbol{S})$在如下的更新规则下将是不增加的：

$$\boldsymbol{S}^{t+1}=\arg\min_{\boldsymbol{S}}G(\boldsymbol{S},\boldsymbol{S}^t) \tag{8.70}$$

关于 $\boldsymbol{S}$ 的更新则可按如下规则实现，即固定 $\boldsymbol{A}$ 不变，使 $F(\boldsymbol{S})=D_a(\boldsymbol{X}\|\boldsymbol{AS})$最小化，则 $\boldsymbol{S}$ 被更新。$F(\boldsymbol{S})$的附加函数构建按下式进行：

$$G\left(\boldsymbol{S},\boldsymbol{S}^t\right)=G'(\boldsymbol{S},\boldsymbol{S}^t)+\alpha\varphi(\boldsymbol{s}_1,\boldsymbol{r}) \tag{8.71}$$

其中，

$$\begin{aligned}G'(\boldsymbol{S},\boldsymbol{S}^t)=&\sum_{i,j}(x_{ij}\log x_{ij}-x_{ij})+\sum_{i,j}y_{ij}\\&-\sum_{i,j,k}x_{ij}\frac{a_{ik}s_{kj}^t}{\sum_b a_{ib}s_{bj}^t}\times\left(\log(a_{ik}s_{kj})-\log\frac{a_{ik}s_{kj}^t}{\sum_b a_{ib}s_{bj}^t}\right)\end{aligned}$$

也是一个附加函数。我们可以进一步证明，$G(\boldsymbol{S},\boldsymbol{S})=F(\boldsymbol{S})$和 $G(\boldsymbol{S},\boldsymbol{S}')\geqslant F(\boldsymbol{S})$。为了使 $F(\boldsymbol{S})$相应于 $\boldsymbol{S}$ 最小化，我们可以用式(8.71)更新 $\boldsymbol{S}$。通过使对 $\boldsymbol{v}$ 和 $\boldsymbol{u}$ 的梯度为零，我们可以找到这样的 $\boldsymbol{S}$，也即

$$\frac{\partial G(\boldsymbol{S},\boldsymbol{S}^t)}{\partial s_{vu}}=-\sum_i x_{iu}\frac{a_{iu}s_{vu}^t}{\sum_b a_{ib}s_{bu}^t}\frac{1}{s_{vu}}+\sum_i a_{iv}+2\alpha(\boldsymbol{s}_1^{\mathrm{T}}\boldsymbol{r})r_{u1}\delta(v-1)=0 \tag{8.72}$$

其中，r_{u1} 为参考谱矢量 $\boldsymbol{r}$ 的第 u 个元素，因此，对于式(8.71)的更新规则采用如下形式：

$$s_{vu}^{t+1}=s_{vu}^{t}\frac{\sum_i a_{iv}x_{iu}/y_{iu}}{\sum_i a_{iv}+2\alpha(\boldsymbol{s}_1^{\mathrm{T}}\boldsymbol{r})r_{u1}\delta(v-1)} \tag{8.73}$$

如果写作简洁的形式，它就是式(8.66)。为了得到式(8.72)，我们假设 $\boldsymbol{s}_1$ 具有单位能量，这可由式(8.67)得以保证。因为除了非负之外对 $\boldsymbol{A}$ 没有其他约束，我们可以得到如式(8.68)所给出的对 $\boldsymbol{A}$ 的更新规则。通过如上的分析，我们的结论是更新规则可由式(8.66)～式(8.68)给出，式(8.69)导致 $D_a(\boldsymbol{X}\|\boldsymbol{AS})$ 非增值的结果，从而导致局域最小收敛。收敛之后，计算出 $\boldsymbol{s}_2$ 和 $\boldsymbol{r}$ 之间的相关值。如果超过某一阈值，将接受目标出现的假设。

另一种是利用附加投影梯度更新的 KL 发散法(NMFOC-KLA)，相对于 $\boldsymbol{S}$ 的由式(8.65)定义的梯度可按下式计算：

$$\nabla_{\boldsymbol{S}}(D_a)=\boldsymbol{A}^{\mathrm{T}}\boldsymbol{J}+\boldsymbol{E}-\boldsymbol{A}^{\mathrm{T}}(\boldsymbol{X}\oslash\boldsymbol{AS}) \tag{8.74}$$

注意这里的正交约束与 KL 发散一样，下限也为零，并为 $\boldsymbol{S}$ 的二次函数。基于式(8.74)，我们可以很容易地得到式(8.66)，并不需要使用附加函数。这就提供了一条对于任何类似于非负矩阵因式分解问题得到固定点的更新规则的很有希望的途径。进而，如果我们交换式(8.66)分子和分母的位置，因为不存在上限受限，KL 发散将保持增加直到无限大。在这种情况下，为实现投影梯度方法，我们采用如下方案，对于给定的 $0<\beta<1, 0<\sigma<1$，初始化 $\boldsymbol{S}$ 为任何可能的值，对于 k=1,2,⋯,K，$\boldsymbol{S}^{k+1}=\max(\boldsymbol{S}^k-\mu\nabla_{\boldsymbol{S}}(D_a),0)$，这里 $\mu=\beta^t$，t 对于下式为非负整数：$D(\boldsymbol{S}^{k+1},\boldsymbol{A})-D(\boldsymbol{S}^k,\boldsymbol{A})\leqslant\sigma\nabla_{\boldsymbol{S}}(D_a)(\boldsymbol{S}^{k+1}-\boldsymbol{S}^k)$。若把 $\boldsymbol{A}$ 作为一个常数处理，上面的方案用于更新 $\boldsymbol{S}$。重复同样的过程，若把 $\boldsymbol{S}$ 作为常数处理，$\boldsymbol{A}$ 可作类似的更新。因此，随着 $\boldsymbol{A}$ 和 $\boldsymbol{S}$ 更新的不同，可以改变更新程序。与乘子更新相比较，投影梯度法的主要缺点是它需要选取最优步长。然而，如果我们比较取得局部最小化所需的迭代数目，正像在模拟中观察到的，乘子更新的效率不如投影梯度法。

还有一种算法为基于欧几里得距离法的 NMFOC(NMFOC based on Euclidean distance, NMFOC-EU)：如果用欧几里得距离法代替 KL 发散法，具有正交约束的成本函数则由下式给出

$$D_a(\boldsymbol{X}\|\boldsymbol{Y})=\sum_{i,j}(x_{ij}-y_{ij})^2+\alpha\varphi(\boldsymbol{s}_1,\boldsymbol{r}) \tag{8.75}$$

相对于 $\boldsymbol{S}$ 和 $\boldsymbol{A}$ 的梯度可作如下计算：

$$\begin{aligned}\nabla_{\boldsymbol{S}}(D_a)&=\boldsymbol{A}^{\mathrm{T}}\boldsymbol{AS}+\boldsymbol{E}-\boldsymbol{A}^{\mathrm{T}}\boldsymbol{X}\\ \nabla_{\boldsymbol{A}}(D_a)&=\boldsymbol{ASS}^{\mathrm{T}}-\boldsymbol{XS}^{\mathrm{T}}\end{aligned} \tag{8.76}$$

正如我们在前面指出的，基于此梯度，我们可方便地写出乘子更新规则(NMFOC-EUM)如下：

$$\begin{aligned} \boldsymbol{S} &= \boldsymbol{S} \odot (\boldsymbol{A}^{\mathrm{T}}\boldsymbol{X}) \oslash (\boldsymbol{A}^{\mathrm{T}}\boldsymbol{A}\boldsymbol{S} + \boldsymbol{E}) \\ \boldsymbol{A} &= \boldsymbol{A} \odot (\boldsymbol{X}\boldsymbol{S}^{\mathrm{T}}) \oslash (\boldsymbol{A}\boldsymbol{S}\boldsymbol{S}^{\mathrm{T}}) \end{aligned} \tag{8.77}$$

对于欧几里得距离，并不要构建任何附加函数。基于正交约束非负矩阵因式分解欧几里得距离的附加投影梯度更新法(NMFOC-EUA)利用梯度方程(8.76)可以导出。

最后一种是利用扩展的拉格朗日法(NMFOC-L)：在这种情况下，由方程(8.63)所确定的约束最佳化问题通过施加约束 $c(\boldsymbol{S}) = \varphi(\boldsymbol{s}_1, \boldsymbol{r}) - \eta \geqslant 0$，其中 $c(\boldsymbol{S})$代表加在 $\boldsymbol{S}$ 上的约束，η 是给定的阈值。这里我们只考虑 KL 发散作为扩展拉格朗日方法应用的一个例子。使用拉格朗日乘子法，扩展的拉格朗日函数定义为

$$L(\boldsymbol{A}, \boldsymbol{S}, \lambda, \mu) = D(\boldsymbol{X} \| \boldsymbol{A}\boldsymbol{S}) + \begin{cases} -\lambda c(\boldsymbol{S}) + \dfrac{1}{2\mu} c^2(\boldsymbol{S}), & c(\boldsymbol{S}) - \mu\lambda \leqslant 0 \\ -\dfrac{\mu}{2}\lambda^2, & \text{其他} \end{cases} \tag{8.78}$$

并利用如下程序找到所需要的解：给定 $\mu_0 > 0$，从点 (A_0^s, S_0^s) 和 λ_0 开始，对于 k=0,1,2,⋯,K，找到 $L(\boldsymbol{A}, \boldsymbol{S}, \lambda_k, \mu_k)$ 的近似最小值(A_k, S_k)，如果最后的收敛得到满足，就从点 (A_k^s, S_k^s) 开始停止，这时的近似解为(A_k, S_k)；使用\indent\indent$\lambda(k+1)=\max(\lambda(k)-c(S_k)/\mu_k,0)$更新拉格朗日乘子；选择新的损失参数$\mu_{k+1} \in (0, \mu_k)$，设置开始点为 $(A_{k+1}^s, S_{k+1}^s)=(A_k, S_k)$进行下一次迭代；直到结束。一般来说都是利用梯度类型的算法寻找式(8.78)的近似最小值。关于上述算法的收敛性，这里就不作进一步讨论了，感兴趣的读者可参考有关文献。

关于上述算法在拉曼谱分离中的应用，这里通过一些实例予以说明。为了演示四种扩展 NMFOC 算法(NMFOC-KLM, NMFOC-KLA, NMFOC-EUM, NMFOC-EUA)以及 NMFOC-L 算法的可行性和性能，利用人工混合物进行了拉曼谱的测试，从而得到 $n \times m$ 的观察矩阵 $\boldsymbol{X}$，其中 n 表示谱的数目，m 表示拉曼谱的维数。在两个竞争假设之间选择 H_0 和 H_1，这即是说目标谱缺席还是存在。在所进行的实验中，目标是化学拉曼谱 TMeS。在第一个模拟中，混合物组成有沙、柏油、环己烷以及含或不含 TMeS。实验中带宽限于 509～1805cm^{-1} 范围。利用相关度量和正交度量定量分析了三种非目标拉曼谱和目标谱，如表 8-2 所示。

表 8-2　四种化学成分的谱和目标谱的相关与正交度量值

化学物质	r(TMeS)	
	相关性ρ	正交性φ
TMeS	1	0.47
沙	0.52	0.038

续表

化学物质	r(TMeS)	
	相关性ρ	正交性φ
柏油	0.6	0.11
环已烷	0.23	0.027

在产生混合物 $\boldsymbol{X}$ 之后，我们将用 NMF 和四种扩展的 NMFOC 算法估算其中的拉曼谱。其中 $\boldsymbol{X}$ 的维数，若目标不存在为 $3\times m$，若目标存在则为 $4\times m$。对于所有的算法，最大迭代的次数为 80。对于附加的形式，相关参数如下：σ=0.9，β=0.8，κ=100。这些参数的选择可能会影响收敛的速度，但在模拟中不同的选择对灵敏度影响不明显。对于每一种方法，若估值之间的最大绝对相关和目标谱超过了一定的阈值 $\eta\in(0,1)$，将接受 H_1。通过调节阈值，对于每一种方法我们将得到探测速率的次序。产生错误警告概率(P_{FA})和探测概率(P_{D})根据探测速率和试验数目的比值进行估计。这里给出 500 次独立实验的结果。图 8-12 是利用激光器实测样品拉曼谱后用通常的 NMF 算法和 NMFOC-KLM 算法所得结果的比较。横坐标表示样品直径,纵坐标分别表示两种方法所得到的均值和方差。样品直径越小，均值越小，方差越大。但两种算法比较，这里介绍的 NMFOC-KLM 算法在各种情况下都明显获得改善。

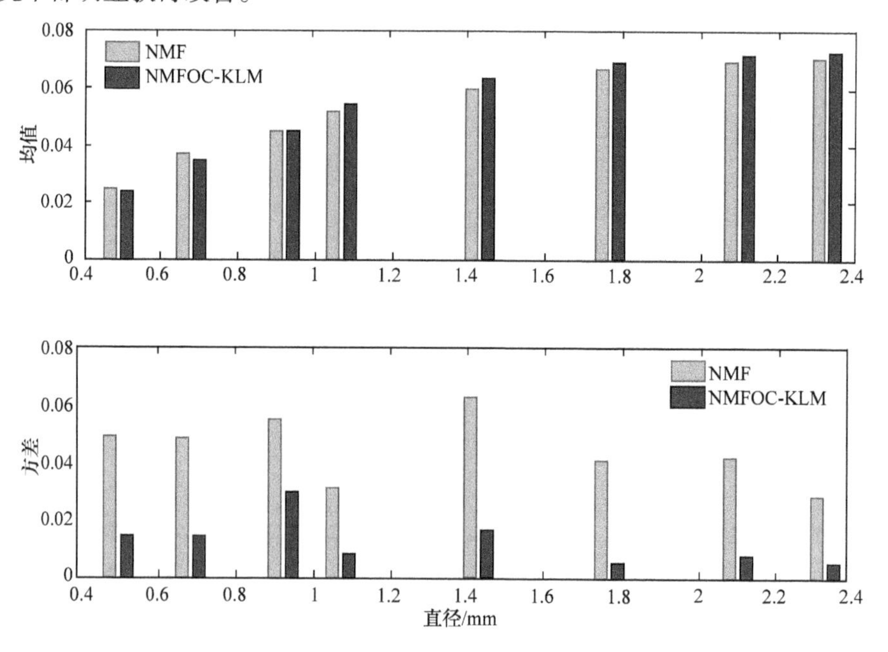

图 8-12　NMFOC 算法的实际应用

这里必须指出，上面介绍的盲源分离方法在用于不同成分的拉曼谱分离时，效果都不够理想，还需要对原算法作进一步改进和发展新的算法。

2. 稀疏半盲源分离方法及其在拉曼谱分离中的应用[6]

上面介绍的方法尽管具有应用的普遍性,但这些方法是非凸的和太一般化了,以致在现实应用中缺乏必要的鲁棒性和可靠性。在独立分量分析的方法中，若不同的化合物具有某些相同的化学成分和相关的拉曼谱线形状，则独立的假设就不存在了。进而，如果源信号的部分知识已经知道，这些已存在的方法还不能合理地将已有知识融入求出未知部分。这种半盲源问题在实际应用中更会常常遇到，能求解这样的问题更为重要。这里我们将要介绍一种方法，这种方法在已知某些成分和浓度的情况下，由测量获得的混合物拉曼谱可以求出其他未知成分及其浓度。为此，我们对于混合物的拉曼谱用线性模型表示：

$$\boldsymbol{X}=\boldsymbol{AS}+\boldsymbol{R} \tag{8.79}$$

其中，列矩阵 $\boldsymbol{X}$ 表示测量的拉曼谱；$\boldsymbol{A}$ 表示已知成分的拉曼谱；$\boldsymbol{S}$ 表示已知成分的浓度；$\boldsymbol{R}$ 表示要拟合的剩余未知量，其中可能包括未知成分的谱结构以及仪器的噪声等。矩阵 $\boldsymbol{S}$ 在物理上是非负的，其元素代表浓度。同时，$\boldsymbol{S}$ 的上限也是已知的。为了对 $\boldsymbol{S}$ 进行估值，我们就要对下面的约束目标函数最小化：

$$\min_{\boldsymbol{S}}\left\|\boldsymbol{X}-\boldsymbol{AS}\right\|_2^2,\quad 0\leqslant \boldsymbol{S}\leqslant \boldsymbol{c} \tag{8.80}$$

其中，矢量 $\boldsymbol{c}$ 包含样品中已知成分浓度的上限。对拉曼数据而言，式(8.80)中的线性约束对于保持 $\boldsymbol{R}=\boldsymbol{X}-\boldsymbol{AS}$ 的非负性是有帮助的。在剩余量 $\boldsymbol{R}$ 中，可能有隐藏在噪声中的谱结构，也可能只是随机噪声。不论在哪一种情况下，由于缺乏隐藏化学成分的有关信息，我们只能对其作为盲源进行因式分解。通常的盲源分离方法，诸如上面讲到的非负矩阵因式分解和独立分量分析方法，都是非凸最佳化方法，这些方法是普遍可用的，但在现实的应用中常常是不可靠的，这是由其非凸性和对其成立假设的灵敏性决定的。对我们上面的问题而言，源信号适当的稀疏性使一般的非凸问题简化为具有更好数学性质的约束凸程序允许解问题。对于凸目标的稀疏解可以通过使 ℓ_1 范数最小化得到。对于剩余矩阵 $\boldsymbol{R}$ 的因式分解可写作

$$\boldsymbol{R}=\boldsymbol{WM} \tag{8.81}$$

其中，矩阵 $\boldsymbol{W}$ 表示要分离的成分；$\boldsymbol{M}$ 表示它们在样品中的浓度。所有的矩阵都是非负的。为明确起见，我们称 $\boldsymbol{W}\in\mathbb{R}^{p\times n}$ 为源矩阵，称 $\boldsymbol{M}\in\mathbb{R}^{n\times m}$ 为混合矩阵。矩阵的维数利用三个数表示：① p 表示有效样品的数目；② m 表示混合物信号数目；③ n 表示源信号数目。对于拉曼数据，混合物信号数目多于源信号的数目，即 $m\geqslant n$。我们的目标就是要由给定的 $\boldsymbol{R}$ 恢复出 $\boldsymbol{W}$ 和 $\boldsymbol{M}$，这也是非负矩阵因式分

解问题。

尽管前面讲过，像这样的问题可以用独立分量分析方法予以解决，但对拉曼谱而言，当不同成分享有相同的化学线谱时，独立分量则不能再用了。对这样的数据而言，一个较好的假设就是所谓的部分稀疏条件。也就是说，源信号只是在某些位置要求是不重叠的。这种稀疏条件在拉曼谱分离中是很有用的，使得非负矩阵因式分解问题在数学上简化了很多。从几何上讲，求解混合矩阵 $\boldsymbol{M}$ 的问题就化简为包含矩阵 $\boldsymbol{R}$ 最小锥的分离。在高光谱非混合中，所导致的几何锥方法已是高光谱非混合的基准。下面我们将部分稀疏条件和几何锥方法作一介绍。

简单来说，对源信号的主稀疏假设即每一个源在获得的变量的某一位置只有单独一个峰值，而其他源为零。更精确地讲，假设源矩阵 $\boldsymbol{W}\geqslant 0$ 满足下述条件：对于每一个 $j\in\{1,2,\cdots,n\}$，存在 $i_j\in\{1,2,\cdots,p\}$，使得 $w_{i_j,j}>0$ 和 $w_{i_j,k}=0\,(k=1,\cdots,i-1,i+1,\cdots,n)$，式(8.81)用行可重新写作

$$\boldsymbol{R}^i=\sum_{k=1}^{n}w_{i,k}\boldsymbol{M}^k,\quad i=1,2,\cdots,p \tag{8.82}$$

其中，$\boldsymbol{R}^i$ 表示 $\boldsymbol{R}$ 的第 i 行；$\boldsymbol{M}^k$ 表示 $\boldsymbol{M}$ 的第 k 行。源的假设隐含着对于 $j=1, 2,\cdots,n$，$\boldsymbol{R}^{i_j}=w_{i_j,j}\boldsymbol{M}^j$ 或者 $\boldsymbol{M}^j=(1/w_{i_j,j})\boldsymbol{R}^{i_j}$。因此方程(8.82)可以写作

$$\boldsymbol{R}^i=\sum_{k=1}^{n}\frac{w_{i,k}}{w_{i_k,k}}\boldsymbol{M}^{i_k} \tag{8.83}$$

它表明 $\boldsymbol{R}$ 的每一行是矩阵 $\boldsymbol{M}$ 的行的非负线性组合。$\boldsymbol{M}$ 行的分离等效于有限收集矢量的凸锥分离。锥包含了矩阵 $\boldsymbol{R}$ 的行数据，这是最小的一种锥。这样一种最小的包含凸锥可以利用线性规划方法求出。数学上来讲，下面的最优化问题可以用来评估混合矩阵：

$$\min\ \ \text{score}=\left\|\sum_{i=1,i\neq 1}^{p}\boldsymbol{R}^i\lambda_i-\boldsymbol{R}^l\right\|_2,\quad \lambda_i\geqslant 0,\quad l=1,2,\cdots,p \tag{8.84}$$

上面的计分与 $\boldsymbol{R}$ 的每一行相关。具有低计分的行不像是 $\boldsymbol{M}$ 的行，这是因为该行粗说也是 $\boldsymbol{R}$ 其他行的非负线性组合。另一方面，高的计分意味着相应的行远不是其他行的非负线性组合。选择 $\boldsymbol{R}$ 中的高计分 n 行构成混合矩阵 $\boldsymbol{M}$。图 8-13 用来标明此凸锥包含所有数据点。正像图中所说明的，锥可由其凸分离出来。但是某些源信号不满足单独峰的条件，这就使得利用上面建议的凸锥方法评估 $\boldsymbol{M}$ 的行变得困难。在单独峰条件遭到破坏的这些情况中，我们将考虑一种机制，其中所有数据点都在锥内或者在其面上，例如就像在图 8-12 中所看到的那样。注意，根本没有数据点在锥凸上，在这种情况下我们需要发展一种方法利用其面来分离这样的锥。

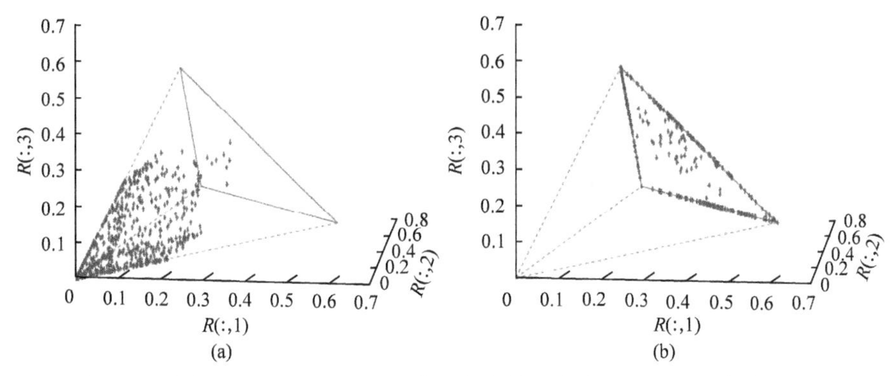

图 8-13　数据点云($\boldsymbol{R}$ 的行)(a)重新缩放使其位于由锥的三个凸确定的面上(b)

下面介绍一下凸锥面的表示法。如图 8-14 所示点云，锥的面位于平子簇上(在这个三维数据的例子中就是一些平面，在更高维空间即是超平面)。这些平的几何结构的分离将有助于确定锥的凸，也即混合矩阵 $\boldsymbol{M}$ 的行。问题的要点就是由点云分离平的结构，这在计算机上已是一个重要的课题，已经提出各种途径由二维和三维下的点云识别出形状。

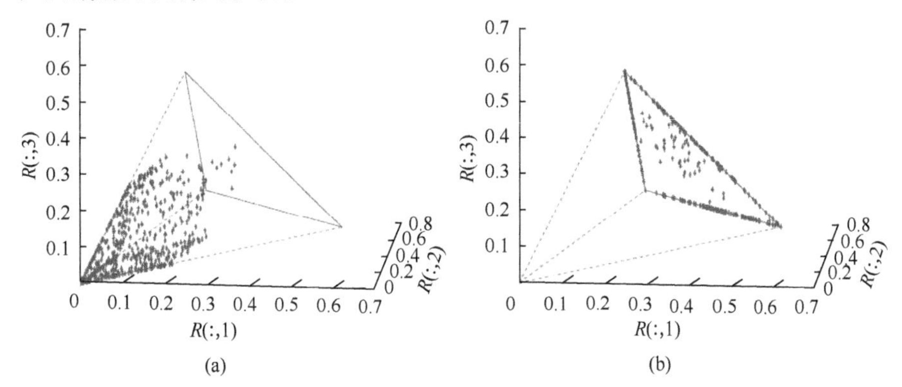

图 8-14　X 行的散射图，数据点云(a)也作了重新缩放使数据点置于锥凸所确定的平面上(b)

经典的方法包括 Hough 变换和移动最小二乘法。Hough 变换是一种用于图像分析、计算视觉和数字图像处理中的特征识别技术。Hough 变换的一种最简单情况就是用于探测直线的线性变换。本质上是一个投票过程，每一个点都属于一条线(或其他图案)，投票给通过那个点的所有线。再累积矩阵种类及投票，把得到票数最多的线作为所希望要的线。这个变换的主要优点是对数据中的噪声和外围的鲁棒性，以及对线(或图案)的不连续性的鲁棒性，这些情况在真实的图像和数据中经常会碰到。Hough 变换的缺点就是计算能力要求异常高，并需要大量的存储空间。这样高昂的代价使其在高维数据处理中很难获得应用。对于我们这里要解决的问题，数据的维数可高达几十到几百，因此必须选择一种更现实的方法。这里我们选择移动最小二乘法。移动最小二乘法是由 Lancaster 和 Salkauskas 为平滑和插值数据而提出来的。其基本的想法就是对 $\mathbb{R}^d$ 中任意固定点都从加权最小二乘构成出发，然后在整个点云上移动此点，对每一单独点进行加权最小二乘拟合计算和评估。下面我们将对移动最小二乘法的本质作一些分析。考虑 $\boldsymbol{R}\in\mathbb{R}^{p\times m}$ 的行，其每一行都可以看作 $\mathbb{R}^m$ 中的一个点，具有 p 个点。$\boldsymbol{R}$ 的第 i 行但不包括最后的分量可表示为 $\boldsymbol{x}_i=[R(i,1),R(i,2),\cdots,R(i,m-1)]\in\mathbb{R}^{m-1}$。令 y_i=$\boldsymbol{R}(i,\ m)$，问题则变成给定 p 点 $\boldsymbol{x}_i$, $i\in[1\ 2\ \cdots\ p]$，在加权最小二乘法中，对于一固定点 $\bar{\boldsymbol{x}}\in\mathbb{R}^{m-1}$，我们将使下式最小化：

$$J=\sum_i\theta(\|\bar{\boldsymbol{x}}-\boldsymbol{x}_i\|)\|f(\boldsymbol{x}_i)-y_i\|^2 \tag{8.85}$$

其中，f 为 q 维中的 d 个自由度空间中的函数，可表示为 $\prod_d^q$，可被写作

$$f(\boldsymbol{x})=\boldsymbol{b}(\boldsymbol{x})^{\mathrm{T}}\boldsymbol{c}=\boldsymbol{b}(\boldsymbol{x})\cdot\boldsymbol{c} \tag{8.86}$$

其中，$\boldsymbol{b}(\boldsymbol{x})=[b_1(\boldsymbol{x}),\cdots,b_k(\boldsymbol{x})]^{\mathrm{T}}$ 为多项式基矢量；$\boldsymbol{c}=[c_1,\cdots,c_k]$为未知系数矢量，在式(8.85)中我们希望其最小。这里给出多项式基的一些例子：① 对于 d=2, q=2,$\boldsymbol{b}(\boldsymbol{x})=[1, x, y, x^2, xy, y^2]^{\mathrm{T}}$；② 对于线性拟合($d$=1, q=3), $\boldsymbol{b}(\boldsymbol{x})=[1, x, y, z]^{\mathrm{T}}$；③ 在任意维中拟合一个常数，$\boldsymbol{b}(\boldsymbol{x})$=[1]。一般来说，在 $\boldsymbol{b}(\boldsymbol{x})$中元素数为 k，则可由下式给出：$k=(d+q)!/d!q!$。式(8.85)类似于通常的最小二乘法，只是这里成本函数由 $\theta(e_i)$加权了。其中 e_i 表示 $\bar{\boldsymbol{x}}$ 和数据点 $\boldsymbol{x}_i$ 之间的欧几里得距离$\|\bar{\boldsymbol{x}}-\boldsymbol{x}_i\|$。我们希望从方程(8.85)解中得到的未知系数由距离 $\bar{\boldsymbol{x}}$ 加权，因此就成为 $\bar{\boldsymbol{x}}$ 的函数。因此，加权最小二乘写作

$$f_{\bar{\boldsymbol{x}}}(\boldsymbol{x})=\boldsymbol{b}(\boldsymbol{x})^{\mathrm{T}}\boldsymbol{c}(\boldsymbol{x})=\boldsymbol{b}(\boldsymbol{x})\cdot\boldsymbol{c}(\boldsymbol{x}) \tag{8.87}$$

关于加权函数θ在文献中已提出多种选择，比如$\theta(e_i)=\exp(-e_i^2/h^2)$，其中 h 为间距参数，它可以用来突出在数据中小的特征；另一个受欢迎的加权函数是$\theta(e_i)=1/(e_i^2+\varepsilon^2)$。

在考虑到通常数据所具有的噪声和非均匀的情况下，要使得移动最小二乘法精确和具有鲁棒性，权重函数θ的选取是至关重要的。在大量的实验之后，发现常用的权重函数如$\theta(e_i)=\exp(-e_i^2/h^2)$，$\theta(e_i)=(1-e_i/h)^4(4e_i/h+1)$或者$\theta(e_i)=1/(e_i^2+\varepsilon^2)$对于拉曼谱分离都很实用，正如上述，$h$ 是一间距常数，可以用来平滑数据中小的特征。对于超平面，它们均给出精确的局域近似。这里我们选择$\theta(e_i)=\exp(-e_i^2/h^2)$。仿照通常的最小二乘法，我们相对于$\boldsymbol{c}(\bar{x})$对成本函数取偏微分：

$$2\sum_i\theta(e_i)\boldsymbol{b}(\boldsymbol{x}_i)\left[\boldsymbol{b}(\boldsymbol{x}_i)^{\mathrm{T}}-y_i\right]=2\sum_i\left[\theta(e_i)\boldsymbol{b}(\boldsymbol{x}_i)\boldsymbol{b}(\boldsymbol{x}_i)^{\mathrm{T}}\boldsymbol{c}(\bar{\boldsymbol{x}})-\theta(e_i)\boldsymbol{b}(\boldsymbol{x}_i)\right]=0 \tag{8.88}$$

其中，$e_i=\|\bar{\boldsymbol{x}}-\boldsymbol{x}_i\|$。式(8.88)除以一个常数可得

$$\sum_i\theta(e_i)\boldsymbol{b}(\boldsymbol{x}_i)\boldsymbol{b}(\boldsymbol{x}_i)^{\mathrm{T}}\boldsymbol{c}(\bar{\boldsymbol{x}})=\sum_i\theta(e_i)\boldsymbol{b}(\boldsymbol{x}_i)y_i$$

对系数求解可得

$$c(\bar{x})=\left[\sum_i \theta(e_i)b(x_i)b(x_i)^{\mathrm{T}}\right]^{-1}\sum_i \theta(e_i)b(x_i)y_i$$

注意，系数 $c(\bar{x})$ 是局域的，对于每一 $\bar{x}$ 需重新计算。移动最小二乘法的基本构思是对任意的固定点都从权重最小二乘构成出发，然后在整个区域上移动此点，对每一点计算权重最小二乘拟合，并进行评估。对于这里考虑的数据结构，用线性多项式进行拟合。在每一数据点上移动最小二乘法都产生一系数矢量 c。紧跟着对这些系数进行投票，投票的基本构思同 Hough 变换。图 8-15 给出利用移动最小二乘法计算出的系数投票的结果，出现的三个大的峰就意味着有三个平面。注意这些平面都通过原点。因此，这样的超平面方程可由下式给出：

$$O=\boldsymbol{P}\cdot\boldsymbol{n}=xn_x+yn_y+zn_z \tag{8.89}$$

或

$$O=x\cdot\cos\theta\cdot\sin\phi+y\cdot\sin\theta\cdot\sin\phi+z\cdot\cos\phi \tag{8.90}$$

参数可以容易地从图上读出(由 θ 和 φ 角表示的法线方向)。对于点云的维高于 3 的情况，峰值就不会看到了，它们的位置也就不能直接给出。不过，我们可以通过寻找表面局域最大探测峰值。另一条途径是进行低维投影，从而找到峰值的位置。

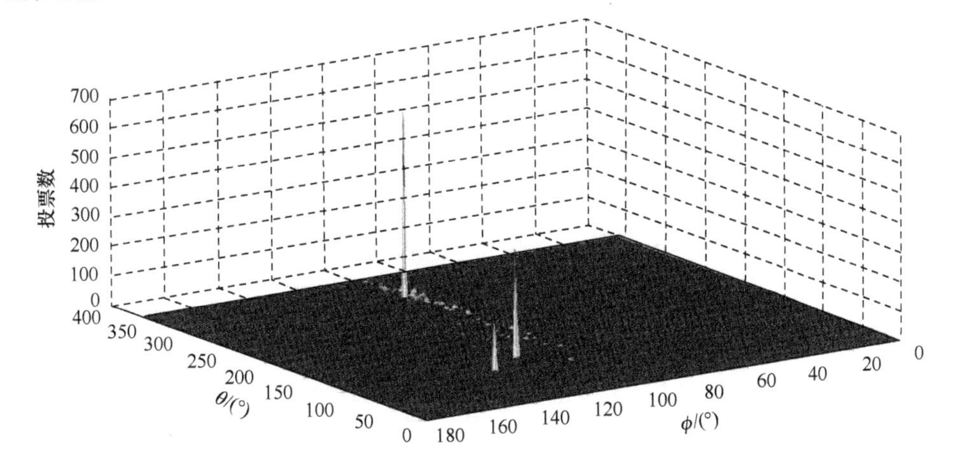

图 8-15　利用移动最小二乘法计算出的系数投票的结果

三个峰值意味着图 8-14 所画出的数据存在三个平面

下面讨论一下稀疏源的恢复问题。我们要恢复 $\boldsymbol{M}$，就要求解 $\boldsymbol{W}$。有的方法就是直接计算 $\boldsymbol{W}=\boldsymbol{R}\boldsymbol{M}^{+}$,其中 $\boldsymbol{M}^{+}$是 $\boldsymbol{M}$ 的伪逆，但它对噪声很敏感，有可能会引入误差和负值瑕疵。尽管非负最小二乘法可以产生非负 $\boldsymbol{W}$，但在结果中可能会引入伪峰。作为第一步，为了从稀疏源条件得到好处，一个更为可靠的方法就是求解非负 ℓ_1 范数最佳化。尽管源信号($\boldsymbol{W}$ 的列)不是稀疏的，但 $\boldsymbol{W}$ 的行具有稀疏性。因此，我们对 $\boldsymbol{W}$ 的每一行 $\boldsymbol{W}^i$ 寻求其最稀疏的解：

$$\min\left\|\boldsymbol{W}^i\right\|_0,\quad \boldsymbol{W}^i\boldsymbol{M}=\boldsymbol{R}^i,\quad \boldsymbol{W}^i\geqslant 0 \tag{8.91}$$

这里$\|\cdot\|_0$(0 范数)代表非零的数目。由于 0 范式的非凸性，作为凸弛豫我们使 ℓ_1 范数最小化：

$$\min\left\|\boldsymbol{W}^i\right\|_1,\quad \boldsymbol{W}^i\boldsymbol{M}=\boldsymbol{R}^i,\quad \boldsymbol{W}^i\geqslant 0 \tag{8.92}$$

式(8.92)是线性规划的形式。鉴于一般情况下数据包含噪声的事实，我们需求解下面的非约束最佳化问题：

$$\min_{\boldsymbol{W}^i\geqslant 0}\mu\left\|\boldsymbol{W}^i\right\|_1+\frac{1}{2}\left\|\boldsymbol{R}^i-\boldsymbol{W}^i\boldsymbol{M}\right\|_2^2 \tag{8.93}$$

为了求得解，这里采用 Bregman 迭代法，并采用了一适当的投影到非负凸子集上。线性化 Bregman 迭代法具有好的效率，在这里更适用。对于 $\boldsymbol{W}$ 的每一行$\boldsymbol{W}^i$，我们引入 $\boldsymbol{u}=(\boldsymbol{W}^i)^{\mathrm{T}}$, $\boldsymbol{f}=(\boldsymbol{R}^i)^{\mathrm{T}}$，$\boldsymbol{B}=\boldsymbol{M}^{\mathrm{T}}$，式(8.93)则等效于

$$\min_{\boldsymbol{u}\geqslant 0}\mu\|\boldsymbol{u}\|_1+\frac{1}{2}\|\boldsymbol{f}-\boldsymbol{B}\boldsymbol{u}\|_2^2 \tag{8.94}$$

式中的 ℓ_2 范式是模拟未知的测量误差或高斯噪声。当测量误差最小时，为使 $\boldsymbol{B}\boldsymbol{u}=\boldsymbol{f}$ 近似满足，一定要给μ置一很小的值，从而可使$\|\boldsymbol{f}-\boldsymbol{B}\boldsymbol{u}\|_2^2$ 具有更大的权重。通过引入附加变量γ^j，线性化 Bregman 方法可以写作如下的迭代形式：

$$\begin{cases}v^{j+1}=v^j-\boldsymbol{B}^{\mathrm{T}}(\boldsymbol{B}u^j-\boldsymbol{f})\\ u^{j+1}=\delta\cdot\mathrm{shrink}_+(v^{j+1},\mu)\end{cases} \tag{8.95}$$

其中，$u^0=\gamma^0=0$；$\delta>0$ 为步长大小；shrink_+是为了计算非负解：

$$\mathrm{shrink}_+(v,\mu)=\begin{cases}v-\mu, & v>\mu\\ 0, & v<\mu\end{cases} \tag{8.96}$$

下面介绍盲源分离的第二种算法。输入：测量数据矩阵 $\boldsymbol{X}$ 以及在矩阵 $\boldsymbol{A}$ 中已知化学谱的列表。

求解步骤如下：

(1) 分解。把数据分解成已知成分线性组合的和与非负的剩余部分：$\boldsymbol{X}=\boldsymbol{A}\boldsymbol{S}+\boldsymbol{R}$。所用的方法是约束最小二乘法。下一步就是从剩余的部分提取出未知的化学谱。

(2) 利用凸锥进行盲源分离。假设剩余矩阵 $\boldsymbol{R}=\boldsymbol{W}\boldsymbol{M}$，其中 $\boldsymbol{W}$ 矩阵的列是要分离的物质，$\boldsymbol{M}$ 是它们在样品中的浓度。为了恢复出 $\boldsymbol{M}$，基于凸分量分析或者子面分量分析用凸锥方法进行求解。如果锥凸在数据中，可能会用线性规划方法识别

锥凸(它们是 $\boldsymbol{M}$ 的行)。在数据点($\boldsymbol{R}$ 的行)位于凸锥内或其子面上的情况下，它们则不可能位于边缘处。锥的结构不是从凸而是从其子面上重建出来。我们利用移动最小二乘法识别子面，其方法包括 Hough 变换。

(3) 平面拟合和交叉。对于子面表示的凸锥，我们首先得到平面的法线方向，子面则位于这里，还有平面的方程也是如此。m 个平面中的任意 $m-1$ 个平面与平面 $\boldsymbol{X}^{\mathrm{T}}\cdot\mathbf{1}=1$ 得到 m 个交叉，并构成混合矩阵 $\boldsymbol{M}$ 的 m 行。

(4) 源的恢复。对于 $\boldsymbol{W}$ 的每一行 $\boldsymbol{W}^i$ 寻求最稀疏的解。我们将求解如下的非约束最佳化问题：

$$\min_{\boldsymbol{W}^i\geqslant 0}\mu\left\|\boldsymbol{W}^i\right\|_1+\frac{1}{2}\left\|\boldsymbol{R}^i-\boldsymbol{W}^i\boldsymbol{M}\right\|_2^2 \tag{8.97}$$

为了得到解，这里使用 Bregman 迭代方法，并在非负凸子集上进行了适当的投影。

(5) 证明。为了恢复源 $\boldsymbol{W}$，基于实验室证明或专门知识均可帮助确认这些成分。若必要，所确认的有意义的成分再反馈给上面的步骤(1)使剩余矩阵更优化，再进行其余步骤(2)～(5)尽可能多地提取隐藏的成分。这些步骤一直迭代下去直到证实不能再提取出更多的分量。

下面我们将把上述方法用于拉曼数据分析，看看结果如何。设有混合溶液，其中一种成分是已知的，如甲醇，体积浓度小于 1/3。还有另外两种未知的液体。首先测量它们的拉曼谱，并将已知甲醇的拉曼谱与测量进行拟合，然后得到两种未知成分的剩余拉曼谱结果。所有结果在系列图中给出，如图 8-16～图 8-19 所示。图 8-16 给出混合液体拉曼谱的测试结果及已知液体甲醇的拉曼谱，图 8-17 给出约束最小二乘法拟合得到的剩余物拉曼谱，图 8-18 给出凸盲源分离方法所获得的各种隐藏成分的拉曼谱，所恢复出的谱结构乙醇和乙腈的拉曼谱相比较，得到了较为满意的结果。

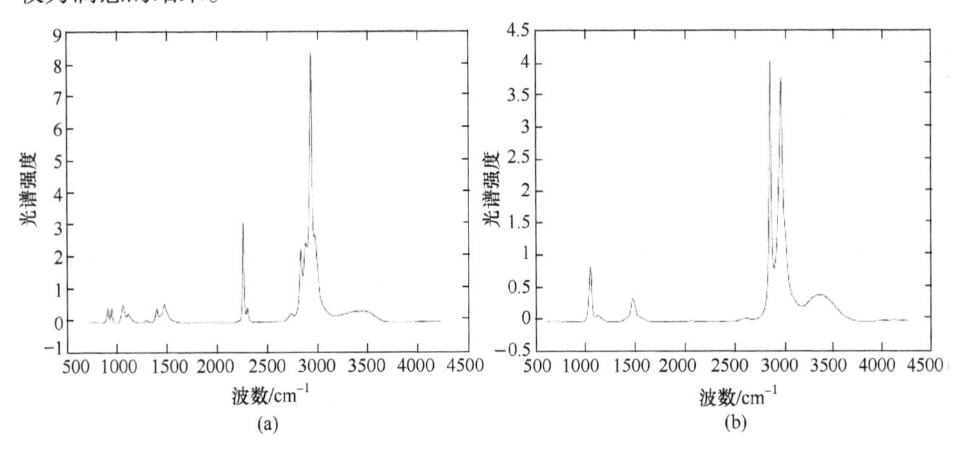

图 8-16　甲醇和其他两种未知液体混合后的拉曼谱(a)与甲醇的拉曼谱(b)

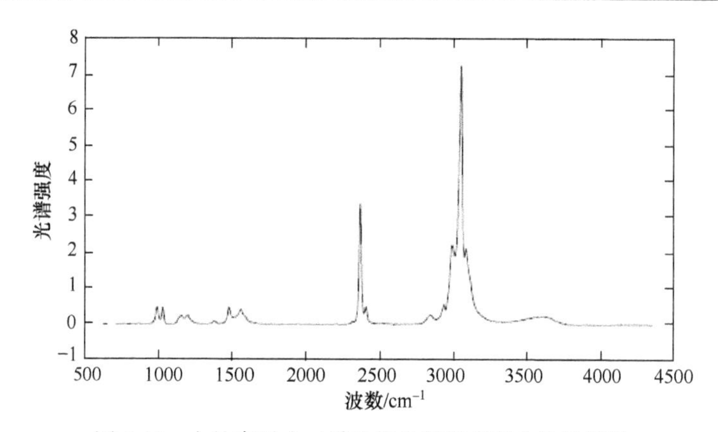

图 8-17　由约束最小二乘法拟合得到的剩余物拉曼谱

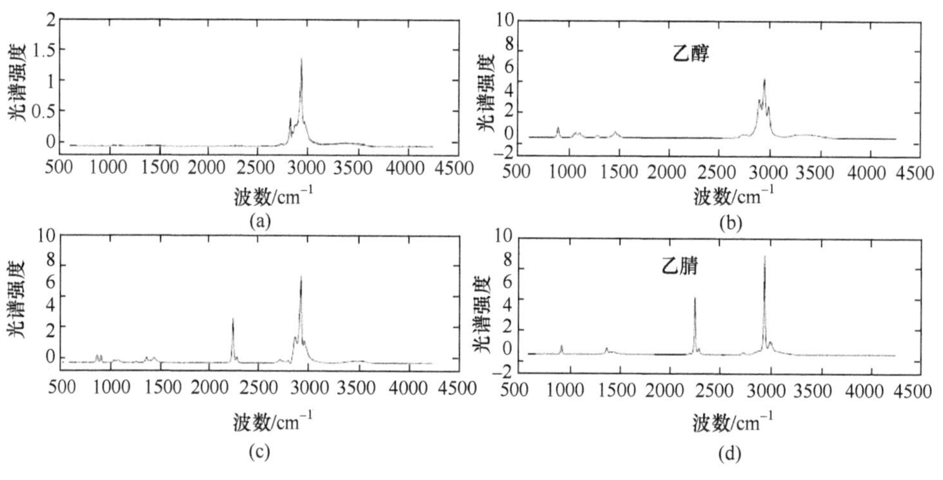

图 8-18　两种分离出成分的拉曼谱(a)、(c)及乙醇(b)和乙腈(d)的拉曼谱

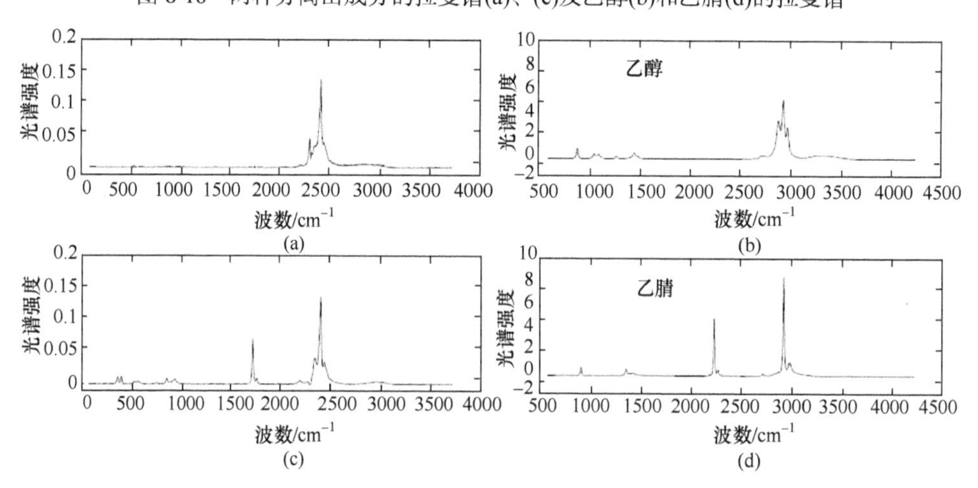

图 8-19　利用非负矩阵因式分解得到的结果(a)、(c)及乙醇(b)和乙腈(d)的拉曼谱

为了进行比较，这里还用非负矩阵因式分解的方法进行了求解，并在图 8-19 中给出了有关结果。显然，上面介绍的方法较非负矩阵因式分解方法获得的结果与实际成分的拉曼谱符合得更好。关于这种方法，前面我们已作过介绍，这里不复赘述。

8.3　分子质谱功能纳米成像

分子质谱仪可以用来区分不同种类的分子。如果能设法以纳米的精度确定这些分子在空间的分布位置,那么我们就有可能利用分子质谱仪实现功能纳米成像。为达此目的，首先要设法将样品表面纳米范围内的分子提取出来，然后再对它们进行质谱分析，确定提取出来的都有哪些分子，各种分子的量有多少，分别将这些信息记录下来。通过逐点提取，并重复上述质谱分析和相应的信号处理，从而完成表面一层的信息获取。通过数据分析，我们就可以构造出不同分子在表面的分布图像。再进行第二层、第三层等的质谱分析，直到获得样品的完整三维功能纳米分辨图像。为了实现分子质谱功能纳米成像，须满足如下要求：① 作用于样品表面的射束可以实现纳米聚焦，目前最方便的是离子束和电子束，可以利用电磁透镜对其聚焦；② 被聚焦到纳米的射束可以方便地将样品表面的分子解吸和气化形成离子束，而不会使分子发生分解；③ 所采用的分子质谱仪可以对其中所有分子同时实现质谱探测，并具有高的质谱灵敏度。综合上述要求，利用脉冲离子束较用电子束更容易使样品表面的分子解吸和气化而更少使分子发生分解。根据上述要求，为构成分子质谱功能纳米成像系统，至少需要具备如下构件：① 可以获得纳米束斑的脉冲离子枪；② 可以维持超高真空和精确位移的样品室；③ 高性能分子质谱仪。下面就高性能分子质谱仪、纳米束斑脉冲离子枪、分子质谱功能纳米成像系统及其应用分别进行介绍。

8.3.1　高性能分子质谱仪

目前应用最为广泛的高性能分子质谱仪是二次离子质谱仪(secondary ion mass spectrometry, SIMS)，其中又可分成两类，即飞行时间二次离子质谱仪(time of flight secondary ion mass spectrometry, TOF-SIMS)和磁扇二次离子质谱仪(magnet section secondary ion mass spectrometry, MS-SIMS)。前者必须工作在脉冲状态，而后者则可工作在连续状态。关于后者，后面还会作进一步介绍。这里重点介绍一下目前在分子质谱功能成像中主要使用的飞行时间二次离子质谱仪，其基本工作原理是利用加速离子或原子轰击样品表面，受轰击的样品表面上的分子将会在加速离子或原子的作用下产生二次离子并从表面解吸，这些二次离子也即带电的样品表面分子经加速场后因分子质量的不同在漂移区内所经历的飞行时间不同，通过测量出不同质量分子对应的飞行时间，就可以辨别出不同的分子。若二次离子被静电场加速并以其在加速场区获得的动能在漂移区飞行，其动能可表示为

$$E_{\mathrm{kin}} = eV_0 = mv^2/2 \tag{8.98}$$

其中，V_0为加速电压；m和e分别为离子的质量和电荷。因为离子密度较轻的离子将会具有更高的速度，它们将较更重的离子早到漂移区终端的探测器，在这种仪器中，分子质量的分析可以通过离子从样品到探测器的飞行时间不同而得以区分，它们的关系可近似写作

$$t = L_0/v = L_0(m/(2eV_0))^{1/2} \tag{8.99}$$

其中，L_0表示质谱仪的有效长度。由于不同种类的离子相继到达探测器，仪器的操作条件可以这样来选择，即所有同极性的离子均可被质谱仪的探测器所探测和记录。时间飞行二次离子质谱仪这种对二次离子有效的收集和探测，使一次离子束对样品的破坏减到最小的程度，并使其对有机和无机表面分子的分析都非常灵敏。这种技术对分子质量分析通常要求一次离子密度为10^{12}cm^{-2}，对于成像通常要求一次离子密度为10^{13}cm^{-2}。之所以可以区分相邻质量m_0和$m_0+\Delta m=m_0(1+\gamma)$，是因为它们的时间间隔和时间差别$\Delta t$足够大。我们可以求出$\Delta m$和$\Delta t$之间存在如下关系：

$$m_0/\Delta m = \gamma^{-1} = t_0/(2\Delta t) \tag{8.100}$$

由式(8.100)我们可以清楚地看到，为了获得高的质量分辨率，首先要求一次离子脉冲t_{p}要足够短，这是因为最小可测量的Δt首先是由t_{p}决定的。尽管从概念上讲上述方法是非常简单的，事实上时间飞行质谱仪的设计并不是只有一个长的漂移管和快速探测电子学就够了，而是需要考虑很多物理因素，其中下面两个因素是最容易被人忽视的。一个是二次离子的初能量并不等于零，这样其总的动能就要大于加速电压所确定的值。若是原子变成了离子，其初始动能分布范围为5～6eV，但“尾巴”拖得很长，可大于100eV。若是分子变成了离子，其初始动能范围会小很多。无机分子较有机分子要小，其动能范围在1～5eV，随分子而不同；分子越大，其初始动能分布范围就越小，有机分子的初始动能分布范围为零点几电子伏。另一个容易被忽视的因素是二次离子初始角分布问题。二次离子从样品表面以一定的角分布发出。这就是说，当离子被加速场引出后，将存在横向动量，这样将导致离子在通过质谱分析室时其轨迹将偏离所希望的飞行轨迹。因此，时间飞行质谱仪不仅要按照质荷比将这些离子分离开来，还要设法补偿因溅射和电离过程引起的二次离子初始动能分布和角分布。时间飞行质谱仪可以提供高的离子传输率和高的受激效率，但是其使物质移出样品表面的速率确实很低。一次离子

脉冲的时间间隔由式(8.99)确定，其大小与测量的质量范围、加速电压和质谱仪长度有关。通常若质量范围为 0～400Da(1 Da=1.66054×10^{-27}kg)，V_0=4.5kV 和 L=2m，离子枪的重复频率近似为 20kHz，一次可分析的样品表面厚度为 10nm 左右。

飞行时间二次离子质谱仪从 1976 年问世以来其结构形式已发展了多种，图 8-20 给出其中的一种飞行时间质谱仪的基本构成，包括一次离子源，这里用同位素元素 ^{252}Cf 构成，裂变时形成所需要的一次离子。这里的样品可以是各种有机大分子，诸如酶、苏氨酸、核酸等。在一次离子轰击下产生二次离子，这种方法所形成的二次离子不会使上述的有机分子分解，只是使其带了电荷。通过网组件形成加速电场，在网组件加速场的作用下，二次离子被加速后进入法拉第笼屏蔽的无场区飞行管，其长度为 8m。为了收集不同角度进入的二次离子，这里在漂移区的轴线上安装了一根直径为 1μm 的金属丝，其上加有电压，从不同角度发射的二次离子围绕轴线螺旋前进而不会飞离。信号采用三个微通道板串联起来进行探测，其电子增益可高达 10^9。从裂变产生到二次离子抵达探测器的时间差可用高精度的时间数字化仪记录，精度可达 1ps。由飞行时间可求出二次离子的质量 $m=2E_{\rm kin}(t/L_0)^2$。

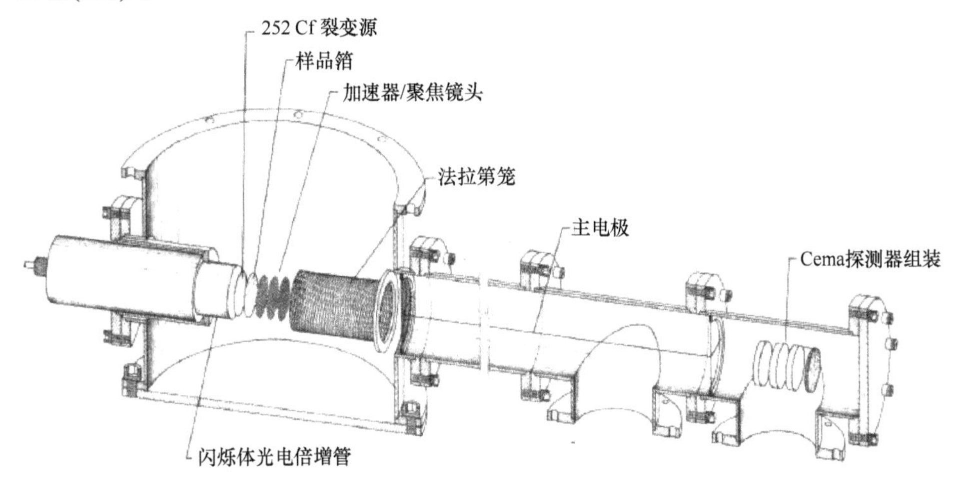

图 8-20　基于放射性同位素 ^{252}Cf 的时间飞行质谱仪示意图

飞行时间二次离子质谱仪只是用来分辨所接收的离子的质量大小，不同质量的离子将会由不同的通道接收，不同通道的信号强度则反映了各种离子数目的大小。图 8-21 给出飞行时间二次离子质谱仪测量$[(\mathrm{CsI})_n\mathrm{Cs}]^+$的结果，所测 n 的大小可达 70。该实验是用 4.7KeV 的 Xe^+轰击样品产生$[(\mathrm{CsI})_n\mathrm{Cs}]^+$。由各通道记录的计数则可以不同离子的数目。由右下图我们不仅可以利用飞行时间的不同区分不同质量的离子，还可以记录不同质量离子的数目。

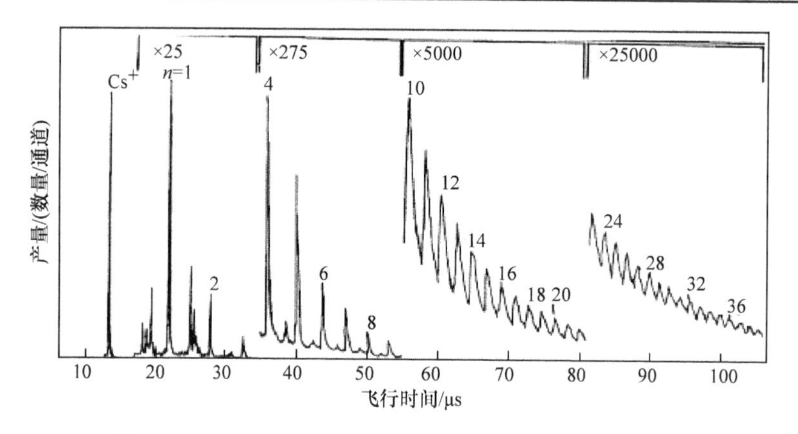

图 8-21　飞行时间二次离子质谱仪测量$[(CsI)_nCs]^+$的结果

一次离子平均电流密度为 $2\times10^{-10}A/cm^2$；质谱分成 3 段，即 6～35μs、35～55μs 以及 55～110μs，强度分别对 $n=4$ 和 $n=10$ 作了归一化处理，测量时间分别为 15min、90min 和 120min

8.3.2　纳米束斑脉冲离子枪

为了利用飞行时间二次离子质谱仪获得纳米的空间分辨率，就要确保一次离子在样品上的轰击范围处于纳米范围。这就需要使用聚焦离子束。聚焦离子束是由离子源和离子光学系统组成，早在 20 世纪 70 年代末期就开始发展液态金属离子源，现在已发展了 Al、Ar、As、Au、B、Be、Bi、Cs、Cu、Ga、Ge、Er、Fe、H、In、Li、Ni、P、Pb、Pd、Pr、Pt、Si、Sn、U 和 Zn 等离子源。离子光学设计在 20 世纪 80 年代末取得重要进展。在此基础上，从 20 世纪末到 21 世纪初，聚焦离子束在许多领域获得重要应用。其中应用之一是和飞行时间质谱仪结合起来构成功能纳米成像系统，用于研究物质分子在空间的分布情况，在化学、材料科学和生命科学等领域具有重要的应用价值。聚焦离子束与样品的相互作用产生的效应同离子的能量有关，可导致样品膨胀、沉积、溅射、重新分布、植入、背向散射或核反应等。然而，上述各种效应并不是孤立的，有时会产生我们所不希望出现的副作用，这就需要我们了解其工作原理并设法避免所出现的副作用。我们这里需要的一次离子束须满足如下要求：第一，为获得纳米的空间分辨率，要求聚焦离子束在样品上形成的束斑直径应在纳米尺度范围；第二，该离子束与样品表面相互作用后只是使样品表面分子脱离表面发生溅射而不会发生分解；第三，在尽量不使分子分解的前提下，尽量提高溅射的产额，减小离子源作用的脉冲时间，使扫描一层样品的时间缩短，提高图像获取速率。

聚焦离子束系统的一般结构可用图 8-22 表示，它包括离子源、离子光学系统和偏转系统[7]。其中离子源包括液态金属离子源和气态离子源等，这里以液态金属离子源为例予以说明。如图 8-22(b)所示，液态金属离子源由具有中心针的毛细管、引出电极和屏蔽电极等组成。毛细管是液态金属的储存池，为毛细管尖端出口处源源不断地提供液态金属。尖端处的引出场和表面张力的共同作用使液态金属构成一锐的锥，加一适当的电压就可以使液态金属带正电荷，上透镜则可将其准直为平行束。然后该离子束通过一质量隔离器和一漂移管：质量隔离器用来控制质荷比使其具有固定不变的值；在质量隔离器的下方有一细而长的漂移管，它用来去除非垂直导入的离子。在漂移管下面的透镜用来进一步减小束斑大小，改善聚焦。静电偏转系统用来控制离子束轨迹和在样品上的落点位置。整个系统处于高真空状态。对分子质谱功能纳米成像而言，所常用的一次离子源有 Ar^+、Cs^+ 等，离子聚焦系统的加速电压一般为数千伏，既要使研究的分子以较大的产额离开样品表面，又不会使分子分解，产生误判。

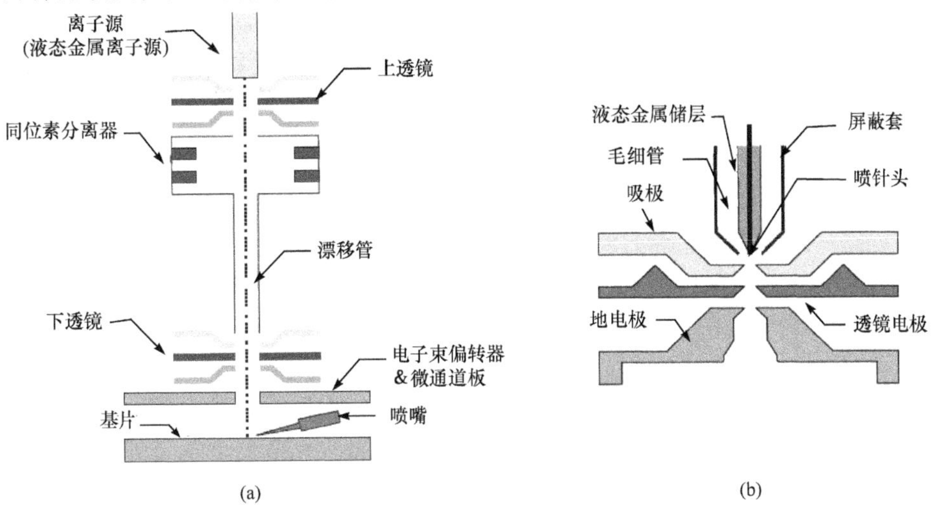

图 8-22　聚焦离子束系统示意图[7]

(a) 两透镜聚焦离子束系统；(b) 聚焦离子束系统中的液态金属离子元结构

8.3.3　分子质谱功能纳米成像系统

目前主要有两类不同的分子质谱功能成像技术。一类是利用激光束与样品表面作用产生二次离子束，再用飞行时间质谱仪诊断二次离子的种类。这类方法由于受光束衍射极限的限制，可以获得的聚焦激光光斑尺寸一般在微米量级，难以获得纳米的空间分辨率。这类成像方法常用来获得生物器官的生物分子分布功能图像。另一类是用一次离子束与样品相互作用，再用飞行时间质谱仪去分析所产生的二次离子束中的分子成分。由于一次离子束的横向尺寸一般在纳米量级，利用该类方法则可实现分子质谱功能纳米成像。

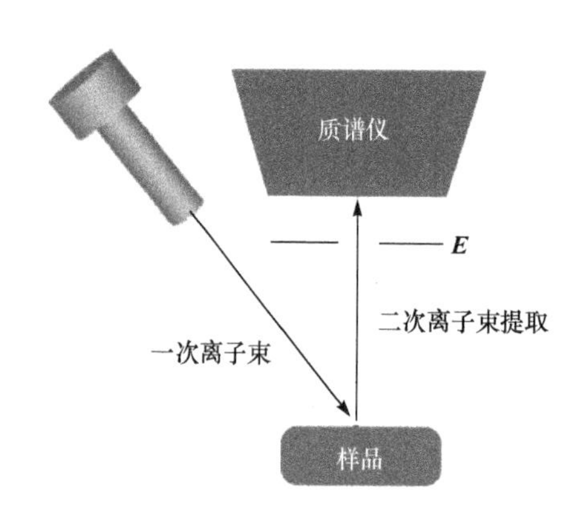

图 8-23　分子质谱功能纳米成像系统示意图[8]

图 8-23 给出分子质谱功能纳米成像装置的基本构成,包括上面介绍过的聚焦一次离子束、二次离子质谱仪和样品室。一般来说，一次离子束是斜着入射到样品表面上,二次离子束在电场的作用下从样品表面引出，因此，二次离子束常垂直于样品表面发出。在这种情况下，一次离子束的聚焦与二次离子束无关。

在这类方法中,有两种质谱仪可被用来分辨分子的种类:一种是我们上面介绍的飞行时间二次离子质谱仪，另一种是下面将要进一步介绍的动态二次离子质谱仪。对飞行时间二次离子质谱仪而言，一次离子束是脉冲的，在分子分析的过程中允许所有不同质量的分子均可被检测。飞行时间二次离子质谱仪的目标就是使样品的分子发射出去并对其进行监测。比较而言，动态二次离子质谱仪是使用连续的一次离子束，但可以探测的二次离子束分子质量范围受到限制，必须为质谱仪的磁扇所覆盖才能被探测。在连续的离子束轰击下，分子的化学键被打断了，只是产生了单原子和小分子的离子，只有这些离子才能被探测。这种方法只适合于探测具有特定元素的分子或者由同位素标记的分子。动态二次离子质谱仪广泛用于分析材料科学、地质学和宇宙化学中的硬材料。基于这种质谱仪的成像方法只用于材料科学领域，它们常被集成在半导体制作工艺中，用来定性控制与分析。该方法则很少用于生物学研究，只有个别生物学实验室用于研究一些特殊问题。这种方法之所以很少用于研究生物样品，主要有如下几个理由：① 灵敏度和分辨率均不够高；② 认定分子存在挑战；③ 在高真空状态下分析生物样品存在挑战。然而，随着对飞行时间二次离子质谱仪新离子源的发明和高分辨动态二次离子质谱仪的发展，这类成像仪器在生命科学中的应用出现新的机遇。下面我们将分别介绍一下基于动态二次离子质谱仪和飞行时间二次离子质谱仪的纳米成像系统。

动态二次离子质谱仪又被称为磁扇二次离子质谱仪。在使用这种质谱仪时，一次离子束是连续的。图 8-24 给出基于这种质谱仪的功能纳米成像系统。在此系统中,使用了磁扇二次离子质谱仪,一次离子束和二次离子束均垂直于样品表面，在这种情况下，一次离子束的聚焦透镜可以更靠近样品表面，从而可减小离子聚

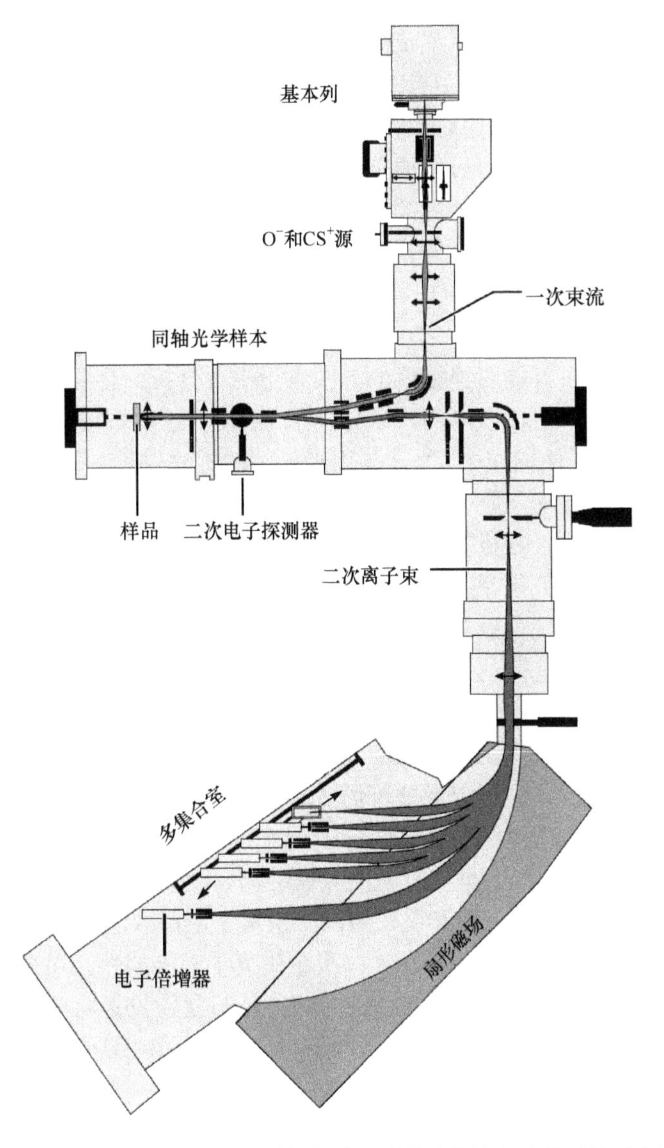

图 8-24　具有磁扇二次离子质谱仪的分子质谱功能纳米成像系统示意图[9]

焦像差，改善图像质量。空间分辨率最高可达 50nm，不过这时的一次离子束流需要明显降低。若空间分辨率为 100nm，则一次离子束流可达 2pA 左右。这时，一次离子用铯离子(Cs^+)。若采用液态金属离子源，也可获得类似的横向空间分辨率。为了获得样品表面不同位置的功能图像信息，可以利用偏转系统使一次离子束在样品表面进行扫描。若使用磁扇二次离子质谱仪，一般用氧作为一次离子束，可为 O^-、O_2^-或 O_2^+，也可用 Cs^+，用来产生二次离子。这些反应使一次离子植入样品之中，以增加分别产生正或负离子的概率。人们发展的微铯源可以产生小于1μm的一次离子束斑，并可将其用于磁扇二次离子质谱仪。正离子成像对活体成像来说是很有意义的，可以用Ca^{2+}和Zn^{2+}来追踪代谢路径。在有机分子的片段中，包括所有的生物大分子，可以构成负的二次离子。对生物样品来说，最重要的原子二次离子，包括引入的原子或同位素标记物，有$^{1}H^{-}$、D^{-}、$^{12}C^{-}$、$^{13}C^{-}$、$^{16}O^{-}$、$^{18}O^{-}$、$^{19}F^{-}$、$^{31}P^{-}$和$^{32}S^{-}$；分子二次离子包括$^{12}CH^{-}$、$^{13}CH^{-}$、$^{12}CD^{-}$、$^{13}CD^{-}$、$^{12}CH_2^{-}$、$^{12}C^{14}N^{-}$、$^{13}C^{14}N^{-}$、$^{12}C^{15}N^{-}$、$^{13}C^{15}N^{-}$。对于用最大电离概率的试样如O^{-}、F^{-}、S^{-}和CN^{-}，在样品中可以探测1～20个原子。磁扇二次离子质谱仪之所以能够区分不同质量的二次离子并能对连续流的二次离子进行分析，是因为在此仪器中引入了弯曲磁场和电场，可以以高的质量分辨率$m/\Delta m$聚焦不同质量和能量的二次离子。在磁扇二次离子质谱仪中，通常是用半径小的磁铁，随着质量分辨率的提高，二次离子的透过率迅速下降，也即探测器收集的二次离子的比例迅速下降。因此，对地质年代学和同位素分析等应用来说，常常是用更大的磁铁半径。对纳米成像而言，为了在高质量分辨率的条件下获得高的透过率，就需要在窄能带窗下优化透过率。这种成像系统可以并行探测5～7种二次离子。

生物样品是一种复杂的混合物，为了使上述纳米成像系统用于生物样品，常需要使用同位素或其他原子对感兴趣的分子进行标记。在切片样品中，还可利用一些特定的二次离子作为图像对比度，例如DNA，其中CN^{-}和P^{-}具有高的计数。对所有质谱方法而言，进行定量分析仍然存在严重的挑战。

基于飞行时间二次离子质谱仪的分子质谱功能纳米成像系统是目前正在大力发展的主流成像系统，其中早期发展的一种结构如图8-25所示[10]。上述成像系统包括一次聚焦离子束、样品室和飞行时间二次离子质谱仪。与图8-24所示系统的不同之处主要表现在两个方面，一是一次聚焦离子束不同，这里采用脉冲一次离子束，斜入射到样品表面上产生二次离子束。通过浸没物镜将所选择的极性二次离子静电引出和聚焦。上述的浸没物镜与其他1～2个透镜结合起来将图像放大，早期的横向空间分辨率一般为1μm左右，这主要取决于一次离子束斑大小和二次离子成像系统的放大倍率。这个系统的一个特点是使用了三个半球形的去像散的成像系统，它构成了离子光学的主要部分，以很小的二阶像差实现一阶能量的聚焦成像和飞行时间。最后放大的二次离子图像投射到成像探测器上。质谱分析是靠二次离子到达探测器的时间差来确定的，这里采用快速双通道板探测器进行时间分辨，即所谓的多停点时间数字转换器或时间分辨率为156ps的单停点时间数字转换器。在通道板之后放置一快速电阻阳极编码器依次编码到达探测器上的二次离子位置。离子成像可以利用一次离子在样品上扫描的位置确定。

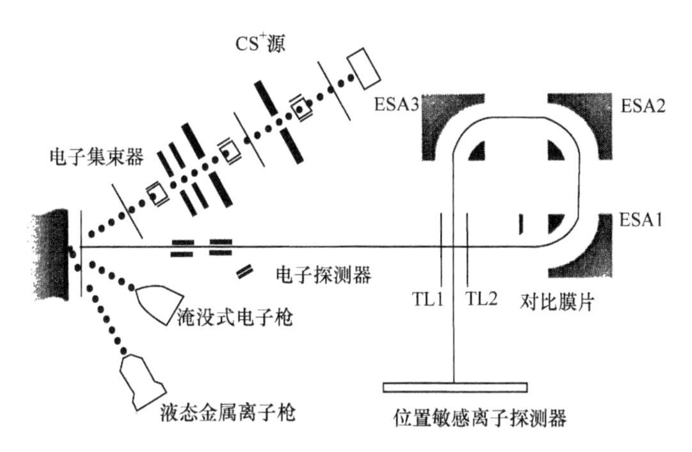

图 8-25　基于飞行时间二次离子质谱仪的分子质谱功能纳米成像系统示意图[10]
ESA(electrostatic sector analyzer)为静电扇形分析器

上述基于飞行时间二次离子质谱仪的分子质谱功能成像系统在应用中发现存在如下问题：一是所采用的液态金属一次离子与样品作用时常会引起样品次表面化学破坏，其二次离子产生效率是很低的，为解决此问题，曾发展了多原子液态金属离子源，这样二次离子产额有所提高，但分裂后的高能离子仍会产生次表面化学破坏的问题；另一个存在的问题是正如我们在上面介绍的，飞行时间二次离子质谱仪必须工作在脉冲状态，从而产生了质谱分辨率和空间分辨率的矛盾，在这种情况下若要获得三维图像，获取图像的时间将会长达 1 个月以上，由此还使得两脉冲之间的时间间隔加大，从而获得一幅功能图像的时间就会加长。为解决上述问题，一是采用 C_{60}^{+}这样的一次离子，一方面可提高二次离子的产额，另一方面它不会像多原子金属离子那样裂解产生次表面化学破坏。为了解决飞行时间二次离子质谱仪存在的问题，J. S. Fletcher 等在保持飞行时间二次离子质谱仪优点的基础上提出了采用连续一次离子束的方案(图 8-26(a)[11])。为此，他们在飞行时间二次离子质谱仪中引入一种独特的具有谐波反射器的聚束器(图 8-26(b))。这里一次离子是 40keV 的 C_{60}^{+}，工作在连续态模式，所产生的二次离子束也是连续的。二次离子在射频四极透镜中通过与气体碰撞而被冷却，再通过静电分析器进行能量滤波，使其在进入线性聚束器之前能量弥散在 1eV 范围内。在 0.3m 长的聚束器内充入一部分离子，然后突然在聚束器施加一加速场，入口电压 7kV，出口电压 1kV。这样，在飞行时间分析器的入口处就实现了时间聚焦。最终的质量分辨率取决于此聚焦特性，而与溅射或样品的形貌无关。由于在聚束器中的加速效应，离子束将具有 6keV 的能量弥散。这就需要一谐波场飞行时间反射器，这样二次离子的路径只与其质荷比有关，而与能量无关。这样，就将连续的二次离子束转换成一个个二次离子脉冲束，再利用飞行时间二次离子质谱仪分辨不同的二次离子。

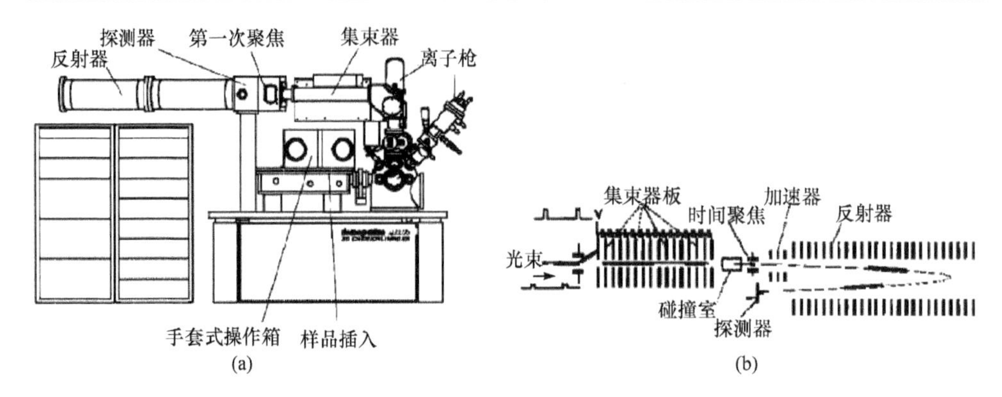

图 8-26　具有聚束器的飞行时间二次离子质谱仪成像装置[11]

(a) 利用手套箱在惰性气体保护下将样品送入样品室中，从而使冷冻样品不会结霜；(b) 连续二次离子束在 0.3m 聚束器中实现时间聚焦

8.3.4　分子质谱功能纳米成像的应用

分子质谱功能纳米成像的一个重要应用是分析细胞中的分子分布情况，早在1997 年，人们就基于飞行时间二次离子质谱仪和液态金属离子源研究了草履虫的分子分布。在 500pA 下一次粒子束斑直径可达 200nm，在 60pA 下一次离子束斑直径可达 50nm，这时一次离子流是连续的。为实现飞行时间质谱分辨，必须工作在脉冲状态下，这时的束斑直径可达 100nm。在含水冰冻的情况下所获得的草履虫图像如图 8-27 所示[12]，这些图像有两种表示方式；一种如图 8-27(a)所示，由质谱仪所收集到的所有粒子构成；另一种如图 8-27(b)～(d)所示，由两种颜色表示的质谱中的两个峰值的相对分布一层层覆盖而成。图 8-27(b)中的两种物质是水和碳水化合物，图 8-27(c)中是水和 K^+，图 8-27(d)中是水和 Na^+。

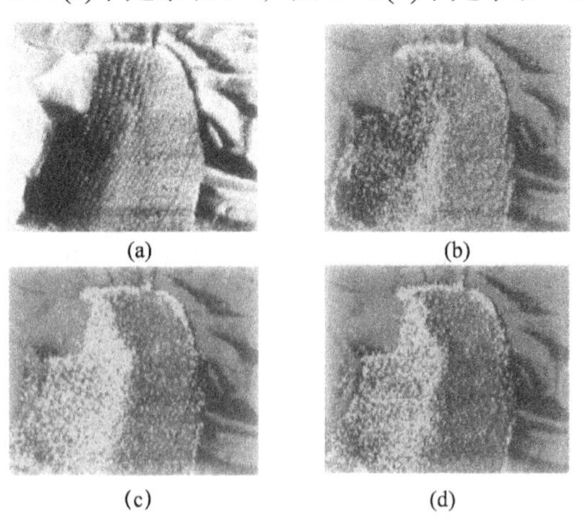

图 8-27　利用飞行时间二次离子质谱仪成像系统获得的冰冻草履虫纳米分辨功能图像[12]

在生物领域的另一个重要应用就是对样品中的蛋白质、氨基酸、DNA、RNA、脂等进行功能成像，这里以脂为例进行说明。人们曾利用磁扇二次离子质谱仪和飞行时间二次离子质谱仪对这类样品中的脂进行了成像探测，利用前者空间分辨率达到纳米量级，而利用后者空间分辨率小于 1μm。为了实现对样品的测试，需要对样品固定。为测样品的成分，显然不能采用化学固定的方法。对生物样品而言，目前最好的方法就是玻璃态冷冻法，既可保持样品的微观形状不变，又不会引入新的化学成分。图 8-28[8]和图 8-29[13]分别给出两种质谱仪获得的信号图像。

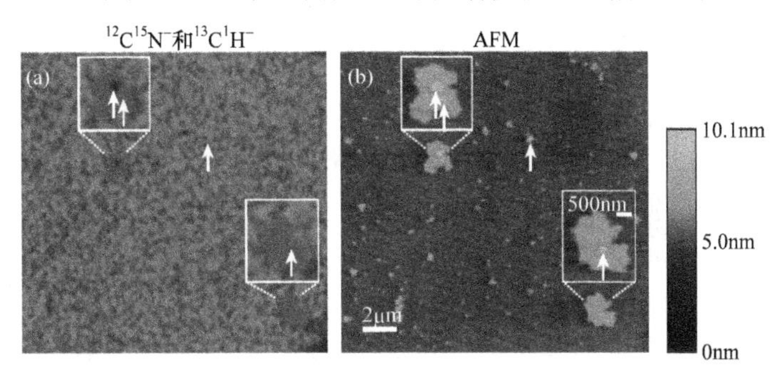

图 8-28　两种特定脂离子信号(a)和同一样品在进行质谱之前的原子力显微图像(b)[8](后附彩图)

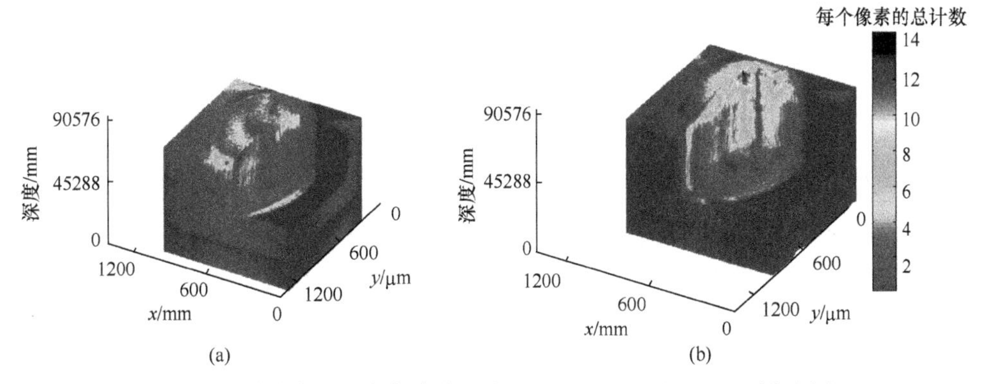

图 8-29　冷冻卵母细胞中磷酸胆碱 m/z=58,86, 166 和 184(a)及胆固醇 m/z=369(b)生化图[13](后附彩图)

还有人利用质谱成像方法研究药物和代谢物。成像技术用于生物组织的分子定量分析对药物的发明和发展具有重要的意义。其中一种成像方法是自动辐射成像，包括宏观和微观两种，宏观方法给出药物在小动物身上的分布状态，但难以在特定组分和潜在代谢物之间加以区分。为克服此缺点就需要将全身辐射成像与液态色谱仪结合起来。质谱成像技术的发展就将成像分辨率与分子质谱特异性结合起来了。药物和代谢物的质谱成像将涉及激光或其他离子源对样品进行扫描，这取决于对空间分辨率的要求。如上所述，为获得 1μm 以下的空间分辨率，将需要用到一次离子聚焦束和飞行时间二次离子质谱仪，上面介绍的聚束器可以将连续二次离子束流转换为脉冲束流，从而可将连续的一次离子束用于飞行时间二次离子质谱仪成像系统，既改善了空间分辨率，又不会降低质谱分辨率，还可提高图像获取速率。显然，该方法可应用于研究药物和代谢物，并使空间分辨率由原来的几十微米提高到亚微米甚至纳米量级。

8.4　FRET 功能纳米成像

生物系统是包含大量大分子的复杂的分子组织,其中的大分子,例如蛋白质、核酸聚合物、脂肪酸、脂和聚合碳水化合物等,组成超分子结构,例如多蛋白体、膜和染色体等，反过来它们又构成区隔活细胞的不同结构和细胞内相应的部分。FRET 在其精确空间测量和探测 1～10nm 距离范围内的分子复合体方面具有独特的优势，能够用来确定和探测许多种类的生物组织。

荧光共振能量转移又被称作 Förster 共振能量转移。尽管早在 20 世纪初 Perrin 就观察到共振能量转移的现象，但直到 20 世纪 40 年代末才由德国科学家 Förster 提出一种理论，用共振能量转移来说明长距离分子的相互作用，并导出了转移速率方程，将发色团之间的距离与它们的光谱性质联系起来，很好地揭示了荧光共振能量转移现象，因此人们将此现象又称作 Förster 共振能量转移。之后，Förster 的理论进一步被 Stryer 等的实验所证明，转移速率确实取决于距离的 6 次方和重叠积分。因此，在生物学中，对长距离的确定来说，共振能量转移可以作为谱学的一种尺度而被广泛应用。

FRET 产生的荧光信号在 1～10nm 范围内对分子的构型变化、关联、扩散、催化和分离等有着独特的作用，其可实现的功能成像是其他方法不可取代的。下面就其原理、实现的方法和应用作一介绍。

8.4.1　FRET 原理

设有两个偶极子，它们分别为供体和受体，受体被激发后可以发出不同光谱和不同寿命的荧光，两个偶极子的相互作用所实现的共振能量转移速率方程可作如下表示[14]：

$$k=\frac{1}{\tau_{\mathrm{D}}}\left(\frac{R_0}{r}\right)^6,\quad R_0^6=8.785\times10^{-5}\frac{\kappa^2\phi_{\mathrm{D}}J}{n^4} \tag{8.101}$$

其中，τ_{D} 表示在受体不存在的情况下供体的寿命；r 表示供体和受体之间的距离；R_0 表示 Förster 距离或临界转移距离，在此距离上能量转移速率等于供体受激衰变速率，即 $k=1/\tau_{\mathrm{D}}$。从上面表达式中可以看出，Förster 距离与供体和受

体之间的方位因子 κ^2 以及它们的光谱性质有关。其中，ϕ_D 表示在受体不存在的情况下供体的量子产额；在液体中的折射率 n 一般取 1.4；J 表示供体和受体之间的重叠积分：

$$J = \int F_D(\lambda)\varepsilon_A(\lambda)\lambda^4 d\lambda \tag{8.102}$$

其中，F_D 表示供体的峰值归一化荧光谱；ε_A 表示受体摩尔吸收系数。比例常数是在下面的单位下获得的，其中，ε_A 的单位为 $M^{-1}\cdot cm^{-1}$(1M=1mol/L)；波长λ的单位为 nm；Förster 距离单位为 Å。

关于影响能量转移速率的因素，在许多文章中都作过讨论，实验已经反复证明 Förster 理论是正确的，并可用于纳米精度距离的确定。但直到近年来，关于其中的方位因子 κ^2 仍有争议。在平均距离估值中，方位因子的不确定性起源于如下事实：在共振能量转移测量中，所有距离的计算都以 Förster 距离为参考点，而其计算与供体和受体的光谱性质有关。如果受体-供体对采用特殊的方位，那么它们的方位因子 κ^2 将远偏离通常所用的动态平均值 2/3，也即此时仍用 $\langle\kappa^2\rangle$=2/3，所计算出的距离将会偏离实际值。人们已经提出几种途径减小这种不确定性，其中包括各向异性测量得到方位因子的极限值，使用多对受体-供体对和将结果用统计方法表示等。选取具有多次电子跃迁发色团也可以帮助减小与方位因子有关的不确定性。现在仍有很多文章在讨论方位因子 κ^2 的不确定性问题。供体荧光的淬灭与不同距离和不同方位上存在的受体有关，还与供体或受体的运动有关。所有这些贡献的叠加导致供体荧光的衰变，而这可用距离的分布进行分析。正是供体-受体距离的分布以及它们相应的方位不同这些因素共同决定了所观察到的平均距离。因为所出现的距离分布可由实验得到，方位因子的不确定性可以估值到一定的精度。只要存在一定的分布，而供体和受体之间又不过于靠近(相对于 R_0)，应当能够可靠地获得它们之间的平均距离。

在 FRET 研究的过程中，一个很有用的参数是能量转换效率，它定量描述了由供体转移到受体的量子数目。能量转移效率用 E 表示，实质上 E 是能量转移的量子产额，可作如下定义[15]：

$$E=\text{由供体转移到受体的量子数目/供体吸收量子的数目} \tag{8.103}$$

E 也可表示为能量转移速率 k 与受激供体由激发态衰变到基态所有过程的速率和的比值。E 可以通过不同的途径进行测量，既可以在稳态下测量，也可在时间分辨状态下测量。如果在稳态下测量，一个要测量只含供体的样品的荧光强度 F_D，另一个要测量同时含供体和受体的样品的供体产生的荧光强度 F_{DA}。如果 F_D 和 F_{DA} 都分别相对于各自的供体浓度作归一化处理，对于单一供体，能量转移给受体使其激发供体-受体对的效率可按照下面的公式进行计算[15]：

$$E = 1 - F_{\mathrm{DA}}/F_{\mathrm{D}} = 1\Big/\left\{1 + (r/R_0)^6\right\} \tag{8.104}$$

从上面的结果我们不难看出，不论是能量转移速率 k 还是能量转移效率 E 都与供体和受体之间的距离的 6 次方成反比，它们之间对其间距具有强烈的依赖关系。

Förster 理论是基于供体和受体之间非常微弱的相互作用。这就确定了该理论成立的最短距离范围。它们的距离能接近到何种程度取决于供体-受体对。对于某些供体-受体对，Förster 理论在小于 1nm 时仍是成立的。当供体和受体太靠近时，其他的相互作用或能量转移(例如 Dexter 机理)则可能出现，从而使距离的评估复杂化。有时关于发色团光谱的某些性质会被忽略，例如，在不同的环境下量子产额或者光谱的形状会发生改变，从而导致 Förster 理论适用性的问题。在染料分子结合到核酸上的情况下，复杂性还包括非随机结合或堆积相互作用。当识别分子与 DNA 束缚在一起时，对识别分子之间能量转移的 Förster 理论也提出过质疑。当然，这些都是应用过程中出现的问题，并不是 Förster 理论是否适用的问题。

FRET 在应用于细胞生物学特别是涉及成像时，主要问题是，参考值 τ_{D} 一般是未知的，并在整个样品中其值的变化是连续的和任意的。这时其变化与环境有关。另外，尽管供体-受体间距 r 在 FRET 实验中是我们最感兴趣的，在 R_0 中的其他参数也可能会发生变化或者更具功能意义。可能的例子比如分子在细胞质和浆膜之间的转移以及重新构型。在后一个例子中相关的参数是方位因子 κ^2，一般情况下几乎总是令其值为 2/3。正如上述，只有供体和受体分子的方位是随机的、快速旋转的和各向同性的，其均值才等于 2/3。这样的条件常常或一般是不存在的。对于可见荧光蛋白，旋转相关时间是寿命的 5 倍，因此极大地限制了旋转弛豫范围，所报道的可见荧光蛋白的 R_0 在使用时要特别小心。对于随机静态的分子分布，方位因子甚至不是一个常数而是一个随供体-受体间距 r 变化的函数。更进一步的讨论涉及供体-受体剂量化学。在一个供体被 n 个受体所环绕的情况下，R_0^6 的操作是单一供体-受体对的 n 倍，对于点到平面的共振能量转移与距离的关系，不是 6 次方而是 4 次方的关系。简言之，共振能量转移参数如 R_0 不变的概念不是普遍可以应用的。

鉴于上述情况，Jares-Erijman 和 Jovin 提出在使用 Förster 理论时使用如下表达式更为方便[16]：

$$\theta \equiv k_f\big/k = (r/\Gamma_0)^6, \quad \Gamma_0^6 = c_0 k^2 J n^{-4}, \quad R_0^6 = Q_0 \Gamma_0^6 \tag{8.105}$$

$$\theta = Q_0(\rho/(1-\rho)), \quad \rho = 1 - E = Q/Q_0 \text{ 或任何其他等效比值或函数} \tag{8.106}$$

其中，$c_0=8.8\times10^{-28}$，这时 R_0 单位为 nm；$J = 10^{17}\int q_{\mathrm{d}\lambda}\varepsilon_{\mathrm{a}\lambda}\lambda^4 \mathrm{d}\lambda$，单位为 nm^6/M，这里 $q_{\mathrm{d}\lambda}$ 表示归一化的供体发射谱；$Q_0 = k_f\tau_{\mathrm{D}}$，$\tau_{\mathrm{D}}^{-1}=k_f+k_{\mathrm{nr}}+k_{\mathrm{isc}}+k_{\mathrm{pb}}$，$\tau^{-1}=\tau_{\mathrm{D}}^{-1}+k$；我

们定义 k_f/k 为 Förster 因子，它等于间距 r 和 Förster 常数 Γ_0 比值的 6 次方，在 Γ_0 的表达式中 Q_0 没有包括进去。在用于细胞生物学尤其是细胞成像时采用上述参数更为方便。当然，即使如此，Γ_0 的其他参数在特定的实验中也可能是变化的，这些变化可能由实验设计引起，也可能由特定目标的性质引起，或者由分子态固有的粒子分布的变化引起。在后一种情况下，必须使用一适当的集总平均算法。这里我们通过式(8.106)将 θ 和 ρ 联系起来，而 ρ 是实验测得量的一个比值，正比于供体的量子产额，此量子产额相应于两个不同的条件下获得：一个是供体和受体同时存在，一个是只有供体存在。

8.4.2 FRET 测量

由上面 Förster 理论可知，为了计算出供体-受体对之间的 Förster 距离，我们需要测量如下量：① 供体量子产额；② 供体荧光发射谱；③ 受体摩尔吸收系数。一般来说，由光谱仪测得的供体的发射谱 $I_{oba}(\lambda)$ 包含与波长有关的仪器响应函数 $S(\lambda)$，$I_{oba}(\lambda) \propto S(\lambda)I(\lambda)$，其中 $I(\lambda)$ 才是供体的真正荧光发射谱。在实际应用中，我们利用一参考荧光材料求得 $S(\lambda)=I_{oba}^{ref}(\lambda)/I^{ref}(\lambda)$，最后求得 $I(\lambda)= I_{oba}(\lambda)I^{ref}(\lambda)/I_{oba}^{ref}(\lambda)$。这时则可将其用于重叠积分求得 $J=\sum_i F_D(\lambda_i)\varepsilon_A(\lambda_i)\lambda_i^4 \big/ \sum_j F_D(\lambda_j)$，其单位为 $nm^4/(M \cdot cm)$。同样，也可求得供体的量子产额 φ_D，当然，这时因为要考虑所用探测器的量子效率，也要参考利用此探测器测过的已知荧光材料的量子产额 φ_{ref}。整个的校正过的强度 $I \propto \varphi_D A$，其中 A 表示在激发波长下的吸收系数，这样我们就可由单次测量得到 $\phi=I\phi_{ref}A_{ref}/(AI_{ref})$，或者使用系列测量的吸收系数得到 I-A 的斜率，然后计算出 φ_D。当样品与参考材料的溶剂大不相同时，由于折射率的不同也需要做校正，这时 $\varphi_D/n^2=\varphi_{ref}/n_{ref}^2$，其中 n 和 n_{ref} 分别为含样品的溶剂和含参考材料的溶剂的折射率。表 8-3 给出部分用于生物实验的供体-受体对及相应的 Förster 距离。由于量子产额和光谱形状对环境敏感，Förster 距离可能会随溶液条件而改变。已报道的 Förster 距离最大为 8nm，但在多数情况下 Förster 距离均限制在 3～6nm。

表 8-3 部分用于生物实验的部分供体-受体对及相应的 Förster 距离

供体	受体	R_0/Å	供体	受体	R_0/Å
萘	Dansyl	22	IAEDANS	TNP-ATP	40
IANBD	DDPM	25	ε-A	IANBD	40
IAEDANS	DDPM	25～29	NBD	SRH	40～74
DNSM	LY	26～32	ISA	TNP	42
IAEDANS	IANBD	27～51	Dansyl	ODR	43

续表

供体	受体	R_0/Å	供体	受体	R_0/Å
ε-A	F_2DNB	29	DANZ	IAF	44～49
Pyrene	Bimane	30	FNAI	EITC	45
ANAI	IPM	30	NBD	LRH	45～70
IAANS	IAF	31	IAF	EIA	46
ε-A	F_2DPS	31	FITC	ENAI	46
ε-A	DDPM	31	Proflavin	ETSC	46
IAEDANS	TNP	31～40	CPM	TNP-ATP	46
MNA	DACM	32	IAEDANS	IAF	46～56
PM	NBD	32	CPM	Fluorescein	47
FITC	TNP-ATP	32	IAEDANS	FITC	49
DANZ	DABM	34	FITC	TMR	49～54
NCP	CPM	34	IAF	TMR	50
NAA	DNP	33～37	CF	TR	51
LY	TNP-ATP	35	CPM	FTS	51
IAF	diI-C_{18}	35	ε-A	TNP-ATP	51
IAF	TMR	37	CPM	FM	52
FMA	FMA	37	LY	EM	53
PM	DMAMS	38	FITC	EITC	54
mBBR	FITC	38	IAEDANS	DiO-C_{14}	57
mBBR	DABM	38	IAF	ErITC	58
εA	NBD	38	FITC	EM	60
Pyrene	Coumarin	39	FITC	ETSC	61～64
IPM	FNAI	39	FITC	ErITC	62
IAEDANS	DABM	40	BPE	CY5	72

这里要说明的是，为了达到 FRET 测量的目的，供体总是用荧光材料，但受体可以用荧光材料，也可不用荧光材料，只要能接收供体所转移出的能量即可。例如，除了大多数实验用荧光材料作为受体外，还有的用纳米金等作为受体，尤其在用量子点做供体时，量子点激发谱宽、发射谱窄而可调、量子产额高和具有抗漂白特性，这时若用金纳米粒子作为受体，而它是一种性能非常优越的荧光淬灭剂，在用于 FRET 时具有高的消光比、在可见光范围内具有宽的吸收谱，可与量子点的发射谱相匹配。因此，量子点和金纳米粒子对作为一种 FRET 纳米探针因具有高的灵敏度和高的选择性而引起人们的高度重视，近年来获得越来越广泛的应用。

关于 FRET 实验，首先涉及样品的制备。样品内几乎不存在固有的供体-受体对，都是要从外部提供供体-受体对，并与样品本身的性质有关。为了利用 FRET 现象，供体总是荧光材料，而受体的吸收谱应与供体的发射谱相匹配，但受体可以是荧光团，也可以不是荧光团。目前大部分受体均采用荧光团，但也有采用纳米粒子做供体荧光的吸收体，例如纳米金。原则上讲，任何一对荧光团，只要供体的发射谱与受体的吸收谱重叠，均可用于 FRET。关于化学染料的 FRET 对可参阅有关综述文章，可以说，具有更高量子产额的供体和具有更高摩尔吸收系数的受体将呈现出增加的 FRET 现象。对于荧光寿命显微成像而言，重要的是在控制的供体寿命下要调谐仪器的性能来保证小的寿命变化会带来最大的灵敏度，通常情况下这是很容易达到的。许多 FRET 对已经用于 FRET-FLIM，包括荧光素-罗丹明、氨基荧光素-磺基罗丹明 B 以及 Cy3-Cy5 等，自 1996 年开始，基因编码的荧光团如 CFP、GFP 和 YFP 已经增强了其在 FRET-FLIM 中的应用。关于样品的准备将涉及专门的生化知识,感兴趣的读者可参考有关文献或专著,这里不作介绍。这里重点介绍共振能量转移中荧光测量的有关问题。为了测出共振能量转移速率、转移效率和供体-受体对距离，可分为荧光强度测量和荧光寿命测量两种，下面分别作一介绍。

1. FRET 荧光强度测量[17]

在荧光强度测量中，要解决的突出问题是供体淬灭，这是用得最多的一种方法。在此方法中，激发选择的是供体的吸收波长，所监测的是供体的发射强度。选择供体发射波长的原则是在此波长下观察不到受体荧光的贡献。受体的应用是要淬灭供体的荧光。在这种情况下，能量转移效率 E 可由下式算出：$E=1-I_{DA}/I_D$，其中 I_{DA} 和 I_D 分别表示受体存在和不存在的情况下供体的荧光强度。显然，供体的荧光强度与其浓度密切相关。为此，我们有必要对荧光强度根据浓度进行归一化处理。但是，在受体出现的情况下，供体的浓度是很难定量的。为解决此问题，Woolley 等提出一种方案。我们知道实验上供体淬灭若用 G 表示，代表受体存在和不存在情况下荧光强度的比值；由于受体在供体激发波长下具有有限的消光比，尽管比在受体最大激发波长下要小得多，但在这样的情况下测得的供体存在和不存在时的受体强度比值 H 仍然是有意义的。正如上述供体传递给受体的激发能部分定义为转移效率 E，它与观察量 G 和 H 之间的关系可作如下表示：

$$E=(1-G)\big/\chi_a \tag{8.107}$$

$$E=(H-1)\frac{\varepsilon_A}{\varepsilon_D}\bigg/\chi_d \tag{8.108}$$

其中，ε_D 和 ε_A 分别表示在激发波长 λ_{ex} 下供体和受体的摩尔消光系数；χ_d 和 χ_a 分

别表示供体和受体双标记的标记程度，$0 < \chi_d, \chi_a \leqslant 1$。按照过去给出的转移速率方程，可以导出供体-受体对间距如下：

$$r = R_0(1/E - 1)^{1/6} \tag{8.109}$$

显然，当 E=0.5 时，$r = R_0$。这里的问题是为测得 G 和 H，就需要精确知道各种情况下标记的浓度、单标记和双标记的标记程度，以及在发光重叠的情况下强度比值的测量，这在实验上是十分困难的。这里介绍一种方法，可以使上述困难最小化，其基本想法主要有两点：一是利用部分酶消化分离荧光团，从而可以在有和没有 Förster 能量转移的情况下直接比较供体和受体的发射强度；二是通过简单的曲线拟合步骤就可以利用谱中所包含的所有信息。有关理论如下：设 $F(\lambda)$ 表示双标记样品的发射强度，$F_D(\lambda)$ 表示双标记样品供体的发射强度，$F_A(\lambda)$ 表示双标记样品的受体发射强度，$D(\lambda)$ 表示供体标记样品的发射强度，$A(\lambda)$ 表示受体标记样品的发射强度。所有以上的发射激发波长都是 λ_{ex}，在此波长下，供体和受体均可被激发。对于所有的发射谱具有相同的波长限制，均长于激发波长 λ_{ex}，并使供体和受体包含尽可能多的共有发射谱。强度无须进行量子校正，但应是各向异性校正的总体发射，这样由能量转移引起的各向异性变化不影响所测的强度。$F(\lambda)$、$D(\lambda)$ 和 $A(\lambda)$ 可直接测量，对于所有 λ，$F_D(\lambda)$ 和 $F_A(\lambda)$ 具有如下关系：

$$F(\lambda) = F_D(\lambda) + F_A(\lambda) \tag{8.110}$$

假设 $F(\lambda)$、$D(\lambda)$ 和 $A(\lambda)$ 已被测出，利用不标记的样品，背景校正已经完成，并认为双标记和单标记样品的浓度都近似是一样的，但这里既不要求完全等同，也不要求精确知道。如果背景是可以忽略的，则上述三种样品的浓度是没有限制的。令这些浓度分别为 c_F、c_D 和 c_A，并令单一标记样品的标记程度分别为 χ_d 和 χ_a，双标记样品的标记程度分别为 χ_d 和 χ_a，上述各标记程度 $0 \leqslant \chi \leqslant 1$。由上面 G 和 H 的定义：

$$G = \frac{F_D(\lambda)}{D(\lambda)} \cdot \frac{c_D}{c_F} \cdot \frac{\chi_D}{\chi_d} \quad (0 \leqslant G \leqslant 1) \tag{8.111}$$

$$H = \frac{F_A(\lambda)}{A(\lambda)} \cdot \frac{c_A}{c_F} \cdot \frac{\chi_A}{\chi_a} \quad (0 \leqslant H) \tag{8.112}$$

将上述式(8.110)～(8.112)结合起来则有

$$F(\lambda) = GD(\lambda)\frac{c_F}{c_D} \cdot \frac{\chi_d}{\chi_D} + HA(\lambda)\frac{c_F}{c_A} \cdot \frac{\chi_a}{\chi_A} \tag{8.113}$$

利用上述方程，通常通过选取两个发射波长的供体和受体的发射以及代入 c 和 χ 的值可分别求出 G 和 H。上面求解 G 和 H，使用了联立线性方程组。更容易和更精确的方法是仍模拟方程(8.113)，但在物理上将两个荧光团分离，它们之间不存在能量转移。我们假设荧光团之间彼此分离到几乎不存在能量转移的状态，比如通过附加水解酶到每一样品上。重复每一个测量，用“′”表示消化后。由于环境的变化，$D(\lambda)$ 和 $A(\lambda)$ 也将发生变化，这些变化包括消光系数、量子产额或发射波形。这种变化可表示为

$$\sigma_{\mathrm{D}}(\lambda)=\frac{D'(\lambda)}{D(\lambda)},\quad \sigma_{\mathrm{A}}(\lambda)=\frac{A'(\lambda)}{A(\lambda)} \tag{8.114}$$

这时下面的关系仍成立：

$$F'(\lambda)=F'_{\mathrm{D}}(\lambda)+F'_{\mathrm{A}}(\lambda) \tag{8.115}$$

因为在酶消化后不存在能量转移，$G'=1=H'$，相应的方程(8.111)和(8.112)则变为

$$F'_{\mathrm{D}}(\lambda)=D'(\lambda)\frac{c_{\mathrm{F}}}{c_{\mathrm{D}}}\cdot\frac{\chi_{\mathrm{d}}}{\chi_{\mathrm{D}}} \tag{8.116}$$

$$F'_{\mathrm{A}}(\lambda)=A'(\lambda)\frac{c_{\mathrm{F}}}{c_{\mathrm{D}}}\cdot\frac{\chi_{\mathrm{a}}}{\chi_{\mathrm{A}}} \tag{8.117}$$

代入式(8.115)，则有

$$F'(\lambda)=D'(\lambda)\frac{c_{\mathrm{F}}}{c_{\mathrm{D}}}\cdot\frac{\chi_{\mathrm{d}}}{\chi_{\mathrm{D}}}+A'(\lambda)\frac{c_{\mathrm{F}}}{c_{\mathrm{D}}}\cdot\frac{\chi_{\mathrm{a}}}{\chi_{\mathrm{A}}} \tag{8.118}$$

因此，$F(\lambda)$ 和 $F'(\lambda)$ 分别是 $D(\lambda)$ 和 $A(\lambda)$ 或 $D'(\lambda)$ 和 $A'(\lambda)$ 的线性组合，所有这些谱都是直接测出的，通过标准的曲线拟合方法可以求得相关系数。因此，由经验可知

$$F(\lambda)=\chi_{\mathrm{D}}D(\lambda)+\chi_{\mathrm{A}}A(\lambda) \tag{8.119}$$

$$F'(\lambda)=\chi'_{\mathrm{D}}D'(\lambda)+\chi'_{\mathrm{A}}A'(\lambda) \tag{8.120}$$

G 和 H 可由下式给出：

$$G=\frac{\chi_{\mathrm{D}}}{\chi'_{\mathrm{D}}},\quad H=\frac{\chi_{\mathrm{A}}}{\chi'_{\mathrm{A}}} \tag{8.121}$$

我们应注意到 G 和 H 的表达式与所有的 c、所有的 χ 和所有的 $\sigma(\lambda)$ 无关。因此，为了求得 G 和 H，无须知道浓度和标记的程度，特别是在计算中荧光团的环境变化效应都抵消掉了。

2. FRET 荧光寿命测量

尽管上面介绍的酶消化方法为 FRET 荧光强度测量带来了便利，但这种方法的应用有其局限性，而一般的 FRET 荧光强度测量方法存在光谱渗透和浓度确定问题，为应用带来不便。另一种方法是 FRET 荧光寿命测量，它不存在上述问题。所谓荧光寿命是指分子在没有返回到的基态前处于激发态的平均时间。在实践上，荧光寿命定义为激发之后的瞬态强度衰减到其 1/e 所经历的时间。激发态寿命测

量不依赖于激发光强度、探针浓度和光散射，只是高度依赖于荧光团的局域环境。在这种情况下，我们只需测量供体在不存在和存在受体情况下的荧光寿命，则可计算出供体能量转移效率 E：

$$E = 1 - \langle \tau_{\mathrm{DA}} \rangle / \langle \tau_{\mathrm{D}} \rangle \tag{8.122}$$

这里，$\langle \tau_{\mathrm{DA}} \rangle$ 和 $\langle \tau_{\mathrm{D}} \rangle$ 分别表示受体存在和不存在情况下供体的幅度平均寿命。显然，所测寿命与浓度及光谱渗透无关。只要测出供体能量转移效率，我们则可依据以下关系式求出所需的各个供体-受体对间距 r 和能量转移速率 k：

$$r = R_0[(1/E) - 1]^{1/6} \tag{8.123}$$

$$k = (1 - \tau_{\mathrm{D}})(R_0/r)^6 \tag{8.124}$$

这里要解决的问题有二：一是如何测得荧光寿命，一是如何将测出的多组分寿命分离开来。

在介绍荧光寿命测量和分离方法之前还应提及，到目前为止多数荧光寿命是在溶液状态下或在细胞悬浮状态下测量的。在细胞悬浮状态下测量荧光寿命还可实现荧光寿命成像，也即测量荧光寿命在空间上的分布状态。只要细胞不同位置处的微环境不同，荧光寿命就会有所不同，从而我们就可由荧光寿命的不同获知细胞内微环境的变化状态。相反地，尽管微环境不同，可能测得的荧光强度变化不大，难以通过荧光强度分布的测量反映微环境的变化。

关于荧光寿命的测量方法可以分成两类：一类是频域测量法，一类是时域测量法。早在 1921 年 Wood 就提出利用频域法测量荧光寿命的想法[18]，不久就在实践中实现了基于频域探测的荧光寿命测量。基于频域的荧光寿命测量所有的激发光强度是连续调制的。由于荧光是衰减的，荧光发射将表现为相移和调制减小。如果用 $t = 0$ 时刻的无限短的光脉冲激发荧光团，荧光的强度将会单调地衰减，荧光强度随时间的变化可写作

$$I(t) = (1/\tau)\exp(-t/\tau) \tag{8.125}$$

这里的强度，已作过归一化处理，t 表示时间，τ 表示荧光寿命。如果激发光脉冲不够短，所获得的荧光强度随时间的变化将是激发信号 $E(t)$ 与式(8.125)表示的荧光强度随时间变化的卷积，也即

$$I(t) = E(t) \otimes I(t) \tag{8.126}$$

卷积相应于傅里叶域的乘积。$I(t)$的傅里叶变换可表示为

$$\int_0^{\infty} \exp(\mathrm{i}\omega t) \cdot \frac{1}{\tau} \cdot \exp\left(\frac{-t}{\tau}\right) \mathrm{d}t = (1 + \mathrm{i}\omega\tau)^{-1} \tag{8.127}$$

将其重新写作幅度和相位角的形式 $A\exp(\mathrm{i}\omega t)$，这样我们就可以看出在相乘之后激发信号的每一频率分量的相位和幅度发生的变化：

$$(1 + \mathrm{i}\omega\tau)^{-1} = (1 + \omega^2\tau^2)^{-1/2} \cdot \exp(\mathrm{i} \cdot \arctan(\omega\tau)) \tag{8.128}$$

因此，在激发信号 $E(t)$中的每一频率分量将经历如下的相移：

$$\arctan(\omega\tau) \tag{8.129}$$

而幅度的衰减则可写作

$$(1+\omega^2\tau^2)^{-1/2} \tag{8.130}$$

因为在激发信号中的 DC 分量将不受影响($\omega = 0$)，幅度的变化正比于分量的调制深度。因此，我们利用式(8.129)和式(8.130)由观察到的相移或者所发射的荧光相对于激发信号调制深度的减小有可能确定寿命τ。我们将可得到两个寿命，即基于相移的寿命τ_φ和基于调制深度减小的寿命τ_M。在上面的推导中，使用单调指数衰减，$\tau_\varphi = \tau_M$。为了分析更复杂的衰减情况，可以使用多个调制频率进行重复测量。在不做空间分辨的荧光光谱测量中通常使用多个调制频率测量相移和调制从而解出复杂的衰减。在荧光寿命显微成像中，测量通常限制在单一频率。当然，多频的荧光寿命成像技术也已得到发展和应用。最佳的调制频率，也即可获得最精确寿命测量的频率，是由寿命测量结果决定的。一般来说，仪器是为有限范围的荧光团测量设计的。因为在荧光显微镜中通常使用的荧光团寿命在 1～10ns 范围内，荧光寿命显微仪器的多数都工作在 10～100MHz 的频率范围。为了使大家对频域测量有一感性认识，图 8-30 给出频域测量的三条曲线，一条是激发调制光曲线，一条是短寿命荧光发射曲线，一条是长寿命荧光发射曲线。横轴表示时间，纵轴表示强度。

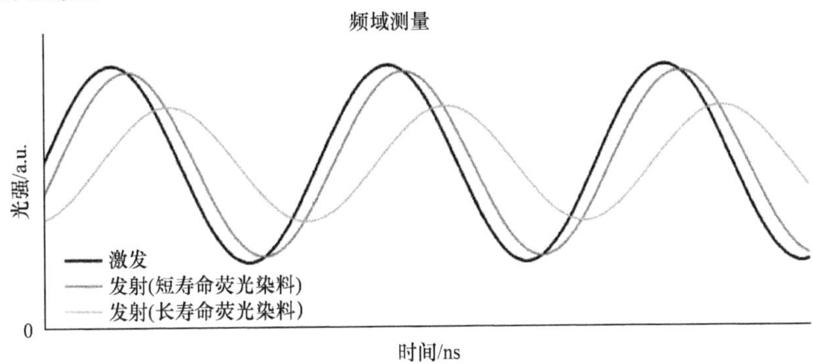

图 8-30　频域荧光寿命测量原理示意图

激发采用正弦调制，并测出由于荧光团寿命所产生的发射荧光的相移和调制

为了将频域寿命测量用于荧光寿命成像，从而进一步用于共振能量转移测量，我们需要采取一些特殊措施使光源实现调制，并能从记录的信号中提取出相移和幅度调制度。在扫描显微镜中相对较为简单，通常我们采用光电倍增管测量所调制的荧光信号，利用一般的电子学或者互相关则可测出相移和调制深度。在宽场频与荧光寿命显微成像中，通常用互相关获得相移和调制深度。为此，通常是用一调制的像增强器，其调制频率等于激发光的调制频率。对于每一像素，其强度

是由激发光和像增强器增益之间的相位差决定的，我们要在改变相位差的条件下记录一系列的图像。由所记录的图像确定相位和调制度的方法是借助于傅里叶分析。假设相位差在 360°范围内等间隔改变，利用下面的关系式可以确定每个像素的 F_{sin}、F_{cos} 和 F_{DC} 值：

$$
\begin{aligned}
F_{\sin,n} &= \sum_{k=0}^{K} \sin(2\pi nk/K) \cdot I_k \\
F_{\cos,n} &= \sum_{k=0}^{K} \sin(2\pi nk/K) \cdot I_k \\
F_{\text{DC}} &= \sum_{k=0}^{K} I_k
\end{aligned}
\tag{8.131}
$$

其中，K 表示所记录图像的数目；I_k 表示第 k 图像的强度；n 表示所感兴趣的谐波。相位和调制深度可由下式决定：

$$
\varphi_n = \arctan(F_{\sin,n}/F_{\cos,n}) \tag{8.132}
$$

$$
M_n = 2\frac{\sqrt{F_{\sin,n}^2 + F_{\cos,n}^2}}{F_{\text{DC}}} \tag{8.133}
$$

其中，φ_n 表示相位；M_n 表示调制深度，这里定义为其调制幅度除以平均强度，M_n=1 相应于 100%的调制度。我们对绝对的相位和调制度并不感兴趣，而是对相对于激发光的相移和调制度的减小感兴趣，因此我们还须确定激发光的相位和调制深度。为此，需要使用反射或散射目标来直接测量激发光。寿命可由下式确定：

$$
\tau_\varphi = \frac{\tan(\varphi_{\text{em}} - \varphi_{\text{ex}})}{\omega} \tag{8.134}
$$

$$
\tau_M = \frac{1}{\omega}\sqrt{\frac{1}{\left(\frac{M_{\text{em}}}{M_{\text{ex}}}\right)^2 - 1}} \tag{8.135}
$$

其中，φ_{em} 和 φ_{ex} 以及 M_{em} 和 M_{ex} 分别表示发射光和激发光的相位和调制度；ω 表示所用的调制角频率。在单调指数衰减的情况下，$\tau_\varphi = \tau_M$。如果 $\tau_\varphi \leqslant \tau_M$，就表明衰减是多指数的，具有不同的寿命分量。利用这种方法，很容易在频域区分简单衰减还是复杂衰减过程。通常，荧光寿命单基于基频即可确定(n=1)，但是理论上来说，在多指数衰减的情况下，出现在信号中的任何谐波均可以被用来分析，可以产生更多的附加寿命分量。

上面介绍了频域荧光寿命测量方法，下面介绍时域荧光寿命测量方法。从概念上讲，时域寿命测量较频域寿命测量更容易理解。在时域寿命测量中，激发光相对荧光来说是一短脉冲，激发后所发射的荧光通过时间分辨测量，从而直接得到方程(8.125)所描述的衰减曲线。但由于这种方法需要短的光脉冲和快速探测技术，时域测量较频域测量要晚 40 年才问世，直到 1960 年 Bennet 才第一次利用闪光灯测量荧光寿命。至今，时域荧光寿命测量，尤其是荧光寿命显微成像主要有三种途径可以实现。

一种是基于扫描变像管的同步扫描相机(SSC)，利用重复频率飞秒激光脉冲序列或其倍频光激发荧光团产生荧光，通过狭缝或点阵透镜照射到变像管光电阴极上产生狭缝或点阵光电子脉冲，经聚焦进入其偏转系统，同时利用飞秒激光脉冲激发同步扫描相机扫描电路产生线性扫描电压，作用于扫描变像管的偏转系统上对光电子脉冲进行扫描，若使重复荧光脉冲产生的光电子脉冲与重复扫描电压脉冲同步，对弱荧光产生的光电子脉冲实现同步重复扫描，则由 CCD 相机接收的变像管荧光屏输出的扫描图像由于不断叠加而增强，直至获得高信噪比扫描图像。这时，由图像在扫描方向展开的距离和扫描速度，则可求出荧光的寿命。若采用狭缝，则获得一维空间的荧光寿命，再通过不断移动狭缝位置则可获得荧光寿命的二维分布图像。若采用透镜阵列，通过移动其位置同样可获得荧光寿命的二维分布图像。图 8-31 给出测量荧光寿命和实现荧光寿命成像的同步扫描相机的示意图。这种技术的优点是时间分辨率高、可同时实现光谱分辨和获取荧光寿命显微图像速率快等，但相比较而言，技术难度大，成本高。

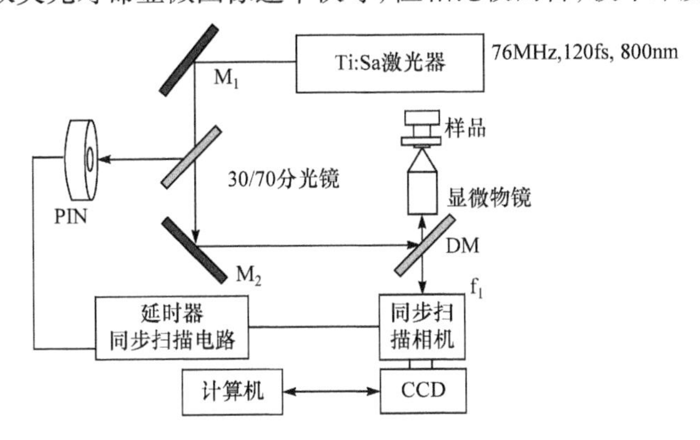

图 8-31　用于荧光寿命显微成像的变像管同步扫描相机

另一种是基于光电倍增管的时间相关单光子计数器(TCSPC)。这种方法的基本工作原理是逐个记录单个荧光光子的到达时间，并统计每个时刻到达的荧光光子数，则可获得荧光的寿命。为了使这种模式正常工作，在一个光脉冲到达之后能探测到一个光子的概率是非常低的，否则所测得的荧光寿命就会偏短。评估结果表明，对时间相关单光子探测器测量荧光寿命而言，探测效率应是 1%甚至更低。这就意味着这种测量荧光寿命的方法相对来说是非常慢的。为了提高测量速度，已经发展了多通道时间相关单光子探测器。这种测量方法的时间分辨率与扫描相机相比要低，取决于探测器的渡越时间弥散，即使采用微通道板电子倍增器，系统的响应时间也不会优于 30ps。利用时间相关单光子计数器获得荧光寿命图像的原理如图 8-32 所示。这里使用若干个光电倍增管探测样品发出的荧光的单光子。光电倍增管与相应的控制电路相连，只要探测到一个光子，就会发出一定时脉冲，表明哪一个光电倍增管探测到了光子，并给出这个光子所到达的时刻。记录电子由数据寄存器完成，用于存储通道数、时间测量通道、扫描界面和大量的直方图储存器。时间测量通道包括时间相关单光子计数常用模块，两个鉴别器接收探测器来的单光子脉冲和由激光来的参考脉冲。时间幅度转换器用来测量探测到的光子相对于下一个光脉冲的时刻。扫描界面是一技术系统，它从显微镜接收到一个扫描控制脉冲，来决定激光束在扫描面上的目前位置。当探测到一个光子时，时间相关单光子计数器要给出所在荧光衰减曲线的时间位置以及激光点在扫描面上的 x, y 位置。同时还要给出探测器通道数目 n。所有这些值都用来寻找直方图存储器所在的位置，这样就可以建立起光子与 t，x，y 和 n 的关系，最后给出荧光寿命显微图像。

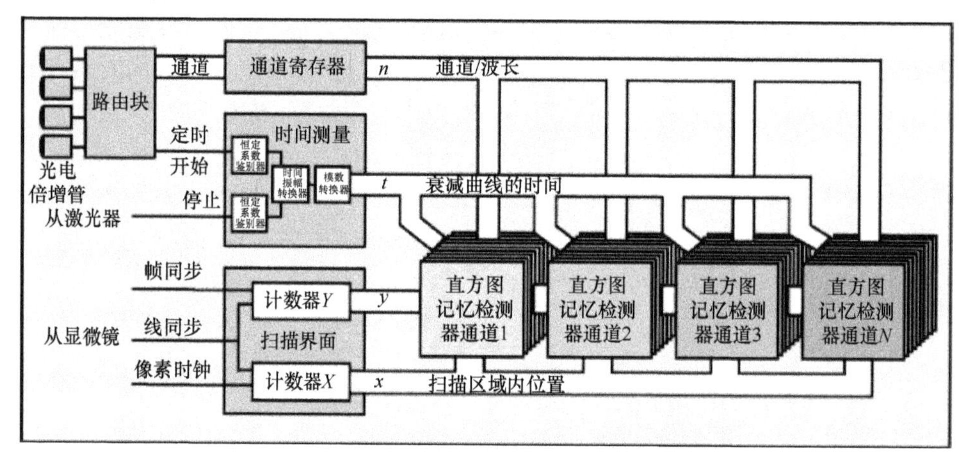

图 8-32　时间相关单光子计数成像装置示意图

在存储器中可以建立起光子密度随 t 和 x，y 位置的分布

第三种是基于像增强器的门控脉冲取样测量方法。像增强器的门控脉冲宽度决定了该系统的时间分辨率，门控电路相对于触发脉冲的延时决定了曝光时间相对于荧光寿命所在的时间位置，一般在荧光寿命时间范围内获得 2～8 幅图像。对于单调指数衰减荧光寿命的测量，一般要求曝光时间远小于荧光寿命 τ，这种方法的测量结果如图 8-33 所示。目前门控脉冲可小于 100ps。所采用的像增强器具有门控功能，也就是说，通常情况下，像增强器阴极处于高电势，光照时没有图像输出；当曝光时，则在阴极上加一负脉冲，脉冲宽度决定了曝光时间，此时像增强器处于工作状态，光照时有图像输出。

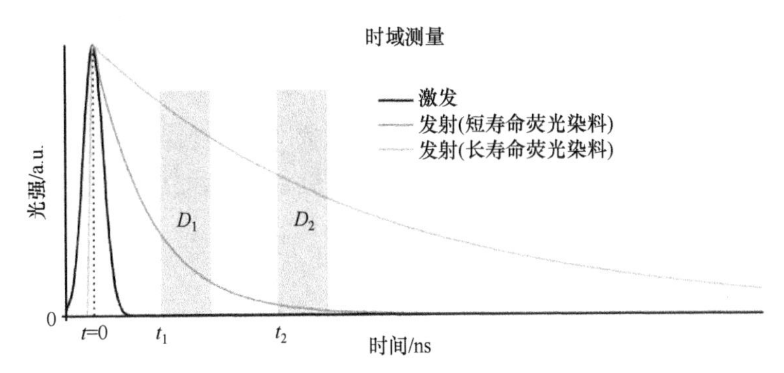

图 8-33 时域门控荧光寿命测量

荧光团用短的光脉冲激发产生荧光，荧光寿命的测量要使门控电脉冲相对于荧光寿命有不同的延时

若图 8-33 中荧光强度随时间的变化函数用 $I(t)$表示，激发脉冲作用后荧光 0 时刻的强度用 I_0 表示，激发态寿命用τ表示。在这种情况下，利用两个曝光时间范围内的荧光积分强度确定荧光寿命的表达式如下：

$$\tau=\frac{t_1-t_2}{\ln(D_1-D_2)} \tag{8.136}$$

其中，t_1 和 t_2 分别表示探测间隔 1 和 2 的开始时刻，它们之间的延时表示两激发脉冲之间的时间间隔；D_1 和 D_2 分别表示曝光时间内荧光的积分强度。当激发光脉冲宽度对荧光寿命而言不足够小时，需要对光脉冲的形状进行校正，这是因为，所测量的荧光强度随时间的变化是激发脉冲与荧光寿命的卷积。也许对探测器的相应时间也需要做同样的校正，除非探测器的上升和下降时间较荧光寿命要短得多。在荧光寿命为多指数衰减时，需要进行更多次的测量。对更为严格的应用来说，对探测器和光脉冲的形状进行校正是必要的。若时域探测用于荧光寿命显微成像，需要利用脉冲光源，例如脉冲激光。在扫描显微镜模式下，光电倍增管以及时间相关单光子计数或者快门探测均可利用；但是在宽场情况下，时间相关单光子计数用起来就十分困难，较好的方法是或者用扫描相机或者用像增强器快门工作模式。

近年来在时域荧光寿命显微成像中发展的多光子激发方式值得重视，这是因为，在这种情况下，激发波长可以工作在近红外波段，从而具有更深的穿透深度，这对生命科学应用来说意义更大。当然，为了实现多光子激发，最好采用飞秒激光作为激发光源，这时非线性效应更为明显，而平均功率又可以在生物样品破坏阈值之下。

上面介绍了频域和时域荧光寿命及荧光寿命显微成像的各种方法。但我们应注意的是，当所测试的样品中含有不同荧光寿命的多组分时，不论频域法还是时域法，所得到的测量结果都是多组分形成的荧光寿命，我们还需要通过一些算法求出其中包含的每一种组分的荧光寿命。对于时域测量法，所得到的总的荧光寿

命 $F(t)$ 可以写作如下形式：

$$F(t) = \sum a_i \exp(-t/\tau_i), \quad i = 1,2,\cdots,n \tag{8.137}$$

其中，i 表示组分数目；a_i 表示 i 组分的比例或浓度；τ_i 表示 i 组分的平均荧光寿命。对于频域测量法，所得到的结果是总的相位差 $\Delta\Phi$ 和总的调制度 M：

$$\Delta\Phi = \Phi_{F\omega} - \Phi_{E\omega} \tag{8.138}$$

$$M = M_{F\omega} / M_{E\omega} \tag{8.139}$$

上两式中各相与激发光和荧光波形有关，分别为

$$E_\omega(t) = E_{0,\omega}\left[1 + M_{E,\omega}\sin(\omega t - \Phi_{E,\omega})\right] \tag{8.140}$$

$$F_\omega(t) = F_{0,\omega}\left[1 + M_{F,\omega}\sin(\omega t - \Phi_{F,\omega})\right] \tag{8.141}$$

$\Delta\Phi$ 和 M 与荧光的组分有关：

$$\Delta\Phi = \arctan(S/G) \tag{8.142}$$

$$M = (S^2 + G^2)^{1/2} \tag{8.143}$$

其中，

$$S = \sum a_i \omega\tau_i / [1 + (\omega\tau_i)^2] \tag{8.144}$$

$$G = \sum a_i / [1 + (\omega\tau_i)^2] \tag{8.145}$$

我们的任务就是要求解方程(8.137)和方程(8.144)及(8.145)，其中的未知数都是 a_i 和 τ_i。求解的方法或者用最小二乘法，或者用类似于上面介绍的盲源求解方法。相比较而言，这里要求的荧光各组分浓度和寿命较分子拉曼谱求解难度要低得多，尤其是通常 FRET 中遇到的双组分问题就更容易求解了。

3. FRET 应用[19-22]

已如上述，Förster 距离一般在 3～6nm，当 $r=R_0$ 时，共振能量转移效率已减至 50%。由于共振能量转移效率随供体-受体对距离的 6 次方而减小，共振能量转移现象只有在 $r \leqslant 1.5R_0$ 时才能观察到，也即 r 的范围只能在 0～9nm。这样的距离尺度与生物大分子差不多，因此我们可以利用共振能量转移现象研究单细胞内蛋白质、DNA 或脂之间的相互作用。

利用共振能量转移要研究的一类问题是细胞膜中分子之间的相互作用。细胞的许多生物功能，尤其是细胞外的通信与细胞膜内的脂和蛋白质的构成有关。双层膜是一种排列非常致密和拥挤的环境，具有良好光谱重叠的供体和受体分子跨过几个脂分子的距离通过共振能量转移可互相进行通信。膜的融合、膜之间脂构建的交换、在脂混合物中脂域的构成以及脂筏之间相互作用，都涉及不同脂件之间距离的改变，共振能量转移对于跟踪这些过程是一种很好的技术。共振能量转移对于观察细胞膜上不同种类的相互作用过程是很有用的。它已经被用来分析细

菌和精子与细胞的黏附和融合以及包裹细菌的萌发，研究由于滤过性毒菌融合的苏氨酸渗透到脂双层膜的疏水中心所触发的细菌融合以及研究髓磷脂基蛋白的积聚本领，后者可能在脱髓鞘疾病中扮演着重要的角色。用共振能量转移监视膜之间的相互作用在未来的生物医药中具有重要的作用。另一个重要的应用是细胞生物学中探测膜蛋白之间以及与膜上脂间的相互作用。这些相互作用对细胞之间的通信以及信号成功地转移到细胞内是很重要的。许多膜蛋白特别偏向于与一些特定的脂相互作用，围绕蛋白富集某些脂将会大大影响蛋白质的功能活动。通过标记不同尺度的膜蛋白的子单位，子单位与膜双层不同部分的相互接近程度可由共振能量转移测得。关于多子单位 $Ca^{2+}(Mg^{2+})$/ATP 以及它与膜双层的复合物的详细的拓扑信息可由共振能量转移提供。这已经能够将蛋白质的三维图谱解释清楚，给出其相对膜表面的高度，澄清蛋白质在膜内的几何布局，以及在靠近孔口关键区域蛋白质的配置等。共振能量转移还用来确定相对于膜乙酰胆碱上受体的结合部位，它是在受体的细胞外凸起和双层膜表面上蛋白质透过膜区域之间的位置。在另一个实验中，人们通过苏氨酸的聚集在细胞膜上形成孔再利用共振能量转移观察细胞毒质的毒性效应。共振能量转移还可以用来测量蛋白质离开膜的平均距离以及周边结合的蛋白和其他分子构件到膜表面的平均距离。共振能量转移测量表明，位于膜之间新的线粒体上的细胞色素 C 通过与电子转移氧化还原构件的随机扩散碰撞完成其功能。对由有机荧光团到结合在膜极性头上的过渡金属离子若干能量转移分支已进行了研究，研究表明，金属离子传感器可以基于界面能量转移构成，这里从二萘嵌苯跨过 Nafion 膜到 Co^{2+}构成此传感器。

利用共振能量转移要研究的另一类问题是蛋白质的结构以及在溶液中蛋白质与蛋白质的相互作用。共振能量转移一个经典的和广为应用的方面是测量蛋白质结构中特定位置之间的距离和溶液中组合体之间的距离以及确定它们的几何结构。当然，过去曾利用共振能量转移作为一把所谓的光谱尺，蛋白质包含自身的荧光团，它们也可以利用外面的荧光团进行标记。非常确定的蛋白质突变体常常是现成的或者是可以产生的，并允许荧光团在氨基酸序列范围内，尤其在苏氨酸合成中，在特定和已知的位置进行标记已经变成日常的工作。过去这样的研究已进行了很多报道，遗憾的是只有很少数的几个例子开展了深入的讨论。曾有人利用共振能量转移研究了 Ca^{2+}感应的结构改变，这是一种在肌钙蛋白-I 上的探针和肌动蛋白之间的结构，而所述的肌动蛋白处于重新构建骨架肌的细微丝中。长寿命态的镧系卤化物(10μs～1ms)和它们的光谱特性使得这些离子对共振能量转移方法特别具有吸引力，例如共振能量转移敏感发射的 Tb^{3+}和 Eu^{3+}，它们结合在 Ca^{2+}的位置，测量时探测极限为 5×10^{-10}M，这样的范围适合于免疫实验。还有人利用碘到镧系卤化物供体详细研究了共振能量转移机理。研究结果表明，在这种情况下转移过程不限于偶极子到偶极子的 Förster 机理。

共振能量转移已广泛用于蛋白质与蛋白质之间的相互作用，尤其是在细胞内的信号转导研究。例如，对上皮生长因子受体的研究已经揭示出受体齐聚和受体激活关系的详细情况。利用低温培育和供体受体标记的上皮生长因子已揭示出由于二聚受体的存在，利用供体标记的上皮生长因子和受体标记的特异性抗体已经看到上皮生长因子受体的磷酸化。局域激励后在单活细胞内利用这种方法已经观察到表皮生长因子受体 Erbl 受体激活横向传播现象。该方法还用于表皮生长因子受体 Erbl 信号转导的研究。利用共振能量转移不仅研究了在细胞膜上的信号转导，还观察到了在细胞质中的目标去向。这样，就看到了蛋白激酶 C(PKC)alpha 中的若干信号转导分子事件，观察到 PKCalpha 和整合素之间的相互作用。还有，利用共振能量转移还证明在细胞核中转录因子之间的相互作用，看到植物细胞核中各向同性和各向异性二聚体转录因子之间的相互作用。同时，这种方法还用于研究冠状动脉疾病中非常重要的两种蛋白质之间的相互作用。

共振能量转移的另一个重要应用是用来研究蛋白质和脂之间的相互作用。其中一个例子是周边膜蛋白和生物膜中的脂的相互作用，研究了磷脂转移蛋白与膜的缔合；还研究了上皮生长因子激活的磷脂酶 D。原理上讲，共振能量转移还可以用来探测膜蛋白的局域脂环境。

人们花了更多的精力利用共振能量转移来研究 DNA 结构和 DNA 与蛋白质的相互作用。通过将 DNA 和荧光染料结合在单细胞中可以看到染色质的结构。利用 Hoechst33258 作为供体结合在 DNA 的 AT 富集区，而将 7-氨基酸放线菌素 D 结合到 DNA 的 GC 富集区作为受体，利用共振能量转移-荧光寿命成像揭示了单一核里的非均匀共振能量转移图案。进而，还发现当细胞由 G(0/1)运动到 G(2)/M 时，在细胞循环期间共振能量转移效率增加了，可以看到在细胞核内高度浓集的各向异性染色区。有趣的是，正像预期的那样，由 DNA 线性结构内供体和受体的自然分布，探测到的荧光衰减不是指数分布，单一染料的荧光寿命对比度还可以用来研究染色质结构。利用这种技术还监视了 DNA 和蛋白质在单细胞中的相互作用。GFP 标记的组蛋白 2B 和核酸染料之间具有强的共振能量转移。同样，在核酸染料标记的染色质和转录激活子蛋白质之间也可探测到共振能量转移。

8.4.3 单分子荧光共振能量转移

上面介绍的荧光共振能量转移方法可以给出分子水平的相互作用和构型的有关信息，但由于在显微测量中所获得的空间分辨率受衍射极限的限制，所观察到的分子水平的现象不是单分子分辨下的结果，而是许多分子的集总平均效应。例如，在上面介绍的 Förster 距离 R_0 中包含几何因子 κ^2，它与供体和受体之间的方位有关，而在通常的显微成像测量中，由于一个空间分辨元内存在许多个供体-受体对，它们各自的 κ^2 具有不确定性，显然所得结果具有统计性质。未来个人

DNA 测序和病原体的高通过筛选都涉及大量的单分子测量的技术问题。在生命科学研究中单分子测量就更重要了。从 1996 年单分子荧光共振能量转移(single molecule FRET, smFRET)技术诞生以来[23]，已先后用于研究复制、再结合、转录、翻译、RNA 折叠及催化、非常规 DNA 动态、蛋白质折叠、膜融合蛋白、离子通道和信号转导等[24]，并且还正在以更快的步伐发展。

所谓单分子荧光共振能量转移是指在单个分子水平上测量单个供体荧光团和单个受体荧光团之间的能量转移。为实现此目标，需要解决一系列问题。首先要解决单分子荧光共振能量转移的测量灵敏度问题，这将涉及荧光团选取和荧光高灵敏度测量的问题。其次要解决单分子荧光成像问题，确保所获得的图像中每一个像素内包含不多于一个荧光共振能量转移分子。第三，进一步解决单分子荧光共振能量转移测量中的大分子构型检测和动态检测等有关特殊问题，使其更具有实用性。最后，也是最重要的问题，即单分子共振能量转移方法在生物学中的应用研究。

关于单分子的探测，早在 20 世纪 70 年代 Hirschfeld 就探讨了这一问题，他利用 80～100 个荧光团标记了单一抗体分子并观察其存在。之后，他与他的同事一起打算发展一种能探测单个病毒的仪器，并对其进行分类。他的先驱性工作为探测单分子提供了许多宝贵经验，例如，如何减小激发体积、如何实现快门探测以及如何对杂质荧光预漂白等。他还认识到对单分子荧光而言，光漂白是一种固有的性质，并构成了发射光子数目的基本制约因素。到 20 世纪 80 年代，洛斯阿拉莫斯实验室的 Keller 小组继续在提高分子的探测灵敏度方面做了大量的工作。通过这些努力，终于于 20 世纪 90 年代初在生物环境下对单荧光团实现了成功的探测。至今，为了实现单分子荧光共振能量转移测量，又作了很大的改进。首先是供体和受体荧光团的选取，原则上讲，凡可作供体和受体的荧光团，均可用于单分子荧光共振能量转移的测量。但对单分子研究来说，理想的荧光团所产生的荧光要强，消光比应大于 $50000\mathrm{M}^{-1}\cdot\mathrm{cm}^{-1}$，量子产额应大于 0.1，光稳定性好，具有最小的团聚效应和好的水溶性。此外，作为优越的单分子荧光共振能量转移的供体-受体对还应具有如下性质：在供体和受体发射之间具有大的光谱间隔以及具有相似的量子产额和探测效率。尽管荧光蛋白已经用于单分子荧光共振能量转移研究，但其低的光稳定性和光感应闪烁特性使它难以再作进一步的应用。半导体量子点同样也被用来作为单分子荧光共振能量转移的供体，但其直径太大并缺乏单价共轭方案，也使其应用受到限制。因此，最受欢迎的单分子荧光团还是小的染料分子，其直径小于 1nm。表 8-4 给出不同厂家提供的小分子荧光团的有关特性[25]。从中可以看出，尽管 Cy3 和 Cy5 分别作为供体和受体长期以来受到用户的青睐，但所列的其他染料分子也具有类似的性质。如果要获得分子的结构信息，标记位置的选取是很重要的，若选取得好，染料分子之间的距离将会在小于 R_0 到大于 R_0 的范围变化，从而可使灵敏度最高。这就需要考虑共轭策略。为此，人们做了专门的研究。关于荧光的探测，过去采用微通道板增强的像增强器或光电倍增管，现在采用背照 EMCCD，尽管都可探测单光子，但后者的量子效率可高达 0.85～0.95，并具有上千倍的增益，探测更为有效。因此，目前实现单分子 FRET 探测与 20 世纪 90 年代相比已发生了巨大的变化。除了改善荧光分子和探测器的性能，单分子探测中的一个很重要的问题是减小背景，这些背景主要来源于激发光的瑞利散射和环境分子产生的拉曼散射。为尽可能消除这些背景光，除了采用狭缝等措施外，主要是采用更有效的滤光片。最终单分子探测效果可用其信噪比 SNR 表示：

$$\mathrm{SNR}=\frac{D\phi_{\mathrm{F}}\left(\dfrac{\sigma_{\mathrm{P}}}{A}\right)\left(\dfrac{P_0}{h\nu}\right)T}{\sqrt{\dfrac{D\phi_{\mathrm{F}}\sigma_{\mathrm{P}}P_0T}{Ah\nu}+C_{\mathrm{b}}P_0T+N_{\mathrm{d}}T}} \tag{8.146}$$

其中，ϕ_{F} 表示荧光团的荧光量子产额；σ_{P} 表示其吸收截面；T 表示探测器计数时间间隔；A 表示束斑大小；$P_0/(h\nu)$ 表示每秒入射光子数目；C_{b} 表示激发功率每瓦产生的背景计数速率；N_{d} 表示暗计数速率；D 表示与仪器有关的收集因子，$D=\eta_{\mathrm{Q}}F_{\mathrm{coll}}F_{\mathrm{opt}}F_{\mathrm{filter}}$。这里，$F_{\mathrm{coll}}$ 表示探测系统的角度收集因子，主要取决于数值孔径；F_{opt} 表示光学系统的损耗，可以用其透过率表示；F_{filter} 表示滤光片的透过率；η_{Q} 表示探测器的量子效率。如果我们要能观察到单分子的信号 S，那么该信号 S 的大小一定是能够与信号、背景和暗计数的涨落相比拟的。这里应当提起注意的是光漂白对信噪比的影响，一般来说，一个荧光团最多可以发出 10^5～10^7 个光子，漂白之后再作激发，信噪比降为零。考虑到光漂白现象，激发功率和计数时间间隔都不能任意选取过大的值。

表 8-4　单分子 FRET 所用染料的比较[25]

	染料	激发谱 $\lambda_{\max}$/nm	发射谱 $\lambda_{\max}$/nm	亮度[a]	耐光性(在抗氧化剂或者β-巯基乙醇中)[b]
供体	Cy3	550	565	1.0	91/50
	Atto550	554	577	1.9	72/27[c]
	Alexa555	555	567	0.8	65/35
受体	Cy5	655	667	1.0	82/25
	ATT0647N	644	664	1.3	62/31
	Alexa647	650	667	1.2	58/20[c]

注：a.对于供体，指该供体在发射波长 $\lambda_{\max}$ 处的强度与供体 Cy3（532nm 激发）在发射波长 $\lambda_{\max}$ 处的强度之比；对于受体，指该受体在发射波长 $\lambda_{\max}$ 处的强度与受体 Cy5（633nm 激发）在发射波长 $\lambda_{\max}$ 处的强度之比。

b.结合在生物素修饰标记-牛血清白蛋白（BSA-biotin）表面后，在 10 mM Tris-HCl (pH 8.0)，50 mM NaCl，以及氧清除系统（2 mM Trolox 或 142 mM β-巯基乙醇）中的平均光漂白时间，照明条件为 532 nm 或 633 nm 连续光激发，光功率密度为 200W/cm²。

c.在这种溶剂条件下，染料表现出有严重的暗态形成（闪烁）。

下面介绍单分子 FRET 成像问题。为了实现单分子 FRET 成像，首要的问题是供体-受体对标记密度问题，在衍射受限的空间分辨元内不多于一个供体-受体对，通常标记密度为 0.1～0.2 个供体-受体对/μm^2。其次是成像方法问题。根据单分子 FRET 成像要求，在上面标记的前提下，可以采取的成像方法包括共焦显微成像、近场扫描成像和全内反射成像等方法。之所以采用上述方法，主要出发点是减小背景问题，这是因为，尽管标记密度低，但在激发光作用下周边被标记的分子会产生严重的背景，对单分子 FRET 成像而言，减小这种背景尤为重要。众所周知，荧光共焦显微镜的最大优点就是对这种背景的消除，同时它可以实现三维单分子 FRET 成像。当然，该成像方法也存在其明显的不足之处，这就是因逐点扫描的原因，全场图像的获取速率低。但因为是逐点扫描激发，没有扫描过的点不会出现光漂白的问题。利用这种方法可以获得逐点的动态图像，例如，分子随时间的构型变化或运动轨迹均可利用这种方法获得。对单分子 FRET 成像而言，全内反射也是一种较好的成像方法，其优点是利用隐失波激发荧光，对样品的激发深度只有 100～200nm，不会产生严重的背景，与共焦显微成像相比较，这种方法可以实现全场成像，获取图像速率高，可同时获得不同分子随时间的构型变化或运动轨迹[26]。其缺点是只能对样品表面附近 200nm 深度范围内进行单分子 FRET 成像。为实现全内反射成像，可以利用棱镜将激发光以大于临界角的角度入射形成隐失波，也可以利用透镜将激发光在其后焦面上形成周边光并通过大数值孔径透镜形成隐失波。入射角越大，形成的隐失波深度越浅，所获得的单分子 FRET 图像的背景越好。最早实现单分子 FRET 成像的方法是将 FRET 技术与近场扫描光学显微技术结合起来，这种方法的优点是背景好，但只能获得样品表面的单分子 FRET 图像，且图像获取速率低。

关于单分子 FRET 成像的其他改进措施，主要与应用有关。例如，为了测量生物分子构型的变化，发展了多色标记技术[27,28]。生物分子在细胞、组织和器官中所发挥的功能与其构型密切相关。对蛋白质而言，其正确的折叠对其功能的发挥将产生很大的影响。因此，探测生物分子的构型是单分子 FRET 研究的重要课题之一。现有的多数单分子 FRET 研究中都使用一个供体和一个受体。但是，对于许多复杂的系统，都希望同时能观察到多于一个距离的变化。如果有三个或更多不同颜色的荧光团标记在同一分子的不同位置，则可利用单分子 FRET 原理提供分子构型更完整的图像，从而获得更多的分子结构信息，允许我们探测更复杂的机理。但上述方案实现起来并非易事，这是因为，为了将它们的信息区分开，要求彼此的光谱要明显地分离开，但要使它们之间发生的 FRET 现象明显，又要求光谱具有一定的重叠性。显然，这种要求彼此是互相矛盾的。最近的研究表明实现三色是可能的。三色荧光团可以有不同的选择方案。一种方案是两个荧光团作供体，一个荧光团作受体，视彼此之间的距离，一个供体先转移能量，另一个供体再转移能量；另一种方案是一个是供体，另两个是受体，不过两个受体是接力转移，先由供体将能量转移给一个受体，再由这个受体转移给另一个受体；第三种方案是一个供体和两个受体，究竟先转移能量到哪个受体，取决于它们各自与供体的距离。还可以在一个分子上标记两个 FRET 供体-受体对，这对更大的生物分子的检测是有利的，我们利用这种标记可以实时地看到生物大分子分离区域的构型变化。图 8-34 给出上述各种标记情况的示意图[25]。目前看到的报道最多是在单分子上标记有四种不同的荧光团，通过改变激光激发方案可以确定 6 个染料的 FRET 效率。

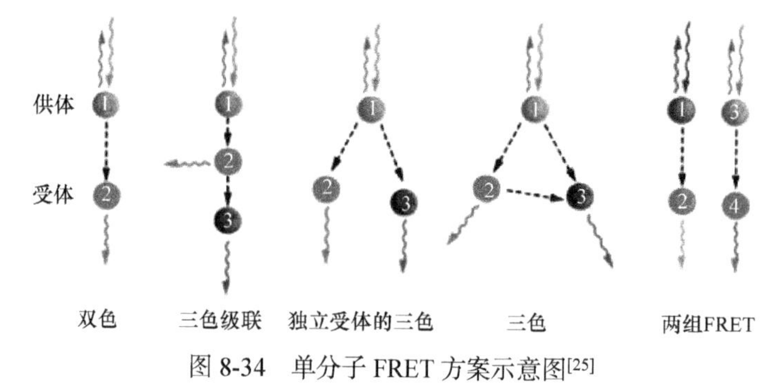

图 8-34 单分子 FRET 方案示意图[25]

单分子 FRET 已是生物学家在单分子水平上研究生物学问题的重要手段，已获得越来越广泛的应用。

参 考 文 献

[1] Smith E, Dent G. Modern Raman Spectroscopy-A Practical Approach. New York: John Wiley & Sons, Ltd, 2005.

[2] Hyvarinen A. Independent component analysis by minimization of mutual information. Report, 1997, A46: 1-35.

[3] Lee D D, Seung H S. Algorithms for non-negative matrix factorization. Proceedings of the 13th International Conference on Neural Information Processing Systems, January 2000: 535-541.

[4] Vrabie V, Gobinet C, Piot O, et al. Independent component analysis of Raman spectra: application on paraffin-embedded skin biopsies. Biomedical Signal Processing and Control, 2007, 2: 40-50.

[5] Li H, Adali T, Wang W. Non-negative matrix factorization with orthogonality constraints and its application to Raman spectroscopy. J. of VLSI Signal Processing, 2007, 48: 83-97.

[6] Sun Y, Xin J. A sparse semi-blind source identification method and its application to Raman spectroscopy for explosives detection. Signal Processing, 2014, 96: 332-345.

[7] Tseng A A. Recent developments in micromilling using focused ion beam technology. J. Micromech. Microeng., 2004, 14: R15-R34.

[8] Boxer S G, Kraft M L, Weber P K. Advances in imaging secondary ion mass spectrometry for biological samples. Annu. Rev. Biophys., 2009, 38: 53-74.

[9] CAMECA. NanoSIMS 50/50L. SIMS microprobe for ultra fine feature analysis. http://www. cameca.

fr/html/ product nanosims.html. 2008.

[10] Schueler B W. Microscope imaging by time-of-flight secondary ion mass spectrometry. Microsc. Microanal. Microstruct., 1992, 3: 119-139.

[11] Fletcher J S, Rabbani S, Henderson A, et al. A new dynamic in mass spectral imaging of single biological cells. Anal. Chem., 2008, 80: 9058-9064.

[12] Colliver T L, Brummel C L, Pacholski M L, et al. Atomic and molecular imaging at the single-cell level with TOF-SIMS. Anal. Chem., 1997, 69: 2225-2231.

[13] Passarelli M K, Winograd N. Lipid imaging with time-of-flight secondary ion mass spectrometry. Biochim. Biophys. Acta., 2011, 1811(11): 976-990.

[14] Förster T. Energy transport and fluorescence. Naturewissenschaften, 1946, 6: 166-175.

[15] Clegg R M. Fluorescence resonance energy transfer. Current Opinion in Biotechnology, 1995, 6: 103-110.

[16] Jares-Erijman E A, Thomas M Jovin T M. FRET imaging. Nature Biotechnology, 2003, 21: 1387-1395.

[17] Epe,B, SteinhauserK G, Woolley P. Theory of measurement of Förster-type energy transfer in macromolecules. PNAS, 1983,80. 2579-2583.

[18] Wood R W. Hydrogen spectra from long vacuum tubes. Phil. Mag. S.6, 1921, 42(251): 729-745.

[19] Cardullo R A, Agrawal S, Flores C, et al. Detection of nucleic acid hybridization by nonradiative fluorescence resonance energy transfer. PNAS, 1988, 85: 8790-8794.

[20] enworthy A K K, Edidin M. Dstribution of a Glycosylphosphatidy linositol -anchored protein at the apical surface of MDCK cell examined at a resolution <100Å using imaging fluorescence resonance energy transfer. The J. of Cell Biology, 1998, 142(1): 69-84.

[21] Meyer B H, Segura J M, Martinez K L, et al. FRET imaging reveals that functional neurokinin-1 receptors are monomeric and reside in membrane microdomains of live cells. PNAS, 2006, 103(7): 2138-2143.

[22] Baqalkot V, Zhang L, Levy-Nissenbaum E, et al. Quantum dot-aptamer conjugates for synchronous cancer imaging, therapy, and sensing of drug delivery based on bi-fluorescence resonance energy transfer. Nano Letters, 2007, 7(10): 3065-3070.

[23] Ha T, Enderle Th, Ogletree D F, et al. Probing the interaction between two single molecules: Fluorescence resonance energy transfer between a single donor and a single acceptor. PNAS, 1996, 93: 6264-6268.

[24] Weiss S. Fluorescence spectroscopy of single biomolecules. Science, 1999, 283: 1676-1683.

[25] Roy R, Hohng S, Ha T. A practical guide to single-molecule FRET. Nature Methods, 2008, 5(6): 507-516.

[26] Zhuang X, Bartley L E, Babcock H P, et al. A single-molecule study of RNA catalysis and folding. Science, 2000, 288: 2048-2051.

[27] Gambin Y, Deniz A. Multicolor single-molecule FRET to explore protein folding and binding. Mol. Biosyst., 2010, 6(9): 1540-1547.

[28] Lee J, Lee S, Ragunathan K, et al. Single-molecule four-color FRET. Angew. Chem. Int. Ed. Engl., 2010, 49(51): 9922-9925.

结　　语

纳米成像与历史上发展起来的其他各种成像一样，是将物质世界的某一侧面以图像的形式记录下来。为了发展纳米成像，人们开始时的着眼点是尽可能利用波长短的物质波和辐射，从而发展了电子显微镜和 X 射线显微镜，这些显微方法和手段在人类认识介观和微观世界的过程中发挥了重大作用。但是，它们也存在明显的不足，尤其在研究介观和微观动态过程与实现功能纳米成像方面，目前还存在一些不可克服的困难。为此，人们又回到了原初发展的光学显微途径和方法上来。初看起来，纳米光学成像与其他成像相比，只是有空间分辨率的差别，并没有本质的区别，但实际情况并非如此。光学方法具有许多天然的优越性，但其空间分辨率受到衍射极限的限制，在远场的情况下，无论如何改进成像系统的设计，其分辨率过去一直无法达到纳米量级。为突破光学衍射极限，近年来人们做了极大的努力，终于取得了重要进展。从近场到远场，发展了多种空间分辨突破光学衍射极限甚至达到纳米分辨的成像方法，特别是近年来从 STED 开始发展的多种远场纳米分辨光学成像方法更是开启了光学显微成像的新篇章。

本书根据纳米成像的不同分类方法分别进行了阐述。对于纳米成像的分类，从图像记录的内容看，包括结构成像和功能成像；从图像包含的空间维度看，包括二维成像和三维成像；从图像随时间的变化看，包括静态成像和动态成像。这些都与过去已发展的成像是一样的，所不同的是空间分辨率要达到纳米量级。本书为了适应纳米科技发展的需求，分别论述了上述涉及空间分辨率达纳米尺度的各类纳米显微成像技术的基本原理、技术途径和应用价值，其中包括作者团队近些年来在此相关领域里所取得的部分科研成果。

纳米成像是一个多学科交叉的领域，涉及材料学、光学等多个学科。纳米成像也是正处于发展中的一门学科，各种新的成像方法还在不断诞生。人们正在做进一步努力，为实现动态纳米成像和功能纳米成像及其应用进行着卓有成效的研究。纳米成像的应用也不断在发展中。例如，利用纳米成像方法获得细胞的功能图像，它将一些重要因素与不同的纳米成像方法结合起来实现细胞功能成像。纳米成像方法是给出空间分辨的信息，而空间分辨元内所加载的信息是细胞的某种功能信息，也就是说，细胞的功能纳米成像就是在原来的纳米空间分辨元内加载细胞的不同功能信息，从而形成不同种类的细胞功能纳米分辨图像，包括细胞内功能纳米成像、细胞膜功能纳米成像、细胞内药物传送功能纳米成像和癌细胞动力学疗法中的功能纳米成像等。这些应用的不断发展，将会对生命科学产生深入的影响。

附录一　牛憨笨院士生平

牛憨笨(1940.2—2016.7)是我国杰出的光电子学和超快诊断技术专家，中国工程院院士，优秀的中国共产党党员，深圳大学光电子学研究所原所长、光电工程学院名誉院长，于 2016 年 7 月 4 日 15 时 30 分在深圳逝世，享年 76 岁。

牛憨笨院士 1940 年 2 月出生于山西省长治市壶关县，1960 年加入中国共产党，1966 年毕业于清华大学无线电电子学系，1966 年至 1999 年在中国科学院西安光学精密机械研究所工作。1991 年起享受国务院政府特殊津贴，1992 年被评为国家级有突出贡献中青年专家，1993 年获第二届王丹萍科学技术奖，1997 年当选为中国工程院院士，同年被评为陕西省先进工作者和中国科学院模范导师。1999 年，他带领一个科研团队来到深圳大学，成为深圳市的第一位院士。

牛憨笨院士是我国电子光学理论和变像管诊断技术研究领域的杰出代表之一。

从研究微光夜视开始，他一直从事图像信息的获取、处理、传输和显示方面的研究工作，在变像管超快诊断领域取得了骄人的成就，为我国地下核试验、激光核聚变、光化学、光生物学、凝聚态物理、激光技术等研究领域提供了多种超快图像信息获取手段。他设计并负责研制成功了我国第一个获得重大应用的静电聚焦、静电偏转通用变像管；他创建了动态电子光学理论，负责研制成功的九种变像管和七种变像管相机，打破了西方对我国的禁运，并使我国超快诊断技术跻身世界前列，为国防建设及核聚变新能源研究做出了重要贡献。先后获国家发明奖二等奖 2 项、国家发明奖三等奖 1 项、国家科学技术进步奖特等奖 1 项和三等奖 2 项、中国科学院科技进步奖一等奖 5 项和二等奖 1 项。获中国国家发明专利 21 项，获苏联发明专利和美国专利各 1 项。来到深圳后，他组建了深圳大学光电子学研究所和光电工程学院，在他的带领下，光电工程学院建立了光学工程博士点、光学工程博士后流动站以及三个硕士点，形成了从本科到博士后完整的人才培养链，光学工程更被评为广东省攀峰重点学科。他建立起了从光电信息获取与显示、半导体光电子材料与器件、信息光学、微纳光电子学等研究平台：光电子器件与系统教育部和广东省两个重点实验室以及国家“863-804”光电诊断技术重点实验室。除继续领导变像管超快诊断技术研究并取得重大成果以及领导该院(所)设置的其他各学科领域的研究外，他还开拓了生物医学成像新理论和新技术的研究领域，并取得了重要成果，多有创新。2010 年被评为“深圳经济特区 30 年 30 位杰出人物”之一。

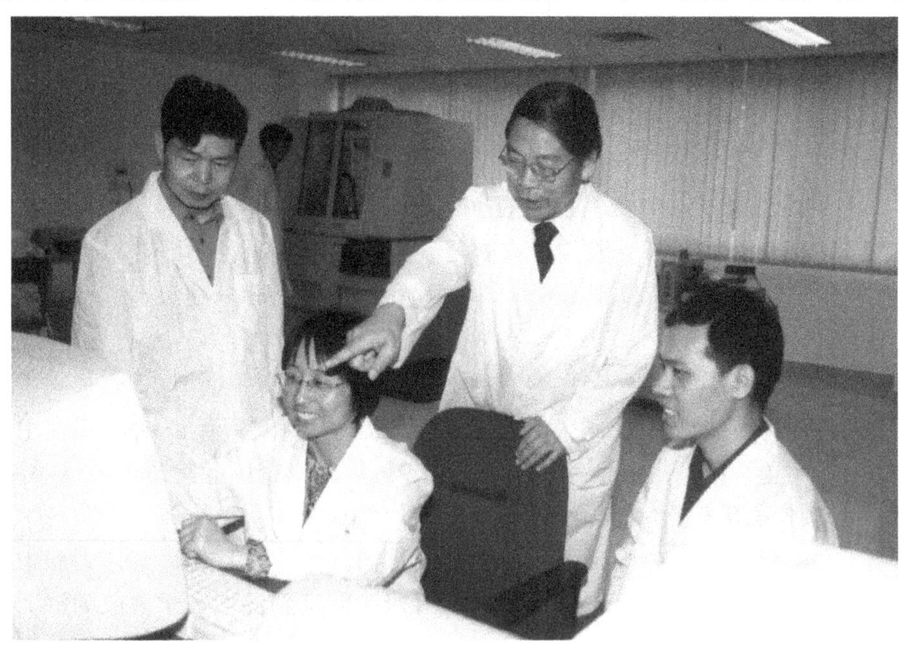

牛憨笨院士和课题组成员一同工作的情景

牛憨笨院士在指导中青年教师

牛憨笨院士从事科研工作50年，把毕生精力献给了他所钟爱的光电子学事业。他治学严谨，博学审问，慎思笃行，为人正直，品行磊落，他的治学精神与学术品格深得学界的敬仰。他淡泊名利，甘为人梯，提携后学。在他的培养带动下，一大批年轻的科研人才脱颖而出、崭露头角，其中一些人已成为学科带头人。他用自己的工资收入在深圳大学和太原理工大学分别设立了“牛憨笨奖学金”，志在奖励那些有志为国家的科学事业做出贡献的青年学子，鼓励他们刻苦学习、勇攀高峰。

牛憨笨院士为获得“牛憨笨奖学金”的同学颁奖

牛憨笨院士在指导青年教师和研究生

牛憨笨院士一生热爱党，热爱祖国，热爱科学事业。他孜孜以求、追求卓越，呕心沥血、鞠躬尽瘁，其志可鉴、其德可颂。他为中国光电子学科的发展和人才培养做出了杰出贡献，他的学问、精神、品格和境界，为后辈树立了学习的典范和楷模。

建党 90 周年之际，牛憨笨院士为深圳大学师生做报告

附录二　中英文术语对照

半盲源分离(semi-blind source separation, SSS)

饱和结构光照明显微(saturated structured illumination microscopy, SSIM)

饱和图案激发显微(saturated pattern excitation microscopy, SPEM)

背向探测 CARS(epi-detected CARS，E-CARS)

表面增强拉曼散射(surface enhanced Raman scattering, SERS)

超分辨光学涨落成像(superresolution optical fluctuation imaging，SOFI)

超分辨荧光寿命成像(super-resolved-FLIM，SR-FLIM)

超连续谱(super-continuum，SC)

超振荡透镜(super oscillatory lens，SOL)

磁扇二次离子质谱仪(magnet section secondary ion mass spectrometry, MS-SIMS)

单分子荧光共振能量转移(single molecule FRET, smFRET)

单粒子追踪(single particle tracking, SPT)

电荷耦合器件(charge coupled device，CCD)

电子倍增 CCD(electron multiplying CCD，EMCCD)

电子计算机断层扫描(computed tomography，CT)

电子晶体学(electron crystallography, EC)

电子显微术(electron microscopy, EM)

电子衍射术(electron diffraction, ED)

独立分量分析(independent component analysis, ICA)

多极法(multipole method)

多孔光纤(holey fiber，HF)

二次离子质谱仪(secondary ion mass spectrometry, SIMS)

飞行时间二次离子质谱仪(time of flight secondary ion mass spectrometry, TOF-SIMS)

非负矩阵因式分解(nonnegative matrix factorization, NMF)

分步傅里叶方法(split step Fourier method，SSFM)

光参量振荡器(optical parametric oscillator, OPO)

光激活定位显微(photo-activated localization microscopy, PALM)

光激活荧光蛋白(photoactivatable fluorescent protein, PA-FP)

光开关荧光蛋白(photoswitchable fluorescent protein，PS-FP)
光热感应谐振(photo-thermal induced resonance，PTIR)
光探测磁共振成像(optically detected magnetic resonance imaging，ODMRI)
光学超显微镜(optical super microscopy，OSM)
光学传递函数(optical transfer function，OTF)
超分辨光学涨落成像(superresolution optical fluctuation imaging，SOFI)
光转换荧光蛋白(photoconvertible fluorescent protein，PC-FP)
光子带隙(photonic band gap，PBG)
光子晶体光纤(photo-crystal fiber，PCF)
广义非线性薛定谔方程(generalized nonlinear Schrödinger equation，GNLSE)
互补金属氧化物半导体(complementary metal oxide semiconductor，CMOS)
互相关 FROG(cross-correlation FROG，XFROG)
黄色荧光蛋白(yellow fluorescent protein，YFP)
基态耗尽(ground state depletion，GSD)
基于 KL 差异的 NMFOC(NMFOC based on Kullback-Leibler divergence, NMFOC-KL)
基于欧几里得距离法的 NMFOC (NMFOC based on Euclidean distance, NMFOC-EU)
尖端增强拉曼散射(tip enhanced Raman scattering，TERS)
尖端增强相干反斯托克斯拉曼散射(tip enhanced coherent anti-Stokes Raman scattering，TE-CARS)
交叉相位调制(cross-phase modulation，XPM)
结构光照明显微(structured illumination microscopy, SIM)
科学 CMOS(scientific CMOS，sCMOS)
可逆开关光学荧光转变(reversible switchable optical fluorescence transition，RESOLFT)
蓝色荧光蛋白(blue fluorescent protein，BFP)
利用拉格朗日法进行 NMFOC(NMFOC using augmented Lagrangian, NMFOC-L)
绿色荧光蛋白(green fluorescent protein, GFP)
盲源分离(blind source separation, BSS)
频率分辨光学快门(frequency-resolved optical gating，FROG)
平面波法(plane wave method，PWM)
前向探测 CARS(forward-detected CARS，F-CARS)

全内反射荧光显微镜(total internal reflection fluorescence microscopy，TIRFM)
时间相关单光子计数(time correlated single photon counting，TCSPC)
受激布里渊散射(stimulated Brillouin scattering，SBS)
受激辐射耗尽(stimulated emission depletion，STED)
受激拉曼散射(stimulated Raman scattering，SRS)
受限等距特性(restricted isometry property, RIP)准则
数值孔径(numerical aperture，NA)
四波混频(four-wave mixing，FWM)
随机光学重建显微(stochastic optical reconstruction microscopy, STORM)
探测器量子效率(detector quantum efficiency，DQE)
调制传递函数 (modulation transfer function, MTF)
通过正交约束引导的非负矩阵分解(non-negative matrix factorization with orthogonality constraints, NMFOC)
同步扫描相机(synchroscan streak camera, SSC)
透射电子显微镜(transmission electron microscopy, TEM)
微结构光纤(microstructure fiber，MF)
细胞穿透肽(cell penetrating peptides, CPP)
相干 X 射线衍射(coherent X-ray diffraction ，CXD)
相干反斯托克斯拉曼散射(coherent anti-Stokes Raman scattering，TE-CARS)
相向传输 CARS(counter-propagating CARS，C-CARS)
信噪比(signal-to-noise ratio, SNR)
压缩感知(compressed sensing，CS)
衍射受限 FLIM(diffraction limited FLIM, DL-FLIM)
荧光共振能量转移(fluorescence resonance energy transfer，FRET)
荧光寿命成像(fluorescence lifetime imaging microscopy，FLIM)
有限差分时域(finite-difference time-domain, FDTD)法
有限元法(finite element method，FEM)
有效折射率法(effective index method，EIM)
原子力显微镜(atomic force microscope, AFM)
噪声等效量子数(noise equivalent quanta, NEQ)
噪声功率谱(noise power spectrum, NPS)
增强 CCD(intensified CCD，ICCD)
正电子发射型计算机断层成像(positron emission tomography，PET)
自陡峭(self-steepening，SS)
自相位调制(self-phase modulation，SPM)

致　谢

《纳米成像导论》原来只是牛院士计划要写作的第一本书。牛院士在人生垂暮之年开始这本书的写作，不久便身患重病，他不顾重病体弱，靠着强大的意志力以近乎着魔的方式赶稿。可天不遂人愿，与病痛斗争了三年，牛院士溘然长逝，书稿的写作也被迫戛然而止，这本书的出版竟成了牛院士的未竟心愿。

而后历经四年多，在很多人的关怀下这本书终于要面世了，要感谢的人太多太多。

首先要感谢时任深圳大学光电工程学院书记的满杰，满书记对这本书的出版倾注了大量的心力，可以说没有满书记，这本书很难面世。在牛院士写书期间，特别是生病期间，满书记尽力为牛院士营造一个相对安静的环境，牛院士抱憾离开后，满书记一步一步安排并且推动这部书稿的进度，亲力亲为，终于让这本书得以问世。

感谢时任深圳大学党委书记的江潭瑜、校长李清泉、组织部长的杨平，江书记、李校长、杨部长多次在百忙之中抽出时间来，探望病中的牛院士。在领导们的关心和支持下，好多实际的困难得以解决，牛院士也得以安心地养病和写作。

特别感谢同为中国工程院院士的周立伟老先生，周院士已经是耄耋之年，却不辞辛劳地通读了手稿，并亲自为本书撰写序言。两位院士同属光电子学研究领域，既是一个战壕里的战友，同时也是惺惺相惜的多年挚友！

感谢西安应用光学研究所研究员、微光夜视技术国防科技重点实验室科技委前主任向世明老先生，不顾自己近 80 岁的高龄，花了几个月的时间帮助我们对整个稿件进行了一次非常有效的校正，提出了很好的意见和建议。还要感谢中国科学院西安光学精密机械研究所研究员，同时也是牛院士弟子的田进寿研究员，感谢他在我们与向老先生联系过程中的牵线搭桥。

感谢牛院士的一众弟子，尤其是李恒博士、雷耀虎博士、黄建衡博士、曹博博士、霍英东博士、刘双龙博士、刘伟博士，他们任劳任怨，在书稿繁杂的整理工作中付出了大量的时间和精力，最终才得以让这个稿子顺利交付。

牛院士生病期间恰逢几个重大课题的攻坚时刻，感谢李冀老师、于斌老师、许改霞老师，作为牛院士课题组的骨干，在牛院士生病期间义无反顾地协助院士挑起课题研究的重任，书中也引用了课题组的部分成果。

感谢深圳画院院长徐章先生为本书亲笔题字。

特别感谢牛院士的夫人阔晓梅女士、女儿牛莉女士、女婿刘进军先生、儿子牛钢先生、儿媳倪燕翔女士，还有那么多爱他的家人，眼看着病痛折磨下的亲人不顾孱弱的身体挑灯码字，你们心疼而又无奈，这种“我们舍不得但我们懂你”的爱和支持无人能替代，也是牛院士病中艰难写作时最温暖的慰藉。

这本书写作时参考了大量的资料，使用了大量文献中的图片和表格，在此特向文献原作者们表示感谢！

感谢国家科学技术学术著作出版基金对本书的出版资助。

陈丹妮

彩　图

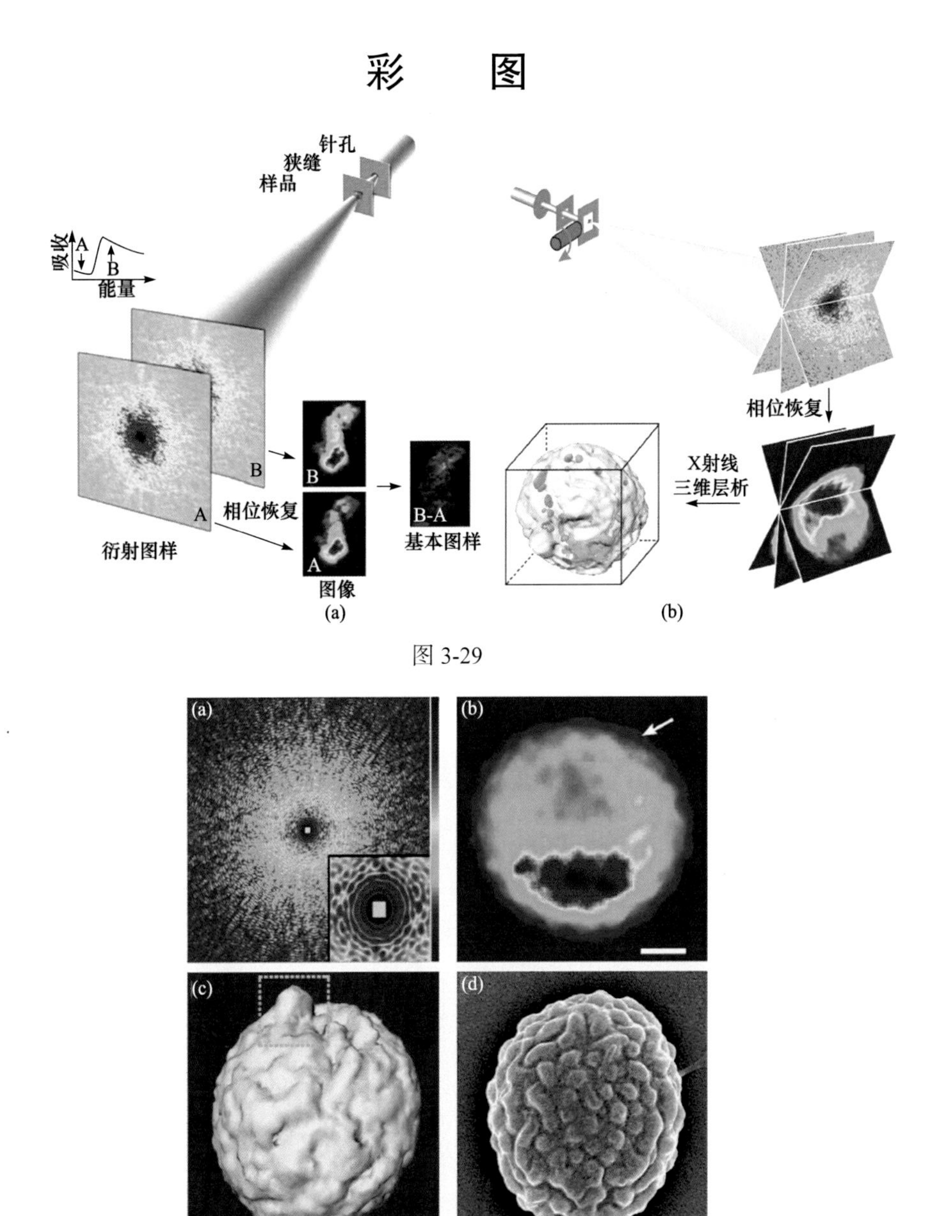

图 3-29

图 3-30

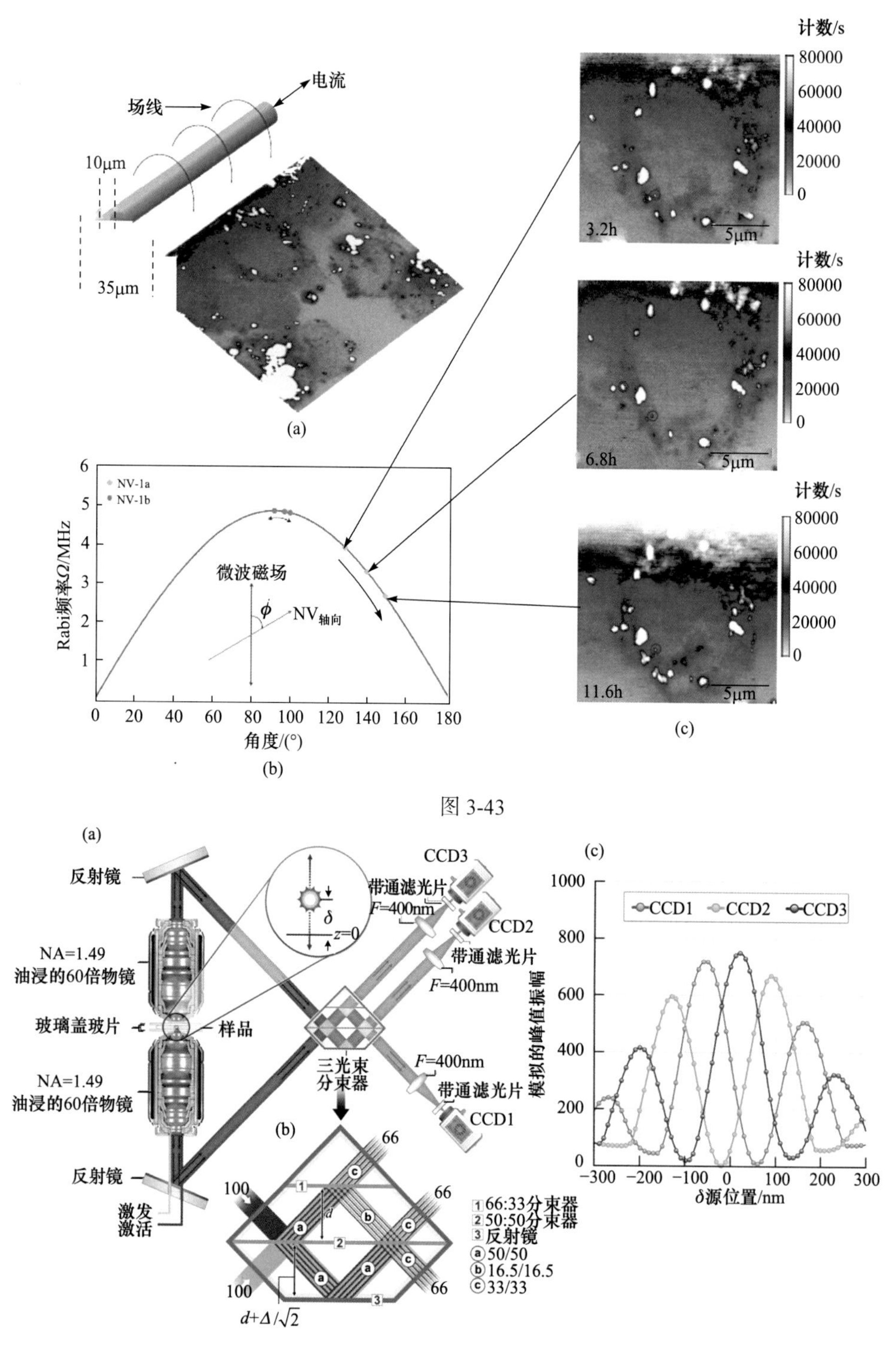
场线
电流
10μm
35μm
(a)
NV-1a
NV-1b
Rabi频率Ω/MHz
微波磁场
φ
NV轴向
角度/(°)
(b)
计数/s
80000
60000
40000
20000
0
3.2h
6.8h
11.6h
5μm
(c)
(a)
反射镜
NA=1.49
油浸的60倍物镜
玻璃盖玻片
样品
激发
激活
δ
z=0
带通滤光片
F=400nm
CCD1
CCD2
CCD3
三光束
分束器
(b)
100
66
d
d+Δ/√2
66:33分束器
50:50分束器
反射镜
50/50
16.5/16.5
33/33
(c)
模拟的峰值振幅
δ源位置/nm

图 3-43

图 5-21

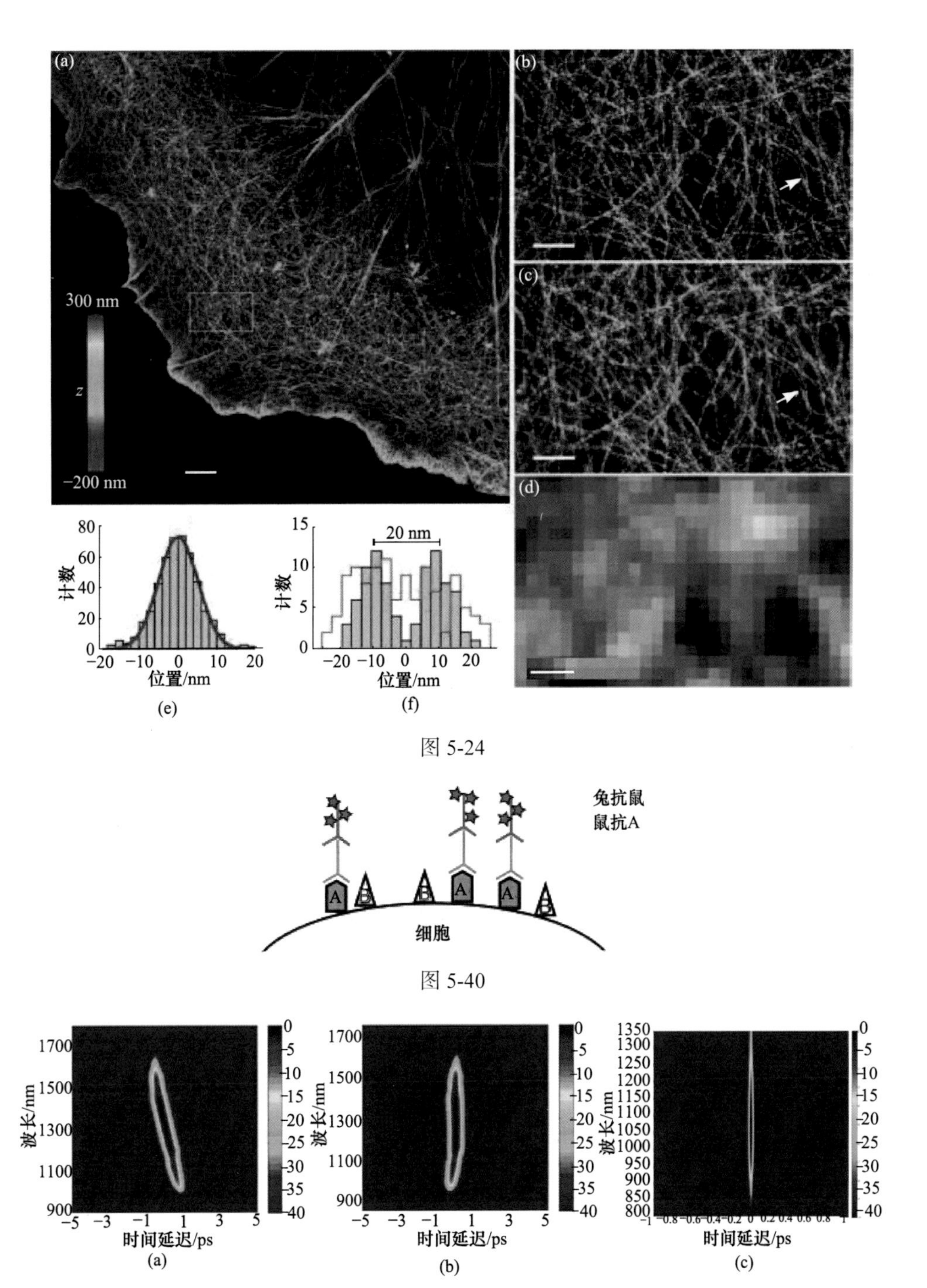
(a)
300 nm
z
−200 nm
(b)
(c)
(d)
80
60
40
20
0
计数
−20 −10 0 10 20
位置/nm
(e)
15
10
5
0
20 nm
计数
−20 −10 0 10 20
位置/nm
(f)
兔抗鼠
鼠抗A
A
B
细胞
波长/nm
时间延迟/ps
(a)
(b)
(c)

图 5-24

图 5-40

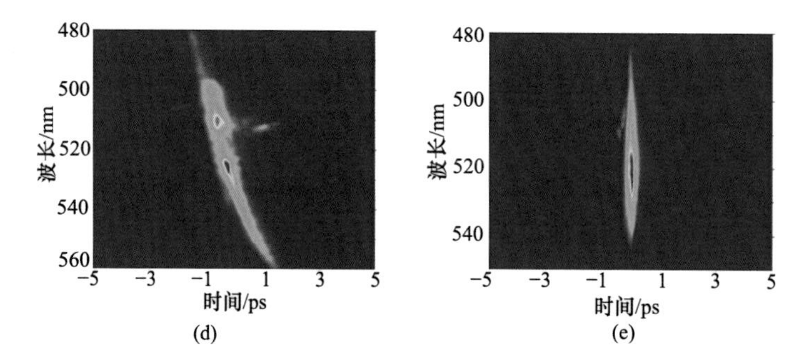

图 6-19

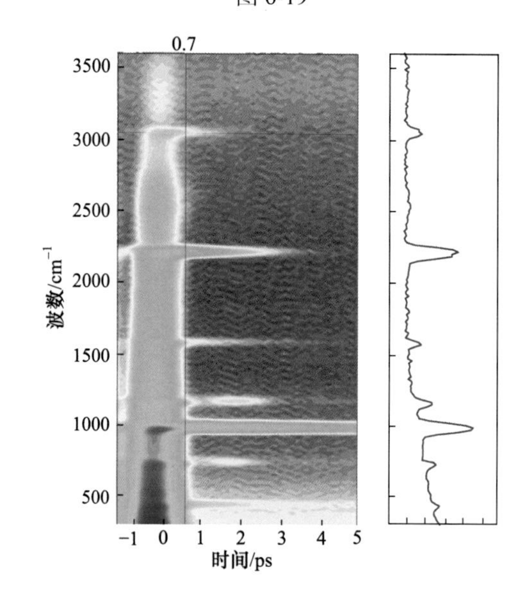

图 6-20

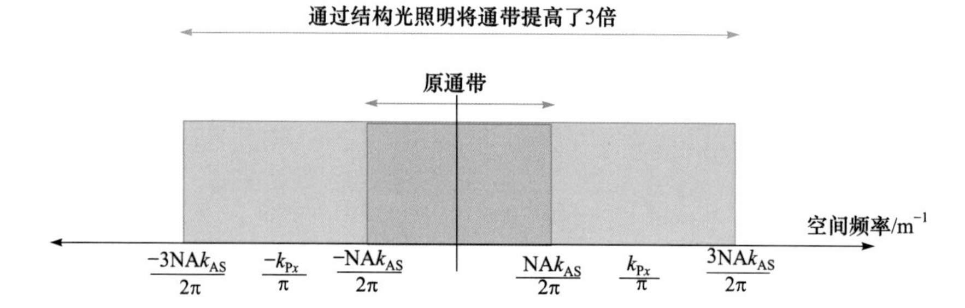

图 6-23

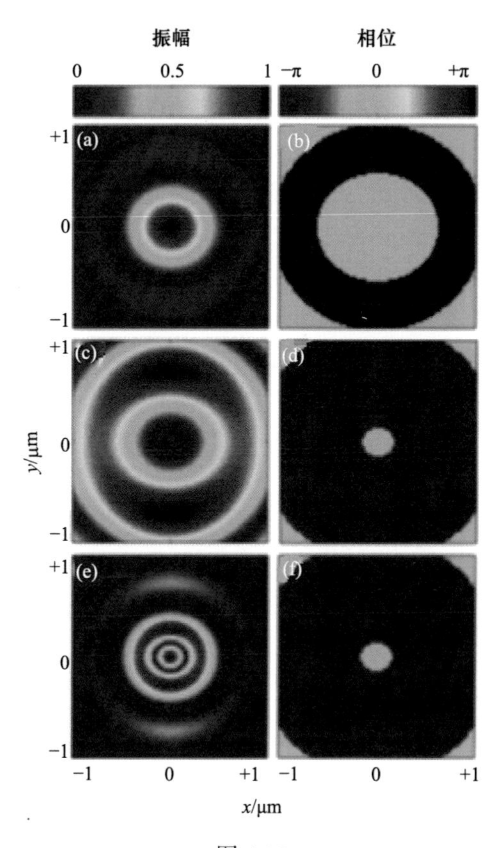

振幅
相位
0
0.5
1
−π
0
+π
(a)
(b)
(c)
(d)
(e)
(f)
+1
0
−1
y/μm
−1
0
+1
x/μm

图 6-25

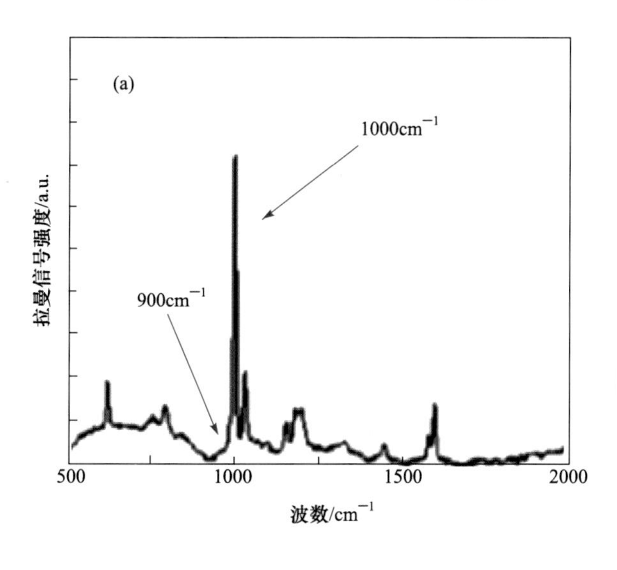

(a)
1000cm−1
900cm−1
拉曼信号强度/a.u.
500
1000
1500
2000
波数/cm−1

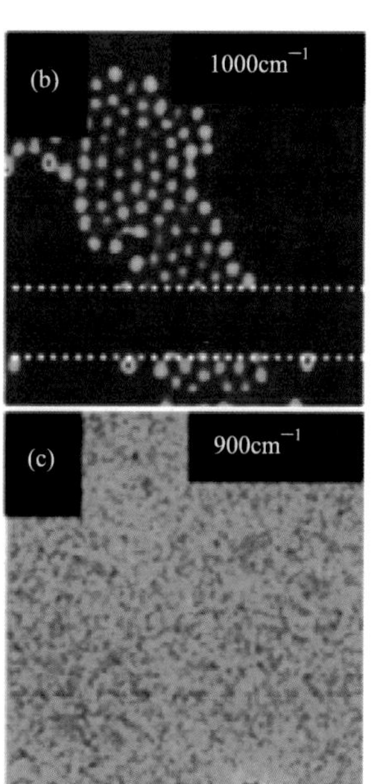

(b)
1000cm−1
(c)
900cm−1

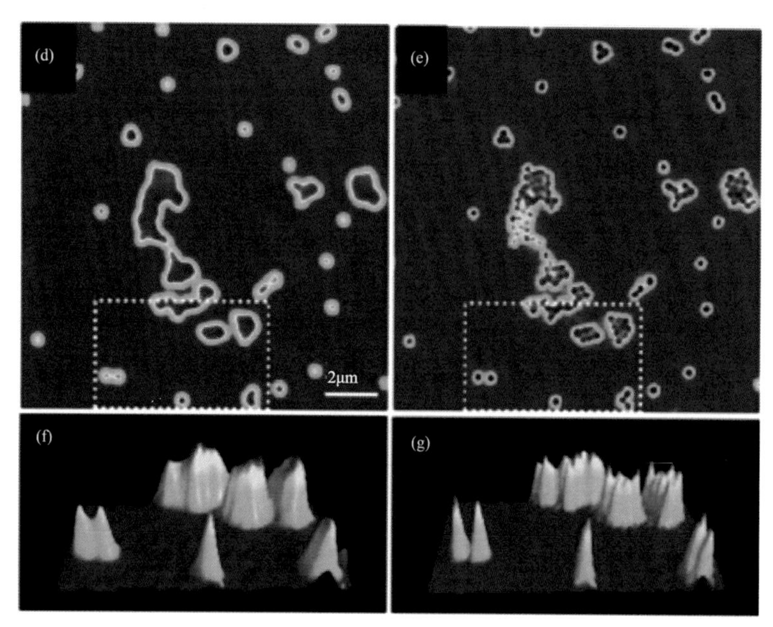
(d)
(e)
2μm
(f)
(g)

图 6-28

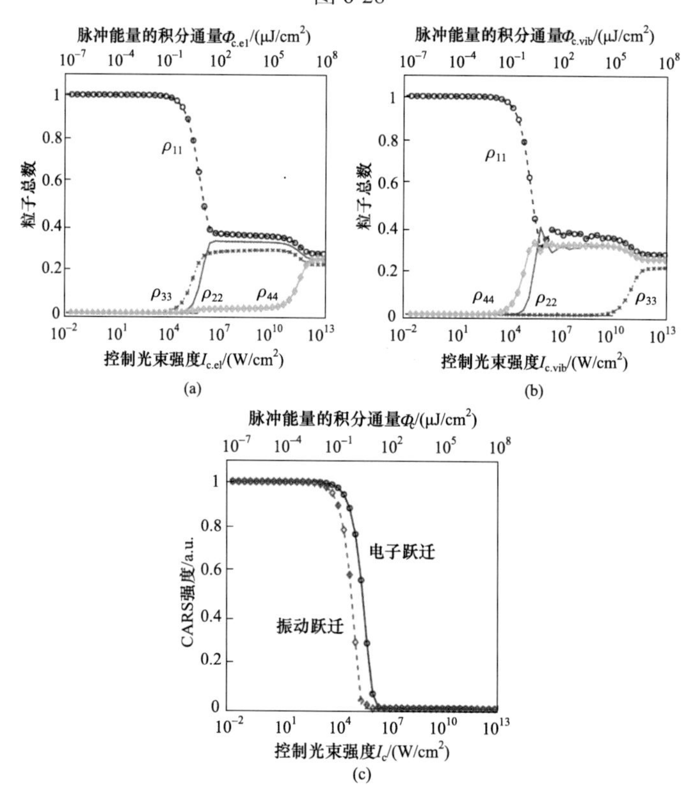
脉冲能量的积分通量$\Phi_{c.el}$/(μJ/cm^2)
粒子总数
ρ_{11}
ρ_{33}
ρ_{22}
ρ_{44}
控制光束强度$I_{c.el}$/(W/cm^2)
(a)
脉冲能量的积分通量$\Phi_{c.vib}$/(μJ/cm^2)
粒子总数
ρ_{11}
ρ_{44}
ρ_{22}
ρ_{33}
控制光束强度$I_{c.vib}$/(W/cm^2)
(b)
脉冲能量的积分通量Φ_c/(μJ/cm^2)
CARS强度/a.u.
电子跃迁
振动跃迁
控制光束强度I_c/(W/cm^2)
(c)

图 6-32

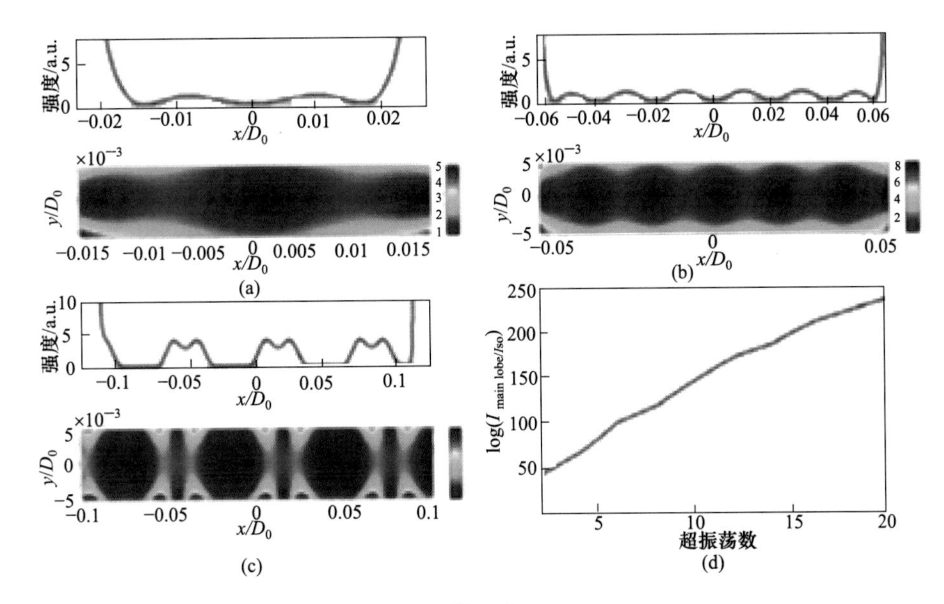
强度/a.u.
x/D_0
y/D_0
×10^-3
(a)
(b)
(c)
(d)
log(I main lobe/so)
超振荡数

图 6-42

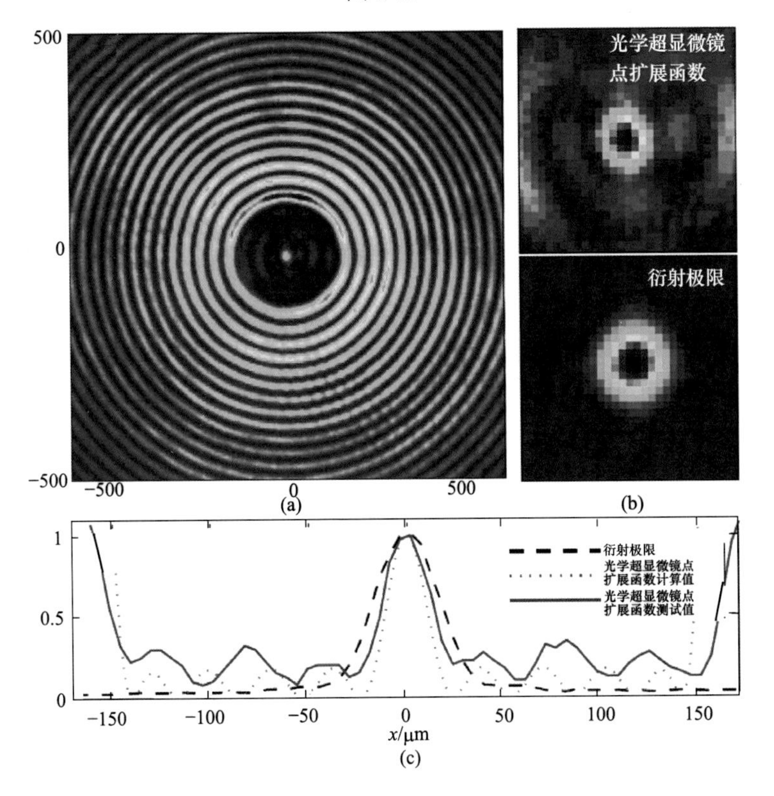
光学超显微镜
点扩展函数
衍射极限
(a)
(b)
衍射极限
光学超显微镜点
扩展函数计算值
光学超显微镜点
扩展函数测试值
x/μm
(c)

图 6-45

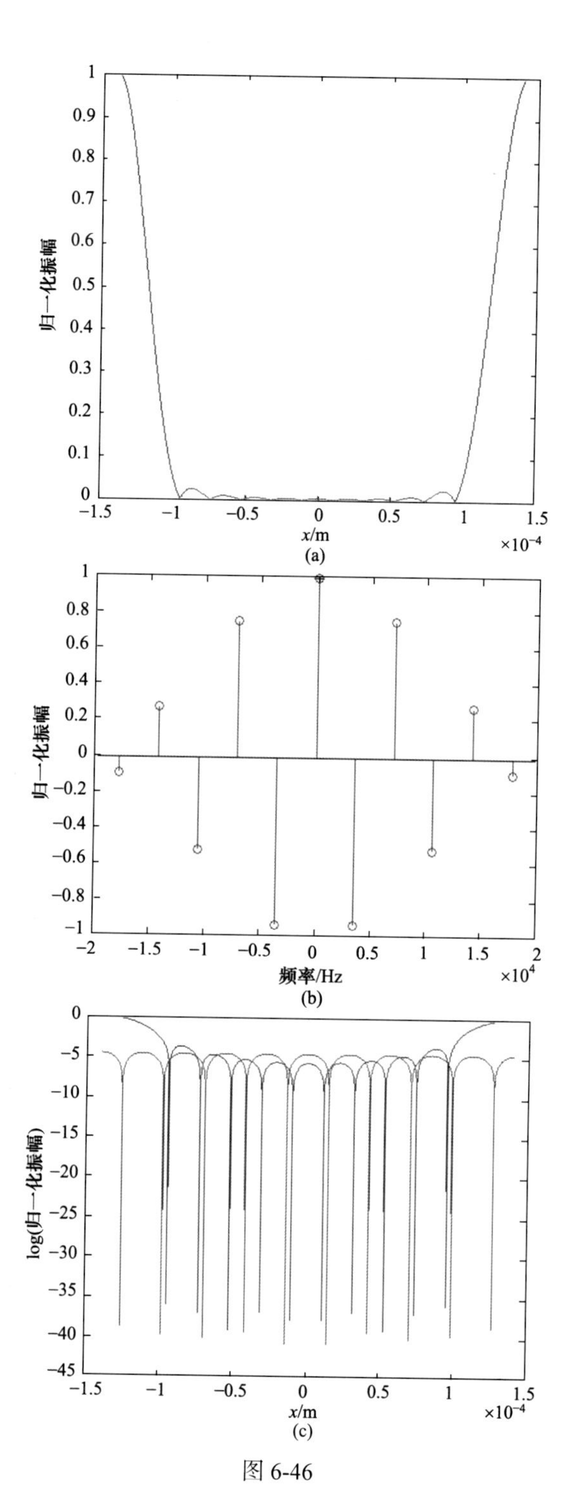
1
0.9
0.8
0.7
0.6
0.5
0.4
0.3
0.2
0.1
0
归一化振幅
−1.5
−1
−0.5
0
0.5
1
1.5
x/m
×10⁻⁴
(a)
1
0.8
0.6
0.4
0.2
0
−0.2
−0.4
−0.6
−0.8
−1
归一化振幅
−2
−1.5
−1
−0.5
0
0.5
1
1.5
2
频率/Hz
×10⁴
(b)
0
−5
−10
−15
−20
−25
−30
−35
−40
−45
log(归一化振幅)
−1.5
−1
−0.5
0
0.5
1
1.5
x/m
×10⁻⁴
(c)

图 6-46

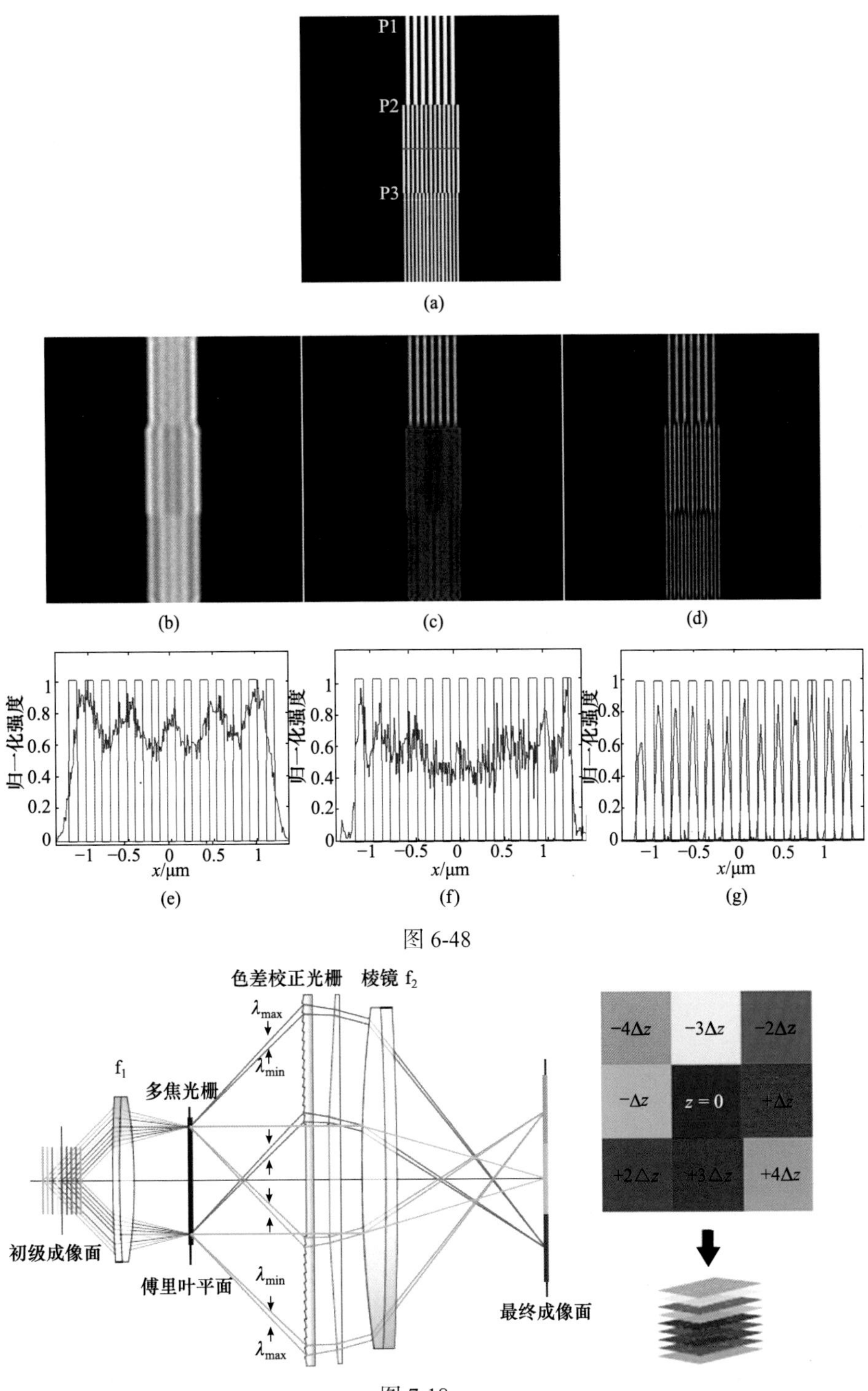
P1
P2
P3
(a)
(b)
(c)
(d)
归一化强度
x/μm
(e)
(f)
(g)
色差校正光栅
棱镜
f_2
f_1
多焦光栅
λ_{max}
λ_{min}
初级成像面
傅里叶平面
最终成像面
−4Δz
−3Δz
−2Δz
−Δz
z = 0
+Δz
+2Δz
+3Δz
+4Δz

图 6-48

图 7-18

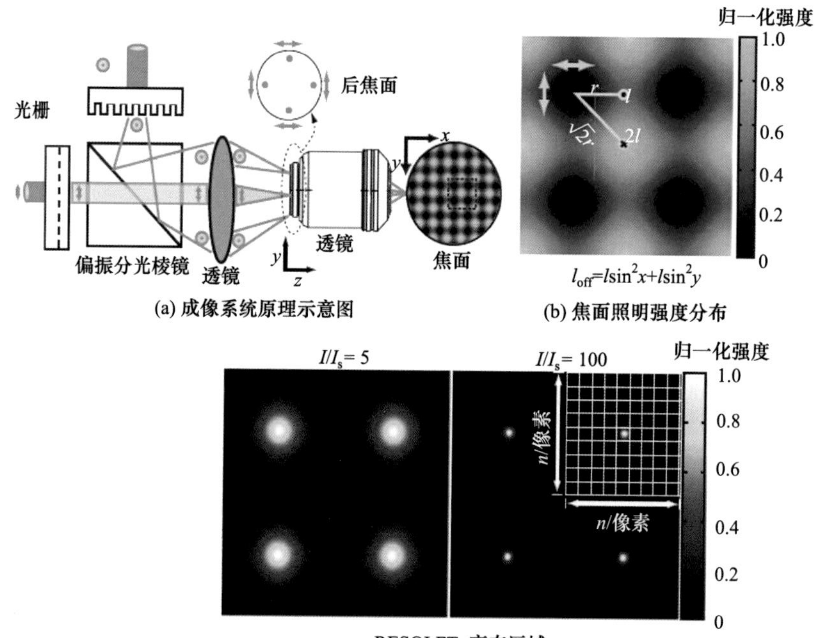

(c) 图(b)在不同I/I_s值情况下的STED成像

图 7-21

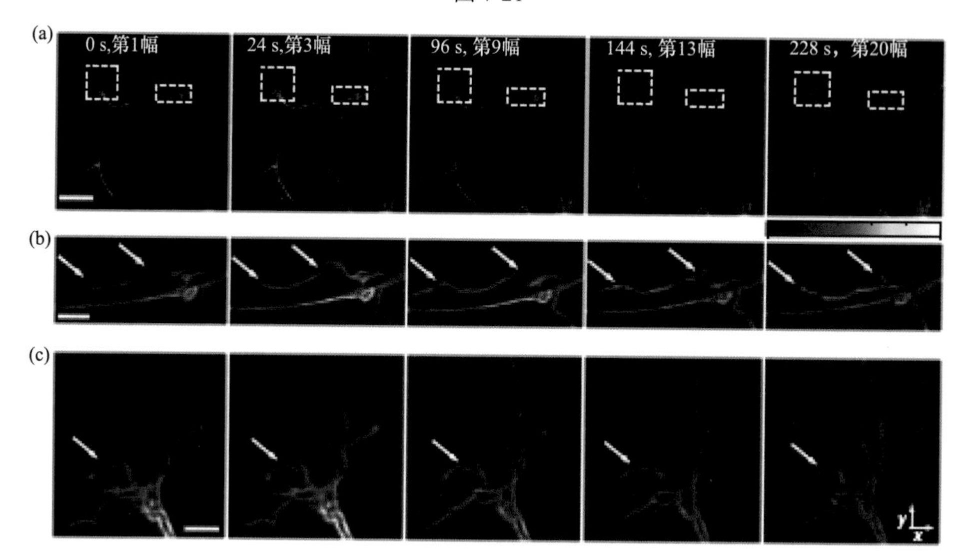

图 7-22

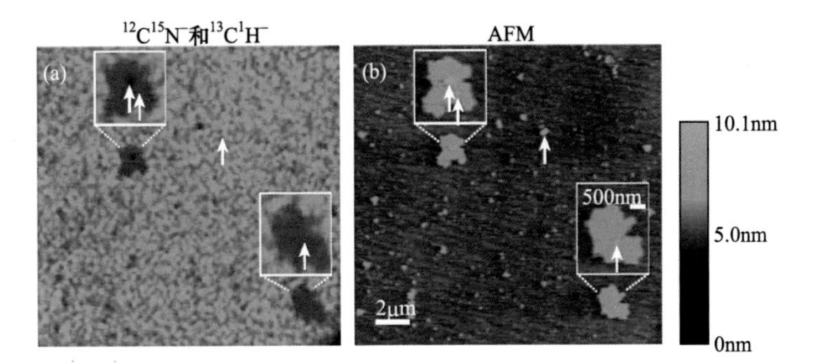

$^{12}C^{15}N^-$和$^{13}C^1H^-$
AFM
(a)
(b)
500nm
2μm
10.1nm
5.0nm
0nm

图 8-28

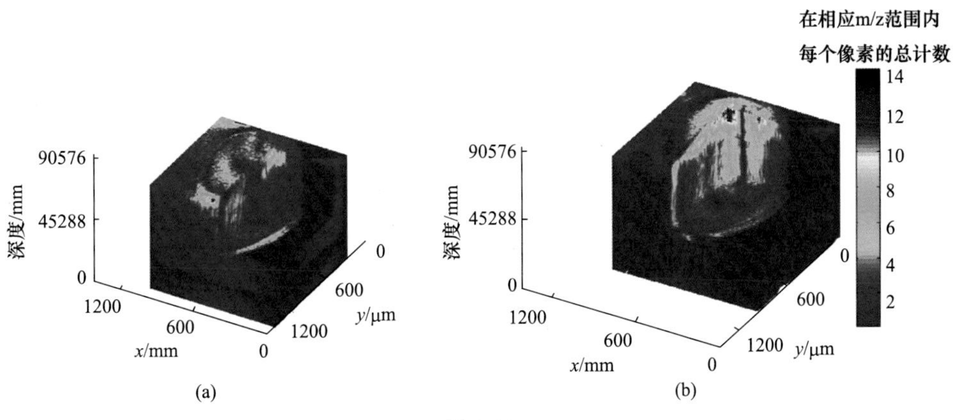

在相应m/z范围内
每个像素的总计数
90576
45288
0
深度/mm
1200
600
0
x/mm
0
600
1200
y/μm
14
12
10
8
6
4
2
(a)
(b)

图 8-29